건설분쟁관리의 이론과 실제

건설분쟁관리의 이론과 실제

Construction Dispute Management
Theory and Practice

남진권 저

에이퍼브

머리말

"건설이 있는 곳에 분쟁이 있고, 분쟁이 있는 곳에 건설이 있다"라는 말이 있다. 이는 건설업계에서 분쟁과 관련하여 회자되고 있는 말이다. 다시 말해 "분쟁없는 건설은 없다"라는 의미가 된다. 그 정도로 건설업계에서는 분쟁과는 불가분의 관계에 있다고 할 수 있다. 그렇다면 건설업계는 다른 업종에 비하여 왜 분쟁이 빈번하게 발생하는가? 이러한 분쟁이 발생하는 원인은 매우 다양하다. 우선 건설업은 그 생산에 있어서 원칙적으로 주문생산품인 동시에, 발주자의 요구에 따라 각양각색의 형태로 생산되며, 생산 장소가 일정하지 않아 시공기간의 계속성과 영속성이 결여되어 경영의 집중관리가 쉽지 않다. 공사의 수익성은 수주 당시의 가격결정에 의존하는 바가 크고, 생산의 기본적 구조를 하도급에 의존하는 성격을 지니고 있다.

건설공사에는 지하공사 등 피하기 어려운 불확정적인 요소가 내재하고 있기 때문에 시공과정에 있어서 당초 예견 불가능한 현장의 상황이 나타나거나, 설계도나 시방서에 미비한 부분이 발견되거나, 또는 발주자나 시공자 사이에 계약도서의 해석상의 차이가 발생하는 경우가 있다. 표준화된 제조업과는 달리 건설업은 발주자, 설계자, 시공자, 하도급업자, 감리 또는 감독자, 인·허가기관, 자재업자 등 하나의 프로젝트에 참여하는 이해관계자가 다수이며, 같은 건설사업자라도 참여하는 근로자의 기술력과 기량의 정도에 따라 결과물이 달라진다. 이러한 제반 사항은 필연적으로 건설공사에 대한 클레임이나 분쟁의 잠재요인으로 작용하고 있다.

분쟁이 발생하면 계약당사자 어느 누구에게도 이로울 것이 없으며, 경제적·정신적으로 많은 어려움을 당하게 된다. 따라서 갈등을 일으키는 요인을 찾아 상호 이해와 협조, 그리고 타협으로 신뢰하고 양보할 수 있는 분위기를 만들어야 한다.

분쟁을 해결하는 방법들로는 협상 외에 조정이나 중재 또는 소송 등 다양한 방법이 있으며, 분쟁 당사자 간의 직접적인 해결이 가장 바람직하나 가급적 분쟁이 발생하지 않도록 사전에 미리 예방하는 것이 최상일 것이다. 영국의 C. M Schmitthoff는 "중재는 소송보다 좋고, 조정은 중재보다 좋으며, 분쟁의 예방은 조정보다 좋다"라고 평했다. 병이 발병하고 나서 치료나 투약, 혹은 수술하는 것보다 사전에 예방하여 병에 걸리지 않게 하는 것이 좋다는 의미가 된다.

필자는 건설 및 용역업계의 사업자 단체인 협회와 건설업체에도 근무한 적이 있다. 사업자단체는 그 업계의 권익보호와 애로사항 등을 총괄적으로 다루고 있어 건설 분쟁에 대한 다양한 내용을 간접적으로나마 접할 수 있었으며, 시공회사에서는 국내외 현장에서 발생되는 여러 가지의 분쟁사례를 직접적으로 마주하거나 처리한 경험이 있어 집필하는 데 많은 도움이 되었다. 아울러 대한상사중재원의 중재인으로서의 중재 및 조정사건과 서울시 기술심의위원으로서 계약과 분쟁 분야에 참여하면서, 또는 실무강의 과정에서 생생한 사례를 마주할 수 있었다. 이로 인해 대부분의 분쟁사건은 발생 당시의 현장 이미지가 그려지고 분쟁당사자 간의 입장을 이해하게 됨으로써 사건 전개를 용이하게 파악할 수 있었다.

분쟁을 흔히 성인병에 비유하고는 한다. 성인병은 대부분이 나이가 많거나 면역력이 떨어질 때 발생하며, 이렇다 보니 치료시기를 놓치거나 더 큰 병으로 발전하는 경우가 많다. 분쟁도 이와 크게 다르지 않다. 건설현장이 바쁘게 돌아가는 시기에는 다소의 문제가 발생하더라도 위험성을 크게 인식하지 못하고 있다가 준공 시점에 가서야 부랴부랴 해결하려고 하다 보니, 준비도 허술하고 방어와 대응도 제대로 다하지 못해서 손해를 보는 경우가 많다. 성인병의 경우 처방을 내릴 때 절주와 금연, 꾸준한 운동을 권유한다. 막연하고 마음에 와닿지 않지만, 그렇다고 틀린 말은 아니다. 건설분쟁도 마찬가지다. 계약서를 세밀하게 작성하고 현장관리를 철저히 하고 사전에 위험성을 충분히 인식해야 한다. 성인병과 같이 건설분쟁도 평소 문제의식과 철저한 관리가 필요하다는 것이다.

필자는 건설 분야에 관심을 갖고 1979년 건설업의 모법인 『건설업법 해설』을 처음 출간한 바 있다. 이후에도 『건설공사 클레임과 분쟁실무』 등 다수의 건설 관련 책자를 집필했고, 아직까지 이 분야에 대한 강의를 하다보니 40여 년이란 세월이 마치 여름방학처럼 빨리 지나갔다. 필자는 평소에도 '건설분쟁을 줄이거나 합리적으로 해결할 수 있는 방법이 없을까' 하는 생각을 늘 해왔다. 그러나 분쟁해결에는 "왕도는 없다"라는 사실을 깨달았다. 왕도가 있다면 누구라도 그렇게 했을 것이다. 입찰 시부터 계약체결에 이르기까지 계약서를 철저히 분석하여 대비하며, 시공 시에는 세밀한 공사관리와 함께 현장의 진행 여부에 따른 문제를 파악하고, 준공시점에서는 원가투입과 결과에 대하여 당초 계약내용과 변경되는 사항이 있는지를 점검하여야 할 것이다. 결론적으로 지속적으로 문제의식을 가지고 사전에 철저히 대비하고 고민하며 위험성을 인지하는 것이 왕도가 아닐까 생각한다.

이 책은 필자의 학위논문인 「건설분쟁에 있어서의 소송외적 분쟁해결제도의 효율적 운영방안에 대한 연구」를 바탕으로 하여 강의교재를 염두에 두고 집필하였다. 그러나 이 논문이 건설분쟁의 ADR에 중점을 두고 있는 반면, 『건설분쟁관리의 이론과 실제』는 전체를 9개의 장으로 구분하여 분쟁을 유형별로 나열하고 '해결 절차와 방법'을 중심으로 기술하였다.

이 책은 주로 「건설산업기본법」, 「하도급법」, 「국가계약법」, 「건설기술 진흥법」 등 건설 관련 법규와 주변 법규를 구체적으로 기술하고, 사안별로 대법원의 판례와 국토교통부 및 기획재정부 등 주무관청의 유권해석 등을 발췌하여 실었다. 다양한 분쟁해결 방안이 있음에도 일반인들이 잘 인식하지 못하는 경우가 많아 이를 알기 쉽게 정리한 것도 특징이라 할 수 있다. 건설 관련 법규는 실정법인 만큼 상호 유기적으로 작용하며, 법령의 제·개정에 따라 연쇄적인 변경을 수반하는 경우가 많다. 책자의 내용이 독자에 따라서는 견해를 달리할 수도 있는 만큼 부족하거나 미완의 부분에 대해서는 배가의 노력을 통해 수정·보완할 예정이다.

이 책이 출간되기까지 교정을 봐주는 등 묵묵히 내조를 다해준 사랑하는 아내 김숙이 여사와 지난해 태어난 귀여운 손자 우진이가 큰 힘이 되었다. 아울러 열의를 다해주신 에이퍼브프레스 김성배 대표님과 출판부 최장미 과장님 등 관계자 여러분께 심심한 노고의 말씀을 전한다.

독자 여러분의 건승과 행운을 빈다.

2022년 4월
서초동 연구실에서

남 진 권

차 례

제5장　외국의 건설공사 계약제도와 분쟁처리

제6장 건설클레임의 유형

제8장 건설분쟁의 해결 방안

표 차례

그림 차례

제6장 ────

제7장 ────

일러두기

　본 책자에 등장하는 관련 법규는 종류도 많을 뿐만 아니라 내용 또한 매우 다양하고 복잡하게 연관이 되어 있다. 이 책은 법령 조문에 따라 해설하되 유관 법령과의 상호 관계를 살피고, 사례가 있는 경우에는 국토교통부나 기획재정부 등 행정부처의 유권해석과 대법원의 판례 등을 인용하여 실무를 수행하는 데 도움이 되도록 하였다.

　법령과 관련 내용은 다음과 같은 기준으로 정리하였다.

　첫째, 법령의 제명(題名) 표기는 법제처의 기준에 따라 2005. 1. 1.부터 제·개정되는 법령은 띄어쓰기로 표기하고, 법령의 본문 중에서 법령명을 인용하고 있는 경우에는 법령명 앞뒤에 낫표(「 」)를 사용하였다.

　둘째, 건설산업의 국제화를 지향하기 위해서 법조문에 주제어(key word)가 되는 단어는 영문을 함께 적었으며, 영문 표기는 대한민국 영문법령집(Statutes of the Republic of Korea) 중에서 인용하고, 「FIDIC 일반조건」은 원문 그대로 인용하였다.

　셋째, 해설서에 인용된 법령은 되도록 원문을 그대로 기술하거나 축약하여 사용하였다.

　넷째, 법령의 변천은 그 시대상을 반영하기 때문에 제·개정 시점이 중요하다. 따라서 최근의 날짜를 중심으로 해당 법령에 [신설 일자]와 〈개정 일자〉를 명기하였다.

　다섯째, 대법원의 판례나 국토교통부의 행정규칙인 지침이나 고시와 함께 유권해석 등을 각주(脚註)로 처리하여 상호 대조를 통해 검토할 수 있게 하였다.

　끝으로, 법조문의 정확한 이해를 돕기 위해 행정부처의 고시 등 하부규정을 원문 그대로 옮겨 실었고, 각 장(章)·절(節)별 목차에 조문과 개정 여부를 표시하여 해당 조문을 찾아보기 쉽게 하였다.

▌인용법령 목록

업무수행지침	건설공사 사업관리방식 검토기준 및 업무수행지침
건설근로자법	건설근로자의 고용개선 등에 관한 법률
건진법	건설기술 진흥법
건산법	건설산업기본법
일반조건	공사계약일반조건
특수조건	공사계약특수조건
국가계약법	국가를 당사자로 하는 계약에 관한 법률
시설물안전법	시설물의 안전 및 유지관리에 관한 특별법
일괄입찰특수조건	일괄입찰 등의 공사계약 특수조건
중대재해처벌법	중대재해 처벌 등에 관한 법률
지방계약법	지방자치단체를 당사자로 하는 계약에 관한 법률
하도급법	하도급거래 공정화에 관한 법률
DAB	Dispute Adjudication Board
FIDIC 일반조건	FIDIC General Conditions
ICE	Institute of Civil Engineers
ICC	International Chamber of Commerce
JCT	Joint Contract Tribunal for the Standard Form of Building Contract
UNCITRAL	United Nations Commission on International Trade Law

제1장
건설산업의 이해

건설산업의 이해

제1절 건설산업의 경영과 사명

1. 건설산업의 경영

우리나라의 건설업은 해방과 뒤이은 6·25 전쟁의 혼란기를 거쳐 휴전이 성립되면서 전재복구(戰災復舊)를 중심으로 하는 수요 증대와 더불어 성장하기 시작하였다. 황폐화된 국토의 급속한 종합개발과 주택건설 수요의 급증 그리고 국가경제와 국민생활향상으로 인한 각종 개발사업 등으로 건설업은 경제발전과 더불어 성장해왔다.

이러한 건설업은 최근 국내외적으로 매우 급속한 환경변화에 직면해 있다. 1993년 12월 우루과이 라운드 협상 결과에 따라 1997년도에 전면적인 건설시장개방이 이루어졌으며, 이제 우리 건설산업도 적자생존의 냉엄한 국제경쟁환경의 조류에 동참하게 되었다. 따라서 기업이 장기간에 걸쳐 존속하고 성장·발전해나가기 위해서는 이상과 같은 급변하는 환경변화에 적극적으로 대응해나가는 경영전략이 필요한 것이다. 여기에는 다양한 전략이 있을 수 있으나 크게 나누어볼 때 다음과 같이 정리된다.

첫째, 수주 영역의 다변화이다. 건설산업은 수주산업의 특성으로 계약당사자 간 불평등 구조가 형성되기 쉽고, 우리의 수직적 문화와 결합하여 불공정 관행을 야기하였다. 그간 불공정 관행과 문화를 개선하기 위해 많은 노력이 있었으나, 건설현장에서는 공정한 계약·관행이 여전히 미흡한 실정이다. 따라서 공공공사에 대하여는 기업의 공익성 확보와 시공경험을 쌓기 위한 방향으로 수립되어야 할 것이며, 한편 경제발전에 따라 꾸준히 확대되고 있는 민간 부문에 대해서도 관심을 가져야 할 것이다. 이를 위해서는 경기변동, 소비자의 기호 등에 따라 변화하고 있는 민간공사에 대한 부단한 조사연구와 수요 예측, 그리고 이를 시공할 수 있는 능력을 배양해나가야 할 것이며, 발주자로 하여금 건설수요를 창출할 수 있는 아이디어와 정보 제공 능력이 요구된다.

둘째, 기술 및 경영능력의 제고이다. 건설업이 고정투자의 부담이 적고 공사수주만 잘하면 기업을 영위할 수 있다고 생각하는 한, 전근대적 경영방식에서 탈피하지 못할 것이다. 기업 규모가 대형화되고 기술이 고도화되며 냉엄해지고 있는 기업환경 속에서 성장·발전하기 위해서는 무엇보다도 최고경영자의 뚜렷한 경영철학을 갖추어야 할 것이며 품질(quality)·원가(cost)·공정(duration)·안전관리(safety) 측면에 효율적인 관리체계를 구축해야 할 것이다. 우수한 인력의 지속적인 육성은 물론 하도급 계열화를 통하여 협업전문업체를 적극 육성함으로써 품질을 향상시킬 수 있고 이는 궁극적으로 건설업계의 질적 향상을 기할 수 있을 것이다.

셋째, 건설경영은 신뢰를 바탕으로 한 고객만족에 가치를 두어야 한다. 피터 드러커(Peter Drucker)는 "기업의 첫 번째 과업은 고객창출이다"라고 말한 바 있는데, 이러한 고객창출은 고객만족을 통해서 가능하기 때문이다. 건설업이라는 상품은 계약 당시에는 눈에 보이지 않으며 건설공사가 시작되고 시간이 경과되어야 비로소 그 모습을 나타내고 완성하여 인도함으로써 명확해진다. 따라서 고객들은 계약 당시에는 눈에 보이지 않는 것을 사줘야 하기 때문에 상품의 기본은 '신뢰(confidence)'이다. 그리고 이러한 신뢰를 실현하는 것이 '기술(technique)'이다. 따라서 건설경영은 신뢰와 기술이라는 매개체를 기본으로 하여 고객창출에 노력해야 한다.

근래 건설업체들이 아파트에 대한 자사의 브랜드 이미지를 높이고자 제품에 대한 특성화 또는 차별화를 위해 노력하는 것도 결국 고객의 소비행위에 대하여 동기를 부여하여 적대적인 경쟁 환경하에서 지속적인 경쟁우위(SCA, Sustainable Competitive Advantage)를 달성하여 경쟁기업에 비하여 높은 시장성과를 얻기 위한 전략으로 이해될 수 있다.[1]

---

1)   남진권, 『건설경영 이렇게 하라』, 금호, 2020, pp. 17~18 참조.

2. 건설산업의 사명

건설업은 고도화하고 대형화하는 생산 활동의 기틀이 될 각종 사회기반시설을 정비하고, 도시환경문제 등 공해를 제거하여 국민의 생활 수준을 상승하게 하며, 인간을 외적으로부터 보호하고 쾌적하고 단란한 가정생활을 영위할 수 있는 안식의 기능을 제공하는 등 건설업이 차지하고 있는 사명은 실로 막중하다.

비단 건설업뿐만 아니라 기업이 존재하는 근본 이유 중의 하나는 기업은 어떤 형태로든 사회와 인간의 삶에 기여해야 한다는 것이다. 이것은 곧 기업의 사회적 책임이기도 하다. 따라서 기업이 사회에서 뿌리내리고 영속적(going concern)으로 발전해나가기 위해서는 근본 목적인 이윤추구도 중요하지만, 사회와 인간으로부터 소외받지 않도록 도덕성과 윤리관을 확립해나가는 것도 매우 중요하다.

제2절 건설산업의 특성

건설업은 역사의 흐름과 더불어 발전되었다. 이는 개인의 가계생활에서부터 국가 건설에 이르기까지 인간생활과는 가장 밀접한 관계를 지닌 기초산업인 동시에 공공 복지와 사회건설에 지대한 영향력을 가지고 있는 산업이다. 건설산업에서의 클레임과 분쟁을 고찰하기 위해서는 우선 건설 산업 자체에 내재(內在)하고 있는 고유한 특성을 이해하는 것이 필요하다. 이러한 특성은 곧 건설클레임과 분쟁의 원인으로 작용하기 때문이다. 건설산업이 타 산업과 비교하여 지니고 있는 특성을 살펴보고자 한다.[2]

1. 공급 측면에서의 특성

첫째, 주문생산성이다. 건설산업은 아파트나 상가 등과 같이 판매를 목적으로 자기 계획하에서 생산활동을 전개하는 경우를 제외하고는, 주로 주문자[發注者]의 의뢰를 받아서 생산활동을 전개하는 주문생산방식을 취하고 있다. 따라서 수요자가 공급자를 선택하는 유통구조를 가지게 되는 비시장생산적 요소가 강하여 수요자의 입김이 크게 작용하게 된다. 또한 건설생산의 기본적 구조를 하도급에 의존하는 성격을 지니고 있기 때문에 하도급자의 자질과 효율적인 관리기술이 매우 중요하다.

둘째, 생산활동의 이동성이다. 건설산업의 생산활동은 토지와의 고착성으로 인해 입지에 따라 생산 활동이 분산되고 이동하는 특성을 가지고 있다. 또한 건설업의 생산활동이 옥외에서 행하여지는 경우가 많아 계절이나 기후 등 자연조건에 민감한 영향을 받게 된다. 따라서 기후변화에 따른 취약성을 지니고 있다.

셋째, 노동집약성이다. 건설산업은 제품의 표준화·규격화가 어렵고, 노동의 기계 대체가 제약되어 있어 노동력 의존도가 높은 특성을 가지게 된다. 즉, 제품의 단일성이다. 따라서 양질의 저렴한 노동력의 확보가 건설업에서는 경쟁력의 중요한 요소로 작용한다. 이러한 특성 때문에 노동생산성이 타 산업에 비하여 비교적 낮게 나타나고

---

[2] 건설업의 특성에 대하여는 남진권, 『건설산업기본법 해설』, 금호, 2021, pp. 21~24; 飯吉精一, 新しい 建設業と施工經營管理, 技報堂, 1992, pp. 13~15.; 專門工事業戰略研究所, 專門工事業戰略, 大成出版社, 2000, pp. 14~25; Anthony Walker, Project Management in Construction(Third Edition), Blackwell Science, pp. 15~17 참조.

있으며, 건설업의 노동생산성 증가도 노동의 기계화에 의한 요인보다도 오히려 기술의 개발이나 지능의 향상에 의한 요인에 의존하는 경향이 많다.

2. 수요 측면에서의 특성

첫째, 수요의 불안정성을 들 수 있다. 건설산업은 전술한 바와 같이 수주산업의 성격이 있기 때문에 건설수요자인 발주자의 동향에 따라 크게 좌우된다. 그러나 발주자는 정부기관, 지방자치단체, 공공기관으로부터 민간기업, 개인에 이르기까지 매우 다양하기 때문에, 항상 정치, 경제, 사회정세의 영향을 받기 쉽고, 건설수요가 불안정한 측면을 가지고 있다.

둘째, 수요의 비정형성 또는 개별성이다. 건설산업은 특정한 수요자로부터 특별한 주문을 받아 생산하는 특징을 가지고 있기 때문에 동일한 제품을 반복생산하거나 제품의 표준화, 규격화가 어렵고, 따라서 제품계획에 의한 대량생산도 불가능하다. 이러한 건설수요의 비정형성 때문에 건설 산업운영이 다분히 특정과제해결형인 단기적 대응조직성격이 강하고, 일관된 제품계획과 안정적인 생산조직의 유지가 어렵다.

셋째, 선유통성(先流通性)이다. 건설상품의 유통경로는 아파트 등 특정의 제품을 제외한 대부분이 제품생산단계 이전에 수요자와 공급자가 결정되는 선 판매 후 생산형태의 유통구조를 가지고 있다. 따라서 제품의 저장이나 재고부담, 시장판매를 위한 유통구조 등이 타 산업에 비하여 거의 없기 때문에, 건설업이 생산관리중심적인 경영체제를 유지하는 경향이 높다. 공사의 수익성은 수주 당시의 가격결정에 의존하는 바가 크고, 공동주택 등 일부를 제외하고는 견본품 제작도 어렵기 때문에 건설업체의 과거 시공실적, 기업신뢰도 등이 수주경쟁의 관건이 되는 경우가 많다.

3. 기술 측면에서의 특성

건설산업에서 이용되는 기술은 다양하다. 건설제품은 동일 용도의 제품이라도 지역특성, 문화수준, 경제개발의 정도에 따라 생산에 이용되는 기술이 다양하게 나타나는 경우가 많다. 특히 건설산업의 경우 토착산업성격이 강하여 기술활동 초기단계에서부터 전래되고 개발되어 응용되는 전통적 기술이 있는가 하면, 새로운 기자재의 개발이나 Mechatronics, Electronics 등 과학문명의 발달에 따라 응용되는 신기술 등도 있다.

이로 인해 동일 공사에도 적용기술의 가능성이 크고 상용기술에 따라 공사 기간, 경비, 인력동원 등의 차이가 발생하기 때문에 다양한 기술의 보유와 공사성격에 적합한 기술의 적용이 건설업체의 경쟁력을 높이게 된다.

4. 공사의 개별성이 강한 특성

주문생산이라는 점에서는 건설업은 조선업과 매우 유사한 점이 있는데, 조선업에 비하여 건설공사는 그 종류, 구조, 규모, 위치, 공기 등에 관해서는 개별성이 떨어지고 있으나 생산조건에서 하나의 생산조건은 하나의 공사마다 이를 갱신하기 위하여 각 공사가 각각 특유의 시공상의 문제를 가지고 독자의 형태의 위험을 지니고 있다.

다음으로, 자동화효율의 저위성(低位性)을 지적할 수 있다. 건설산업은 인력, 상품, 기술을 종합하여 제품을 생산하는 종합산업이기 때문에 여기에 소요되는 자재의 종류와 수량이 많고, 각 공사마다 다른 설계와 공법을 이용하기 때문에 타 산업에 비하여 생산기술의 자동화가 어렵다. 특히 공장생산이 아니고 분산된 각지의 현장에서 생산활동을 전개하는 일회적 생산체제이기 때문에 시공자동화는 더욱 어렵다.

5. 생산활동 면에서 본 특성

첫째, 경기선행성 및 조절성이 있다. 건설산업은 인력, 상품, 기술을 종합하여 국민생활에 필요한 주택, 도로 등 사회간접자본의 형성과 공장건설 등 산업시설을 조성하는 산업으로 경제성장, 고용증대, 관련 산업의 경기부양과 기술발전 유도 등 국민경제와 밀접한 관계를 가지고 있다. 따라서 건설경기가 상승하면 시설투자가 늘어나는 것을 의미하며 투자증가에 따른 생산과 고용증대가 수반된다. 반대로 건설경기가 침체되면 투자가 감소하는 것을 의미하며 생산, 고용도 전반적으로 부진하게 된다. 이처럼 건설경기는 경제의 선행적 의미를 가지고 있다.

둘째, 제품의 대형화, 생산기간의 장기성이다. 건설제품은 일반 제조상품에 비하여 단위적 생산규모가 크고 제품과정이 복잡한 시스템적 기능에 의하여 이루어지기 때문에 생산과정이 장기적인 특징이 있다. 따라서 이러한 특성으로 인하여 건설산업의 경우 동원비용 등 초기에 투자자본이 막대하게 투입되지만, 자금의 회수는 대부분이 공정률에 의하여 실현되기 때문에 공사 완공 시까지 만성적인 자금부담을 가지는 경우가 많다.

셋째, 건설산업은 타 산업과의 연관성이 많다. 건설산업은 금융, 보험, 서비스산업과 제조업, 운수업, 농업에 이르기까지 대부분 산업의 생산활동에 선행하여 생산기반을 마련하는 역할을 한다. 또한 건설산업은 경기유도적인 산업으로서 공사의 시행과정에 기자재 및 인력의 투입에 따른 자재소비로 자재산업의 생산활동을 유발하며, 시공 이후 이를 판매하고 관리하는 부문과 임대업이나 관광업 등 이용 부문의 수요가 증대하게 된다. 이러한 과정에서 각종 거래를 원활하게 매개해주는 금융업이나 보험업 등도 건설산업과 밀접한 관련을 가지게 된다. 이와 같이 타 산업과의 관련성으로 국민경제에 매우 중요한 역할을 하고 있는가를 제시해주고 있다.

건설업은 연관 산업으로의 생산유발효과 측면에서 제조나 서비스 등 전 산업에 비해서 생산유발계수가 높다는 것을 알 수 있다. 생산유발계수(production inducement coefficients)란 최종수요가 한 단위 증가하였을 때 이를 충족시키기 위하여 각 산업 부문에서 직간접으로 유발되는 산출액 단위를 말한다.

[표 1-1] 산업별 생산유발계수

구분	2000년	2005년	2010년	2015년
건설업	1.925	1.943	2.081	1.997
공산품	1.843	1.904	1.921	1.952
서비스업	1.568	1.633	1.656	1.673
전 산업 평균	1.723	1.777	1.814	1.813

* 의미 : 어떤 산업의 생산품에 대한 최종수요가 1단위(10억 원) 발생할 경우, 해당 산업 및 타 산업에서 직간접으로 유발된 생산효과의 크기를 나타냄
** 자료 : 한국은행, 『산업연관표』, 2015년 기준

6. 고정성과 대체성의 제약

건설업의 대상은 주로 건물 기타 토지의 공작물이고 또는 토지나 공작물에 부대하고 있기 때문에 계약목적에 적합하지 않거나 조악(粗惡)한 시공을 하더라도 간단히 바꾸거나 다시 하는 경우가 쉽지 않고 설령 그것이 가능하더라도 막대한 비용을 요하기 때문에 사회 경제적인 견지에서도 득이 되지 않는다. 이 때문에 민법에서는 일반적으

로 도급계약의 목적물에 하자로 인해 계약의 목적을 달성할 수 없을 때에는 주문자에 계약의 해제를 인정하고 있음에도 불구하고 건물 기타 토지의 공작물 도급에서는 이것을 금하고 있다(민법 635조 단서). 따라서 주문자로서도 시공에서는 수시 당초의 계획을 변경을 하거나 혹은 세목에 이르러 지도를 할 필요가 있으며, 이 때문에 분쟁이 발생되는 경우가 많다.

제3절 건설산업의 생산체계와 관련 법규

1. 건설산업의 생산체계

건설은 일정한 장소에 정착하는 시설물을 신설 혹은 이설하거나 변경하는 일련의 행위로서, 세부적으로는 프로젝트의 발굴 및 기획, 타당성조사, 설계, 시공, 감리, 시운전, 인도 그리고 유지·보수·관리, 해체 등의 과정으로 이해할 수 있다.

현대의 건설산업은 좁은 의미의 건설(construction), 즉 '시공'만을 의미하기보다는 엔지니어링 능력을 기초로 하고 시공능력이 부가된 형태, 혹은 엔지니어링 및 시공능력이 결합된 사업형태로 프로젝트의 발굴에서부터 유지관리까지 일괄하여 수행하는 프로젝트 수행 및 관리개념으로서의 E&C(Engineering & Construction)로 이해된다.

여기서 EC(Engineering Construction)란 건설 프로젝트를 하나의 흐름으로 보아 사업발굴, 기획, 타당성조사, 설계, 시공, 유지관리까지 업무영역을 확대하는 것을 의미한다. 종래의 일반적인 건설업자(General Constructor)는 오직 시공 분야만을 업무로 하는 반면, 종합건설업자(Engineering Constructor)는 설계와 시공 분야로까지 업무영역을 확대하는 업자를 말한다. 이러한 건설프로젝트의 생산체계를 그림으로 나타내면 [그림 1-1]과 같다. 이는 건설수요의 고도화, 다양화, 복잡화, 전문화 추세로 생산 및 관리의 자동화가 가속되어 첨단기기의 설치 및 운영에 관한 지식이 요구되므로 보다 높은 종합화, 시스템화가 요구되어 EC화의 필요성이 더욱 확대되고 있다. EC화를 행정적으로 현실화·구체화시킨 것이 종합건설업제도이다.

이처럼 건설산업은 한 시설물의 생애주기(life cycle)를 포괄하는 과정을 총체적으로 담당하는 활동의 총합적인 것으로 이해되어야 한다. 이와 함께 좁은 의미의 건설인 '시공'은 그 기능면에서 시공을 중심으로 하여 다음과 같은 것들이 있다.

① 기획(planning) 및 엔지니어링(engineering) 기능 : 기본설계, 실시설계, 타당성조사 및 공사감리
② 지원기능(supporting) : 자금조달, 자재 및 인력 등의 조달운송과 정보수집 등
③ 유지관리(operating & maintenance) 기능 : 시운전, 유지보수 및 교육훈련 등

[그림 1-1] 건설프로젝트의 생산체계

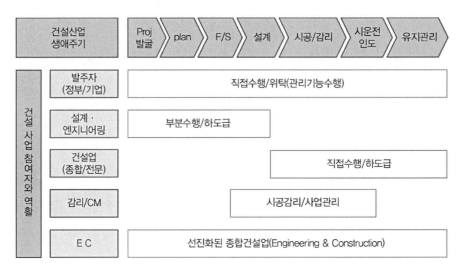

2. 건설산업의 생산체계와 관련 법규

건설산업에 직간접적으로 연관된 법규는 매우 다양하고 복잡하다. 건설산업에 대한 제도적 체계는 계획·설계·시공·유지관리 등의 사업시행의 프로세스 차원과, 계약·시행·관리감독 등의 각 단계별 사업의 수행요소 차원에 따라 분산적·다원적 구조를 보인다. 건설산업의 생산단계별 참여 주체와 관련 법규를 요약하면 다음과 같다.

[표 1-2] 생산단계별 참여 주체와 관련 법규

생산체계	참여 주체	해당 분야별 관련 법규
프로젝트 발굴, 기획, 타당성조사	엔지니어링업체 (시행사, 발주자)	• 건설사업계획(국토의 계획 및 이용에 관한 법률) • 건설사업인가(건축법) • 건설기술(건설기술 진흥법, 엔지니어링산업 진흥법)
설계 (기본, 실시)	설계, 엔지니어링 업체 (발주자, 설계자)	• 용역업자 선정(건설기술 진흥법) • 건축설계(건축사법, 엔지니어링산업 진흥법)
시공, 감리	건설업체, 감리업체 (시행사, 조달청, 발주청)	• 건설공사계약(국가계약법, 지방계약법, 건설산업 기본법, 하도급법) • 건설공사시행(건설기술 진흥법, 시설물안전법,* 건축법, 환경관련법, 노무관련법, 전기·소방·정보통신관련법, 주택법 등)
유지관리	건설, 유지관리업체 (건축주, 시설관리)	유지보수 및 안전점검(시설물안전법, 주택법, 공동주택관리법 등)

* 시설물안전법 : 「시설물의 안전 및 유지관리에 관한 특별법」

설계, 엔지니어링 및 감리의 시행자 선정과 입찰계약은 주로 건설기술 진흥법령의 규정에 의하며, 이는 「국가를 당사자로 하는 계약에 관한 법률」(이하 "국가계약법"이라 한다)의 개괄적 규정을 구체적으로 준용하는 것이다. 그러나 설계 등의 용역은 등록제가 아닌 신고제(설계 및 사업관리 등은 등록제로, 엔지니어링활동은 신고제로 운영)로 운영되며 그 업무의 내용에 따라 각각의 법률체계에 따르도록 되어 있다. 즉, 설계대가는 「엔지니어링산업 진흥법」, 기술사등록제도는 「기술사법」, 설계기술·품질기술·감리 및 사업관리·안전·유지관리 등은 「건설기술 진흥법」에 규정하고 있어 법령체계가 다기화되어 있다.

건설공사의 시행자 선정과 입찰계약은 「국가계약법」에 의하여 시행되고 있으며, 감리 등 관리측면의 용역입찰계약은 「엔지니어링산업 진흥법」 및 「건설기술 진흥법」의 규정에 의한다. 시공 및 시공관리는 「건설산업기본법」 및 관련 법규에 의하여 집행된다.

제4절 건설산업의 생산체계와 시장 진입

1. 건설산업은 '건설업'과 '건설용역업'으로 구분된다

1) 건설업

건설업(construction business)은 건설공사를 수행하는 업으로 종합적인 계획·관리 및 조정하에 시설물을 시공하는 종합건설업과 시설물의 일부 또는 전문 분야에 관한 공사를 시공하는 전문건설업으로 구분하고 있다(건산법8조). 「건설산업기본법」에서는 건설산업이란 건설업과 건설용역업을 말하며, 건설업은 건설공사를 하는 업(業)을, 건설용역업은 건설공사에 관한 조사, 설계, 감리, 사업관리, 유지관리 등 건설공사와 관련된 용역을 하는 업을 말하는 것으로 정의하고 있다(법2조1, 2, 3호).

건설공사란 토목공사, 건축공사, 산업설비공사, 조경공사, 환경시설공사, 그 밖에 명칭과 관계없이 시설물을 설치·유지·보수하는 공사 및 기계설비나 그 밖의 구조물의 설치 및 해체공사 등을 말한다. 그러나 「전기공사업법」에 의한 전기공사, 「정보통신공사업법」에 의한 정보통신공사, 「소방시설공사업법」에 의한 소방설비공사, 「문화재보호법」에 의한 문화재수리공사는 건설업역에서 제외하고 있고(법2조4호), 인허가와 발주 및 하도급에 대한 규제 등이 각각 상이하다.

2) 건설용역업

건설용역업(construction service business)은 건설공사에 관한 조사·설계·감리·사업관리·유지관리 등 건설공사와 관련된 용역을 수행하는 업으로 엔지니어링업, 건축설계·감리업, 전문감리업 등으로 구분하고 있다. 용역은 일반적으로 물질적 재화의 형태를 취하지 아니하고, 생산과 소비에 필요한 노무를 제공하는 일인데, 건설과 관련된 역무를 제공하기 때문에 건설용역이라 부르고 있다.

2. 각 업역별로 진입이 제한된다

우리나라의 건설생산체계는 [그림 1-2]에서 보는 바와 같이 칸막이 형태로 업역별로 그 진입이 제한되어 있다. 이를 표로 나타내면 [표 1-3]과 같다.

[그림 1-2] 건설산업의 업무영역

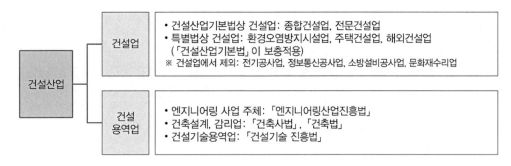

[표 1-3] 건설산업의 생산체계와 시장 진입

구분	진입제한의 내용	관련 법률
등록/신고 제도	• 건설업체의 자격을 법률로 정하고 이를 건설시장의 참여 요건으로 하고 있음 • 건설업등록, 주택건설업등록, 해외건설업신고, 건설기술용역업체등록, 건축설계업신고 등	건설산업기본법 건설기술 진흥법 건축사법 주택법
업역 간의 활동제한	• 종합건설업체는 전문공사를, 전문건설업체는 종합건설공사의 수주를 일부 제한함	건설산업기본법
건축설계 사무소개설	• 건축설계는 건축사만이 할 수 있고 '건축사사무소'라는 명칭을 사용하여야 함	건축법 건축사법
하도급 제한제도	• 일괄하도급 제한, 재하도급 제한, 소규모공사의 직접시공의무제 등	건설산업기본법
건설업체 평가제도	• 시공능력공시제도 • 입찰참가자격사전심사제도(PQ)	건설산업기본법 국가계약법

　각 업역은 등록 또는 신고제도로 진입이 제한되어 있기 때문에 업(業)을 영위하기 위해서는 별도의 자격요건을 갖추어야 한다. 따라서 건설업을 영위하고자 할 경우에는 「건설산업기본법」에 의하여 등록하여야 하나, 특별한 종류의 공사에 참여하기 위해서는 특별법에 의하여 등록 또는 허가 등을 하여야 한다. 예컨대, 해외건설사업은 「해외건설촉진법」에 의한 해외건설업신고, 주택건설사업은 「주택법」에 의한 주택사업자등록, 대기오염·수질오염·소음진동 등의 방지시설공사업은 환경 관련 법률에 의하여 관련시설의 설계·시공업 등록을 하여야 한다.

　건설용역업은 「엔지니어링산업 진흥법」, 「건축사법」 및 「건설기술 진흥법」 등 개별법에 의한 등록 또는 신고를 하여야 하며, 건설사업관리(Construction Management)는 별도의 등록을 요하지는 않으나 '건설사업관리업무의 내용이 관계법령에 의하여 신고·등록 등을 하여야 하는 업무인 경우'에는 당해 법령에 의한 신고·등록이 필요하다. 특히 건설엔지니어링 등 건설용역업은 대상별 또는 소관부처별로 분화되어 있다. 건축설계업은 '건축사무소'라는 명칭 사용을 의무화하고(건축사법23조4항), 대표이사의 자격을 건축사(건축사법 시행령23조)로 규제하고 있어 사실상 시공업 등 타 분야와의 겸업을 제한하고 있다. 설계용역업은 관련 정책이 엔지니어링산업의 육성(산업통상자원부), 기술인관리(국토교통부), 건설기술사업관리(국토교통부)로 부처별로 분산되어 있다.

3. '종합건설업'과 '전문건설업' 간에는 영업범위가 제한된다

종합공사라 함은 종합적인 계획·관리 및 조정하에 시설물을 시공하는 건설공사를 말하며, 이러한 업종의 건설업을 종합건설업이라 한다. 종합건설업은 공사의 공정, 품질, 원가 등의 생산과정을 관리하고, 공사현장에서 작업을 감독한다. 토목공사업, 건축공사업, 토목건축공사업, 산업·환경설비공사업 및 조경공사업 등 5개의 업종이 있다.

이에 비해 전문건설업은 노무를 제공하는 등 시공상의 작업에 직접적으로 종사한다. 그리하여 일반적으로 양자는 기능뿐만 아니라 기업조직에서도 분리되는바, 전자는 공사를 수주하여 완성의 책임을 부담하는 '원도급'이고, 후자는 원도급의 관리하에서 업무에 종사하는 '하도급'의 관계를 형성한다. 물론 전문공사를 전문업자가 도급받아 직접적으로 수행할 경우에는 원도급의 성격을 띠게 된다. 양자의 관계를 정리하면 [표 1-5]와 같다.

[표 1-4] 종합건설업종과 전문건설업종(2021. 10. 기준)

종합건설업종	① 토목공사업 ② 건축공사업 ③ 토목건축공사업 ④ 산업·환경설비공사업 ⑤ 조경공사업
전문건설업종	① 지반조성·포장공사업 ② 실내건축공사업 ③ 금속창호·지붕건축물조립공사업 ④ 도장·습식·방수·석공사업 ⑤ 조경식재·시설물공사업 ⑥ 철근·콘크리트공사업 ⑦ 구조물해체·비계공사업 ⑧ 상하수도설비공사업 ⑨ 철도·궤도공사업 ⑩ 철강구조물공사업 ⑪ 수중·준설공사업 ⑫ 승강기·삭도공사업 ⑬ 기계가스설비공사업 ⑭ 가스난방공사업 ⑮ 시설물유지관리업*

* '시설물유지관리업종'은 2023. 12. 31.까지 유효

[표 1-5] 종합건설업과 전문건설업의 역할 구분

구분	종합건설업	전문건설업
주요 기능	관리·감독기능	직접 시공기능
거래관계	원도급(공사수주와 완성책임)	하도급(기능·노동력 제공)
건설현장에서의 역할	지휘감독, 대외적 절충 등	작업의 관리·실시
능력기반	기술지식, 조정능력	기능, 실천력

　건설공사를 도급받으려는 자는 해당 건설공사를 시공하는 업종을 등록을 하여야 한다(법16조). 건설업의 업종과 업종별 업무 분야 및 업무내용은 「건설산업기본법 시행령」 제7조에, 기술능력·자본금·시설 및 장비 등의 등록기준은 제13조에 규정하고 있다.

[표 1-6] 종합건설업의 업종 및 등록기준

업종의 명칭	등록기준	
	기술능력	자본금(법인/개인)
1. 토목공사업	6명 이상	5억(10억)
2. 건축공사업	5명 이상	3.5억(7억)
3. 토목건축공사업	11명 이상	8.5억(17억)
4. 산업·환경설비공사업	12명 이상	8.5억(17억)
5. 조경공사업	6명 이상	5억(10억)

　최근 개정되어 시행되거나 시행 예정인 건설업의 업역과 제도 변화를 살펴보면 다음과 같이 요약할 수 있다.

1) 업역 간의 '칸막이' 폐지

　2021년부터는 건설업계에서 40여 년 넘게 구분되어 있던 종합건설업과 전문건설업의 영역[業域] 간 칸막이가 사라진다. 건설업역 제도는 1976년 전문건설업이 도입된 이후 업역과 업종에 따라 건설사업자의 업무영역을 법령으로 엄격히 제한해오던 '칸막이'를 없애고, 발주자가 역량 있는 건설업체를 직접 선택할 수 있도록 건설업역 구

조를 전면 개편하게 되었다.[3]

또한 건설공사를 도급받으려는 자는 해당 건설공사를 시공하는 업종에 등록하면 되고(건산법16조1항), 종합건설사업자는 등록한 건설업종에 해당하는 전문공사를 원·하도급 받을 수 있고, 2개 이상 전문업종을 등록한 건설사업자는 그 업종에 해당하는 전문공사로 구성된 종합공사를 원도급으로 수주할 수 있다. 따라서 업역의 경계와 원·하도급의 칸막이가 사라지게 된 것이다. 물론, 종합건설사와 전문건설사가 서로의 시장에 진입하려면 상대 업종의 기술능력이나 시설·장비 등 등록기준을 갖춰야 하며, 상대 시장으로 진출할 때는 전부 직접 시공해야 한다.

2) 전문건설업종의 대업종화

2018년 「건설산업기본법」의 개정과 2021년 시행령 개정으로 2022년부터 시설물유지관리업을 제외한 28개 전문건설업종은 공종 간 연계성, 시공기술 유사성, 발주자 편의성과 함께 겸업 실태, 현실 여건 등을 종합적으로 고려하여 업종이 14개로 통합되었다.

2021년 1월부터 공공공사는 업역 폐지가 시행되고(민간공사는 2022년부터 시행됨), 공공공사는 2022년, 민간공사는 2023년부터 대업종(大業種)으로 발주한다. 2022년 1월부터 각 전문업체는 대업종으로 자동 전환되며, 신규 업종 등록 시 대업종을 기준으로 전문건설업종을 선택할 수 있다(건산법 시행령 별표1, 부칙3조, 7조1항).

---

3) 1975. 12. 31. 법률 제2851호로 개정되고, 1976. 4. 1.부터 시행된 건설업법에서는 건설업을 일반공사업·특수공사업 및 단종공사업으로 구분하고, 시행령(1976. 3. 29. 개정)에서는 일반공사업 3개 업종(토목, 건축, 토목건축), 특수공사업 5개 업종(철강재설치공사업, 항만준설공사업, 포장공사업, 색도설치공사업, 조경공사업) 및 단종공사업 18개 업종(목공사, 토공사, 미장공사, 석공사, 도장공사, 방수공사, 조적공사, 비계공사, 창호공사, 지붕 및 판금공사, 철근 및 콘크리트공사, 강구조물공사, 위생 및 냉난방 설비공사, 기계·기구 설치공사, 상하수도설비공사, 보링 및 그라우팅공사, 철물공사, 철도궤도공사)으로 개편하였다. 일반면허 또는 특수면허를 받은 자는 단종공사에 해당하는 건설공사만을 도급받을 수 없도록 하였다.

[표 1-7] 전문건설의 대업종화 내용(건설산업기본법 시행령[별표2]) 〈개정 2022. 2. 17.〉

건설업종(대업종)	업무분야(주력분야)	기술능력	자본금	시설·장비
1. 지반조성·포장공사업	1) 토공사	2명	1.5억 원	사무실
	2) 포장공사	3명		
	3) 보링·그라우팅·파일공사	2명		
2. 실내건축공사업	실내건축공사	2명	1.5억 원	사무실
3. 금속창호·지붕건축물조립공사업	1) 금속구조물·창호·온실공사	2명	1.5억 원	사무실
	2) 지붕판금·건축물조립공사	2명		
4. 도장·습식·방수·석공사업	1) 도장공사	2명	1.5억 원	사무실
	2) 습식·방수공사	2명		
	3) 석공사	2명		
5. 조경식재·시설물공사업	1) 조경식재공사	2명	1.5억 원	사무실
	2) 조경시설물설치공사	2명		
6. 철근·콘크리트공사업	철근·콘크리트공사	2명	1.5억 원	사무실
7. 구조물해체·비계공사업	구조물해체·비계공사	2명	1.5억 원	사무실
8. 상·하수도설비공사업	상·하수도설비공사	2명	1.5억 원	사무실
9. 철도·궤도공사업	철도·궤도공사	5명	1.5억 원	사무실/장비
10. 철강구조물공사업	철강구조물공사	4명	1.5억 원	사무실
11. 수중·준설공사업	1) 수중공사	2명	1.5억 원	사무실/장비
	2) 준설공사	5명		
12. 승강기·삭도공사업	1) 승기설치공사	2명	1.5억 원	사무실/장비
	2) 삭도설치공사	5명		
13. 기계가스설비공사업	1) 기계설비공사	2명	1.5억 원	사무실/장비
	2) 가스시설공사(제1종)	3명		
14. 가스난방공사업	1) 가스시설공사(제2종)	1명	-	사무실/장비
	2) 가스시설공사(제3종)	1명		
	3) 난방공사(제1종)	2명		
	4) 난방공사(제2종)	1명		
	5) 난방공사(제3종)	1명		
15. 시설물유지관리업	-	4명	2억 원	사무실/장비

* '시설물유지관리업'은 2023. 12. 31.까지만 유효

3) 주력 분야 제도 도입

대업종화로 업무범위가 넓어짐에 따라 발주자가 업체별 전문 시공 분야를 판단할 수 있도록 주력 분야 제도를 도입한다. 전문공사를 시공하는 업종을 등록하려는 자는 건설업을 등록할 때 해당 업종의 업무 분야 중 주력(主力)으로 시공할 수 있는 1개 이상의 업무 분야(주력 분야)를 정하여 국토교통부장관에게 등록을 신청해야 한다(건산법 시행령7조의2).

주력 분야는 현 전문업종을 기준으로 28개로 분류하여 운영한다. 전문업체는 2022년 대업종화 시행 이전 등록한 업종을 주력 분야로 자동 인정받게 되고, 2022년 이후 대업종으로 신규 등록 시 주력 분야 취득요건을 갖출 경우 주력 분야 1개 이상을 선택할 수 있다(건산법 시행령7조의2, 별표2, 부칙7조2항).

4) 시설물 유지관리업 업종 전환

종합·전문 업역 폐지로 2021년부터 모든 건설업체가 시설물업이 수행 중인 '복합+유지보수 업역'에 참여 가능한 만큼, 시설물업을 별도의 업역 및 이에 따른 업종으로 유지할 실익이 없어졌다. 따라서 기존 사업자는 특례를 통해 자율적으로 2022년부터 2023년까지 전문 대업종 3개(지반조성·포장, 실내건축 등 6개 대업종) 또는 종합업(토목 또는 건축)으로 전환할 수 있으며, 업종전환하지 않은 업체는 2024년 1월에 등록이 말소된다(건산법 시행령 부칙2조, 6조).

5) 건설 분야에 대한 용어 변경

① '건설기술자'에서 '건설기술인'으로 변경

건설기술인(Construction Engineer)이란 관계 법령에 따라 건설공사에 관한 기술이나 기능을 가졌다고 인정된 사람이다(건설산업기본법2조15호). 이러한 기존의 건설기술자에 대한 전문가로서의 인식이 보편화되어 있지 않아 사기저하 등의 문제가 있어, '건설기술자'를 '건설기술인'으로 순화함으로써 건설기술인의 위상을 제고하고 긍지와 자부심을 북돋우기 위해서 2018. 8. 14. 법 개정 시 '건설기술자'를 '건설기술인'으로 용어를 변경하였다.

② '건설업자'를 '건설사업자'로 변경

건설사업자(Constructor)란 「건설산업기본법」 또는 다른 법률에 의하여 등록 등을 하고 건설업을 하는 자를 말한다(법2조7호). 종전에는 '건설업자'라 부르던 것을 '업자(業者)에 대한 이미지 개선과 용어 순화를 위해 2019. 4. 30. 법률 제16415호로 '건설사업자'로 명칭을 변경하게 되었다.

③ '건설기술용역'을 '건설엔지니어링'으로 변경

건설기술용역(Construction Technology Service)이란 다른 사람의 위탁을 받아 건설기술에 관한 업무를 수행하는 것을 말한다. 다만, 건설공사의 시공 및 시설물의 보수·철거 업무는 제외한다(건설기술 진흥법2조3호).

'건설기술용역'이라는 용역은 단순한 노무를 제공하는 것을 넘어 설계·감리·측량 등 전문적이고 복합적인 건설기술에 대한 서비스를 제공한다는 의미를 전달하기 어려운 측면이 있었다. 그리하여 2021. 3. 16. 「건설기술 진흥법」을 개정하여 '건설기술용역'을 '건설엔지니어링'으로 변경하였다. 따라서 '건설기술용역업'은 '건설엔지니어링업'으로 '건설기술용역업자'는 '건설엔지니어링사업자'로 변경하였다.

4. 건설공사의 하도급에는 다양한 규제가 있다

도급받은 건설공사의 전부 또는 일부를 다시 도급하기 위하여 수급인이 제3자와 체결하는 계약을 하도급(subcontract)이라 한다(건산법2조12호). 즉, 수급인이 자기가 인수한 일의 완성을 다시 제3자에게 도급시키는 것으로 구 민법에서는 하청(下請)이라 하였다. 도급은 일의 완성이 목적이므로 원칙적으로 하도급이 허용되나 일괄하도급 또는 재하도급 등은 예외적으로 인정되지 않는다. 건설공사의 원·하도급관계를 그림으로 나타내면 [그림 1-3]과 같다.

[그림 1-3] 건설공사의 원·하도급 구조

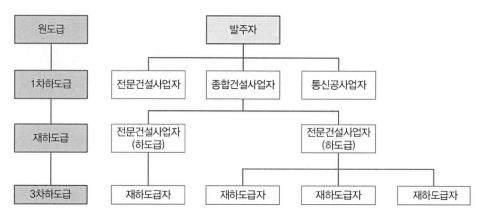

건설업의 생산체계는 프로젝트를 기획하는 단계에서 출발하여, 설계자의 설계를 거쳐 건설 일체의 시공과 완공 후 유지관리에 들어간다. 이러한 업무는 엔지니어링업체, 건축사사무소, 자재 및 장비업체, 건설공사의 하도급업체 등이 협업형태로 이루어지고 있어, 상호 간의 이해관계 또한 매우 복잡하게 얽혀 있다. 이와 같이 건설업은 대표적인 수주산업으로서 생산과정이 장기간이고, 다양한 기술과 자재 및 인력 등이 적용되므로 하도급의 의존도가 높다. 그러나 건설하도급 시장은 원수급자의 우월적 지위남용, 일괄하도급, 중층하도급 등 각종 부조리가 발생하고 있다.

따라서 이를 방지하고 각종 부조리를 예방하기 위하여 종합건설사업자와 전문건설사업자 간에는 하도급거래 공정화와 전문건설업자의 보호를 위한 각종 규제와 제도가 시행되고 있다. 이것은 실제 투입공사비의 중간유출과 이에 따른 부실시공 방지를 위해 건설사업자는 도급받은 건설공사의 전부 또는 주요 부분의 대부분을 다른 건설사업자에게 하도급할 수 없고(건산법29조1항), 수급인은 그가 도급받은 전문공사를 하도급할 수 없으며(건산법29조2항), 하수급인은 하도급받은 건설공사를 다른 사람에게 다시 하도급할 수 없도록 규정하고 있다(건산법29조3항).

하도급 관련법령은 하도급 행위제한 및 하도급거래 공정화로 구분하며, 하도급행위제한은 「건설산업기본법」에서, 하도급공정화에 관련해서는 「건설산업기본법」 및 「하도급법」에서 규정하고 있으며, 이 경우 「하도급법」이 우선적으로 적용된다.

5. 건설업역에 대한 변혁이 진행 중에 있다

종합건설업과 전문건설업과의 업역제도는 1976년 전문건설업이 도입된 이후 각자의 영역[業域]을 나눠 겸업을 엄격히 금지해왔다. 그동안 건설업계는 2개 이상 공종으로 된 복합공사의 원도급은 종합건설사만 수주할 수 있고, 단일공종의 전문공사의 원·하도급은 전문건설사만 담당했다. 이렇듯 둘로 나뉜 건설업무는 더욱 분업화돼 종합 5개, 전문 29개로 세분화되었다. 이러한 건설업역 제도는 수주 산업의 특성상 갑·을 관계가 형성되면서 공정경쟁 저하, 페이퍼컴퍼니(paper company) 증가, 기업성장 저해 등의 부작용이 나타나기도 했다. 이에 국토교통부는 건설산업의 경쟁력을 강화하기 위해 2018년 민관합동으로 '건설산업혁신위원회'를 꾸리며 '게임의 룰'을 바꾸기로 결정했고, 2020년 10월 「건설산업기본법 시행령」과 시행규칙 개정안을 입법예고 하면서 건설산업생산체계혁신방안을 마무리지었다.

또한 전문업종별 경계선도 옅어진다. 전문건설업종은 유사업종을 통합해 업종 전반을 대업종화하고, 전문업종 대업종화로 인해 발주자가 업체별 전문 시공 분야를 판단할 수 있도록 주력 분야 제도를 도입하였다. 따라서 이러한 다양하고 혁신적인 제도의 변화는 관련 규정이 마련되고 실무집행을 통해서 2022년부터 체계적으로 정착될 것으로 판단된다.

제2장
건설클레임과 분쟁

제2장

건설클레임과 분쟁

제1절 건설클레임과 분쟁의 개요

1. 건설클레임의 개념

클레임(claim)은 원래 '권리의 주장'을 의미하고, 이것이 진화하여 요구, 청구, 주장, 권리, 청구권이라는 의미로 쓰이고 있다. 업계에서 클레임도 본래 의미 외에 특별한 의미로 사용되고 있다. 예컨대, 무역클레임에 대해서는 "매매계약당사자의 일방이 계약불이행 또는 위반에 대하여 상대방의 계약해제, 또는 손해배상의 청구"를 의미한다. 이 계약불이행 또는 위반은 매도자 측에도 있고 매수자 측에도 있기 때문에 그 어느 측으로부터도 클레임의 제기가 가능한데, 특히 그 양과 내용에서 매수자가 매도자에 대하여 제기하는 경우가 많다. 따라서 일반적으로 무역클레임이란 "수입업자가 수출업자에 대하여 계약이 완전히 이행되지 않았다는 이유로 계약의 해제 또는 대금의 감액 혹은 손해배상을 청구하는 것"을 말한다.

이에 반하여 건설업에서 클레임이란 계약불이행 또는 위반에 대한 청구라기보다도 오히려 "계약 혹은 계약의 이행상 발생하는 계약당사자 간의 분쟁에 관하여 계약당사자의 일방이 상대방에 대하여 하는 청구 또는 불복의 신청"으로, 특히 "건설업자가 조건의 변경, 설계변경, 추가공사, 불가항력, 물가변동 등의 사유에 비용증가를 청구하는 것"이다.

정리하면 클레임이란 사업 주체 또는 건설업체가 고의 또는 과실로 계약내용을 위반하거나, 부당한 조치 등에 의하여 계약 상대방에게 경제적 손실, 시간적 손실을 초래한 경우에 이에 보상을 요구하는 것을 말한다.

클레임이란 개념은 매우 다양하게 사용된다. 클레임의 사전적 의미는 'an assertion of a right to something', 즉 권리행사에의 주장[1])이라고 할 수 있으나, 보다 광범위하게 살펴보면 한두 마디로 표현할 수 없을 만큼 많은 뜻을 지나고 있다. 넓은 의미로는 단순한 불평(complaint)이나 경고(warning) 또는 분쟁(dispute) 등을 총칭하고 있지만, 좁은 의미에서는 계약당사자의 일방이 계약위반으로 상대방에게 손해를 끼쳤을 경우에 피해자가 가해자에게 자기의 권리회복이나 손해배상을 요구하는 것을 말한다.

미국의 「연방조달규칙(Federal Acquisition Regulation)」[2])에 따르면, "클레임이란 당해 계약의 조건에 따라 또는 당해 계약과 관련하여 계약의 일방 대상자가 보유한 권리로서 인정되는 금액의 지급, 계약조항의 조정이나 해석 또는 기타의 구제를 서면으로 요구하거나 주장하는 것"이라고 정의하고 있다. 미국건축사협회(The American Institute of Architects)에서 발행하는 「표준계약조건」에서는 "발주자와 시공자가 자신의 계약적 권리를 요구하거나 주장하는 것뿐만 아니라 계약이행과정에서 야기되는 여타 분쟁들을 포함하는 것"으로 규정하고 있다.[3])

이러한 클레임은 두 가지 쟁점들을 수반하는데, 그 하나는 책임문제(liability)와 재정적인 손실 등(financial damages)이다. 정리하면 클레임은 우선 누구에게 책임이 있는가 하는 것과 그에 따른 손실비용이 얼마인가 하는 문제가 핵심이라 하겠다.

책임문제와 관련해서는 공사가 도면 및 시방서에 따라 수행되었는지 혹은 개인 또

---

1)   Vincent Powell-Smith & John Sims, *Building Contracts Claims*, Granada Publishing Ltd., London, 1984, p. 7.; Black's Law Dictionary에서는 Claim을 "to demand as one's own or as one's right"라고 포괄적으로 정의하고 있다.

2)   Federal Acquisition Regulation, Part 2, Subpart 201(Definitions): 'Claim' means a written demand or written assertion by one of the contracting parties seeking, as a matter of right, the payment of money in a sum certain, the adjustment or interpretation of contract terms, or relating to this contract.

3)   AIA에서 발간된 건설공사계약 일반조건(General Condition of Contract: AIA Document A201)에서는 클레임에 대해서는 "a claim is a demand or assertion by one of the parties seeking, as a matter of right, adjustment or interpretation of contract terms, payment of money, extension of time or other disputes and matters in question between the owner and contractor arising out of or relating to the contract"라고 정의하고, WIKIPEDIA(The Free Encyclopedia)에서는 "A claim is a legal action to obtain money, property or the enforcement of a right protected by law against another party"라고 정의하고 있다.

는 회사가 그들에게 요구되는 의무를 수행하였는지 여부이다. 반대로 재정적인 손실은 클레임을 유발한 사안에 따라 야기되는 예상된 재정적인 손실을 수량화한 것이다. 그리고 책임문제는 법률의 원칙에 따라 귀결되고, 재정적인 손실은 생산성 측정과 공정관리와 같은 과제의 활용도에 따라 결정된다.

2. 건설분쟁의 개념

클레임과 달리 분쟁(dispute)은 변경된 사항에 대하여 발주자와 계약상대자 상호 간에 이견이 발생하여 상호 협상에 의해서 해결하지 못하고, 제3자의 조정이나 중재 또는 소송의 개념으로 진행하는 것이다. 따라서 클레임은 분쟁의 이전 단계를 의미하고 있다. 그렇기 때문에 클레임이 제기되어 상호 협의를 통해서 타결이 되었을 경우에는 문제가 없으나 결렬되었을 경우에는 분쟁으로 발전하게 되는 것이다. 이는 분쟁과 클레임 등 유사용어를 발생 경위 또는 과정을 기준으로 다단계로 차별화하여, 불평이나 불만(complaint)이 클레임(claim)으로 확대되고, 이것이 분쟁(dispute)의 순으로 발전되는 분석적인 개념 정의를 한 것이라고 볼 수 있다.[4]

우리나라 정부공사계약, 용역계약 및 물품구매계약의 경우, 「공사계약일반조건」 제51조, 「용역계약일반조건」 제36조 및 「물품구매(제조)계약일반조건」 제31조에서는 "계약의 수행 중 계약당사자 간에 발생하는 분쟁은 협의에 의하여 해결한다"라고 규정하여, 클레임과 분쟁을 포괄하는 개념으로 계약과 관련하여 발생하는 모든 분쟁, 즉 위에서 언급한 클레임과 분쟁을 일괄하여 분쟁이라고 정의하고 있다. 따라서 이 책에서는 클레임과 분쟁을 구분하지 아니하고 우리나라에서 일반적으로 받아들여지고 있는 대로 클레임과 분쟁 단계를 합친 포괄적인 개념으로 클레임이라는 용어를 사용하고자 한다.

한편 클레임이란 계약체결후의 권리의 주장을 의미하기 때문에 계약체결 전 단계에서의 주장과는 구별할 필요가 있다. 계약체결 전 즉, 입찰단계에서의 주장은 미국에서는 이의제기(protest)라고 부르고 있으며, 입찰공고에 대한 이의 등이 여기에 해당한다. 이의신청에 대해서는 클레임과 전혀 다른 절차가 취해지며, 연방회계검사원

---

4)   최장호, 『상사분쟁관리론』, 두남, 2003, p. 27.

(GAO, General Acception Office) 등이 관할을 담당하고 있다.[5] 건설 클레임과 분쟁에 대한 개념을 그림으로 나타내면 아래와 같다.

[그림 2-1] 클레임과 분쟁의 개념도

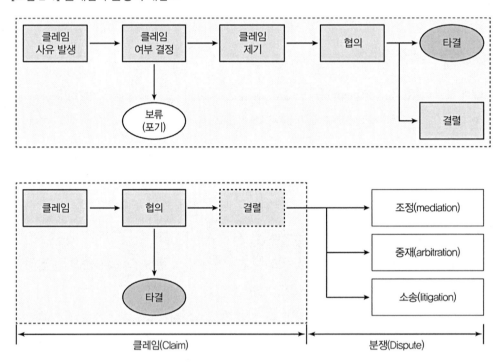

3. 건설클레임의 법적 성격

첫째, 일반적으로 클레임은 분쟁이전의 단계를 말하며, 클레임 자체가 분쟁을 의미하는 것은 아니다.[6] 이 의미는 계약의 이행에서 매우 중요한 것으로서, 계약의 한 당

---

5) 미국의 경우 연방정부의 조달을 감시하는 기관으로서 회계검사원(GAO, General Acception Office)이 있다. 이 기관은 1921년 예산회계법에 근거하여 설립되었고, 정부의 재정관리, 각 정부기관의 회계검사, 계약에 관한 분쟁의 해결을 한다. 1985년 계약에 관련되는 적정경쟁법(Competition in Contracting Act)에 의거 GAO는 연방정부의 발주기관에 의한 조달 관련 법규 위반행위에 대한 모든 이의신청을 받고 있다. 입찰 관련 이의신청 대상으로는 입찰서류의 적정성, 낙찰자의 계약이행능력의 판단 관련 사항, 입찰안내 및 입찰절차에 관한 사항, 시방서의 편향성 등을 대상으로 하고 있다(남진권,「건설공사 클레임과 분쟁실무」, 기문당, 2003, pp. 99~104).

6) 이는 국제적인 관례이며, 우리나라의 경우에도,「공사계약일반조건」제51조 및「용역계약일반조건」제36조에서는 "계약의 수행 중 계약당사자 간에 발생하는 분쟁은 협의와 조정 또는 중재 그리고 소송으로 해결한다"라고 규정하고 있어 이를 전제로 하고 있음을 알 수 있다.

사자가 클레임을 제기하였다고 하더라도 쌍방 간의 협상에 의하여 타결되었을 때는 이를 분쟁이라 하지 않는다. 환언하면 클레임은 협상의 자료로서 상대방에게 제시되는 것이지, 처음부터 분쟁을 상정하는 것은 아니다. 통상 조정과 중재와 같은 절차를 클레임의 후속수단이라고 한다.[7] 그러므로 클레임의 후속단계, 즉 조정이나 중재에는 클레임이라는 용어 대신 분쟁이라고 표현하는 경우가 많다. 따라서 '건설클레임'은 제도권의 용어라기보다는 이론상 또는 실무상의 용어라고 할 수 있다.

둘째, 이러한 클레임은 계약조건에 명시된 일련의 절차에 따라 처리되어야 한다. 그러나 해결되지 않는 클레임은 민사분쟁으로 발전하게 되며, 이런 분쟁의 해결은 조정이나 중재 또는 소송 등의 다양한 방법에 따라 처리된다.

셋째, 클레임의 개념과 관련하여 또 다른 중요한 사항은, 클레임의 제기 이전에 계약위반이 존재하는 것이 일반적이지만 반드시 계약위반을 전제로 제기되는 것은 아니라는 점이다. 즉, 클레임이란 공사 수행 중 당초 계약내용에 포함되지 않았던 사안의 발생으로 인해, 직접 혹은 간접적으로 입는 손실에 대한 보상을 청구하는 행위인 것이다.

넷째, 시공자가 발주기관 측의 계약위반에 대하여 클레임을 제기하거나, 계약상에 요구되는 것 이상의 작업이 진행되었을 때 이에 대한 정당한 대가를 보상받기 위해 클레임을 제기하는 것은 정당한 권리행사이며, 이에 따른 발주자와 수급자 간의 공사비 증액, 공기연장에 대한 마찰은 흔히 발생된다.

그러나 이러한 권리주장은 보통 계약문서상의 규정으로 결정되지만, 작업조건의 광범위함과 불확실성 등의 건설공사가 갖는 본질적인 특성으로 인해, 모든 문제를 계약문서에서 다룰 수 없기 때문에 발생되는 경우도 있다. 따라서 클레임 관리의 목적은 단순히 클레임 발생을 억제하는 것에 국한되는 것이 아니라, 계약당사자 간의 정당한 이윤추구와 권리행사를 보장함으로써 클레임 발생 및 영향을 최소화하고, 공사관계자 간의 신뢰와 협조적인 공사수행환경을 구축하는 것이 궁극적인 의의라 할 수 있다.

---

7) 클레임의 후속단계, 즉 조정이나 중재에서는 클레임이라는 용어 대신 분쟁(dispute)이라고 표현하는 경우가 많다. UNCITRAL상의 중재규정(Arbitration Rules, UN Commission on International Trade Law)에서는 "Dispute arising in the context of international commercial relations…."라고 규정하고, ICC의 조정 및 중재규정(Rules of Conciliation and Arbitration of the International Chambers of Commerce)에서는 "All disputes arising in the connection with the present contract…."라고 규정, 이를 분명히 하고 있다.

제2절 건설클레임의 발생 원인[8]

1. 클레임의 발생 배경

우리나라는 예로부터 유교사회의 영향으로 신뢰를 기본으로 한 인간관계에서 당사자의 금전적 이익에 관한 사안을 피하고 금기시해왔다. 따라서 클레임이 정당한 권리라는 의식과 분명한 계약 및 그에 대한 철저한 이행이 체질화되지 못했다. 또한 관(官) 주도였던 정부 건설공사에서 발주자인 정부가 전통적인 계약방식과 관행으로 절대적 우위를 차지했던 탓에 클레임에 대한 의식이 미약했고, 관련 사례가 거의 없는 실정이었다. 이러한 배경에서 발생한 클레임에 대한 분쟁해결대책은 해외에서는 심각하게 다뤄지고 있으나 국내에서는 그리 중요하게 생각하지 않은 배경이 되었다. 그 이유는 다음과 같이 요약된다.

첫째, 전래적인 계약당사자 간 상부상조(相扶相助) 원칙의 계약관행이다. 특히 우리나라에서는 뜻하지 않던 사고나 재난을 당했을 때 또는 상호 간의 분쟁이 발생되었을 때에는 공동의 노력으로 이를 극복하는 상호부조의 관행이 장려되고, 또한 사회적으로 널리 시행되어 왔다.

둘째, 발주자 우위의 형태로 인해 문제가 발생하더라도 공사의 특성상 발주기관인 행정관서와의 지속적인 관계 유지를 위해서 자체적으로 해결하는 경우가 대부분이다.

셋째, 분쟁기관의 부재와 해결능력 부족으로 인해, 클레임에 대한 대응에서는 후진국 수준을 벗어나지 못한 점 등을 들 수 있다.

그러나 건설시장 개방으로 인해 1999년 면허제가 등록제로 변경되면서 해당요건이 대폭적으로 완화되었고, 이로 인해 업체수의 난립을 초래하였고, 아울러 업체 간의 경쟁이 치열해지면서, 동시에 1998년 IMF 영향은 건설업계의 생존에 치명적인 위기를 가져오게 되었다.

---

8)   건설클레임의 발생 원인으로는 시각에 따라 다양한데, 시공자의 입장에서는, 입찰 전 부적절한 조사(inadequate investigation before bidding), 저가 및 지나친 낙관에 의한 입찰(bidding below cost and overoptimism), 불충분한 계약과 잘못된 장비의 사용(poor planning and use of equipment) 등이 있고, 발주기관은 계획 또는 시방내용의 변경(changes in plans or specifications), 발주기관이 제공한 부적절한 입찰정보(inadequate bid information issued by the contracting agency), 규제성 시방내용(restrictive specifications) 등이 있다(백준홍, "국내 건설공사에 있어서 클레임의 처리현황과 문제점 분석 및 개선방향", 대한건설협회 건설클레임세미나, 1999. 12., pp. 7~12. 참조).

[그림 2-2] 종합건설업체의 국내건설수주 및 업체당 평균수주액

* 자료 : 대한건설협회, "주요 건설통계", 2021. 2. 기준

[표 2-1] 연도별 종합건설업체 수 및 수주액 추이

연도	수주액(조 원)	업체 수(개사)	평균수주액(억 원)
1997	79.9	3,896	205.1
1998	47.2	4,207	112.3
2000	60.8	7,978	76.2
2002	83.1	12,643	65.8
2004	94.5	13,008	72.7
2006	107.3	12,711	83.1
2008	120.0	12,590	95.4
2010	103.2	11,956	86.3
2012	101.5	11,304	89.8
2014	107.4	10,972	97.9
2016	164.8	11,579	142.4
2018	154.5	12,651	122.1
2020	194.1	13,036	149.1

* 자료 : 대한건설협회, "월간건설경제동향", 2021. 2. 기준

IMF 영향에 따른 업체의 생존위기는 내실경영과 유동성 확보를 중시하게 되었고, 2001년부터 1,000억 원 이상의 공공공사에서 시행하고 있는 최저가낙찰제도[9]와 아직 우리나라에서는 익숙하지 않는 설계·시공 일괄공사(턴키공사)는 그 시행에서 적지 않은 문제점을 나타내고 있었다. 낙찰률 하락에 따른 시공결과는 건설분쟁으로 확대될 가능성이 많다. 시공자는 적정이윤을 찾으려고 할 것이고, 발주자는 투자에 비하여 최대의 효과를 얻으려 하는 등 상호 추구하는 목적이 다른 이상 분쟁은 발생할 수밖에 없다.

1998년 서울지하철 2기 2단계 시공과정에서 제기된 클레임 청구[10]에서 보는 바와 같이, 상당수의 대규모 공사에서 이와 같은 클레임이 제기될 소지를 안고 있다. 그리하여 많은 건설업체나 발주처에서도 점차 그 필요성과 대응방향에 대한 연구와 검토가 점증되고 있는 실정이다. 이러한 클레임이나 분쟁을 합리적으로 조정하고 적절히 대응하는 것이야말로 경영성과에도 적지 않는 영향이 미칠 것으로 보인다.

2. 공사 특성에 따른 원인

건설공사는 그 속성상 피할 수 없는 위험요소(risks)를 가지고 있다. 이러한 위험요소로는 근본적으로는 건설공사의 복잡성으로 인한 사전예측의 불확실성과 미래상황에 대비한 완전한 계약이 현실적으로 어렵다는 데 있다. 또한 계약당사자들이 상호 추구하는 이해가 다른 데서 유래되기 때문이다. 이는 주로 건설공사의 특성에서 기인되는 것으로 다음과 같다.

---

9) 최저가낙찰제도는 2001년 추정가격 1,000억 원 이상에서 부터 실시하여, 2003년은 500억 원 이상, 2006년 5월부터는 300억 원 이상의 모든 공사에 적용하고 있다. 그 후 최저가 낙찰제에 따른 공사품질의 저하와 함께 공사수행과정에서 설계변경 등으로 인해 원가가 상승하는 등 최저가낙찰제의 이점이 없어지게 됨에 따라 2015년 12월 31일 국가계약법 시행령을 개정 '종합심사낙찰제'로 변경되었다.

10) 서울지하철 2기 2단계(6, 7, 8호선) 건설사업은 총 23개 공구로 나누어 시행 중이었는데, 그중 9개 공구는 설계·시공 일괄입찰방식으로 계약되었고, 6개 공구의 시공업체가 1998년 2월 적자시공을 이유로 약 3,000억 원의 공사비 추가 반영을 요청하는 클레임을 청구하였다. 6개 공구가 합동으로 제기함으로써 그 내용도 다양하고, 청구항목도 111건(예산과소책정에 따른 손실보전 및 요구조건의 변경, 법령 등의 변경, 공사범위 변경, 중앙설계심의위원회의 요구사항 수용에 따른 추가비용 발생분 등)에 이르는 대규모 분쟁사례이다(이인근, "클레임, 어떻게 대처할 것인가", 일간건설, 1998. 6호, pp. 30~32 참조).

1) 계약목적물의 고정성과 대체성이 곤란함

건설업의 대상은 주로 건물 기타 토지의 공작물이거나 또는 토지나 공작물에 부대하고 있기 때문에 계약목적에 적합하지 않거나 조악(粗惡)한 시공을 하더라도 간단히 바꾸거나 다시 하는 경우가 쉽지 않고, 설령 그것이 가능하더라도 막대한 비용을 요하기 때문에 사회 경제적인 견지에서도 득이 되지 않는다. 이 때문에 민법에서는 일반적으로 도급계약의 목적물에 하자로 인해 계약의 목적을 달성할 수 없을 때에는 주문자에 계약의 해제를 인정하고 있음에도 불구하고, 건물 기타 토지의 공작물 도급에서는 이것을 금하고 있다(민법635조 단서). 따라서 주문자로서도 시공에서는 당초의 계획을 변경을 하거나 또는 비교적 세세하게 지도·관여할 필요가 있는데, 이러한 결과로 인해 분쟁이 발생되는 경우가 많다.

2) 계약으로부터 야기되는 클레임

개개의 공사가 규모나 내용이 다르고 이와 더불어 생산과정에서 주문자의 의향을 받아들이지 않으면 안 되기 때문에 계약서, 시방서 등 계약문서에 어느 정도 상세하게 기술을 하더라도 실제 시공에서는 다양한 문제점이나 분쟁이 발생되지 않을 수 없는 실정이다.

계약서문서에는 일반적으로 변경과 정당한 조정 조항이 명기되며 이는 공기연장, 현장조건의 상이, 작업 중단, 계약 종결 등에 대한 사항을 포함하고 있다. 계약문서에 기술된 불분명한 용어가 클레임을 야기하기도 한다. 예컨대 '합리적인 기간(reasonable period of time)', '혹은 동등한(or equal)', '관행에 따라(in accordance with trade practice)' 등과 같은 모호한 조항이나 표현에 의해 발생되는 경우이다.

3) 당사자의 행위에 의한 클레임

설계자와 감리자가 클레임의 원인이 되기도 한다. 도면의 미완성과 설계오류는 클레임을 야기하는 결정적인 요인이 된다. 또한 시공상세도(shop drawing)의 검토, 변경지시서의 승인, 검사, 도면 및 시방서의 명확화, 설계오류의 수정과 같은 설계자와 감리자의 임무 불이행에 의한 것이 클레임의 원인이 되기도 한다.

시공자로서는 공사비 산출의 과실이다. 이로 인해 입찰에 따른 손실을 만회하기 위해 무리한 원가절감을 시도하게 되고, 예상되는 손실을 만회하기 위해 부적절한 작업을 수행하는 사례가 클레임의 원인이 되기도 한다.

4) 불가항력에 의한 클레임

불가항력의 조항은 건설계약에서 당사자의 합리적인 통제를 벗어난 사항에 대한 조항으로서, 불가항력(force majeure) 혹은 피할 수 없는 사고(unavoidable casualty)로 언급된다. 「FIDIC 일반조건」 제19.1조에서는 지진, 태풍, 화산활동과 같은 천재지변과 전쟁, 침략, 혁명, 방사능 오염, 폭동 등과 같은 사항을 불가항력으로 보고 발주자의 특별한 위험요소로 간주하여, 공기연장은 물론 일정한 경우 이에 따른 추가 비용도 지급받을 수 있도록 허용하고 있다.[11]

5) 프로젝트의 특성에 의한 클레임

도급계약의 이행과 관련하여 발생하는 클레임은 건설공사 클레임의 중심을 이루는 것으로 가장 많이 발생되고 있으며, 이것은 다음과 같은 건설공사의 특질에 기인한다.

첫째, 건설공사는 도면상의 계획을 현실화하는 작업이다. 따라서 이러한 경우에는 예상 외의 어려움이 있는데, 특히 옥외작업을 주로 하기 때문에 계절, 천후, 기상 기타 자연조건에 영향을 많이 받고, 풍수해, 폭설 등에 의해 손해가 야기될 위험성이 상존하고 있다.

이와 함께 건설산업은 목재, 강재, 시멘트, 석재, 기타 다양한 원재료나 재품을 수집하고, 그것을 가공 조립하는 일종의 종합산업이다. 따라서 건설공사는 타 산업과는 달리 통상 착수에서 완성에 이르기까지 장시간을 요하고 공사기간 중에는 주관적이고 객관적인 사정의 변경이 발생되기가 쉽다.

---

11) 여기서 불가항력이란 ① 당사자의 통제 범위를 벗어나 있고, ② 계약체결이전에 당사자가 합리적으로(reasonably) 대비할 수 없었고, ③ 발생 시 당사자가 합리적으로 회피 내지 극복할 수 없었으며, ④ 실질적으로 다른 당사자에게 책임을 지울 수 없는 사건이나 환경을 의미한다. 그리고 ① 반란, 테러, 혁명, 봉기, 쿠데타 또는 내전, ② 시공자 인원 및 시공자 및 그 하도급자의 피고용자가 아닌 자에 의한 난동, 소요, 무질서, 파업 내지 작업장 폐쇄, ③ 시공자의 방사선 또는 방사능의 사용으로부터 기인할 수 있는 것을 제외한 방사능에 의한 이온화 방사선 또는 오염의 경우에는 '현장이 있는 국가 내에서 발생한 경우' 그러한 비용도 지급받을 수 있다(FIDIC 일반조건 제19.1조, 제19.4조).

둘째, 토지의 공작물을 목적으로 하는 공사에서는 특히 지반, 지질 등 지하조건에 예기할 수 없는 상태(unexpected events)를 만나게 되는 경우가 있기 때문에, 계약 당초 예측할 수 없는 손실을 당하는 경우가 많다. 이러한 위험 가운데는 수급자가 아무리 주의를 다하더라도 현재의 기술 수준으로는 피하기 어려운 경우가 있다. 건설업에서는 이러한 위험요인을 '불가지 요소(不可知要素, unknown factor)'라고 부른다. 이러한 불가지 요소는 특히 토목공사에 많고 건축공사에서 기초공사에도 많이 발생하고 있다.

셋째, 인구가 조밀한 도시에서는 건물이 밀집하고 있어 빌딩건축, 지하철공사 등의 경우에는 소음, 진동, 인접토지건물의 손괴, 지반침하, 지하수고갈 등을 유발하기 쉬운데 이러한 사안들은 제3자로부터 클레임의 원인이 된다. 소위 '공해' 문제다.

이 가운데에서는 건설업자의 작업상의 과실이나 시공기술의 부족에서 기인하는 경우도 있고, 현재의 기술 수준으로서는 붕괴 방지 등이 쉽지 않은 경우도 있는데, 그 일체의 책임을 도급업자의 부담으로 되는 것은, 불법행위에 의한 과실책임주의를 취하는 것이 우리 민법의 원칙임에 비추어 평형성에 부합하지 않는다고 할 수 있다.

3. 계약당사자 간의 이해 대립에 따른 클레임

건설프로젝트는 이를 발주하는 발주자 또는 건축주, 건축주의 의뢰를 받아 설계하는 설계자 및 공사를 수행하는 시공자로 구성된다. 우선 발주자는 ① 짧은 기일 내에 (shorter time), ② 적은 비용(lower cost)으로 ③ 높은 품질(higher quality)을 기대하고, 이를 추진하기 위한 발주자 또는 감리원의 작위·부작위(作爲·不作爲) 행위[12]가 예상되는 데 반해, 시공자는 프로젝트에 대한 이익을 창출하는 것을 최고의 목표로 하고 있기 때문이다. 또한 설계자는 건축주의 의뢰를 받아 예산의 범위 내에서 예술품을 창조한다는 자세로 임하게 된다. 이러한 계약당사자 간의 이해관계의 상충이나 대립은 필연적으로 클레임이나 분쟁을 야기하는 원인이 되기도 한다.[13]

---

12) 작위(commission)란 법적·규범적으로 금지되어 있는 일을 의식적으로 행한 적극적인 행위를 말하며, 부작위(omission)란 마땅히 해야 할 일을 일부러 하지 않는 소극적인 행위를 의미한다. 결론적으로 행동을 해서 책임이 발생하면 작위범(상해죄, 폭행죄, 절도죄 등)이며, 행동을 하지 않아서 책임이 발생하면 부작위범이 된다.

13) Vorster, Mike C., Dispute Prevention and Resolution, Construction Industry Institute, 1993, pp. 7~8.

4. 경쟁의 심화에 따른 클레임

앞에서 살펴본 바와 같이 건설시장은 매수시장인 것으로 도급업자의 수가 극히 많기 때문에 경쟁이 치열하고 저가로 공사를 수주하는 경향이 강하다. 민간기업에서는 입찰에 의하지 않고 특별지명 또는 수의로 공사를 도급받는 경우가 많고, 관공사는 원칙적으로 입찰에 의하여 시공사가 결정되기 때문에 최저가입찰제를 실시하고 있는 우리의 현실로 미루어볼 때 낙찰률이 낮게 형성되는 경우가 적지 않다. 더욱더 최저가 낙찰제는 필연으로 경영상의 압박과 위협의 요인으로 작용하게 된다.

최근의 업계의 동향을 보더라도 경기, 불경기에 국한되지 않고 덤핑(dumping)이 자행되는 경향이 있음을 주목할 필요가 있다. 덤핑은 자칫하면 부실공사를 수반하고 있어 시공 중에 만일의 우발사고가 발생하면 필연적으로 클레임의 문제가 발생하고, 도급업자는 클레임과 더불어 당초의 손실까지 부담하는 경향이 있어 부당한 가격으로서 시공을 강요하는 발주자로서는 바람직한 결정 방법은 아니다.

5. 법률문제와 사실문제

공사시행과 관련해서 발생하는 클레임의 원인은 다양하다. 관념적으로는 법률문제에 관한 것과 사실문제에 관한 것 등으로 나누어진다. 따라서 이 구분은 반드시 명확하지 않은데, 법률문제와 함께 실제상의 사실문제, 특히 시공기술상의 문제에 관한 것도 매우 많다. 이것은 건설공사 클레임의 특색인데 순수한 법률문제는 국내공사에서는 그리 많지 않다.

1) 법률문제

법률문제에 관한 클레임은 계약조항의 해석, 계약조항에 명시되지 않은 사항에 관한 것이다. 계약조항에 명시되지 않은 경우에 특히 문제가 되는 것은 설계의 하자에 의하여 증가비용을 판단하기 어렵고 지반·지질 등 지하조건에 수반된 예기치 못한 상태가 발견될 경우인 조건변경의 경우에 공사비의 조정을 인정할 수 있는가, 또 인정하면 도급단가를 적용할 것인가, 조정 시에 적정시가를 적용할 것인가, 불가항력에 의한 손해배상을 인정할 것인지 아닌지, 물가변동에 의한 도급대금의 수정을 인정하는 것이 옳은가 등의 제반 문제가 있다.

또 공사시행 중에 발생하는 제3자의 손해에 대한 책임의 귀속도 중요한 문제이다. 「민법」의 도급에 관한 규정은 정의규정(664조), 보수의 지급시기(665조), 도급인의 담보책임(667조), 도급인의 해제권(668조) 및 도급인의 파산과 해제권(674조)에 관하여 약간의 규정을 두는 데 지나지 않는다. 그러나 건설공사는 발주자가 제시하는 도면과 시방서에 따른 지상계획(紙上計劃)을 현실화하는 것으로서, 그 생산과정에서 야기되는 다양한 법률상, 또는 사실상의 문제를 규정하는 것은 현실적으로 불가능하다.

오늘날의 건설공사가 대형화되고 기술이 복잡화하고 시공의 기계화가 진전되고 있어 종래 「민법」의 규정으로는 실정에 잘 맞지 않아, 당연히 공사도급계약조건에서도 민법의 규정을 보충·수정할 필요가 생겼다. 건설공사도급계약조건의 제정은 종래의 공사도급계약을 정형화하는 것으로, 도급계약에서 편무성에서 야기되는 불명료성을 시정하고, 관련 분쟁을 제한하여 예방하기 위하여 마련되었다.

2) 사실문제

사실문제에 관한 것으로는 건설공사가 각 공사마다 단위생산으로 이루어지기 때문에 개별성이 강하고, 클레임의 원인도 다양하기 때문에 구체적으로 열거하는 것은 어렵다. 따라서 「표준도급계약조건」은 시공상의 문제와 관련되는 사항을 비교적으로 다수 망라하고, 그 해결을 계약당사자의 협의에 의하도록 위양하고 있다.

6. 종합적인 클레임의 발생 원인

이상과 같이 건설공사의 클레임 발생요인은 매우 다양한데, 정리하면 다음과 같다.
① 발주자 혹은 감리원이 지시한 공사 중지, 공사 촉진, 공사 추가 지시나 시공 전 시설사용 등이나 현장인도 지연, 도면·시험·검사의 승인 지연 등
② 불충분한 계약문서와 도면 및 시방서의 오류·누락·해석의 모호성 등 불완전한 점이 있는 경우
③ 계약문서와 실제상황이 일치하지 않거나 변동이 있는 경우
④ 설계변경 및 물가변동에 따른 에스컬레이션(escalation)
⑤ 건설회사의 시공 지연과 설계시공의 책임소재

⑥ 설계·승인·감독 등의 하자 및 계약내용의 이해 부족

　한편 종합건설사업자들의 단체인 대한건설협회가 1999년 7월 회원사 3,798개사 및 발주처 100개사를 대상으로 실시한 '클레임의 발생 사유 및 유형에 대한 설문조사'에 의하면 가장 빈번하게 발생되는 클레임의 유형은 다음의 표와 같이 조사되었다. 오늘날에도 이러한 경향은 크게 변하고 있지 않다.

[표 2-2] 클레임 발생 사유 및 유형

No.	클레임 사유 및 유형	응답 수(개)	비율(%)
1	설계서와 현장상태의 불일치	247	20.53
2	발주자의 추가공사 지시	175	14.55
3	설계변경에 따른 계약금액 조정	161	13.38
4	민원비용 부담	121	10.06
5	물가변동에 따른 계약금액 조정	109	9.06
6	계약상 책임한계 불분명	90	7.48
7	설계도서상 작업범위 모호	74	6.15
8	공기지연 또는 단축에 따른 비용 보상	57	4.74
9	계약문서 해석	41	3.41
10	선급금 또는 기성대가 지급	36	2.99
11	자재지급 지연 또는 불량자재 지급	31	2.83
12	불합리한 감독 및 검사	34	2.58
13	관련법령의 개정에 따른 비용부담 증가	15	1.25
14	타 시공업체의 시공차질로 인한 공사 진행 방해, 중단	12	1.00

* 자료 : 대한건설협회(1999. 7.)

[표 2-3] 클레임을 기피하는 사유

No.	클레임 사유 및 유형	비율(%)
1	감사를 의식한 발주자의 해결 기피	53.21
2	계약서에 대한 발주자의 임의 해석	21.92
3	당초 계약조건의 불공정성	9.17
4	클레임 준비 및 대응방법 미숙	8.26
5	클레임 성공의 불확실성, 클레임 절차 미비 등	7.44

* 자료 : 대한건설협회(1999. 7.)

제3절 건설공사에서 클레임의 기능

1. 긍정적인 기능

클레임은 클레임 사안 자체의 해결뿐만 아니라 동일한 유형의 사안에 대한 반복적인 클레임 제기에 의하여 결국은 설계 및 관련 내용의 정확성을 유도하며, 시공방법이나 시공과정상의 갈등이나 오류를 원천적으로 예방하는 장치가 된다. 건설공사 클레임의 긍정적인 기능은 다음과 같다.

첫째, 클레임을 빈번하게 발생시키는 불분명한 계약조항이나 시방서를 개선하는 등 체계적인 계약관리 및 클레임 관리를 통해 기존의 건설관행을 탈피하여 단위 건설사업장의 총체적인 효율성을 극대화할 수 있다.

둘째, 착공에서 준공에 이르기까지 계약 및 클레임 관리를 철저히 수행함으로써 효율적인 현장관리뿐만 아니라, 발주처의 추가 또는 무리한 요구사항에 대하여 계약상 대자가 적절히 대응할 수 있다.

셋째, 클레임을 제기한 후 당장은 발주기관과의 관계가 어려워질 수도 있으나, 일반화되다시피 한 일방적인 구두지시 등이 현저하게 줄어듦으로써 부가적인 추가비용이 줄어든다. 아울러 클레임은 설계변경사안에 대한 법적·기술적인 근거를 제공함으로써 발주기관의 합리적인 판단을 돕고, 불필요한 규제를 개선하게 되어 투명한 현장관리가 이루어진다.

넷째, 일기변화나 기타 일반적 클레임 사안에 대한 평가기준이 명확해질 수 있다.

다섯째, 클레임을 통해 기술자의 전문능력이 배양되어 대충하는 분위기가 사라져 책임시공이 정착되고, 이는 궁극적으로 부실공사방지로 이어져 건설산업 발전을 유도하게 될 것이다.

요약하면 클레임은 발주자의 우월적 지위로 인한 불공정한 계약관행을 실질적으로 제거시키고, 공정한 계약문화를 정착시키는 긍정적인 역할을 할 것이다.

2. 부정적인 기능

클레임은 그 해결과정에 따라 부정적인 효과를 유발할 수가 있다. 이러한 것으로는 클레임으로 출발된 분쟁이 계약당사자 간의 관계가 악화되어 공사수행에 따른 시공능률의 감소를 가져올 수 있다. 또한 클레임이 소송으로 진행되는 경우 판결에 의하여 소송당사자가 치유하기 힘든 감정의 앙금을 가질 수 있게 된다는 것이다. 왜냐하면 소송은 원칙적으로 영화형(零化型, zero-sum)의 양자택일적인 해결이지, 모두가 만족(win-win)하는 유연한 형태의 해결방안이 아니기 때문이다.[14] 그러나 엄격한 의미에서는 클레임을 제기한 후 당장은 발주기관과의 관계가 어려워질 수도 있으나, 일반화되다시피 한 일방적인 구두지시 등이 현저하게 줄어들게 되어 부가적인 추가비용이 감소하게 된다.

또한 클레임은 설계변경에 대한 법적·기술적인 근거를 제공함으로써 발주기관의 합리적인 판단을 돕고, 불필요한 규제를 개선하게 되어 투명한 현장관리가 이루어지는 등 효과적인 측면이 많다. 따라서 당사자 간에는 당장은 부정적인 시각으로 비쳐도, 궁극적으로는 건설업계의 자생력을 배양시켜 건설산업을 발전시키는 역할로 그 기능을 할 것이다.

---

14) 제로섬이란 어떤 시스템이나 사회 전체의 이익이 일정하여 한쪽이 득을 보면 반드시 다른 한쪽이 손해를 보는 상태를 의미하는 것으로서, 이러한 사유로 인해 "소송으로 승리한 사람은 아무도 없다 (No one wins by litigating claims)"라는 말이 있다.

제3장
건설분쟁 관련 법규와 제도

건설분쟁 관련
법규와 제도

제1절 계약법 일반

건설공사의 도급계약은 본질적 또는 후발적으로 분쟁의 원인이나 사유가 잠재되어 있으나, 현안이 된 사유의 발생이 곧 공사 클레임으로 이어지는 것은 아니다. 많은 경우 당사자 간의 사무적 절충이나 협상에 의해 해결되고 있고, 또 당사자가 클레임이라고 주장하기 위해서는 계약조항이나 「민법」의 제 규정, 기타 관계 법령, 상관습 등의 법적 근거를 가지고 있지 않으면 안 된다. 건설공사 도급계약에서 특히 민간의 소규모 공사는 구두계약에 의하는 경우도 적지 않다. 또 내용에서도 불충분한 계약서가 많아 실제 거래는 간단한 주문서, 견적서나 청구서식 등으로 수행하는 경우도 있다. 공공공사는 법령에도 특히 소액의 계약(예컨대, 정부공사의 경우에는 3천만 원 이하)의 경우에는 계약서를 생략하도록 하고 있고, 기타의 경우는 반드시 계약서의 작성을 필요로 하고 있다(국가계약법 시행령49조1호).

이에 반하여 민간공사의 경우 일부 주문자는 수억 원의 공사를 한 장의 주문서나 견적서로 끝내는 사례도 있다. 따라서 이러한 경우에는 클레임이 발생되었을 때 법적 근거로 활용할 수 없는 경우도 있는데, 이러한 때에는 그 근거를 법령에서 구하지 않으면 안 되나 「민법」의 도급에 관한 규정도 또한 일일이 열거하고 있지 않기 때문에 결국은 채권일반의 해석에 따르지 않으면 안 된다.

오늘날처럼 공사가 대규모, 고도의 기술을 필요로 하는 단계에서는 기술적 사항은 시방서에 따라 주문자의 의도를 가능한 구체적으로 나타내고, 계약의 내용에서도 권리·의무를 정확하고 상세하게 규정한 계약서에 의하는 것이 필요하게 되었다.

제2절 건설공사 계약에 관한 근거법

법의 존재형식 또는 현상상태를 법원(法源)이라 한다. 법원이란 법을 아는 데는 무엇을 보면 되는가, 또 법은 어디에서 비롯되는가의 문제를 말한다. 법은 헌법의 형식을 취하는 것도 있고 또는 법률로서 혹은 대통령령으로서 나타난 것도 있다. 법의 연구에는 먼저 법원으로서 어떠한 것이 있는가를 명백히 하지 않으면 안 된다.

건설업은 직영, 도급 또는 일괄방식 등의 여러 방법에 따라 시행된다. 법률적으로는 고용, 도급, 위임의 형태에 의하여 수행되고 있다. 따라서 이러한 계약을 규율하는「민법」의 제 규정은 건설공사에 관한 가장 중요한 근거법이다. 또 건설업을 영업으로 공사를 시행하는 자는「건설산업기본법」에 의해 건설업자등록을 하여야 하고, 이것이 입찰참가의 자격요건으로 되고 동법에 의하여 공사를 수행하게 된다.

건설공사와 관련된 법규는 매우 다양하다. 후술하는 정부 계약제도의 근간을 규정하고 있는「국가를 당사자로 하는 계약에 관한 법률(국가계약법)」은 물론 공정한 하도급거래질서를 확립하기 위하여 제정된「하도급거래 공정화에 관한 법률(하도급법)」, 건설기술의 연구·개발을 촉진하고 이를 효율적으로 이용·관리하여 건설기술 수준을 향상시키기 위하여 제정된「건설기술 진흥법」, 건축물에 관한 기준 및 용도에 관하여 규정한「건축법」과 건축사의 자격과 업무에 관하여 규정하고 있는「건축사법」등이 있다.

건설근로자의 고용과 권리보전을 위하여 제정된 법규로는「근로기준법」,「산업재해보상보험법」,「산업안전보건법」등도 있으며, 해외건설공사를 진흥하고 지원하기 위하여 제정된「해외건설촉진법」등이 있다. 기타 건설공사와 관련된 규정으로는「전기공사업법」,「엔지니어링산업 진흥법」,「정보통신공사업법」,「소방시설공사업법」,「시설물의 안전 및 유지관리에 관한 특별법」등이 연관성을 가지고 적용되고 있다. 다음은 건설공사의 계약과 관련된 법규를 중심으로 살펴본다.

1. 정부공사계약의 경우

1) 의 의

정부계약 또는 국가계약이란 국가기관이 계약당사자의 일방이 되어 상대방인 개인과 공사의 도급계약을 체결함으로써 국가의 제반수요를 충족시킬 것을 목적으로 하는 계약이다. 이 계약은 사경제(私經濟)의 주체로서 행하는 사법상의 행위이며 쌍무계약의 성격을 지니고 있다. 따라서 정부계약도 사법상(私法上)의 계약이므로 민법상의 일반원칙인 계약자유의 원칙, 신의성실의 원칙, 사정변경의 원칙 및 권리남용 금지의 원칙 등이 적용되며, 이에 대한 다툼도 민사소송의 대상이 된다. 다만「국가계약법」에 의한 행위 중 부정당업자[1] 제재조치만은 행정처분으로 보아 이의 다툼을 행정소송의 대상으로 인정하고 있는 것이 대법원의 판례이다.[2]

2) 특 징

정부계약은 국가가 사경제 주체로서 행하는 사법상의 법률행위라 하여도 개인의 이익을 추구하는 일반적인 계약과는 달리, 공공재의 생산 또는 공공복리의 추구라는 목적 달성과 계약담당공무원의 자의적인 집행을 방지할 필요에 따라,「민법」과 달리 별도의 계약관련 규정을 운영하고 있다. 따라서「국가계약법」에서는 정부의 우월적 지위를 이용하여 계약상대자의 계약상 이익을 부당하게 제한하는 특약이나 조건을 정할 수 없도록 하고, 계약당사자는 계약의 내용을 신의성실의 원칙에 따라 이행하도록 하는 정부계약의 원칙을 규정하고 있다(법5조, 시행령4조).

---

[1] 부정당업자란 계약을 이행하는 데 부실·조잡 또는 부당하게 하거나 부정한 행위를 한 자, 정당한 이유 없이 계약을 체결하지 아니한 자 등 공사입찰, 계약, 공사수행에서 부정·부당한 행위를 한 개인 또는 법인에 대하여 일정한 제재를 가하는 것을 말한다.「국가계약법」제27조 및 동법 시행령 제76조에서는 부정당업자의 입찰참가자격에 제한을 하고 있다. 각 중앙관서의 장은 경쟁의 공정한 집행 또는 계약의 적정한 이행을 해칠 염려가 있거나 기타 입찰에 참가시키는 것이 부적합하다고 인정되는 자에 대하여는 2년 이내의 범위에서 대통령령이 정하는 바에 따라 입찰참가자격을 제한하여야 하며, 이를 즉시 다른 중앙관서의 장에게 통보하여야 한다. 이 경우 통보를 받은 다른 중앙관서의 장은 대통령령이 정하는 바에 의하여 해당자의 입찰참가자격을 제한하여야 한다.

[2] 대법원 1982. 6. 8. 선고 81구610 판결.

3) 민 법

우리 「민법」은 계약자유의 원칙을 인정하고 이 원칙하에서 계약체결의 자유, 내용 결정의 자유, 방식의 자유를 인정하고 있다. 그리하여 계약의 종류와 내용을 당사자의 자유로운 의사의 합치에 의해 성립시킬 수 있도록 하고 있다. 이는 물권법에서 계약의 자유를 제한하는 물권법정주의[3]와 다르다.

계약은 일종의 쌍방당사자 간의 합의이며, 계약의 법률적 특징은 법적 지위가 평등한 쌍방당사자가 자기의 의사에 근거한 협의를 통하여 공동으로 서로 간의 권리의무 관계를 결정하는 데 있다. 따라서 계약의 요체는 당사자 간의 의사의 합치에 있다. 법률과 도덕 및 사회질서에 위반하지 않는다면 개인은 충분한 자유의사를 향유할 수 있고, 이러한 자유는 계약자유의 원칙을 포괄한다. 우리나라에서 계약의 지유는 사람과 사람간의 협력을 법적으로 보장해주는 수단이며, 동시에 시장의 형성을 가능하게 해주는 수단이기도 하다. 그러므로 계약을 통하여 시장경제를 실현하고 사람 간의 재화와 용역의 유통이 가능해진다.

우리 「민법」에서는 계약의 종류로서 증여·매매·교환·소비대차·사용대차·임대차·고용·도급·여행계약·현상광고·위임·임치·조합·종신정기금·화해 등 예시적으로 15가지의 전형계약(典型契約)을 규정하고 있다(민법527조~733조). 이 중 여행계약은 2015. 2. 3. 「민법」 개정 시 신설되었다.

4) 국가계약법

정부계약에 대해서는 WTO 정부조달협정 발효시기(1997. 1. 1.)에 맞추어 동 협정내용을 반영하고, 변화하는 조달환경에 대응하기 위하여 1995. 1. 5. 국가재정의 기본법인 「예산회계법」 제6장 '계약편'을 분리하여 「국가를 당사자로 하는 계약에 관한

---

3) 물권의 종류·내용은 민법과 그 밖의 법률로 정한 것 이외에는 계약 등으로 창설할 수 없다는 것이다(민법185조). 이것은 물권법이 강행법규임을 의미하며, 계약 자유의 원칙에 기초한 임의법규인 채권법과 서로 대비된다. 물권을 일정하게 제한하여 그 공시성을 관철함으로써 거래의 안전·신속을 확보하기 위해 취한 것이다. 그러나 민법에 정해진 물권의 종류는 매우 적고, 실제상의 필요 때문에 한편에서는 각종 재단저당법 같은 특별법에 의해 새로운 물권이 창설되며, 또 한편에서는 관습법상의 유수이용권·온천권 등이 판례에 의해 일종의 물권으로 인정되어 있다. 이처럼 민법 이외의 법률 및 관습법에 의해 물권이 인정되어 있으나 이것은 물권법정주의에 위배되는 것이 아니라 수정된 것에 불과하다.

법률」(이하 "국가계약법"이라 한다)을 제정하였다.

「국가계약법」은 국가기관이 계약당사자의 일방이 되어 상대방인 개인과 공사의 도급계약을 체결함으로써 국가의 제반수요를 충족시키기 위한 사법상 효과 발생을 목적으로 하는 계약이다. 이러한 정부계약에 대해서는 「국가계약법」과 하위법규인 같은 법 시행령과 시행규칙이 있다. 「국가계약법」의 하위법령에서는 국내입찰과 국제입찰을 구분하여 이원화하고 있다. 국제입찰의 경우에는 「국가계약법 시행령」과 같은 법 시행규칙의 적용을 기본으로 하면서, 국내입찰의 경우와 다르게 운영할 필요가 있는 사항에 대하여 특례규정 및 특례규칙으로 만들어 이를 적용하고 있다.

5) 지방계약법

지방자치단체가 물품·공사·용역을 조달하기 위하여 계약을 체결하는 데 규정하고 있는 법령으로 지방계약법을 제정하여 운영하고 있다. 「지방자치단체를 당사자로 하는 계약에 관한 법률」(이하 "지방계약법"이라 한다)은 행정안전부의 소관으로 2005. 8. 4. 법률 제7672호로 제정되어 2006. 1. 1.부터 시행되고 있다.

이 법은 국제입찰에 의한 지방자치단체(「지방자치법」 제2조의 규정에 의한 지방자치단체를 말함) 계약, 지방자치단체가 대한민국의 국민을 계약상대자로 하여 체결하는 수입 및 지출의 원인이 되는 계약 등 지방자치단체를 당사자로 하는 계약에 대하여 적용한다(동법2조). 이러한 계약 관련법령 체계를 그림으로 나타내면 [그림 3-1]과 같다.

[그림 3-1] 국가계약법령 체계

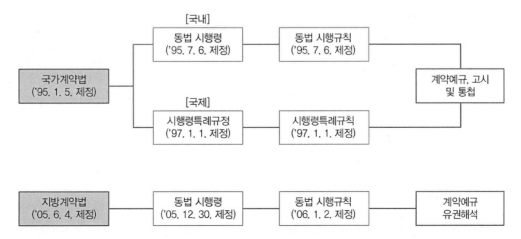

6) 공사계약일반조건

건설공사도급계약은 당사자의 의사의 합치에 따라 다수의 의사표시의 불명확 또는 불완전한 것으로 그 해석규범으로서 「민법」의 도급계약규정만으로는 충분하지 않다. 이 때문에 건설공사에 관련되는 분쟁이 발생되기 쉬울 뿐만 아니라 도급계약을 체결하는 당사자 간의 역학관계에서 일방에게만 유리하게 정하기가 쉽고, 소위 도급계약의 편무성(片務性)의 문제가 생겨 건설업의 건전한 발전과 건설공사의 적정화를 저해하게 된다. 이 때문에 도급계약의 편무성을 시정하고 계약관계의 명확화와 적정화를 위하여 도급계약당사자 간의 구체적인 권리의무관계의 내용을 규율하기 위하여 행정규칙으로서의 계약예규인 「공사계약일반조건」을 제정하게 되었다.

행정규칙은 행정조직 내부에서 행정의 사무처리 기준으로서 제정된 일반적·추상적 규범을 말한다. 실무상 훈령, 예규, 고시 등이 이에 해당한다.

훈령이란 상급기관이 하급기관에 대해 오랜 시간 동안 그 권한의 행사를 지시하기 위해 발하는 명령이다. 예규는 법규 문서 이외의 문서로서 반복적 행정사무의 기준을 제시하는 것이며, 고시란 행정 기관에서 국민에게 어떠한 내용을 알리는 것을 뜻하는 것이다.

행정규칙은 통상 법적 근거 없이 제정되고 법규가 아닌 점에서 법규명령과 구별된다. 행정부 내부의 직무규칙에 불과하기 때문에 국민에게는 법적 효력을 갖지 못한다. 일반조건은 이와 유사한 개념으로 「보통약관」이라고도 한다. 이것은 동종의 거래에 공통의 내용의 거래조건을 정하는 것을 「보통계약약관」 또는 「보통거래조건」이라 부른다. 원래 「보통계약약관」이라는 것은 어떤 거래관계에서 새로운 혹은 복잡한 거래형태가 발생되는데도 불구하고, 제정법이 충분하지 못한 경우에 자치적인 규율의 필요성이 있어 제정되었다.

약관의 내용은 개개 계약체결자의 의사나 구체적인 사정을 고려함이 없이 평균적 고객의 이해가능성을 기준으로 하여 객관적·획일적으로 해석하여야 하고, 고객보호의 측면에서 약관 내용이 명백하지 못하거나 의심스러운 때에는 고객에게 유리하게, 약관작성자에게 불리하게 제한·해석하여야 한다.[4]

건설 또는 용역계약에서는 보통약관과 같은 의미로 「일반조건」으로 통칭하고 있

---

4)   대법원 2011. 8. 25. 선고 2009다79644 판결.

다. 건설도급공사에 관한 민법의 규정은 극히 제한적이고 충분하지 않기 때문에 이러한 의미에서 자치적인 규율의 필요성이 없지 않았다. 따라서 건설공사는 「공사계약일반조건」으로, 용역에 대해서는 「용역계약일반조건」으로 불리고, 이에 규정되어 있지 않고 프로젝트의 내용에 따라 별도로 작성되어 첨부되는 「특수조건」이 있다.

「공사계약일반조건」은 전문 54개 조문으로 구성되어 있으며, 기획재정부에서 일반화시켜 공공공사계약에 활용하고 있다. 이러한 일반조건은 전통적 방식은 물론 「국가계약법 시행령」 제78조에 의한 일괄입찰, 실시설계·시공입찰 및 대안입찰 등 국가를 당사자로 하는 모든 공사계약의 일반조건을 망라하고 있다. 여기서는 계약담당공무원, 계약상대자 및 공사감독관의 3자 간의 권리의무를 규정하고 있으나, 공사감독관의 의무 부여가 부정확한 채로 '공사감독관을 경유하여 계약담당공무원에게 통지, 제출 또는 요청'하도록 규정하고 있어 절차의 복잡성을 읽을 수 있다. 그러나 최근에는 설계변경 및 물가변동에 의한 계약금액의 조정, 공사의 일시 정지 규정, 발주자의 책임에 의한 공사기간 초과 시의 지연보상금 규정, 계약상대자의 공사정지권 신설 등 많은 부분에서 도급자의 권리를 인정하며 과거의 편무적인 계약관계에서 쌍무성과 공정성을 제고하는 등 시대의 흐름에 따른 발전적인 형태로 변모하고 있다.

「공사계약일반조건」은 크게 도입 부문, 본문 부분 및 종결 부분의 3부분으로 구분할 수 있다. 도입 부분은 계약의 총괄적이고 전체적으로 사용되는 일반원칙과 계약당사자의 자격에 대하여, 본문 부분은 계약이행과 관련된 사항을 중심으로 착공에서 준공까지에서 발생되는 일반적인 사항, 종결 부분은 계약행위의 종료와 이와 관련된 권리관계를 규정하고 있다. 구성체계를 그림으로 나타내면 [그림 3-2]와 같다.

국가계약 관련법령을 보완하기 위한 하부규정으로서 대표적인 것으로서 「공사계약일반조건」 외에 「공사입찰유의서」 등의 계약예규 및 고시와 회계통첩, 그리고 구체적 사례별 유권해석 등의 법령체계로 구성되어 있다. 정부투자기관은[5] 「정부투자기관관리법」과 「정부투자기관회계규칙」에 따라 국가계약법을 준용할 수 있다. 정부재투자기관, 정부출연기관[6] 및 정부업무위탁기관 등도 국가계약법령을 준용할 수 있다.

---

5) 정부가 납입자본금의 50% 이상을 출자한 기업체로서, 정부투자기관관리기본법의 적용을 받는 기관을 말한다. 정부투자기관은 대부분 개별법률(예, 대한주택공사법)에 의하여 설립된다. 정부투자기관으로는 대한주택공사, 한국수자원공사, 한국도로공사, 한국토지공사, 한국철도공사 등이 있다.
6) 각 개별 법률에 따라 정부로부터 운영비·사업비 등 기관소요경비를 포괄적으로 지원받는 기관을

[그림 3-2] 공사계약서의 구성체계도

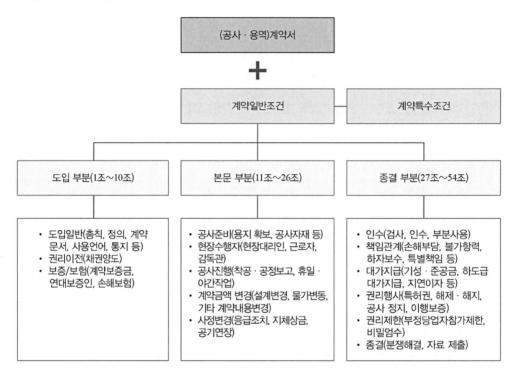

7) 건설산업기본법

이 법은 건설공사의 조사, 설계, 시공, 감리, 유지관리, 기술관리 등에 관한 기본적인 사항과 건설업의 등록 및 건설공사의 도급 등에 필요한 사항을 정함으로써 건설공사의 적정한 시공과 건설산업의 건전한 발전을 도모함을 목적으로 제정되었다. 동법에서는 도급과 하도급, 수급과 하수급에 대하여 정의하고, 제3장에서는 도급 및 하도급에 대하여 상세하게 규정하고 있다.

건설공사에 관한 도급계약(하도급계약을 포함한다)의 당사자는 대등한 입장에서 합의에 따라 공정하게 계약을 체결하고 신의를 지켜 성실하게 계약을 이행하여야 한다는 건설공사에 관한 도급 계약의 원칙과 함께(법22조), 건설공사에 관한 도급계약의 당사

말한다. 정부투자기관이나 정부출자기관(공사)은 정부로부터 출자받은 자본을 기초로 사업(예, 주택건설, 택지개발)을 운영하여 수지를 맞출 수 있는 경우에 설립하는 반면, 정부출연기관(공단)은 공공성이 강한 업무(예, 안전진단)를 수행하기 때문에 지출이 수입을 초과할 수밖에 없어 정부로부터 지속적으로 출연을 받아야 하는 경우에 설립한다. 이러한 기관으로는 한국철도시설공단, 한국시설안전기술공단, 제주국제자유도시개발센터 등이 있다.

자는 계약을 체결할 때 도급금액, 공사기간, 그 밖에 대통령령으로 정하는 사항을 계약서에 분명하게 적어야 하고, 서명 또는 기명날인한 계약서를 서로 주고받아 보관하여야 한다는 서면계약의 원칙을 주요 골자로 하고 있다. 「건설산업기본법」은 이처럼 업계의 규율을 목적으로 하는 기업법(산업법)이므로 행정법규가 태반이지만, 이와 더불어 동법 제3장 도급 및 하도급계약에서는 사법에 관련되는 사항을 규정하여 「민법」의 특칙으로서의 지위를 갖고 있다.[7]

2. 민간공사의 경우

1) 원 칙

민간공사계약에 대하여는 계약자유의 원칙에 따라 사안별로 필요에 따라 다양하게 작성·활용되고 있다. 그러나 계약에 대한 기본원칙은 「민법」제2장 제527조부터 제733조까지 규정되어 있고, 「건설산업기본법」에서는 "건설공사의 도급계약의 당사자는 각기 대등한 입장에서 합의에 따라 공정하게 계약을 체결하고, 신의에 따라 성실히 계약을 이행하여야 한다"라는 기본원칙을 천명하고 있다(건산법22조1항).

또한 건설공사를 도급 또는 하도급하는 경우에는 「건설산업기본법 시행령」 제25조에 규정된 18개 주요사항을 명시한 계약서를 작성·서명 날인한 후 서로 교부하여 보관하여야 한다(동법22조). 따라서 민간공사의 경우에는 국토교통부에서 제정한 표준서식인 「민간건설공사표준도급계약서」와 이를 일부 변형한 형태의 계약서가 비교적 많이 활용되고 있다.

2) 민간공사표준도급계약서의 활용

정부가 발주하는 공공공사는 기획재정부 계약예규인 「공사계약일반조건」을 계약조건으로 하여 계약을 체결하고 있으나, 민간건설공사는 발주자와 건설업자가 상황에 따라 다양한 방법으로 계약을 체결하고 있어, 장기간이 소요되는 건설공사에서 불명확한 계약으로 인해 분쟁의 소지가 많았다. 이에 대한건설협회는 1990. 2. 7. 민간

---

7)   박준서 등, 『주석 민법[채권각칙(4)(8)]』, 한국사법행정학회, 1999, pp. 172~173.

건설공사의 도급계약 시에 발주자와 건설업자가 활용할 수 있는 표준도급계약서를 제정·보급해왔다.

그 후 국토교통부(당시 건설교통부)는 1997. 7. 10. 「건설산업기본법 시행령」을 개정하여 계약당사자가 대등한 입장에서 공정하게 계약을 체결하도록 하기 위하여 "건설교통부장관은 건설공사의 도급 및 건설사업관리의 위탁에 관한 표준계약서를 정하여 보급할 수 있다"(영25조2항 신설)는 내용을 법령에 도입하였다. 민간건설공사의 일반적인 관행과 공공공사에 관한 규정 등을 반영하여 민간이 발주하는 건설공사계약의 표준모델로서 「민간건설공사 표준도급계약서」를 제정하게 되었다.[8]

이 계약서는 계약서와 42개 조항의 일반조건으로 구성되어 있다. 종래에는 발주자를 '갑'이라 하고, 시공회사를 '을'이라 칭했으나. 갑·을 간의 수직관계의 부정적 인식을 불식하기 위해 갑(甲)을 '도급인'으로, 을(乙)을 '수급인'으로 개칭하게 되었다. 이 표준계약서는 현장대리인의 배치, 공사기간의 연장, 공사의 변경·중지, 설계변경·물가변동으로 인한 계약금액의 조정, 하자담보책임, 건설공사의 하도급, 공사대금의 지급 등 계약서에서 중요한 대부분의 내용을 포함하고 있기 때문에 민간공사에서 특히 그 중요성이 강조되고 있다.

분쟁에 대해서는 "계약에 별도로 규정된 경우를 제외하고는 쌍방의 합의에 의하도록 하고, 합의가 성립되지 못할 경우는 「건설산업기본법」에 의해 설치된 건설분쟁조정위원회에 조정을 신청하거나, 다른 법령에 의하여 설치된 중재기관의 중재를 신청할 수 있다"라고 규정하고 있다(표준계약서41조). 민간공사계약에 대하여는 계약자유의 원칙에 의거 사안별로 필요에 따라 다양하게 작성·활용되고 있다.

---

8)   제정 당시는 "건설교통부고시 제2000-56호, 2000. 3. 11." 현재는 "제2004-170호, 2004. 7. 8." 개정된 계약조건을 사용하고 있다. 이 계약서는 42개 조항으로 구성되어 있고, 이 계약에 정하지 않은 사항에 대하여는 "도급인"과 "수급인"이 상호 합의하여 별도의 특약을 정할 수 있다.

민간건설공사 표준도급계약서(계약조건 생략)

[시행 2019. 5. 7.] [국토교통부고시 제2019-220호, 2019. 5. 7., 일부 개정]

민간건설공사 표준도급계약서

1. 공 사 명:
2. 공사장소:
3. 착공년월일:　　　　　년　　　　　월　　　　　일
4. 준공예정년월일:　　　　　년　　　　　월　　　　　일
5. 계약금액: 일금　　　　　　　　　원정 (부가가치세 포함)
　(노무비1): 일금　　　　　　　　원정, 부가가치세 일금　　　　　원정)
　　1) 건설산업기본법 제88조제2항, 동시행령 제84제1항 규정에 의하여 산출한 노임
6. 계약보증금: 일금　　　　　　　원정
7. 선　　　금: 일금　　　　　　　원정(계약체결 후 ○○일 이내 지급)
8. 기성부분금: (　)월에 1회
9. 지급자재의 품목 및 수량
10. 하자담보책임(복합공종인 경우 공종별로 구분 기재)

공 종	공종별계약금액	하자보수보증금률(%) 및 금액	하자담보책임기간
		(　) %　　　　원정	
		(　) %　　　　원정	
		(　) %　　　　원정	

11. 지체상금률:
12. 대가지급 지연 이자율:
13. 기타사항:

도급인과 수급인은 합의에 따라 붙임의 계약문서에 의하여 계약을 체결하고, 신의에 따라 성실히 계약상의 의무를 이행할 것을 확약하며, 이 계약의 증거로서 계약문서를 2통 작성하여 각 1통씩 보관한다.

붙임서류: 1. 민간건설공사 도급계약 일반조건 1부
　　　　　2. 공사계약특수조건 1부
　　　　　3. 설계서 및 산출내역서 1부

　　　　　　　　　　　　　　　　　　　　　　　년　　　월　　　일

　　도 급 인　　　　　　　　　　수 급 인

주소　　　　　　　　　　　주소
성명　　　　　　(인)　　　성명　　　　　　　　(인)

제4장
건설공사 도급 및 하도급계약

건설공사 도급 및 하도급계약

제1절 도급계약의 개념

건설공사계약은 도급인 소유의 부동산이나 도급인이 이용권을 갖는 부동산 위에 수급인이 건물의 신·증축, 특수구조물의 시공, 토목공사 따위를 맡아줄 것을 약정하는 계약이다. 우리나라의 경우 건설공사의 도급계약에 대하여는 중국에서와 같이 민법(제2장)에서 별도로 전형계약의 한 유형으로 규정하고 있지는 않다. 그러나 도급의 경우 건설공사계약이 이에 속하며 또한 건설공사의 특수성으로 인해 민법을 기본원칙으로 하여 별도의 법체계를 구성하고 있다.

도급계약은 「민법」 제664조부터 제674조까지 규정하고 있으나 실제로는 특별법이나 약관에 의해 정밀하게 규정되는 일이 많다. 예컨대, 대표적인 도급계약인 건설공사의 도급계약에서는 「건설산업기본법」이 있으며, 실제 거래에서는 「민간건설공사 표준도급계약서」[1]와 정부계약인 경우 국가계약법에 따라 「공사계약일반조건」[2]이, 지방자치단체인 경우 「지방계약법」에 따라 「지방자치단체 공사계약일반조건」[3]이라는 계약조건이 활용된다. 아울러 새로운 형태의 도급계약들이 발생하고 있어, 도급계

---

1) 건설교통부 고시 제2004-170호, 2004. 7. 8.
2) 재정경제부 회계예규 2200.04-104-14, 2006. 5. 25.
3) 행정자치부 예규 제250호, 2007. 9. 20.

약에 관한 민법규정의 역할은 지극히 한정되어 있다.

모든 건설프로젝트는 계약을 통해서 그 목적이 달성된다. 법률상 도급이란 계약당사자의 일방[受給人]이 어떤 일[4]을 완성할 것을 약정하고, 상대방[都給人]이 그 일의 결과에 대하여 보수를 지급할 것을 약정함으로써 성립하는 계약(민법664조)으로, 계약당사자 간의 법률상의 권리·의무관계를 규정한 것이다.

「건설산업기본법」에서 '도급(contract)'이란 원도급·하도급·위탁 기타 명칭의 여하에 관계없이 건설업자가 건설공사를 완성할 것을 약정하고, 상대방이 그 일의 결과에 대하여 대가를 지급할 것을 약정하는 계약(동법2조8호)이며, 수급인이 그 도급받은 건설공사의 일부 또는 전부에 대하여 다른 건설업자와 체결하는 도급계약을 하도급이라 한다(동법2조9호). 이러한 도급계약에서 일을 부탁하는 쪽의 당사자를 도급인이라 하며, 어떤 일의 완성을 부탁받은 자를 수급인이라 한다. 「건설산업기본법」에서는 건설공사를 건설업자에게 도급하는 자를 '발주자'라 하고(2조10호), 발주자로부터 건설공사를 도급받은 건설업자를 '수급인'이라고 정의하고 있다(2조13호).

[그림 4-1] 도급계약의 구성 체계

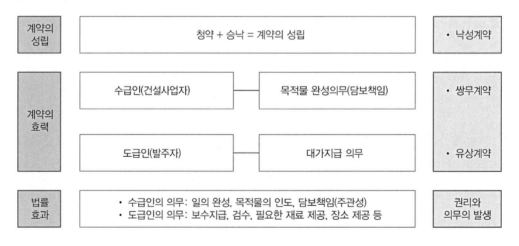

----

4)   여기서 '일'이라 함은 노동에 의하여 생기는 결과이며, 건물의 건축과 같은 유형적인 결과뿐만 아니라, 원고의 출판과 같은 무형적인 결과도 포함된다. 또한 일의 완성을 목적으로 하는 것이기 때문에 소기의 결과가 발생하지 않으면 채무이행이 되지 않고, 따라서 보수청구권도 발생하지 않게 된다. '보수'의 종류에는 제한이 없으므로 금전 외에 물건의 급부·노무의 제공 등도 특약이 없는 한 가능하다.

이러한 도급계약은 청약(請約)과 승낙(承諾)으로 이루어지는 낙성계약이며, 수급인은 계약에 따라 목적물을 완수해야 하는 의무를,[5] 도급인은 목적물 완수에 대한 대가를 지급해야 할 의무[6]가 발생하는 유상계약과 쌍무계약으로서의 성격을 지니게 된다. 건설공사는 도급 형태로 이루어지기 때문에 일반적으로 '건설공사도급계약'으로 칭하고 있다.

도급계약은 청약과 승낙이라는 서로 대립하는 의사표시가 합치되어야 계약이 성립한다. 청약이란 그에 응하는 상대방의 승낙만 있으면 곧 계약이 성립하는 확정적 의사표시를 말한다. 청약은 확정적 의사표시이기 때문에 철회하지 못한다(민법527조).

> **【판례】** 계약이 성립하기 위한 법률요건인 청약은 그에 응하는 승낙만 있으면 곧 계약이 성립하는 구체적, 확정적 의사표시여야 하므로, 청약은 계약의 내용을 결정할 수 있을 정도의 사항을 포함시키는 것이 필요하다(대법원 2005. 12. 8. 선고 2003다41463 판결).

이러한 청약에 응하여 청약의 상대방이 계약을 성립시킬 목적으로 청약자에 대하여 행하는 의사표시가 승낙이다. 건설공사의 도급계약의 경우에는 '어떤 일을 완성하겠다'는 의사표시와 '그 일의 결과에 대하여 보수를 지급하겠다'는 의사표시가 청약 또는 승낙에 해당한다.

도급계약이 체결되면 수급인은 일정한 시기에 계약목적인 일에 착수하여 계약에서 정하여진 내용의 일을 완성하여야 하는데, 이것은 수급인의 가장 기본적인 의무이다. 이러한 의무에 위반한 경우에 수급인은 채무불이행의 책임을 지게 된다(민법390조 참조). 그리고 수급인은 원칙적으로 자기가 맡은 일을 제3자로 하여금 하도급을 이용할 수 있으나, 건설공사에 관하여는 「건설산업기본법」에 특칙을 두고 있다.[7] 수급인은 완성된 목적물 또는 완성 전의 성취된 부분에 하자가 있을 때는 담보책임을 부담하게 된다(민법667조, 668조).

---

5) 수급인의 임무는 일을 완성할 의무, 제작물 인도의무, 담보책임이 있다.
6) 도급인은 보수지급 의무, 저당권설정 의무, 위험부담(동법29조1항) 의무 등이 있다.
7) 이러한 특칙으로는 일괄하도급의 금지(동법29조1항), 재하도급의 금지(동법29조4항), 발주자의 하도급계약 적정성 심사(동법31조1항), 하도급대금 지급보증서의 교부(동법34조2항), 하도급계약이행보증서의 교부(동법 시행규칙28조1항), 하도급대금의 직접지급(동법35조), 불공정행위의 금지(동법38조), 설계변경에 따른 하도급대금의 조정(동법36조1항) 등이 있다.

【판례】 도급계약에 있어서 완성된 목적물에 하자가 있는 때에는, 도급인은 수급인에 대하여 하자의 보수를 청구할 수 있고, 그 하자의 보수에 갈음하여 또는 보수와 함께 손해배상을 청구할 수 있는바, 이들 청구권은 특별한 사정이 없는 한 수급인의 보수지급청구권과 동시이행의 관계에 있다고 할 것이다(대법원 2001. 6. 15. 선고 2001다21632, 21649 판결).

하자는 유형적인 일에 한하지 않으며, 무형의 일에도 있을 수 있다. 수급인이 부담하는 책임의 내용에는 하자보수의무(민법667조1항)와 손해배상의무(민법667조2항) 및 계약해제권(민법668조)이 있다.

도급인은 대금지급의무와 협조의무를 부담하게 된다. 도급인은 수급인에 대하여 도급대금을 지급할 의무가 있다. 이는 수급인의 일을 완성할 채무와 상호 대가관계에 선다. 보수의 종류는 금전에만 국한하지 않는다. 보수의 지급 시기는 당사자 간에 특약이 있으면 그것이 따르고, 특약이 없으면 관습에 의하게 되며, 관습도 없으면 목적물의 인도와 동시에 지급하여야 한다(민법665조).

수급인의 순조로운 작업의 진행은 도급인의 협조 없이는 생각할 수 없으며, 쌍방 당사자는 신의성실의 원칙을 기본으로 하여 서로 협조하여야 한다. 「국가계약법」에서도 "계약담당공무원은 계약을 체결함에 있어 법령에서 규정된 계약상대자의 계약상의 이익을 부당하게 제한해서는 아니 된다"(동법 시행령4조)라고 규정하여, 도급인의 협조의무를 강조하고 있다. 기타 도급인은 목적물에 대한 검사와 작업성과물에 대한 수령의무, 필요시 계약의 변경의무 등을 부담하고 있다.

이러한 근거에서 살펴보면 건설공사에서 야기되는 분쟁은 도급인 측에서는 수급인의 목적물완성의무에 대하여, 수급인 측에서는 대금지급의무의 불이행 또는 불완전 이행을 문제 삼아 발생하는 경우가 대부분이다. 그러기 때문에 계약이 상호 의사표시의 합치에 의하여 체결된 이상 도급계약의 당사자는 각기 대등한 입장에서 합의에 따라 공정하게 계약을 체결하고, 신의에 따라 성실히 계약을 이행하여야 하는 책무를 부담한다.

건설공사는 제조업과는 달리 건설공사자체의 특성으로 인하여 생산절차가 복잡하고, 여러 이익 집단이 상호간의 계약을 통해서 하나의 프로젝트를 수행하는 경우가 대부분이다. 또한 건설공사의 성격상 금액이 크고 영조물로서 국가나 사회에 미치는 영향이 지대하기 때문에 계약 자체가 매우 강조되고 있고, 국가의 강력한 통제가 필요하다. 특히 1970년대 이래의 한국경제의 성장은 특히 건설도급계약에서 수많은 분쟁을 야기하였다.

　민법의 도급에 관한 규정에는 건설공사에 관한 특칙이 있으나, 건설공사를 규율하기에는 지나치게 단순하여 기존의 법령을 대폭 보완하여, 1984년 「건설업법」(법 제3765호)을 개정하였다. 건설업의 면허, 건설공사의 도급·시공·기술관리 등에는 전적으로 동법이 적용되었다. 동법은 수차례의 개정을 거쳐 1996년 12월에 「건설산업기본법」으로 개명함과 더불어 전문이 개정되었는데, 그 후 다시 개정을 거듭하고 있다.

제2절 도급계약의 원칙

1. 신의성실의 원칙

건설공사의 도급계약의 당사자는 각기 대등한 입장에서 합의에 따라 공정하게 계약을 체결하고, 신의에 따라 성실히 계약을 이행하여야 한다(건산법22조1항). 계약은 상호 대등한 입장에서 당사자의 합의에 따라 체결되어야 하며, 당사자는 계약의 내용을 신의성실의 원칙에 따라 이행하여야 한다(국가계약법5조).

> 【판례】 어느 일방이 교섭단계에서 계약이 확실하게 체결되리라는 정당한 기대 내지 신뢰를 부여하여 상대방이 그 신뢰에 따라 행동하였음에도 상당한 이유 없이 계약의 체결을 거부하여 손해를 입혔다면, 이는 신의성실의 원칙에 비추어볼 때 계약자유의 원칙의 한계를 넘는 위법한 불법행위를 구성한다고 할 것이다(대법원 2001. 6. 15. 선고 99다40418 판결).

이상의 내용은 「건설산업기본법」과 「국가계약법」[8]에서 계약의 원칙을 천명한 규정들이다. 따라서 본조는 도급인과 수급인 간의 도급계약, 수급인과 하수급인 간의 하도급계약을 불문하고 건설공사의 도급계약에서 준수해야 할 원칙을 정한 것이라 할 수 있다. "대등한 입장에서 합의에 따라 공정하게 계약을 체결해야 한다"라는 것은 사적자치의 원칙을 선언한 근대시민계약법의 이념에 비추어볼 때 당연하다 할 것이다. 현실에서는 건설공사도급계약은 원·하도급계약을 불문하고 그 내용 또는 이행에서 자칫하면 발주자 측에 유리한 편무(片務)적인 성격을 지닐 수가 있어 교육적·선언적인 의미를 지닌 규정이라 할 수 있다.

2. 서면계약의 원칙

1) 의 의

일반적으로 사법상의 계약은 채권발생을 목적으로 하는 상호 대립되어 있는 두 개이상의 의사표시의 합치를 요소로 하는 법률행위이다. 그리고 이러한 사법상의 계약

---

8)   국가계약법 제5조(계약의 원칙) 제1항에서는 "계약은 상호 대등한 입장에서 당사자의 합의에 따라 체결되어야 하며, 당사자는 계약의 내용을 신의성실의 원칙에 따라 이를 이행하여야 한다"라고 규정하고 있다.

은 계약체결 여부, 계약상대방의 선택, 계약내용의 결정, 계약방식 등을 당사자가 임의로 결정할 수 있는 계약자유의 원칙에 따르게 된다. 그러나 이러한 계약자유의 원칙에 입각하되, 실제로는 그 계약당사자가 국가와 개인, 대기업과 중소기업, 강자와 약자들과 같은 관계를 이루는 수가 많기 때문에, 어느 일방에게만 유리한 내용의 계약이 강요되는 것과 같은 사태를 방지하기 위해서는 어느 정도의 제약이 가하여지는 것은 불가피하게 된다.

따라서 건설공사의 도급계약에서도 전술한 계약자유의 테두리 안에서 이루어져야 할 것이나, 건설공사에서는 그 목적물의 사회성, 즉 그 건설공사에 의하여 시공된 목적물이 공중의 이용에 이바지한다는 등의 특색과 발주자와 시공자의 각각 특이한 위치, 즉 이해상반성[9] 등의 특성 때문에 「건설산업기본법」에서는 이러한 것들로부터 발생이 예상되는 문제점을 사전에 예방하기 위하여, 일정한 사항은 계약내용에 명시할 것을 의무화하고 있다(법22조, 영25조). 이 규정의 의미는 도급계약 중 건설공사계약은 서면계약이라는 의미보다는 분쟁을 미연에 방지하기 위한 것에 지나지 않는다고 해석해야 한다.[10]

2) 내 용

도급계약은 낙성계약(諾成契約)이기 때문에 계약서의 작성은 반드시 필요한 것은 아니나, 계약의 내용을 명확히 하고 후일의 분쟁을 피하기 위하여 계약서를 작성하는 것이 통례이다. 예컨대, 정부공사에서는 "계약의 목적, 이행 기한, 보증금의 처분, 위험부담 기타 필요한 사항을 상세히 기재한 계약서의 작성을 필요로 한다"(국가계약법 11조1항)라고 규정하고 있으나, 그 내용에 대해서는 아무런 규정이 없다.

오늘날은 많은 개선이 있었으나 종래에는 수급자에게 일방적으로 과대한 의무를 부과하는 것은 물론 민법상 당연히 인정되고 있는 권리조차도 방기(放棄)되고 있고, 동시에 계약내용도 불충분하거나 불명료한 규정이 많아 분쟁이 발생하고 있었다. 이러한 것은 지방공공단체나 민간대기업의 계약서에도 비슷한 상황이었다.

---

9) '이해상반성'이란 일반적으로 발주자는 기본적으로 저렴한 가격으로 우수한 품질을 원하고 있는 데 반해, 시공자는 이윤이 발생되어야 하기 때문에 상호 마찰이나 분규가 발생될 가능성이 상존하고 있다. 따라서 계약서에 이에 대한 내용을 분명히 하여야 할 이유가 여기에 있다.

10) 日新潟地高田地判, 1953. 11. 14.; 大審院民事判例集 4. 11. 1687.

건설공사에 관한 도급계약의 당사자는 도급금액·공사기간 기타 대통령령으로 정하는 사항을 계약서에 명시하여야 하며, 서명·날인한 계약서를 교부하여 보관하여야 한다(건산법22조2항). 도급계약서에 명시하야야 할 사항에 대하여 「건설산업기본법」에서는 서면계약에 대하여 보다 상세하게 규정하고 있는데, 그 내용은 다음과 같다(법22조2항, 영25조1항).

① 공사내용

② 도급금액과 도급금액 중 노임에 해당하는 금액

③ 공사착수의 시기와 공사완성의 시기

④ 도급금액의 선급금이나 기성금의 지급에 관하여 약정을 한 경우에는 각각 그 지급의 시기·방법 및 금액

⑤ 공사의 중지, 계약의 해제나 천재·지변의 경우 발생하는 손해의 부담에 관한 사항

⑥ 설계변경·물가변동 등에 기인한 도급금액 또는 공사내용의 변경에 관한 사항

⑦ 법 제34조 제2항의 규정에 의한 하도급대금 지급보증서의 교부에 관한 사항(하도급계약의 경우에 한함)

⑧ 법 제35조 제1항의 규정에 의한 하도급대금의 직접지급 사유와 그 절차

⑨ 「산업안전보건법」 제30조에 따른 산업안전보건관리비의 지급에 관한 사항

⑩ 법 제87조 제1항의 규정에 의하여 건설근로자퇴직공제에 가입하여야 하는 건설공사인 경우에는 건설근로자퇴직공제가입에 소요되는 금액과 부담방법에 관한 사항

⑪ 「산업재해보상보험법」에 의한 산업재해보상보험료, 「고용보험법」에 의한 고용보험료 기타 당해 공사와 관련하여 법령에 의하여 부담하는 각종 부담금의 금액과 부담방법에 관한 사항

⑫ 당해 공사에서 발생된 폐기물의 처리방법과 재활용에 관한 사항

⑬ 인도를 위한 검사 및 그 시기

⑭ 공사 완성 후의 도급금액의 지급 시기

⑮ 계약이행지체의 경우 위약금·지연이자의 지급 등 손해배상에 관한 사항

⑯ 하자담보책임기간 및 담보방법

⑰ 분쟁 발생 시 분쟁의 해결방법에 관한 사항

⑱ 「건설근로자법」 제7조의2에 따른 고용 관련 편의시설의 설치 등에 관한 사항

제3절 도급계약의 성질

1. 건설공사 시행방법

건설공사는 고용, 도급 또는 위임의 방법에 따라 실시되고 있는데, 이것은 어떤 경우에는 노무공급계약에 속하고 있어 실제로는 구별이 쉽지 않은 경우가 많다.

첫째, 우선 민법의 도급 그 자체가 다른 전형 계약인 고용이나 위임과 명확히 구별하기 어려울 뿐만 아니라 각종 계약이 가능하고, 나아가서 민법이 전형계약 이외의 무명계약도 인정되고 있음으로서 현실의 건설공사가 민법의 원칙을 수정한 형태로 행하여지는 일이 많기 때문이며,

둘째, 본법의 적용을 받지 않기 위해서 고용계약이라든가 위임계약 등의 명칭을 사용하는 일도 많기 때문이라고 생각된다. 그리하여 「건설산업기본법」 제2조 제8호에서는 적용대상을 명확히 하여 탈법행위를 방지하고자 "원도급·하도급·위탁 기타 명칭여하에 불구하고 건설공사를 완성할 것을 약정하고, 상대방이 그 일의 결과에 대하여 대가를 지급할 것을 약정하는 계약"은 건설공사의 도급계약으로 보고 동법이 적용된다.

【질의】 1. 도급에 의하지 아니하고 자기공사로 아파트 등을 건축하여 분양 또는 임대할 경우 건설업의 범위에 속하는지
2. 상대방의 주문에 의하여 자기공사로서 아파트 등을 건설하고 주문자에게 대가를 받고 분양할 수는 있는지

【회신】 건설부 행정 410-16234(1976. 8. 11.)
1. 「건설업법」에서는 건설업이라 함은 원도급·하도급·기타 명칭여하에 불구하고 동법의 적용을 받는 건설공사의 도급을 받는 영업을 말하는바 "도급"이란 건설공사의 발주자와 건설업자 간에 체결하는 도급계약이므로, 자기공사로서 아파트 등을 건설하고 타인에게 양도하거나 임대하는 것은 건설공사에는 해당하나, 건설공사의 도급이라고 볼 수 없는 것이므로 이는 건설업의 범위에서는 속하지 아니하며,
2. 상대방은 주문자에 의하여 자기공사로서 아파트 등을 건설하고 이를 주문자에게 대가를 받고 분양하는 것을 제작물공급계약으로서 주문에 의하여 이를 완성하는 과정을 도급계약의 일종이므로, 건설업의 범위에 속하는 것이므로 봄이 타당할 것으로 사료됨.

"위탁 기타 명칭여하에도 불구하고"라는 표현을 쓴 이유는 계약을 준수하는 것은 개개인의 이해관계보다는 공익을 위하여 필요한 것이기 때문에, 계약명칭 여하에 따라 그러한 제한이나 의무를 임의로 탈피하게 하여서는 아니될 것이므로, 위탁 기타 명목으로 이를 수행하든지 간에 보수를 받고 시공하는 것이어서, 그 실질에서 도급계

약과 동일한 것이라면 이를 도급계약이라 간주하여 「건설산업기본법」의 적용을 받도록 한 것이다. 이러한 의미에서 위탁·고용·매매 등의 전형계약 외의 혼합계약이나 무명계약도 포함된다고 보아 소위 건축업자(집장사)라 칭하는 자라도 실질적으로 도급계약인 경우에는 본법이 적용된다고 본다.

【질의】 건설업자가 발주자겸 시공자로서 건설공사의 일부 또는 대부분을 일반건설회사 및 전문건설회사와 건설공사의 계약을 체결하는 경우 도급계약을 해야 하는지 또는 하도급계약을 해야 하는지 여부

【회신】 건경 58070-1400, 1999. 8. 16.
건설업자가 자신의 건설공사를 직접 시공하면서 동 공사의 일부 또는 대부분을 다른 건설업자에게 완성토록 약정하고, 그 결과에 대하여 대가를 지급하기로 약정하였다면 「건설산업기본법」 제2조 제8호에 의한 도급에 해당함.

2. 도급과 제작물공급계약

1) 일의 완성

도급은 '일의 완성'을 목적으로 하는 계약이다. 따라서 다음과 같은 의미를 담고 있다.

첫째, "일"이란 노무에 의해 발생되는 것으로서 결과를 나타내고 일의 종류나 또 결과의 유형무형 여하를 묻지 않으며, 재산적 가치를 가지고 있는가의 여부를 따지지 않는다.

둘째, 일의 완성은 '노무'에 의해 원하는 바의 결과를 발생하는 것으로 노무자체의 공급을 목적으로 하지는 않고, 노무의 결과를 목적으로 한다는 점에서 고용과는 구별된다.

셋째, '일의 완성'을 목적으로 하기 때문에 어떤 일을 달성하는 것을 목적으로 하는 계약으로서 또는 일을 부여하는 것을 목적으로 하는 계약이 아닌 점에서 매매와 다르다. 그러나 당사자의 일방이 상대방의 주문에 따라 자기 소유의 재료를 사용하여 만든 물건을 공급하기로 하고 상대방이 대가를 지급하기로 약정하는 이른바 제작물공급계약은, 그 제작의 측면에서는 도급의 성질이 있고 공급의 측면에서는 매매의 성질이 있어 대체로 매매와 도급의 성질을 함께 가지고 있다.

따라서 그 적용 법률은 계약에 의하여 제작 공급하여야 할 물건이 대체물인 경우에는 매매에 관한 규정이 적용되지만, 물건이 특정의 주문자의 수요를 만족시키기 위한

부대체물인 경우에는 당해 물건의 공급과 함께 그 제작이 계약의 주목적이 되어 도급의 성질을 띠게 된다(대법원 2006. 10. 13. 선고 2004다21862 판결).

2) 보수의 지급

도급은 일의 완성에 대해서 '보수를 지급'하는 것을 약속하는 계약이다. 따라서 도급은 유상과 쌍무계약의 성격을 지니고 있다. 유상계약이란 당사자가 서로 대가적 관계에 있는 급부를 하는 것을 목적으로 하는 계약을 말한다. 물품의 매매계약에서는 먼저 쌍방의 채무가 발생하고, 급부도 서로 대가관계를 이루고 있으므로 이것을 쌍무·유상계약이라고 한다.

쌍무계약은 계약의 성립에 의하여 곧 당사자의 쌍방이 상호채무를 부담하는 계약이다. 즉, 상대방에게 물품의 급부를 약속시킴과 동시에 자기 자신도 그 대가인 반대급부를 할 것을 약정하는 계약이다. 요컨대, 쌍방의 채무부담이 서로 교환적 원인관계에 있는 계약이다. 이에 반하여 증여와 같은 계약은 일방적인 의무부담계약이므로 편무계약이며, 쌍무계약과 구별된다.

첫째, 보수는 금전 등의 것을 통상으로 하는 것인데, 반드시 이것에 한하지는 않는다. 또 보수는 일의 결과에 대하여 지불되는 것이기 때문에(민법664조), 수급인이 노무를 제공하는 것도, 일의 결과를 발생하지 않는 경우에는 보수청구권이 발생되지 않고, 따라서 또 일의 결과에 도달하는 데 필요한 노력, 비용 등이 도중에서 예측하지 못한 사유로 당초보다 증가하더라도 이것을 이유로서 보수의 증액을 청구하지 않는 것을 원칙으로 한다. 단지, 특약으로서 별도의 규정을 두는 것은 무방하다. 반면에 실제로 소요된 노력이나 비용 등이 예정보다 적은 경우에도 도급인은 보수의 감액을 청구하는 것이 아니다.

둘째, 일의 성질상 그 결과물을 인도할 필요가 없는 경우에는 그 결과를 발생시킨 보수를 청구하는 것으로서, 이후 결과의 멸실이나 훼손에서 손해청구권에 영향을 미치고 있지 않는다. 유형적 결과의 발생을 목적으로 하는 도급에서는 수급인이 그 노무를 완료한 후 계약의 목적물을 도급인에게 인도하여야 하는데, 이 경우 그 인도전에 목적물의 멸실 또는 훼손이 보수청구권에 어떠한 영향을 미치는 가의 문제가 생긴다. 이것은 위험부담의 문제이다.

제4절 도급계약의 효력

1. 수급인의 의무

수급인은 계약에서 정한 일을 완성할 의무를 부담하는 것이고, 일의 완성의무는 수급인의 채무이다. 따라서 일의 완성의무에 위반한 경우에는 채무불이행 규정이 적용을 받는다.

(1) 수급인(건설사업자)이 일에 착수하지 않는 경우에는 도급인(주문자)은 일에 착수 할 것을 청구할 수 있고, 또 「민법」 제389조(강제이행)에 의거 그 직접이행을 강제할 수 있다. 「민법」은 후불보수를 원칙으로 하고 있기 때문에(민법665조), 도급인이 보수채무의 대금을 지급하지 않는 것을 이유로 수급인은 일을 거절할 수는 없다.

(2) 수급인이 일에 착수하지 않거나 또는 일을 완료하지 않는 경우에는, 도급인은 채무불이행을 이유로 하여 손해배상청구권이나 또는 계약해제권을 가지게 된다(민법390조, 544조). 이 점에 관하여 문제가 되는 것은 수급인이 적당한 시기에 일에 착수하였음에도 불구하고, 어떤 사정으로 인해 재료의 감실(減失)이나 혹은 일을 완성하고 그 인도전에 사정변경으로 인해 그 공작물이 멸실된 경우에는, 수급인은 자신의 과실이 아니기 때문에 지체 또는 손해배상의 문제는 발생하지 않는다. 따라서 별도의 특약이 없고, 일을 완성하는 데 따른 제한이 없는 경우에는 수급인은 정해진 기간 내에 일에 착수하고, 이것을 완성하여야 하는 의무를 부담하게 된다. 다만 일의 완성이 불가능한 경우에는 위험부담의 문제로 된다.[11]

(3) 일의 완성의무는 당연히 일에 소요되는 재료를 공급하는 의무를 포함하는 것은 아니다. 따라서 수급인이 재료를 제공하는 의무를 부담하는가의 여부는 도급계약의 내용에 의해 정해진다. 수급인이 일의 재료를 제공하지 않는 경우로, 그 재료가 사정변경에 따라 멸실 훼손한 경우에는 수급인은 도급인이 제공한 새로운 재료로서 일을 완성하는 의무를 부담하는 데 그친다.[12]

---

11) 末川, 債權各論2部, p. 273; 山主, 債權法各論, p. 173; 戒能, 債權各論, p. 307.
12) 鳩山, 債權法各論(下), p. 573.

(4) 일의 완성에 필요한 노무는, 원칙적으로 수급인 스스로 이것을 공급해야 하는 것은 아니다. 도급인이 일의 완성을 위하여 제3자를 사용하는 경우는 두 가지로 구분된다.

첫째, 수급인이 스스로 일의 수행을 지휘하면서 오로지 보조자로서 제3자를 사용하는 데 그치는 경우가 있다. 다만 이 경우에는 특약 없는 한 수급인은 당연히 보조자의 행위에 대하여 자기의 행위와 동일한 책임을 부담하는 것으로 해석된다.

둘째, 수급인이 제3자에게 다시 일의 완성을 도급하는 경우("하도급"이라 한다)이다. 수급인은 원칙적으로 하도급을 할 수 있는데, 이 경우도 하도급인의 행위에 대하여는 자기의 행위와 동일한 책임을 부담하는 것으로 해석한다(건산법32조1항). 다만 하도급 금지의 특약이 있는 경우에는 수급인은 스스로 일의 완성을 지휘·감독하는 의무를 부담하며, 이 특약에 위반한 하도급계약은 무효는 아니고, 오로지 수급인의 채무불이행을 초래하는 데 불과하다. 「건설산업기본법」 제29조는 일괄하도급을 금지하고 있기 때문에 이것에 위반하여 일괄하여 다른 도급업자에 도급주는 경우에도 위와 같다.[13]

보조자인지 하도급자인지의 구별은 「민법」 제756조(사용자의 배상책임)의 적용에 대하여 의미가 있고, 하도급에서 수급인은 하수급인이 일에 대하여 제3자에 주어진 손해를 배상하는 책임을 부과하고 있다. 그러나 실제로 하도급인이라 불려도 그 실질은 일의 완성을 위하여 보조자로 보이는 경우도 있기 때문에 그 법률관계는 개개의 구체적인 경우에 따라 판단하지 않으면 안 된다.

(5) 도급이 공작물에 관한 것인 경우에는 수급인은 그 공작물에 노무를 제공하는 외에 완성된 공작물을 도급인(주문자)에게 인도하는 것이 요구되는데, 이 경우 만들어진 물건[作成物]의 소유권의 귀속이 문제된다.

① 도급인의 소유에 귀속하는 재료로서 수급인이 공작을 가한 경우에는 작성물이 동산이나 부동산을 구별하지 않고, 특약이 없는 한 도급인은 당연히 원시적으로 작성물의 소유권을 취득한다.

---

13) 「건설산업기본법」 제29조 제1항은 일괄하도급을 금지하고 있는데, 이것은 도급업자가 자기가 도급한 공사를 그대로 일괄하여 다른 도급업자에 도급 주는 것을 금지하고 있는 것으로, 도급업자가 스스로 주체적인 부분의 시공에 맞춰 다른 부분을 하도급되는 경우나 공종별로 하도급주고, 공사전체를 통괄하는 경우를 금지하는 것은 아니다.

② 재료의 일부가 도급인에 속하고 다른 일부가 수급인에 속하는 경우에는 다음과 같은 두 가지 경우가 있다.

1) 도급인이 제공하는 재료가 주요한 재료인 경우에는, 부합(附合)의 원칙(原則)[14](민법256조)에 의해 주문자는 작성물의 소유권을 취득한다는 설[15]과 가공(加工)의 원칙(민법259조)을 적용해야 한다는 설이 있는바, 전자가 통설과 판례이다.[16]

> 【판례】 일반적으로 자기의 노력과 재료를 들여 건물을 건축한 사람은 그 건물의 소유권을 원시취득하고, 다만 도급계약에 있어서는 수급인이 자기의 노력과 재료를 들여 건물을 완성하더라도 도급인과 수급인 사이에 도급인 명의로 건축허가를 받아 소유권보존등기를 하기로 하는 등 완성된 건물의 소유권을 도급인에게 귀속시키기로 합의한 것으로 보여질 경우에는 그 건물의 소유권은 도급인에게 원시적으로 귀속된다(대법원 1996. 9. 20. 선고 96다24804 판결).

2) 도급인이 제공하는 재료가 주요한 재료가 아닌 경우에는 부합(附合)의 원칙이 적용되지 않고, 특약이 없는 한 작성물의 소유권은 수급인에 귀속하고, 수급인은 이것을 도급인에게 이전하는 것이 요구된다.

③ 재료의 전부가 수급인에 속하는 경우는 도급인이 당연히 작성물의 소유권을 취득해야 하는 이유가 없기 때문에, 특약이 없는 한 수급인이 작성물의 소유권을 취득하고, 따라서 일의 완성 후 소유권 이전행위를 필요로 한다. 이 경우 소유권 이전계약은 반드시 목적물 완성 후에 하여야 할 필요는 없고 미리 작성물의 소유권을 이전한다는 계약도 장래의 처분행위로서 유효하다.

---

14) 부동산의 소유자는 그 부동산에 부합한 물건의 소유권을 취득한다. 그러나 타인의 권원(權原)에 의하여 부속된 것은 그러하지 아니하다. [증축 부분이 기존건물에 부합되는지 여부에 대한 판단 기준] 건물이 증축된 경우에 증축부분이 기존 건물에 부합되는 것으로 볼 것인가 아닌가 하는 점은 증축부분이 기존 건물에 부착된 물리적 구조뿐만 아니라 그 용도의 기능의 면에서 기존건물과 독립한 경제적 효용을 가지고 거래상 별개의 소유권 객체가 될 수 있는지의 여부 및 증축하여 이를 소유하는 자의 의사 등을 종합적으로 판단하여야 한다. 따라서 기존 건물 및 이에 접한 신축건물 사이의 경계벽체를 철거하고 전체를 하나의 상가 건물로 사용한 경우, 제반 사정에 비추어 신축건물이 기존 건물에 부합되어 1개의 건물이 되었다고 볼 수 없다(대법원 2002. 5. 10. 선고 99다24256 판결).

15) 鳩山, 債權法各論(下), p. 577; 我妻 債權各論(中卷2), p. 616; 石田, 債權各論 p. 163.

16) 末弘, 債權各論, p. 699.

2. 수급인의 권리

일을 완성해야하는 수급인의 채무는 쌍무계약상의 도급에 의해 발생되는 채무로서, 도급인의 보수지급채무와 상호 대가적인 관계가 있다. 「민법」 제665조(보수의 지급 시기)는 보수채무를 후불채무로 하고 있기 때문에, 일의 완성채무에서는 동시이행의 항변권은 존재하지 않는다.

다만 목적물의 인도를 요하지 않는 도급에서는 「민법」 제665조 제1항을 준용하고 있어, 노무를 끝내고 일을 완성한 후가 아니면 보수를 청구할 수 없기 때문에, 목적물의 인도를 요하는 도급에서는 그 인도와 동시에 보수를 청구하는 것이 되기 때문에, 이러한 종류의 도급에서는 일 완성 후 목적물의 인도청구와 보수채무와의 사이에는 동시이행의 관계가 있다.

【판례】 도급인이 하자의 보수에 갈음하여 손해배상을 청구한 경우 도급인은 그 손해배상의 제공을 받을 때까지 손해배상액에 상당하는 보수액의 지급만을 거절할 수 있는 것이고, 그 나머지 보수액의 지급은 이를 거절할 수 없는 것이라고 보아야 할 것이므로, 도급인의 손해배상채권과 동시이행관계에 있는 수급인의 공사금채권은 공사잔대금채권 중 위 손해배상채권액과 동액의 금원뿐이고 그 나머지 공사잔대금채권은 위 손해배상채권과 동시이행관계에 있다고 할 수 없다(대법원 1990. 5. 22. 선고 90다카230 판결).

제5절 건설산업기본법상의 도급제도

1. 신의성실의 원칙

본 원칙에 대해서는 전술한바 있다. 건설공사에 관한 도급계약(하도급계약을 포함)의 당사자는 대등한 입장에서 합의에 따라 공정하게 계약을 체결하고 신의를 지켜 성실하게 계약을 이행하여야 한다(법22조1항).

2. 서면계약의 원칙

건설공사에 관한 도급계약의 당사자는 계약을 체결할 때 도급금액, 공사기간, 공가의 중지, 계약의 해제나 손해의 부담에 관한 사항 등 대통령령으로 정하는 사항을 계약서에 분명하게 적어야 하고, 서명 또는 기명날인한 계약서를 서로 주고받아 보관하여야 한다(법22조2항).

【질의】 건축주는 도급공사라 주장하며 약정한 금액외는 추가로 지급할 수 없다고 주장하여 당사 및 여러 업체가 피해를 보는 바, 도급공사의 의미는 무엇인지요?

【회신】 건설경제담당관실-2265, 2004. 6. 2.
1. 건설산업기본법 제2조 제8호의 규정에 의하여 "도급"이라 함은 원도급·하도급·위탁 기타 명칭여하에 불구하고 건설공사를 완상할 것을 약정하고, 상대방이 그 일의 결과에 대하여 대가를 지급할 것을 약정하는 계약을 말하며, "발주자", "수급인", "하수급인" 여부에 대하여는 동조 제7호, 제10호 및 제11호의 규정에 의하여 판단할 수 있는 것임.
2. 따라서 질의의 경우가 구체적으로 건설공사의 도급계약이며, 발주자 및 수급인 등에 해당하는지 여부에 대하여는 상기 규정, 당해 계약(서), 민사 관련법령 등을 감안하여 사실판단할 사항일 것이나, 건설공사의 도급 및 시공 등 일련의 수행과정에는 동법 제22조 제1항의 규정에 의거 당사자가 대등한 입장에서 협의에 따라 공정하게 계약을 체결하고 신의에 따라 성실하게 계약을 이행하여야 할 것임.

건설공사는 그 특징에서 기술한 바와 같이 도급인, 수급인뿐만 아니라 설계자, 감리원, 자재 납품업자, 관공서 등 다양한 이해관계자가 관여하고, 공사기간이 장기간이며, 계약금액이 크고 아울러 사정변경의 다양한 변수가 발생할 우려가 있기 때문에 계약체결방식의 자유임에도 불구하고 일정한 서면을 요구하고 있다.

따라서 법에서는 이러한 서면계약의 원칙을 위반하여 도급계약을 계약서로 체결하지 아니하거나 계약서를 교부하지 아니한 건설사업자에게는 500만 원 이하의 과태료를 부과하고 있다(법99조2호).

3. 표준계약서의 작성 및 권장

　국토교통부장관은 계약당사자가 대등한 입장에서 공정하게 계약을 체결하도록 하기 위하여 건설공사의 도급 및 건설사업관리위탁에 관한 표준계약서(하도급의 경우는 「하도급법」에 따라 공정거래위원회가 권장하는 건설공사표준하도급계약서를 포함)의 작성 및 사용을 권장하여야 한다(법22조3항).

4. 불공정한 계약내용의 무효

　건설공사 도급계약의 내용이 당사자 일방에게 현저하게 불공정한 경우로서 다음 각 호의 어느 하나에 해당하는 경우에는 그 부분에 한정하여 무효로 한다(법22조5항).

① 계약체결 이후 설계변경, 경제상황의 변동에 따라 발생하는 계약금액의 변경을 상당한 이유 없이 인정하지 아니하거나 그 부담을 상대방에게 전가하는 경우

② 계약체결 이후 공사내용의 변경에 따른 계약기간의 변경을 상당한 이유 없이 인정하지 아니하거나 그 부담을 상대방에게 전가하는 경우

③ 도급계약의 형태, 건설공사의 내용 등 관련된 모든 사정에 비추어 계약체결 당시 예상하기 어려운 내용에 대하여 상대방에게 책임을 전가하는 경우

④ 계약내용에 대하여 구체적인 정함이 없거나 당사자 간 이견이 있을 경우 계약내용을 일방의 의사에 따라 정함으로써 상대방의 정당한 이익을 침해한 경우

⑤ 계약불이행에 따른 당사자의 손해배상책임을 과도하게 경감하거나 가중하여 정함으로써 상대방의 정당한 이익을 침해한 경우

⑥ 「민법」 등 관계 법령에서 인정하고 있는 상대방의 권리를 상당한 이유 없이 배제하거나 제한하는 경우

5. 계약의 추정제도

　도급인과 수급인 간 또는 수급인과 하수급인 간의 관계에서 도급인 또는 수급인이 수급인 또는 하수급인에게 우월적 지위를 이용하여 건설공사를 구두지시하고, 계약서를 작성하지 않는 등의 불공정 행위로 건설공사를 둘러싼 분쟁 및 불공정 관행이 지속되고 있는 실정이다. 따라서 건설산업에서 구두지시 등 불공정한 관행을 불식하

고 상대적 약자인 수급인과 하수급인을 보호하여 건전한 건설산업 육성과 공정한 거래 관행을 정착시키기 위해 2016. 2. 3. 「건설산업기본법」 개정 시 도입된 제도이다.

그 내용은 발주자(또는 수급인)가 도급계약을 하면서 계약서를 작성하지 아니한 경우에는 수급인(또는 하수급인)은 도급받은 건설공사의 내용, 계약금액 등을 발주자에게 서면으로 통지하여 도급받은 내용의 확인을 요청하고, 발주자(또는 수급인)는 수급인(또는 하수급인)으로부터 서면통지 받은 날로부터 15일 이내에 그 내용에 대한 인정 또는 부인의 의사를 수급인에게 서면으로 회신 발송하여야 한다.

다만 이 기간 내에 회신을 발송하지 아니한 경우에는 서면 통지한 내용대로 도급이 있었던 것으로 추정하는 제도이다(법22조의3). 이는 계약서가 없는 경우도 절차와 요건을 갖추면 도급(또는 하도급)계약이 성립한 것으로 추정하는 것으로, 이를 통해 서면증거 확보로 분쟁대비가 가능하고, 상대방이 부인하는 경우에는 작업 중단으로 추가적 손해 예방 가능할 뿐만 아니라, 이와 동시에 만약 회신 없는 경우 계약성립이 추정되어 소송 등 권리구제도 가능한 이점이 있다. 따라서 이러한 계약의 추정제도가 정착되면 계약서가 없어 빈번하게 발생되는 분쟁을 줄일 수 있는 계기가 될 것으로 보인다.

6. 수급인 등의 자격 제한

발주자는 도급하려는 건설공사의 종합적인 계획·관리·조정의 필요성, 전문 분야에 대한 시공역량, 시공기술상의 특성 및 현지여건 등을 고려하여 제16조의 시공자격을 갖춘 건설사업자에게 도급하여야 한다. 아울러 수급인은 시공자격을 갖춘 건설사업자에게 하도급하여야 한다. 발주자 또는 수급인은 공사 특성에 따라 공시된 시공능력과 공사실적, 기술능력 등을 기준으로 수급인 또는 하수급인의 자격을 제한할 수 있다(법25조).

7. 추가·변경공사에 대한 서면 확인

수급인은 하수급인에게 설계변경 또는 그 밖의 사유로 당초 하도급계약의 산출내역에 포함되어 있지 아니한 공사(추가·변경공사)를 요구하는 경우 해당 공사의 하수급인에게 추가·변경공사의 내용, 금액 및 기간 등 추가·변경공사와 관련하여 필요한 사항을 서면으로 요구하여야 한다. 이 경우 수급인은 필요시 발주자에게 서면으로 확인을 받을 수 있다(법36조의2).

   건설현장에서는 추가 공사 및 설계변경으로 인한 공사대금 분쟁이 빈번하게 발생하고 있다. 쟁점은 주로 추가나 설계변경에 대한 별도의 계약을 체결하였는지 여부에 대한 다툼이다. 이에 대해서 "추가 공사에 관하여 사전 합의가 없었다면, 추후 공사비용이 증가하였다고 해서 당연히 추가 공사비 지급 의무가 인정되는 것은 아니다."[17]는 하급심의 판결과 "원칙적으로 추가 공사에 대한 합의가 없는 이상 추가 공사대금 청구를 할 수 없다."[18] "「하도급법」 제3조 제1항에 의하면 건설위탁에서 원사업자는 건설위탁을 할 때에 수급사업자에게 계약서 등의 서면을 공사에 착수하기 전까지는 교부하여야 하고, 또 당초의 계약내용이 설계변경 또는 추가공사의 위탁 등으로 변경될 경우에는 특단의 사정이 없는 한 반드시 추가·변경서면을 작성·교부하여야 한다"[19]는 등의 대법원의 판례가 있다. 추가나 변경 공사에 대한 서면 합의가 반드시 있어야 함을 알 수 있다.

---

17) 서울중앙지방법원 2015가합16304 판결, 서울고등법원 2016나2079251 판결.
18) 대법원 2005다63870 판결.
19) 대법원 1995. 6. 16. 선고 94누10320 판결.

제6절 하도급 제도

1. 의 의

1) 용어의 유래

원래 도급은 업무의 결과인 일의 완성을 목적으로 하는 것이므로 일 자체는 반드시 수급인 자신의 노무로써 하여야 하는 것은 아니다. 수급인은 그 일을 다시 제3자에게 맡길 수도 있다. 이와 같이 수급인이 자기가 맡은 일의 전부나 일부를 다시 제3자가 하도급인으로서 맡은 것을 하도급이라 하며 구 민법에서는 하청(下請)으로 불렸다.

2) 하도급의 역사

이러한 도급 또는 하도급 형태의 생산방식은 로마법에도 규정하고 있는 것으로 보아 역사가 오래되었다. 그러나 산업조직의 한 형태로 대두되기 시작한 것은 산업혁명 이후부터라 할 수 있다. 산업혁명으로 인해 대량생산체계가 정착되면서 전문화·분업화가 조직의 원리로 자리 잡기 시작했다. 이는 조직 내적으로는 직급 간의 종적·계층적 분업과 인사, 생산, 판매 등 기능 간의 횡적·기능적 분업의 형태로 나타났으며, 조직외적으로는 기업과 기업 간의 기능적 분업관계로 나타났다. 이러한 기업과 기업 간의 기능적 분업관계가 상당기간 지속적으로 일어나게 될 때 하도급관계에 해당하는데, 물품의 생산을 의뢰하는 기업은 거래상 우월적 지위가 있음을 이용하여 각종 불공정행위를 행함으로써 실제 생산을 담당하는 기업을 수탈하였다. 이러한 관계가 사회적 문제로 대두하게 되자 경제적 약자의 위치에 있는 생산기업을 보호하기 위해 각종 규제가 나타나게 되었다. 이는 생산기업을 보호하기 위해 경제법이 대두된 것으로 당시에는 하도급법이란 용어가 사용되지 않았지만, 불공정 하도급행위에 대한 규제의 시초로 보아야 할 것이다.

현대적 의미에서의 하도급은 1930년대 만주사변 발발 시 일본기업들이 장래의 경기에 대한 확신이 없자 스스로 설비투자를 하지 않고 외주(外注)라는 방법으로 대처한 것을 그 시초로 보고 있다.[20]

2. 하도급거래의 중요성

최근 우리나라에서 하도급의 문제가 여러 각도에서 논의되고 있는데, 이것은 산업구성면에서 차지하는 하도급의 중요성을 나타내는 것이라 할 수 있다. 이와 같이 각종 기업에서 하도급이 이용되고 있는바 법률적으로 하도급이 허용되는 근거는 무엇인가?

첫째, 어떤 기업이 어떤 자에게 어떤 일의 완성을 약속한 때에도 법령 또는 특약에 의해서 반드시 그 기업자 "자신에 의해서" 해야 한다고 정해지지 않은 이상, 이것을 타인에 의해 행하도록 해도 반드시 위법은 아니며, 또 계약의 취지에도 반하는 것이라 할 수 없기 때문이다. 즉, 일의 성질이나 당사자의 의사에 의하여 금지되지 않은 한 수급인은 이러한 하도급을 이용할 수 있다는 것이다.

둘째, 수급인이 타인에게 약속하는 일의 완성 등은 그 "성질상 타인을 이용하여 이를 행하는 것이 적합하다고 보므로" 그 계약의 취지에 반하지 않는 한 타인으로 하여금 이것을 행하게 하는 것을 인정해도 좋기 때문이다.

이와 같은 근거하에서 인정되고 있는 하도급 제도는 그 자체에 내재하고 있는 효용이 있는 것으로 먼저 대기업인 원수급기업은 광범위한 거래처의 획득을 통해 거래처를 유지하는 이로움이 있다는 것이다. 원래 하도급이 이용되는 것은 원수급인 그 자체의 경영규모로는 당면한 거래수요를 충족하기가 어렵기 때문에 기업은 편의적 내지 일시적으로 혹은 일정한 기간 계속해서 타기업을 하도급으로서 이용함으로써 그 수요의 소화를 꾀하려는 것이며, 이에 의해 거래처의 유지확대를 실현할 수 있는 것이다.

셋째, 하도급 제도는 하도급거래의 저가격과 경비의 절약을 가져온다. 대기업의 경우에는 시설비·인건비·경비 등 여러 가지 내역이 증대하기 마련이지만, 중소 내지 영세기업에서는 이러한 경비를 비교적 적게 들이고도 가능하기 때문에, 대기업은 저가격인 하도급거래를 이용함으로써 경비를 절약할 수 있는 반면, 중소의 하도급기업은 그러한 저가격의 거래에 의한 이윤으로써도 또한 존립을 유지한다는 점에서 하도급기업의 존속요청을 충족하게 된다.

넷째, 하도급 제도는 기업규모의 탄력적인 확대를 꾀할 수 있다는 것이다. 여하한

---

20) 송정원, 『하도급거래공정화에 관한 법률(해설)』, 도서출판 나무와 샘, 2000, pp. 3~4 참조.

대기업이라 할지라도 복잡다기한 기업의 생산공정의 모든 작업을 자신의 기업조직 중에서 처리할 수는 없으며, 또 이렇게 꾀하는 것이 반드시 바람직한 것은 아니다. 따라서 이러한 의미에서도 하도급의 이용은 기업규모의 탄력적인 확대방법으로서 어느 정도 불가피한 현상이라 할 수 있으며, 여기에 하도급 제도의 효용이 있다. 그리고 이것은 전술한 바와 같이 하도급기업의 합리적인 존속을 지탱해주는 것으로서, 이러한 한에서는 하도급기업인 중소 내지 영세기업에서도 효용이 된다할 것이다.

그러나 이와 같이 효용을 가진 하도급제도는 마치 '양날의 칼'과 같아 효용 못지 않게 폐해도 많다. 하도급기업의 선택·기술지도 및 감독에 대한 충분한 배려를 게을리 하면 원수급기업의 거래의 상대방 내지 이용자인 공중에게 커다란 피해를 주는 수가 있으며, 부당한 거래가격의 강요, 하도급대금의 지급 지연으로 불황 시 자금난을 부채질하여 악조건을 가중시키는 사례 등 그 피해가 적지 않으며 근대적인 계약관계의 결여로 소위 편무계약의 성격의 것으로 만드는 것 등이다.[21] 그러나 이러한 폐해 우려에도 불구하고 하도급업체가 그 자체로 독립한 기업으로서 근대적인 성격을 확립하면서 원수급 기업과의 사회적 분업하에 상호보완을 통해 올바른 발전을 기할 수 있다면 그것이 진정한 하도급 제도의 본연의 모습으로서 효용인 것이다.

3. 하도급의 성질

원래의 수급인을 원수급인이라고 하고 새로운 수급인인 제3자를 하수급인이라 한다. 원도급인과 하수급인 간에는 권리·의무는 발생하지 않는다. 도급계약의 성격상 수급인은 일을 완성하기만 하면 되므로 성질상 수급인 본인 스스로 일을 완성하여야 하는 경우를 제외하고는 타인을 통하여 일을 완성할 수 있는 것이다. 이러한 타인을 이행보조자 또는 이행대행자라 부르며 하수급인을 지칭하고 있다.

【판례】 공사도급계약에 있어서 당사자 사이에 특약이 있거나, 일의 성질상 수급인 자신이 하지 않으면 채무의 본지에 따른 이행이 될 수 없다는 등의 특별한 사정이 없는 한, 반드시 수급인 자신이 직접 일을 완성하여야 하는 것은 아니고, 이행보조자 또는 이행대행자를 사용하더라도 공사도급 계약에서 정한대로 공사를 이행하는 한 계약을 불이행하였다고 볼 수 없다(대법원 2002. 4. 12. 선고 2001다82545, 82552 판결).

---

21) 서돈각·손주찬·안태호, 『현대 매니지먼트 로우』, 대하출판사, 2004, p. 20.

하도급은 원수급인과 하수급인 사이의 도급계약은 별개의 계약이다. 따라서 하도급계약에 의하여서는 원도급인과 하도급인 사이에 도급관계가 생길 뿐이고, 하도급인이 원도급인에 대하여 직접 권리·의무를 갖지는 않는다. 그러나 원수급인은 일의 완성에 관하여는 하수급인의 행위에 관하여서도 책임을 부담하게 된다. 왜냐하면 하도급인은 일종의 이행보조자인 까닭이다.

또한 하도급은 원도급과는 별개의 계약이기 때문에 하도급금지의 특약이 있더라도 이에 위반하여 제3자와 체결한 하도급계약이 당연히 무효로 되지 않으며, 다만 원수급인 원도급인에 대하여 계약상의 채무불이행의 책임을 질뿐이다.[22]

4. 하도급법과 타법과의 관계

「하도급거래 공정화에 관한 법률」(이하 "하도급법"이라 함)은 하도급거래의 공정화를 위한 원사업자의 의무사항을 규정한 법률로서, 하도급거래에 관한 거의 모든 법률에 대하여 특별법적 성격을 갖는다. 그러나 하도급법이 모든 하도급거래를 적용대상으로 하는 것도 아니고 하도급거래와 관련한 모든 것을 규정하고 있는 것은 아니기 때문에, 개별 법령들이 각각의 법 목적에 따라 규정하고 있는 하도급 내지 도급 관련 규정들을 이해하는 것은 적법한 하도급거래의 수행을 위해 매우 중요하다.

1) 경제법의 일종

자본주의경제에서는 경제주체들 간 경제력의 불균형이 심화되고 이는 경제거래 관계에서 불합리한 결과를 초래하게 되므로 인위적인 조정이 필요하게 되었다. 거래관계에서의 인위적인 조정에 관한 법이 경제법이라고 할 때, 하도급거래에서 불공정행위를 규제하기 위한 하도급법은 경제법의 일종이라 할 것이다.

2) 민법 및 상법에 대한 특별법

하도급계약은 궁극적으로 양 당사자 간 사적계약의 일종이므로 하도급법이 별도로

---

22) 곽윤직, 『채권각론(하)』, 법문사 1995. pp. 44~45; 박준서 외, 『주석 민법(채권각칙)(4)』, 한국사법행정학회, 1999, p. 174.

규정하고 있지 아니한 사항에 대해서는 하도급계약 관계에서도 「민법」(도급편661조에서 674조까지) 또는 「상법」(46조 등)이 적용된다. 그러나 하도급법이 규정하고 있는 내용이 민법 또는 상법의 내용과 다른 경우에는 우선 적용되므로 하도급법은 민·상법에 대한 특별법으로서의 성격을 가진다.

3) 공정거래법에 대한 특별법

「하도급법」 제28조는 "하도급거래에 관하여 이 법의 적용을 받는 사항에 대하여는 「독점규제 및 공정거래에 관한 법률」(「공정거래법」) 제23조 제1항 제4호[23]를 적용하지 아니한다"고 규정하고 있다. 따라서 어떤 행위가 하도급법에도 위반되고 공정거래법에 의한 불공정행위 유형에도 해당된다면 하도급법이 우선 적용되고 공정거래법은 적용되지 않는다.

4) 건설산업기본법 등과 저촉될 경우 하도급법이 우선 적용

「하도급법」 제34조는 다른 법률과의 관계에 대하여 규정하고 있다. 즉, 「대·중소기업 상생협력 촉진에 관한 법률」, 「전기공사업법」, 「건설산업기본법」, 「정보통신공사업법」이 이 법에 어긋나는 경우에는 이 법에 따른다. 따라서 관련법률의 규정이 하도급법의 내용과 배치될 경우에는 하도급법이 우선 적용된다.

그러나 「건설산업기본법」 등에서는 하도급에 관한 사항으로 일괄하도급의 제한, 재하도급의 제한 및 발주자에 대한 하도급의 통지 등 하도급법이 내용으로 하고 있지 아니한 부분에 대해 규정하고 있는 경우가 있는데, 이런 경우에는 이들 규정들이 적용된다. 왜냐하면 「하도급법」 제34조의 의미는 「하도급법」과 「건설산업기본법」이 규정이 저촉될 경우에만 하도급법이 적용된다는 것이지, 하도급법이 규정하고 있지 아니하는 경우까지 우선 적용된다는 것은 아니기 때문이다.

---

23) 제23조(불공정거래행위의 금지) ① 사업자는 다음 각 호의 어느 하나에 해당하는 행위로서 공정한 거래를 저해할 우려가 있는 행위(이하 '불공정거래행위'라 한다)를 하거나, 계열회사 또는 다른 사업자로 하여금 이를 행하도록 하여서는 아니 된다. <개정 2013. 8. 13.>
　　1. 부당하게 거래를 거절하거나 거래의 상대방을 차별하여 취급하는 행위
　　2. 부당하게 경쟁자를 배제하는 행위
　　3. 부당하게 경쟁자의 고객을 자기와 거래하도록 유인하거나 강제하는 행위
　　4. 자기의 거래상의 지위를 부당하게 이용하여 상대방과 거래하는 행위

5. 하도급법의 체계

「하도급법」은 공정한 하도급거래질서를 확립하여 원사업자와 수급사업자가 대등한 지위에서 상호보완하며 균형 있게 발전할 수 있도록 함으로써 국민경제의 건전한 발전에 이바지함을 목적으로 1984. 12. 31. 법률 제3779호로 제정·공포되어 1985. 4. 1.부터 시행되었다. 「하도급법」은 총 36개 조문으로 구성되고 같은 법 시행령이 있다. 그 외 행정규칙으로서 건설 분야와 관련되는 것으로는 「건설업 표준하도급계약서」, 「건설하도급대금 지급보증 면제대상」, 「선급금 등 지연지급시의 지연이율 고시」, 「하도급거래 공정화지침」, 「하도급대금 직접지급업무 처리지침」 등이 있다.

이 법에서 "하도급거래"라 함은 원사업자가 수급사업자에게 제조위탁·수리위탁 또는 건설위탁을 하거나 원사업자가 다른 사업자로부터 제조위탁·수리위탁 또는 건설위탁을 받은 것을 수급사업자에게 다시 위탁하고, 이를 위탁받은 수급사업자가 위탁받은 것을 제도 또는 수리하거나 시공하여 이를 원사업자에게 납품 또는 인도하고 그 대가를 수령하는 행위를 의미한다(동법2조1항).

> 【판례】「하도급법」제2조 제1항은 원사업자가 다른 사업자로부터 제조위탁·수리위탁 또는 건설위탁을 받은 것을 수급사업자에게 다시 위탁을 하는 경우뿐만 아니라, 원사업자가 수급사업자에게 제조위탁·수리위탁 또는 건설위탁을 하는 경우도 하도급거래로 규정하여 그 법률을 적용하도록 정하고 있고, 같은 조 제2항에 의하여 그 법률의 적용 범위는 하도급관계냐 아니냐에 따르는 것이 아니라, 원사업자의 규모에 의하여 결정됨을 알 수 있으므로 「하도급법」은 그 명칭과는 달리 일반적으로 흔히 말하는 하도급관계뿐만 아니라 원도급관계도 규제한다(대법원 2003. 5. 16. 선고 2001다27470 판결).

[그림 4-2] 하도급법 적용대상 사업자

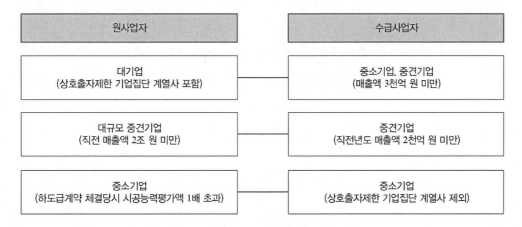

원사업자	수급사업자
대기업 (상호출자제한 기업집단 계열사 포함)	중소기업, 중견기업 (매출액 3천억 원 미만)
대규모 중견기업 (직전 매출액 2조 원 미만)	중견기업 (직전년도 매출액 2천억 원 미만)
중소기업 (하도급계약 체결당시 시공능력평가액 1배 초과)	중소기업 (상호출자제한 기업집단 계열사 제외)

이 법에서 "원사업자"란 다음 각 호의 어느 하나에 해당하는 자를 말한다(동법2조2항).

(1) 중소기업자(「중소기업기본법」2조1항 또는 3항에 따른 자)가 아닌 사업자로서 중소기업자에게 제조등의 위탁을 한 자

(2) 중소기업자 중 직전 사업연도의 연간매출액이 제조등의 위탁을 받은 다른 중소기업자의 연간매출액보다 많은 중소기업자로서 그 다른 중소기업자에게 제조등의 위탁을 한 자. 다만 다음과 같은 연간매출액에 해당하는 중소기업자는 제외한다 (동법2조2항, 영2조4항)〈개정 2020. 12. 29.〉.

　① 제조위탁·수리위탁의 경우 : 연간매출액이 30억 원 미만인 중소기업자

　② 건설위탁의 경우 : 시공능력평가액이 45억 원 미만인 중소기업자

　③ 용역위탁의 경우 : 연간매출액이 10억 원 미만인 중소기업자

　　이 법에서 "수급사업자"란 제2항 각 호에 따른 원사업자로부터 제조등의 위탁을 받은 중소기업자를 말한다(동법2조3항).

　　하도급법은 서면교부 등 원사업자의 의무사항, 부당한 특약금지 등 금지사항, 하도급대금 직접지급 의무 등 발주자의 의무사항과 서류보존의무 등 수급자의 의무사항 등으로 구성되어 있다. 하도급법의 적용 대상은 대기업이 원사업자, 중소기업 및 중견기업이 수급사업자가 되며, 건설위탁의 경우 시공능력평가액 45억 원 미만인 사업자는 원사업자의 적용을 받지 않는다(동법2조2항2호).

　　건설위탁에서 "시공능력평가액"이란 건설사업체의 전(前)년도 공사실적, 경영상태, 기술능력, 신인도 등을 종합적으로 평가하여 금액으로 환산한 것으로 건설사업자가 1건 공사를 수행할 수 있는 능력을 말한다. 하도급법의 구성체계는 다음 표와 같다.

　　「하도급법」의 구성은 ① 이 법의 적용 범위 ② 원사업자가 준수해야 할 의무사항③ 원사업자가 하지 말아야 할 금지사항 ④ 발주자가 준수해야 할 의무사항 ⑤ 수급사업자가 준수해야 할 사항 ⑥ 법 위반행위에 대한 제재조치 등 6가지 항목으로 구분할 수 있으며, 각각에 대한 세부 내용은 다음의 표와 같다.

[표 4-1] 하도급법의 체계와 내용〈개정 2019. 4. 30.〉

구분		제재 내용
법 적용대상		제조위탁, 수리위탁, 건설위탁, 용역위탁(엔지니어링, 소프트웨어, 건축 설계)
하도급 거래 규율내용	원사업자의 의무사항	① 서면의 발급 및 서류의 보존의무(법3조) ② 선급금의 지급(법6조) ③ 하도급대금의 지급 등(법13조) ④ 건설하도급 계약이행 및 대금지급 보증(법13조의2) ⑤ 관세 등 환급액의 지급(법15조) ⑥ 설계변경 등에 따른 하도급대금의 조정(법16조) ⑦ 공급원가 변동에 따른 하도급대금의 조정(법16조의2)
	원사업자의 금지사항	① 부당한 특약의 금지(법3조의4) ② 부당한 하도급대금의 결정 금지(법4조) ③ 물품 등 구매강제 금지(법5조) ④ 부당한 위탁취소의 금지(법8조) ⑤ 부당반품의 금지(법10조) ⑥ 감액금지(법11조) ⑦ 물품구매 등의 부당결제 청구의 금지(법12조) ⑧ 경제적 이익의 부당요구 금지(법12조의2) ⑨ 기술자료 제공 요구 금지 등(법12조의3) ⑩ 부당한 대물변제의 금지(법17조) ⑪ 부당한 경영간섭의 금지(법18조) ⑫ 보복조치의 금지(법19조) ⑬ 탈법행위의 금지(법20조)
	발주자 의무사항	① 하도급대금의 직접지급(법14조)
	수급사업자의 준수의무	① 하도급거래 서류보존 의무(법3조9항) ② 건설하도급 계약이행 및 대금지급 보증(법13조의2의3항) ③ 신의칙 준수, 원사업자의 위법행위 협조거부(법21조)
법위반에 대한 제재	행정적 제재	① 시정조치(대급지급, 위법행위 중지 등)(법25조) ② 과징금부과(법25조의3) ③ 상습위반자 명단공표(법25조의4) ④ 과태료 부과(1억 원/1천만 원 이하)(법30조의2) ⑤ 고발(법32조)
	사법적 제재	① 2년 이하의 징역 또는 2천만원 이하의 벌금(법29조) ② 하도급대금 2배 상당금액 이하의 벌금(법30조)

제5장
외국의 건설공사 계약제도와 분쟁처리

제5장

외국의 건설공사 계약제도와 분쟁처리

제1절 입찰제도

1. 의 의

입찰은 경쟁체결의 한 형태로서 경쟁의 방법에 따라 비교적 가장 유리한 조건으로 계약을 체결하는 방법으로 입찰제도는 이러한 방법에 따라 계약을 체결하는 절차이다. 공사입찰제도는 일반적으로 국가, 지방자치단체, 공공기관 또는 공기업 등은 물론이고 민간기업에서도 활용되고 있다.

입찰제도는 계약조건의 공정성을 보장하는 것을 목적으로 하고 있기 때문에 국가, 지방자치단체, 공공기관 또는 공기업 등에서 행하는 계약에서는 법률이 그것을 일정한 범위에서 강제하고 있으나, 민간기업에서는 공공공사의 경우와 같이 엄격하게 입찰제도가 지켜지고 있는 것은 아니다.

건설 관련 클레임과 분쟁의 경우 가장 핵심이 되는 것이 양 당사자 간의 계약내용에서 야기되는 경우가 대부분이며, 이러한 계약은 그 근저에는 입찰제도와 이에 따른 공사대금과 원가가 결정되기 때문이다. 따라서 이러한 의미에서 본 장에서는 도급계약제도에 앞서 선진 외국의 입찰제도를 포함한 공공조달제도를 살펴보고자 한다.

2. 입찰제도 개요[1]

입찰제도는 고대 로마에서 거행된 구두로 입찰참가를 구하는 방식에서 시작되어, 그 후 중세에서 다시 채택되어 활용된 것에서 유래되었다. 프랑스에서는 샤를 5세 (Charles V) 치하인 1387년에 시작된 법인의 구성원(members of a corporation) 간에서 최저입찰자에 할당하는 제도가 채택되었다. 그때까지는 지방관청의 공사는 노무자를 직접 고용하여 재료를 지급하는 등 직영으로 수행하였다. 그러나 공공공사 규모가 점차 커짐에 따라 이러한 형식으로는 곤란하게 되어 1700년대에 Colbert 및 Vauban이 대운하 건설공사에 서면에 의한 입찰제도를 시작하여 채택하게 되었고, 이것이 오늘날의 입찰제도의 시초가 되었다.

이 제도는 프랑스 외에도 급속히 보급되었고, 지방관청이 건축토목공사를 시행하는 경우에서도 일반적인 원칙으로 자리 잡아 오늘날 각 국가에서 실시되고 있다. 영국에서도 철도가 크게 발전을 가져온 1840년대 이전의 공공공사는 모두 지방청의 직영공사로 시행되었다.

이러한 경쟁과 공개를 2대 원칙으로 하는 입찰제도가 채택될 당시에는 공공공사의 계약체결방식으로 최선의 방법이라 생각되었기 때문에, 1861년 당시 프랑스의 정부 공무원은 "거래는 일체, 특히 공사 및 물품납품은 공개로 하여야 한다. 모든 공사는 모든 사람들이 볼 수 있도록 하는 공개입찰로 시행되어야 한다. 이러한 종류의 사안에서는 공개와 경쟁이야말로 최선의 원칙이다. 행정부는 직권남용과 의혹을 회피하는 것이 가장 중요하다"라는 말로 나타내고 있다.[2]

영국에서도 공공사업성의 자문기관인 건설공업심의회는 2년간에 걸쳐 입찰제도의 다양한 문제를 연구한 결과보고서에서 "무차별한 공공입찰에는 찬성하기 어렵다. 입찰이 경쟁적으로 집행되는 이상 경쟁은 각 계약마다 당해 공사의 종류, 규모에 따라 같은 정도의 공사를 시행하는 능력이라 예상하고, 신중하게 선정된 회사에 한정되어야 한다. 무차별의 공공입찰은 조악한(crude) 공사를 초래하게 되어, 건설업자로서는

---

1)   外池泰之, 建設業界, 東洋經濟新報社, 2000, pp. 64~65.

2)   A. P. Ducret. "The trend of tendering procedure in various countries", The Review of the International Federation of Building and Public Works, January, 1956, pp. 50~58; 한국기계공업진흥회, "세계 주요국의 입찰제도", 기계공업, 1999. 5월호, pp. 108~120 참조; 김대식, "미국 연방조달법제도 해설", 한국조달연구원, 참조.

입찰준비 시간과 노동력과 비용에 막대한 부담을 지게 된다"고 기술하고 있다.[3)]

미국에서는 특히 헌법, 재정법, 기타 법령에 특별히 정하지 않는 한, "공익(public policy)은 지방공공단체가 공공입찰에 의해 최저의 책임이 있는 입찰자에 계약을 체결하지 않으면 안 된다"라고 하는 데서 유래되었으며, 법원은 일관되게 "입찰제도의 기본 목적은 사기, 담합, 낭비 등의 폐해에 빠지기 쉬운 공무원의 자유재량권을 박탈하거나, 또는 제한하는 것에 있다"는 주장을 고수하고 있다.[4)]

더욱이 이러한 일반경쟁계약이 필요하다고 하는 주장에 대해서는, 건설업자의 입장에서는 무차별한 일반 공공입찰은 시공능력이나 신용도가 없는 건설업자의 덤핑입찰을 불러오고, 공사의 확실성과 안정성을 보장하기 어렵고, 쓸모없는 시간과 노력 및 비용을 수반하기 때문에 지명경쟁입찰을 원칙으로 하는 것을 선호하게 되었다.

---

3) 荒井八太郎, 建設請負契約論, 勁草書房, 1966, p. 353.

4) Leo T. Parker, "Review of Important Law on Interest to Heating Contractors", Air Conditioning, Heating and Ventilation, March 1955, Vol. 52, No. 3, pp. 107~110.

제2절 공공조달제도

1. 개 요

건설산업은 토착성이 매우 강한 산업으로서 각국은 그 역사적, 지리적 또는 사회적·경제적인 기반에 기초하여 독특한 건설산업구조가 존재한다. 각국의 조달방식도 당연히 이 배경이나 산업구조를 기반으로 성립하였다. 그것을 개선, 보완하는 형식으로 독자적인 발달을 가져왔다. 그러나 최근의 급속하고 광범위한 국제화에 수반하여 발주자 주도의 조달방식을 연구하고 그 장점을 받아드리는 움직임이 있다. 여기에는 우리나라의 조달방식 현상이 보다 객관적으로 파악하는 데 일조를 하고 있다.

주요국가의 조달방식을 살펴본다. 국제계약에서는 국제사회를 일률적으로 규제할 법규범이 존재하지 않기 때문에 국제계약을 유효하게 성립시키고, 존속시키는 근거로 국가를 달리하는 당사자들 간의 의사합치에 중요성을 둔다. 이러한 노력으로 건설부문에서도 일관성을 가진 계약관행을 발전시키려는 노력의 일환으로 표준양식을 사용하게 되었으며, 이와 같은 표준양식은 영국을 비롯한 미국 및 세계 각 기관에서 발간되고 있다.

공사계약을 형성하는 계약문서(contract document) 중에는 모든 공사에 공통적인 조건을 기술하는 「일반조건(General Condition)」과 당해 공사에만 적용할 특별한 조건을 기술한 「특수조건(Particular Condition)」이 포함된다. 공사 발주기관은 각기 독자적인 일반조건을 보유하여 사용하며, 국제적 공사의 경우에는 국제적으로 공인되어 널리 보급되어 있는 전문기관에서 제정한 표준계약문서들이 사용되고 있다.[5]

국제적으로는 FIDIC, AIA, ICA 등 여러 건설기술 관련 협회, 학회 또는 사업자단체에서 작성한 계약문서들이 사용되고 있다. 우리나라의 대부분의 계약문서가 종래

---

5) 국제입찰에 부쳐지는 각종의 해외공사에 관련하여 발주자 혹은 사업주들은 자기 나름의 계약서를 가지고 공사를 시행하는 계약자와 계약을 하게 된다. 국제적인 Oil Major인 Shell, Exxon, Caltex와 같은 회사들은 100년 이상의 프로젝트 경험을 살려 각자의 스탠더드와 계약서를 가지고 있으며, Bechtel과 같은 국제적인 컨설팅 관련의 회사들도 이러한 스탠더드와 계약서 양식을 모두 가지고 있다. Shell, Exxon, Caltex와 같은 회사에서 프로젝트를 수주하여 공사를 시행하는 경우에는 이들 발주처의 계약양식을 따르게 되고, Bechtel과 같은 회사가 발주처를 대리하여 감리자(Engineers)로 있을 경우에는 Bechtel의 계약서와 스탠더드를 사용하는 경우가 많다. 1980년대 초반의 사우디아라비아의 일부 공공공사에서는 U.S. Army Corps of Engineers(COE)의 계약서 양식을 사용하는 경우가 많았다.

의 갑·을 양자 간에 입각한 편무적인 불공정성을 타파하고, 쌍무적인 계약형태를 기반으로 개정된 계약일반조건에서는, 우리나라의 관행에 따르면서도 국제적으로 통용되는 표준계약조건의 정신을 다분히 반영하게 된 사실은 건설시장 개방과 국제화 추세에 비추어 당연한 일이다.

국제적으로 보급되어 있는 계약일반조건 중에는 FIDIC에서 제정 발행한 『Condition of Contract』가 가장 널리 사용되고 있다. 다음은 각국에서 또는 국제적으로 많이 활용되고 있는 계약서 중에서 클레임과 분쟁해결과 관련해서 규정하고 있는 내용을 중심으로 고찰한다.[6]

2. 영국의 공공조달제도

1) 입찰제도

영국에서는 누구나 건설업을 영위할 수 있다. 그렇지만 모든 공사는 적정한 업무수행 능력을 갖춘 자만이 도급할 수 있게 되어 있다. 도급업자는 구조물 또는 건축물에 손해나 하자를 발생시킨 경우에는 중대한 책임을 져야 한다. 그러므로 발주자는 전문업자를 신뢰하고 프로젝트를 맡기며 자격이 없는 하도급을 배제하도록 원도급업자에게 주문하게 된다.

또한 영국은 관습법이 우선되는 국가로써 공공조달에 관한 제도도 다른 EU국가와 달리 존재하지 않는다. 또한 특별한 행정법체계가 있는 것도 아니어서 공공조달에서 법적인 등록제도나 사전자격심사제도도 없다. 다만 많은 행정당국에서 공공조달을 목적으로 사전자격심사제도를 이용하고 있는 것은 사실이다. 영국의 공공조달에는

---

6) 국제건설계약과 분쟁처리에 대해서는 송광섭, "공사계약 일반조건의 비교연구", 기술사회, 2004; 현학봉, New FIDIC 계약조건 해설, 해외건설협회, 2006. 12.; 남진권, 앞의 책(주125), 기문당, 2003; 대한주택공사 주택연구소, 국제건설클레임, 대한주택공사, 1996; 한국건설기술연구원, "건설시장개방에 대비한 분쟁 및 클레임 방지대책에 관한 연구", 1994. 12.; 한국엔지니어링진흥협회, 『FIDIC 표준기술용역계약서(개정 3판)』, 2003; 박준기, 『건설클레임론』, 일간건설사, 2000; 이기부, 『국제입찰 및 계약서류의 이해』, 북파로스, 2004; Robert Rubin·Virginia Fairweather, Construction Claims-Prevention and Resolution-, Van Nostrand Reinhold, 1992; John Uff, Construction Law(Sixth Edition), Sweet & Maxwell, 1996; Edward R. Fisk, Construction Project Administration(Sixth Edition), Prentice Hall, 2000; 山木崇史, 海外工事契約の手引, 日刊工業新聞社, 昭和53年; 土木學會, 海外建設工事の契約·仕様, 土木學會, 昭和52年; 建設業法研究會, 公共工事標準請負契約約款の解說, 大成出版社, 2003; 內山尚三 外2人, 建設業法, 第一法規, 昭和54年 등을 참고하였다.

공공조달법이 없기 때문에 최소한의 규제는 조례, 규칙, 의사규칙 등의 형태이며 대부분은 관습에 따르고 있다.

영국의 입찰제도는 대부분의 행정기관은 제한입찰방식을 채용하고 있다. 행정기관은 사전자격심사를 거친 업자의 리스트를 참고하여 입찰에 지명하고자 하는 기업을 선택하게 된다. 중앙행정기관은 입찰모집서를 리스트에 기재된 기업에게 송부하게 되므로, 리스트에 기재되지 않은 업자가 입찰에 참가하는 일은 매우 드문 일이다.

영국의 입찰방식에는 경쟁입찰, 제한입찰, 수의계약으로 구분된다. 경쟁입찰은 공개입찰이지만 그다지 이용되지 않고 있다. 제한입찰에서는 인정된 기업의 리스트를 이용하여 제한된 숫자의 기업에 대하여 공공조달 발주자가 조달내용을 만족시킬 수 있는지 문의(가격은 제외)하게 된다. 조달내용의 조건을 충족시킬 수 있다고 판단되는 기업은 리스트에 게재해줄 것을 신청할 수 있다. 수의계약은 예외적인 경우에만 이루어지고 있다. 따라서 영국에서는 제한입찰이 보편적이며 리스트가 중요한 역할을 한다고 볼 수 있다.

영국에서는 다른 유럽국가와는 달리 성문화된 법률체계가 없기 때문에 공공조달에서도 표준적인 계약서가 다양하게 존재하고 있다. 이러한 계약서는 사용상 일정한 관행을 수반하고 있으므로 단순한 계약이상의 법적 구속력을 갖고 있다. 계약서가 법적 구속력을 갖는다는 것은 공공조달법이나 행정재판소가 없기 때문이기도 하다.

공공계약에 관한 성문법은 「Unfair Contract Terms Act(1977)」가 유일하다고 할 수 있으며, 이 법률의 공적 또는 사적을 불문하고 모든 계약관계를 규정하고 있다. 공공공사나 민간공사를 불문하고 모든 건축 활동은 발주자와 도급업자 사이에 각 업계 단체(사업자 단체)가 발행하는 표준계약서로 계약을 한다. 장기간 사용되어온 표준계약서는 법률근거로 인정받고 있다. 이것이 바로 영국의 계약은 관습법의 적용을 받는 다는 것을 말해주고 있다. 계약에 의하면 도급업자는 구조물의 건설과정에서 정부의 규칙에 따를 책임이 있다. 그리고 발주자는 업자의 규칙위반을 제소할 수 있다. 정부가 정한 규칙이 없는 경우에는 도급업자가 재료나 공법을 자유롭게 정할 수 있지만, 그 경우에도 발주자는 도급업자에 책임을 물을 수 있다.

2) 계약제도

영국에서는 건설업면허제도가 없다. 영국에서는 건설업을 완전히 자유기업으로 규정하고 있으므로 건설업을 규제하는 법규가 없다. 이 점에서는 독일이나 프랑스와 크게 다를 바 없다. 일반건설행정은 환경성(The Department of Environment)의 소관사항이며 도시 밖의 주택, 도로건설 등의 관리는 건설주택성(The Ministry for Housing and Construction)이 담당하고, 건설업의 해외진출관계는 통상성(The Department of Trade and Industry)이 맡고 있으나, 허가제도가 아니므로 정부 각 성(省)의 업무는 성질상 건설업에 대한 감독이 아니다.

건축공사의 경우 발주자는 건축사와 적산사(Quantity Surveyor)를 이용하는 것이 보통인데, 이들은 기획설계 단계부터 개입하여 공사계약이행 전 과정에서 발주자를 대신하여 시공자 측을 감독한다. 이리하여 발주자는 모든 면에서 이와 같은 전문가들의 지원을 받게 되는 것이다.

영국에서 입찰제도는 지명경쟁입찰(Single-Stage Selective Tendering)이 일반적이다. 저렴하고 양질의 건설공사를 수행하는 것이 조건이기 때문에 공사시공에 책임과 능력이 강하게 요구된다. 입찰에서는 시공업자의 입찰의향을 확인하고, 소위 '의향확인방식'이 채용되고 있다. 단 최저입찰가격의 낙찰자에 가격이 들어간 수량명세서를 제출하고 그 가격이 공사시공에 적당한가를 심사하는 조직이다. 중앙·지방정부와도 법률에 따른 체계적인 제도는 아니다.

(1) 도급계약의 유형

영국에서의 건설공사는 발주자와 입찰을 통해 선정된 건설업자 간에 체결된 도급계약에 따라 시공된다. 영국에서 통상적으로 활용되는 공사도급계약의 유형을 대별하면 다음 [표 5-1]과 같다.

[표 5-1] 공사도급계약의 유형

공사도급계약의 종류	비고
• 검측계약(Measurement Contracts)[7)] 　－수량단가계약(Bill of Quantity Contracts) 　－단가계약(Schedule of Rate Contracts)	re-measurement or measure and value contracts
• 총액계약(Lump Sum Contracts)	
• 실비정산계약(Cost Reimbursement Contracts)	
• 턴키계약(Turnkey Contracts, All-in Contracts, Package Contracts)	

영국에서는 일반적으로 다음과 같은 네 종류의 건설공사를 위한 표준도급계약조건이 있다. 표준도급계약조건에 대해서는 건축 분야의 민간공사 및 지방정부의 공공공사에는 JCT(Joint Contract Tribunal) 약관을 사용한다.

중앙정부는 GC(Government Contract) 계약을, 토목은 ICE(Institute of Civil Engineers) 계약 및 NEC(New Engineering Contract) 계약을 사용한다. 대금지급은 월별 기성고가 원칙이다.

① 영국정부 건축 및 토목공사일반계약조건

약칭 Form GC/Works/1(General Conditions of Government Contract for Building and Civil Engineering Works)로 공공공사도급계약일반조건으로 하도급업자는 물론 건설자재업자 보호를 위한 조항도 설정하고 있다.

② RIBA 표준도급계약조건

건축공사용으로 건설공사계약합동심사원(Joint Contracts Tribunal)이 정한 것으로 JCT는 영국왕립건축사협회(RIBA), 전국건축업자연합회 등의 단체가 모체가 되어 구성된 것이다. 영국 내 건축공사용으로 활용되고 있다.

---

7)　Measurement contracts are commonly used for civil engineering projects where the scope of work is reasonably well-defined but cannot be quantified accurately until the work is completed, eg roading projects involving major excavation works. Measurement contracts should describe the works in sufficient detail to enable the contractor to determine its programme and develop rates for carrying out different types of work. Tenderers' rates are usually based on drawings and an approximate schedule of quantities provided by the client. The initial contract sum is arrived at by multiplying the tendered rates against the approximate schedule of quantities, and is then adjusted as the actual quantities of work are measured upon completion.(Construction Procurement Guidelines, October 2019.)

③ 토목건설공사용계약조건, 입찰양식 및 보증합의서

약칭 ICE Contracts(Conditions of Contract and Forms of Tender, Agreement and Bond for Use in Connection with Works of Civil Engineering Construction)로 토목공사의 도급계약에 일반적으로 활용된다.

④ 건축토목공사용 하도급표준계약조건

하도급계약에 대해서는 발주자에 따라 별도의 양식을 마련하여 사용하고 있으나 일반적으로 본 계약조건을 활용하고 있다.

영국에서는 건축공사에서 하도급업자를 많이 이용하고 있다. 토목공사의 경우에는 미국과 같이 종합건설업자가 직적 시공하는 것이 일반적이나, 건축공사의 경우는 하도급을 많이 이용하고 있다. 「Form GC/Works/1」 제30조에서는 "시공자 공사도급계약의 어느 부분도 감독자의 사전 서면승인 없이 하도급을 줄 수 없다"고 규정하고 있다. 또 시공을 맡은 계약담당자는 하도급업자와 그 해당 공사와 관련해서 사용하는 건설자재업자에 대해서도 책임을 져야 한다. 그것은 발주자가 감독자와 승인 또는 지명을 얻어 하도급업자를 지명했을 경우에도 마찬가지다.

(2) 도급계약의 방법

영국의 건설업은 오래된 전통이 있다. 유럽의 건설업과 비교하여도 일찍이 19세기 전반에 종합건설업체(Genecon)가 출현하였다. 또한 건축가(Architect)가 전문가로 확립되고 있었다. 이러한 전문가 제도는 고품질의 시설을 만들어내는 바람직한 측면도 있었으나, 1960년대에는 건설비용이 상승하거나 전문가가 자신의 이익을 지키는 것 등의 폐해도 나타났다.

계약은 기본적으로 쌍무계약이고 실시형태는 설계시공 분리방식[그림 5-1]이 기본이나, 1960년대와 1970년대에는 설계시공, CM 혹은 MC(Management Contract) 방식[그림 5-2]이 점차 확대되고 선택의 폭이 증가되었다.

[그림 5-1] 설계시공 분리(종래)방식

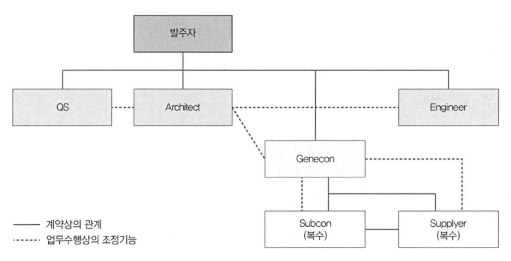

[그림 5-2] MC 방식

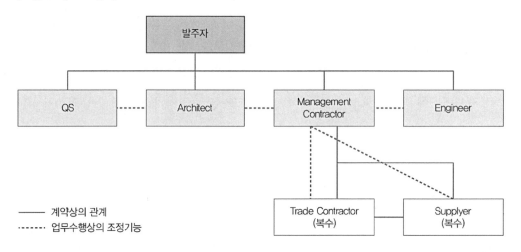

　　CM과 MC의 가장 큰 차이는 자금의 흐름에 있다. CM은 발주자로부터 각 전문업자에 대금의 직접지급이 이루어지는 데 반해, MC는 일단 발주자로부터 Management Contractor에 지급하고, 그로부터 각 전문업자에 지급된다.

　　MC에 Management Contractor의 업무범위에 설계를 더한 방식이 Design & Manage 방식이다. 토목 분야에서는 사적인 추진자에 의하여 유료도로, 운하, 철도 등의 인프라가 건설되었다. 그러나 19세기 후반 경제 붕괴 이후에는 공공의 조직이 활용되었다. 토목은 경쟁입찰제도가 일반적인데 컨설턴트가 실무상에서 중요한 역할을 담당해왔다.

BOT(Build-Operate-Transfer)는 도로, 철도, 항만, 발전소와 같은 국가기간시설(사회간접자본)을 건설하는 데 민간의 자금을 끌어들이는 금융기법을 사용한다. 민간이 자금을 조달하는 대가로 시설의 소요처인 정부기관이 투자금을 조달하는 민간업체에게 건설과 운영(보통 25~30년)을 하도록 권한을 부여(concession)하고 운영기간이 끝나면 정부가 그 시설을 인수하여 운영을 계속하게 된다.

주로 개발도상국에서 사회자본을 정비하기 위하여 활용되는 방식인데, 영국에는 'Channel-Tunnel'의 예가 있다. 1990년대에 이르러 PFI(Private Finance Initiative)가 본격적으로 도입되었는데, 병원이나 교도소 등에 적용되고 있다. 공사금액을 결정하는 측면에서는 BQ(Bill of Quantities/물량명세서)에 의한 총액계약(Lump Sum)방식이 주류이다. 이 외에 MC나 CM방식에서는 공사 실비에다 fee를 더하여 지급하는 Cost plus fee 계약도 있다.

건축가(Architect)는 책임범위나 권한도 크고 사회적인 위상도 높으나, 현장을 정리, 통합, 완성하여 매듭짓는 힘은 비교적 약한 편이다. 컨설턴트(Consultant)의 기능분화가 현저하고 다양한 컨설턴트가 존재한다. 원가에 대한 모니터링(Monitoring)이나 계약의 실무를 주 업무로 하고 있는 QS(Quantity Surveyor/적산사)가 존재한다. 최근에는 QS가 그 실무경험을 기본으로 하여 Project Manager 업무를 중심으로 하는 광범위한 서비스를 제공하는 등 생존을 위해 업무범위를 넓혀가고 있다. 영국에서는 최근에는 새로운 조달방식의 움직임도 있는데, 아래의 세 가지 방식이 대표적이다.

첫째로, 2단계 입찰방식이다. Two Stage Tender로 공사 진행과 가격결정을 나누어서 추진하는 입찰이다. 이는 Design & Manage에 가까운데 조달을 명확히 2단계로 나눈다는 것에서 다르다. 최초에 설계팀을 선성하고 기본계획을 작성한다. 이에 근거하여 제1단계의 입찰을 하고 건설회사를 선정한다. 이 건설회사는 통상적으로 설계회사와 팀을 조직한다. 여기서 어느 정도의 준비공사를 하는 것으로 설계의 상세를 담고 있는데, 이 시점에서 제2단계의 입찰을 한다. 통상적으로 GMP로 건설회사를 확정한다. 이 방식의 특징은 설계가 선행하는 비교적 복잡한 공사에 대응할 수 있으며, 조기에 건설회사가 준비공사에 대비가 가능하고 시공자 측으로부터의 설계에 투입이 가능한 것 등이 있다.

둘째로, 파트너링(Partnering) 방식이다. 이 방식은 대 규모의 발주자 등이 일정기간

총체적인 발주를 계속적으로 하는 경우, 건설회사 측의 위탁(commit)에 따라 발주자로서는 엄격한 예산관리로 일정 이상의 품질을 확보하는 것이 가능하다. 건설회사 입장에서는 일정한 발주량을 확보하는 대신에 공사비에 합당한 품질과 가치를 제공해야 하는 의무가 있다.

세 번째로는 경개(Novation)의 방식이다. 경개(更改)란 채무의 중요 부분을 변경하여 새로운 채무를 성립시키는 동시에 구채무를 소멸시키는 계약을 말한다. 채무나 계약의 갱신을 수반하는 설계시공방식이다. 우선 발주자가 설계팀을 고용하여 계획을 입안하고, 검토한 후에 가격이나 공기를 정하는 시점에서 건설회사를 참여시켜 조건이 맞으면 그 건설회사에서 설계팀을 고용하게 하고 계약조건을 인계하는 것으로 설계와 시공의 책임을 일원화하도록 하는 방식이다.

(3) 표준계약조건

① ICE 표준계약서[8]

영국에서의 보편적인 표준 계약양식은 합동계약위원회(Joint Contract Tribunal: JCT)와 토목기술사협회(Institution of Civil Engineer's: ICE)에 의하여 발간된 양식이다. 「RIBA Form」 또는 「JCT Form」으로 잘 알려진 「Standard Form of Building Contract」는 다양한 건축공사에 관한 계약서로 개인이나 공공기관의 실정에 맞게 활용할 수 있도록 제정되었다.

ICE 표준양식인 「The ICE Conditions of Contract」는 FIDIC 표준계약조건의 기초가 된 것으로서 건설(토목)공사에서 사용되는 가장 보편적인 양식이다. 「the ICE Conditions」, 「the ICE contract」, 「ICE 5」로 불리는 이 양식은 「the Association of Consulting Engineers and the Federation of Civil Engineering Contractors」에 의해 1991년 제6판이 출간되었다.

「ICE 표준계약서」(토목공사용)는 "분쟁에 대한 1차 조정자는 감리자이고, 그의 조정에 불응할 경우에는 당사자 간의 합의에 의하여 선정한 단독 중재인의 찬성에 따르며, 단독 중재인의 선정에 대한 합의가 이루어지지 않을 경우 ICE 회장이 지명하는

---

8) John Uff, Construction Law(Sixth Edition), Sweet & Maxwell, 1996, pp. 363~414; 한국건설기술연구원,
    "건설시장개방에 대비한 분쟁 및 클레임 방지대책에 관한 연구", 1994. 12., p. 45.

중재인으로 한다"라고 규정하고 있다. 이때의 중재판정은 기속적이며 종국적이다.

② JCT 표준계약서[9]

JCT(Joint Contracts Tribunal for the Standard Form of Building Contract)는 영국의 Royal Institute of British Architects Publications Ltd에서 제작·배포하고 있다. 「JCT 표준계약서」(건축공사용)에서도 양 당사자 간에 합의된 중재인에 의하여 최종적으로 분쟁을 해결하도록 규정하고 있다. 국제적으로도 영국 및 영국의 영향을 받은 국가에서 주로 활용되고 있다.

동 계약서 제26.1조에 따르면 클레임의 요건으로서 ① 계약조건에 의거한 기한 내 서면 신청하여야 하고, ② 계약조건에 명시된 클레임사유에 의하여 공사 진행이 지연 또는 지연될 가능성이 있어야 한다. ③ 가능한 한 상세히 작성하되, 발주자가 요구하는 즉시 추가 자료를 충분히 준비하여야 하며, ④ 클레임은 반드시 계약서의 제반 규정에 보상받을 수 있는 직접손실이나 비용(direct loss or expense)과 관련된 것이어야 한다.

3. 미국의 공공조달제도

1) 입찰제도

미국은 연방정부와 주정부(州政府)의 입찰 및 계약제도가 서로 다르다. 연방정부의 경우에는 「연방조달규칙(Federal Acquisition Regulation)」에 따른다. 이는 연방기관의 물품, 용역, 공사 조달에 필요한 모든 법률적 사항을 규제하고 있다. 입찰참가자격 제한은 없으며, 완전공개·일반경쟁(최저가 낙찰)을 원칙으로 하고 있다. 다만 일정금액 이상의 계약에 대해서는 입찰보증, 이행보증 및 지급보증 등 보증(bond)제도를 의무화하고 있어 해당 회사는 보증회사로부터 여신(loan)을 받을 때 경영능력·신용정보 등을 심사받게 되므로 민간보증회사의 보증이 곧 사전자격심사기능을 하고 있다고 볼 수 있다.

주정부의 경우에는 기본적으로 연방정부의 입찰·계약제도에 준하고 있지만, 많은

---

9)   John Uff, Ibid., pp. 315~316.

주에서는 업자등록과 같은 사전자격심사제도를 채택하고 있다. 공사입찰은 연방정부의 조달청(General Service Administration: GSA)과 각 주정부의 설계청(Office of The State Architects) 등에서 수행하게 된다. 공공공사에 대한 입찰제도는 연방정부와 주정부에 따라 약간씩 차이가 있으나, 다음과 같은 공통적인 특징을 가지고 있다.

미국은 철저한 자유경쟁 기업 국가이므로 일반공개입찰제도를 채택하여 연방정부 공사에서는 입찰자의 신용·시공경험·경영상태 등 적격성을 심사한 후 최저입찰자가 낙찰자가 된다. 일정금액 이상의 계약에는 보증회사의 보증(bond)이 의무적이다. 이 때 활용되는 보증회사의 철저한 신용조사가 사전자격심사(Pre-Qualification)의 기능을 수행하게 된다. 입찰 시에는 입찰보증서(bid bond), 낙찰 시에는 계약이행을 위한 이행 보증서(performance bond) 및 지급보증서(payment bond)를 제출하여야 한다. 보증은 건설공사의 완성을 보증회사가 발주자에 대하여 보증하는 제도로서 보증회사는 대형 보험회사 등이 겸업을 한다. 주정부도 연방정부에 준하여 수행되고 있다.

2) 계약제도

미국연방정부에서는 우리나라에서 건설업을 총괄하는 부처인 국토교통부에 해당하는 부처는 없고 미연방 전역에 일률적으로 적용되는 법령도 없다. 건설업은 다른 업종과 마찬가지로 상무성(The Department of Commerce) 관할하에 있다. 연방국가인 미국에서는 건설업면허제도 또한 각 주정부의 방침에 따라 면허제를 실시하는 곳, 등록제를 실시하는 곳과 아무런 규제를 두지 않는 등의 유형으로 구분된다.

미국의 건설공사 도급계약제도는 매우 복잡하여 공공공사나 민간공사를 막론하고 다양한 제도를 채택하고 있다. 공공공사는 조달청(GSA)의 조달청계약조건, 상무성계약조건, 군(COE)계약조건 등이 있다. 각 주(州) 등 지방자치단체도 자체적으로 계약조건을 가지고 있다.

민간공사는 그 계약에서 건축공사의 경우는 미국건축사협회(The American Institute of Architects: AIA) 계약조건이 일반적이며, 설계시공 분리방식, CM방식 등이 있다. 특히 AIA는 미국 및 미국의 영향을 받는 국가에서 주로 활용되고 있다.

정부공사는 토목공사용으로 미국종합건설업협회(The Associated General Contractors of America: AGC) 계약조건 등이 사용된다. 미국은 계약당사자의 쌍무성이 높아, 예컨대, 다양한 보증(bond)이나 선취특권(mechanics lien)[10] 등에 의해 하도급업자에 대금지급이 확보되는 것으로, 발주자의 권리도 지키게 된다. 대가지급은 월기성고 지급을 기본으로하며, 유보금은 실질완성 후 원칙적으로 30일 이내에 지급한다. 이를 그림으로 나타내면 다음과 같다.

[그림 5-3] 미국의 건설공사도급계약조건

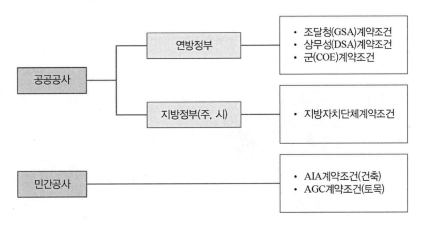

하도급 제도는 미연방조달규칙에 따르며 발주자로서의 정부기관과 하도급자 간에는 계약상 직접적인 연관은 없으며, 다만 원도급자가 발주자에 대하여 하도급자에 대한 책임을 지게 된다. 또한 도급받은 공사의 최소한 12%는 원도급자가 직접적으로 시공하도록 제도화하고 있으며, 공사 전체를 하도급자에게 맡기는 일은 금하고 있다. 우리나라에서 일괄하도급을 금지하고 있는 것과 같다(건산법29조1항 참조).

하도급계약조건에 대해서는 미국종합건설업협회, 전국전기공사업협회, 미국기계공사업협회 등에서 작성한 「표준하도급계약조건(The Standard Subcontract Agreement)」이 있다.

---

10) 미국에서는 부동산의 개량을 위하여 노무, 서비스, 재료를 제공하고 대금을 지급받지 못한 사람의 채권을 목적물로부터 우선변제를 받을 수 있는 권리로서 Mechanic's and Materialmen's Lien을 두고 있다. 이는 미국 독립 후 Washington D.C. 건설과정에서 신속하게 건설할 목적으로 Thomas Johnson에 의해 기초되어 1791년에 Maryland 주의회에서 처음 제정되었다. Machanics Lien이란 건설업에 관련된 시공업체와 자재납품업체가 미지급 공사대금이나 자재값을 받을 수 있는 효과적인 구제 방법이다. 만일 공사업체가 부동산에 Machanics Lien을 설정한 경우 건물주는 미지급 금액을 지불하기 전에는 해당 부동산을 팔거나 재융자를 할 수 없다. 이 제도는 미지급금을 받을 수 있는 좋은 계기가 되지만 그만큼 설정하는 데는 복잡하고 까다로운 절차들을 필요로 한다.

3) 조달방식

미국은 계약중심의 사회로서 계약관계자의 역할이 명확하다. 따라서 여러 가지의 경우에 대응하기 위해서는 다양한 계약과 시공방식을 만들어낼 필요성이 있고 조달방식의 종류 또한 많다.

일의 범위로 보면 설계시공 분리방식, CM(Construction Management) 방식, Design & Manage 방식, Design & Build 방식, BOT(Build Operate Transfer), BTS(Build to Suit) 등이 있다. 설계와 시공이 상호 체크하는 것이 기본으로서, 설계와 시공의 분리방식이 일반적이다.

[그림 5-4] 설계시공 분리 방식(미국)

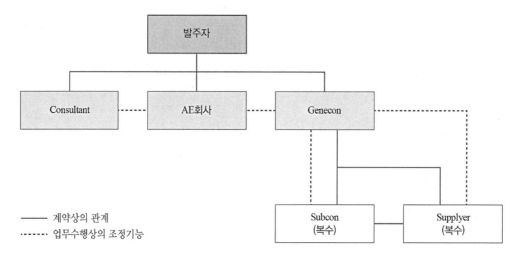

(1) 설계시공 분리방식

설계기능을 자기 회사 내에 포함하고 있는 건설업자는 많지 않다. 설계, 엔지니어링의 전문성이 크게 문제되지 않는 사안에는 우선 Architects & Engineers(AE)회사를 선정하는 것으로부터 시작할 필요가 있다.

AE(건축설계회사)회사는 사회적 지위가 높고 일반적으로 실력도 있다. 도면은 상세하게 작성한다. 종합건설업(Genecon)은 원칙적으로 직영 형태로 하지 않고 하도급(subcon)을 포함하는 역할이다. 공정 및 원가 관리가 주 업무이다. 품질관리는 AE회사가 하고 건설업허가는 주(州)단위로 시행된다. 전국적 네트워크를 가진 Genecon이 적지 않은데, 기업매수나 제휴에 의해 네트워크가 형성되고 있다. 대형종합건설회사나 엔지니어링회사는 일반건설업자와 분리되어 있다. 해외에서 적극적인 진출이 눈에 띄고, 하도급자는 능력이 있으며, 전문업자는 Genecon과 대등한 입장에 있다.

(2) CM방식

복잡한 대규모 시설물의 발주가 기획단계에서 유지관리까지 건설 전과정에 걸쳐 전문적이고 일관성 있는 컨설팅서비스를 받을 수 있도록 하는 제도를 건설사업관리(Construction Management)라 한다. 민간공사, 공공공사에 한하지 않고 건설공사 발주자의 대리인(Agency)으로서 발주자의 이익을 지키기 위하여 품질관리와 공정관리 및 비용관리를 행하는 계약방식이다.

이 CM을 전문적으로 행하는 업자가 건설사업관리자(Construction Manager: CMr)이다. 건설공사를 최선의 방식으로 완성하기 위하여 기술자는 물론 법률·마케팅·부동산·금융·도시계획 등 다양한 전문가집단을 포괄하고 있는 기업이 많다. 건설사업관리자의 비용은 실비에다 제경비를 더한 형태(Cost plus fee)이다. 공공공사의 경우 건설사업관리자는 설계와 시공은 행하지 않고 발주자·설계자·시공자와 공동으로 공사완성까지 관리를 하는 컨설팅관계가 일반적이다. 이것이 순수한 CM으로 건설사업관리자는 공사의 리스크는 부담하지 않는데, 이러한 계약형태를 CM for fee라 한다.

민간공사의 경우 건설사업관리자는 발주자로부터 공사와 CM을 일괄하여 인수하여 공사비와 리스크를 보증한다. 원래 발주자의 이익을 견제하기 위하여 마련된 제도이다. 건설사업관리자가 자사의 이익을 위하여 공사를 관리하면 발주자의 이익이 침해되는 경우도 발생할 우려가 있다. 이러한 형태를 CM at risk라 한다.

조달청(GSA)은 CM의 활용범위를 ① 시공의 체계화(Phased Construction), ② 분리시공계약의 효율화(Separate Construction Contracts), ③ 발주자, 설계자, 또는 엔지니어 및 CM의 연합체구성(Triumvirate of Owner, Architect/Engineer and CM) 등으로 구분하고 있다. 통상 CM은 경험과 기술이 풍부한 전문가로 이에 종사하는 사람들을 직종별로 분류하면 건설업자, 건축가, 엔지니어, 컨설팅엔지니어 등으로 되어 있다.

CM의 주요 역할을 단계별로 구분하면 다음과 같다.[11]

① Design Phase(설계단계) : 사업개발계획, 일정계획, 사업건설 시공예산, 계약서류 조정, 시공계획 등

② Construction Phase(시공계획) : 사업관리, 실제 공사, 원가관리(cost control), 공사 변경, 공종별 시공자에 대한 대가 지급, 인허가와 수수료, 발주자 자문, 검사, 계약서류 해석, 시공도면 및 표본, 보고서와 현장서류, 실질 준공, 사용개시(start-up), 최종 준공, 보증 등

CM방식을 그림으로 나타내면 다음과 같다.

[그림 5-5] CM방식(미국)

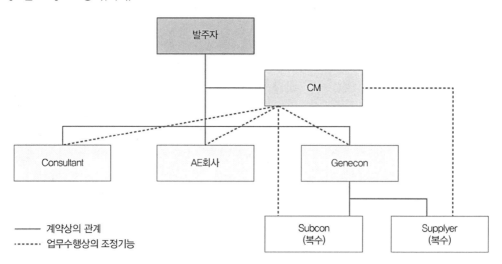

시공경험이 풍부한 전문가가 초기단계에 참가하여 시공상의 개선을 도모하는 경우, 대형공사나 복잡한 공사에서 발주자가 전문가의 지원이 필요한 경우, 설계가 통합(완성)되지 않은 가운데 조속히 부분착공을 하여야 하는 경우 등에 적용되나 CM방식에 의해 공기연장이나 원가초과 등의 폐해도 나타났기 때문에 설계가 어느 정도 완성된 단계에 GMP(Guaranteed Maximum Price)조건부 계약으로 이행하는 방식이 출현되었다.

---

11) The Associated General Contractors of America 「Standard Form of Agreement between Owner and Construction Manager」 기준 중에서 Design Phase/Construction Phase. 우리나라의 경우 이에 대해서는 「건설기술진흥법」 제39조(건설사업관리 등의 시행) 및 같은 법 시행령 제59조(건설사업관리의 업무범위 및 업무내용)에 규정하고 있다.

(3) Design & Manage

이 방식은 AE회사가 설계를 하고 CM을 수행하는 방식이다. 계약금액을 결정하는 방식은 일정한 내용의 공사를 정해진 기일까지 총액으로, 또한 일정의 가격으로 완성되는 총액(Lump-sum)계약이 주류이다. 또 공사금액은 실비정산으로 그 실비를 기본으로 사전에 정해진 용역비(fee)를 CM회사에 지불하는 방식으로 CM계약 등에 쓰이는 Cost plus fee계약도 많다.

최근에는 설계시공 분리의 경우 책임소재가 분명하지 않기 때문에 중간에 포기하는 사례를 방지하고, 조정하는 데 소요되는 품이나 시간을 경감하기 위해 책임을 일원화하는 것을 목적으로, AE회사와 시공회사가 팀을 구성하여 수행하는 Design & Build 방식이 증가되고 있다. 또 이 방식은 공기단축의 측면에서도 평가되고 있다. 발주자 조직의 슬림화, 세금을 사용하는 공사는 예산관리가 엄격하기 때문에 이러한 사정을 반영하여 공공공사의 경우 Design & Build에다 Lump-sum 방식이 활용되기 시작했다.

(4) Build to Suit

이는 주문자의 요구에 응하여 시설물을 건설하고 임대하는 방식이다. 사무실이나 창고 등에 많이 활용되는 조달방식이다. BOT는 종래 도로나 발전소의 프로젝트 등에서 볼 수 있는데, 한동안 감소하고 있는 추세이다. 최근에는 발전소 등의 프로젝트에서 나타나고 있는 경향이다.

4) 표준계약조건

(1) 클레임과 분쟁 관련법령

미국은 각 주(州)가 독자적인 법률을 제정하고 있고, 공공공사의 건설클레임 및 분쟁처리에 관해서도 각 주 간에 차이가 있다. 또한 지방자치단체의 독자성도 높기 때문에 같은 주 내에서의 지방자치단체 간에도 다른 처리방법이 존재하고 있다.[12] 이러

---

12) 미국은 연방정부(Federal Government), 주정부(State Government) 및 지방정부(Local Government)로 구성된 연방제 국가이다. 따라서 공공공사에 대한 발주정책도 연방정부, 주정부 및 지방정부가 같지 아니하고, 미국연방정부에서 정부조달에 관한 사항을 규정한 것은 연방조달규정(Federal Acquisition Regulations), 중소기업보호정책을 규정하고 있는 법률은 중소기업법(Small Business Act)이다. 따라서

한 상황에서 주정부 혹은 지방자치단체의 건설클레임과 분쟁처리방법을 일반적으로 논하는 것은 매우 어렵다. 따라서 여기서는 전국 통일적으로 적용되고 있는 연방정부의 공공계약에 관한 클레임과 분쟁의 처리방법에 대하여 언급하고자 한다.

미국은 연방정부 행위에 대한 클레임의 절차는 그것이 공권력적 행정행위냐 아니면 사경제주체로서의 경제행위냐에 따라서 다르다. 전자는 행정처분에 대한 이의신청 절차이고, 후자는 계약과 관련한 이의신청 절차이다. 후자와 관련한 이의신청에 대해서는 부분적으로 전자의 행정처분심의에 관한 법규의 일부를 원용하도록 규정하고 있다.[13)]

[표 5-2] 미국의 클레임 관련 적용법규

구분	법규 내용
행정처분 관련법	1. 행정분쟁처리법(Administration Dispute Resolution Act＝United State Code Title 5, Subchapter 4: 571~583) 2. 연방조달규칙 내의 분쟁 및 청원관련규정(FAR 33.2: Disputes and Appeals) 3. 연방중재법(Federal Arbitration Act＝United State Code Title 9: Arbitration) 4. 주정부 중재법(The Uniform Arbitration Act)
계약 관련법	1. 계약분쟁처리법(Contract Dispute Act 1978＝United State Code Title 41 Public Contracts, Chapter 9, Contract Disputes) 2. 연방조달규칙 제33장: 이의신청 분야(FAR Part 33: Protests, Disputes, and Appeals) 3. 건설조정규칙(Construction Industry Mediation Rules) 4. 건설중재규칙(Construction Industry Arbitration Rules)

미국에서는 미국연방정부기관이 공공계약을 체결할 때의 계약방법 및 계약조건을 정한 것으로 「연방조달규칙(Federal Acquisition Regulations: FAR)」이 있다. 연방조달규칙의 분쟁처리조항(33.2)에서는 모든 공공계약에 관계되는 클레임과 분쟁은 「계약분쟁처리법(Contract Disputes Act of 1978)」에 의해 처리한다. CDA는 1978년 정부 계약청구를 위한 포괄적인 법적 체계를 구현하기 위해 제정되었다. CDA에 따른 모든 분쟁은 미국연방청구법원(the U.S Court of Federal Claims) 또는 계약항소관리위원회(an Administrative

---

연방정부의 중소기업과 대기업의 균형발전을 위한 발주관련 정책은 연방조달규정이나 중소기업법에 규정되어 있다.

13) 이석묵, "건설 클레임의 역할과 활성화 방안", 한국건설산업연구원, 1999, pp. 33~34.

Board of Contract Appeals)에 제출하여야 하는데, 다음과 같은 절차에 의하도록 규정하고 있다.[14]

미국연방청구법원의 판결에 불복할 때에는 연방순회공소법원(Court of Appeals for the Federal Circuit)에 상소하여 해결한다. 미국의 건설공사 도급계약제도는 공공공사나 민간공사를 막론하고 매우 다양하다. 공공공사에서는 조달청 계약조건인 「Standard Form 23-A General Provisions(Construction Contract)」[15]가 보편적으로 사용되고 있다. 그 외에 상무성의 계약조건, 육·해군 등의 군을 위한 계약조건(미공병단 the Corps of Engineers: COE) 등이 있고, 지방 공공단체도 자체 계약조건을 가지고 있다.

또한 엔지니어계약위원회(The Engineers Joint Contract Documents Committee: EJCDC)가 정하고 있는 「Standard General Conditions of the Construction Contract」가 대표적이며,[16] 민간공사의 계약에서는 미국건축사협회(The American Institute of Architect: AIA)의 계약조건인 「AIA Document A101 & A201」, 토목공사용으로는 미국건설업협회(The Associated General Contractors of America: AGC)의 계약조건 등이 있다.[17]

(2) 연방조달규칙[18]

미국 연방정부기관이 공공계약을 체결하는 때의 계약방법 또는 계약조건을 정한 것이 연방조달규칙이다. 연방조달규칙은 53개의 장(Part)으로 구성되어 있는데, 그중에 제36장에서는 건설공사 및 건축·토목설계계약(Construction and Architect-Engineer Contracts)에 따라 건설 관련 계약에 관한 특별규정을 정하고 있다. 제36장에서는 주로 계약서에 기재하는 조항(표준계약서식)을 규정한 것으로서, 각 조항의 문언은 제52장에 규정하고 있다. 따라서 개별 건설공사계약서는 연방조달규칙 제36장을 중심으

---

14) http://www.answers.com/topic/contract-disputes-act-1978; www.smithcurrie.com; (社)國際建設技術協會, 建設工事のクレームと紛争, 1996, p. 94.

15) 미국의 표준계약조건 23A(Standard Form 23A, General Provisions, Construction Contract, Edition of 29 July 1980, Issued By: Department of the Army, Corps of Engineers)는 72개 조문으로 구성되어 있으며, 그중 분쟁관련조항 제6조(Disputes, 1980 Jun)는 계약분쟁처리법(Contract Disputes Act of 1978, P.L. 95-563)의 적용을 받는다.

16) Robert Rubin, et al. Construction Claims(Second Edition), Van Nostrand Reinhold, 1992, pp. 212~224.

17) 한국건설기술연구원, 앞의 논문(주 164), p. 46.

18) Federal Acquisition Regulation Issued March 2005 by the General Services Administration, Department of Defense, National Aeronautics and Space Administration.

로 한 표준계약서식에 동 제52장 안에 필요한 조문을 추가하여 작성한다.

발주기관의 장은 해당기관의 직원을 임명하여 해당기관의 공공계약에 관한 업무를 수행하는 권한을 위양(delegate)하고 있는데, 이 임명받은 직원을 계약담당관(Contracting Officers)이라 부른다.

계약담당관의 권한과 책임에 대하여는 「연방조달규칙」(1.602)에 규정하고 있다. ① 계약담당관의 권한은 계약의 체결, 계약이행의 확보, 계약해제 및 이와 관련된 사항에 대한 조사 및 결정 등이 있고, ② 계약담당관의 책임으로는 계약체결에 따른 법률상의 절차에 대한 확인, 충분한 재원이 있는 지의 확인, 수급자가 공평하고 적정한 조치를 받고 있는지를 확인하고, 업무수행 및 경리, 법률, 기술 기타 분야에서 전문가의 조언을 받고 참고하는 일 등이 있다.

「연방조달규칙」의 분쟁처리조항(Part 33)에 모든 공공계약에 관계되는 클레임과 분쟁은 계약분쟁처리법에 따라 처리하도록 규정하고 있다. 본 조항은 클레임의 정의, 계약상 클레임이라 인정되는 조건, 클레임에 대한 계약담당관의 결정 등에 대하여 규정하고 있다.

(3) 계약분쟁처리법[19]

연방정부가 체결한 계약, 예컨대, 연방정부가 발주한 ① 부동산 이외의 물품구입, ② 서비스업무의 조달, ③ 부동산의 건설, 개조, 유지·수선공사, ④ 부동산의 처분 등의 계약과 관련된 클레임과 분쟁은 계약분쟁처리법에 의하여 처리된다. 다만 외국기관, 국제기관 등의 계약에 대하여는 행정기관의 장이 본법을 적용하는 것이 공공의 이익에 부합하지 않는다고 판단되는 경우에는 본법을 적용하지 않는다.

① 계약분쟁처리법 주요 규정

⊙ 계약분쟁처리대상 클레임과 요건

ⓛ 클레임·분쟁처리 절차

ⓒ 계약담당관에 의한 클레임의 결정

---

19) Robert Rubin, et al. Ibid, pp. 307～312.

ㄹ 각 발주기관의 계약분쟁처리위원의 설치

ㅁ 합중국청구법원 또는 연방순회공소법원에의 상소 등

② 계약분쟁처리법 절차

계약분쟁처리법은 연방정부가 발주하는 계약 등의 클레임 또는 분쟁은 다음 절차
에 따라 해결하는 것으로 정하고 있다.

ㄱ 시공자가 제기한 클레임은 발주기관의 계약담당관(Contracting Officer)이 내리는
결정에 의하여 해결한다.

ㄴ 클레임에 대하여 계약담당관의 결정은 수급자가 계약분쟁처리법에 의하여 계
약분쟁처리위원회 또는 법원에 상소하지 않는 한 최종적으로 확정된다. 계약
담당관의 결정에 불복한 때에는 계약분쟁처리위원회 또는 연방청구법원(Claims
Court)[20)에 상소하여 해결토록 한다.

ㄷ 수급자는 계약에 근거한 클레임 또는 분쟁이 다툼 중[係爭中]에 있는 경우 그것
으로 최종처리가 확정되기까지는 계약을 성실히 이행할 의무를 부담하여야 하
고, 계약담당관의 지시하는 결정에 따라야 한다. 계약담당관의 결정에 불복할
때에는 계약분쟁처리위원회를 경유하지 않고 합중국청구법원에 직접 상소하
는 것도 허용된다.

ㄹ 합중국청구법원의 판결에 불복할 때에는 연방순회공소법원(Court of Appeals for
the Federal Circuit)[21)에 상소하여 해결한다.

이를 그림으로 나타내면 다음과 같다.

---

20) 연방법원조직에는 제1심 법원으로서 연방지방법원과 같은 급에 있는 특수법원중 하나에 속한다.
연방청구법원(U.S. Claims Court)은 불법행위 이외의 연방정부에 대한 청구권에 관한 사건들을 주로
다루는 법원이다. 이 법원의 재판은 원칙적으로 단심제이다. 연방청구법원의 재판에 대하여는 연방
순회공소법원(Court of Appeals for the Federal Circuit)으로 상소할 수 있다(서희원, 『영미법강의(개정
판)』, 박영사, 1996, p. 150).

21) 연방공소법원(U.S. Court of Appeals)은 연방의 제2심법원이다. 연방공소법원은 전국을 11개의 순회
구로 나누어 각 순회구에 각각 하나의 연방공소법원을 두고 있다. 연방순회공소법원(Court of Appeals
for the Federal Circuit)은 1982년에 설립되었다. 연방공소원의 재판은 3명의 재판관으로 법정을 구성
하는 것이 보통이다(서희원, 위의 책, pp. 146~147).

[그림 5-6] 미국연방정부계약의 표준적 클레임과 분쟁처리절차

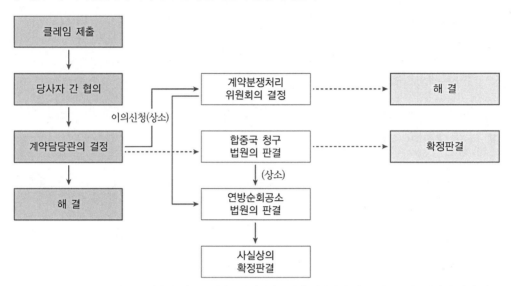

* 주 1) 도급자는 계약담당관의 결정에 대하여 계약분쟁처리위원회에 제기함에 있어, 합중국청구법원에 직접 상소
　　　할 수 있다. 또 계약분쟁처리위원회의 결정을 합중국청구법원을 경유하지 않고, 연방순회공소법원에 직접
　　　상소할 수도 있다.
　　2) 「연방조달규칙」(33.204)에 의해 계약담당관은 결정을 내리기 전에 화해, 분쟁처리패널, 구속력을 갖지 않는
　　　중재 등 대체적 분쟁해결을 시도해야 할 의무를 부담한다.

(4) AIA 표준계약서

　미국의 건설공사의 표준계약서로는 AIA에서 발행하는 「건축의 일반계약조건」 (General Conditions of the Contract for Construction)을 들 수 있다. AIA에서는 분쟁에 관하여 클레임사유 발생 21일 이내, 혹은 클레임 제기권자가 클레임 사유를 최초로 인지한 후 21일 이내 중 늦은 일자 내에 서면으로 제기하고, 클레임 또는 중재절차 진행 중에도 시공자와 발주자는 서로 달리 합의하지 않는 한 공사를 진행시킨다(조건4.3.4조).

　공사감독은 클레임 접수 후 10일 이내 ① 추가자료 요구, ② 클레임 거절, ③ 클레임 승인, ④ 화해안 제시 등의 절차를 취하고, 해결되지 않을 시 클레임 제기 당사자는 공사감독의 결정통지 이후 10일 이내에 초기 클레임을 수정·보완제출하고 공사감독은 7일 이내에 중재조항에 의한 해결절차를 전제로 한 최종결정을 통지한다(동 조건4.4조).

　그리고 공사계약과 관련된 분쟁은 미국중재협회규칙에 따라 해결하며, 공사감독에게 클레임이 제출된 후 45일 이내에 공사감독의 결정이 없는 경우 중재절차가 시작된다. 중재에 의한 결정은 최종적인 것이며, 재판관할권이 있는 법원이면 어느 곳이나 집행할 수 있다.

(5) AAA의 건설업중재규칙

중재기관이나 규칙으로는 국제상업회의소(International Chamber of Commerce: ICC)나 유엔국제상거래법위원회(United Nations Commission on International Trade Law: UNCITRAL) 중재규칙 등의 일반적인 규칙이 이용되고, 건설공사분쟁을 전문적으로 다루는 방법도 채택되고 있다. 예컨대, 미국에서는 미국중재협회(American Arbitration Association: AAA)가 1965년에 업계의 요청에 기초하여 건설공사분쟁을 전문적으로 다루는 중재인의 패널을 확립하여, 규칙을 제정했다. 「AAA건설업중재규칙(Construction Industry Arbitration Rules 1993. 1. 1.)」 및 「AAA건설업조정규칙(Construction Industry Mediation Rules 1992. 1. 1.)」이 그것이다.[22]

4. 일본의 공공조달제도

1) 입찰제도

일본은 건설공사가 근대적인 청부(請負)에 의한 경영형태로 시행되기 위한 직영이나 도제(徒弟)제도에 의한 수공업형태의 생산방식이 확립된 것은 근대에 이르러서이고, 또한 토목건축 청부업이 기업체로서 발전을 가져온 것은 명치유신 이후이다.[23] 한편 국가의 근대적 회계제도가 확립된 것은 명치 22년 「명치회계법(明治會計法)」의 제정에서 기인하는데, 근대적 입찰제도는 이 시절에 시작되었다.

이 「명치회계법」은 프랑스 회계법, 벨기에 회계법 등에 근거한 것으로서 1864년의 「프랑스회계법」은 제68조에서 "정부 명의로 행하는 매매약정은 모두 경쟁 내지 공고를 하여야 하며" 제69조에는 "상기의 조항은 수의계약으로서도 정할 수 있다"고 규정하고, 일반경쟁계약을 정부계약의 원칙으로 하고 예외적으로 수의계약을 인정하고 있는데, 일본의 회계법 원칙과 같은 취지이다.[24]

---

22) 大隈一武, 國際商事仲裁の理論と實務, 中央經濟社, 平成7年, p. 154; 이에 대한 실행절차를 규정하고 있는 것으로 건설업 중재규칙 및 조정절차(Construction Industry Arbitration Rules and Mediation Procedures: Including Procedures for Large, Complex Construction Disputes; Amended and Effective September 1, 2007)가 있다; http://www.adr.org 참조.

23) 荒井, 建設工事をいかにして近代化すべきか(昭和28), 鹿島建設社報, p. 6.

24) 柳澤, 會計法, p. 260.

2) 계약제도

일본의 건설업자는 건설업법에 따라 허가를 받아야 한다. 건설업법에 건설업자의 자격이나 요건에 대하여 규정하고 있고, 하나의 도도부현(都道府縣)에만 영업소를 둔 경우에는 지사의, 복수의 도도부현에 영업소를 설치한 경우에는 국토교통성장관의 허가를 받아야 한다.

허가업자는 발주자로부터 수주한 건설공사의 일부에 관하여 하도급업자에 일정금액 이상(2천만 엔, 건축공사는 3천만 엔) 도급받을 경우에는 특정건설업자, 그 이외의 경우에는 일반건설업자가 수행하게 된다. 또 특정건설업자 내에 토목공사업, 건축공사업, 배관공사업, 강구조물공사업, 포장공사업의 5종을 지정업이라 한다.

입찰제도는 일반경쟁입찰, 지명경쟁입찰, 수의계약 등 3종류가 있다. 지명경쟁입찰은 사전에 유자격자명부를 작성하고 공사 발주전에 그 명부로부터 공사등급(공공공사의 경우 계약예정금액에 따라 A등급에서 E등급까지 있음), 기술력, 지리적 조건 등을 고려하여 업자를 지명하여 경쟁입찰을 부치는 형태로, 공공공사나 민간공사에서 가장 많이 활용되는 입찰제도이다. 수의계약제도는 공공공사의 경우 주문자가 예외적인 경쟁입찰에 의하지 않고 특정업자에 발주하는 방식이다.

정부나 지방자치단체, 국영기업체 등 공공기관이 발주하는 공사의 입찰은 경쟁입찰을 대원칙으로 한다. 민간공사의 입찰은 공공기관발주공사와 같은 제도이나 별도의 규정이 없기 때문에 자유방임형태를 유지하고 있다.

3) 도급계약의 유형

일본에서는 1949년 「건설업법」이 제정되고 1950년 표준계약조건이라 할 「건설공사표준청부약관」의 채택으로 쌍무계약의 원칙을 도입하는 계기가 되었다. 이 표준약관은 건설업법에 의하여 구성된 중앙건설업심사회가 건설성의 요청을 받고 제정한 것으로 오늘날 일본에서 쓰이고 있는 모든 표준계약약관의 근원이 되었다. 일본의 현행 표준도급계약조건은 다음 표와 같다.

[표 5-3] 일본의 현행 표준도급계약조건

구분	계약약관	비고
공공 공사용	• 공공공사표준청부계약약관	• 많이 활용되고 있음
민간 공사용	• 민간건설공사표준청부계약약관(갑) • 민간건설공사표준청부계약약관(을) • 4개연합협정공사청부계약약관*	• 민간공사의 경우는 4개 연합 협정 공사 청부 계약약관이 많이 활용되고 있음
하도급 공사용	• 건설공사표준하청부계약약관(갑) • 건설공사표준하청부계약약관(을)	

* 4개 연합 협정 공사청부 계약약관은 1952년 일본건축학회, 일본건축협회, 일본건축가협회, 전국건설업협회가 공동 제정하였다.

일본은 전통적으로 설계는 설계자에 공사는 시공자에 의뢰하여 수행하는데, 설계도서에 기초한 건축물을 완성하게 되는 설계·시공 분리발주방식이 일반적이다. 아울러 제네콘에 설계도 일괄하여 발주하는 식의 설계·시공 일괄발주방식을 채용하는 경우도 많다. 전자를 설계·시공 분리발주방식이라 하고, 후자를 일식방식(一式方式)이라 한다. 일식도급계약은 공사목적물을 일괄하여 완성하기 위해 공사 전체를 도급하는 계약이며, 분리계약은 냉난방, 전기 등 설비공사를 분리해서 계약하는 방식이다. 도급금액결정방식에 따른 총액도급계약과 실비정산도급계약이 있다. 총액도급계약은 공사대금의 총액을 정액으로 미리 확정해서 계약하는 방식으로 일본에서 많이 쓰는 계약방식이다. 실비정산계약방식은 공사 내용 중 불확정한 요소가 많고 긴급을 요하는 건조물을 완성해야 할 경우 등에 사용되나 별로 활용되지 않는다.

이와 함께 매니지먼트(Management) 방식과 PFI(Private Finance Initiative) 방식 등이 있다. 각각의 프로젝트의 특징이나 발주자요구 등이 다르나 각기의 조달방식을 선택하는 것이다. 여기서 PFI 방식이란 민간의 자금, 경영능력 및 기술적 능력을 활용하여 공공시설물 등의 건설, 유지관리 및 운영(기획 등을 포함)하는 방식으로 일본은 1999년에 「민간자금 등의 활용에 의한 공공시설물 등의 정비 촉진에 관한 법률」이 시행되고 있다. 발주자는 건설프로젝트의 특질·규모, 발주범위, 원가중시·기술제안중시 등의 매니지먼트상의 Cost에 근거하여 몇 개의 채용 가능한 발주방식 가운데서 후보를 선정하고, 그로부터 적정성을 비교 평가하여 결정한다.

건설프로젝트는 경제, 사회, 문화, 기술 등의 다방면에서 영향을 받고 있는바, 공사계약은 그중에서도 가장 비즈니스적인 측면에 있다. 일반의 비즈니스가 다양한 계약행위에 따라 성립되는 것과 같이 건설프로젝트에서도 다양한 계약행위가 관계자의 책임관계와 권리관계를 다루고 있다. 발주자와 도급자 간에 체결하는 공사계약에는 양자의 관계 이외에도 설계감리자, 전문공사업자, 각종 컨설턴트 등과의 관계나 공사용기자재, 노무, 공사비, 공기, 공사와 연관되어 있는 각종 배상, 보험, 검사, 인도, 하자담보 등의 상세한 계약조건을 규정하고 있다.

4) 공사계약의 특징

공사계약의 목적을 총액도급계약방식의 경우를 예로 들어 설명하면 "발주자가 설계도서(설계서, 시방서 등)와 계약서에 근거하여 공사를 완성하여 목적물을 발주자에 인도하는 것"이다. 건설프로젝트에서 공사계약방식은 다양 한데 공사계약방식의 결정요인은 공사발주범위, 공사비결정방식, 공사발주체제가 있다. 공사계약방식의 분류에서 우선 3가지의 결정요인에 따라 대별하고, 더욱더 결정요인 특히 구체적인 공사계약방식을 상세히 분류한다. 이러한 분류의 개념을 그림으로 나타내면 다음과 같다.

[그림 5-7] 공사계약방식의 분류

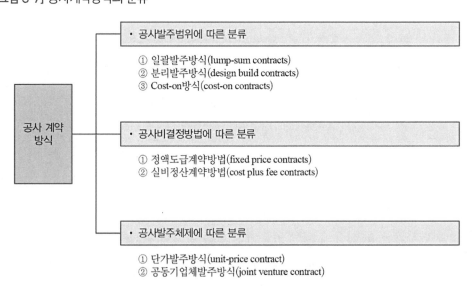

Cost-on방식은 발주자가 분리발주방식과 같은 형태의 절차에 따라 각 전문공사의 도급자(전문공사업자)와 공사비를 결정하고 주된 전문공사도급자(원도급)와 사전에 합의

한 Cost on경비를 가산하여 일괄발주방식에 기초한 공사계약을 체결하는 방식이다.

일본의 건설산업은 하도급 제도를 하나의 큰 특징으로 하고 있다. 건설업자 등은 수주한 공사를 업종별로 분류하여 하도급업자들에게 발주하는데, 기능공이나 단순 노무자뿐만 아니라 건설기계 등도 그들에게 의존하는 경우가 많다. 이와 함께 일본에서는 재하도급 제도가 발달되어 있다.

5) 건설분쟁관련 계약조건[25]

일본은 2차세계대전후 복구사업과 건전한 건설업자를 육성하기 위해 1949. 5. 24. 건설업법을 제정하였다(법률 제100호로 공포). 그 후 1956년 건설업법을 개정하면서 "건설공사 청부계약에 관한 분쟁처리"에 관한 내용(제3장의2)을 새롭게 추가하여 건설공사 도급계약에 관하여 발생하는 분쟁을 해결하기 위하여 건설공사분쟁심사회(이하 "심사회"라 함)를 설치하도록 하였다. 여기서는 알선 또는 조정을 행하며(동법25조의11), 당사자 쌍방의 신청이나 중재계약을 한 경우에는 중재로 분쟁을 해결하도록 하고 있다(동법25조의15). 따라서 건설분쟁에 관하여 해결할 수 있는 방법을 건설업법에서 규정하고 있다.

한편 국가, 지방자치단체 또는 공공기관에서 사용하고 있는 표준계약서인 「공공공사표준청부계약약관」은 1950년 2월에 중앙건설업심의회에서 제정하였다. 일본의 표준약관에 대하여는 공공공사에 쓰이는 「건설공사표준청부계약약관」, 민간공사용으로 쓰이는 「민간건설공사표준청부계약약관」 (甲) 및 (乙), 그리고 하도급공사용으로 「건설공사표준하청부계약약관」을 권고하고 있다. 「공공공사표준청부계약약관」은 국가기관, 지방기관이 발주하는 공사를 대상으로 하고, 전력·가스·철도·전기통신 등의 상시건설공사를 발주하는 민간기업의 공사에도 활용되고 있다.

일본의 경우 우리나라의 「계약조건」과 달리 「계약약관」이라는 용어를 쓰고 있다. 일부 민간공사를 제외하고는 대부분의 건설공사계약, 그중에서도 특히 공공공사계약에서는 발주처가 미리 준비한 계약문서에 따라 계약을 체결하는 것이 일반적이다. 이

---

25) 일본의 건설계약 및 분쟁처리에 대하여는 內山商三·打田畯一·加藤木精一, 建設業法, 第一法規出版(株), 昭和54年; 建設業法研究會, 公共工事標準請負契約約款の解説, 大成出版社, 2003; 龍井繁男, 建設工事契約の法律實務(1), 淸文社, 昭和56年; 龍井繁男, 逐條解說 工事請負契約約款, 酒井書店, 1979, 등을 참조.

와 같이 계약의 일방 당사자가 다수의 상대방과 계약을 체결하기 위하여, 일정한 형식에 의하여 미리 마련한 계약의 내용을 약관(約款)이라 하며, 이를 계약당사자 쌍방이 협의하여 마련한 경우에는 계약조건(Condition of Contract)이라 한다.

이렇게 볼 때 우리나라의 회계예규상의 공사계약일반조건은 계약조건이라기 보다는 약관이라 하여야 할 것이다.[26] 따라서 공사계약일반조건의 내용도 「약관규제법」[27]에서 규정하고 있는 내용 즉, 불공정한 약관조항을 무효로 하거나,[28] 불공정계약약관을 계약의 내용으로 하는 것을 금하고(동법17조), 이에 위반할 경우에는 공정거래위원회가 시정조치를 명하는(동법17조의2) 등의 규제를 하여야 할 것이다.

계약에 관한 분쟁의 해결방법은 크게 나누어 소송에 의하는 방법과 소송 외의 방법으로, 알선, 조정 및 중재가 널리 활용되고 있다. 본 약관은 건설업법에서 규정한 심사회에 의한 알선, 조정 및 중재가 이용되고 있는 현상과 심사회에 의한 분쟁처리의 장단점을 감안하여, 심사회의 절차를 이용하는 것을 기본으로 하여 분쟁해결을 도모하고 있다.

5. 독일의 공공조달제도[29]

1) 입찰제도

독일의 「수공업에 관한 법률」에 의하면 전문공사, 특수공사를 영위하는 업자에게는 영업상의 제한이 있다. 건축업, 건설업도 수공업의 범주에 들어 있어 수공업자 명부에 등록되어 있지 않으면 업자는 독립된 형태로서의 영업을 할 수 없다. 기업주,

---

26) 박준기, 『건설클레임론』, 대한건설협회, 2000, p. 123; 계약의 일방 당사자가 특정 종류의 계약을 다수의 상대방과 계속 반복하여 체결할 것에 대비하여 미리 작성하여 놓은 정형적인 계약조건을 보통거래약관이라 하는데, 보통 부동문자(不動文字)로 인쇄하여 작성한다. 이러한 계약은 프랑스에서는 부합계약(contrat d'adh sion), 독일에서는 보통계약약관(allgemeine Geschftsbedingungen), 영미에서는 표준형식계약서(standard form contract)라고 불리어지고 있다. 보통거래약관으로 신용카드약관, 여행알선약관, 화물운송약관, 방문판매약관, 금융거래약관 등이 있다(임정평, "보통계약약관의 현대적 의의", 인제법학론집, 2001, p. 293).

27) 법률 제3922호, 1986. 12. 31. 공포.

28) 약관규제법 제6조 내지 제16조.

29) 강기홍, EU와 독일법상 공공조달 제도: 건축 하도급의 공정성 제고와 관련하여, 한국비교공법학회, 공법학연구 제13권 제1호, 2012. 2.; 김진기, EU 및 독일 정부조달법 개혁, 법률신문(오피니언), 2016. 7. 11. 한소혜, 독일 건설도급의 현황과 쟁점, 홍익대학교 법학연구소, 홍익법학 11권 1호, 2010. 2. 참조

공동출자자, 감독 등도 명부등록이 의무화되어 있고, 명부등록은 특정자격을 갖춘 자만 가능하다. 즉, 전문공사 직인(職人)자격소지자, 전문공사에 종사하며 적절한 실습을 경험한 기술자, 주정부가 공인한 자격면허소지자와 같은 수준에 해당하는 자가 여기에 해당된다.

독일의 공공조달은 「연방예산법」과 「예산규칙」 그리고 「독점금지법」의 적용을 받는다. 독일은 프랑스와 같은 건설업자에 대한 사전자격심사제도는 존재하지 않는다. 공공조달 발주자는 개별업자 명부를 작성하지만 이전에 공공공사 경험이 있는 업자는 새로이 심사에 필요한 서류를 준비할 필요가 없다. 다만 신규로 입찰에 참가하고자 하는 업자에 대해서는 심사가 이루어진다.

공공공사의 발주자는 신규입찰 참가자를 포함하여 업자와 의견교환을 한다. 의견교환이 있은 다음에 복수(통상적으로 3~10개)의 업자가 발주자에 대하여 설계제안서를 제출한다. 발주자의 심사기준은 수행하는 업무의 질, 기술적 노하우의 유무, 경력, 신뢰도, 지역적 지명도, 개인적인 연고 등에 의하며, 입찰가격은 심사의 포인트가 되지 않는다. 가격에 대해서는 별도의 기준(HOA)이 있다.

독일에서는 공공공사의 입찰과 계약 그리고 이에 관련된 「건설공사도급계약규정」(Verdingungs Ordnung für Bauleistungen: VOB)에 정하고 있다. VOB는 정부기관을 포함한 공공공사발주자, 건설협회, 건축사협회 등이 합동하여 연방, 주(州), 시(市) 등에서 발주하는 모든 종류의 건설공사에 적용하고자 작성한 것으로 임의규정이다. 영역별 발주규칙 중에서 건설공사 도급규칙에 해당되는 VOB는 중요한 의미를 지닌다. 이것은 세 가지 분야로 나뉘는데, 건설도급에 관한 일반규정(VOB/A), 건설공사의 시공을 위한 일반계약조건(VOB/B), 건설공사를 위한 일반기술계약조건(VOB/C)이 그것이다. 이는 비록 법령은 아니나 연방정부와 주정부 그리고 모든 자치단체에서 이를 준수하고 있다. 공공조달의 규약에는 다음과 같은 것들이 있다.

(1) VOB : 건설업에 관한 규정

① Part A(VOB/A) : 건설사업의 절차, 도급금액, 계약에 관한 일반적인 규약
② Part B(VOB/B) : 건설사업의 실시에 대한 계약조건. 다만 일부조건은 수정하여 입찰관계서류에 포함시킬 수 있다.

③ Part C(VOB/C) : 사업실시에 대한 기술적인 조건을 정하고 있다. 모든 다양한 형태의 건설사업에 관한 일반적인 사항과 특수한 건설사업에 관한 규약으로 구성되어 있다.

(2) VOL(VOB에 언급되어 있지 않은 계약조항)

VOL은 원재료의 공급에 관한 규약이다. VOL에는 VOL/A와 VOL/B가 있다. VOB는 공공조달에서 연방정부와 주정부에 대하여 법적 구속력을 갖는다.

공공공사의 경우 공개경쟁입찰, 제한경쟁입찰 및 수의계약의 세 가지 방식이 있다. 공개경쟁입찰이 원칙으로 되어 있으나 예외적으로 제한경쟁입찰과 수의계약도 인정하고 있다. 제한경쟁입찰은 공사실적이나 기술력을 심사하여 입찰참가자를 선정, 가격이나 기술력으로 낙찰자를 선정한다.

2) 계약제도

독일은 건설업면허제도와 같은 건설업자에 대한 규제를 통해 일정한 자격요건을 갖추게 하는 등의 제도가 존재하지 않는다. 따라서 발주자들은 필요에 따라 해당 건설회사의 기업실태나 실적에 대해 동 회사의 거래은행이나 관할세무서에 문의하게 된다. 경우에 따라서는 업자로 하여금 이들 기관에서 필요한 자료를 받아오게 할 수도 있다. 이와 같은 방법으로 발주자와 시공자의 관계는 원만하게 이루어지고 있다.

계약제도로는 도급계약(표준계약서), 거래조건(계약일반조건), 기타 건설공사도급계약에 관한 사항은 입찰의 경우와 마찬가지로 전부 VOB에 규정되어 있고 이 밖에 다른 서식이나 조건은 없다. 독일의 종합건설업자는 예컨대, 건축의 경우 기본적 시공능력을 확보하기 위한 종업원을 항시 고용하고 있으나 전문 분야의 공사는 하도급을 주는 것이 통례이다.

6. 프랑스의 공공조달제도[30)

1) 입찰제도

프랑스의 공공조달은 계약에 의하여 완료되며, 공공조달계약은 「공계약법(公契約法)」에 규정된 조건에 따른다. 공공조달의 특징은 두 가지인데 하나는 모든 후보기업에 균등한 기회를 부여하는 것이고, 다른 하나는 경쟁을 활용하는 것이다. 따라서 세금을 완납하고 사회보장의무를 수행하며 노동법을 준수한 업체에 대해서는 공공조달에의 참가를 제한하지 않는다.

공공조달에는 단순계약, 분할계약, 조사연구계약 및 감리업무계약이 있는데, 업체 간의 공모행위는 엄격한 제재를 받는다. 프랑스의 공공조달의 발주자는 각 중앙부서, 지방자치단체, 국영(공공)기업 등이다. 입찰은 공개입찰과 지명입찰이 있으며 최저가 입찰자가 낙찰을 받는다.

프랑스에서는 1991년에 시행한 성령(省令)[자치규칙]에서 낙찰자를 결정하는 데 "가장 경제적으로 유리한 입찰내용을 낙찰자로 선정하도록 규정"하고 정부도 이를 적극적으로 권장하고 있다. 그것은 제안모집방식을 의미한다. 그렇지만 공공조달에서 장려되고는 있지만 실제로는 수의계약이 많다.

2) 계약제도

건설공사 계약체결에 관한 법규는 민간공사와 공공공사로 나누어 적용한다. 민간공사계약은 주로 수의계약으로 체결되며 민법전(제3권)의 적용을 받는다. 프랑스의 표준협회는 일반경쟁입찰과 일반계약서식을 제정하여 민간공사계약에 적용토록 하고 있으나 강제성은 없고, 발주자와 도급자 간의 합의에 따라 사용한다.

공공공사계약은 공공계약법전의 적용을 받는다. 공공공사 중 국가가 발주하는 공사는 계약에 관련된 모든 규정이 일률적으로 계약법의 적용을 받으나, 지방자치단체가 발주할 경우에는 기술부분만 이의 적용을 받는다.

---

30) 정순규, 외국의 공공조달제도(프랑스·독일·영국), 한국전기산업진흥회, 1999. 12.; 조달청, 프랑스 공공조달시장 입찰가이드북, 2021. 4.; 강명원, 프랑스 공공조달 법제의 최근 동향, 한국지방계약학회, 지방계약연구 제9권 제2호, 2018. 2.; Kotra, EU 공공조달시장 진출가이드, KOTRA자료 16-045 참조.

　　도급계약의 방법으로는 공사성격에 따라 공개경쟁입찰, 제한경쟁입찰 및 수의계약 등이 있으며, 공사의 60% 이상이 수의계약에 의하고 나머지는 제한경쟁입찰에 따른다. 공개경쟁입찰은 거의 예외적으로 시행될 뿐이다. 하도급에 관한 특별한 규정은 없고 통상 계약조건에 따라 시행되나, 원도급자가 하도급계약을 체결하기 전에 발주자로부터 하도급승인을 받는 것이 일반적이다.

　　프랑스 국내에서 사용되는 계약형태는 공사분리계약, 공사일괄계약(Genecon방식), 발주자[施行者]대리계약의 세 가지의 계약방식이 있다. 전통적으로는 발주자(Maitre d'Ouvrage: MO)가 Genecon과 개별적으로 계약하는 공사분리방식이 주류를 이루고 있는데, 최근에는 발주자도 공사일괄방식을 선호하며 민간공사에는 이 방식이 점차 증가하고 있다. 공공공사는 공사분리방식이 원칙적이나 점차 감소되고 있는 추세이다. 어느 방식에도 발주자(시행사)의 대리인(Maitree d'Oeuvre Delegue: MOD)이 개입하는 경우가 많다. 공사일괄계약은 일괄계약 형태의 종합건설시공(Genecon) 방식인데, Genecon이 직접 고용하여 시공하는 부분이 많은 것이 특징이다.

　　표준계약약관으로는 일반규정으로서 행정사무와 관련된 CCAG(Cahier de Clauses Administratives Generales), 기술 관련의 CCTG(Cahier de Clauses Techniques Generales)가 있다. 민법에서 건설에 관계되는 책임에 관한 엄격한 규정이 있고, 보험제도가 이것을 보장하고 있는데, 보험비용은 비싼 편이다. 보험을 담당하기 위한 독립된 검사기관으로서 기술검사회사(Bureau de Controle)가 있다. 프랑스의 건축가(Architecte)는 예술가로서 독립성이 높고 권한도 많다. 따라서 프랑스는 소위 설계시공은 법률상에는 존재하지 않는다. 민간건축에는 건축허가 신청을 하는 외에 Architecte의 서명이 필요하고, 반드시 Architecte가 프로젝트에 참가하여야 한다. 또 설계업무 중에 기술적인 부분을 담당하는 BET(Bureau d'Etude Techniques: 구조/설비설계사무소)도 중요하다. 이 BET가 시공감리자의 입장에서 발주자와 시공업자의 중간에 개입하고, 프로젝트를 통합하는 역할을 담당하는 경우가 많다.

　　BET는 구조, 전기, 설비, 적산 등의 사무소를 가리키나 그들은 기술적인 서비스를 제공하는 것은 아니고, 발주자의 직접 관리하에 자금상, 계약상의 관리를 행하고 또 일상의 현장관리를 행하는 파일럿(Pilote)이 있다. 이 외에 시행사를 대리하는 컨설턴트는 건축사무소, 기술사무소 등의 설계감리자가 행하는 경우와 전문회사로서의 시행사대리자가 담당하는 경우가 있다. 소위 제네콘은 많지 않고 주관리업자(主管理業者)가 전체를 통합하는 형태이다. 다만 계약은 발주자와 각 업자 간에 체결하는 것이 일반적이고 대금지급도 직접한다.

7. FIDIC 국제표준계약조건[31]

1) FIDIC의 개요

FIDIC(Fédération Internationale des Ingénieurs-Conseils)은 국제컨설팅엔지니어연맹을 뜻하며, International Federation of Consulting Engineers의 프랑스식 약어이다. 1913년 유럽의 3개 엔지니어링 관련 협회가 설립된 이후 2020년 현재 100개 국가의 엔지니어링협회가 가입하고 있다. FIDIC은 엔지니어링 분야에서 국가 간 공동의 이익을 증진시키고 관련 분야의 정보 제공과 공유를 통해 컨설팅엔지니어의 위상을 높이고 환경 보존적 개발에 앞장서는 데 목적을 두고 있다.

FIDIC은 전 세계의 독립적인 엔지니어링컨설턴트(independent practicing consulting engineers)를 대표하는 국제기구이다. 회원들의 이익과 정보공유, 프로젝트 계약 시 행정지원, 부패척결과 환경보호 등의 활동을 전개하고 있다. 국제건설시장에서의 계약서식도 제정 및 관리를 하고 있는데, 이 양식은 미국정부양식과 함께 양대 축을 이루고 있다.

2) FIDIC 일반조건

FIDIC의 주요 활동으로는 출판물의 발간을 꼽는다. 「FIDIC 일반조건」은 영국의 토목기술사협회(ICE)가 제정한 ICE 계약조건의 해외판으로서, 국제컨설팅·엔지니어

---

31) FIDIC에 대하여는 John Uff, Construction Law(sixth edition), Sweet & Maxwell, 1996, pp. 296~299; Edward R. Fisk, Construction Project Administration(Sixth Edition), Prentice Hall, 2000, pp. 477~480; John K. Sykes, Construction Claims, Sweet & Maxwell, 1999, pp. 15~20; Anthy Walker, Project Management in Construction(Third Edition), Blackwell Science, 1996, pp. 29~35; Donald S. Barrie, Biyd C. Paulson, Professional Construction Management(건설관리학회 역), McGraw-HillKorea(Civil Engineering), 2000; Robert Rubin, Construction Claims Prevention and Resolution(Second Edition), Van Nostrand Reinhold, 1992; 한국엔지니어링진흥협회, 엔지니어링사업 계약 및 클레임관리기법, 2002, pp. 307~324; 한국엔지니어링진흥협회, "FIDIC Workshop Seoul 2003"; 송광섭, 앞의 논문(주 164), pp. 1~2; 현학봉, 앞의 책(주 164) 참조.

연합(Fédération Internationale Des Ingénieurs Conseils: FIDIC)과 유럽건설업연맹(European Construction Industry Federation: FIEC)과의 공동 작업으로 1957년 제정되었다.

이 일반조건은 FIDIC, FIEC을 비롯하여 아시아·서태평양, 중남미, 미국 등에서 승인된 것으로 국제적으로 인정받고 있는 일반조건이다. FIDIC은 1999년을 기점으로 하여 4개의 일반조건을 새로 개편하여(New FIDIC) 개정신판으로 부르고 있는데, 그 내용은 다음과 같다.

① Conditions of Contract for Construction for Building and
② Conditions of Contract for EPC Turnkey Projects(Silver Book)
  Engineering Works Design by the Employer(Red Book)
③ Conditions of Contract for Plant and Design—Build for Electrical and Mechanical Plant, and for Building and Engineering Works, Designed by the Contractor(Yellow Book)
④ Short form of Contract(Green Book)[32]

이들의 제정목적과 사용 분야를 보면 Red Book과 Yellow Book은 종래 공사의 종류에 따라 분류하던 것을, 공사의 설계책임을 발주자(Employer)가 부담하느냐 도급자(Contractor)가 부담하느냐에 따라 구분하였다.

Silver Book은 EPC(Engineering, Procurement, Construction) Turnkey형 공사와 BOT(Build, Operate, Transfer)형 민간공사 등에 사용할 목적으로 제정되어 Two—party approach계약에 시용하며, 도급자는 플랜트의 특정기능에 입각한 발주자 요구조건을 만족하는 조건하에 활동의 자유를 보유하게 된다.

Green Book은 공사규모(US $500,000 이하)가 적고, 공기가 짧으며(6개월 이내) 반복적인 성격의 공사에 적용하며, 설계책임은 발주자 또는 도급자 중 어느 쪽이라도 가능하고 공사종류도 건축, 토목, 전기, 기계 등 모두에 사용할 수 있다.

FIDIC에서 발행한 일반조건은 일종의 계약지침서로서 이 계약서를 사용하는 데 조항의 적절성 확인 및 상호 이해관계에 의해 필요한 조항을 조정해야 하며, 조정 또는 변경사항에 대한 사항은 「공사계약특수조건(Particular Condition)」에서 규정하도록 권

---

32) 서정일 외 1인, 앞의 책(주 120), pp. 171~178 참조.

고하고 있다. FIDIC은 World Bank 등 다국 간의 거래관계에 많이 활용되고 있다.

3) 분쟁처리 절차 개요

계약서에는 계약당사자들이 공사를 진행하면서 분쟁사항을 합의로 해결하는 것을 방해하지 않도록 하면서도, 그들에게 다툼이 있는 사항을 공정한 분쟁조정위원회(Dispute Adjudication Board: DAB)에 회부하는 규정을 포함하도록 하고 있다(FIDIC 일반조건20.2조 참조). 분쟁조정에서 계약당사자는 우호적 분쟁해결(amicable dispute resolution)이 되도록 유도하고 있다.

본 조항은 양 당사지로 하여금 중재가 필요 없는 방법(예컨대, 직접협상, 화해, 조정 또는 기타 소송외적 해결 방법)으로 원만하게 분쟁을 해결하려는 의도에서 기술된 것이다. 우호적 해결이 성공적으로 되기 위해서는 비밀유지 및 절차에 대한 양 당사자의 승인이 필요하게 된다. 따라서 어느 당사자도 상대방에게 절차를 일방적으로 강요하려고 해서는 안 된다(FIDIC일반조건 20.5조).[33] 또한 계약서에는 우호적으로 해결되지 않는 분쟁은 국제적 중재에 의하여 해결하는 규정이 포함되어야 한다. 국제적인 건설계약에서는 국제적인 상업중재(Commercial Arbitration)가 법정 소송에 비하여 많은 장점이 있으며, 당사자들에게도 받아들이기 쉬운 방법이 된다.

국제적인 중재규칙은 국제상업회의소(ICC)[34]의 중재규칙이나, 유엔국제상거래법위원회(UNCITRAL)의 「중재규칙(Arbitration Rules)」[35]에 의할 수 있도록 하고 있다. 우호적 분쟁해결과정에서 임명된 조정인(mediator)이 조정에 실패한 경우 조정인이 지명된 날부터 28일 이내 또는 합의한 기일 내에 당사자들이 합의를 할 수 없을 경우에는, 양 당사자들은 분쟁을 중재에 회부할 권리를 가진다. 중재는 계약 당일 현재 유효한

---

33) 1998년 이전의 White Book에서는 계약당사자 간의 분쟁은 대화로 해결하고 대화가 실패한 경우 구속력 있는 중재로 해결해야 한다고 규정하였다. 그러나 1998년판에서는 계약당사자 간의 직접적인 대화로 분쟁이 해결되지 않으면 중재에 회부하기 전에 중립적인 조정인의 개입에 대하여 규정하고 있다. 이것은 조정이 될 경우 분쟁해결을 위한 비용절감에 전반적인 성공이 이루어지고 있음을 나타내고 있다.

34) ICC는 1923년 구성되었으며, 50여 개국의 회원국으로 구성되어 있고, 국제적 성격의 업무분쟁을 해결하기 위한 중재법정을 규정하고 있다.

35) 1976년 12월 유엔총회의 의결로 결성된 법률로서 국제적 상업적 계약관계의 내용에서 발생한 분쟁해결 법률을 규정하고 있다.

특별조건에 명기된 규정에 따라 수행되는 바, 어떤 형태의 항소도 포기한다는 당사자들의 합의에 근거하여 수행된다.[36]

4) 클레임, 분쟁 및 중재 규정

「FIDIC 일반조건」 제20조에는 클레임, 분쟁 및 중재(Claims, Disputes and Arbitration)에 대하여 다음과 같이 규정하고 있다.

① 제20.1조 Contractor's Claim(계약자 클레임)

계약자(the Contractor)는 계약서의 규정에 의해 공기연장이나 추가지급에 대해 권리가 있다고 판단하면 이러한 사실을 인지(aware)한 날로부터 28일 이내에 감리자(the Engineer)에게 통지하여야 한다. 또한, 42일 이내 입증서류를 포함하는 상세한 클레임 문서를 감리자에게 제출하여야 한다. 감리자는 클레임 문서를 접수한 후 42일 이내 승인 또는 상세 지적사항을 첨부한 불승인으로 회신한다.

② 제20.2조 Appointment of the Dispute Adjudication Board(분쟁조정위원회의 임명)

당사자들은 일방이 분쟁을 분쟁조정위원회(이하 "DAB"라 한다)에 제기하려는 의사를 상대방에게 통보 후 28일 이내에 DAB를 구성한다. DAB는 1인 또는 3인의 자격있는 사람(the members)으로 구성하며, 별도 명기되지 않고 합의가 없으면 3인으로 구성한다. 이 경우 각 당사자는 한명씩 지명하여 상대방의 승인을 얻어야 한다.

③ 제20.3조 Failure to Agree Dispute Adjudication Board(분쟁조정위원회 구성 합의 실패)

양 당사자가 DAB구성에 합의하지 못하면 「특수조건(the Particular Conditions)」에 지정된 임명권자 혹은 임명기관이 양 당사자와 협의하여 DAB의 멤버를 구성한다. 이들의 보수는 계약의 당사자가 1/2씩 지급한다.

---

36) 중재는 어떠한 제도나 규정이 적용된다 하여도, 계약당사자들은 적용 법률이 허용하는 한 중재가 더 이상의 항소를 할 수 없는 최종심이 된다는 것을 전제로 이루어진다. 이것이 국제상사중재원의 중재규칙이기도 하다.

④ 제20.4조 Obtaining Dispute Adjudication Board's Decision(분쟁조정위원회의 결정획득)

DAB는 분쟁조정의뢰서가 접수된 후 84일 이내, 또는 DAB의 제안에 의해 양 당사자가 합의한 기간 내에 결정을 내린다. 이 결정은 양 당사자에 구속력(binding)이 있으며, 양 당사자는 아래 조항의 우호적 해결(an amicable settlement)이나 중재결정(an arbitral award) 변경되지 않는 한 즉시 그 결정이 유효하도록 한다. 만약 당사자 일방이 DAB의 결정에 불복하면 결정 접수후 28일 이내에 분쟁사안 및 불복이유서를 첨부하여 상대방에게 통지한다.

⑤ 제20.5조 Amicable Settlement(우호적 해결)

제20.4조에 의해 불복을 통지한 경우 양 당사자는 중재를 개시하기 전에 그 분쟁을 우호적으로 해결하기 위한 시도를 하여야 한다. 그러나 양 당사자가 합의에 이르지 못하면 우호적인 시도가 없었더라도 56일 또는 그 이후에 중재를 개시할 수 있다.

⑥ 제20.6조 Arbitration(중재)

우호적으로 분쟁이 해결되지 않으면 다음과 같이 국제적 중재에 의하여 최종적으로 해결한다.

(a) 분쟁은 국제상업회의소의 중재규정(the Rules of Arbitration of the International Chamber of Commerce)에 따라 최종적으로 해결되어야 한다.

(b) 그 분쟁은 중재규칙에 따라 임명되는 3인의 중재인들에 의해 해결되어야 한다.

(c) 중재는 제1.4조(Law and Language)에 정해진 언어로 진행되어야 한다.

제6장
건설클레임의 유형

건설클레임의 유형

제1절 클레임의 분류

1. 주체에 의한 분류

1) 발주자 클레임

발주자는 도면, 시방서를 사전에 건설업자에 제시하고 견적서를 받아 도급계약을 체결하고, 공사를 수행하는 것이기 때문에 수급업자가 계약조건, 도면, 시방서에 따라 이행하지 않는 경우에는 언제든지 이에 대하여 클레임을 제기할 수 있다. 건설공사는 착수에서 완성에 이르기까지 장기간을 요하기 때문에 계약서나 시방서 등 계약문서에 상세하게 규정하더라도 실제 시공에서는 제반 문제가 발생할 수 있다. 공사를 시공하는 데 발주자의 클레임도 적지 않게 발생하고 있는데, 대부분의 경우에는 현장에서 해결하고 있는 실정이다.

이것은 건설업이 주문생산성으로 수급업자로서는 특히 신용을 중요하게 생각하는 풍토에서 발주자의 클레임에 대해서는 수급업자는 다소의 희생을 감수하더라도 공기 내에 일을 처리하여야 한다. 또 공사대금은 통상적으로 기성급 또는 부분급으로 지급하고 완공 후 정산하기 때문에 수급자로서는 계약대로 이행되지 않으면 공사대금을 수령할 수 없기 때문에 발주자의 클레임을 해결하여야 하는 입장에 있다.

아울러 발주자의 클레임이 문제가 되는 것은 공사를 완성하고 인도한 후에 발생된 하자에 있다. 공사하자에서 특히 문제가 되는 것은 그것이 시공상의 하자가 설계의 흠결에 기인하는가에 있다. 계약의 방식에 따라 동일하지는 않으나 일반적으로 설계의 하자에 대하여는 수급자의 책임은 없고 이 경우에는 반소(反訴)의 문제가 발생하게 된다.

2) 계약상대자 클레임

수급업자에 대해서는 이미 전술한 바 있다. 공사시공 중 설계변경, 추가공사, 조건의 변경, 불가항력, 물가변동에 따른 계약금액의 증액 등에 따른 클레임이 가장 빈번하다. 낙찰자의 결정에 따른 클레임이나 입찰서의 오기, 계산내용의 오류 등에 관한 클레임, 발주자 대리인으로서 감리원의 업무처리에 관한 클레임 등이 있다.

3) 제3자 클레임

계약당사자 이외의 제3자의 클레임으로는 공사현장에 근접하는 토지, 건물의 소유자나 근린 주거자로부터의 소음, 도로사용, 교통방해, 진동, 낙하물, 붕괴, 지반변형, 도로오염, 영업방해, 매연, 가스, 비산먼지 등에 대한 클레임이 많다. 기타 통행인의 상해 등에 따른 클레임도 있다. 제3자 클레임에 대하여는 통상 계약서에서 "공사수행에 따른 손해에 대해서는 수급인이 배상책임을 부담한다"는 취지의 규정을 두고 있기 때문에 이러한 클레임은 일단은 수급인의 책임이다.

그러나 공사시공 중에 인접 공작물을 손상하거나, 낙하물에 의한 통행인에 상해를 입힌 경우와 같은 직접의 물리적 손해는 처음부터 수급인의 책임이다. 그러나 소음, 진동의 경우처럼 시공기술상의 손해가 아닌 영업보상과 같은 간접적인 손해를 수급인의 책임으로 하는 것은 문제가 있다. 이러한 것은 물론 공사를 계획한 발주자의 부담으로 하고 있다.

이러한 유형의 제3자에 대한 손해는 최근 공장소음, 오수 등에 관하여 문제로서 공해에 관한 범주에 포함된다. 건설업계에서도 일반적으로 현장의 공해문제로서 취급하고 있다. 또 수급자에게 융자를 해준 금융기관 기타의 채권자로부터 주문자 또는 도급업자에 대한 클레임이 나타나는 경우도 있다.

이상의 세 가지 종류의 클레임 중에서 가장 많은 경우는 수급업자의 공사비증액에 대한 클레임이다. 이것은 주로 공사도급계약의 편무성에 기인하는 것이고, 과거 수십 년간 우리나라 건설업계가 그 시정 운동을 벌여왔고 오늘날 많은 부분에서 편무성이 시정되고 있는 실정이다.

4) 기타의 방법

건설클레임의 유형도 그 발생하는 원인만큼이나 다양하다. 클레임을 제기하는 사람이 누구인가에 따라 ① 발주자 클레임(owner-initiated claim)과 시공자 클레임(contractor-initiated claim)으로, 청구형식에 따라 ② 개별클레임과 종합클레임으로, ③ 클레임의 대상에 따라 금전지급클레임(payment of money), 계약사항변경클레임(adjustment of contract terms), 계약조항 해석클레임(interpretation of contract terms), 공기지연클레임 등으로 분류[1]할 수 있다. 일반적으로 많이 활용되고 있는 클레임의 발생원인과 관련하여 이를 분류하면 다음과 같다.

2. 해결방법에 의한 분류

1) 협의에 의한 해결

건설공사의 분쟁에서는 관련 당사자(발주자·수급자 또는 제3자)가 협의하고 상호 간의 양보로서 원활하게 해결하는 경우가 많다. 여기서 수급자의 클레임에 대하여는 당해 분쟁의 해결이 장래 거래관계에 악영향을 가져오는 경우가 많기 때문에 영업정책상의 고려에 의해 무조건적으로 또는 조건을 붙여 클레임의 철회 또는 취소한다든지 혹은 클레임 금액을 감액하는 사례가 있다. 또 제3자 클레임의 경우에는 도급업자 스스로 손상의 복구나 보수를 하거나, 혹은 적당한 배상금을 지급하는 것으로 문제를 해결하는 사례가 많다.

---

1)   이는 발생 유형별로는 ① 공기지연 클레임(delay claims) ② 공사범위 클레임(scope-of-work claims) ③ 공기촉진 클레임(acceleration claims) ④ 현장조건상이 클레임(change-site-condition claims)으로, 법적 근거별 분류로는 ① 계약조건에 근거한 클레임(contractual claims) ② 계약위반에 근거한 클레임(claims for breach of contract) ③ 손실보상 클레임(mercy claims)으로 분류하고 있다(James J. Adrian, Construction Claims-A Quantitative Approach-, Prentice-Hall, 1988, pp. 136~141; Robert Rubin, et al. op. cit, pp. 28~32 참조).

2) 알선, 조정 또는 중재에 의한 해결

최근 도급계약서에는 계약 당사자 간의 협의가 성립되지 않을 경우에는 제3자의 알선, 조정 또는 중재에 회부한다는 취지의 규정이 많다. 이것은 문제가 발생할 때부터 제3자에 해결을 의뢰하는 것이 실제로 곤란하다는 데 있다. 그럼에도 제3자가 개입되어 이들에 의한 클레임해결을 도모한다는 점에서는 다르지 않기 때문에, 알선 또는 조정은 관계 당사자의 동의가 없으면 효력이 발생하지 않는 데 대하여, 중재의 경우는 중재기관의 결정에 관계당사자가 구속된다는 점에서 다르다.

개입하는 제3자는 특정 개인인 경우도 있고, 중재기관의 경우도 있다. 「건설산업기본법」은 건설공사의 도급계약에 관한 분쟁의 해결을 도모하기 위하여 국토교통부에 건설분쟁조정위원회를 설치할 수 있도록 규정하고 있다. 또 사단법인 대한상사중재원에서 중재사건을 다루고 있다.

3) 소송에 의한 해결

이상의 방법으로 해결되지 않은 경우에는 사법기관에 제소하여 판단을 구하는 방법이다. 우리나라의 경우에는 아직도 분쟁을 법적으로 해결하려는 경향이 많다. 수급자가 발주자를 상대방으로 하여 제소하는 경우는 장래 거래관계를 단절한다는 각오를 하지 않으면 안 되는 실정이다.

다만, 소송은 장시간을 요하고 변호사 기타 준비에 많은 비용을 요함에도 불구하고 건설공사의 클레임, 특히 "공사대금증가"가 소송으로 확대되는 사례가 적지 않다. 건설공사 클레임의 특성은 그 해결이 일의 옳고 그름을 확정하고, 손실의 회수를 주요 내용으로 하는 것으로서, 특히 영업정책에 좌우되는 점에 있다. 이상의 세 가지 해결방법 가운데 업계에서는 관계 당사자 간의 협의에 의한 해결을 최선의 방법으로 보고 있다. 해결방법에 의한 분류에 대하여서는 후술한다.

3. 발생 원인에 의한 분류

건설업이 태생적으로 복잡한 특성을 지니고 있는 것과 마찬가지로 건설 관련 분쟁의 유형 역시 매우 다양하다. 건설 관련 분쟁은 주로 계약문서와 관련하여 이를 근거

로 해결하기 때문에 계약문서가 핵심이다. 따라서 다음은 클레임과 분쟁과 관련하여
본 책에서 다루고자 하는 주요 사항을 중심으로 고찰한다.

 1. 계약문서에 관련된 사항

 2. 선급금 및 공사대금 지급과 관련된 사항

 3. 건설공사의 하도급과 관련된 사항

 4. 공동도급계약과 관련된 사항

 5. 설계변경과 관련된 사항

 6. 물가변동과 관련된 사항

 7. 기타 계약내용의 변경과 관련된 사항

 8. 공사촉진과 관련된 사항

 9. 공사지연 및 지체상금과 관련된 사항

10. 불가항력과 관련된 사항

11. 건설공사의 하자에 관련된 사항

12. 건설 감정과 관련된 사항

13. 계약의 해제와 해지에 관한 사항

14. 설계 또는 감리와 관련된 사항

15. 공사감독 및 현장대리인과 관련된 사항

16. 턴키공사와 관련된 사항

17. 부정당업자의 제재와 관련된 사항

18. 보증과 관련된 사항

19. 건설민원과 관련된 사항

20. 감정(鑑定)과 관련된 사항

21. 건설업체의 부도와 회생

22. 건설경영과 관련된 벌칙

　더욱이 이러한 분쟁의 발생 원인은 상호 관련성이 있는 경우가 대부분이다. 예를
들면, 현장조건이 서로 맞지 않아 공사변경이 필요하게 되고, 그 결과 공사지연이 발
생하는 것은 흔히 있는 일이다. 따라서 위에서 언급한 분류는 편의상 클레임을 설명
하기 위한 것이다.

제2절 계약문서와 관련된 사항

1. 개 요

「미국연방조달규칙(Federal Acquisition Regulation)」에서는 "클레임이란 계약체결의 일방의 당사자가 계약에 근거해서, 계약과 관련하여 권리로 인정되는 금액의 지급, 계약조항의 조정·해석 방법, 기타의 구제를 서면으로 요구 또는 주장하는 것"이라고 정의하고 있다. 따라서 클레임과 분쟁은 그 기본 바탕은 계약문서에 있다. 흔히들 '분쟁은 문서싸움'이라고도 한다. 한국건설산업연구원이 클레임 처리와 관련한 애로사항 등을 조사한 결과, 건설업체의 공사계약에 대한 전문지식 부족과 발주처의 우월적인 지위 등에 따른 '공사계약의 불명확'이 건설클레임이나 분쟁 해결과정에서 가장 큰 애로사항인 것으로 나타났다.[2] 계약관련 문서의 중요성은 재론할 필요가 없다. 본절(節)에서는 계약문서와 관련되어 발생하는 제반사항을 살펴보고자 한다.

관련 법규로는 「국가계약법」 제11조(계약서의 작성 및 계약의 성립)와 「지방계약법」 제14조(계약서의 작성 및 계약의 성립)가 있으며, 계약예규인 「공사계약일반조건」 제3조(계약문서), 「용역계약일반조건」 제4조(계약문서), 「지방자치단체 공사계약일반조건」 제3조(계약문서), 「일괄입찰 등의 공사계약 특수조건」 제3조(계약문서), 「민간건설공사 표준도급계약 일반조건」 제3조(계약문서)가 해당된다.

2. 계약문서의 개념

「계약문서(contract documentations)」는 광의로는 건설공사계약과 관련된 일체의 문서를 의미한다. 그러나 도급계약서에서 말하는 계약문서는 계약서, 설계서, 유의서, 공사계약일반조건, 공사계약특수조건 및 산출내역서로 구성되며 상호 보완의 효력을 가진다(일반조건3조). 다만 산출내역서는 이 조건에서 규정하는 계약금액의 조정 및 기성부분에 대한 대가의 지급 시에 적용할 기준으로서 계약문서의 효력을 가진다(일반조건3조1항). 또한 계약당사자 간에 행한 통지문서 등은 계약문서로서의 효력을 가기기

---

2) 한국건설산업연구원이 중재나 소송을 경험한 100개 건설업체를 대상으로 최근 클레임 처리와 관련한 애로사항 등을 조사한 결과 이와 같은 결과가 나타났다고 밝혔다(2003. 12. 15. 한국건설신문).

때문에, 여기에 열거된 문서 외의 계약과 관련된 통지문서도 계약문서에 해당된다.

정부계약의 경우에는 입찰 시 공시한 공사입찰유의서, 공사입찰특별유의서, 청렴계약입찰특별유의서, 과업지시서, 공사계약일반조건, 공사계약특수조건, 청렴계약특수조건, 공동수급협정서(해당될 경우), 설계서, 산출내역서 및 과업설명서 등을 망라하고 있다. 계약문서에 대한 용어정의는 「공사계약일반조건」 제3조에 상세히 규정하고 있다. 계약문서는 상호 보완의 효력을 갖게 되므로(일반조건3조1항), 일부 계약문서에 누락된 사항이라도 다른 계약문서에 의하여 보완할 수 있는 사항은 별도의 변경절차 없이도 계약이행이 가능할 것이다.

계약문서 상호 간의 효력상의 우선순위에 대하여 특별한 규정을 두고 있지는 않으나, 「공사계약일반조건」 제19조의2 제2항에서 설계변경과 관련한 조정기준을 규정하고 있다. 추정가격 1억 원 미만의 공사와 수의계약, 일괄입찰 및 대안입찰공사의 대안채택 부분의 산출내역서는 계약금액조정과 기성부분 대가 지급 시 적용할 기준으로서만 계약문서의 효력을 가질 뿐이다.

3. 계약문서의 종류

1) 계약서

각 중앙관서의 장 또는 계약담당공무원은 계약을 체결하고자 할 때에는 계약의 목적, 계약금액, 이행기간, 계약보증금, 위험부담, 지체상금, 기타 필요한 사항을 명백히 기재한 계약서를 작성하여야 한다. 계약서를 작성하는 경우에는 그 담당공무원과 계약상대자가 계약서에 기명·날인함으로써 계약이 확정된다(국가계약법11조).

【질의】 공사계약에서 계약체결 당시 공사시방서를 받지 못한 경우 또는 인감날인 및 간인을 하지 않은 공사시방서가 계약문서로서의 효력이 있는지의 여부

【회신】 조달청 법무지원팀-441, 2005. 08. 11.
공사계약에 있어 계약문서라 함은 계약예규 「공사계약 일반조건」 제3조 및 제5조에 정한 문서를 말하는 것인 바, 동 예규 제3조에 정한 계약문서 중 계약서를 제외한 계약문서는 반드시 이를 계약서에 첨부하여 계약당사자 간에 기명·날인하여야 계약문서로서의 효력이 있는 것은 아니며, 이 경우 동 예규 제3조에 따른 계약문서 중 설계서(동 예규 제2조 제4호에 규정한 공사시방서, 설계도면 및 현장설명서 등)의 경우에도 그러한 것임.

계약은 「국가계약법 시행규칙」 별지 제7호서식(공사도급표준계약서), 별지 제8호서식(물품구매표준서식) 또는 별지 제9호서식(기술용역표준서식)의 표준계약서에 의하여 계약을 체결하여야 한다(국가계약법 시행규칙49조). 그러나 다음과 같은 경우에는 계약서의 작성을 생략할 수 있다(국가계약법11조1항 단서, 시행령49조).

① 계약금액이 3천만 원 이하인 계약을 체결하는 경우[3]

② 경매에 부치는 경우

③ 물품매각의 경우에 매수인이 즉시 대금을 납부하고 그 물품을 인수하는 경우

④ 각 국가기관 및 지방자치단체 상호 간에 계약을 체결하는 경우

⑤ 전기·가스·수도의 공급계약 등 성질상 계약서의 작성이 필요하지 아니한 경우

그럼에도 불구하고 국가나 지방자치단체가 계약서를 작성하지 않고 계약을 체결한 경우 그 효력은 어떻게 되는가?

국가나 지방자치단체가 계약의 일반 당사자인 경우에는 국가계약법령이나 지방계약법령에서 요구하는 내용이 기재된 계약서를 작성하여야 계약이 성립한다. 법령이 요구하는 계약서를 작성하지 않은 계약을 무효이다(대법원 2010. 11. 11. 선고 2010다59646 판결 등). 대법원은 일관되게 국가나 지방자치단체가 관계 법령에서 정하는 요건과 절차를 거치지 않고 체결한 계역은 무효라는 입장을 취하고 있다.[4]

> 【판례】 지방계약법 제14조 제1항, 제2항은 지방자치단체의 장 또는 계약담당자가 계약을 체결하고자 하는 경우에는 계약의 목적, 계약금액, 이행기간, 계약보증금, 위험부담, 지체상금 그 밖에 필요한 사항을 명백히 기재한 계약서를 작성하여야 하며, 그 지방자치단체의 장 또는 계약담당자와 계약 상대자가 계약서에 기명·날인 또는 서명함으로써 계약이 확정된다고 규정하고 있다. 그러므로 지방자치단체가 私經濟의 주체로서 私人과 사법상의 계약을 체결함에 있어서는 위 규정에 따른 계약서를 따로 작성하는 등 그 요건과 절차를 이행하여야 하고, 설사 지방자치단체와 사인 간에 사법상의 계약이 체결되었다 하더라도 위 규정상의 요건과 절차를 거치지 아니한 계약은 그 효력이 없다(대법원 2010. 11. 11. 선고 2010다59646 판결).

그러나 대법원은 "「국가계약법」 제11조 제1항 단서 등에서 일정한 경우 계약서의 작성을 생략할 수 있다고 규정하고 있는 것은, 계약금액이나 거래의 형태 및 계약의 성질 등을 고려하여 일정한 경우에는 「국가계약법」 제11조 등에서 정한 요건과 절차

---

3)   지방자치단체는 계약금액이 5천만 원 이하인 계약을 체결하는 경우에는 계약서 작성을 생략할 수 있다(지방계약법 시행령 제50조 제1항 제1호).

4)   길기관, 신동철, 『알기쉬운 건설분쟁 사례해설』, 건설경제, 2017, p. 37.

에 따라 계약서를 작성하는 것이 불필요하거나 적합하지 않다는 정책적 판단에 따른 것이므로, 「국가계약법」 제11조 제1항 단서에 의하여 계약서의 작성을 생략할 수 있는 때에는 국가계약법에서 정한 요건과 절차에 따라 계약서가 작성되지 아니하였다고 하더라도, 계약의 주요내용에 대해 당사자 사이에 의사합치가 있다면 계약의 효력을 인정하는 것이 타당하다"고 판시하고 있음을 볼 때 '당사자 사이에 의사합치'라는 전제를 두긴 했어도 계약서를 작성하지 않는 계약은 무효라는 기존의 입장을 다소 완화시키는 입장으로 해석된다(대법원 2018. 9. 13. 선고 2017다252314 판결).

2) 설계서

설계서란 공사시방서, 설계도면, 현장설명서, 공사기간의 산정조건(국가계약법 시행령 제6장 및 제8장의 계약 및 현장설명서를 작성하는 공사는 제외한다) 및 공종별 목적물 물량내역서 말한다(일반조건2조4호)〈개정 2020. 9. 24.〉.

3) 공사입찰유의서

공사입찰에 참가하고자 하는 자가 유의·명심하여야 할 사항을 정한 서류를 말하며, 기획재정부 계약예규인 공사입찰유의서를 사용한다. 동 유의서는 입찰참가신청, 입찰관련 서류, 현장설명, 입찰보증금, 입찰서의 작성, 산출내역서의 제출, 입찰의 무효, 낙찰자 결정, 계약의 체결, 부정당업자의 입찰참가자격 제한 등에 입찰에 대한 구체적인 사항을 규정하고 있다. 공사의 착공, 재료의 검사, 계약금액의 조정, 계약의 해제, 위험부담 등 계약당사자의 권리의무 내용을 정형화한 것으로 기획재정부 계약예규로 되어 있다.

4) 공사계약일반조건

공사의 착공, 재료의 검사, 계약금액의 조정, 계약의 해제, 위험부담 등 건설공사계약을 체결하는 데 발주자와 계약상대자 간의 권리·의무사항에 대하여 가장 기본적이고 일반적인 원칙과 기준을 정하고 있다. 건설공사도급계약서와 같이 일건의 문서를 구성하게 되며, 기획재정부의 계약예규로 그 내용을 정하고 있다. 계약일반조건은 표준화되어 있는 것이 일반적이다.

5) 공사계약특수조건

(1) 의 의

계약특수조건은 계약도서의 하나로써 계약일반조건의 변경사항이나, 계약일반조건을 좀 더 상세하게 설명한 계약서류이다. 계약특수조건은 주로 공사에 요구되는 제반조건, 제한사항 및 특히 당해 공사와 관련된 특별한 요구사항을 설명한 계약서류로 계약일반조건의 보충서류라고 불리기도 한다.

특수조건은 계약당사자의 사정에 의하여 공사계약일반조건에 규정된 사항 외에 별도의 계약조건을 정한 것이다. 「국가계약법 시행규칙」 제49조 제2항에서도 특약을 인정하고 있다. 현재 조달청 계약담당공무원과 계약상대자가 체결하는 공사도급계약의 내용을 규정하고 있는 「공사계약특수조건」과, 일괄입찰, 대안입찰, 기술제안입찰 또는 설계공모·기술제안입찰로 집행하여 계약담당공무원과 계약상대자가 체결하는 공사도급계약의 내용을 규정하고 하고 있는 「일괄입찰 등의 공사계약특수조건」 등이 있다. 이와 함께 공사의 특성에 따라 개별적으로 별도의 특수조건을 작성하여 활용하고 있으나 예컨대, 실무상 골재원 변경에 따른 운반비 증가 시 계약금액 조정을 인정하지 않는 등 부당한 특약을 하는 경우도 있었다.

(2) 운용상의 문제점

발주기관들은 공사도급계약 체결 과정에서 다양한 기준과 조건을 만들어 운용하고 있다. 「입찰참가자격 사전심사(PQ)기준」, 「적격심사 세부기준」, 「일괄입찰 등에 의한 낙찰자 결정 세부기준」, 「종합심사낙찰제 세부심사기준」, 「공사계약일반조건」, 「공사계약특수조건」 등이 그것이다. 이 중에서 공사도급계약에 관한 구체적인 내용들은 공사계약일반조건과 공사계약특수조건에 담고 있다. 「공사계약일반조건」은 대부분의 발주기관이 기획재정부 계약예규인 공사계약일반조건을 거의 그대로 가져다 쓰고 있는 만큼 별다른 논란거리가 없다.

반면, 「공사계약특수조건」은 발주기관들이 각각의 특성을 반영하여 자체적으로 운용하고 있기 때문에 문제점이 발생하고 있다. 발주기관들이 공사계약특수조건을 개정하는 과정에서 건설회사의 이익을 부당하게 제한하거나 혹은 비용부담을 전가하는 등의 거래상의 지위를 남용할 가능성이 있기 때문에 이에 대한 장치가 필요한 실정이다.

특약의 범위에 대하여 기획재정부의 유권해석에서는 "…국가계약법령에서 정한 계약일반 사항 이외에 한하여 당해 계약에 필요한 특약 사항을 명시하여 체결할 수 있으며, 이 경우에도 「국가계약법 시행령」 제4조의 규정에 의거 국가계약법 시행령 및 관계 법령에서 규정하고 있는 계약상대자의 이익을 부당하게 제한하는 특약 또는 조건을 정하여서는 아니 된다"라고 하여, 계약법령에서 정한 계약일반사항 이외의 사항만 특약이 가능할 뿐 계약법령에 규정된 내용과 상반되거나 계약상대자의 이익을 제한하는 특약을 할 수 없음을 명백히 하고 있다(회계 2210-1665. 1987. 7. 20.).

그러나 실무상으로는 발주자측에서 예컨대, "물가변동을 인정하지 않는다든지 또는 모든 민원사항은 수급인이 책임진다"는 등의 부당한 특약을 요구하는 경우도 없지 않은바 정당한 계약을 이행한다는 차원에서 신중하게 정하여야 할 것이다.

【질의】 부당한 특약 해당 여부 : 입찰공고 시 첨부된 「공사계약특수조건」 제3조(계약금액의 조정) "계약담당공무원은 본 공사의 계약금액에 대한 기초조사서 작성시 원가계산비목의 계상에 착오가 있어 이의 과다 및 과소를 상계한 금액이 적정 공사비보다도 초과할 때에는 그 차액을 계약금에서 감액하거나 환수 조치할 수 있다."에 근거하여 계약체결 이후 동 특수조건에 해당하는 경우 계약금액을 조정하는 것이 「국가계약법 시행령」 제4조 및 「공사계약일반조건」 제3조 제2항에 위배되는지 여부

【답변】 회계제도과-204(2007. 6. 19.)
국가기관이 체결하는 계약에 있어서 계약담당공무원은 국가계약법, 시행령 및 관계법령에 규정된 계약상대자의 계약상의 이익을 부당하게 제한하는 특약 또는 조건을 정하여서는 아니되며, 동 법령에 의한 입찰 시 입찰자는 동법 시행령 제14조 제6항의 규정에 따라 총액으로 입찰하고 동 입찰금액의 범위 내에서 계약체결·이행하도록 규정하고 있는 바, 동법 시행령 제64조 내지 제66조의 규정에 해당되지 않는 사유를 근거로 계약금액을 감액토록 특약을 정하는 것은 타당하지 않다고 봄.

6) 산출내역서

공사계약금액을 구성하는 세부 공종별로 규격, 단가, 수량, 금액 등 계약금액의 산출내역을 구체적으로 표시한 서류를 산출내역서라 한다. 예정금액 1억 원 이상의 토목공사(총액단가 입찰공사)는 입찰 시에 제출하고 기타의 공사는 착공신고서 제출 시에 제출한다.

[표 6-1] 산출내역서 양식(예시)

품명	규격	단위	수량	재료비		노무비		경비		합계		비고
				단가	금액	단가	금액	단가	금액	단가	금액	
가설공사												
철콘공사												
미장공사												
방수공사												
○○공사												
△△공사												

산출내역서와 관련된 대법원의 판례를 살펴보자. "지방자치단체의 장과 토목공사 도급계약을 체결한 수급인이 그 후 당초 첨부하였던 산출내역서와는 공종별 단가가 일부 달리 기재된 산출내역서를 제출하여 계약관계서류에 첨부되게 하였고, 뒤에 첨부한 산출내역서에 따른 돈을 청구하여 초과지급받았다면 「예산회계법 시행령」 제 130조 제1항 제1호 소정의 '계약에 관한 서류를 위조 또는 변조한 자'에 해당한다고 한 사례"가 있다.

【판례】 지방자치단체의 장과 공사예정금액이 1억 원 이상인 토목공사도급계약을 체결한 원고가 그 후 일위대가표를 작성제출하면서 당초 입찰 시나 계약체결 시에 첨부하였던 산출내역서와는 공종별 단가가 일부 달리 기재된 산출내역서를 제출하여 그 내역서가 마치 정당한 내역서인 것처럼 계약 관계서류에 첨부되게 하였고, 공사금을 청구함에 있어서도 위 뒤에 첨부한 산출내역서에 따른 돈을 청구하여 지급받음으로써 원래의 산출내역서에 의할 때보다 1천여 만 원을 초과지급받았다면, 원고는 계약에 관한 서류인 위 내역서를 임의로 변경하였다 할 것이므로, 이는 예산회계법 시행령 제130조 제1항 제1호 소정의 "계약에 관한 서류를 위조 또는 변조한 자"에 해당한다(대법원 1992. 4. 24. 선고 91누6993 판결).
※ 예산회계법 시행령 제130조 제1항 제1호는 현 「국가계약법」 제27조(부정당업자의 입찰참가 자격 제한)제1항 제8호 가목에 해당함.

7) 계약당사자 간에 행한 통지문서

계약당사자 간에 공사의 이행 중 발생하는 통지·신청·청구·요구·회신·승인 또는 지시 등의 문서를 말한다. 통지 등의 내용과 종류에 대해서는 「공사계약일반조건」 제 5조에 규정되어 있다.

4. 계약문서의 효력

1) 상호 간의 효력

계약서, 설계서, 공사입찰유의서, 공사계약일반조건, 공사계약특수조건 및 산출내역서는 상호 보완의 효력을 갖는다고 규정되어 있다. 따라서 일부 계약문서에서 누락된 사항이라도 다른 계약문서에 의하여 보완할 수 있는 사항은 별도의 변경 절차 없이도 계약 이행이 가능할 것이다.

계약문서 상호 간의 효력상 우선순위에 대하여는 명확한 규정이나 해석이 없기 때문에 계약문서 간에 상호 모순되는 내용이 있을 경우 계약이행상 혼선이 초래되거나 당사자 간에 분쟁이 유발될 소지도 있다. 계약문서 간에 상호 충돌을 해결할 수 있는 계약문서의 효력에 대한 우선순위에 대해서는 다른 규정이 없는 경우에는 일반조건에 명시된 순서에 따른다. 그리고 특수조건이 일반조건보다 우선하며, 시간적으로 나중에 작성된 문서가 먼저 작성된 문서에 우선하는 것이 일반 원칙이다.

2) 산출내역서의 효력

「공사계약일반조건」 제2조 제4호에서 정한 공사의 산출내역서는 계약금액의 조정 및 기성부분에 대한 대기의 지급 시에 적용할 기준으로서 계약문서의 효력을 가지며, 그 밖에 다른 사항에 대하여는 계약문서로서의 효력이 없다.

3) 공사계약특수조건상의 효력

일괄입찰, 대안입찰, 기술제안입찰, 또는 설계공모·기술제안입찰로 집행하여 계약담당공무원과 계약상대자가 체결하는 공사도급계약의 내용을 규정하고 있는 조달청의 지침인 「일괄입찰 등의 공사계약 특수조건」 제3조 제3항에서는 "계약문서는 상호 보완의 효력을 갖지만 해석의 우선순위는 ① 계약서, ② 입찰안내서, ③ 공사시방서 및 설계도면, ④ 일괄입찰 등 공사계약특수조건, ⑤ 일반조건으로 규정하고 있다.

한편 「서울특별시 공사계약특수조건」 제3조에서는 보다 더 실질적이고 상세하게 규정하고 있다. 「공사계약일반조건」 제3조 제1항에도 불구하고 계약문서 상호 간에 상충되는 부분이 있는 때에는 다음 각 호의 우선순위에 따라 효력을 인정하고 있다.

① 계약담당공무원의 설계변경 및 계약변경 승인문서

② 공사도급표준계약서

③ 서울특별시 공사계약특수조건

④ 조달청의 공사계약특수조건

⑤ 공사계약일반조건

⑥ 공사입찰유의서

⑦ 현장설명서

⑧ 공사시방서

⑨ 설계도면

⑩ 공종별 목적물 물량내역서

⑪ 산출내역서

4) FIDIC의 일반조건

「FIDIC 일반조건」 제1.5.조에서는 계약문서의 우선순위(priority of documents)에 대하여 규정하고 있다. 계약을 구성하는 문서들은 상호 보완적이다. 해석의 목적을 위한 문서들 간의 우선순위는 아래에 열거된 순서에 따른다.

① 계약서(the Contract Agreement)

② 낙찰통지서(the Letter of Acceptance)

③ 입찰서신(the Letter of Tender)

④ 특수조건(the Particular Conditions)

⑤ 일반조건(these General Conditions)

⑥ 시방서(the Specifications)

⑦ 도면(the Drawings)

⑧ 내역서 및 계약의 일부를 구성하는 기타 문서(the Schedules, and any other documents forming part of the Contract)

만약 문서상 의미가 모호하거나 상이한 부분이 발견되면, 공사감리자(Engineer)는 시공자에게 필요한 설명서나 지시서를 발급하여야 한다.

계약당사자들은 시공자가 낙찰통지서(the Letter of Acceptance)를 수령한 후 28일 이내에 계약을 체결하여야 하며, 계약서는 특수조건(the Particular Conditions)에 첨부된 양식에 의거하여야 한다(조건1.6조). 시방서와 도면은 발주자가 보관 및 관리하며, 시공자는 계약의 사본, 시방서에 기술된 출판물, 시공자 문서, 도면과 변경 및 기타 계약에 의거 발행된 문서들은 현장에 보관하여야 한다(조건1.8조).

시공자는 시공자가 작성한 시공자 문서 및 기타 설계문서의 저작권(copyright) 및 기타 지적재산권(intellectual property rights)을 보유한다(조건1.10조). 시공자는 계약을 수행하는 데 적용 법률을 준수하여야 하며, 시공자가 공동시공(joint venture), 분담시공(consortium) 또는 2인 이상의 비법인격 그룹을 구성하고 있는 경우에는, 발주자에 대하여 계약의 이행을 연대하여 책임지는 것으로 간주된다(조건1.14조).

5. 계약문서와 관련된 분쟁

이러한 계약문서(계약도서)를 둘러싼 클레임의 주요 발생원인은 다양하나, 일반적으로 ① 설계도면과 시방서의 결함, ② 입찰수량표와 실제 공사수량(물량)과의 차이, ③ 계약서의 애매함 등이 있다.

1) 설계도면과 시방서의 결함

(1) 설계도서

설계도서는 입찰에 앞서 발주자로부터 넘겨받는 서류이다. 여기서는 설계서를 의미하며 이러한 원인은 주로 설계변경에 따른 것이다. 따라서 설계변경으로 인한 계약금액 조정에서 설계서의 개념이 정립되어 있어야 하며, 설계서의 명확한 정의만이 설계변경 대상을 판단할 수 있고, 또한 설계변경의 투명성을 확보할 수 있기 때문이다. 「공사계약일반조건」 제2조 제4호에서는 설계서의 정의를 다음과 같이 규정하고 있다.

설계서란 공사시방서, 설계도면, 현장설명서, 공사기간의 산정근거(「국가 계약법 시행령」 제6장 및 제8장의 계약 및 현장설명서를 작성하는 공사는 제외한다) 및 공종별 목적물 물량내역서("물량내역서"라 한다)를 말하며〈개정 2020. 9. 24.〉, ① 일괄입찰 공사와 대안입찰 공사의 산출내역서, ② 실시설계 기술제안 입찰 공사와 기본설계 기술제안입찰 공사의 산출내역서, ③ 수의계약으로 체결된 공사의 산출내역서 등은 설계서 포함하지 아니한다. 설계도서의 결함에 관해서는 설계·시공 일괄입찰 등의 특별한 경우를 제외하고는 발주자가 책임을 지게 된다. 이러한 설계도서의 결함은 설계도면과 시방서 간에 차이가 있어 불명확하거나 이들 서류 상호 간에 틀리는 것(conflict) 등이 있다.

(2) 설계도서 결함에 대한 조치

건설공사의 경우 결함이 있는 도서나 시방서에 의거해서 수급인이 공사를 수행한 결과 완성된 구조물에 하자가 발생했어도 일반적으로 수급인에게는 재시공의 의무가 없다. 만약에 수급인이 사전에 설계도서에 결함이 있음을 알고 발주자에게 통지한 결과, 또는 발주자가 스스로 결함을 발견하여 수급인에게 새로운 설계도서에 따라 공사를 행하도록 명한 때로서, 공사비가 증가하거나 공기연장이 필요한 경우 수급인은 클레임에 의해 계약변경을 요구할 수 있다. 또 발주자가 당초의 설계도서대로 완성한 구조물에 대하여 재시공을 요구한 경우에도 수급인은 이에 소요되는 비용을 청구할 권리가 있다.

발주자가 계약서에 수급인으로 하여금 설계도나 시방서를 사전에 검토하도록 의무화하는 경우도 있지만, 일반적으로는 이것으로 인해 발주자의 책임이 면제되는 것은 아니다. 다만 수급인이 발주자와 비교해볼 때 월등히 높은 전문지식을 가지고 있는 때에 발주자가 작성한 설계도서에 결함이 있는 것을 알고 있었는데도 불구하고, 그 결함을 발주자에게 통지하지 않은 경우 수급인에게도 책임이 있다는 판결이 내려진 예도 있다. 도급인의 지시에 따라 건축공사를 하는 수급인은 그 지시가 부적당함을 알면서도 이를 도급인에게 고지하지 아니한 경우에는 완성된 건물의 하자가 도급인의 지시에 기인한 것이라 하더라도 그에 대한 담보책임을 면할 수 없다(대법원 1995. 10. 13. 선고 94다31747 판결).

(3) 외국의 사례

미국의 공공건설공사에는 일반적으로 수급인이 공사착수 전에 시공도면(shop drawings)을 작성하여, 발주자의 승인(approval)을 얻도록 의무화하고 있고, 이 단계에서 설계도와 시방서가 서로 차이가 나는 결함이 발견되어 큰 손해가 발생하기 전에 해결되는 경우도 많다. 물론 이 경우에도 수급인이 결함이 있는지 여부를 간과했어도 책임을 지는 것은 아니다. 다만 과거의 사례에 의하면 설계도서에 결함이 있기 때문에 수급인이 결함을 수정한 후에 시공도면을 작성하여 승인을 요구하였던 바, 발주자가 승인하였기 때문에 공사를 진행시켜 후일 추가비용의 클레임을 제출했지만 발주자는 설계도서의 결함을 인정하지 않고, 또 시공도면 승인 시에 클레임을 제출하지 않았다 하여 추가비용을 거부한 일이 있다. 수급인이 클레임을 제출하려는 의도가 있을 때에는 시공도면의 승인을 요구할 당시 클레임도 함께 첨부하여 제출하는 것이 필요하다.

① 설계도서 결함에 관한 판단 사례[미국]

이상과 같이 건설공사의 클레임의 원인으로 열거되는 것은 법률문제와 사실문제를 자주 수반하고 있는데, 특히 토목공사에서는 공사 시행 자체뿐만 아니라 용지나 설계에서도 문제 소지가 적지 않다. 이것은 개개의 공사가 각각 형태가 달라서 일반적인 설명은 곤란한데, 토목공사를 시행하는 과정에서 야기되는 문제에서는 다음과 같은 "Samuel. S. Gill의 사례"[5]를 참고하는데, 그 내용은 다음과 같다.

건설업자가 도시 외곽에 연장 2마일의 콘크리트 여수로(餘水路)건설공사를 시공하는 데 우기에 접어들기 전에 완성하도록 하는 내용의 도급계약을 체결하였다. 발주자는 건설업자에게 7월 1일 착공할 것을 지시했으나, 발주자가 같은 날까지 시공에 필요한 통행권(right of way)을 취득하여 시공업자에 제공하지 않았기 때문에 착공이 60일 지연되었다. 또 시방서에는 굴착토는 수로의 제방토 축조에 사용하고 잔토는 지정한 장소에 버리도록 정하고 있으나, 제방을 완성하기 위해서는 수로의 굴착토 만큼 부족하게 되어서 12월 20일 이전에 차용지(借用地)로부터 흙을 반입하도록 발주자로부터 요구 받았다.

그런데 우연하게도 12월 20일에 통상을 넘어서는 호우로 인해 공사에 중대한 손해가 발생하게 되었다. 그리하여 시방서에는 수로를 횡단하는 도로에 집수지(catch basins)를 설치하도록 명기되어 있지 않았기 때문에, 기존에 축조된 제방을 넘어선 물의 힘에 밀려 도로로 유출되고 이로 인해 수로의 제방이 절단되기에 이르렀다.

계약서에는 콘크리트의 배합을 지정하고서 시공업자는 이에 따라 시공했는데, 홍수전에 콘크리트타설을 마친 부분에 중대한 손해가 발생하였기 때문에 시공업자는

---

5)   荒井八太郎, 建設請負契約論, 1967, 勁草書房, pp. 87~89(Samuel S. Gill, Attorney at Law, "Legal problems encountered under construction contracts", Civil Engineering, April 1959, pp. 42~44.)

"손해 원인은 지정배합에 의거한 콘크리트의 질이 조악(粗惡)했기 때문이다"라고 주장했다. 이 선례에는 다양한 문제가 포함되어 있다.

우선 시공회사는 발주자가 제시한 도면 및 시방서에 따라 시공하도록 요구받은 경우에는 도면, 시방서가 불완전하여 발생된 결과에 대해서는 아무런 책임은 없고, 따라서 재판에 회부되는 경우에는 발주자는 하자 있는 시방서 때문에 발생된 추가비용과 함께 시공회사에 보상하지 않으면 안 된다. 이것에 관한 주요 판례(Leading Case)로서 1918년 미국연방최고법원의 판례「United States v. Spearin」(248 U.S.132)(1918)를 들고 있다.

② United States v. Spearin 사례[6]

이 사건은 시공회사가 정부가 제시한 도면, 시방서에 따라 '프랭크린 해군기지 Dry Dock 건설공사' 시공을 약정한 것으로서, 지정현장에는 6피트의 연와조(煉瓦造)하수배관이 통과하고 있었고, Dry Dock 건설공사에 착수하기 전에 당해 하수관거 일부를 접합교체하고 이설할 필요가 있었다. 도면과 시방서에는 시공회사가 하수관거의 당해 부분을 건설 총괄하도록 지정하고 그 거리미터법, 재료 및 장소가 기재되었다. 그리하여 시공회사는 시방서에 따라 침전물이 쌓인 하수관거를 이설하였는데, 약 1년 후에 갑작스러운 호우와 파도가 몰아쳐와 물이 하수관거를 역류하고, 내압으로 인해 이설된 하수관거 여러 곳이 파괴되었다. 이로 인해 Dry Dock의 굴삭부분이 물에 잠겼기 때문에 시공회사는 적정한 하수관거의 설계도가 준비될 때까지 공사 진행을 거부하자, 발주자인 정부는 계약을 해제하였다.

이 사건에 대하여 법원은 "정부는 계약을 해제할 수 있는 권리를 가지고 있지 않고, 시공회사는 해제 전에 발생된 비용 및 부당한 계약해제로 인해 상실한 이익을 요구하는 권리가 있다"고 판결하였다.[7]

위의 "스피어린(Spearin)사건"의 원칙을 이 사례에 적용하면, 도로가 여수로와 교차하는 장소에 집수지나 또는 적당한 배수관거를 설치하도록 한 시방서의 준비부족

---

6)   荒井八太郎, 建設請負契約論, 1967, 勁草書房, pp. 88~89.

7)   If the Contractor is bound to build according to plans and specifications prepared by the Owner, the Contractor will not be responsible for the consequences of defects in the plans and specification 「시공자는 발주자가 제공한 도면과 시방서에 따라 시공하였다면, 시공자는 도면과 시방서의 하자로 인해 발생하는 결과에 대하여 책임이 없다」.

으로 인해 생긴 손해는 모두 발주자의 부담으로 하는 것이 명백하다. 그렇다고 하지만 당해 시방서가 실제로 충분하지 못한 것인지의 여부는 기술적 사실의 판단이 필요하다.

이와 같은 원칙은 콘크리트타설에도 적용된다. 발주자가 지정한 배합률이 타설 시에 요구되는 콘크리트로서 적합한가에 대해서는 당연히 기술적 의견에 따라야 한다. 그 결과 배합률이 서로 달라 맞지 않으면 시공회사는 복구비의 보상을 발주자에게 청구할 수 있다. 그러나 현실적으로는 그렇게 간단한 것은 아니다. 시공자 측의 기술자들은 배합률은 정확하더라도 콘크리트의 혼합이 충분하지 않아 균열(crack)이 발생된 조건은 물론, 콘크리트를 타설하는 데 균열이 발생하기 쉬운 조건 등을 알고 있어야 한다. 따라서 이러한 경우에는 기술자의 현장검증은 물론 견본채집, 시험 등이 필요하다.

2) 입찰 수량표와 실제 공사수량과의 차이

(1) 개 설

건설공사 계약도서의 결함에서 특히 문제가 되는 것 중의 하나는 수량표상의 수량의 정확성이다. 건설공사는 입찰 시에 표시되었던 수량으로 실제로 공사를 시공한 결과 수량에 차이가 발생하는 일이 빈번하게 발생되고 있다.

입찰 시에 사용되는 수량표에 대해서 발주자에 따라서는 "수량은 단지 입찰자의 편리를 위해서 나타낸 것으로서, 그 정확성을 보증한 것은 아니다"라는 견해를 가지고, 실제 수량이 증가하여도 추가비용의 지급을 거부하는 경우가 있다. 또 변경수량에 관해서는 발주자와 수급자가 합의하지만, 단가에 관해서는 합의에 이르지 못하고 분쟁으로 발전하는 경우가 있다. 일반적으로 정액계약(fixed price contract)이라고 해도 계약서에는 단가(unit price)가 첨부된 내역서가 포함되어 있고, 공사수량이 어느 정도 증감할 때 이 단가를 수정하는지가 문제가 된다.

(2) 수량의 취급에 대하여

수량의 취급에 관해서는 우선적으로 사전에 계약서의 내용을 충분히 이해하는 것이 중요하다. 아울러 실제의 수량에 대해서 측정방법을 둘러싸고 분쟁이 발생하는 경우가 있기 때문에, 클레임 제출에서는 쌍방 모두가 납득이 가는 측정방법을 채택하는 동시에 충분한 자료 제출이 필요하게 된다.

수량변경, 가격수정에 관한 취급에는 발주자에 따라 여러 가지 방법이 있다. 위에서 말한 바와 같이 수량변경을 이행하지 않는 경우도 있지만, 수량을 변경할 수 없는 것은 발주자로서도 리스크(수량이 대폭적으로 감소된 경우에 발주자는 초과 지급상황이 야기됨)가 클 수 있기 때문에 계약서에 변경규정을 두고 있는 경우가 많다. 다만 이러한 변경규정도 단지 "변경할 수가 있다"라고 하는 것에서부터, "전체 공사비에 대해 5% 이상의 비중을 차지하는 공종에 관해서는, 그 수량의 변경이 25% 이하의 경우는 공사비를 변경하지 않고, 25% 이상이 되면 공사변경 명령을 내려 공사비를 변경한다"라고 하여 변경의 대상만을 규정하는 경우도 있다.

수량을 변경한 경우, 단가를 어떻게 정하는지에 대해서 일정한 룰(예컨대 수식) 등을 정하고 있는 예는 거의 없는 바, 계약당사자가 협의하여 정하게 된다.

(3) 하자판정의 기준이 되는 설계도서

건설분쟁은 주택이나 오피스텔 등의 집합건물 등에서 많이 발생하며 이러한 분쟁은 주로 하자문제와 관련성이 있다. 따라서 신축건물에 하자가 발생하였는지의 여부에 대해서는 대법원은 "설계변경을 거쳐 최종적으로 확정된 도면을 기준으로 판단하여야 한다"고 판시하고 있다.

> 【판례】 신축건물에 하자가 발생하였는지 여부는 공사시공자가 건축법 및 위 법에 따른 명령이나 처분, 그 밖의 관계 법령에 맞지 아니하거나, 공사의 여건상 불합리하다고 인정되는 사항이 아님에도 건축주나 공사감리자의 동의도 받지 않은 채 임의로 설계도서를 변경한 것이라는 등의 특별한 사정이 없는 한, 공사시공자와 건축주 사이의 명시적 또는 묵시적 합의에 의한 설계변경을 거쳐 최종적으로 확정된 도면을 기준으로 판단하여야 한다(대법원 2014. 12. 11. 선고 2013다 92866 판결).

이러한 경우에는 주로 현장에서 사용된 설계도서 등을 검토하여 실제 설계도서대로 시공이 되었는지 또는 설계도서와 시공의 상태에 어떠한 차이가 있는지를 검토하여 판단하는 기초자료로서 활용되는데, 그러한 설계도서는 다음과 같은 것이 있다.

① 사업승인도면

사업주체가 사업승인을 얻을 당시에 시장·군수에게 제출한 설계도서이다. 사업계획승인신청서에는 주택과 그 부대시설 및 복리시설의 배치도, 대지조성공사 설계도서, 주택과 부대시설 및 복리시설의 배치도 등의 서류를 첨부하여 사업계획승인권자에게 사업계획승인을 받아야 하는데, 이러한 서류를 검토하면 하자에 따른 원인을 알아낼 수도 있다(주택법16조1항, 영15조5항).

② 착공 및 준공도면

사업계획승인을 얻은 사업주체가 입주자 모집 공고일 이전에 착공신고를 하는 경우에 함께 제출되는 도면이다. 착공신고서에는 사업관계자 상호 간 계약서 사본, 흙막이 구조도면, 감리자의 감리계획서 및 감리의견서 등이 첨부된다(주택법16조10항, 규칙12조2항). 준공 시에 제출된 준공도면이 있다.

③ 설계변경도면

입주예정자 5분의 4 이상의 동의를 얻어 시장·군수에게 변경신청한 도면 및 내·외장재료를 동급 이상으로 설계변경하여 시장·군수에게 설계변경 신청한 도면이다(주택법16조5항, 규칙11조1항). 사업계획변경승인신청서에는 주택과 부대시설 및 복리시설의 배치도, 간선시설설치계획도, 위치도·지형도·평면도와 부대시설설계도, 사업계획변경내용 및 그 증빙서류 등이 해당된다.

④ 사용검사도면

사업주체가 공사를 완료하고 사용검사의 대상인 주택 또는 대지가 사업계획의 내용에 적합한지 여부를 확인받기 위하여 사용검사권자(시도지사·시장·군수·구청장)에게 사용검사를 신청할 때 함께 제출되는 도면이다. 사용검사 시에는 감리자의 감리의견서 및 시공자의 공사확인서 등이 필요하다(주택법29조, 영34조 참조).

6. 계약문서 해석의 일반원칙

실제 현업을 수행하면서 작성되고 있는 각종 계약서상에는 단어와 문장들이 그 뜻이 불분명하거나 또는 내용상 전후가 일치하지 않아 계약당사자 간에 분쟁이 발생하는 경우가 적지 않다. 이 경우 법원은 우선 계약의 해석에서 가장 중요한 요소로써 계약당사자 간의 의도를 파악하기 위하여 사실관계를 조사하고 이를 바탕으로 독창적인 계약해석의 원칙을 적용하고 있다. 따라서 계약문서는 그 자체가 가지고 있는 의미와 작성배경을 면밀히 검토한 후 해석하는 것이 바람직할 것으로 판단된다. 영국 법상 계약해석의 일반 원칙으로 불리기도 한다.

1) 계약 평의해석의 원칙(Ordinary Meaning of Words)

이는 계약서에 나타난 단어는 그 뜻에 고유 혹은 독특한 의미가 있다는 증거가 제시되기 전에는, 그 단어가 표방하는 일반적이고 평범한 의미로 해석한다는 것이다. 법률행위의 해석은 당사자가 표시행위에 부여한 객관적인 의미를 명백하게 확정하는 것으로서, 계약문서에 나타난 당사자의 의사해석이 문제되는 경우에는 문언의 내용, 약정이 이루어진 동기와 경위, 약정으로 달성하려는 목적, 당사자의 진정한 의사 등을 종합적으로 고찰하여 논리와 경험칙에 따라 합리적으로 해석하여야 한다.[8]

이와 상반되는 의미로서 특정 분야에서는 평범한 의미가 아닌 특수한 의미로 사용됨이 일반적이라는 사실을 제반 증거자료를 제시하여 입증하면 법원은 해당 단어의 해석에서 특수성을 인정하는 '거래특수성 인정원칙(Technical Word)'이 있다.

2) De Minimis Rule[9]

계약을 해석하는 데 법원은 사소한 차이나 미미한 위반사항 등은 다루지 않는다는 것으로, 이는 소송남발을 방지하는 역할을 한다. 예컨대, 해양운송에서 계약서상 본선 제원과 실제 본선 제원이 경미한 차이를 보일 경우 혹은 용선주의 최소 선적 보장량보다 경미한 양이 적게 선적되었을 경우 등에 클레임을 제기하고자 해도 De Minimis

---

8) 대법원 2019. 4. 11. 선고 2018다284400 판결; 대법원 2017. 6. 22. 선고 2014다225809 판결.

9) The term de minimis is generally used to describe something that is too small or insignificant to be considered, something unimportant; the term comes from a Latin phrase, "de minimis non curat lex", the law does not deal with trivial matters. From a tax standpoint, a de minimis is a small amount not subject to taxation. The IRS says a de minimis fringe is "small in value compared to the amount of total compensation.": De minimis is a Latin expression meaning about minimal things, normally in the locutions de minimis non curat praetor("The praetor does not concern himself with trifles") or de minimis non curat lex("The law does not concern itself with trifles").[1][2] Queen Christina of Sweden(r.1633-1654) favoured the similar Latin adage, aquila non capit muscas(the eagle does not catch flies).[3](WIKIPEDIA)

Rule에 의거 법원심사 대상이 되지 않는다.

3) Contra Proferentem Rule[10]

이는 '작성자 불이익의 원칙'으로서 계약문서 상호 간에 내용이 상치하거나 그 뜻이 분명하지 아니한 경우에는, 계약상대자에게 유리한 해석으로 작용되어야 한다는 원칙이다. 문서작성자인 발주자와 계약상대방 각자의 해석이 일리가 있을 경우, 발주자는 자기의 해석이 합리적임을 먼저 입증해야 하는 것이다.

우리나라의 경우 「약관의 규제에 관한 법률」에서도 "약관은 신의성실의 원칙에 따라 공정하게 해석되어야 하며 고객에 따라 다르게 해석되어서는 아니 되며, 약관의 뜻이 명백하지 아니한 경우에는 고객에게 유리하게 해석되어야 한다"(제5조)라고 규정하고 있다. 이는, 즉 이중 혜택을 허용하지 않는다는 의미를 지니고 있다. 이에 대해서는 위에서 설명한 바 있다.

4) 계약일관해석의 원칙(Document to be construed as a whole)

계약의 어떤 조항을 해석하는 데 법원은 그 나타난 의미에 국한하지 않고, 전체적인 계약정신 및 다른 조항과의 관계를 고려하여 해석한다는 원칙이다. 이와 함께 계약의 효력에 관하여는 그 체결 당시의 법률이 적용되어야 하고, 계약이 일단 구속력을 갖게 되면 원칙적으로 그 이후 제정 또는 개정된 법률의 규정에 의하여서도 변경될 수 없으며, 예외적으로 입법에 의한 변경을 하거나 계약 체결 후에 제정 또는 개정된 법률에 의하여 계약 내용이 변경되는 것으로 해석한다고 하더라도, 그러한 입법 내지 법률의 해석에는 계약침해 금지나 소급입법 금지의 원칙상 일정한 제한을 받는다.[11]

---

10) Contra proferentem(Latin: "against [the] offeror"),[1] also known as "interpretation against the draftsman", is a doctrine of contractual interpretation providing that, where a promise, agreement or term is ambiguous, the preferred meaning should be the one that works against the interests of the party who provided the wording.[2] The doctrine is often applied to situations involving standardized contracts or where the parties are of unequal bargaining power, but is applicable to other cases.[3] However, the doctrine is not directly applicable to situations where the language at issue is mandated by law, as is often the case with insurance contracts and bills of lading.[4](Wikipedia).

11) 대법원 2002. 11. 22. 선고 2001다35785 판결.

5) 의제해석조항(Implied Terms)

계약서에 명시조항이 없더라도 법원은 계약목적의 효율적인 달성을 위해 당사자 간에 묵시적 합의가 있었을 것이라는 추정을 바탕으로 계약을 해석한다. 즉, 각각의 계약에 모든 사항을 빠짐없이 기재하려고 하다 보면 계약서 하나가 엄청난 분량을 차지하게 된다. 그래서 생략할 것은 과감하게 생략하고 계약서 속에 포함시키지 않더라도 당연히 그렇게 되어야 하는 것이라면 굳이 문자로 표시되지 않아도 된다. 이와 같이 계약서에 포함되지는 않았으나 의당 계약서에 포함된 것처럼 간주되는 조건을 의제해석조항이라 한다.

6) 상관습의 원칙(Customs of Trade)

이는 특수한 경우가 아닌 한 상관습을 존중하여 거래행위가 이루어진다는 것이다. 상사(商事)에 관한 사실상의 관행으로 당사자의 의사표시의 해석을 위한 것이다. 법원은 분쟁 발생 시 해당 분쟁의 원인이 상관습으로 인정될 수 있는 것인지를 다음과 같은 원칙에 따라 판단하게 된다. ① 세계적인 보편화, ② 명확하고 일관적으로 유지됨, ③ 우발적이 아닌 자주 발생하는 사건, ④ 합리적일 것(reasonable), ⑤ 불법행위가 아니며, ⑥ 계약목적과 일관성이 있는지 등

7) 구두증거 배제의 원칙(Parol Evidence Rule)

당사자 간에 최종적으로 완성된(fully integrated) 계약이 존재하는 경우에는, 당해 계약 성립 이전에 당사자 간에 행한 합의 또는 구두증거(parol evidence)는 당해 계약 내용을 변경, 추가 또는 배제하기 위한 증거로서 채택될 수 없다는 원칙을 말한다. 즉, 문서화된 계약서가 최종적으로 모든 조항을 포함하는 것으로 보는 경우, 계약서에 포함되지 않은 조항은 효력이 없는 것으로 본다는 것을 말한다.[12]

---

12) www.koreanlawyer.com, 방재영, 해외건설계약 및 클레임 관리, 2015, p. 5.

7. 계약관리의 필요성

어려운 건설환경하에서 공사의 관리 또는 공사원가를 절감할 수 있는 분야가 건설 공사의 계약관리 측면이다. 건설공사의 계약관리가 필요한 이유는 다음의 세 가지로 요약할 수 있다.

첫째, 계약상 보장되고 있는 권리를 행사하여 정당한 이득을 얻기 위해서는 평소 계약관리를 해두는 것이 필수적이다. 건설업체들은 계약상 보장되는 권리를 쉽게 포기하는 경우가 많다. 그러나 계약상의 권리를 주장하고 정당한 요구를 하여 이득을 얻을 수 있는 경우도 적지 않기 때문에, 건설업체들은 계약상의 권리주장과 정당한 요구를 과감하게 행사해야 할 것이다.

둘째, 건설공사는 예측할 수 없는 다양한 변수들이 있는데, 그러한 변수로 인하여 건설업체가 곧바로 도산할 정도의 큰 손실을 입을 위험성이 언제나 존재한다. 이러한 손실을 예방하기 위해서는 계약의 효율적인 관리가 반드시 필요하다. 외국의 대형 건설공사 현장에는 변호사나 계약전문가를 상주시키면서 계약관리를 하는 곳이 적지 않다. 그러나 우리나라의 경우 계약관리를 변호사가 해주는 것은 현실 여건상 맞지 않고, 건설업체들이 계약관리 요령을 숙지하여 직접 수행하는 수밖에 없다.

셋째, 계약관리는 계약체결 시점부터 준공정산 시까지 일관되고 체계적으로 이루어져야 한다. 계약체결 전에 계약문서의 내용을 최소한 1번 정도는 주요 사항별로 검토하는 것이 필요하다. 만약 계약문서에 독소 조항들이 있다면 그 조항들의 삭제 또는 수정을 요구하여 리스크가 없도록 줄여나가야 할 것이다. 공사와 관련되어 부득이하게 소송을 하는 경우 승소하기 위해서도 계약관리를 할 필요가 있으나, 소송까지 가지 않고 분쟁을 원만히 해결하기 위해서도 계약관리가 필요하다.

제3절 공사대금의 지급

1. 개 요

건설공사는 도급계약의 형태이고, 이러한 도급의 경우는 대가지급은 기성대가에 따른 후불지급이 원칙이다. 그러나 공사를 착공하여 기성이 발생되기 전에 인력, 자재, 장비 등의 투입이 먼저 필요하게 되고 이를 위해서는 많은 자금이 수반하게 된다. 이와 같이 착공과 동시에 사전에 투입되는 비용을 선금 또는 선급금이라 한다.

공사대금은 선급금과 함께 공사가 수행됨에 따라 지급되는 기성금과 완공시에 지급되는 준공대금으로 구성되며, 이러한 대가지급의 지급과 방법, 그리고 사용내용을 둘러싸고 적지 않은 분쟁이 발생하고 있는데, 본 절에서는 이러한 내용을 검토하고자 한다.

공사대금과 관련된 법규로는 「국가계약법」 제15조(대가의 지급), 제16조(대가의 선납), 「지방계약법」 제18조(대가의 지급), 제19조(대가의 선납), 「건설산업기본법」 제34조(하도급대금의 지급 등)가 있으며, 계약예규로서 「공사계약일반조건」 제39조(기성대가의 지급), 제39조의2(계약금액조정전의 기성대가지급), 제40조(준공대가의 지급)과 함께 「선급금 등 지연지급 시의 지연이율 고시」, 「정부입찰·계약 집행기준」 제12장 선금의 지급 등(제33조~39조) 등이 있다.

2. 선금의 지급 등

1) 관련 규정

선급급 또는 선급금은 자금 사정이 좋지 않은 수급인으로 하여금 자재 확보, 노임 지급 등에 어려움이 없이 공사를 원활하게 진행할 수 있도록 하기 위하여, 도급인이 장차 지급할 공사대금을 수급인에게 미리 지급하여 주는 선급 공사대금이며, 구체적인 기성고와 관련하여 지급된 공사대금이 아니라 전체 공사와 관련하여 지급된 선급 공사대금이다.[13]

정부공사의 경우 선금 또는 선급금의 지급에 대해서는 국가계약법 등에 별도로 규

---

13) 대법원 2017. 1. 12. 선고 2014다11574, 11581 판결.

정되어 있지 않고, 「국고금 관리법」 제29조(선급과 개산급), 「국고금 관리법 시행령」 제40조(선급), 계약예규인 「정부입찰·계약 집행기준」 제12장의 "선금의 지급 등"에 있는 규정을 적용하고 있다. 여기서는 제33조(선금의 지급 등)에서 제39조(선금지급조건)까지 선금의 지급에 대한 구체적인 사항을 나열하고 있는데, 주요한 내용은 다음과 같다.

2) 선금의 적용 범위

계약담당공무원은 「국고금 관리법 시행령」 제40조 제1항 제15호에 의하여 선금을 지급하고자 할 때에는 이 장에 정한 바에 따라야 한다. 다만 각 중앙관서의 장은 특수한 사유로 인하여 이 예규에 의하기 곤란하다고 인정할 때에는 기획재정부장관과 협의하여 특례를 정할 수 있다(집행기준33조).

계약담당공무원은 공사, 물품 제조 또는 용역 계약의 경우로서 계약상대자가 선금의 지급을 요청할 때에는 계약금액의 100분의 70을 초과하지 아니하는 범위 내에서 선금을 지급할 수 있다. 다만 계약상대자가 선금의무지급률 이하로 신청하는 경우에는 신청한 바에 따라 지급한다(집행기준34조). 계약담당공무원은 공사의 경우로서

① 계약금액이 100억 원이상인 경우 : 100분의 30
② 계약금액이 20억 원이상 100억 원 미만인 경우 : 100분의 40

위의 각 호에 해당되는 선금에 대하여는 계약상대자의 청구를 받은 날로부터 14일 이내에 지급하여야 한다. 기성부분 또는 기납부분에 대하여 대가를 지급한 때에는 계약금액(단가계약의 경우에는 발주금액)에서 그 대가를 공제한 금액을 기준으로 한다(집행기준33조5항). 계약담당공무원은 계약상대자로 하여금 선금을 지급받은 날로부터 5일 이내에 하수급인에게 선금수령 사실을 서면으로 통지하도록 하여야 한다.

3) 선금의 사용과 정산

공사도급계약에 따라 주고받는 선급금은 일반적으로 구체적인 기성고와 관련하여 지급되는 것이 아니라, 전체 공사와 관련하여 지급되는 공사대금의 일부이다. 따라서 선급금은 전체 공사대금에 대한 일정 비율로 정해지고, 공사도급계약 체결 후 수급인이 도급인에게 선급금사용계획서 등을 제출하고 선급금의 지급을 요청하면, 도급인은 도급계약에 따라 수급인에게 지급하게 된다.

계약담당공무원은 선금을 지급하고자 할 때에 해당 선금을 계약목적달성을 위한 용도와 수급인의 하수급인에 대한 선금배분 이외의 다른 목적에 사용하게 할 수 없으며, 노임지급 및 자재확보에 우선 사용하도록 하여야 한다(집행기준36조). 선금은 기성부분 또는 기납부분의 대가 지급 시마다 다음 방식에 의하여 산출한 선금정산액 이상을 정산하여야 한다(집행기준37조).

> 선금정산액 = 선금액 × [기성(또는기납) 부분의 대가상당액 / 계약금액]

【판례】 선금이 지급된 경우에는 특별한 사정이 없는 한 기성부분 대가 지급시 마다 계약금액에 대한 기성부분 대가 상당액의 비율에 따라 안분 정산하여 그 금액 상당을 선금 중 일부로 충당하고, 나머지 공사대금을 지급받도록 함이 상당하다(대법원 2002. 9. 4. 선고 2001다1386 판결).

계약담당공무원은 계약 이행기간의 종료일 이전에 선금 전액의 정산이 완료된 경우로서, 계약상대자의 신청이 있는 경우에는 선금의 정산이 완료되었음을 증명하는 서류를 발급하여야 한다.

4) 선금의 반환

계약담당공무원은 선금을 지급한 후 아래와 같은 경우에는, 해당 선금잔액에 대해서 계약상대자에게 지체 없이 그 반환을 청구하여야 한다. 다만 계약상대자의 귀책사유에 의하여 반환하는 경우에는 해당 선금잔액에 대한 약정이자상당액을 가산하여 청구하여야 한다. 이 경우에 약정이자율은 선금을 지급한 시점을 기준으로 한다(집행기준38조).
① 계약을 해제 또는 해지하는 경우[14]

【판례】 도급인이 선급금을 지급한 후 도급계약이 해제되거나 해지된 경우에는 특별한 사정이 없는 한 별도의 상계 의사표시 없이 그때까지 기성고에 해당하는 공사대금 중 미지급액은 당연히 선급금으로 충당되고 공사대금이 남아 있으면 도급인은 그 금액에 한하여 지급의무가 있다. 거꾸로 선급금이 미지급 공사대금에 충당되고 남는다면 수급인이 남은 선급금을 반환할 의무가 있다(대법원 2017. 1. 12. 선고 2014다11574, 11581 판결).

---

14) 공사도급계약에서 수수되는 선급금이 선급 공사대금의 성질을 갖는 점에 비추어 선급금을 지급한 후 도급계약이 해제 또는 해지되는 등의 사유로 수급인이 도중에 선급금을 반환하여야 할 사유가 발생하였다면, 특별한 사정이 없는 한 선급금은 별도의 상계의 의사표시 없이도 그때까지의 기성고에 해당하는 공사대금에 당연히 충당된다(대법원 2004. 11. 26. 선고 2002다68362 판결).

② 선금지급조건을 위배한 경우

③ 정당한 사유 없이 선금 수령일로부터 15일 이내에 하수급인에게 선금을 배분하지 않은 경우

④ 계약변경으로 인해 계약금액이 감액되었을 경우 등

> **【회신】** 조달청 법무지원팀-665, 2007. 2. 15.
> 공사계약에 있어 계약담당공무원은 선금을 지급한 후 계약예규 「정부 입찰·계약집행기준」 제38조 제1항 각호의 어느 하나에 해당하는 경우에는 공사중지기간이라도 당해 선금잔액에 대해서 계약상대자에게 지체없이 현금으로 반환할 것을 청구하여야 함. 다만 사고이월이 계약상대자의 책임없는 사유로 발생하였고 선금지급액을 당해계약의 목적달성을 위하여 사용한 것이 증명된 경우라면 선금잔액을 회수하지 않아도 됨.

결론적으로 선금금은 공사대금의 성질을 가지므로, 선금금을 지급한 후 위와 같이 도급계약이 해제 또는 해지되거나 선금금 지급조건을 위반하는 등의 사유로 수급인이 도중에 선금금을 반환하여야 하는 사유가 발생하였다면, 특별한 사정이 없는 한 별도의 상계의 의사표시 없이도, 그때까지의 기성고에 해당하는 공사대금 중 미지급액은 당연히 선금금으로 충당되고 도급인은 나머지 공사대금이 있는 경우에는 그 금액에 한하여 지급할 의무를 부담하게 된다는 것이다.

5) 민간공사의 경우

민간공사의 경우 선금에 대하여는 일정하지 않다. 「민간건설공사 표준도급계약서」(국토교통부고시 제2019-220호, 2019. 5. 7.) 제11조에 선금에 대하여 다음과 같이 규정하고 있다.

도급인은 계약서에서 정한 바에 따라 수급인에게 선금을 지급하여야 하며, 도급인이 선금 지급 시 보증서 제출을 요구하는 경우 수급인은 보증서를 제출하여야 한다. 이러한 선금지급은 수급인의 청구를 받은 날부터 14일 이내에 지급하여야 한다. 다만 자금사정 등 불가피한 사유로 인하여 지급이 불가능한 경우 그 사유 및 지급시기를 수급인에게 서면으로 통지한 때에는 그러하지 아니하다.

수급인은 선금을 계약목적달성을 위한 용도 이외의 타 목적에 사용할 수 없으며, 노임지급 및 자재확보에 우선 사용하여야 하며, 선금은 기성부분에 대한 대가를 지급할 때마다 다음 방식에 의하여 산출한 금액을 정산한다.

> 선금정산액 = 선금액 × 기성부분의 대가 / 계약금액

도급인은 선금을 지급한 경우 ① 계약을 해제 또는 해지하는 경우, ② 선금지급조
건을 위반한 경우에는 당해 선금잔액에 대하여 반환을 청구할 수 있다. 도급인은 반
환청구시 기성부분에 대한 미지급금액이 있는 경우에는 선금잔액을 그 미지급금액에
우선적으로 충당하여야 한다. 이러한 경우를 제외하고는 민간공사의 계약서에는 선
금에 대한 언급이 없는 경우와 도급인과 수급인 간에 특별하게 정하는 경우 등 매우
다양한 형태를 보이고 있다.

3. 공사대금의 지급

도급계약에서 보수의 지급시기에 대해서는 이에 관하여 당사자 사이에 특약이 있
으면 그에 따르고, 특약이 없으면 관습에 의하며, 특약이나 관습이 없는 경우에만 완
성된 목적물의 인도와 동시에 지급하거나 목적물의 인도를 요하지 아니하는 경우에
는 그 일을 완성한 후 지체 없이 지급하여야 한다.[15]

1) 국가계약법

각 중앙관서의 장 또는 계약담당공무원은 공사, 제조, 구매, 용역, 그 밖에 국고의
부담이 되는 계약의 경우 검사를 하거나 검사조서를 작성한 후에 그 대가를 지급하여
야 한다. 이 대가는 계약상대자로부터 대가 지급의 청구를 받은 날부터 5일(천재지변
등 불가항력의 경우는 3일) 이내에 지급하여야 하며(영58조), 그 기한까지 대가를 지급할
수 없는 경우에는 지연이자를 지급하여야 한다. 지연이자는 "한국은행 통계월보상의
대출평균금리"를 곱하여 산출한다(법15조, 영59조).

2) 공사계약일반조건

(1) 기성대가의 지급

계약상대자는 최소한 30일마다 검사를 완료하는 날까지 기성부분에 대한 대가지급

---

15) 대법원 2016. 10. 27. 선고 2014다72210; 2017. 4. 7. 선고 2016다35451 판결.

청구서를 계약담당공무원과 공사감독관에게 동시에 제출할 수 있다. 계약담당공무원은 검사완료일부터 5일 이내에 검사된 내용에 따라 기성대가를 확정하여 계약상대자에게 지급하여야 한다. 다만 계약상대자가 검사완료일 후에 대가의 지급을 청구한 때에는 그 청구를 받은 날부터 5일 이내에 지급하여야 한다.

계약담당공무원은 기성대가지급 시에 대금 지급 계획상의 하수급인, 자재·장비업자 및 하수급인의 자재·장비업자에게 기성대가지급 사실을 통보하고, 이들로 하여금 대금 수령내역 및 증빙서류를 제출하게 하여야 한다.

(2) 수의계약 등 한시적 특례 적용기간 신설

계약담당공무원은 자재에 대하여 기성대가를 지급하는 경우에는 계약상대자로 하여금 그 지급대가에 상당하는 보증서를 제출하게 하여야 한다. 기성대가는 계약단가에 의하여 산정·지급한다(일반조건27조). 기성대가 지급의 경우에는 제40조 제5항을 준용한다. 제2항에도 불구하고「재난 및 안전관리 기본법」제3조 제1호의 재난이나 경기침체, 대량실업 등으로 인한 국가의 경제위기를 극복하기 위해 기획재정부장관이 기간을 정하여 고시한 경우에는 제2항의 5일을 3일로 본다(일반조건39조)〈신설 2020. 4. 20.〉.

이는 2020년부터 발생된 감염병 '코로나-19' 사태로 인해 재난이나 경기침체, 대량실업 등으로 국가의 경제위기를 극복하기 위해 기획재정부장관이 기간을 정하여 고시한 경우에는 다음에 해당하는 계약에 대해 수의계약, 대가지급 등 특례를 정하여 적용할 수 있게 하였다(국가계약법 시행령26조6항). 이에 대하여 한시적 기간을 정한「국가를 당사자로 하는 계약에 관한 법률 시행령의 수의계약 등 한시적 특례 적용기간에 관한 고시」(시행 2021. 7. 1. 기획재정부고시 제2021-12호, 2021. 7. 1., 폐지제정)가 있다.

(3) 계약금액조정 전의 기성대가지급

계약담당공무원은 물가변동, 설계변경 및 기타 계약내용의 변경으로 인하여 계약금액이 당초 계약금액보다 증감될 것이 예상되는 경우로서 기성대가를 지급하고자 하는 경우에는「국고금 관리법 시행규칙」제72조에 의하여 당초 산출내역서를 기준으로 산출한 기성대가를 개산급으로 지급할 수 있다. 다만 감액이 예상되는 경우에는 예상되는 감액금액을 제외하고 지급하여야 한다(일반조건39조의2).

(4) 준공대가의 지급

계약상대자는 공사를 완성한 후 검사에 합격한 때에는 대가지급청구서를 제출하는 등 소정절차에 따라 대가지급을 청구할 수 있다. 계약담당공무원은 이러한 청구를 받은 때에는 그 청구를 받은 날로부터 5일 이내에 그 대가를 지급하여야 하며, 자금사정 등 불가피한 사유가 없는 한 최대한 신속히 대가를 지급하여야 한다. 다만 계약당사자와의 합의에 의하여 5일의 범위 안에서 대가의 지급기간을 연장할 수 있는 특약을 정할 수 있다.

위에서 보는 바와 같이 수급인이 공사를 완공하면 도급인에게 대가를 청구하게 되는 것이 일반적이나, 만약 수급인이 공사를 완공하더라도 도급인이 공사대금의 지급채무를 이행하기 곤란한 현저한 사유가 있는 경우, 수급인이 공사 완공의무를 거절할 수 있는지 여부가 문제될 수 있다. 이에 대하여 대법원은 "일반적으로 건축공사도급계약에서 공사대금의 지급의무와 공사의 완공의무가 반드시 동시이행관계에 있는 것은 아니지만, 도급인이 계약상 의무를 부담하는 공사 기성부분에 대한 공사대금 지급의무를 지체하고 있고, 수급인이 공사를 완공하더라도 도급인이 공사대금의 지급채무를 이행하기 곤란한 현저한 사유가 있는 경우에는 수급인은 그러한 사유가 해소될 때까지 자신의 공사 완공의무를 거절할 수 있다"고 판시하고 있다.[16] 물론 어떠한 경우가 '공사대금의 지급채무를 이행하기 곤란한 현저한 사유'가 되는지에 대해서는 그 구체적인 내용에 따라 판단하여야 할 것이다.

계약담당공무원은 대가지급 시에 대금 지급 계획상의 하수급인, 자재·장비업자 및 하수급인의 자재·장비업자에게 대가지급 사실을 통보하고, 이들로 하여금 대금 수령내역 및 증빙서류를 제출하게 하여야 한다. 천재·지변 등 불가항력의 사유로 인하여 대가를 지급할 수 없게 된 경우에는 해당사유가 존속되는 기간과 해당사유가 소멸된 날로부터 3일까지는 대가의 지급을 연장할 수 있다.

계약담당공무원은 청구를 받은 후 그 청구내용의 전부 또는 일부가 부당함을 발견한 때에는 그 사유를 명시하여 계약상대자에게 해당 청구서를 반송할 수 있고, 반송한 날로부터 재청구를 받은 날까지의 기간은 지급기간에 산입하지 아니한다.

---

16) 대법원 2005. 11. 25. 선고 2003다60136 판결.

3) 도급계약 해제 시 공사대금 정산 방법

수급인이 공사를 수행하는 과정에서 일정한 사유로 인해 공사를 완공하지 못한 채 도급계약이 해제되어 기성고에 따른 공사대금을 정산하여야 할 경우가 발생할 수가 있고, 이 경우 공사대금의 정산 방법에 다툼이 있을 수 있다.

이에 대하여 대법원은 "그 공사대금 또는 기성고 비율 산정에 관하여 특약이 있는 등의 특별한 사정이 없는 한, 그 공사대금은 이미 완성된 부분에 소요된 공사비와 미시공 부분의 완성에 소요되는 공사비를 합친 전체 공사비 가운데, 이미 완성된 부분에 소요된 공사비가 차지하는 기성고 비율을 약정 총공사대금에 적용하여 산정하여야 한다"고 판시하고 있다(대법원 2019. 5. 16. 선고 2016다35567, 35574 판결).

4. 지연이자

1) 국가계약법

각 중앙관서의 장 또는 계약담당공무원은 공사, 제조, 구매, 용역, 그 밖에 국고의 부담이 되는 계약의 경우 검사를 하거나 검사조서를 작성한 후에 그 대가를 지급하여야 한다. 이러한 대가는 계약상대자의 청구일로부터 '5일 이내' 지급하여야 하며, 그 기한까지 대가를 지급할 수 없는 경우에는 지연이자를 지급하여야 한다. 지연이자는 '대가지급지연일수'에 당해 미지급금액 및 지연발생 시점의 '한국은행 통계월보상의 대출평균금리'를 곱하여 산출한다(국가계약법15조2항, 영59조).[17]

천재·지변 등 불가항력의 사유로 지급기한 내에 대가를 지급할 수 없게 된 경우에는 당해 사유가 소멸된 날부터 3일 이내에 지급하여야 한다. 기성부분 또는 기납부분에 대한 대가를 지급하는 경우에는 적어도 30일마다 지급하여야 한다.

---

17) 참고로 「FIDIC 일반조건」에서는 지급지연(Delayed Payment)에 대하여 "시공자가 대금지급조건에 따라 지급받지 못하는 경우에는 미지급금액에 대한 월 복리의 금융비용을 지급받을 권리를 갖는다. 이러한 금융비용은 지급통화 국가의 중앙은행의 할인율에 연 요율 3퍼센트(%)를 더한 요율로 산출되어 해당 통화로 지급된다"고 규정하고 있다(조건14.8조).

2) 공사계약일반조건

계약담당공무원은 대가지급청구를 받은 경우에 대가지급기한(국고채무부담행위에 의한 계약의 경우에는 다음 회계년도 개시 후 「국가재정법」에 의하여 해당 예산이 배정된 날부터 20일)까지, 대가를 지급하지 못하는 경우에는 지급기한의 다음날부터 지급하는 날까지의 일수(이하 "대가지급지연일수"라 한다)에 해당 미지급금액에 대하여, 지연발생 시점의 금융기관 대출평균금리(한국은행 통계월보상의 금융기관 대출평균금리를 말한다)를 곱하여 산출한 금액을 이자로 지급하여야 한다.

불가항력의 사유로 인하여 검사 또는 대가지급이 지연된 경우에 연장기간은 대가지급 지연일수에 산입하지 아니한다(일반조건41조).

3) 건설산업기본법

이 역시 「국가계약법」이나 공사계약일반조건과 다르지 않다. 「건설산업기본법」에서는 하도급대금에 대한 지연이자를 규정하고 있다. 수급인은 발주자로부터 받은 준공금, 기성금 또는 선급금을 받은 날부터 제1항[18] 또는 제4항[19]에 따른 지급일이 지난 후에 지급하는 경우에는 그 초과기간에 대하여 연 100분의 25 이내에서 「하도급법」 제13조 제8항에 따라 공정거래위원회가 정하여 고시하는 이율[20]에 따른 이자를 지급하여야 한다(건산법34조8항).

5. 공사비 확보방안

1) 유치권 행사

타인의 물건 또는 유가증권을 점유한 자는 그 물건이나 유가증권에 관하여 생긴 채권이 변제기에 있는 경우에는 변제를 받을 때까지 그 물건 또는 유가증권을 유치할

---

[18] 제1항의 지급기한: 준공금 또는 기성금을 받은 날(수급인이 발주자로부터 공사대금을 어음으로 받은 경우에는 그 어음만기일)부터 15일 이내에 하수급인에게 현금으로 지급하여야 한다.

[19] 제4항의 지급기한: 선급금을 받은 날(하도급계약을 체결하기 전에 선급금을 지급받은 경우에는 하도급계약을 체결한 날)부터 15일 이내에 하수급인에게 선급금을 지급하여야 한다.

[20] 공정거래위원회가 고시하는 이율: 선급금 등 지연지급 시의 지연이율은 연리 15.5%(공정거래위원회고시 제2018-21호, 2018. 12. 6.).

권리가 있다(민법320조1항). 예컨대, 건축물을 시공하거나 수선해주고 공사비나 수선비를 지급받을 때 까지 해당 건축물을 점유하고 인도를 거부하는 것이다.

건설업체가 건축주로부터 공사를 도급받아 이를 완성하여 점유하고 있는 경우 건설업체는 건축주로부터 공사대금을 전부 지급받을 때까지 민법상 유치권(留置權)을 행사함으로써 제3자보다 공사대금채권을 사실상 우선적으로 변제받을 수 있다.[21]

2) 저당권설정청구

저당권이란 채무자가 채무를 이행하지 않은 경우에, 저당을 잡아 둔 채권자가 그 저당물에 대하여 다른 채권자에 우선하여 변제를 받을 수 있는 권리를 말한다. 저당권자는 채무자 또는 제삼자가 채무의 담보로 제공한 부동산, 기타의 목적물로부터 채무자의 채무불이행 시 우선적으로 변제받을 수 있는 담보물권이다(민법356조). 「민법」제666조는 "부동산공사의 수급인은 공사대금에 관한 채권을 담보하기 위하여 그 부동산을 목적으로 한 저당권의 설정을 청구할 수 있다"고 규정하고 있다.

건설업체인 수급인이 도급인으로부터 건설공사를 도급받아 이를 완성하여 공사대금채권을 가지고 있음에도 불구하고, 도급인이 공사대금채권을 변제하지 않는다면 수급인은 위 규정에 근거하여 완성된 부동산에 대한 저당권설정을 청구할 수 있다.

3) 신축시설물에 대한 소유권 확보

수급인이 자재의 전부 또는 주요 부분을 제공하여 건축물을 완성한 경우 건축물의 소유권은 특별한 사정이 없는 한 수급인에게 속한다는 것이 대법원의 입장이다. 위와 같은 경우 수급인은 공사대금채권을 수령할 때까지 완성된 건축물에 대하여 자신이 소유권을 행사할 수 있다.

그러나 현실의 경우 건축주의 명의가 도급인으로 되어 있고, 건축주가 수급인에게 자재의 일부를 제공하는 경우도 상당하므로, 완성된 건축물에 대한 소유권분쟁이 발생할 경우 법원에 의하여 판결이 확정될 때까지 건축물에 대한 소유권 여부가 불투명하게 된다. 따라서 수급인이 자재의 전부 또는 주요 부분을 제공할 경우 수급인은 공

---

21) 대한전문건설협회 서울특별시회, "건설클레임의 예방과 대처에 관한 세미나", 2006. 9. 참조.

사도급계약을 체결할 당시 건축물에 대한 소유권이 수급인에게 있다고 계약에 반영하는 것도 하나의 방법이다.

【판례】 일반적으로 자기의 노력과 재료를 들여 건물을 건축한 사람이 그 건물의 소유권을 원시취득하는 것이지만, 도급계약에 있어서는 수급인이 자기의 노력과 재료를 들여 건물을 완성하더라도 도급인과 수급인 사이에 도급인 명의로 건축허가를 받아 소유권보존등기를 하기로 하는 등 완성된 건물의 소유권을 도급인에게 귀속시기기로 합의한 것으로 보일 경우에는 그 건물의 소유권은 도급인에게 원시적으로 귀속된다(대법원 2003. 12. 18. 선고 98다43601).

4) 기타 재산보전 절차

이상의 경우 외에 공사대금채권을 확보하는 방안은 일반적으로 이용되는 재산보전 절차의 활용이다. 도급인의 재산을 파악한 후 그 재산에 대한 가압류, 가처분 등을 통하여 도급인이 자신의 재산을 처분하지 못하도록 한 후, 본안소송을 통하여 확정판결을 얻어 이미 보전된 재산에 대하여 강제집행을 하는 방법이다.

【판시】 가압류명령 송달 이후에 채무자의 계좌에 입금될 예금채권이 가압류의 대상이 되는지

【판결】 가압류명령의 송달 이후에 채무자의 계좌에 입금될 예금채권도 그 발생의 기초가 되는 법률관계가 존재하여 현재 그 권리의 특정이 가능하고 가까운 장래에 발생할 것이 상당한 정도로 기대된다고 볼만한 예금계좌가 개설되어 있는 경우 등에는 가압류의 대상이 될 수 있다(대법원 2011. 2. 10. 선고 2008다9952 판결).

제4절 건설공사의 하도급

1. 개 요

건설공사는 도급인과 수급인간의 도급계약을 바탕으로 하여, 실제 공사를 수행하는 데는 수급인이 하수급인과 하도급 관계를 통하여 수행되는 것이 일반적이다. 따라서 하도급을 수행하는 데서 많은 분쟁이 발생되기도 하는데, 하도급계약관계는 물론 대금지급과 하도급공사 이행에 따른 다양한 문제들이 있어, 이러한 내용을 이 절에서 다루고 있다.

건설공사의 하도급에 대해서는 「건설산업기본법」에 규정되어 있고 일부 사항은 「하도급법」이 우선하여 적용되고 있다. 따라서 계약상대자가 계약된 공사의 일부를 제3자에게 하도급하고자 할 경우에는 「건설산업기본법」 등 관련법령에서 정한 바에 의하도록 규정하고 있다. 따라서 이를 이해하기 위해서는 건설산업기본법령상의 하도급 제도에 대한 설명이 우선되어야 할 것이다.

하도급과 관련된 법규로는 「국가계약법」 제27조의4(하도급대금 직불조건부 입찰참가), 「지방계약법」 제31조의4(하도급대금 직불조건부 입찰참가), 「건설산업기본법」 제29조(건설공사의 하도급 제한)에서 제35조(하도급대금의 직접지급)까지, 「하도급법」 제1조(목적)부터 제36조까지(벌칙 적용에서 공무원 의제), 계약예규로서 「공사계약일반조건」 제42조(하도급의 승인 등), 제43조(하도급대가의 직접지급 등), 제43조의2(하도급대금 등 지급 확인) 및 「건설공사 하도급 심사기준」, 「하도급대금지급보증서 발급금액 적용기준」, 「하도급할 공사의 주요공종 및 하도급계획 제출대상 하도급금액」 등이 있다.

2. 건설공사의 하도급 제도

1) 하도급의 개념

건설업은 생산체제가 복합산업의 생산요소를 갖추고 있으면서도 시공상 기술의 전문화나 공정의 세분화, 생산장소의 분할이 가능하고 손쉽기 때문에 제조업 등 다른 산업에 비하여 보다 많은 하도급생산형태를 취하게 되며, 이는 건설업체의 일반적인 생산형태의 관행을 이루고 있다. 더욱이 건설공사는 주문생산인 관계로 수요의 변동 또한 심하기 때문에 수요가 낮을 때의 자금과 설비의 유휴나 간접경비의 손실을 피하고, 경영규모를 최소한에 머무르게 하여 필요시 하도급을 이용함으로써 효율적인 경영을 기할 수 있는 등의 사유로 인하여 하도급이 활발하게 이용되고 있다.

「건설산업기본법」에서는 하도급을 도급받은 건설공사의 전부 또는 일부를 도급하기 위하여 수급인이 제3자와 체결하는 계약이라 정의하고 있다(법2조9호). 여기서 수급인이란 발주자로부터 건설공사의 도급을 받은 건설사업자를 말하며(하도급계약관계에서의 하도급을 주는 건설업자를 포함), 하수급인이란 수급인으로부터 건설공사의 하도급을 받은 자를 말하는데, 용어에 대한 정의는 관계법령에 따라 달리 칭하는 경우도 있다.[22]

한편 「하도급법」에서는 하도급거래란 원사업자가 수급사업자에게 제조위탁·수리위탁·건설위탁 또는 용역위탁을 하거나 원사업자가 다른 사업자로부터 제조위탁·수리위탁·건설위탁 또는 용역위탁을 받은 것을 수급사업자에게 다시 위탁한 경우, 그 위탁을 받은 수급사업자가 위탁받은 것을 제조·수리·시공하거나 용역수행하여 원사업자에게 납품·인도 또는 제공하고 그 대가를 받는 행위라고 정의하고 있다(동법2조1항).

2) 하도급법의 적용범위

위에서 언급한 「하도급법」 제2조 제1항은 일반적으로 흔히 하도급이라고 부르는 경우, 즉 원사업자가 다른 사업자로부터 제조위탁·수리위탁 또는 건설위탁을 받은 것을 수급사업자에게 다시 위탁을 하는 경우뿐만 아니라, 원사업자가 수급사업자에게 제조위탁·수리위탁 또는 건설위탁을 하는 경우도 하도급거래로 규정하여 그 법률을 적용하도록 정하고 있고, 같은 조 제2항에 의하여 그 법률의 적용 범위는 하도급관계냐 아니냐에 따르는 것이 아니라 원사업자의 규모에 의하여 결정됨을 알 수 있으므로, 「하도급법」은 그 명칭과는 달리 일반적으로 흔히 말하는 하도급관계뿐만 아니라 원도급관계도 규제한다. 따라서 「하도급법」은 원도급관계에도 적용된다.[23]

---

22) 「건설산업기본법」에서 말하는 '수급인'과 '하수급인'은 「민법」에서는 '도급인'과 '수급인'으로, 「하도급거래 공정화에 관한 법률」에서는 '원사업자'와 '수급사업자'로, 「전기통신공사업법」에서는 '공사도급인'과 '하수급인'으로 칭하고 있다.
23) 대법원, 2003. 5. 16., 2001다27470 판결.

3. 하도급의 특성

하도급의 성질에 대해서는 제3장 제6절 '건설공사의 하도급 제도'에서 설명한바 있다. 도급계약의 성격상 수급인은 일을 완성하기만 하면 되므로 성질상 수급인 본인 스스로 일을 완성하여야 하는 경우를 제외하고는 타인을 통하여 일을 완성할 수 있는 것이다. 이를 이행보조자 또는 이행대행자로 부른다. 하도급에서 원수급인과 하수급인 사이의 도급계약은 별개의 계약이다. 따라서 하도급계약에 의하여서는 원도급인과 하도급인 사이에 도급관계가 생길 뿐이고, 하도급인이 원도급인에 대하여 직접 권리·의무를 갖지는 않는다. 그러나 원수급인은 일의 완성에 관하여는 하수급인의 행위에 관하여서도 책임을 부담하게 된다. 왜냐하면 하도급인은 일종의 이행보조자인 까닭이다.

4. 건설산업기본법상의 하도급 규정

1) 건설공사의 하도급 제한(법29조)

「건설산업기본법」에서의 하도급 관련 규정은 매우 다양하다. 그러나 이를 요약하면 하도급행위를 제한하는 경우와 하도급거래를 공정화하려는 것으로 구분할 수 있다.

[그림 6-1] 건설산업기본법상의 하도급의 행위제한 제도

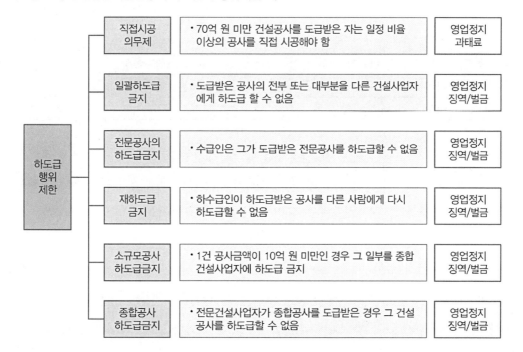

[그림 6-2] 건설산업기본법상의 하도급의 거래공정화 제도

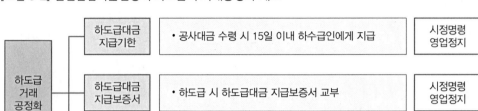

(1) 건설공사의 직접시공 의무제

건설사업자는 1건 공사의 금액이 100억 원 이하로서 대통령령으로 정하는 금액 미만인 건설공사를 도급받은 경우에는, 그 건설공사의 도급금액 산출내역서에 기재된 총 노무비 중 대통령령으로 정하는 비율에 따른 노무비 이상에 해당하는 공사를 직접 시공하여야 한다. 다만 그 건설공사를 직접 시공하기 곤란한 경우로서 대통령령으로 정하는 경우에는 직접 시공하지 아니할 수 있다. 위 본문에서 "대통령령으로 정하는 비율"이란 다음 각 호의 구분에 따른 비율을 말한다(영30조의2의2항).

[표 6-2] 직접시공 의무대상 공사의 범위

도급 금액	직접시공 비율
3억 원 미만인 경우	100분의 50 이상
3억 원 이상 10억 원 미만인 경우	100분의 30 이상
10억 원 이상 30억 원 미만인 경우	100분의 20 이상
30억 원 이상 70억 원 미만인 경우	100분의 10 이상

건설공사를 직접 시공하는 자는 대통령령으로 정하는 바에 따라 직접 시공계획을 발주자에게 통보하여야 한다. 다만 전문공사를 시공하는 업종을 등록한 건설사업자가 전문공사를 도급받은 경우에는 그러하지 아니하다(법28조의2).

(2) 일괄하도급의 금지

건설사업자는 도급받은 건설공사의 전부 또는 대통령령으로 정하는 주요 부분의 대부분을 다른 건설사업자에게 하도급할 수 없다.[24) 다만 건설사업자가 도급받은 공

사를 대통령령으로 정하는 바에 따라 계획, 관리 및 조정하는 경우25)로서 대통령령으로 정하는 바에 따라 2인 이상에게 분할하여 하도급하는 경우26)에는 예외로 한다(법 29조1항, 영31조1항).

> **【판례】** 건설업자가 도급받은 토공 및 구조물공사 중 성토 및 절토공사를 제외한 구조물공사만을 하도급 시킨 행위는 수급받은 건설공사의 일부에 불과하여 구 건설업법(1981. 12. 31. 법률 제3501호 로 개정 전) 제34조 제1항 소정의 일괄하도급금지행위에 해당하지 아니한다(대법원 1987. 4. 28. 선고 87도319 공1987, 931 판결).

(3) 전문공사의 하도급 금지

수급인은 그가 도급받은 전문공사를 하도급할 수 없다. 다만 다음 각 호의 요건을 모두 충족한 경우에는 건설공사의 일부를 하도급할 수 있다(법29조2항).

① 발주자의 서면 승낙을 받을 것

② 공사의 품질이나 시공상의 능률을 높이기 위하여 필요한 경우로서 대통령령으로 정하는 요건에 해당할 것(종합공사를 시공하는 업종을 등록한 건설사업자가 전문공사를 도급받 은 경우에 한정함)

(4) 하수급인의 재하도급의 금지

하수급인은 하도급받은 건설공사를 다른 사람에게 다시 하도급할 수 없다. 다만 다음 각 호의 어느 하나에 해당하는 경우에는 하도급할 수 있다(법29조3항).

---

24) 건설공사의 주요 부분의 대부분을 다른 건설사업자에게 하도급하는 경우는 도급받은 공사(도급받은 공사가 여러 동의 건축공사인 경우에는 각 동의 건축공사를 말한다)를 제21조 제1항에 따른 부대공사에 해당하는 부분을 제외한 주된 공사의 전부를 하도급하는 경우로 한다(영31조1항)<개정 2020. 2. 18.>.

25) 건설사업자가 국토교통부장관이 정하는 바에 따라 공사현장에서 인력·자재·장비·자금 등의 관리, 시공관리·품질관리·안전관리 등을 수행하고 이를 위한 조직체계 등을 갖추고 있는 경우를 말한다 (영31조2항)<2020. 2. 18.>.

26) 2인 이상에게 분할하여 하도급할 수 있는 경우는 다음 각 호의 어느 하나에 해당하는 경우로 한다 (영31조3항)<개정 2020. 2. 18.>.
   1. 도급받은 공사를 전문공사를 시공하는 업종별로 분할하여 각각 해당 전문공사를 시공하는 업종 을 등록한 건설사업자에게 하도급하는 경우
   2. 도서지역 또는 산간벽지에서 시행되는 공사를 해당 도서지역 또는 산간벽지가 속하는 특별시·광역시·특별자치시·도 또는 특별자치도에 있는 중소건설사업자 또는 법 제48조에 따라 등록한 협력업자에게 하도급하는 경우

① 종합건설사업자가 하도급받은 경우로서 그가 하도급받은 공사 중 전문공사에 해당하는 건설공사를 그 전문건설사업자에게 다시 하도급하는 경우(발주자가 공사품질이나 시공상 능률을 높이기 위하여 필요하다고 인정하여 서면으로 승낙한 경우에 한정함)

② 전문건설사업자가 하도급받은 경우로서 다음 각 목의 요건을 모두 충족하여 하도급받은 전문공사의 일부를 그 전문건설사업자에게 다시 하도급하는 경우

　　가. 공사의 품질이나 시공상의 능률을 높이기 위하여 필요한 경우로서 국토교통부령으로 정하는 요건에 해당할 것[27]

　　나. 수급인의 서면 승낙을 받을 것

> 【판례】 건설업법 제34조 제3항(현, 제29조 제3항)에서 발주자의 승낙 없는 하도급을 제한하는 것은 소정의 면허없는 자로 하여금 공사를 하도급시킴으로써 발생할 위험이 있는 부실공사를 방지하자는 데 그 목적이 있는 것이므로 하도급계약이 구두에 의한 것이건 서면에 의한 것이건 관계없이 정당한 절차에 의하지 아니하고 하도급하여 하도급업자가 공사를 착수하면 위 법조항의 위반 행위가 있는 경우에 해당한다(대법원 1983. 12. 13. 선고 83누383 판결).

(5) 소규모 공사의 하도급 금지

건설사업자는 1건 공사의 금액이 10억 원 미만인 건설공사를 도급받은 경우에는 그 건설공사의 일부를 종합공사를 시공하는 업종을 등록한 건설사업자에게 하도급할 수 없다(법29조4항)〈신설 2019. 4. 30.〉. 따라서 전문건설사업자에게는 하도급이 가능하다. 이 규정은 국가, 지방자치단체 또는 대통령령으로 정하는 공공기관이 발주하는 공사는 2021. 1.부터, 그 외의 자가 발주하는 공사는 2022. 1. 1.부터 시행한다.

2) 건설공사의 하도급 참여제한

국토교통부장관은 다음 각 호의 어느 하나에 해당하는 건설사업자에 대하여는 국가, 지방자치단체 또는 대통령령으로 정하는 공공기관이 발주하는 건설공사(공공건설공사)에 대한 하도급 참여를 제한하여야 한다. 이 경우 하도급 참여제한 기간은 2년 이내의 범위에서 대통령령으로 정하는 바에 따른다(법29조의3)〈개정 2019. 4. 30.〉.

① 일괄하도급 금지, 동일한 업종에의 하도급 금지 및 재하도급 금지 규정을 위반하

---

27) 「건설산업기본법 시행규칙」 제25조의7(다시 하도급할 수 있는 경우).

여 영업정지 처분을 받은 자

② 「건설근로자의 고용개선 등에 관한 법률」 제13조 제1항에 따른 공제부금을 납부하지 않아 같은 과태료 처분을 받고 그 처분을 받은 날부터 2년 이내에 동일한 위반행위를 하여 2회 이상 과태료 처분을 받은 자

③ 「근로기준법」에 따라 체불사업주로 명단이 공개된 자

④ 다음 각 목의 사업장에 해당되어 「산업안전보건법」 제9조의 2 제1항에 따라 산업재해 발생건수 등이 공표된 자

　가. 「산업안전보건법」 따른 산업재해로 인한 사망자가 연간 2명 이상 발생한 사업장

　나. 「산업안전보건법」 제2조 제7호에 따른 중대재해가 발생한 사업장으로서 해당 중대재해 발생연도의 연간 산업재해율이 규모별 같은 업종의 평균재해율 이상인 사업장

　다. 사망만인율(사망재해자 수를 연간 상시근로자 1만명당 발생하는 사망재해자 수로 환산한 것을 말한다)이 규모별 같은 업종의 평균 사망만인율 이상인 사업장

　라. 「산업안전보건법」 제10조 제1항을 위반하여 산업재해 발생 사실을 은폐한 사업장

⑤ 「외국인근로자의 고용 등에 관한 법률」 제8조 제4항에 따른 고용허가를 받지 아니하고 외국인근로자를 고용하여 고용제한 처분[28]을 받거나, 특례고용가능확인[29]을 받지 아니하고 외국인근로자를 고용하여 고용제한 처분을 받은 자가 같은 법 제32조 제1항 제8호에 따라 과태료 처분을 받은 경우〈시행 2021. 12. 19.〉

⑥ 「출입국관리법」 제18조 제3항[30]을 위반하여 취업활동을 할 수 있는 체류자격을

---

28) 제20조(외국인근로자 고용의 제한) ① 직업안정기관의 장은 다음 각 호의 어느 하나에 해당하는 사용자에 대하여 그 사실이 발생한 날부터 3년간 외국인근로자의 고용을 제한할 수 있다.
　1. 제8조 제4항에 따른 고용허가 또는 제12조 제3항에 따른 특례고용가능확인을 받지 아니하고 외국인근로자를 고용한 자

29) 제12조(외국인근로자 고용의 특례) ③ 제6조 제1항(내국인 구인 노력)에 따라 내국인 구인 신청을 한 사용자는 직업안정기관의 장의 직업소개를 받고도 인력을 채용하지 못한 경우에는 고용노동부령으로 정하는 바에 따라 직업안정기관의 장에게 특례고용가능확인을 신청할 수 있다. 이 경우 직업안정기관의 장은 외국인근로자의 도입 업종 및 규모 등 대통령령으로 정하는 요건을 갖춘 사용자에게 특례고용가능확인을 하여야 한다.

30) 제18조(외국인 고용의 제한) ① 외국인이 대한민국에서 취업하려면 대통령령으로 정하는 바에 따라 취업활동을 할 수 있는 체류자격을 받아야 한다. ② 제1항에 따른 체류자격을 가진 외국인은 지정된 근무처가 아닌 곳에서 근무하여서는 아니 된다. ③ 누구든지 제1항에 따른 체류자격을 가지지 아니한 사람을 고용하여서는 아니 된다.

가지지 아니한 자를 고용하거나, 같은 법 제21조 제2항[31]을 위반하여 근무처의 변경허가·추가허가를 받지 아니한 외국인을 고용하여 같은 법 제94조(3년 이하의 징역 또는 3천만원 이하의 벌금) 또는 제95조(1년 이하의 징역 또는 1천만원 이하의 벌금)에 따른 처벌을 받거나 같은 법 제102조 제1항에 따른 처분(통고처분)을 받은 자〈시행 2021. 12. 19.〉

수급인은 공공건설공사에서 하도급 참여제한 중에 있는 건설사업자에게 하도급을 하여서는 아니 되며, 건설사업자는 하도급 참여제한 중에 하도급을 받아서는 아니 된다.

3) 하도급계약의 적정성 심사 등

발주자는 하수급인이 건설공사를 시공하기에 현저하게 부적당하다고 인정되거나 하도급계약금액이 대통령령으로 정하는 비율[32]에 미달하는 경우에는 하수급인의 시공능력, 하도급계약내용의 적정성 등을 심사할 수 있다(법31조).

국가, 지방자치단체, 공공기관이 발주자인 경우에는 하수급인이 건설공사를 시공하기에 현저하게 부적당하다고 인정되거나 하도급계약금액이 대통령령으로 정하는 비율[33]에 따른 금액에 미달하는 경우에는 하수급인의 시공능력, 하도급계약내용의 적정성 등을 심사하여야 한다. 발주자는 심사한 결과 하수급인의 시공능력 또는 하도급계약내용이 적정하지 아니한 경우에는 그 사유를 밝혀 수급인에게 하수급인 또는 하도급 계약내용의 변경을 요구할 수 있다.

하도급 계약내용의 변경 제도는 저가하도급으로 인한 부실시공을 방지하기 위하여 국가·지방자치단체 또는 공공기관으로 하여금 하도급계약의 적정성을 의무적으로 심사하도록 하고, 당해 심사결과에 따라 하수급인 또는 하도급 계약내용의 변경을 요

---

31) 제21조(근무처의 변경·추가) ① 대한민국에 체류하는 외국인이 그 체류자격의 범위에서 그의 근무처를 변경하거나 추가하려면 대통령령으로 정하는 바에 따라 미리 법무부장관의 허가를 받아야 한다. ② 누구든지 제1항 본문에 따른 근무처의 변경허가·추가허가를 받지 아니한 외국인을 고용하거나 고용을 알선하여서는 아니 된다. 다만 다른 법률에 따라 고용을 알선하는 경우에는 그러하지 아니하다.

32) 대통령령으로 정하는 비율(영34조1항): ① 하도급계약금액이 도급금액 중 하도급부분에 상당하는 금액의 82%에 미달하는 경우, ② 하도급계약금액이 하도급부분에 대한 발주자의 예정가격의 64%에 미달하는 경우

33) 제34조(하도급계약의 적정성 심사 등) ① "하도급계약금액이 대통령령으로 정하는 비율에 따른 금액에 미달하는 경우"란 다음 각 호의 어느 하나에 해당되는 경우를 말한다〈개정2019. 3. 26.〉.
　1. 하도급계약금액이 도급금액 중 하도급부분에 상당하는 금액의 100분의 82에 미달하는 경우
　2. 하도급계약금액이 하도급부분에 대한 발주자의 예정가격의 100분의 64에 미달하는 경우

175

구할 수 있도록 하는 것으로 불공정하도급과 부실공사 등의 문제를 해소하는 효과가 있을 것으로 기대된다.

4) 하수급인 등의 지위

하수급인은 하도급받은 건설공사의 시공에 관하여는 발주자에 대하여 수급인과 같은 의무를 진다. 이는 수급인과 하수급인의 법률관계에 영향을 미치지 아니한다. 하수급인은 수급인이 제29조 제4항[34]에 따른 통보를 게을리하거나 일부를 누락하여 통보한 경우에는 발주자 또는 수급인에게 자신이 시공한 공사의 종류와 공사기간 등을 직접 통보할 수 있다. 건설기계 대여업자, 제작납품업자 및 가설기자재 대여업자에 대한 대금 지급에 관하여는 제34조의 하도급대금 지급에 관한 규정을 준용한다(법32조).

5) 하도급대금의 지급 등

수급인은 도급받은 건설공사에 대한 준공금 또는 기성금을 받으면 해당 금액을 그 준공금 또는 기성금을 받은 날(수급인이 발주자로부터 공사대금을 어음으로 받은 경우에는 그 어음만기일을 말한다)부터 15일 이내에 하수급인에게 현금으로 지급하여야 한다(법34조).

수급인은 하도급계약을 할 때 하수급인에게 하도급대금의 지급을 보증하는 보증서를 주어야 하며, 도급계약당사자는 하도급대금 지급보증서 발급에 드는 금액을 해당 건설공사의 도급금액 산출내역서에 분명하게 적어야 한다.

수급인이 발주자로부터 선급금을 받은 때에는 수급인이 받은 선급금의 내용과 비율[35]에 따라 선급금을 받은 날(하도급계약을 체결하기 전에 선급금을 지급받은 경우에는 하도급계약을 체결한 날)부터 15일 이내에 하수급인에게 선급금을 지급하여야 한다. 이 경우 수급인은 하수급인이 선급금을 반환하여야 할 경우에 대비하여 하수급인에게 보증을 요구할 수 있다.

---

34) 제29조(건설공사의 하도급 제한) ④ 도급받은 공사의 일부를 하도급한 건설사업자와 다시 하도급하는 것을 승낙한 자는 발주자에게 통보를 하여야 한다.

35) 선급금의 '내용'은 선급금의 사용용도 및 사용내역을 의미하고, 선급금의 '비율'은 계약금액에 대한 선급금의 비율을 의미한다.

6) 지연이자 및 전자조달시스템 활용 등

수급인은 발주자로부터 받은 준공금, 기성금 또는 선급금을 지급일이 지난 후에 지급하는 경우에는 그 초과기간에 대하여 공정거래위원회가 정하여 고시하는 이율(15.5%)에 따른 이자를 지급하여야 한다.

국가, 지방자치단체 또는 공공기관이 발주하는 건설공사(1건 공사의 도급금액이 5천만원 미만인 공사와 공사기간이 30일 이내인 공사는 제외함)를 도급받은 수급인과 그 하수급인은 「전자조달의 이용 및 촉진에 관한 법률」에 따른 '전자조달시스템'을 이용하여 공사대금을 청구하여 수령하여야 하며, 수령한 공사대금 중 하수급인, 건설근로자, 건설기계대여업자, 건설공사용 부품을 제작하여 납품하는 자 등에게 지급하여야 할 대금을 사용해서는 아니 된다.

한편, 「하도급법」에서는 "원사업자가 수급사업자에게 제조 등의 위탁을 하는 경우에는 목적물 등의 수령일(건설위탁의 경우에는 인수일)부터 60일 이내의 가능한 짧은 기한으로 정한 지급기일까지 하도급대금을 지급하여야 한다"고 규정하고 있다(법13조1항).

7) 하도급대금의 직접지급

(1) 제도의 취지

발주자가 수급인을 대신하여 하도급대금을 하수급인에게 직접지급하는 것으로 직불제(直拂制)라고도 한다. 이 제도는 건설공사의 하도급에서 경제적으로 열악한 위치에 있는 하수급인이 안심하고 시공에 전념하도록 함으로써 건설공사의 건실한 시공을 도모하고, 나아가 원·하도급자의 균형적인 발전을 기하게 하고자 1989. 7. 18. 건설업법 시행령을 개정하여 발주자가 하도급대금을 지급할 수 있는 경우를 확대하고, 지급방법 및 그 절차를 동법 시행규칙에 규정하게 되었다.

이 경우 발주자의 수급인에 대한 대금지급채무는 하수급인에게 지급한 한도 내에서 소멸한 것으로 본다. 한편 「하도급법」 제14조에서는 하도급대금의 직접지급에 관한 네 가지 사항을 규정하고 있다.

(2) 발주자가 하도급대금을 하수급인에게 직접지급을 할 수 있는 경우

이러한 직불제에 관해서는 「하도급법」 제14조와 동법 시행령 제4조에 「건설산업기본법」에서와 같은 내용의 규정이 있는바, 하도급대금을 직접지급할 수 있는 경우는 다음과 같다(건산법35조1항).

발주자는 다음 각 호의 어느 하나에 해당하는 경우에는 하수급인이 시공한 부분에 해당하는 하도급대금을 하수급인에게 직접지급할 수 있다.[36] 이 경우 발주자의 수급인에 대한 대금 지급채무는 하수급인에게 지급한 한도에서 소멸한 것으로 본다.

① 국가, 지방자치단체, 공공기관이 발주한 건설공사가 다음 각 목의 어느 하나에 해당하는 경우로서 발주자가 하수급인을 보호하기 위하여 필요하다고 인정하는 경우
  가. 수급인이 하도급대금 지급을 1회 이상 지체한 경우
  나. 공사 예정가격에 대비하여 100분의 82에 미달하는 금액으로 도급계약을 체결한 경우(규칙29조1항)

② 수급인의 파산 등 수급인이 하도급대금을 지급할 수 없는 명백한 사유가 있다고 발주자가 인정하는 경우

【판례】 하도급대금의 직접지급을 요청한 하수급인이 여럿인 경우, 직접지급 사유의 선후관계를 따져 우선 순위를 정해 직접지급해야 하고, 채권자 평등원칙에 따라 안분배당해서는 안 된다. 선후관계는 직접지급 요청을 요건으로 하는 경우에는, 요청의 의사표시가 발주자에게 도달한 시점, 직접지급 합의의 경우에는 확정일자 있는 증서가 도달한 시점을 기준으로 판단한다(서울지법 2010. 7. 7. 선고 2009가합37669 판결).

(3) 발주자가 하도급대금을 하수급인에게 직접지급하여야 하는 경우

발주자는 다음 각 호의 어느 하나에 해당하는 경우에는 하수급인이 시공한 부분에 해당하는 하도급대금을 하수급인에게 직접지급하여야 한다(법35조2항).[37]

---

36) 「하도급법」 제14조 제1항에 따른 발주자의 수급사업자에 대한 직접지급 의무의 범위는 특별한 사정이 없는 한 발주자의 원사업자에 대한 대금지급의무를 한도로 하여 해당 수급사업자가 제조·수리·시공 또는 용역수행을 한 부분에 상당하는 하도급대금에서 발주자가 원사업자에게 이미 지급한 기성공사대금 내역 중 해당 수급사업자의 하도급 공사부분의 금액을 공제한 금액이라고 보아야 한다(대법원 2011. 4. 28. 선고 2011다2029 판결).

37) 구 하도급법 및 구 하도급 시행령의 입법 취지를 고려하면 특별한 사정이 없는 한 도급인은 구 하도급법 시행령 제4조 제3항에 따라 수급인에 대한 대금지급의무를 한도로 하여 하도급대금의 직접지급 의무를 부담하되, 구 하도급법 제14조 제4항에 따라 하수급인의 하도급대금에서 도급인이 수

① 발주자가 하도급대금을 직접 하수급인에게 지급하기로 발주자와 수급인 간 또는 발주자·수급인 및 하수급인이 그 뜻과 지급의 방법·절차를 합의한 경우[38]

② 하수급인이 시공한 부분에 대한 하도급대금지급을 명하는 확정판결을 받은 경우

③ 수급인이 하도급대금 지급을 2회 이상 지체한 경우로서 하수급인이 발주자에게 하도급대금의 직접지급을 요청한 경우

여기서 직접지급을 요청한 경우 발주자, 수급인, 하수급인 사이에 직접지급에 관한 합의가 있어야 하는지 여부와, 이때 하수급인의 직접 청구권이 인정되는 범위가 어디까지인지가 문제가 된다. 이에 대한 대법원은 발주자, 수급인, 하수급인 사이에 직접지급에 관한 합의가 있을 것을 필요로 하지 않으며, 직접지급 청구권이 인정되는 범위는 발주자가 수급인에게 도급을 준 부분 중에서 하수급인이 시공한 부분에 해당한다고 판시하고 있다.

> 【판례】 수급인은 도급받은 건설공사에 대한 준공금 또는 기성금을 받으면 그 대금을 받은 날부터 15일 이내에 하수급인에게 하도급대금을 지급해야 한다(건설산업기본법 제34조 제1항). 이와 같이 수급인이 하도급대금을 2회 이상 지체함으로써 하수급인이 발주자에게 하도급대금의 직접지급을 요청한 경우에는 발주자, 수급인, 하수급인 사이에 직접지급에 관한 합의가 있을 것을 필요로 하지 않는다. 이에 따른 하수급인의 직접 청구권은 수급인이 하수급인에게 하도급을 준 범위와 구체적 내용을 발주자가 알았는지 여부와 관계없이 인정되는 것이므로, 발주자가 수급인에게 도급을 준 부분 중에서 하수급인이 시공한 부분에 해당하면 된다(대법원 2018. 6. 15. 선고 2016다229478 판결).

④ 수급인의 지급정지, 파산, 그 밖에 이와 유사한 사유가 있거나 건설업 등록 등이 취소되어 수급인이 하도급대금을 지급할 수 없게 된 경우로서 하수급인이 발주자에게 하도급대금의 직접지급을 요청한 경우[39]

급인에게 이미 지급한 도급대금 중 당해 하수급인의 하도급대금에 해당하는 부분을 공제한 금액에 대하여 직접지급 의무를 부담한다(대법원 2011. 7. 14. 선고 2011다12194 판결).

38) 수급사업자가 하도급공사를 시행하기도 전에 발주자·원사업자 및 수급사업자의 3자 간 직접 지불 합의가 먼저 이루어진 경우 그 합의 속에 아직 시공하지도 않은 부분에 상당하는 하도급대금의 직접지급 요청 의사표시가 미리 포함되어 있다고 볼 수 없다(대법원 2007. 11. 29. 선고 2007다50717 판결).

39) 수급사업자가 발주자에 대하여 하도급대금의 직접지급을 구할 수 있는 권리가 발생하는지 여부, 즉 원사업자가 지급정지·파산, 그 밖에 이와 유사한 사유 등으로 인하여 하도급대금을 지급할 수 없게 되었는지 여부 등에 관하여는 수급사업자의 직접지급 요청의 의사표시가 발주자에게 도달한 시점을 기준으로 판단하여야 한다. 여기서 '지급할 수 없게 된 경우', 즉 지급불능이라 함은 채무자가 변제능력이 부족하여 즉시 변제하여야 할 채무를 일반적·계속적으로 변제할 수 없는 객관적 상태를 말한다(대법원 2018. 8. 1. 선고 2018다23278 판결).

⑤ 수급인이 하수급인에게 정당한 사유 없이 하도급대금 지급보증서를 주지 아니한 경우로서 발주자가 그 사실을 확인하거나 하수급인이 발주자에게 하도급대금의 직접지급을 요청한 경우

⑥ 국가, 지방자치단체 또는 공공기관이 발주한 건설공사에 대하여 공사 예정가격에 대비하여 국토교통부령으로 정하는 비율(70%)에 미달하는 금액으로 도급계약을 체결한 경우로서 하수급인이 발주자에게 하도급대금의 직접지급을 요청한 경우

위의 각 호의 어느 하나에 해당하는 사유가 발생하여 발주자가 하수급인에게 하도급대금을 직접지급한 경우에는 발주자의 수급인에 대한 대금 지급채무와 수급인의 하수급인에 대한 하도급대금 지급채무는 그 범위에서 소멸한 것으로 본다.

【해석】 하도급대금 직접지급과 선금공제의 우선순위(회계 41301-306, 2007. 6. 19.)
국가기관이 체결한 공사계약에 있어 계약상대자의 책임있는 사유에 의하여 계약이 해제 또는 해지된 경우 계약담당공무원은 계약상대자가 이행한 기성부분을 검사하여 인수한 때에는 당해부분에 상당하는 대가를 계약상대자에게 지급하여야 하는 바, 이 경우 회계예규 「공사계약일반조건」 제43조 제1항의 규정에 정한 하도급대금 직접지급 대상에 해당되어 하수급인에게 직접지급하여야 할 하도급대금이 있고 또한 원계약상대자로부터 회수하여야 할 선금잔액이 있는 때에는 동 예규 제44조 제5항의 규정에 의거 하도급대금을 우선 지급하고 잔액이 있을 경우 선금과 상계함.

수급인은 하수급인에게 책임이 있는 사유로 자신이 피해를 입을 우려가 있다고 인정되는 경우에는 그 사유를 분명하게 밝혀 발주자가 하수급인에게 하도급대금을 직접지급하는 것을 중지할 것을 요청할 수 있다.

(4) 직접지급 청구권의 효과

발주자의 원사업자에 대한 대금지급 채무는 직접지급 의무를 부담하는 하도급대금 상당액 만큼 소멸하게 되어, 원사업자의 다른 채권자들에 의한 강제집행은 허용되지 않는다. 따라서 압류 및 추심·전부명령이 내려지더라도 무효이며, 채권양도 역시 무효이다. 반대로, 직접지급 요건이 발생하기 전의 압류·가압류의 효력은 유효하다(대법원, 2003. 9. 5., 2001다64769).

(5) 도급인이 부담하는 하도급대금 직접지급 의무의 범위

하도급법에 따른 직접지급 제도는 직접지급 합의 또는 직접지급의 요청에 따라 도급인에게 하도급대금의 직접지급 의무를 부담시킴으로써 하수급인을 수급인과 일반채권자에 우선하여 보호하는 것이다. 이 경우 도급인은 도급대금채무의 범위에서 하수급인에 대한 직접지급 의무를 부담하고, 이와 동시에 하수급인의 수급인에 대한 하도급대금채권과 도급인의 수급인에 대한 도급대금채무가 소멸한다(하도급법14조2항).

도급인은 수급인에 대한 대금지급의무를 한도로 하여 하도급대금의 직접지급 의무를 부담하되, 하수급인의 하도급대금에서 도급인이 수급인에게 이미 지급한 도급대금 중 당해 하수급인의 하도급대금에 해당하는 부분을 공제한 금액에 대하여 직접지급 의무를 부담한다.[40]

(6) 하도급대금의 직접지급을 요청하였는지 판단하는 기준

하수급인이 직접지급 청구권의 발생요건으로서 하도급대금의 직접지급을 요청하였는지 판단하는 기준에 대해서 대법원은 다음과 같이 판시하고 있다.

하수급인이 「하도급법」 제14조 제1항에서 말하는 하도급대금의 직접지급을 요청하였는지는 하수급인의 도급인에 대한 요청 내용과 방식, 하수급인이 달성하려고 하는 목적, 문제되는 직접지급사유와 하도급대금의 내역, 하도급대금의 증액 여부와 시기, 직접지급제도의 취지, 도급인·수급인·하수급인의 이해관계, 직접지급의 요청에 따르는 법적 효과와 이에 대한 예견가능성 등을 종합적으로 고려하여 판단하여야 한다.[41]

8) 설계변경 등에 따른 하도급대금의 조정 등(법36조)

수급인은 하도급을 한 후 설계변경 또는 경제 상황의 변동에 따라 발주자로부터 공사금액을 늘려 지급받은 경우에 같은 사유로 목적물의 준공에 비용이 추가될 때에는 그가 금액을 늘려 받은 공사금액의 내용과 비율에 따라 하수급인에게 비용을 늘려 지급하여야 하고, 공사금액을 줄여 지급받은 때에는 이에 준하여 금액을 줄여 지급한다.

---

40) 대법원 2011. 7. 14. 선고 2011다12194 판결.
41) 대법원 2017. 4. 26. 선고 2014다38678 판결.

발주자는 발주한 건설공사의 금액을 설계변경 또는 경제 상황의 변동에 따라 수급인에게 조정하여 지급한 경우에는 대통령령[42]으로 정하는 바에 따라 공사금액의 조정사유와 내용을 하수급인에게 통보하여야 한다.

하도급법에서는 원사업자는 제조 등의 위탁을 한 후에 다음 각 호의 경우에 모두 해당하는 때에는 그가 발주자로부터 증액받은 계약금액의 내용과 비율에 따라 하도급대금을 증액하여야 하며, 반대로 원사업자가 발주자로부터 계약금액을 감액받은 경우에는 그 내용과 비율에 따라 하도급대금을 감액할 수 있다(법16조1항).

① 설계변경 또는 경제상황의 변동 등을 이유로 계약금액이 증액되는 경우

② 제1호와 같은 이유로 목적물 등의 완성 또는 완료에 추가비용이 들 경우

9) 불공정행위의 금지

수급인은 하수급인에게 하도급공사의 시공과 관련하여 자재구입처의 지정 등으로 하수급인에게 불리하다고 인정되는 행위를 강요하여서는 아니 된다. 수급인은 하수급인에게 제22조(건설공사에 관한 도급계약의 원칙), 제28조(건설공사 수급인 등의 하자담보책임), 제34조(하도급대금의 지급 등), 제36조 제1항(설계변경 등에 따른 하도급대금의 조정 등), 제36조의2 제1항(추가·변경공사에 대한 서면 확인 등), 제44조(건설사업자의 손해배상책임) 또는 관계 법령 등을 위반하여 하수급인의 계약상 이익을 부당하게 제한하는 특약을 요구하여서는 아니 된다. 이 경우 부당한 특약의 유형은 대통령령(제34조의8)으로 정한다.

발주자가 국가, 지방자치단체, 공공기관인 경우로서 통보받은 하도급계약 등에 부당한 특약이 있는 경우 그 사유를 분명하게 밝혀 수급인에게 하도급계약 등의 내용변경을 요구하고, 해당 건설사업자의 등록관청에 그 사실을 통보하여야 한다(법38조).

10) 부정한 청탁에 의한 재물 등의 취득 및 제공 금지

발주자·수급인·하수급인(발주자, 수급인 또는 하수급인이 법인인 경우 해당 법인의 임원 또는 직원을 포함한다) 또는 이해관계인은 도급계약의 체결 또는 건설공사의 시공에 관하여

---

42) 제34조의6(공사금액 조정사유 등) 통보는 발주자가 설계변경 등에 따라 수급인에게 공사금액을 조정하여 지급한 날부터 15일 이내에 하여야 한다.

부정한 청탁을 받고 재물 또는 재산상의 이익을 취득하거나 부정한 청탁을 하면서 재물 또는 재산상의 이익을 제공하여서는 아니 된다.

국가, 지방자치단체 또는 공공기관이 발주한 건설공사의 업체선정에 심사위원으로 참여한 자는 그 직무에 관하여 부정한 청탁을 받고 재물 또는 재산상의 이익을 취득하여서는 아니 된다(법38조의2).

5. 하도급법상의 주요 규정

1) 서면의 발급 및 서류의 보존

원사업자가 수급사업자에게 건설 위탁을 하는 경우 및 건설 위탁을 한 이후에 해당 계약내역에 없는 건설 위탁 또는 계약내역을 변경하는 위탁("추가·변경위탁"이라 한다)을 하는 경우에는 다음의 사항을 적은 서면(「전자문서 및 전자거래 기본법」 전자문서를 포함한다.)을 공사착공하기 전까지 수급사업자에게 발급하여야 한다(동법3조). 또한 당초의 계약내용이 설계변경 또는 추가공사의 위탁 등으로 변경될 경우에는 특단의 사정이 없는 한 반드시 추가·변경서면을 작성·교부하여야 한다.[43]

① 위탁일과 수급사업자가 위탁받은 것의 내용
② 목적물 등을 원사업자(原事業者)에게 납품·인도 또는 제공하는 시기 및 장소
③ 목적물 등의 검사의 방법 및 시기
④ 하도급대금과 그 지급방법 및 지급기일
⑤ 원사업자가 수급사업자에게 목적물 등의 제조·수리·시공 또는 용역수행행위에 필요한 원재료 등을 제공하려는 경우에는 그 원재료 등의 품명·수량·제공일·대가 및 대가의 지급방법과 지급기일
⑥ 목적물 등의 제조·수리·시공 또는 용역수행행위를 위탁한 후 목적물 등의 공급원가 변동에 따른 하도급대금 조정의 요건, 방법 및 절차

서면에는 원사업자와 수급사업자가 서명 또는 기명날인하여야 한다. 원사업자는 위탁시점에 확정하기 곤란한 사항에 대하여는 재해·사고로 인한 긴급복구공사를 하

---

43) 대법원 1995. 6. 16. 선고 94누10320 판결.

는 경우 등 정당한 사유가 있는 경우에는 해당 사항을 적지 아니한 서면을 발급할 수 있다. 이 경우 해당 사항이 정하여지지 아니한 이유와 그 사항을 정하게 되는 예정기일을 서면에 적어야 한다.[44]

원사업자는 일부 사항을 적지 아니한 서면을 발급한 경우에는 해당 사항이 확정되는 때에 지체 없이 그 사항을 적은 새로운 서면을 발급하여야 한다. 원사업자가 서면을 발급하지 아니한 경우에는 수급사업자는 위탁받은 작업의 내용, 하도급대금 등 대통령령으로 정하는 사항을 원사업자에게 서면으로 통지하여 위탁내용의 확인을 요청할 수 있다.

원사업자는 이러한 확인 요청의 통지를 받은 날부터 15일 이내에 그 내용에 대한 인정 또는 부인의 의사를 수급사업자에게 서면으로 회신을 발송하여야 하며, 이 기간 내에 회신을 발송하지 아니한 경우에는 원래 수급사업자가 통지한 내용대로 위탁이 있었던 것으로 추정한다. 다만 천재나 그 밖의 사변으로 회신이 불가능한 경우에는 그러하지 아니하다. 통지에는 수급사업자가, 제6항의 회신에는 원사업자가 서명 또는 기명날인하여야 한다.

서면미교부로 인한 손해의 위험을 피하기 위해서는 ① 수탁기업이 적극적으로 계약서를 작성하여 위탁기업에 송부한 후 협의하면서 내용을 채워나가는 방식을 권장하며, ② 서면계약이 여의치 않을 경우 녹음, 이메일, 문자메세지 등 계약의 주요 내용에 대한 합의 사실을 증거로 확보하는 것이 필요하며, ③ 위탁기업이 서면계약을 의도적으로 회피하고 계약 내용을 증빙할 자료도 확보하기 어려운 경우 이행을 중담하고 재협의하는 것이 바람직하다.

2) 하도급계약체결 행위

한편, 하도급계약은 일반적으로 수급인과 하수급인 간에 계약조건에 합의하여 계약서와 산출내역서, 공정표 및 해당 보증서류 등을 첨부하여 상호 날인 또는 서명함으로서 성립하게 된다. 그렇다면 계약 체결을 위하여 교섭당사자가 견적서, 이행각

---

44) 당사자의 서명·날인이 있는 계약서는 기재된 내용대로 계약의 존재나 내용이 인정되므로 실제 약정내용을 반영하여 계약서를 작성하여야 한다. 실제 약정내용과 다르게 계약서를 작성할 경우 계약서 작성 이전에 약정내용을 확인할 수 있는 이메일이나 녹취자료 등 객관적인 자료를 확보해야 한다.

서, 하도급보증서 등의 서류를 제출하였다는 것만으로 하도급계약이 체결되었다고 볼 수 있는가 하는 문제이다. 이에 대하여 대법원은 "대규모 건설하도급공사에서는 공사금액 외에 구체적인 공사시행 방법과 준비, 공사비 지급방법 등과 관련된 제반 조건 등 중요한 사항에 관한 합의까지 이루어져야 비로소 하도급계약이 체결된 것으로 볼 수 있다"는 입장이다.

여기서 "대규모 건설하도급공사"를 강조하는 것은 소규모 공사의 경우에는 법에서도 계약서 작성을 생략하는 경우도 있고, 실제로는 견적서 하나만으로도 계약을 체결하는 경우가 없지 않기 때문이다.

> 【판례】 공사금액이 수백 억이고 공사기간도 14개월이나 되는 장기간에 걸친 대규모 건설하도급공사에 있어서는 특별한 사정이 없는 한 공사금액 외에 구체적인 공사시행 방법과 준비, 공사비 지급방법 등과 관련된 제반 조건 등 그 부분에 대한 합의가 없다면 계약이 체결되지 않았으리라고 보이는 중요한 사항에 관한 합의까지 이루어져야 비로소 그 합의에 구속되겠다는 의사의 합치가 있었다고 볼 수 있고, 하도급계약의 체결을 위하여 교섭당사자가 견적서, 이행각서, 하도급보증서 등의 서류를 제출하였다는 것만으로는 하도급계약이 체결되었다고 볼 수 없다(대법원 2001. 6. 15. 선고 99다40418 판결).

3) 부당한 특약의 금지

원사업자는 수급사업자의 이익을 부당하게 침해하거나 제한하는 계약조건을 설정하여서는 아니 되며, 다음 각 호의 어느 하나에 해당하는 약정은 부당한 특약으로 본다(동법3조의 4).

① 원사업자가 제3조 제1항의 서면에 기재되지 아니한 사항을 요구함에 따라 발생된 비용을 수급사업자에게 부담시키는 약정

② 원사업자가 부담하여야 할 민원처리, 산업재해 등과 관련된 비용을 수급사업자에게 부담시키는 약정

③ 원사업자가 입찰내역에 없는 사항을 요구함에 따라 발생된 비용을 수급사업자에게 부담시키는 약정

④ 그 밖에 이 법에서 보호하는 수급사업자의 이익을 제한하거나 원사업자에게 부과된 의무를 수급사업자에게 전가하는 등 대통령령으로 정하는 약정

4) 부당한 하도급대금의 결정 금지

원사업자는 수급사업자에게 제조등의 위탁을 하는 경우 부당하게 목적물등과 같거나 유사한 것에 대하여 일반적으로 지급되는 대가보다 낮은 수준으로 하도급대금을 결정하거나 하도급받도록 강요하여서는 아니 된다. 다음 각 호의 어느 하나에 해당하는 원사업자의 행위는 부당한 하도급대금의 결정으로 본다(동법4조).

① 정당한 사유 없이 일률적인 비율로 단가를 인하하여 하도급대금을 결정하는 행위

> 【판례】 '일률적인 비율로 단가를 인하'한다는 것은 둘 이상의 수급사업자나 품목에 관하여 수급사업자의 경영 상황, 시장 상황, 목적물 등의 종류·거래규모·규격·품질·용도·원재료·제조공법·공정 등 개별적인 사정에 차이가 있는 데도 동일한 비율 또는 차이를 반영하지 아니한 일정한 구분에 따른 비율로 단가를 인하하는 것을 의미하고, 결정된 인하율이 수급사업자에 따라 어느 정도 편차가 있더라도 위 기준에 비추어 전체적으로 동일하거나 일정한 구분에 따른 비율로 단가를 인하한 것으로 볼 수 있다면 '일률적인 비율로 단가를 인하하여 하도급대금을 결정하는 행위'에 해당한다(대법원 2016. 2. 18. 선고 2012두15555 판결).

② 협조요청 등 어떠한 명목으로든 일방적으로 일정 금액을 할당한 후 그 금액을 빼고 하도급대금을 결정하는 행위

③ 정당한 사유 없이 특정 수급사업자를 차별 취급하여 하도급대금을 결정하는 행위

④ 수급사업자에게 발주량 등 거래조건에 대하여 착오를 일으키게 하거나 다른 사업자의 견적 또는 거짓 견적을 내보이는 등의 방법으로 수급사업자를 속이고 이를 이용하여 하도급대금을 결정하는 행위

⑤ 원사업자가 일방적으로 낮은 단가에 의하여 하도급대금을 결정하는 행위

> 【판례】 '합의 없이 일방적으로 낮은 단가에 의하여 하도급대금을 결정하는 행위'라 함은 원사업자가 거래상 우월적 지위에 있음을 기화로 하여 수급사업자의 실질적인 동의나 승낙이 없음에도 단가 등을 낮게 정하는 방식으로 일방적으로 하도급대금을 결정하는 행위를 말한다(대법원 2018. 3. 13. 선고 2016두59423 판결).

⑥ 수의계약(隨意契約)으로 하도급계약을 체결할 때 정당한 사유 없이 대통령령으로 정하는 바에 따른 직접공사비 항목의 값을 합한 금액보다 낮은 금액으로 하도급대금을 결정하는 행위

⑦ 경쟁입찰에 의하여 하도급계약을 체결할 때 정당한 사유 없이 최저가로 입찰한 금액보다 낮은 금액으로 하도급대금을 결정하는 행위

> **【판례】** 「하도급법」 제4조 제2항 제7호에서 '정당한 사유'란, 공사현장 여건, 원사업자의 책임으로 돌릴
> 수 없는 사유 또는 수급사업자의 귀책사유 등 최저가로 입찰한 금액보다 낮은 금액으로 하도급
> 대금을 결정하는 것을 정당화할 객관적·합리적 사유를 말하는 것으로 원사업자가 주장·증명하
> 여야 하고, 공정한 하도급거래질서 확립이라는 관점에서 사안에 따라 개별적, 구체적으로 판단하
> 여야 한다(대법원 2012. 2. 23. 선고 2011두23337 판결).

⑧ 계속적 거래계약에서 원사업자의 경영적자, 판매가격 인하 등 수급사업자의 책임
으로 돌릴 수 없는 사유로 수급사업자에게 불리하게 하도급대금을 결정하는 행위

5) 선급금의 지급

수급사업자에게 제조 등의 위탁을 한 원사업자가 발주자로부터 선급금을 받은 경
우에는 수급사업자가 제조·수리·시공 또는 용역수행을 시작할 수 있도록 그가 받은
선급금의 내용과 비율에 따라 선급금을 받은 날(제조 등의 위탁을 하기 전에 선급금을 받은
경우에는 제조 등의 위탁을 한 날)부터 15일 이내에 선급금을 수급사업자에게 지급하여야
한다(동법6조).[45]

원사업자가 발주자로부터 받은 선급금을 지급기한이 지난 후에 지급하는 경우에는
그 초과기간에 대하여 연 100분의 40 이내에서 「은행법」에 따른 은행이 적용하는 연
체금리 등 경제사정을 고려하여 공정거래위원회가 정하여 고시하는 이율(15.5%)에 따
른 이자를 지급하여야 한다.

6) 경제적 이익의 부당요구 금지

원사업자는 정당한 사유 없이 수급사업자에게 자기 또는 제3자를 위하여 금전, 물품,
용역, 그 밖의 경제적 이익을 제공하도록 하는 행위를 하여서는 아니 된다(동법12조의2).

> **【판례】** 원사업자가 수급사업자와 원사업자의 미분양된 아파트를 분양받는 조건으로 하여 하도급계약을
> 체결한 것이 구 「하도급법」 제12조의 2에서 금지하는 위반행위에 해당한다(대법원 2010. 12.
> 9. 선고 2008두22822 판결).

---

45) 공사도급계약에서 수수되는 이른바 선급금은 수급인으로 하여금 공사를 원활하게 진행할 수 있도
록 하기 위하여 도급인이 수급인에게 미리 지급하는 공사대금의 일부이므로 「하도급법」 제17조의
하도급대금에 해당한다(대법원, 2003. 5. 16., 2001다27470).

7) 하도급대금의 지급 등

(1) 인수일로부터 60일 이내 지급

원사업자가 수급사업자에게 제조 등의 위탁을 하는 경우에는 목적물 등의 수령일(건설위탁의 경우에는 인수일을 말함)부터 60일 이내의 가능한 짧은 기한으로 정한 지급기일까지 하도급대금을 지급하여야 한다. 다만 다음 각 호의 어느 하나에 해당하는 경우에는 그러하지 아니하다(동법13조).

① 원사업자와 수급사업자가 대등한 지위에서 지급기일을 정한 것으로 인정되는 경우
② 해당 업종의 특수성과 경제여건에 비추어 지급기일이 정당한 것으로 인정되는 경우

> **【판례】** 하도급공사계약에서 당사자 사이에 공사대금의 지급기일에 관한 약정이 있는 경우, 그에 따라 지급기일을 정할 것인지 여부에 대한 판결로서, 주식회사 H사가 2008. 5. 1. 원고에게 경주 황성 ○○에버빌 신축공사 중 석공사를 하도급하기로 하는 건설공사 하도급계약을 체결하면서 그 공사대금의 지급에 관하여 "기성부분금은 목적물 수령일로부터 60일 이내 및 월 1회 어음으로 지급하되,「하도급계약특수조건」제3조 제4항에 따른다"라고 약정하였고, 동 조건 제3조 제4항은 "공사대금으로 발행되는 어음은 세금계산서 및 계산서 발행일로부터 30일 이내 원고에게 지급하고, 어음의 만기일은 세금계산서 발행일 익월 말 기준 120일 어음으로 한다"고 규정하고 있음을 알 수 있으므로, 이 사건 하도급계약에 따른 공사대금에 관하여는 그 지급기일에 관한 약정이 있음이 명백하다. 따라서 이 사건 하도급계약에 따른 공사대금의 지급기일은 원고와 H사 사이의 위 지급기일에 관한 약정에 따라 정하여야 하는 것이지 목적물 등의 수령일로 정할 것이 아니다(대법원 2011. 8. 25. 선고 2010다106283 판결).

하도급대금의 지급기일이 정하여져 있지 아니한 경우에는 목적물 등의 수령일을 하도급대금의 지급기일로 보고, 목적물 등의 수령일부터 60일이 지난 후에 하도급대금의 지급기일을 정한 경우에는 목적물 등의 수령일부터 60일이 되는 날을 하도급대금의 지급기일로 본다.

(2) 발주자로부터 하도급대금 수령시는 15일 이내 지급

원사업자는 수급사업자에게 준공금 등을 받았을 때에는 하도급대금을, 기성금 등을 받았을 때에는 기성금액을 그 준공금이나 기성금 등을 지급받은 날부터 15일(하도급대금의 지급기일이 그 전에 도래하는 경우에는 그 지급기일) 이내에 수급사업자에게 지급하여야 한다. 원사업자가 수급사업자에게 하도급대금을 지급할 때에는 원사업자가 발주자로부터 받은 현금비율 미만으로 지급하여서는 아니 된다.

(3) 어음지급기한을 초과어음은 불가함

원사업자가 하도급대금을 어음으로 지급하는 경우에는 해당 제조등의 위탁과 관련하여 발주자로부터 원사업자가 받은 어음의 지급기간(발행일부터 만기일까지)을 초과하는 어음을 지급하여서는 아니 된다.

원사업자가 하도급대금을 어음으로 지급하는 경우에 그 어음은 금융기관에서 할인이 가능한 것이어야 하며, 어음을 교부한 날부터 어음의 만기일까지의 기간에 대한 할인료를 어음을 교부하는 날에 수급사업자에게 지급하여야 한다. 다만 목적물 등의 수령일부터 60일 이내에 어음을 교부하는 경우에는 목적물 등의 수령일부터 60일이 지난 날 이후부터 어음의 만기일까지의 기간에 대한 할인료를 목적물 등의 수령일부터 60일 이내에 수급사업자에게 지급하여야 한다.

(4) 지연이자 지급

원사업자가 하도급대금을 목적물 등의 수령일부터 60일이 지난 후에 지급하는 경우에는 그 초과기간에 대하여 연 100분의 40 이내에서 「은행법」에 따른 은행이 적용하는 연체금리 등 경제사정을 고려하여 공정거래위원회가 정하여 고시하는 이율(15.5%)에 따른 이자를 지급하여야 한다.

> **【판례】** 공사계약서에 첨부된 「건설공사하도급계약조건」에 의하면 공사도급인의 공사대금채무와 수급인의 하자보수보증금채무는 동시이행관계에 있는 것으로 보이고, 따라서 공사대금의 일부가 아직 지급되지 않은 공사계약에 관한 수급인의 하자보수보증금채무는 그 변제기가 아직 도래하지 않았으며, 또한 위 계약조건에 의하면 수급인은 하자보수보증금으로서 금전 이외에도 소정의 보증서 등으로 갈음하여 이를 납부할 수 있어 쌍방이 서로 같은 종류를 목적으로 하는 채무를 부담하는 경우에 해당하지 아니하므로, 공사도급인의 공사대금채무와 수급인의 하자보수보증금채무는 상계적상에 있지 않다(청주지법 2003. 5. 2. 선고 2002가합2185 판결: 확정).

8) 설계변경 등에 따른 하도급대금의 조정

원사업자는 제조 등의 위탁을 한 후에 다음 각 호의 경우에 모두 해당하는 때에는 그가 발주자로부터 증액받은 계약금액의 내용과 비율에 따라 하도급대금을 증액하여야 한다. 다만 원사업자가 발주자로부터 계약금액을 감액받은 경우에는 그 내용과 비율에 따라 하도급대금을 감액할 수 있다. 하도급대금의 증액 또는 감액은 원사업자가 발주자로부터 계약금액을 증액 또는 감액받은 날부터 30일 이내에 하여야 한다(동법16조).

① 설계변경, 목적물 등의 납품 등 시기의 변동 또는 경제상황의 변동 등을 이유로 계약금액이 증액되는 경우
② 제1호와 같은 이유로 목적물 등의 완성 또는 완료에 추가비용이 들 경우

하도급대금을 증액 또는 감액할 경우, 원사업자는 발주자로부터 계약금액을 증액 또는 감액받은 날부터 15일 이내에 발주자로부터 증액 또는 감액받은 사유와 내용을 해당 수급사업자에게 통지하여야 한다. 다만 발주자가 그 사유와 내용을 해당 수급사업자에게 직접 통지한 경우에는 그러하지 아니하다.

6. FIDIC 일반조건

「FIDIC 일반조건」 제5조는 지명하도급자(Nominated Subcontractors: NSC)에 대하여 규정하고 있다. 지명하도급자란 계약에 언급된 자 또는 감리자가 하도급자로 고용할 것을 시공자에게 지시한 자를 말한다. 해당 하도급자가 충분한 능력, 자원 또는 재정적 능력을 보유하고 있지 않은 경우, 시공자는 지명하도급자에 대한 지명에 대한 거절(objection to nomination)을 할 수 있다.

시공자는 감리자가 하도급계약에 따라 지급이 도래된 것으로 확인한 금액을 지명하도급자에게 지급하여야 하며, 그러한 금액은 계약금액에 포함되어야 한다. 감리자는 기성확인서(Payment Certificates)를 발급하며, 이 확인서를 발급하기 전에 지명하도급자가 이전의 기성확인서에 따라 유보금 또는 기타 공제금액을 뺀, 지급받아야 할 모든 금액을 지급받았다는 증거를 시공자에게 요구할 수 있다. 이를 지급증거(evidence of payment)라 한다.

지명하도급(NSC) 제도는 발주자가 정한 규칙에 따라 특정 공사를 어느 전문건설업체에게 하도급할지를 직접 선정하는 방식이다. 이렇게 선정된 하도급업체는 주 시공업자와 함께 공사를 진행한다. 이 제도는 발주자 의견을 건설 프로젝트에 반영시킬 수 있다는 장점이 있다. 특히 공사 계획단계에서 하도급업체를 선정하는 만큼 설계단계에서부터 전문 기술사항과 요구사항을 사전에 반영해 설계 완성도를 높인다. 지명하도급 제도는 영국과 영연방국가에서 대체로 행해지는 하도급 계약방식이다. 또 영국의 지배를 받던 동남아시아 지역 국가에서도 하도급 계약 시 대체로 이 제도를 활용하고 있다.

제5절 공동도급계약

1. 개 요

공동도급계약이란 공사·제조·기타의 계약에서 발주기관과 공동수급체가 체결하는 계약을 말한다. 통상적으로 둘 이상의 사업자가 일정한 프로젝트를 공동으로 수행하는 형태인데, 근래에 와서는 점차적으로 이러한 공동도급의 유형이 증가하고 있는 추세이다. 공동도급계약과 관련하여 발생되는 권한과 책임의 문제를 중심으로 살펴본다. 관련 법규로는 「국가계약법」 제25조(공동계약), 「건설산업기본법」 제48조(건설사업자 간의 상생협력 등), 같은 법 시행령 제40조(공동도급 등에 관한 지도), 계약예규인 「공동계약운용요령」, 「건설공사 공동도급운영규정」, 「건설업자 간 상호협력에 관한 권장사항 및 평가기준」 등이 있다.

2. 공동도급계약

1) 개 념

공동도급계약이란 일반적으로 2인 이상의 사업자가 공동으로 어떤 일을 도급 받아 공동 계산하에 계약을 이행하는 특수한 도급형태이다. 건설공사와 같이 일정기간동안 사업이 계속된 후 완성되고 분야별로 정산이 가능한 사업 분야에서 활용될 수 있는 계약방식으로 공동도급에 참여하는 것은 각 구성원의 자유의지에 따라 이루어지므로 강제성은 없다.

2) 장단점

공동도급계약의 장점으로는 건설공사는 예측할 수 없는 위험요소를 내포하고 있는데, 이러한 위험을 공동수급체 구성원 사이에 분산시킬 수 있고, 건설회사 상호 간에 수급자격 또는 시공능력을 보완하는 수단이 된다. 발주자의 입장에서는 시공의 확실성을 높일 수 있고, 수급인 중에서 도산하는 회사가 발생하더라도 시공의 차질을 줄일 수 있으며, 건설회사 상호 간의 기술이전 촉진시키고 상호 부족한 부분을 보완하는 작용도 가능하다. 이는 결국 중소건설업체를 보호 또는 육성할 수 있다는 잇점이 있다는 것이다.

반대로 단점으로 지적되는 것은 공동도급계약을 체결하고서도 실제 시공은 공동수급체의 구성원 중 일부만이 담당하고 나머지 구성원은 명의료만을 지급받는 경우이다. 특히 지역의무 공동도급제도의 시행으로 시공능력이 부족한 지역 건설업체가 명의만을 빌려주고 시공에는 일체 참여하지 않는 경우가 많은 것이 실정이었다. 이러한 공동수급체는 비용만을 증가시킬 뿐 아무런 효용이 없고, 또한 결국 계약조건에 위배되기 때문에 있어서는 안 될 것이다.

3. 공동도급계약 관련 법규

1) 국가계약법

「국가계약법」제25조에 따르면 각 중앙관서의 장 또는 계약담당공무원은 공사계약·제조계약 또는 그 밖의 계약에서 필요하다고 인정하면 계약상대자를 둘 이상으로 하는 공동계약을 체결할 수 있다. 계약서를 작성하는 경우에는 그 담당 공무원과 계약상대자 모두가 계약서에 기명하고 날인하거나 서명함으로써 계약이 확정된다(법25조). 공동계약의 체결방법 기타 필요한 사항은 기획재정부 계약예규인 「공동계약운용요령」(기획재정부계약예규 제490호, 2020. 4. 7.개정)에 규정하고 있다.

각 중앙관서의 장 또는 계약담당공무원이 경쟁에 의하여 계약을 체결하고자 할 경우에는 계약의 목적 및 성질상 공동계약에 의하는 것이 부적절하다고 인정되는 경우를 제외하고는 가능한 한 공동계약에 의하여야 한다.

【질의】 가격경쟁성 강화로 예산을 절감하고 담합소지를 없애기 위해 대형 건설업체(예컨대, 시공능력공시 10위 이내) 간 공동수급체 구성을 금지할 수 있는지

【회신】 회계제도과-456, 2008. 5. 28.
기존 기획재정부 유권해석(회계제도과-483, 2007. 3. 22.)은 「국가계약법 시행령」제72조 제2항에 규정된 계약의 목적 및 성질상 부적절하다고 판단되는 경우까지 공동수급체 구성을 제한할 수 없다는 취지는 아니므로, 각 중앙관서의 장 또는 계약담당공무원은 공동수급체 구성이 계약의 목적 및 성질에 부저절하다고 판단되는 경우에는 공동수급체 구성을 제한할 수 있음.

공동계약을 체결할 때 다음 각 호의 어느 하나에 해당하는 사업인 경우에는 공사현장을 관할하는 특별시·광역시·특별자치시·도 및 특별자치도에 법인등기부상 본점 소재지가 있는 자 중 1인 이상을 공동수급체의 구성원으로 해야 한다. 다만 해당 지역에 공사의 이행에 필요한 자격을 갖춘 자가 10인 미만인 경우에는 그렇지 않다.

① 추정가격이 고시금액 미만이고 건설업 등의 균형발전을 위하여 필요하다고 인정되는 사업

② 저탄소·녹색성장의 효과적인 추진, 국토의 지속가능한 발전, 지역경제 활성화 등을 위해 특별히 필요하다고 인정하여 기획재정부장관이 고시하는 사업. 다만 외국건설사업자(「건설산업기본법」 제9조 제1항에 따라 건설업의 등록을 한 외국인 또는 외국법인을 말한다)가 계약상대자에 포함된 경우는 제외한다(영72조).

2) 건설산업기본법

국토교통부장관은 건설업의 균형 있는 발전과 건설공사의 효율적인 수행을 위하여 종합공사를 시공하는 업종을 등록한 건설사업자와 전문공사를 시공하는 업종을 등록한 건설사업자 간의 상생협력 관계 및 대기업인 건설사업자와 중소기업인 건설사업자 간의 상생협력 관계를 유지·발전하도록 하도급, 공동도급(joint contract) 등에 관한 지도를 할 수 있다(건산법48조1항). 그리고 대기업인 건설사업자와 중소기업인 건설사업자 간의 협력관계를 유지하도록 하기 위하여 필요하다고 인정하는 경우 공동도급 등에 관하여 다음 각 호의 사항을 정하여 고시하고 그에 따른 지도를 할 수 있다(영40조).

① 발주자와 공동수급체 간 또는 공동수급체의 구성원 상호 간의 시공상 책임한계와 공사실적의 인정 등 공동도급의 유형과 그 운영에 관한 기준

② 건설사업자 간의 상생협력에 관한 권장 사항

③ 건설사업자 간의 상생협력의 평가에 관한 기준

공동도급제도는 다양한 효용이 있는데, 위험의 분산, 자격 또는 능력의 상호보완, 공사 관리의 합리화, 중소건설업체의 육성 및 기술이전의 촉진 등을 통해 건설업계의 동반성장을 기대할 수 있다.

4. 공동도급계약의 유형

공동도급의 유형과 그 내용에 대해서는 「건설산업기본법」에서는 고시인 「건설공사 공동도급 운영규정」을 통해 공동도급의 유형과 내용을 규정하고 있다. 「국가계약법」에서는 계약예규로서 「공동도급계약운용요령」에서 세부적인 사항을 규정하고 있는데, 공동이행방식과 분담이행방식 및 주계약자관리방식의 세 가지로 구분한다.

1) 공동이행방식

건설공사 계약이행에 필요한 자금과 인력 등을 공동수급체구성원이 공동으로 출자하거나 파견하여 건설공사를 수행하고 이에 따른 이익 또는 손실을 각 구성원의 출자비율에 따라 배당하거나 분담하는 공동도급계약을 말한다. 공동수급체 구성원이 일정 출자비율에 따라 연대하여 공동으로 계약을 이행하는 공동계약이다.

【질의】 대표사의 중도 탈퇴와 잔존구성원의 계약이행 : ○○아파트 건설공사를 A사와 공동이행방식에 의한 공동계약으로 시공중 대표사인 A사의 경영상태 악화로 인하여 현장작업이 중단된 상태로서 A사가 공사포기를 하거나 지분양도를 할 경우 잔존구성원인 당사만으로는 면허, 실적, 시공능력 등 당해계약 이행요건을 갖추지 못할 경우에도 계약을 이행하여야 하는지?

【회신】 조달청 법무지원팀-2793, 2007. 7. 11.
공동이행방식으로 체결한 공동도급계약에서 계약예규 「공동계약 운용요령」[별표1] 공동수급표준협정서(공동이행방식) 제12조 제2항의 규정에 의하여 구성원 중 일부가 탈퇴한 경우에는 잔존구성원이 공동 연대하여 당해계약을 이행하며, 다만 잔존구성원만으로는 면허, 시공능력 등 당해계약이행요건을 갖추지 못할 경우에는 연대보증인과 연대하여 당해계약을 이행하여야 하며, 연대보증인이 없거나 연대보증인이 계약을 이행하지 않은 경우에는 잔존구성원이 발주기관의 승인을 얻어 새로운 구성원을 추가하는 방법으로 당해요건을 충족하여 당해 계약을 이행하여야 할 것임.

2) 분담이행방식

건설공사를 공동수급체 구성원별로 분담하여 수행하는 공동도급계약을 말한다. 계약이행책임은 분담내용에 따른 구성원별 각자 책임을 부담하는 형태이다. 권한행사와 책임부담은 분담한 부분에 대하여 지게 된다. 따라서 출자비율과 손익분배의 개념이 없고, 발주자에 대한 계약상 의무이행에서 각 구성원은 분담내용에 대해서만 책임을 진다. 하자에 대해서도 각 구성원은 자기가 수행한 분담내용에 대해서만 담보책임을 진다.

3) 주계약자관리방식

주계약자란 공동수급체의 구성원 중에서 공동계약의 수행에 관하여 종합적인 계획·관리 및 조정을 하는 자를 말하며, 이러한 관리방식을 주계약자관리방식이라 한다. 주계약자관리방식은 「건설산업기본법」에 따른 건설공사를 시행하기 위한 공동수급체의 구성원 중 주계약자를 선정하고, 주계약자가 계약의 수행에 관하여 종합적인 계획·관리 및 조정을 하는 공동계약을 말한다. 이 경우 종합건설사업자와 전문건설사업자가 공동으로 도급받은 경우에는 종합건설사업자가 주계약자가 된다.

주계약자는 발주자 및 제3자에 대하여 공동수급체를 대표하며, 공동수급체의 재산관리 및 대금청구 등의 권한을 가진다. 주계약자는 자신이 분담한 부분에 대해 계약이행책임을 지고 또한 다른 구성원의 계약이행에 대해서도 연대하여 책임을 지며, 주계약자가 아닌 구성원은 자신이 분담한 부분에 대해서만 계약이행책임을 진다. 이 방식은 공동이행방식과 분담이행방식을 절충한 형태라 볼 수 있다.

4) 공동도급운영기준

발주자는 입찰공고 시 건설공사의 규모나 복잡성 등을 감안해 필요한 경우에는 공동도급계약의 이행방식, 공동수급체 구성원의 자격 및 구성원 수, 최소 출자비율을 따로 정할 수 있다. 공동수급체의 구성원은 건설산업기본법령 등 관계법령에 따라 공동도급 공사를 이행하는 데 필요한 면허·허가·등록·신고 등의 자격요건을 모두 충족해야 한다. 다만 주계약자방식에 의한 주계약자 이외의 구성원과 분담이행방식에 의한 구성원은 분담한 공사를 이행하는 데 필요한 면허 등의 자격요건만 충족해도 된다.

공동수급체의 대표자는 구성원들의 상호 협의에 따라 선임하는 것이 원칙이지만 발주자가 입찰공고 등에서 요구한 자격을 가진 자를 우선적으로 선임해야 한다. 공동수급체의 대표자는 발주자 및 제3자에 대해 공동수급체를 대표해 재산관리와 대금청구 등의 권한을 가진다. 하지만 대표자에게 파산, 해산, 부도 기타 부득이한 사유가 있는 경우에는 그러하지 않다.

「건설산업기본법」 제48조 및 동법 시행령 제40조에 의하여 국토교통부장관은 「건설공사 공동도급운영규정」을 고시하고 있다. 그러나 실제로 건설현장에서 공사를 수행하기 위해서는 일반적으로 「공동수급 운영협약서」를 체결한 후 지분에 따라 공사를 수행하게 된다. 「공동수급 운영협약서」는 총칙, 운영위원회 운영, 현장조직 및 사무소 운영, 지급 및 회계관리, 예산 및 하도급관리, 자재관리, 장비관리, 품질 및 환경관리, 하자보수 및 준공관리, 구성원의 탈퇴 및 기타사항으로 공동수급체 운영을 위한 구체적이고 실무적인 사항을 규정하게 된다.

5) 대가의 지급(운영규정11조)

공동수급체의 대표자는 선금·공사대금 등을 구성원별로 구분 기재된 지급청구서를 발주자에게 제출하여야 한다. 다만 공동수급체의 대표자가 파산 또는 해산, 부도 기타 부득이한 사유로 이를 행사할 수 없는 경우에는 공동수급체의 다른 모든 구성원의 연명으로 이를 제출할 수 있다.

발주자는 청구된 금액을 공동수급체 구성원 각자에게 지급하여야 한다. 다만 공동이행방식 또는 주계약자관리방식으로 공동도급 받은 건설공사의 선금은 공동수급체의 대표자에게 일괄지급하여야 한다.

기성대가는 공동수급체의 대표자 및 각 구성원의 이행내용에 따라 지급하여야 한다. 이 경우 준공대가 지급 시에는 구성원별 총 지급금액이 준공 당시 공동수급체 구성원의 출자비율 또는 분담내용과 일치하여야 한다.

6) 하자담보책임(운영규정12조)

공동수급체가 해산된 후 당해 건설공사에 하자가 발생한 경우 공동수급체 구성원은 연대하여 책임을 진다. 다만 주계약자관리방식의 경우 주계약자이외의 구성원과 분담이행방식의 경우 각 구성원은 자신이 분담하여 시공한 내용에 따라 책임을 진다.

공동이행방식과 분담이행방식 및 주계약자방식 간의 권한과 책임에 대한 내용을 비교하면 다음과 같이 정리된다.

[표 6-3] 이행방식별 상호비교

구분	공동이행방식	분담이행방식	주계약자방식
공동수급체의 구성내용	• 출자비율에 의한 구성	• 공사를 분담하여 구성	
공동수급체 대표자 권한	• 발주자 및 제3자에 대하여 공동수급체를 대표하며, 공동수급체의 재산관리 및 대금의 청구, 수령 및 공동수급체의 재산관리 등의 권한을 가짐		
구성원의 책임	• 전체에 대하여 연대책임	• 분담한 부분에 대하여 각자 책임	• 분담한 부분에 대하여 각자 책임
계약이행 책임	• 구성원 전체가 연대책임	• 분담내용에 따른 구성원별 각자 책임을 부담	• 구성원 : 분담내용 각자 책임 • 대표자 : 전체계약의 이행책임
하도급관계	• 다른 구성원 동의 없이 공사일부 하도급 불가	• 구성원 자기책임하에 분담 부분의 일부하도급 가능	• 주계약자를 제외한 구성원은 원칙적으로 하도급 불가
하자담보책임	• 공동수급체 해산 후 당해 공사하자 발생 시 연대책임	• 분담내용에 따라 각 구성원별 각자 책임	
손익의 배분	• 출자비율에 의한 배분	• 분담공사별로 배분	
중도 탈퇴 가능 여부	• 입찰 또는 당해 계약의 이행을 완료하는 날까지 탈퇴 불가(원칙)		
중도탈퇴에 대한 조치	• 잔존 구성원이 공동연대하여 이행	• 당해 구성원의 연대보증인이 분담부분 이행	• 당해 구성원의 연대보증인이 분담부분 이행

5. 공동수급체의 법적 성격

공동수급체의 법적 성격은 공동이행방식이냐 분담이행방식이냐에 따라 달라진다. 공동이행방식 공동수급체의 법적 성격은 민법에 규정된 15가지 전형계약 중 하나인 '조합'으로 보는 것이 통설과 판례이다.[46) 조합계약에도 계약자유의 원칙이 적용되므로, 구성원들은 자유로운 의사에 따라 조합계약의 내용을 정할 수 있다. 조합의 구성원들 사이에 내부적인 법률관계를 규율하기 위한 약정이 있는 경우에, 그들 사이의 권리와 의무는 원칙적으로 약정에 따라 정해진다. 이 경우 한쪽 당사자가 약정에 따

---

46) 문장록, 건설계약 클레임, 대한설비건설협회 회원사 강습회 교재, 2003; 이춘원, 공동수급체의 법적 성격에 관한 일 고찰, 한국비교사법학회(비교사법 제21권 제3호), 2014; 최운성, 건설공동수급체의 공사대금 청구권 귀속: 대법원 2012. 5. 17. 선고 2009다105406 전원합의체 판결, 재판과 판례 제23집(대구판례연구회), 2015.

른 의무를 이행하지 않아 상대방이 도급인에 대한 의무를 이행하기 위하여 손해가 발생하였다면, 상대방에게 채무불이행에 기한 손해배상책임을 진다.[47]

우리 대법원의 일관되고 확고한 판례는 공동이행방식 공동수급체는 민법상 조합의 성격을 갖는다고 본다. 그러나 분담이행방식 공동수급체의 법적 성격에 대하여는 민법상 조합이라는 견해와 조합으로 보기에는 문제가 많으므로 조합이 아니라는 견해가 대립하고 있는데, 이에 대해서는 판례는 아직 없다.

재산을 소유하는 형태는 민법상 공유(公有),[48] 합유(合有),[49] 총유(總有)[50]의 세 가지가 있는데, 민법상 조합의 재산은 조합원 전원의 합유에 속한다. 대법원 판례는 조합의 채권 등 조합재산은 조합원 전원에게 합유적으로 귀속하는 것이고[51] 지분의 비율에 의해 조합원에게 분할되어 귀속하는 것이 아니라고 본다. 공동이행방식의 공동수급체는 민법상 조합에 해당하고, 따라서 조합재산인 공사대금채권은 각 조합원, 즉 공동수급체의 각 구성원에게 속하지 않고 조합원 전원, 즉 구성원 전원의 합유에 속한다. 그러므로 공동이행방식의 경우 공사대금채권은 구성원 전원의 합의에 따라 공동으로 청구하거나 대표자가 공동수급체를 대표하여 청구해야 하고, 발주자도 공사대금을 공동수급체에게 지급해야 하며, 각 구성원에게 지급해서는 안 되는 것이 민법상 원칙이다.

6. 공동수급체의 공사대금 청구소송

공동이행방식 공동수급체의 구성원 1인에 대한 채권자가 공동수급체의 공사대금채권에 대해 압류나 가압류를 하는 경우, 그 공사대금채권은 구성원의 소유가 아니라 공동수급체의 소유이므로, 그러한 압류나 가압류는 채무자 소유가 아닌 제3자 소유

---

47) 대법원 2017. 1. 12. 선고 2014다11574, 11581 판결.
48) 제262조(물건의 공유) ① 물건이 지분에 의하여 수인의 소유로 된 때에는 공유로 한다. ② 공유자의 지분은 균등한 것으로 추정한다.
49) 제271조(물건의 합유) ① 법률의 규정 또는 계약에 의하여 수인이 조합체로서 물건을 소유하는 때에는 합유로 한다. 합유자의 권리는 합유물 전부에 미친다. ② 합유에 관하여는 전항의 규정 또는 계약에 의하는 외에 다음 3조의 규정에 의한다.
50) 제275조(물건의 총유) ① 법인이 아닌 사단의 사원이 집합체로서 물건을 소유할 때에는 총유로 한다. ② 총유에 관하여는 사단의 정관 기타 계약에 의하는 외에 다음 2조의 규정에 의한다.
51) 대법원 2011. 11. 24. 선고 2010도5014 판결.

의 재산을 대상으로 한 것이어서 당연 무효라는 것이 대법원의 판례이다.

이 판례에 따르면 "조합원 중 1인에 대한 채권으로써 그 조합원 개인을 집행채무자로 하여 조합의 채권에 대하여 강제집행을 할 수 없다"고 판시하고, 도급계약 체결 당시 수급인인 6개 회사가 발주자에게 제출한 공동협정서에 터잡아 상호 간에 금전기타 재산 및 노무를 출자하여 신축공사 관련 사업을 공동으로 시행하기로 하는 내용을 약정한 경우 그들 사이에는 민법상 조합이 성립하므로, 세무서장이 동 조합의 구성원인 1개 회사의 부가가치세 체납을 이유로 6개 회사의 조합재산인 공사대금 채권에 대하여 압류처분을 한 것은 체납자 아닌 제3자 소유의 재산을 대상으로 한 것으로서 당연무효라고 판시하고 있다(대법원 2001. 2. 23. 선고 2000다68924 판결).

그러나 분담이행방식의 경우 그러한 압류나 가압류의 효력은 공동수급체의 법적 성격을 조합으로 볼 것인가 아닌가에 따라 달라질 것이나, 이에 대한 판례는 아직 없다. 그러한 압류나 가압류는 분담이행방식의 공동수급체를 조합으로 본다면 당연 무효가 되고 조합이 아니라고 본다면 유효가 된다. 건설공동수급체의 공사대금 청구권 귀속과 관련된 판례를 그대로 인용하면 다음과 같다.

> **【판례】** (가) 공동이행방식의 공동수급체는 기본적으로 민법상 조합의 성질을 가지는 것이므로, 공동수급체가 공사를 시행함으로 인하여 도급인에 대하여 가지는 채권은 원칙적으로 공동수급체 구성원에게 합유적으로 귀속하는 것이어서, 특별한 사정이 없는 한 구성원 중 1인이 임의로 도급인에 대하여 출자지분 비율에 따른 급부를 청구할 수 없고, 구성원 중 1인에 대한 채권으로써 그 구성원 개인을 집행채무자로 하여 공동수급체의 도급인에 대한 채권에 대하여 강제집행을 할 수 없다(대법원 2012. 5. 17. 선고 2009다105406 판결).

7. 공동수급구성원의 책임 한계

1) 공동이행방식의 경우

공동이행방식의 경우에는 발주자에 대한 계약상의 의무이행에 대하여 공동수급체 구성원 전원이 연대하여 책임을 진다. 따라서 각 구성원이 공사를 일부씩 별도로 시공을 했다고 하더라도, 한 구성원의 하자 발생, 공기 지연, 미완공 등으로 책임이 발생할 경우 구성원 전원이 연대하여 책임을 져야 한다.

발주자는 하자보수청구나 이에 갈음하여 손해배상청구를 구성원 전원에게 할 수 있고, 각 구성원은 하자발생 부분이 자신의 시공부분이 아니라는 이유로 그 청구에 대한 책임을 면할 수 없다. 하자담보책임기간도 전 구성원에게 공통적으로 적용된다.

공동수급체가 해산된 후 당해 건설공사에 하자가 발생한 경우 공동수급체 구성원은 연대하여 책임을 진다. 다만 주계약자관리방식의 경우 주계약자 이외의 구성원과 분담이행방식의 경우 각 구성원은 자신이 분담하여 시공한 내용에 따라 책임을 진다. 그렇다면 공동수급체를 구성하여 시공한 건설공사에 대하여 하자가 발생한 경우 공동수급체의 구성원들은 자기가 시공하지 않은 부분에서 발생한 하자에 대하여도 하자보수의무를 부담하게 되는지 아니면 공동수급체 전원에 대하여 하자담보책임을 물을 수 있는가의 문제가 있다.

이에 대하여 국토교통부의 「건설공사 공동도급운영규정」 제12조 및 「공동수급표준협정서(공동이행방식)」 제13조는 공동수급체가 해산한 후 당해 공사에 관하여 하자가 발생하였을 경우에는 연대하여 책임을 진다고 규정하고 있다. 따라서 도급인은 하자보수청구나 이에 갈음하는 손해배상청구를 수급인 전체에 대해서 제기할 수 있으며, 구성은 특별한 사정이 없는 한 그 부분이 자신의 시공 부분이 아니라는 이유로 거부할 수 없다.

공동수급체가 공사를 지체하여 지체상금을 납부하는 경우, 구성원 전원이 지체상금을 납부할 의무가 있고, 지체상금의 산출의 기준이 되는 계약금액은 전체 공사대금이고, 각 구성원이 시공을 맡은 부분의 공사대금이 아니다. 공동수급체 구성원 전원은 전체 공사대금을 기준으로 산출된 지체상금을 출자비율에 따라 공동 납부해야 한다.

【판례】 甲과 乙이 함께 지하차도 확장공사를 국가로부터 도급받아 甲은 포장을 제외한 전체 공사를, 乙은 포장공사를 각 나누어 받기로 한 경우, 공사 중 甲 및 乙이 각 책임지기로 한 부분이 특정되어 있기는 하나, 공사이행에 관하여 상호연대보증을 하였으며 도급인인 국가의 입장에서 보면 甲 및 乙이 맡은 위 각 공사는 전체로서 지하차도 확장공사라는 하나의 시설공사를 이루고 있는 것이고, 또한 위 공사의 성질상 乙이 맡은 포장공사는 甲이 맡은 나머지 공사를 완공한 후에 할 수 있는 공사이어서, 甲이 자신이 맡은 공사를 완공하지 못하는 경우는 乙도 그가 맡은 포장공사를 준공기한 내에 하지 못하는 것이며, 위 도급계약에서 정한 준공기한도 甲이 맡은 공사만의 준공기한이 아니라 乙이 맡기로 한 포장공사까지 포함한 공사 전체의 준공기한이므로, 甲이 자신이 맡은 공사를 위 준공기한 내에 하지 못함으로써 지체상금을 부담하는 경우, 그 지체상금의 기준이 되는 계약금액은 甲이 맡은 부분에 해당하는 공사대금뿐만 아니라 공사의 전체 공사대금으로 보아야 한다(대법원 1994. 3. 25. 선고 93다42887 판결).

2) 분담이행방식의 경우

이 경우에는 발주자에 대한 계약상 의무이행에 대하여 공동수급체 구성원은 분담 내용에 따라 각자가 책임을 진다. 따라서 한 구성원의 하자 발생, 공기 지연, 미완공 등으로 책임이 발생할 경우 그 구성원만 책임을 지고 다른 구성원은 책임을 지지 않는다. 발주자에 대한 각 구성원의 책임이 독립되어 있으며 서로 영향을 미치지 않는 것이다. 예컨대, 지하철 공사에서 각 공구별로 분담하여 공사를 수행하는 경우 등이다.

발주자는 하자보수청구나 이에 갈음하는 손해배상청구를 하자가 발생한 부분을 시공한 구성원에게만 할 수 있다. 하자담보책임기간도 분담시공한 공사 내용에 따라 구성원 별로 달리 적용된다. 하자담보책임 기간은 둘 이상의 공종이 복합된 공사의 경우 하자책임이 가능하다면 주된 공종을 기준으로 일률적으로 적용하지 않고 각 세부 공종별로 따로 적용하기 때문이다.

분담이행방식 공동수급체가 공사를 지체하여 지체상금을 납부하는 경우, 공사 지체를 직접 야기한 구성원만 지체상금을 납부할 의무가 있고, 지체상금 산출의 기준이 되는 계약금액은 그 구성원의 분담 부분에 해당하는 공사대금이고 전체 공사대금이 아니다.

【판례】 공동수급인이 분담이행방식에 의한 계약을 체결한 경우에는 공사의 성질상 어느 구성원의 분담 부분 공사가 지체됨으로써 타 구성원의 분담 부분 공사도 지체될 수밖에 없는 경우라도, 특별한 사정이 없는 한, 공사 지체를 직접 야기한 구성원만 분담 부분에 한하여 지체상금의 납부의무를 부담한다(대법원 1998. 10. 2. 선고 98다33888 판결).

제6절 설계변경으로 인한 계약금액의 조정

1. 개 요

정부계약은 기본적으로 확정계약이 원칙이다. 그러나 특별한 사정이 발생할 경우에는 계약금액을 변경할 수 있는데, 이를 사정변경의 원칙이라 한다. 따라서 건설공사 계약의 경우에는 설계변경, 물가변동 및 기타 계약내용의 변경이 있을 경우에는 예외적으로 계약금액을 변경할 수 있도록 하고 있다. 예컨대, 설계도서와 공사현장의 상태가 다른 경우, 설계도서의 표시가 불명확한 경우, 기타 발주기관이 설계서를 변경할 필요가 있다고 인정할 경우 등 특별한 사정이 있는 경우에는 설계를 변경할 수 있으며, 이러한 설계변경조치는 그 설계변경이 필요한 부분의 이행 전에 완료하여야 한다.

관련 법규로는 「국가계약법」 제19조(물가변동 등에 따른 계약금액 조정), 같은 법 시행령 제65조(설계변경으로 인한 계약금액의 조정), 「지방계약법」 제22조(물가 변동 등에 따른 계약금액의 조정), 같은 법 시행령 제74조(설계변경으로 인한 계약금액의 조정)이 있고, 계약예규로서 「공사계약일반조건」 제19조(설계변경 등), 제19조의 2~제19조의 7, 제20조(설계변경으로 인한 계약금액의 조정), 제21조(설계변경으로 인한 계약금액조정의 제한등), 「공사계약특수조건」 제26조(설계변경으로 인한 계약금액의 조정) 등이 있다.

2. 계약금액 조정 유형

각 중앙관서의 장 또는 계약담당공무원은 공사계약·제조계약·용역계약 또는 그 밖에 국고의 부담이 되는 계약을 체결한 다음 물가변동, 설계변경, 그 밖에 계약내용의 변경으로 인하여 계약금액을 조정할 필요가 있을 때에는 대통령령으로 정하는 바에 따라 그 계약금액을 조정한다(국가계약법19조). 계약금액을 조정할 수 있는 경우는 다음의 그림과 같이 세 가지로 구분된다. 첫째 물가변동이 있는 경우, 둘째 설계변경의 경우와, 셋째 계약내용의 변경이 있는 경우이다. 그림으로 나타내면 다음과 같다.

[그림 6-3] 계약금액의 조정사유

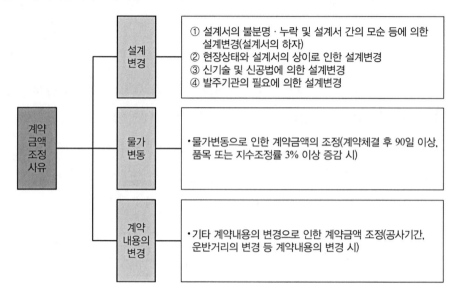

계약금액 조정사유

설계변경
① 설계서의 불분명·누락 및 설계서 간의 모순 등에 의한 설계변경(설계서의 하자)
② 현장상태와 설계서의 상이로 인한 설계변경
③ 신기술 및 신공법에 의한 설계변경
④ 발주기관의 필요에 의한 설계변경

물가변동
•물가변동으로 인한 계약금액의 조정(계약체결 후 90일 이상, 품목 또는 지수조정률 3% 이상 증감 시)

계약내용의 변경
•기타 계약내용의 변경으로 인한 계약금액 조정(공사기간, 운반거리의 변경 등 계약내용의 변경 시)

3. 설계변경

설계변경이라 함은 공사의 시공 도중 예기치 못했던 사태의 발생이나 공사물량의 증감, 계획의 변경 등으로 당초의 설계내용을 변경시키는 것을 말한다. 이와 같이 설계변경으로 공사량의 증감이 있는 경우에는 그에 따른 계약금액의 조정을 하게 된다. 설계변경은 성격상 당초 계약의 목적이나 본질을 바꿀 만큼의 변경이 되어서는 아니 되는데, 이러한 경우에는 설계변경이 아니라 오히려 새로운 계획으로 보는 것이 타당할 것이다.

1) 설계서의 개념

설계변경으로 인한 계약금액 조정에서 설계서의 개념이 정립되어 있어야 한다. 왜냐하면 설계서의 명확한 정의만이 설계변경 대상을 판단할 수 있고, 또한 설계변경의 투명성을 확보할 수 있기 때문이다. 「공사계약일반조건」 제2조 제4호에서는 설계서의 정의를 다음과 같이 규정하고 있다.

설계서라 함은 공사시방서, 설계도면, 현장설명서, 공사기간의 산정근거(「국가계약법 시행령」 제6장 및 제8장의 계약 및 현장설명서를 작성하는 공사는 제외한다) 및 공종별 목적물 물량내역서를 말한다. 다만 수의계약공사, 설계시공 일괄공사 및 대안입찰의 대안채택부분은 제외한다. 정리하면, 설계도면, 공사시방서 및 현장설명서는 공사의 종류에 관계없이 설계서에 포함되나, 물량내역서는 ① 수의계약공사 ② 일괄입찰공사 ③ 대안입찰에서 대안이 채택된 공종의 공사 ④ 신기술·신공법 등으로 사후공사의 물량내역서는 설계서가 아니다.

위와 같이 설계서는 금액이 없다. 금액이 기재되어 있는 산출내역서, 공사원가계산서, 일위대가표, 표준품셈, 단가산출근거, 수량산출근거 등은 설계서가 아니므로 이를 근거로 설계변경을 할 수 없다.

2) 설계서의 종류

(1) 설계도면

건설공사 목적물에 대해 구체적으로 수치로 표시된 재질 및 형태의 그림으로써 수량산출 및 단가산출의 기준이 되며, 대체로 설계도서 중 가장 중요한 역할을 한다. 현장과 조건이 맞지 않을 때나 시공성 개선의 효과가 있을 때는 발주처 감독관과 합의하에 변경도면을 작성, 설계변경 시 사용한다.

(2) 시방서

설계 설명서라고도 한다. 건설공사에 대한 모든 사항을 규정하고 있는 서류로써 일반사항을 규정하고 있는 일반시방서와 이에 명시되지 않은 사항은 특별시방서에 명시되어 있으므로 이의 충분한 검토, 숙지가 중요하다. 일반시방서는 각 공사 수행에서 필요한 일반적인 모든 사항을 규정하고 있으며, 특별시방서와 함께 공사일반에 관한 기준이 된다. 특별시방서는 각 공사별 품질기준 및 Standard Code에 관한 규정이 명시되어 있으며, 각 공종별 적용범위, 작업순서, 방법, 작업별 설계변경 정산조건 등 각 공종별 공사에 관한 품질, 작업순서 방법 등에 관한 내용을 포함하고 있으므로, 각 공종 담당기사는 정확히 파악 후 작업에 임해야 한다. 이러한 내용은 실제 현장여건과 비교하여 차이가 있을 때 설계변경에 이용되며, 계약 내역서 작성 시 정확히 파악 후 단가조정 작업 등을 하여야 한다.

(3) 현장설명서

현장설명서란 입찰 전에 공사가 진행 될 현장에서 현장상황, 도면 및 시방서에 표시하기 어려운 사항 등 입찰참가자가 입찰가격의 결정 및 시공에 필요한 정보를 제공·설명하는 서면을 말한다. 현장설명시 교부하는 도서로서 시공에 필요한 현장상태 등에 관한 정보나 단가에 관한 설명서 등을 포함한 입찰가격 결정에 필요한 사항을 제공하는 도서를 말한다.

각 중앙관서의 장 또는 계약담당공무원은 공사입찰을 하는 경우 그 공사의 성질·규모 등을 고려하여 실제 공사현장에서 입찰참가자의 적정한 시공을 위한 현장설명을 실시할 수 있고(국가계약법 시행령14조의2), 이러한 현장설명은 공사의 규모에 따라 해당 입찰서 제출마감일의 전일부터 기산하여 다음 각 호에서 정한 기간 전에 실시해야 한다. 다만 긴급한 재해복구 예방 등의 경우에는 그 기간을 단축할 수 있다.

① 추정가격이 10억 원 미만인 경우 7일
② 추정가격이 10억 원 이상 50억 원 미만인 경우 15일
③ 추정가격이 50억 원 이상인 경우 33일

(4) 공사기간의 산정근거

공사계약 체결 시 발주기관이 작성·배부하는 설계서에 "공사기간 산정근거"를 명시하도록 2020. 9. 24. 「공사계약일반조건」을 개정하였다. 다만 「국가계약법 시행령」 제6장(대형공사계약) 및 제8장(기술제안형 입찰 등에 의한 계약)의 계약 및 현장설명서를 작성하는 공사는 제외한다.

(5) 물량내역서

내역입찰 시에는 발주자가 공종별 목적물 물량이 표시된 내역서를 배부해주는데, 공종별 목적물 물량내역서라 함은 목적물을 구성하는 품목 또는 비목과 규격, 수량, 단위 등이 표시된 다음 각 목의 내역서를 말한다.

① 「국가계약법 시행령」 제14조 제1항에 따라 계약담당공무원 또는 입찰에 참가하려는 자가 작성한 내역서

② 「국가계약법 시행령」 제30조 제2항 및 계약예규 「정부 입찰·계약 집행기준」 제10
    조 제3항에 따라 견적서제출 안내공고 후 견적서를 제출하려는 자에게 교부된 내
    역서

　물량내역서는 공종별 목적물을 구성하는 품목 또는 비목과 규격, 수량, 단위 등이
표시된 문서(일반적으로 단가, 금액이 없는 '공사내역서'라 한다)를 말하며, 일반적인 산출내역
서와는 다르다. 산출내역서는 공사내역서에 입찰자가 단가를 기재하여 제출한 문서
를 말하며, 물량내역서는 설계서에 포함되지만 산출내역서는 설계서에 포함되지 않
는다.

4. 설계변경과 유사한 경우

1) 설계변경과 계약변경

　외국의 계약조건에서 말하는 Variation이나 Change 등은 계약사항의 변경을 의미
하고 있다. 계약의 내용은 계약의 이행과정에서 변경될 개연성이 있기 때문에 이에
대하여 규정할 필요성이 있다. 그러나 우리나라의 계약서에는 이에 대한 직접적인 언
급이 없고 일반조건에서 설계변경에 관련한 조항이 있기는 하나, 설계변경이 곧 계약
사항의 변경을 뜻하는 것은 아니다.

　계약사항의 변경은 실제의 변경뿐만 아니라 그로 인한 계약금액 및 계약기간의 변
경, 물가 또는 법규의 변경으로 인한 계약내용의 변경 등 모든 경우를 포함한다. 계약
사항의 변경이 있을 경우에는 경미한 경우를 제외하고는 계약금액의 조정이 불가피
하게 된다. 계약사항의 변경이 계약기간의 변경사유가 된다면 당연히 계약기간도 조
정되어야 한다.

2) 설계변경과 추가공사

　이와 함께 설계변경과 유사한 개념으로 추가공사가 있고, 이는 구별되어야 한다.
그 이유는 설계변경에 해당한다면 계약에 규정된 바에 따라 설계변경에 따른 계약금
액 조정을 하고, 시공자의 의사와 관계없이 시공자는 그 변경·증가된 내용을 이행을
이행할 의무가 있으나, 추가공사에 해당한다면 시공자는 그 공사를 시공할 것인지 아

니면 포기할 것인지를 선택할 수 있기 때문이다.

설계변경이나 추가공사냐에 따라 선급금 또는 일반관리비율이 달라지게 된다. 설계변경의 경우 그 증가된 공사비를 당초의 계약금액에 합산한 금액을 기준으로 선급금 지급률을 결정하게 되고, 일반관리비율은 당초 산출내역서상의 일반관리비율을 적용할 것이나, 추가공사의 경우 그 증가된 공사비만을 기준으로 선급금 지급률과 일반관리비율을 결정하게 된다.

설계변경과 추가공사는 설계변경의 개념에 비추어 그 구별 기준은 다음과 같이 정리할 수 있다. 첫째, 당초 계약이 본질을 훼손하지 않는 변경만이 설계변경이고, 당초 계약의 본질을 훼손하는 정도의 변경은 추가공사에 해당한다. 둘째, 변경·증가되는 공사가 당초 설계내용의 변경을 초래하는 경우에는 설계변경에 해당하나, 당초 설계내용의 변경을 초래하지 않고 변경·증가되는 공사와 관계없이 당초의 공사목적물을 시공하는 것이 가능하다면 이는 추가공사에 해당한다.

3) 설계변경 관련 법규

우리나라는 계약사항의 변경에 대하여 「국가계약법」 제19조에서 "공사·제조·용역 기타 국고의 부담이 되는 계약"에서 "물가의 변동, 설계변경 기타 계약내용의 변경"으로 인한 계약금액의 조정규정을 명시하고 있고, 동법 시행령 제64조(물가변동으로 인한 계약금액의 조정), 제65조(설계변경으로 인한 계약금액의 조정) 및 제66조(기타 계약내용의 변경으로 인한 계약금액의 조정)에서 구체적인 내용을 기술하고 있다.

5. 설계변경의 사유

설계변경이란 계약상대자의 의사와는 관계없이 계약조건대로 설계변경 및 계약금액의 조정을 하고, 수량증가분을 이행하여야 하는 것으로 「공사계약일반조건」 제19조 제1항에는 다음과 같은 사유가 있다.

1) 설계서 불분명·누락·오류·상호 모순이 있는 경우(일반조건19조의2)

설계서란 공사시방서, 설계도면, 현장설명서, 공사기간의 산정근거 및 물공량내역서(추정가격 1억 원 이상인 경우)를 말하며, 이러한 설계서가 불분명한 경우에는 설계서를 검토 및 확인한 후에 설계변경 여부를 결정한다. 그리하여 설계서에 누락·오류 또는 상호 모순이 있는 경우에는 조사 및 확인한 후 목적물의 기능과 안전이 확보될 수 있도록 설계서를 보완한다.

(1) 설계도서의 해석상 우선순위

설계도서, 법령해석, 감리자의 지시 등이 서로 일치하지 아니하는 경우에 계약으로 그 적용의 우선순위를 정하지 아니한 때는, ① 특기시방서 ② 설계도서 ③ 일반시방서, 표준시방서 ④ 산출내역서 ⑤ 승인된 시공도면 ⑥ 관계법령의 유권 해석 ⑦ 감리자의 지시사항의 순서를 원칙으로 한다(건설공사 설계도서 작성지침).

(2) 설계도서의 해석

첫째, 설계도서의 내용이 서로 일치하지 아니하는 경우에는 관계법령의 규정에 적합한 범위 내에서 감리자의 지시에 따라야 하며, 그 내용이 설계상 주요한 사항인 경우에 감리자는 설계자와 협의하여 지시 내용을 결정하여야 한다.

둘째, 제1항의 경우로서 감리자 및 설계자의 해석이 곤란한 경우에는 당해 공사 계약의 내용에 따라 적용 우선순위 등을 결정하여야 하며, 계약 서류 등에 특별히 명기되어 있지 아니한 경우 설계도서의 적용 우선순위는 ① 특별시방서 ② 설계도면 ③ 일반시방서, 표준시방서 ④ 수량산출내역서 ⑤ 승인된 시공도면이 된다(주택의 설계도서 작성기준10조).

셋째, 설계도면과 공사시방서가 상이한 경우로서 물량내역서가 설계도면과 상이하거나 공사시방서와 상이한 경우에는 설계도면과 공사시방서 중 최선의 공사시공을 위하여 우선되어야 할 내용으로 설계도면 또는 공사시방서를 확정한 후 그 확정된 내용에 따라 물량내역서를 일치시켜야 한다.

(3) 설계변경 방법과 필요조치

계약상대자는 공사계약의 이행 중 설계서의 내용이 불분명하거나 설계서에 누락·오류 및 설계서 간에 상호모순 등이 있는 사실을 발견하였을 때에는 설계변경이 필요한 부분의 이행 전에 당해사항을 분명히 한 서류를 작성하여 계약담당공무원과 공사감독관에게 동시에 이를 통지하여야 한다(일반조건19조의2의1항). 이는 사업계획 등의 변경은 없으나 설계서가 당초 사업계획에 부적합하게 된 경우로서, 이러한 통지를 받은 계약담당공무원은 공사가 적절히 이행될 수 있도록 다음의 방법으로 설계변경 등 적절한 조치를 취해야 한다.

① 설계서의 내용이 불분명한 경우

㉠ 내 용

이는 사업계획의 변경 없이 설계서 자체에 흠이 있는 경우로서, 설계서만으로는 구체적인 시공방법, 투입자재 등을 확정할 수 없는 경우를 말한다. 예컨대, H-Beam 설치 공사의 경우 항타장비를 사용한 시공 또는 진동파일해머를 사용한 시공 중 어떤 방법으로 시공할지 시공방법이 불명확한 경우, 난방설비공사의 경우 배관자재 중 동관, 스틸, XL 파이프 중 어떤 자재를 투입할지 투입자재가 불명확한 경우이다. 시공방법이나 투입재료 등을 확정할 수 없어, 설계서의 기초자료인 단가산출서, 수량산출서, 일위대가표를 검토하거나 설계자의 의견을 들어 확인하여야 하는 경우인데, 이 때는 실정보고를 통해 설계자의 의견, 발주기관이 작성한 수량산출서 등 검토를 거쳐서 설계변경 여부를 결정한다. 설계서가 불분명한 경우에는 설계서를 검토 및 확인한 후에 설계변경 여부를 결정한다.

㉡ 절 차

설계서의 내용이 불분명한 경우, 즉 설계서만으로는 시공방법, 투입자재 등을 확정할 수 없는 경우에는 아래의 절차를 거쳐 설계변경을 하게 된다(일반조건19조의2항1호).

- 설계자의 의견과 함께
- 발주기관이 작성한 단가산출서 또는 수량산출서 등의 검토를 통하여
- 당초 설계서에 의한 시공방법·투입자재 등을 확인한 후
- 확인된 사항대로 시공하여야 하는 경우에는 설계서를 보완하여야 한다.
- 이 경우 계약금액조정은 필요 없으며,
- 확인된 사항과 다르게 시공하여야 하는 경우에는
- 설계서를 보완하고 계약금액을 조정하여야 한다.

② 설계서에 누락 또는 오류가 있는 경우

㉠ 내 용

설계서 자체에 누락이 있는 경우는 당해 공사 목적물을 완성하기 위해 필수적이거나 공사 목적물의 기능과 안전을 확보하기 위해 필수적인 공종이나 품목, 비목이 누락된 경우를 말한다. 한편 오류가 있는 경우는 설계서 내용이 관련법령, 표준시방서, 전문시방서 등에 위배되거나 설계 기준 및 지침과 다르게 되어 있는 경우를 말한다. 설계서의 내용이 누락 또는 오류가 있는 경우에는 그 사실을 조사 및 확인한 후에 계약목적물의 기능 및 안전을 확보할 수 있도록 설계서를 보완한다(일반조건19조의2의2항2호). 설계의 기준이 되는 관련법령이나 시방서(표준, 전문), 설계기준 및 지침 등에 정하고 있는 설계서에 위반된 설계내용이 있는 경우에는 설계서를 보완하여야 한다. 그러나 이와 같은 규정이 있음에도 불구하고 실무상 확인 또는 설계변경이 지연됨으로써 계약자가 손해를 보는 경우가 없지 않다.

㉡ 설계도면과 내역서 간에 차이가 있는 경우

설계도면의 표시물량(시방서와 일치)과 내역서의 제시물량 간에 차이가 있거나, 처음부터 누락된 경우에는 내역서상의 부족물량 또는 누락물량에 대하여 설계변경을 하여야 한다. 이를 내역입찰계약의 경우와 총액입찰의 경우를 나누어 살펴보면, 내역입찰의 경우에는 변경 조정사유에 해당되나, 총액입찰의 경우에는 기본적으로 설계변경의 사유에 해당되지 않는 것이 원칙이다. 왜냐하면, 내역입찰계약의 경우에는 내역서가 설계서의 일부이므로 도면과 내역서 간에 차이가 있으면 설계서의 누락·오류 등에 해당되지만, 총액계약의 경우에는 내역서가 설계서에 포함되지 않으므로 도면과 내역서 간의 차이를 설계서의 누락·오류로 볼 수 없기 때문이다.

그러나 1995. 7. 6. 국가계약법령 제·개정 시 추정가격 1억 원 이상의 공사에서는 발주기관이 작성한 목적물 물량내역서를 낙찰자에게 교부하도록 하고, 동 내역서를 설계서에 포함하도록 하였으므로, 총액입찰계약이라 하더라도 추정가격 1억 원 이상의 공사에서는 조정사유에 해당되도록 하고 있다.

③ 설계서 간의 모순이 있는 경우

설계도면, 공사시방서, 현장설명서, 물량내역서 등 각 설계서간에 동일 항목에 대하여 서로 상이한 내용을 정하고 있는 경우를 의미한다. 이 경우에는 다음과 같이 공사 종류별로 구분하여 설계서를 일치시키는 설계변경을 하게 된다.

    ⊙ **설계도면과 공사시방서는 일치하나 물량내역서와는 상이한 경우** : 설계도면과 공사시방서는 서로 일치하나 물량내역서와 상이한 경우는 예컨대, 도면 및 시방서에 시공하도록 정한 내용이 물량내역서에 누락되어 있거나, 도면 및 시방서에 비해 물량내역서상 시공수량이 적게 계상된 경우이다. 이 경우에는 설계도면 및 공사시방서에 물량내역서를 일치시키는 방법으로 설계변경을 해야 하고, 그로 인한 계약금액의 증감 조정도 해야 한다(일반조건19조의2의2항3호).

    ⓒ **설계도면과 공사시방서가 불일치하고, 물량내역서가 설계도면 또는 시방서와 불일치한 경우** (설계서 상호 간에 모순이 있는 경우) : 이 경우에는 설계도면과 시방서 중 최선의 공사시공을 위하여 우선되어야 할 내용으로 설계도면 또는 공사시방서를 확정한 후, 그 확정된 내용에 따라 물량내역서를 일치시켜야 한다(일반조건19조의2의2항4호).

2) 현장상태와 설계서의 상이로 인한 설계변경(일반조건19조의3)

(1) 현장조건의 상이

현장상태와 설계서의 상이(相異)로 인한 설계변경에서 현장조건의 상이(differing site conditions)란 공사현장의 상태가 도급자의 입찰·계약체결 전에 발주자로부터 넘겨받은 계약도서 및 자료에 나타난 것 또는 일반적으로 눈으로 보고 합리적이라고 간주되는 근거에 의거해서 예측하였던 것과 대폭적(materially)으로 다른 것을 말한다.

사업계획의 변경도 없고 설계서 자체의 흠도 없으나 설계서가 현장의 상태와 일치하지 않는 경우를 말한다. 예컨대, 연약지반, 지하수위 등 지역적 조건, 지하매설물, 지하공작물, 토취장, 토사장 등 인위적 조건, 굴착할 지반의 높이, 매립할 수심 등 지표면의 상태 등을 들 수 있다. 설계서와 공사현장의 상태가 다를 경우 설계변경 현상이 일어나더라도 공사량의 증감 발생 여부에 따라 설계변경에 의한 계약금액 조정 대상이 될 수 있고, 기타 계약내용의 변경에 의한 계약금액 조정 대상이 될 수도 있다.

　　현장조건의 상이로 인한 클레임을 예방하려면 사전에 충분한 지질조사를 해야 하고 지장물 도면이 완비되어야 한다. 현장여건의 상이와 관련된 클레임은 공사 초기에 발생하는 경우가 많고, 따라서 시공자는 현장여건 상이 클레임을 신속히 해결하지 못할 경우 대규모의 손실을 볼 수가 있기 때문에 더욱 세심한 주의가 필요하다.

　　참고로 설계서와 공사현장의 상태가 다른 경우에「국가계약법 시행령」제65조에 의한 설계변경의 사유가 되지 않고, 동 제66조에 의한 계약내용변경사유가 되는 경우도 있을 수 있다. 예컨대, 토취장의 변경과 같이 기타 계약내용의 변경사유가 되는 때도 있기 때문이다.

(2) 현장조건 상이의 유형[52]

　　첫째, 실재로 현장의 상태가 계약도서에 나타난 상태와 대폭적으로 다른 경우

　　예컨대, 입찰서에 나타난 지질도서에는 지표면에서 5m 지점까지는 자갈층이고, 그 아래에는 암반층인 것으로 되어 있으나, 실제로 현장에서 굴착한 결과 자갈층은 지표면에서 2m 지하까지이고, 그 아래는 암반인 경우로서 미국에서는 이와 같은 종류의 상이를『type 1』의 상이라 한다.

① 굴착 중 시방서 및 공사계획도에 없는 암석 발견 시
② 입찰도서와 달리 토취장의 재취가능 토량 부족
③ 입찰도서와 달리 굴착 중 옛날 구조물의 기초를 발견한 경우
④ 도면에 표기 안 된 이중지반 발견
⑤ 입찰도서와 달리 지하수위의 상승 및 지하수량이 비정상적으로 과다한 경우

　　둘째, 계약도서에는 나타나 있지 않으나, 그 현장상태가 종래의 동종의 공사로부터 미루어 추측되는 등 일반적으로 보아 합리적이라고 보여지는 방법에 의해 예측한 것과 대폭적으로 다른 경우

　　예컨대, 도로확장공사에 따라 기존의 교량에 인접하여 기존과 같은 종류, 같은 유형의 교량을 건설할 때 신설되는 교량의 지질이 기존의 지질과 같다고 예상하여 기초 굴착을 하자, 기록에도 없는 낡은 교량의 기초 말뚝이 나온 경우가 이에 해당한다.

---

52) 남진권,『건설공사 클레임과 분쟁실무』, 기문당, 2003, pp. 21~24.

이러한 유형의 상이를 『Type 2』의 상이라 한다.

① 전혀 예기치 못한 지하수의 높은 부식성으로 배수(dewatering)장비의 심한 손상

② 입찰도서에 나타난 암질과 달리 암석의 절리(節理)가 발달하여 쇄석이나 사면보호 석으로 사용이 불가한 경우 등

(3) 조치방법

계약상대자는 공사의 이행중 지질, 용수, 지하매설물 등 공사현장의 상태가 설계서와 다른 사실을 발견하였을 때에는, 지체없이 설계서에 명시된 현장상태와 상이하게 나타난 현장상태를 기재한 서류를 작성하여, 계약담당공무원과 공사감독관에게 동시에 이를 통지하는 실정보고를 여야 하며, 이 통지를 받은 즉시 현장을 확인하고 현장상태에 따라 설계서를 변경하여야 한다(일반조건19조의3).

설계변경을 하는 경우 그 변경사항이 목적물의 구조변경 등으로 인하여 안전과 관련이 있는 때에는 하자발생 시 책임을 명확하게 하기 위하여 당초 설계자의 의견을 들어야 한다(일반조건19조의7의1항).

[그림 6-4] 설계변경 절차도(현장조건 상이)

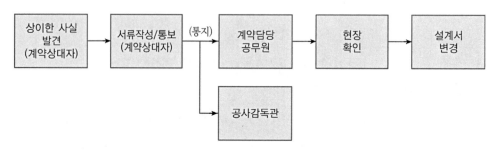

3) 새로운 기술·공법 사용에 의한 설계변경(일반조건19조의4)

(1) 새로운 기술·공법의 범위

정부설계와 동등이상의 기능·효과를 가진 새로운 기술·공법·기자재 등을 사용함으로써 공사비의 절감·시공기간의 단축 등에 효과가 현저할 경우 설계변경을 할 수 있다(일반조건19조1항3호). 새로운 기술·공법 등에는 국내외에서 새롭게 개발되었거나 개량된 새로운 기술·공법 등이 포함되므로(회제 2210-3225, 1990. 12. 29.), 보편적으로

사용되고 있는 공법·기자재 등이라도 정부 설계와 동등 이상의 기능과 효과를 가졌다면 새로운 기술·공법 등의 범위에 포함된다.

(2) 설계변경의 절차

계약상대자는 새로운 기술·공법을 사용함으로써 공사비의 절감 및 시공기간의 단축 등에 현저할 것으로 인정하는 경우에는, 다음 각 호의 서류를 첨부하여 공사감독관을 경유하여 계약담당공무원에게 서면으로 설계변경을 요청할 수 있다.

① 제안사항에 대한 구체적인 설명서
② 제안사항에 대한 산출내역서
③ 제17조 제1항 제2호에 대한 수정공정예정표
④ 공사비 절감 및 시공기간의 단축효과
⑤ 기타 참고사항

[그림 6-5] 설계변경 절차도(신기술·신공법)

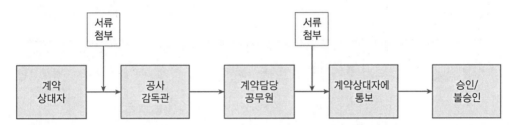

(3) 필요 조치

계약담당공무원은 위의 규정에 의하여 설계변경을 요청받은 경우에는 이를 검토하여 그 결과를 계약상대자에게 통지하여야 한다. 계약상대자는 설계변경 요청이 승인되었을 경우에는 지체없이 새로운 기술·공법으로 수행할 공사에 대한 시공상세도면을 공사감독관을 경유, 계약담당공무원에게 제출하여야 한다(일반조건19조의4의2, 3항).

만약 설계변경 요청에 대하여 이의가 있을 때에는 계약담당공무원은 「건설기술 진흥법 시행령」 제19조에 의한 기술자문위원회에 청구하여 심의를 받아야 하며, 기술자문위원회가 설치되어 있지 아니한 경우에는 「건설기술 진흥법」 제5조에 의한 건설기술심의위원회의 심의를 받아야 한다(일반조건19조의4의2, 3항).

(4) 설계변경에 따른 제한

계약상대자는 새로운 기술 및 공법의 수용 여부에 대한 계약담당공무원의 결정에 대하여 이의를 제기할 수 없다. 또한 새로운 기술·공법의 개발에 소요된 비용 및 새로운 기술·공법에 의한 설계변경 후 동기술·공법에 의한 시공이 불가능한 것으로 판명된 경우 시공에 소요된 비용을 발주기관에 청구할 수 없다(일반조건19조의4의4항).

계약상대자가 정부설계와 동등 이상의 기능·효과를 가진 기술이나 공법 등을 제시하여 공사비의 절감·공기의 단축에 효과가 있다고 인정되어 설계변경을 한 경우, 설계변경에 따른 공사비 감액요인이 있더라도 절감공사비의 30%만 감액한다(국가계약법 시행령 65조4항, 일반조건20조4항). 이는 계약상대자로 하여금 새로운 기술이나 공법 등을 개발하도록 유도하기 위해 보상을 하되, 절감공사비를 정부와 공유함으로써 제도운영의 활성화를 기하기 위하여 마련되었다.

4) 발주기관의 필요에 의한 설계변경(일반조건19조의5)

(1) 개 요

이는 발주기관의 필요 또는 희망에 따라 사업계획을 변경하는 경우인데, 해당 공사의 일부 변경이 수반되는 추가공사의 발생, 특정공종의 삭제, 공정계획의 변경, 시공방법의 변경 및 기타 공사의 적정한 이행을 위하여 하는 변경으로 계약상대자의 귀책사유가 아닌 경우가 이에 해당된다(일반조건19조의5의1항).

(2) 절 차

계약담당공무원은 설계변경 통보 시에는 ① 설계변경개요서 ② 수정설계도면 및 공사시방서 ③ 기타 필요한 서류를 첨부하여야 한다. 다만 발주기관이 설계서를 변경 작성할 수 없을 경우에는 설계변경 개요서만을 첨부하여 설계변경을 통보할 수 있다(일반조건19조의5의2항). 계약상대자는 이러한 통보를 받은 즉시 공사이행상황 및 자재수급 상황 등을 검토하여 설계변경 통보내용의 이행가능 여부(이행이 불가능하다고 판단될 경우에는 그 사유와 근거자료를 첨부)를 계약담당공무원과 공사감독관에게 동시에 이를 서면으로 통지하여야 한다(일반조건19조의5의3항).

(3) 조정 방법

계약상대자의 책임없는 사유로 인한 경우를 포함한 발주기관이 설계변경을 요구한 경우에는 협의하여 결정한다(일반조건20조2항). 발주기관이 설계변경을 요구한 경우 이로 인해 증가된 물량 또는 신규비목의 단가는 설계변경당시를 기준으로 하여 산정한 단가와 동 단가에 낙찰률을 곱하여 산정한 금액의 범위 안에서 발주기관과 계약상대자가 서로 주장하는 각각의 단가기준에 대한 근거자료 제시 등을 통하여 성실히 협의하여 결정한다. 다만 계약당사자 간에 협의가 이루어지지 아니하는 경우에는 설계변경당시를 기준으로 하여 산정한 단가와 동 단가에 낙찰률을 곱한 금액을 합한 금액의 100분의 50으로 한다(일반조건20조2항).

(4) '협의'의 의미

"단가를 협의하여 결정한다"는 의미는 기획재정부의 유권해석에 따르면, "원칙적으로 신규비목의 단가처럼 설계변경당시를 기준으로 산정된 단가를 적용하되, 다만 예외적으로 계약의 목적, 특성 또는 공사에 필요한 자재 등의 시장거래에서의 조달상황 등을 종합적으로 고려하여, 동 단가보다 다소 낮은 가격을 적용하도록 합의하여 결정하는 것"이라고 판단하고 있다(회제 45107-1566, 1995. 8. 24.).

(5) 표준시장단가가 적용된 공사의 경우

발주기관이 설계변경을 요구한 경우(계약상대자의 책임없는 사유로 인한 경우를 포함)에는 「공사계약일반조건」 제20조 제2항이 적용되나, 표준시장단가가 적용된 공사의 경우에는 다음 각 호의 어느 하나의 기준에 의하여 계약금액을 조정하여야 한다.

① 증가된 공사량의 단가는 예정가격 산정 시 표준시장단가가 적용된 경우에 설계변경당시를 기준으로 하여 산정한 표준시장단가로 한다.

② 신규비목의 단가는 표준시장단가를 기준으로 산정하고자 하는 경우에 설계변경당시를 기준으로 산정한 표준시장단가로 한다.

6. 설계변경의 사유가 아닌 경우[53]

1) 품셈이 변경된 경우

품셈은 발주자의 예정가격, 입찰자의 입찰금액 결정 시 기초자료로 활용되는 등 공사비적산의 기준이 되는 것이나, 이는 어디까지나 계약을 체결하기 전에 발주자 및 입찰자의 의사결정에 참고할 기준을 제시한 것에 불과할 뿐 품셈 그자체가 계약내용을 이루는 것은 아니므로, 계약체결 후에 품셈이 변경되더라도 설계변경사유에 해당되는 것은 아니다. 따라서 계약체결 후에 품셈이 인상 또는 인하 조정되더라도 이를 이유로 설계변경하여 계약금액을 증액 또는 감액 조정할 수는 없다.

2) 계약단가 등이 예정가격 단가보다 높은 경우

계약자가 제출한 산출내역서상의 단위당 가격이 예정가격 단가보다 높거나, 일반관리비·이윤 등의 비율이 법정비율을 초과하는 경우에도, 이를 이유로 계약금액을 조정할 수 없는 것이며, 산출내역서상 단가에 착오나 오류가 있는 경우에도 계약자와 합의하여 내역서 단가를 계약금액 범위 내에서 조정할 수는 있으나, 계약금액을 임의로 감액할 수는 없다. 계약단가 등이 예정가격 단가보다 높은 것을 이유로 설계변경을 할 수 없다.

3) 과다한 원가계산을 한 경우

예정가격작성을 위한 원가계산의 착오로 공사비를 과다 계상한 사실이 계약체결 후 발견될 경우를 대비하여, 이를 감액하는 내용의 특수조건을 두어 감액하는 사례가 있었다. 그러나 이는 입찰자의 입찰금액 결정에 영향을 미치지 않는 사항임에도 감액 사유로 할 경우에는, 계약상대자에게 불공정한 결과가 된다는 점에서 조달청이 동 특수조건을 삭제하였고 정부투자기관에서도 삭제한 바 있다.

【판례】 설계도서 등과 다른 위법시공을 하였다 하더라도 그 건축이 건축관계 실체법규에 저촉되지 않는 경우라면, 그에 맞추어 설계변경허가를 받음으로써 설계도서와 시공상태가 불일치하는 위법상태를 시정할 수 있다 할 것이고, 그와 같은 설계변경 허가신청이 있을 경우 행정관청으로서는 위법시공 후의 사후 신청이라는 이유만으로 이를 거부할 수 없다(대법원 1994. 6. 24. 선고 93누 23480 판결).

기획재정부에서는 「국가계약법 시행규칙」 제49조에 의거 일반조건 외에 특약사항을 명시하여 계약을 체결할 수 있으나, "특약은 계약상대방의 계약상의 이익을 부당하게 제한하는 내용을 조건으로 부쳐서는 아니 된다"고 규정하고 있다(영4조, 규칙49조2항).

기획재정부 유권해석 또한 원가계산에 "단가·물량 등을 잘못 계상하여 예정가격을 과다 계상한 사실이 사후 감사 등에 의거 발견되면, 계약상대방에게 동 차액을 환수한다"는 등 부당한 특약을 금지하고 있다(회제 125-1663, 1991. 7. 5.).

4) 물량내역서와 산출내역서의 관계

물량내역서는 발주기관이 작성하고, 산출내역서는 계약상대자(입찰자)가 작성하여 제출한다. 따라서 물량내역서는 발주기관이 공종별로 규격, 단위, 수량을 기재하고 우측의 단가·금액을 공란으로 작성하고, 산출내역서는 이 물량내역서에 계약상대자가 계약단가와 금액을 작성하여 제출하는 계약문서이다.

물량내역서는 설계서이며, 산출내역서는 설계서가 아닌 계약문서이다. 따라서 물량내역서(설계서)의 누락·오류 등이 있으면 설계변경 사유에 해당되나, 산출내역서는 설계서가 아니므로 산출내역서(단가, 금액)의 누락·오류 등이 있다하더라도 설계변경 사유가 되지 않는다.

【질의】 추가공사로 계약된 공사의 단가산출시 일위대가표에 야간할증(1.875)이 포함된 품으로 과다 산출되었다는 사유로 설계변경 감액이 가능한지 여부

【회신】 서울특별시 기술담당관실 2010. 7. 15.
예정가격 산출시 공사원가계산서의 기초자료인 일위대가는 설계서가 아니므로, 일위대가의 세부 비목이 누락 또는 오류로 단가가 과소, 과다하게 산출되었다는 사유로 설계변경할 수 없음

7. 설계변경으로 인한 계약금액의 조정기준(일반조건20조)

1) 계약된 공사물량이 증감되는 경우

증가 또는 감소되는 물량의 단가(기존 비목)는 입찰 시 계약상대자가 제출한 산출내역서상의 단가인 계약단가를 적용한다. 다만 계약단가가 예정가격단가(예정가격조서상의 단가)보다 높고 물량이 증가되는 부분은 예정가격단가를 적용한다(일반조건20조1항1호). 이는 최초 산출내역서를 작성할 때 특정비목에 대하여 설계변경을 예상하여 실제가격보다 높게 책정하는 사례를 예방하기 위해서이다. 여기서 "계약단가"라 함은 계약자가 제출한 산출내역서상의 단가를 의미한다.

토목건축과 같은 복합공사에서 동일한 비목의 계약단가가 공사별로 다른 경우(예컨대, 토목공사 100원, 건축공사 50원)로서 설계변경으로 동 비목의 물량이 증감될 경우에는 설계 변경되는 당해 공사의 계약단가(토목부분 변경 시에는 100원, 건축공사부분 변경 시에는 50원)를 적용한다.

예정가격단가의 정의에 대해서는 논란이 있다. 예정가격을 정할 때에 예정가격의 기초가 되는 설계내역서의 산출금액에 대해 일정률로 사정하는 등으로 예정가격을 결정하기 때문에 예정가격의 산출근거로 적용할 설계내역서가 존재할 수 없는 것이 현실이다. 계약단가가 있는 비목을 설계변경으로 삭제하였다가 다시 설계변경하여 부활하는 경우에는 신규비목으로 보지 않고 당초 산출내역서상의 단가를 적용한다.

2) 산출내역서에 없는 신규비목의 경우

신규비목이란 산출내역서에 없는 품목 또는 비목을 말하며 동일한 품목이라도 성능, 규격 등이 다르면 신규비목으로 본다.

【판례】 터널굴착방법의 변경으로 인한 설계변경이 공사계약일반조건에 정한 '신규비목'에 해당하지 않음에도 공사도급계약의 변경계약에서 이를 '신규비목'으로 보아 계약금액을 감액한 것은 부당하므로, 도급인은 수급인에게 감액한 금전을 지급할 의무가 있고, 그 금전지급채무는 부당이득반환채무가 아니라 공사대금채무이므로 그 공사대금의 당초 지급기한이 도래한 다음날부터 약정 지연손해금을 지급하여야 한다(대법원 2009. 9. 10. 선고 2009다34665 판결).

계약단가가 없는 신규비목에 대하여는 설계변경당시를 기준으로 산정한 단가에 낙찰률(예정가격에 대한 낙찰금액 또는 계약금액의 비율을 말함)을 곱한 금액으로 한다(일반조건20조1항2호).

위의 '설계변경당시'란 ① 설계도면의 변경을 요하는 경우에는 변경도면을 발주기관이 확정한 때, ② 설계도면의 변경을 요하지 않는 경우에는 계약당사자 간에 설계변경을 문서에 의하여 합의한 때, ③ 설계변경은 그 설계변경이 필요한 부분의 시공 전에 완료하여야 하나, 긴급하게 공사를 수행할 필요가 있을 때에는 설계변경을 완료하기 전에 우선시공을 한 경우에는 그 우선시공을 하게 한 때를 말한다.

여기서 '낙찰률'이란 예정가격에 대한 낙찰금액(수의계약의 경우에는 계약금액)의 비율을 말한다. 턴키 및 대안입찰의 대안부분에 대해서는 예정가격이 없으므로 낙찰률도 없다.

$$낙찰률 = 입찰금액/예정가격 \times 100$$

장기계속공사의 경우에는 총 공사예정가격에 대한 총 공사낙찰금액의 비율을 말하되, 복합공사의 경우에도 예정가격은 총액개념이므로 낙찰률은 공종별로 산출하지 아니하고 총액에 대하여 산출 적용하는 것이다. 또한 물가변동이나 설계변경으로 계약금액이 조정된 경우에도 변경 전 계약금액으로 낙찰률을 산출한다.

3) 승률비용, 일반관리비 및 이윤 등

계약금액 증감분에 대한 승률로 적용되는 증감분에 대한 간접노무비, 산재보험료 및 산업안전보건관리비 등 승률비용과 일반관리비 및 이윤은 산출내역서상의 간접노무비율, 산재보험료율 및 산업안전보건관리비율 등의 승율비용과 일반관리비율 및 이윤율에 의하되 설계변경당시의 관계법령 및 기획재정부장관 등이 정한 율을 초과할 수 없다(일반조건20조5항). 즉, 계약금액에 대해서는 당초 산출내역서상의 제경비가 법정 요율을 초과하는 경우에도 이를 인정하여야 하지만, 계약금액 증가분에 대한 제잡비율은 법정요율(일반관리비율 5~6%, 이윤율 15%)을 초과할 수 없다는 것이다(국가계약법 시행령65조6항).[54]

---

54) 「계약금액조정 시 일반관리비, 이윤 등의 적용」(회제 45107-793, 2007. 6. 19.): 국가기관이 체결한 공사계약에서 설계변경으로 인한 계약금액 조정 시 계약금액의 증감분에 대한 일반관리비 및 이윤은 계약상대자가 제출한 산출내역서상의 일반관리비 및 이윤율에 의하되 재정경제부장관이 정한 율을 초과할 수 없는 것인바, 이 경우 일반관리비 및 이윤율은 총공사에 대하여 계상된 비율을 의미하는 것이다.

4) 저가낙찰된 공사계약의 계약금액 조정

계약담당공무원은 예정가격의 100분의 86 미만으로 낙찰된 공사계약의 계약금액을 증액조정하고자 하는 경우로서 당해 증액조정금액(2차 이후의 계약금액 조정에서는 그전에 설계변경으로 인하여 감액 또는 증액조정 된 금액과 증액조정하려는 금액을 모두 합한 금액을 말한다)이 당초 계약서의 계약금액(장기계속공사의 경우에는 「국가계약법 시행령」 제69조 제2항에 따라 부기된 총공사금액)의 100분의 10 이상인 경우에는 「국가계약법 시행령」 제94조에 따른 계약심의회, 「국가재정법 시행령」 제49조에 따른 예산집행심의회 또는 「건설기술진흥법 시행령」 제19조에 따른 기술자문위원회의 심의를 거쳐 소속중앙관서의 장의 승인을 얻어야 한다(일반조건20조6항).

5) 일부 공종의 단가가 "1식"으로 되어 있는 경우

1식(一式)이란 설계가격 산출 시 표준품셈 등에 그 물량을 산출하는 기준이 없어서 세부공종별 물량을 산출하기 곤란하거나, 거래실례가격 등에 의해 단가를 산출할 수 없어서 견적 등에 의해 공사비를 산출할 수밖에 없는 경우에 한해 불가피하게 이용되는 개념이다. 1식 공종이란 그 공종의 공사비가 세부공종별로 분류되어 작성되지 아니하고 총계방식으로 작성되어 있는 공종을 말한다.

산출내역서상의 일부 공종의 단가가 세부공종별로 분류되어 작성되지 아니하고 총계방식으로 작성(이하 "1식단가"라 한다)되어 있는 경우에도 설계도면 또는 공사시방서가 변경되어 1식단가의 구성내용이 변경되는 때에는 제1항 내지 제5항의 규정에 의하여 계약금액을 조정하여야 한다(일반조건20조7항).

이때, 계약상대자가 제출한 일위대가표, 단가산출서 등을 이용하되, 이러한 문서가 제출되지 않았다면 발주처의 일위대가표, 산출내역서 등을 이용할 수밖에 없으며, 산출내역서상 당해 1식 단가의 비율로 각 구성요소의 단가를 산정한 후 설계변경을 수행하는 것이 타당하다(일반조건20조6항).[55]

---

55) 「1식단가 공종의 설계도면의 변경 시 계약금액 조정」(회제 41301-55, 2007. 6. 19.): 국가기관이 체결한 공사계약에서 회계예규 「공사계약일반조건」(2200. 04-104-5, 1998. 2. 20.)제19조 7의 규정에 의거 설계변경을 하는 경우 일부 공종의 단가가 세부공종별로 분류되어 작성되지 아니하고 총계방식으로 작성(1식단가)되어 있는 경우에도 설계도면 또는 공사시방서가 변경되어 1식단가의 구성내용이 변경되는 때에는 동 예규 제20조 제1항 내지 제5항의 규정에 의하여 계약금액을 조정하여야 함.

6) 계약금액 조정기한

발주기관은 이와 같이 계약금액을 조정하는 경우에는 계약상대자의 계약금액조정 청구를 받은 날부터 30일 이내에 계약금액을 조정하여야 한다. 이 경우 예산배정의 지연 등 불가피한 경우에는 계약상대자와 협의하여 그 조정기한을 연장할 수 있으며, 계약금액을 조정할 수 있는 예산이 없는 때에는 공사량 등을 조정하여 그 대가를 지급할 수 있다(일반조건20조8항). 이와 같이 계약상대자의 계약금액조정 청구는 준공대가(장기계속계약의 경우에는 각 차수별 준공대가) 수령 전까지 하여야 조정금액을 지급받을 수 있다(일반조건20조10항).

그러나 계약담당공무원은 이러한 계약상대자의 계약금액조정 청구 내용이 부당함을 발견한 때에는 지체없이 필요한 보완요구 등의 조치를 하여야 한다. 이 경우 계약상대자가 보완요구 등의 조치를 통보받은 날부터 발주기관이 그 보완을 완료한 사실을 통지받은 날까지의 기간은 위의 30일 이내의 기간에 산입하지 아니한다(일반조건20조9항).

계약금액의 조정 기한을 넘어서서 예컨대, 준공대가 수령 이후 설계변경에 따른 물량증가를 이유로 계약금액의 조정을 청구할 수 있는지 여부이다.

8. 대형공사의 설계변경으로 인한 계약금액조정(일반조건21조)

1) 대형공사 계약

대형공사라 함은 총공사비 추정가격이 300억 원 이상인 신규복합공종공사를 말하며, 특정공사란 총공사비 추정가격이 300억 원 미만인 신규복합공종공사 중 각 중앙관서의 장이 대안입찰 또는 일괄입찰로 집행함이 유리하다고 인정하는 공사를 말한다.

여기서 대안(代案)이란 정부가 작성한 실시설계서상의 공종 중에서 대체가 가능한 공종에 대하여, 기본방침의 변동 없이 정부가 작성한 설계에 대체될 수 있는 동등 이상의 기능 및 효과를 가진 신공법·신기술·공기단축 등이 반영된 설계로서, 해당 실시설계서상의 가격이 정부가 작성한 실시설계서상의 가격보다 낮고, 공사기간이 정부가 작성한 실시설계서상의 기간을 초과하지 아니하는 방법으로 시공할 수 있는 설계를 말한다. 따라서 대안입찰은 원안입찰과 함께 따로 입찰자의 의사에 따라 대안이 허용된 공사의 입찰을 말한다.

일괄입찰이란 정부가 제시하는 공사일괄입찰기본계획 및 지침에 따라 입찰 시에 그 공사의 설계서 기타 시공에 필요한 도면 및 서류를 작성하여 입찰서와 함께 제출하는 설계·시공 일괄입찰을 말한다. 따라서 일괄입찰계약의 대상공사의 범위는 총공사비 추정가격이 300억 원 미만인 특정공사와 추정가격이 300억 원 이상인 대형공사가 일괄입찰의 대상이 된다(국가계약법 시행령79조1항 참조).

2) 대형공사의 설계변경 기준

대형공사의 경우는 설계변경으로 인한 계약금액조정이 제한된다. 대형공사에서 설계변경에 따른 계약금액을 조정하고자 할 때에는 다음 각 호의 기준에 의한다(국가계약법 시행령65조3항, 일반조건21조4항).

(1) 실시설계기술제안입찰의 경우

① 증감된 공사량의 단가는 「국가계약법 시행령」 제14조 제6항 또는 제7항의 규정에 의하여 제출한 산출내역서상의 단가(계약단가)로 한다. 다만 계약단가가 동법 시행령 제9조의 규정에 의한 예정가격의 단가(예정가격단가)보다 높은 경우로서 물량이 증가하게 되는 경우 그 증가된 물량에 대한 적용단가는 예정가격단가로 한다.

② 계약단가가 없는 신규비목의 단가는 설계변경당시를 기준으로 하여 산정한 단가에 낙찰률을 곱한 금액으로 한다.

③ 정부에서 설계변경을 요구한 경우(계약상대자에게 책임이 없는 사유로 인한 경우를 포함)에는 제1호 및 제2호의 규정에 불구하고 증가된 물량 또는 신규비목의 단가는 설계변경당시를 기준으로 하여 산정한 단가와 동단가에 낙찰률을 곱한 금액의 범위 안에서 계약당사자 간에 협의하여 결정한다. 다만 계약당사자 간에 협의가 이루어지지 아니하는 경우에는 설계변경당시를 기준으로 하여 산정한 단가와 동 단가에 낙찰률을 곱한 금액을 합한 금액의 100분의 50으로 한다.

(2) 일괄입찰 및 대안입찰 및 기본설계 기술제안입찰의 경우

① 감소된 공사량의 단가 : 대안입찰 및 일괄입찰의 규정에 의하여 제출한 산출내역

서상의 단가를 적용한다.

② 증가된 공사량의 단가 : 설계변경당시를 기준으로 산정한 단가와 산출내역서상의 단가의 범위 안에서 계약당사자 간에 협의하여 결정한 단가를 적용한다. 다만 계약당사자 사이에 협의가 이루어지지 아니하는 경우에는 설계변경당시를 기준으로 산정한 단가와 제1호의 규정에 의한 산출내역서상의 단가를 합한 금액의 100분의 50으로 한다.

③ 산출내역서상의 단가가 없는 신규비목의 단가 : 설계변경당시를 기준으로 산정한 단가를 적용한다.

④ 설계변경으로 삭제 또는 변경되었던 공종 또는 품목 등을 다시 당초 설계대로 변경하는 경우에는 당초 감액조정한 단가를 적용한다. 다만 추가되는 수량에 대하여는 「일반조건」 제21조 제3항 제2호를 적용한다(일괄입찰 등의 공사계약특수조건26조).

3) 대형공사의 설계변경 제한

다음 각 호의 어느 하나의 방법으로 체결된 공사계약에서는 설계변경으로 계약내용을 변경하는 경우에도 정부에 책임있는 사유 또는 천재·지변 등 불가항력의 사유로 인한 경우를 제외하고는 그 계약금액을 증액할 수 없다(일반조건21조1, 5항). 즉, 대형공사의 경우 설계변경으로 인한 계약금액을 정하는 데 설계변경으로 계약금액의 감액은 설계변경사유로 가능하나, 증액의 경우에는 위와 같은 사유가 있어야 가능하다는 의미이다.

(1) 제한대상 공사계약

① 「국가계약법 시행령」 제42조 제4항에 따른 종합심사낙찰제의 입찰금액 적정성 심사에서 설계조건 및 내용(가설재료 또는 시공장비 등)의 변경에 의한 공사비의 절감사유를 제출하여 체결된 공사계약(심사과정에서 채택된 설계조건 및 내용에 한함)

② 「국가계약법 시행령」 제78조에 따른 일괄입찰 및 대안입찰(대안이 채택된 부분에 한함)을 실시하여 체결된 공사계약

③ 「국가계약법 시행령」 제98조에 따른 기본설계 기술제안입찰 및 실시설계 기술제안입찰(기술제안이 채택된 부분에 한함)을 실시하여 체결된 공사계약

대안 부분 및 설계·시공 일괄입찰의 경우에는 설계에 대한 책임이 계약상대자에게 있으므로 설계상의 오류나 미비점 등을 보완하는 설계변경이 있더라도 계약금액의 증액을 인정하지 않는 것이다. 그러나 기능 발휘상 하자가 없는 설계를 변경 요구하는 경우와 같이 변경책임이 정부에 있거나 천재지변 등 불가항력의 사유로 인한 경우에는 계약상대자에게 책임이 없으므로 증액조정이 가능하다.

(2) 정부의 책임있는 사유 또는 천재지변 등 불가항력의 사유

정부의 책임있는 사유 또는 천재지변 등 불가항력의 사유란 다음과 같다(일반조건21조5항).

① 사업계획 변경 등 발주기관의 필요에 의한 경우

② 발주기관 외에 해당공사와 관련된 인허가기관 등의 요구가 있어 이를 발주기관이 수용하는 경우

③ 공사관련법령(표준시방서, 전문시방서, 설계기준 및 지침 등 포함)의 제·개정으로 인한 경우

④ 공사관련법령에 정한 바에 따라 시공하였음에도 불구하고 발생되는 민원에 의한 경우

⑤ 발주기관 또는 공사 관련기관이 교부한 지하매설 지장물 도면과 현장 상태가 상이하거나 계약 이후 신규로 매설된 지장물에 의한 경우

⑥ 토지·건물소유자의 반대, 지장물의 존치, 관련기관의 인허가 불허 등으로 지질조사가 불가능했던 부분의 경우

⑦ 일반조건 제32조(불가항력)에 정한 사항 등 계약당사자 누구의 책임에도 속하지 않는 사유에 의한 경우

9. 계약금액조정 유형 비교

계약금액조정에 대한 단가 적용 기준에 대해서는 「공사계약일반조건」 제20조(설계변경으로 인한 계약금액의 조정)에, 대형공사의 계약금액조정 기준에 대해서는 「국가계약법 시행령」 제91조 제3항에 규정하고 있다. 위에서 설명한 계약금액조정 유형을 비교하면 다음 표와 같다.[56]

[표 6-4] 계약금액조정 유형별 비교

계약금액 조정유형		기존비목		신규비목
		물량감소	물량증가	
일반공사	계약상대자 요구	계약단가	계약단가[1]	산정단가×낙찰률[2]
	발주기관 요청	계약단가	산정단가×(1~낙찰률) 사이 협의결정[3]	좌동
대형공사	계약상대자 요구	계약단가[4]	금액 증액조정 없음	좌동
	발주기관 요구	계약단가	계약단가~산정단가 사이 협의결정	산정단가[5]
기술개발보상	계약상대자 요구	해당 절감액의 30% 감액[6]		

1) 다만 계약단가가 예정가격단가보다 높은 경우로서 물량이 증가하게 되는 경우 그 증가된 물량에 대한 적용단가는 예정가격단가로 함
2) 설계변경당시를 기준으로 산정한 단가에 낙찰률을 곱한 금액
3) 설계변경당시를 기준으로 산정한 단가와 동 단가에 낙찰률을 곱한 금액의 범위 안에서 협의 결정. 다만 협의가 이루어지지 아니하는 경우 중간금액(산정한 단가와 낙찰률을 곱한 금액의 50%)
4) 「국가계약법 시행령」 제85조 제2항 및 제3항의 규정에 의하여 제출한 산출내역서상의 단가
5) 설계변경당시를 기준으로 산정한 단가
6) 「국가계약법 시행령」 제65조 제3항

10. 설계변경 시 공사감독자의 조치

1) 관련 규정

공공공사나 정부공사의 경우 설계변경은 「건설공사 사업관리방식 검토기준 및 업무수행지침」(국토교통부고시 제2020-306호, 2020. 3. 31., 일부개정)을 따르고 있다. 이는 「건설기술 진흥법 시행령」에 따라 발주청이 건설공사의 사업관리방식을 선정하기 위해 필요한 기준과, 발주청, 시공자, 설계자, 건설사업관리용역사업자 및 건설사업관리기술인이 건설사업관리와 관련된 업무를 효율적으로 수행하게 하기 위하여 업무수행의 방법 및 절차 등 필요한 세부기준, 발주청이 발주하는 건설공사의 감독업무수행에 필요한 사항을 정하고 있다.

---

56)　서울특별시, "건설공사 설계·설계변경 가이드라인", 2014. 1. p. 169 참조.

2) 설계변경 및 계약금액 조정

공사감독자는 설계변경 및 계약금액 변경 시 계약서류와 「국가계약법」 및 「지방계약법」 등 관련 규정에 따라 시행한다(지침서148조). 공사감독자는 공사 시행과정에서 위치변경과 연장 증감 등으로 인한 수량증감이나, 단순 구조물의 추가 또는 삭제 등의 경미한 설계변경 사항이 발생한 경우에는 우선 변경 시공토록 지시할 수 있으며 사후에 발주청에 서면보고 하여야 한다. 이 경우 경미한 설계변경의 구체적 범위는 발주청이 정한다.

발주청은 외부적 사업 환경의 변동, 사업추진 기본계획의 조정, 민원에 따른 노선변경, 공법변경, 그 밖에 시설물 추가 등으로 설계변경이 필요한 경우에는 다음 각 호의 서류를 첨부하여 반드시 서면으로 공사감독자에게 설계변경을 하도록 지시하여야 한다. 단, 발주청이 설계변경 도서를 작성할 수 없을 경우에는 설계변경 개요서만 첨부하여 설계변경지시를 할 수 있다.

① 설계변경 개요서

② 설계변경 도면, 시방서, 계산서 등

③ 수량산출조서

④ 그 밖에 필요한 서류

이러한 지시를 받은 공사감독자는 지체 없이 시공자에게 동 내용을 통보하여야 한다. 공사감독자는 발주청의 방침에 따라 해당 서류와 설계변경이 가능한 서류를 작성하여 발주청에 제출하여야 한다. 이 경우 발주청의 요구로 만들어지는 설계변경 도서 작성 소요비용은 원칙적으로 발주청이 부담하여야 한다.

공사감독자는 시공자가 현지여건과 설계도서가 부합되지 않거나 공사비의 절감과 건설공사의 품질향상을 위한 개선사항 등 설계변경이 필요한 경우 설계변경사유서, 설계변경도면, 개략적인 수량증감내역 및 공사비 증감내역 등의 서류를 첨부하여 제출하면 이를 검토·확인하고 검토의견서를 첨부하여 발주청에 실정보고 하고, 발주청 방침을 득한 후 시공하도록 조치하여야 한다.

【판례】 공사시행과정에서 설계의 변경이 필요한 경우에는 건설공사감독자는 시공자로부터 설계변경에
필요한 설계도면·수량산출서 등 관계자료를 제출받아 설계변경도서를 작성하여 소속기관의 장에
게 제출하여야 하고, 「감리업무수행지침서」 3.4.3.에 의하면, 시공자는 현지여건과 설계도서가
부합되지 않거나 공사비의 절감, 건설공사의 품질향상을 위한 개선사항 등 설계변경이 필요한 경
우에 설계변경사유서, 설계변경도면, 개략적인 수량증감내역서 등의 서류를 첨부하여 책임감리원
에게 제출하며, 책임감리원은 기술검토의견서를 첨부하여 발주기관의 장에게 보고한 다음 발주기
관의 장의 방침을 얻은 후 시공하도록 하여야 한다(대법원 2000. 8. 22. 선고 98도4468 판결).

11. 외국의 경우

1) 미국의 Change Order 제도

미국 연방정부에는 조달규정으로 「Federal Acquisition Regulation(FAR)」이 있다.
계약변경은 본질적인 계약내용의 변경과 부분 변경의 두 가지의 유형이 있고, 후자는
다시 발주자가 일방적으로 하는 경우와 계약당사자 쌍방의 서명으로 이루어지는 경
우가 있다. 일방적으로 하는 경우는 ① 행정사안의 집행을 위한 시공변경지시(Change
Order) ② FAR 규정 이외의 규정에 의한 시공변경지시, ③ FAR 규정에 의한 시공변
경지시 등이다.

이러한 시공변경지시는 발주자 측이 임의로 하는 경우와 시공자의 요청에 의하여
이루어지는 경우가 있다. 시공변경지시가 내려진 경우에 시공자는 그에 따라서 시공
하고 수반되는 추가공사비는 추후에 자료제출과 협의로서 해결할 수 있다. 물론 이러
한 시공변경지시는 당초 계약내용의 본질적인 변경은 할 수가 없다. 발주자 측과 시
공자 사이에 오고 가는 이러한 개별적 시공변경지시요청과 조치는 시공과정에서 문
제 사안에 대한 책임소재를 명백히 하고, 그것을 증명할 수 있는 자료가 확정될 수
있는 과정으로서 매우 중요한 장치이다.

2) FIDIC 일반조건

「FIDIC 일반조건」 제1.3.조에는 변경 및 조정(Variations and Adjustment)규정을 두고
있다. "Variation"의 개념은 "a written order to make a change to the work"로서
설계도서와 다른 행위를 인정하는 조치라는 점에서 미국의 시공변경지시서와 동일하
다고 볼 수 있다.

변경은 공사인수확인서(Taking-Over Certificate)가 발급되기 전에는 감리자는 어느 때라도 지시서 또는 제안의 제출을 시공자에게 요청할 수 있으며, 시공자는 변경을 위해 요구되는 물품을 쉽게 획득할 수 없다는 통지서를 감리자에게 발급하지 않는 한 시공자는 변경을 이행하여야 한다. 변경할 수 있는 사항들에는 (a) 계약에 포함된 작업 항목의 물량(quantities) 변경, (b) 작업항목의 품질(quality) 및 기타 특성(characteristics) 의 변경, (c) 공사 일부분에 대한 표고, 위치 및 치수(dimensions)의 변경 등이 있다.

시공자는 감리자가 변경을 지시하거나 또는 승인할 때까지는 본 공사에 대한 어떠한 변경 또는 수정을 할 수 없다. 시공자는 언제라도 공기단축, 비용절감 또는 공사의 효율을 향상시켜주는 제안(Value Engineering)을 감리자에게 서면으로 제출할 수 있다. 만약 감리자가 변경을 지시하기 전에, 제안을 요청한 경우에는 시공자는 신속하게 그러한 제안 요청을 사유 또는 사항들을 서면으로 회신하여야 한다.

제7절 물가변동으로 인한 계약금액의 조정

1. 개 요

물가변동으로 인한 계약금액의 조정은 계약채결 후 쌍방간 예측하기 불가능한 물가의 급등락이 있는 경우, 그에 상당한 계약금액조정을 인정하지 않고 계약상대자의 부담으로 한다면 계약상대자로서는 경영상의 손실을 입게 되고 계약목적물의 부실우려가 있으므로, 계약의 원활한 이행을 도모하기 위하여 도입된 제도로서 일반적으로 에스컬레이션(escalation)이라 한다. 이 제도는 국고의 부담이 되는 계약에 적용되며, 국고의 수입이 되는 계약에는 적용되지 않는다. 물가변동으로 인한 계약금액의 조정 방법에는 품목조정률에 의한 방법과 지수조정률에 의한 방법의 두 가지가 있다.

관련 법규로는 「국가계약법」 제19조(물가변동 등에 따른 계약금액 조정), 「지방계약법」 제22조(물가변동 등에 따른 계약금액의 조정), 계약예규로서 「공사계약일반조건」 제22조(물가변동으로 인한 계약금액의 조정), 「공사계약특수조건」 제28조(설계변경으로 인한 계약금액의 조정), 「정부 입찰·계약 집행기준」 제15장(물가변동 조정율 산출) 등이 있다.

2. 조정 요건

물가변동으로 인한 계약금액 조정의 요건에는 ① 기간요건 ② 변동요건 ③ 절차상 요건 등이 있다. 기간요건은 계약체결일 후(1차 조정 시) 또는 직전 조정기준일 후(2차 이후의 조정시) 90일 이상 경과해야 하는 것이고, 변동요건은 품목조정률 또는 지수조정률이 3% 이상 증감되어야 하고, 절차상의 요건은 계약상대자(증액 시) 또는 발주기관(감액 시)의 조정청구가 있어야 한다는 것으로, 이 세 가지 요건이 모두 충족되어야 계약금액의 증감 조정이 가능하다. 이를 요약하면 다음과 같다.

1) 계약체결 후 90일 이상 경과해야 함

① 이와 같이 "일정기간을 경과하여야 한다"는 취지는 계약당사자가 계약체결 시에 계약체결 후 일정기간의 물가변동을 어느 정도 예측하여 계약을 체결할 수 있다는 전제하에, 그 기간 이상이 되는 경우에만 물가변동을 반영할 수 있도록 한 것이다.

② "계약을 체결한 날부터 90일 이상"이라 함은 계약체결일은 산입하지 않고 그 익일부터 기산하여 91일째 되는 날부터를 의미한다(회제 41301-1439, 2007. 6. 19.참조). 다만 천재·지변 또는 원자재의 급등으로 인하여 당해 계약금액을 조정하지 아니하고는 계약이행이 곤란하다고 인정하는 경우에는 계약체결 후 또는 직전 조정기준일부터 90일 이내라도 계약금액조정이 가능하다(일반조건22조1항).

③ 이 기간의 계산은 발주자 측의 사정으로 중지된 기간을 포함한다.

④ 장기계속공사의 경우에는 기간 요건상 기간일은 제1차 계약의 체결을 말한다(국가계약법 시행령64조1항).

2) 품목 또는 지수조정률이 3% 이상 증감하여야 함

① 계약을 체결한 후 물가변동으로 인하여 증감된 금액을 조정하는 데 품목 또는 지수조정률이 최소한 100분의 3 이상의 등락이 있어야 이를 반영한다.

② 수의계약의 경우에는 계약체결일을 기준으로 하고, 2차 이후의 계약금액 조정에서는 직전 조정일을 기준으로 한다.

③ 품목 또는 지수조정방법을 선택·명시하여야 한다.

④ 계약서에 명시된 조정방법을 이행도중 당사자 간의 합의로 변경할 수 있는 자에 대하여는 명문의 규정은 없으나, 변경을 허용할 경우 조정에 일관성이 없어질 뿐만 아니라 당사자 일방에게 유리한 방법으로 운용될 소지가 있어 조정방법을 변경할 수 없다(회제 41301-1837, 1999. 6. 17).

3) 이상의 두 가지 요건을 동시에 충족하여야 함

계약체결 후 90일 이상 경과하고, 입찰일을 기준으로 산정한 품목 또는 지수조정률이 100분의 3 이상 증감되는 것이 동시에 충족되어야 한다. 기간요건과 변동요건이 동시에 충족되어 물가변동으로 인한 계약금액 조정의 요건이 충족되는 날로서, 이러한 두 가지 요건이 동시에 충족되는 날을 '조정기준일'이라 한다.

4) 조정방법을 선택하여야 함

조정방법에는 품목조정방법과 지수조정방법이 있으나, 동일한 계약에서 이 같이 두 가지 방법을 동시에 적용할 수는 없다. 동일한 계약에 대한 계약금액의 조정 시 품목조정률 및 지수조정률을 동시에 적용하여서는 아니 되며, 계약을 체결할 때에 계약상대자가 지수조정률 방법을 원하는 경우 외에는 품목조정률 방법으로 계약금액을 조정하도록 계약서에 명시하여야 한다.

품목조정방법은 소규모, 단기간, 단순 공종의 공사와 같이 계약금액을 구성하는 품목 수가 적고 조정 횟수가 적을 경우에 적합하고, 지수조정방법은 대규모, 장기간, 복합 공종의 공사와 같이 계약금액을 구성하는 품목 수가 많고 조정 횟수가 많은 경우에 적합하다.

이 경우 계약이행 중 계약서에 명시된 계약금액 조정방법을 임의로 변경하여서는 아니 된다. 다만 「국가계약법 시행령」 제64조 제6항에 따라 특정규격의 자재별 가격 변동에 따른 계약금액을 조정할 경우에는 본문의 규정에 불구하고 품목조정률에 의한다(일반조건22조2항).

> 【판시】 국가를 당사자로 하는 계약이나 공공기관의 운영에 관한 법률의 적용 대상인 공기업이 일방 당사자가 되는 계약을 체결할 당시 계약상대자가 물가변동에 따른 계약금액 조정법으로 지수조정률 방법을 선택할 수 있는데도 이를 원한다는 의사를 표시하지 않은 경우, 품목조정률 방법으로 계약금액을 조정하여야 하는지 여부
>
> 【판결】 국가계약법 제19조와 그 시행령 제64조 개정 전후의 문언과 내용, 공공계약의 성격, 국가계약법령의 체계와 목적 등을 종합하면, 계약상대자는 계약 체결 시 계약금액 조정방법으로 지수조정률 방법을 선택할 수 있으나, 그러한 권리 행사에 아무런 장애사유가 없는데도 지수조정률 방법을 원한다는 의사를 표시하지 않았다면 품목조정률 방법으로 계약금액을 조정해야 한다(대법원 2019. 3. 28. 선고 2017다213470 판결).

5) 총액조정제도와 단품조정제도

공사금액 총액의 변동분을 반영하는 '총액조정제도'와 특정자재 가격의 변동분을 반영하는 '단품조정제도'로 구분한다(국가계약법 시행령64조1항, 집행기준70조의5).

구분	기간 요건	등락(변동) 요건
총액조정	계약체결일 이후 90일 경과	• 품목조정률 3% 이상 • 지수조정률 3% 이상 • 조정률은 입찰일을 기준으로 계산
단품조정	계약체결일 이후 90일 경과	• 특정자재의 가격증감률이 15% 이상 • 순공사원가의 1% 이상인 자재

6) 상대방의 신청이 있어야 함

이해관계가 대립되는 공사도급계약에서 상대방의 신청 또는 주장없이 조정된다고 보기는 현실적으로 어려우며, 이해관계가 있는 자가 조정을 요청, 청구권을 행사하여야 한다고 보아야 한다(일반조건22조3항). 물가변동으로 인한 계약금액조정에서 계약체결일부터 일정한 기간이 경과함과 동시에 품목조정률이 일정한 비율 이상 증감함으로써 조정사유가 발생하였다 하더라도 계약당사자의 상대방에 대한 적법한 계약금액 조정신청에 의하여 비로소 이루어진다.[57)

「국가계약법 시행령」제64조 제6항에 따른 계약금액 조정요건을 충족하였으나 계약상대자가 계약금액 조정신청을 하지 않을 경우 하수급인은 이러한 사실을 계약담당공무원에게 통보할 수 있으며, 통보받은 계약담당공무원은 이를 확인한 후 계약상대자에게 계약금액 조정신청과 관련된 필요한 조치 등을 하도록 하여야 한다(일반조건22조7항).

7) 준공대가 수령 전까지 조정신청을 하여야 함

물가변동으로 인하여 계약금액을 증액하는 경우에는 상대자의 청구에 의하여야 하고, 계약상대자는 준공대가(장기계속계약의 경우에는 각 차수별 준공대가) 수령 전까지 조정신청을 하여야 조정금액을 지급받을 수 있다. 조정된 계약금액은 직전의 물가변동으로 인한 계약금액 조정기준일 부터 90일 이내에 이를 다시 조정할 수 없다. 다만, 천재·지변 또는 원자재의 가격급등으로 당해 기간 내에 계약금액을 조정하지 아니하고는 계약이행이 곤란하다고 인정되는 경우에는 계약을 체결한 날 또는 직전 조정기준일로부터 90일 이내에도 계약금액을 조정할 수 있다(일반조건22조3항).

그러나 예컨대, 물가변동으로 인한 계약금액조정 요건이 갖추어진 사실을 모르고 이미 지급받은 기성대가도 물가변동적용대가에 포함되는가의 문제가 있다. 이에 대해서는 대법원은 "당사자 사이에 계약금액조정을 염두에 두지 않고 확정적으로 지급을 마친 기성대가는, 당사자의 신뢰보호 견지에서 물가변동적용대가에서 공제되어 계약금액조정의 대상이 되지 않는다고 보아야 할 것이다"라고 판시하고 있다. 즉, 이

---

57) 대법원 2006. 9. 14. 선고 2004다28825 판결.

의를 유보하지 않은 채 지급받은 기성대가는 물가변동적용대가에서 제외된다는 입장
이다.

8) 계약금액조정 내역서를 첨부하여야 함(조건22조4항)

계약금액을 증액하는 경우에는 계약상대자의 청구에 의하여야 하고, 청구 시에는
계약금액조정 내역서를 첨부하여야 한다. 물가변동적용대가는 계약상대자가 공사 착
공시 발주기관에 제출한 공사예정공정표를 기준으로 한다. 조정기준일 전에 설계변
경 기타 계약내용의 변경으로 인하여 계약이행기간이 변경된 경우에는 수정된 공사
예정공정표를 제출하게 되며, 이 경우에는 수정 승인된 공사공정예정표를 기준으로
하여 물가변동적용대가를 산출하게 된다(회제 41301-123, 1999. 6. 17).

9) 조정 시에는 선급금과 기성대가를 공제함

계약금액 중 조정기준일 이후에 이행될 대가에 조정기준일 현재의 품목조정률 또
는 지수조정률 조정금액을 산출하며, 선금이 지급된 경우에는 그 상당액을 조정금액
에서 제외한다.

조정금액 = 물가변동적용대가 × 조정률(%)

이와 함께 기성대가는 원칙적으로 공제하되, 기성대가 지급신청 전에 물가변동으
로 인한 계약금액조정신청을 하거나, 개산급으로 지급받은 경우에는 공제하지 아니
한다.

10) 청구받은 날부터 30일 이내에 조정하여야 함

발주기관은 계약금액을 증액하는 경우에는 계약상대자의 청구를 받은 날부터 30일
이내에 계약금액을 조정하여야 한다. 이 경우 예산배정의 지연 등 불가피한 경우에는
계약상대자와 협의하여 그 조정기한을 연장할 수 있으며, 계약금액을 증액할 수 있는
예산이 없는 때에는 공사량 등을 조정하여 그 대가를 지급할 수 있다(일반조건22조5항).

11) 청구내용의 미비 또는 불분명한 경우 보완조치가 필요함

계약담당공무원은 계약상대자의 계약금액조정 청구 내용이 일부 미비하거나 분명하지 아니한 경우에는 지체없이 필요한 보완요구를 하여야 하며, 이 경우 계약상대자가 보완요구를 통보받은 날부터 발주기관이 그 보완을 완료한 사실을 통지받은 날까지의 기간은 제5항의 규정에 의한 기간에 산입하지 아니한다.

다만, 계약상대자의 계약금액조정 청구내용이 계약금액 조정요건을 충족하지 않았거나 관련 증빙서류가 첨부되지 아니한 경우에는 그 사유를 명시하여 계약상대자에게 당해 청구서를 반송하여야 하며, 이 경우 계약상대자는 그 반송사유를 충족하여 계약금액조정을 다시 청구하여야 한다(일반조건22조6항).

3. 품목조정률에 의한 조정방법

1) 의 의

계약금액을 구성하고 있는 모든 품목 또는 비목을 대상으로 등락률과 등락폭을 토대로 한 품목조정률에 물가변동적용대가를 곱하여 계약금액을 조정하는 방법이다. 다시 말해, 조정기준일 이후에 이행이 완료되어야 할 부분, 즉 물가변동적용대가에 품목조정률을 곱한 금액을 산출하고, 이 금액에서 선금공제금액을 공제하는데, 그 공제한 나머지 금액이 조정금액이며, 당초 계약금액에 조정금액을 가감하면 조정된 계약금액이 산출된다.

입찰서 제출마감일 당시와 물가변동 당시 양 시점에서 동일한 방법과 기준으로 적용할 수 있는 각 품목 또는 비목에 대한 공신력 있는 시세가격이 존재할 경우에 적합한 방법이다. 전술한 바와 같이 물가변동조정은 품목조정률이 원칙이다.

2) 산 식

「국가계약법 시행령」제64조 제1항 제1호의 규정에 의한 품목조정률과 이에 관련된 등락폭 및 등락률 산정은 다음 각 호의 산식에 의한다(국가계약법 시행규칙74조1항). 품목조정률을 산출하기 위한 순서는 먼저 ① 등락률을 산출하고 ② 등락폭을 산출한 후 ③ 품목조정률을 산출한다.

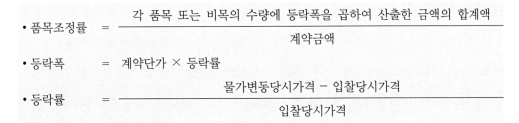

- 품목조정률 $=\dfrac{\text{각 품목 또는 비목의 수량에 등락폭을 곱하여 산출한 금액의 합계액}}{\text{계약금액}}$

- 등락폭 $=$ 계약단가 $\times$ 등락률

- 등락률 $=\dfrac{\text{물가변동당시가격} - \text{입찰당시가격}}{\text{입찰당시가격}}$

※ 위 산식 중 수량 및 계약금액은 조정기준일 전에 이행이 완료되어야 할 부분을 제외한 수량 및 계약금액임

3) 산정방법

(1) 입찰 당시 가격의 산정

입찰 당시 가격이라 함은 입찰서 제출마감일 당시 산정한 각 품목 또는 비목의 가격을 말한다. 종전에는 계약체결 당시의 가격을 기준으로 함에 따라 입찰 후 계약체결일까지 상당한 기간이 소요되는 공사의 경우에는 입찰일부터 계약체결일까지의 물가변동분이 반영되지 아니하여 계약상대방의 부담이 증가하였으나, 입찰시점으로 변경함에 따라 등락률 산정이 합리적으로 조정되었다.

(2) 물가변동 당시 가격의 산정

입찰 당시의 가격산정방법과 동일한 방법 및 기준으로, 물가변동 당시의 당해 품목 또는 비목의 가격을 산정한다. 물가변동 당시의 가격을 산정하는 데는 입찰 당시의 가격을 산정한 때에 적용한 기준과 방법을 동일하게 적용하여야 한다. 예컨대, 거래실례가격의 적용에서 입찰 당시 가격정보지에 게재된 가격을 기준으로 하였다면, 물가변동 당시의 가격도 가격정보지 게재가격을 기준으로 함으로써 일관성이 유지되어야 하는 것이다.

(3) 등락률의 산정

등락률은 물가변동 당시 어느 한 품목의 가격이 입찰 당시와 비교하여 얼마만큼 상승 또는 하락되었는지를 나타내주는 비율을 의미한다.

(4) 등락폭의 산정

등락폭은 계약금액을 구성하고 있는 품목 또는 비목의 계약단가에 등락률을 곱하여 산정한 금액으로써, 여기에 수량을 곱한 금액을 모두 합하면 등락폭의 합계액이 된다. 등락폭의 산정방법은 계약단가와 입찰 당시 산정한 가격 및 물가변동 당시 산정한 가격의 수준에 따라 구분될 수 있다.

(5) 승률비용의 등락폭

간접노무비, 산재보험료, 안전관리비, 일반관리비, 이윤 등 이른바 승률비용의 등락폭은 당해 비목의 산출지표가 되는 재료비, 노무비 등의 등락폭에 산출내역서상의 비율을 곱하여 산출한다. 다만 산재보험료 및 안전관리비는 적용 요율이 변경되는 경우 등락산정 시 이를 반영하여야 한다.

4) 조정금액의 산정

(1) 계약단가 및 계약금액

공종별 목적물 물량내역서에 각 품목 또는 비목별로 단가를 기재한 산출내역서상의 단가를 계약단가로 한다. 품목조정률을 산출하는 데 적용하는 계약금액은 계약금액을 구성하는 모든 품목 또는 비목을 대상으로 하되, 조정기준일 이전에 이행되어야할 부분의 금액은 제외하며, 설계변경 등으로 당초의 계약금액이 증감되었다면, 그 증감된 계약금액을 기준으로 한다.

(2) 조정금액산정

조정기준일 이후에 이행이 완료되어야 할 부분, 즉 물가변동적용 대가에 품목조정률을 곱하여 조정금액을 산정하고, 여기에 선급지급 해당 분을 공제한 후 당초 계약금액에 산정된 조정금액을 가감하면 품목조정률에 의한 계약금액조정이 완료된다.

4. 지수조정률에 의한 조정방법

1) 의 의

지수조정률에 의한 방법은 원가계산에 의하여 작성된 예정가격을 기준으로 작성한 산출내역서를 첨부하여 체결한 계약의 경우에, 계약금액을 구성하는 비목을 유형별로 정리하여 '비목군'을 편성한 다음, 각 비목군의 재료비·노무비 및 경비의 합계액에서 차지하는 비율을 산정한 후 비목군별로 합당한 지수를 적용하여 지수조정률(K)을 산출, 계약금액을 조정하는 방식이다.

회계예규 「정부 입찰·계약 집행기준」 제69조에 정한 산식에 따라 K가 100분의 3 이상인 때 그 증감액을 산출하여 계약금액을 조정한다. 지수조정률의 산출방법과 기준은 계약예규인 「정부 입찰·계약 집행기준」 제15장(물가변동 조정율 산출)에 구체적으로 규정하고 있다.

2) 적용지수

적용지수는 ① 한국은행이 조사하여 공표하는 생산자물가 기본 분류지수 또는 수입물가지수, ② 국가, 지방자치단체 또는 정부투지기관이 결정·인가하는 노임·가격·요금의 평균지수, ③ 통계작성승인을 받은 기관이 조사·공표한 해당 직종의 평균치(시중노임) 지수, ④ 기타 위와 유사한 지수로서 기획재정부장관이 정하는 지수를 적용한다(국가계약법 시행규칙74조4항).

3) 지수조정률의 산출방법

(1) 비목군 편성

비목군이라 함은 계약금액의 산출내역 중 재료비, 노무비 및 경비를 구성하는 제비목을 노무비, 기계경비 또는 한국은행이 조사 발표하는 생산자물가기본분류지수 및 수입물가지수표상의 품류에 따라 입찰시점(수의계약의 경우에는 계약체결시점을 말한다.)에 계약담당공무원이 다음의 예와 같이 분류한 비목을 말하며 이하 "A, B, C, D, E, F, G, H, I, J, K, L, M, …… Z"로 한다. 비목군을 예시하면 다음과 같다(집행기준68조).

가. A: 노무비(공사와 제조로 구분하며 간접노무비 포함)

나. B: 기계경비(공사에 한함)

다. C: 광산품

라. D: 공산품

마. E: 전력·수도·도시가스 및 폐기물

바. F: 농림·수산품

사. G: 표준시장단가(공사에 한하며, G1: 토목부문, G2: 건축부문, G3: 기계설비부문, G4: 전기부문, G5: 정보통신부문으로 구분하며, 일부공종에 대하여 재료비·노무비·경비중 2개 이상 비목의 합계액을 견적받아 공사비에 반영한 경우에는 이를 해당 부분(G1, G2, G3, G4, G5)의 표준시장단가에 포함)

아. H: 산재보험료

자. I: 산업안전보건관리비

차. J: 고용보험료

카. K: 건설근로자 퇴직공제부금비

타. L: 국민건강보험

파. M: 국민연금보험료

하. N: 노인장기요양보험료

거. Z: 기타 비목군

【질의】 지수조정률 산출 시 비목군 분류: 순공사비 중 비목군 분류가 곤란한 비목일 경우(제작설치비가 재료비에 있음)에 있어서 비목군 편성을 공산품(D)으로 하여야 하는지 아니면 기타비목(Z)으로 하여야 하는지 여부

【답변】 회제41301-927, 2007. 6. 19.
국가기관이 체결하는 공사계약에 있어서 지수조정률방법으로 물가변동으로 인한 계약금액 조정 시 비목군은 「지수조정률산출요령」 제2조에 정한바에 따라 분류하는 것인바, 귀 질의의 제작설치비의 비목군분류는 계약담당공무원이 한국은행이 조사. 공표하는 생산자물가지수 및 수입물가지수표상의 품류에 따라 처리할 사항이며, 참고로 동 규정 중 "Z: 기타 비목군"이라 함은 동조에서 정한 노무비, 재료비 등의 비목군에 해당되지 않는 경비의 지수변동율을 산출하기 위하여 분류하는 비목군을 의미하는 바, 재료비, 노무비는 기타 비목군으로 분류하는 것이 아님.

(2) 계수의 산정

계수라 함은 "A, B, C, D, E, F, G, H, I, J, K, L, M, …… Z"의 각 비목군에 해당하는 산출내역서상의 금액(예정조정기준일 전에 이행이 완료되어야 할 부분에 해당되는 금액은 제외) 이 동 내역서상의 재료비, 노무비 및 경비의 합계액(예정조정기준일 전에 이행이 완료되어야 할 부분에 해당되는 금액은 제외)에서 각각 차지하는 비율(이하 "가중치"라 함)로서 이하 "a, b, c, d, e, f, g, h, i, j, k, l, m, …… z"로 표시한다.

【해석】 비목군 및 계수를 분류하지 않은 경우 물가변동(회제41301-556, 2003. 5. 7.)
국가기관이 체결한 공사계약에 있어 물가변동으로 인한 계약금액조정을 지수조정률에 의하는 경우 "비목군"은 지수조정률산출요령 제2조 제1호(현재 정부 입찰·계약 집행기준 제67조 제1호)의 규정에 의하여 계약금액의 산출내역 중 재료비, 노무비 및 경비를 구성하는 제비목을 노무비, 기계경비 또는 한국은행이 조사 발표하는 생산자물가기본분류지수 및 수입물가표상의 품류에 따라 계약체결 시 계약담당공무원이 분류한 비목을 말하는 것인바, 계약체결시 계약담당공무원이 비목군을 편성하지·않은 경우로서 1차로 물가변동으로 인한 계약금액조정을 하는 경우에는 동조에서 정한 방법에 따라 산출내역서를 기준으로 비목군을 편성할 수 있을 것임.

(3) 지수의 산정

① 지수라 함은 각 비목군의 가격변동수준을 수치화한 것으로서, 기준시점의(입찰일)의 지수는 「A0, B0, C0, D0, E0, F0, ……, Z0」으로 표시하고, 비교시점(조정기준일)의 지수는 「A1, B1, C1, D1, E1, F1, ……, Z1」로 표시한다.
② 각 비목군의 지수는 입찰시점과 조정기준일 시점의 지수를 각각 적용하도록 되어 있어, 만약 2009. 5. 1. 발표된 시중노임의 상승으로 4월 말에 발행되어 동 일자에 통용되고 있는 재료비 등 기타 지수와 합산한 결과 물가변동 요건(90일 이상 경과, 3% 이상 등락률)을 충족한 경우에는 5월 1일이 조정기준일이 된다.

【해석】 회제 41301-38, 2007. 6. 19.
국가기관이 체결한 공사계약에 있어 국가를 당사자로 하는 계약에 관한 법률시행령 제64조의 규정에 의한 물가변동으로 인한 계약금액의 조정 시 지수조정률은 조정기준일 이후에 이행될 금액 중 순공사비(재료비, 노무비, 경비)를 기준으로 하여 산정함.

③ 지수조정률(K)의 산출

지수조정률은 각 비목별로 입찰(또는 직전조정기준일) 당시의 가중치계수에 지수변동률을 곱한 값에서 1을 뺀 것이다. 이 경우 각 비목군의 지수는 입찰시점과 조정기준일

시점의 지수("C, D, E, F"에 대하여는 각각의 전월지수, 다만 월말인 경우에는 해당 월의 지수를 말함)를 각각 적용한다(집행기준69조).

$$K = \left(a\frac{A_1}{A_0} + b\frac{B_1}{B_0} + c\frac{C_1}{C_0} + d\frac{D_1}{D_0} + e\frac{E_1}{E_0} + f\frac{F_1}{F_0} + g\frac{G_1}{G_0} + h\frac{H_1}{H_0} + i\frac{I_1}{I_0} + j\frac{J_1}{J_0} + \right.$$

$$\left. k\frac{K_1}{K_0} + l\frac{L_1}{L_0} + m\frac{M_1}{M_0} \cdots\cdots + z\frac{Z_1}{Z_0} \right) - 1$$

$$단, \ z = 1 - (a+b+c+d+e+f+g+h+i+j+k+l+m \cdots\cdots)$$

각 비목군의 지수는 입찰시점과 조정기준일 시점의 지수("C, D, E, F"에 대하여는 각각의 전월지수, 다만 월말인 경우에는 해당 월의 지수를 말함)를 각각 적용한다.

「정부 입찰·계약 집행기준」 제68조에 의한 비목군은 계약이행기간 중 설계변경, 비목군 분류기준의 변경 및 비목군 분류과정에서 착오나 고의 등으로 비목군 분류가 잘못 적용된 경우를 제외하고는 변경하지 못한다.

【질의】 지수율 및 지수조정률 산정 시 소수점 이하 몇 째 자리까지 적용해야 하며 소수점 이하 산출 시 사사오입 적용관계의 해석은 어떻게 되는지

【답변】 회제 41301-504, 2007. 6. 19.
국가기관이 체결한 계약에서 「국가계약법 시행령」 제64조 제1항 제1호(지수조정률방식)에 의한 물가변동으로 인한 계약금액 조정 시 회계예규 "지수조정률산출요령" 제3조의 규정에 의하여 지수상승률(계약체결시점의 지수 대비 물가변동시점의 지수) 및 지수조정률(K)을 산출하는 데 소수점이하의 숫자가 있는 경우에는 소수점 다섯째자리 이하는 절사하고 소수점 넷째자리까지 산정함.

5. 품목조정률 및 지수조정률에 의한 방법 비교

「국가계약법 시행령」 제64조(물가변동으로 인한 계약금액의 조정) 및 계약예규 「정부 입찰·계약 집행기준」 제15장(물가변동 조정률 산출)에 따라 품목조정률과 지수조정률의 방법을 비교하면 다음과 같다.

[표 6-5] 품목조정률 및 지수조정률에 의한 방법 비교

구분	품목조정률에 의한 방법	지수조정률에 의한 방법
개요	• 계약금액의 산출내역을 구성하는 품목 또는 비목의 가격변동이 당초 계약금액에 비하여 3% 이상 증감 시 계약금액을 조정	• 계약금액의 산출내역을 구성하는 비목군의 지수변동이 당초 계약금액에 비하여 3% 이상 증감 시 계약금액을 조정
조정률 산출 방법	• 계약금액을 구성하는 모든 품목 또는 비목의 등락을 개별적으로 계산하여 등락률을 산정	• 계약금액을 구성하는 비목을 유형별로 정리하여 '비목군'을 편성하고, 당해 비목군에 계약금액에 대한 가중치를 부여(계수)한 후 비목군별로 생산자물가 기본분류지수 등을 대비하여 산출
장점	• 계약금액을 구성하는 각 품목 또는 비목별로 등락률을 산출하므로 물가변동내역이 실제대로 반영이 가능함	• 비목군별로 한국은행에서 발표하는 생산자물가기본분류지수, 수입물가지수 등을 이용하므로 조정율 산출이 용이함
단점	• 매 조정 시마다 수많은 품목 또는 비목의 등락률을 산출해야 하므로 계산이 복잡함	• 평균가격 개념인 지수를 이용하므로 물가변동 내역이 실제대로 반용되지 않을 가능성이 있음
용도	• 계약금액의 구성품목 또는 비목이 적고 조정 횟수가 많지 않을 경우에 적합(단기, 소규모, 단순공종공사)	• 계약금액의 구성비목이 많고 조정회수가 많을 경우에 적합(장기, 대규모, 복합조정공사 등)

* 자료 : 서울특별시, "건설공사 설계·변경 가이드라인", 2014, 자료

6. 계약금액조정 시 공사감독자의 조치

「건설공사 사업관리방식 검토기준 및 업무수행지침」 제150조에 따르면 물가변동으로 인한 계약금액의 조정에 대하여 다음과 같이 규정하고 있다. 공사감독자는 시공자로부터 물가변동에 따른 계약금액 조정·요청을 받을 경우 다음 각 호의 서류를 작성·제출토록 하여야 하고 시공자는 요청에 따라야 한다(업무수행지침150조). 계약금액 조정요청을 받은 날로부터 14일 이내에 검토의견을 첨부, 발주청에 보고하여야 한다.

① 물가변동 조정요청서

② 계약금액 조정요청서

③ 품목조정률 또는 지수조정률 산출근거

④ 계약금액 조정 산출근거

⑤ 그 밖에 설계변경에 필요한 서류

제8절 기타 계약내용 변경으로 인한 계약금액의 조정

1. 개 요

설계변경, 물가변동 외에 공사기간, 공사거리 또는 운반거리의 변경 등 계약내용이 변경되어 계약금액을 조정하는 경우이다. 이러한 계약내용의 변경은 변경되는 부분의 이행에 착수하기 전에 완료하여야 하며, 계약금액이 증액될 경우에는 계약상대자의 신청에 의거 조정하여야 한다. 원래는 설계변경으로 인한 계약금액조정규정의 한 항목이었던 것이 1986. 4. 1. 독립조문으로 신설되었다.

"기타 계약내용의 변경"이란 계약금액의 조정을 수반하는 모든 계약내용 변경사항 중에서 물가변동과 설계변경을 제외한 계약내용의 변경을 의미한다. 여기서 계약내용의 변경은 공사물량의 증감 없이 설계서 등의 변경이 있는 경우를 말하는 바,[58] 동 변경으로 계약금액을 조정할 필요가 있는 경우에 해당하는 것이 기타 계약내용의 변경으로 인한 계약금액조정제도이다.

관련 법규로는 「국가계약법」 제19조(물가변동 등에 따른 계약금액 조정), 같은 법 시행령 제66조(기타 계약내용의 변경으로 인한 계약금액의 조정), 「지방계약법」 제22조(물가 변동 등에 따른 계약금액의 조정), 같은 법 시행령 제75조(그 밖에 계약내용의 변경으로 인한 계약금액의 조정)이 있고, 계약예규로 「공사계약일반조건」 제23조(기타 계약내용의 변경으로 인한 계약금액의 조정), 「공사계약특수조건」 제26조(설계변경으로 인한 계약금액의 조정), 「정부 입찰·계약 집행기준」 제16장(실비의 산정기준 등)이 있다.

2. 성 격

기타 계약내용의 변경이 다소 포괄적이므로 물가변동이나 설계변경의 경우와는 달리, 변경유형이 다양하여 변경사항 여부를 판단하기가 용이하지 않은 데다, 변경유형이 다양한 만큼 변경에 따른 계약금액조정방법도 구체적 기준과 방법이 제시되지 않고 다소 포괄적인 내용으로 규정되어 있어, 조정금액의 산정이 쉽지 않는 경우가 있을 수 있는 것이 사실이다. 따라서 그 내용을 정리하면 다음과 같다.

---

58) 박창규, "국가계약법 해설자료", 2009, p. 365.

첫째, 모든 계약내용의 변경이 계약금액조정의 대상이 된다는 것이다.

둘째, "물가변동, 설계변경으로 인한 계약금액 조정의 경우 외에"를 명확히 함으로써, 공사물량이 증감되면서 계약내용이 변경되는 경우에도 계약금액 조정을 하는 것이다.

종전의 규정하에서는 공사물량의 증감이 없는 경우에만 계약내용 변경이 가능한 것으로 인식되어 설계변경(물량 증감)과 계약내용 변경이 동시에 발생되는 경우, "공사물량의 증감 없이"라는 명시적인 규정에 배치되어 계약내용 변경이 곤란하지 않느냐는 주장도 있었다. 따라서 이러한 경우는 물가변동이나 공사량 증감이 수반되는 설계변경이외에 운반거리, 계약기간의 변경 등 계약조건의 변경으로 인하여 당초의 계약금액을 조정하는 제도이다.

3. 사 유

기타 계약내용 변경의 개념이 포괄적이므로 실무상 어느 사안이 기타 계약내용 변경사유에 해당되는지 여부는 개별적·구체적으로 계약내용을 검토하여 판단할 수밖에 없을 것이다. 판단의 기준이 될 수 있는 사항을 기술하면 다음과 같다.

1) 설계변경이나 물가변동사유에 해당되지 않을 것

계약금액조정을 필요로 하되, 설계변경이나 물가변동의 사유에 해당되지 않아야 한다. 일반적으로 물량의 증감 여부에 따라 양자를 구별하는데, 계약된 공사물량이 증감되는 경우에는 설계변경으로, 물량증감이 없는 경우에는 기타 계약내용변경으로 구분한다.

이 경우 모든 공사물량 증감을 의미하는지는 목적물 물량의 증감만을 의미하는지 명확하지 아니하며, 신규비목으로 보아 설계 변경할 것인지 기타 계약내용 변경으로 볼 것인지 구별하기 곤란한 경우가 있다. 예컨대, 암 절취공사에서 연암(軟巖)이 경암(硬巖)으로 변경되고 산출내역서상에 같은 단가의 경암이 없는 경우, 신규비목의 범위에 포함되므로 신규비목으로 볼 수밖에 없는 반면, 연암의 규격(시공방법)이 일반기계 파쇄작업(ripping)에서 화약발파로 변경된 경우에는 기타 계약내용의 변경으로 보고 있다.

따라서 이에 대한 명확한 구별기준이 마련되어야 할 것인바, 목적물 물량이 증감되는 경우에는 설계변경으로 보고(이 경우 신규비목에 대한 기존의 정의가 축소 조정되어야 할 것임) 기타 물량의 증감(예컨대, 연암에서 경암으로)이 있는 경우에는 기타 계약내용의 변경

으로 구분함이 타당할 것이다.[59)]

2) 계약내용에 변경이 있어야 함

계약내용으로 규정된 사항에 변경이 있어야 한다. 계약내용은 전술한바 있는 계약문서에 규정되므로, 계약문서에 규정된 모든 변경사항이 해당될 수 있을 것이나, 주로 시방서, 현장설명서 등에 제시된 사항의 변경이 기타 계약내용 변경사유가 해당된다.

예컨대, 현장 설명 시에 토사채취료를 일부 감면대상인 공공사업용으로 계상하도록 고지했으나, 실제 시공과정에서 공공사업용으로 인정되지 않아 감면이 안 된 경우 현장설명서에 명시된 계약내용이 실제와 다른 경우에 해당되므로 계약금액조정 대상이 되는 것이며, 산재보험료의 적용에서도 위와 같은 계약내용으로 제시된 사항이 변경되는 경우에는, 기타 계약내용 변경으로 인한 계약금액 조정사유에 해당되는 것이다.

3) 기타의 사유

앞에서 예시한 사항 외에 관련규정 및 유권해석에 의한 기타 계약내용 변경사항의 주된 유형은 다음과 같다.

① 토취장·토사장이 위치 변경에 따른 토사운반거리 또는 운반방법의 변경

> **【질의】** 운반거리 변경에 따른 계약금액조정
> 학교 개축공사와 관련하여 잔토처리 시 기존 계약서상 사토장 운반거리가 지정된 장소가 아닌 단지 거리로만 30km로 되어 있으나, 사토위치를 지정 승인한 사토장 운반거리가 22.4km로 승인되어 신규비목설계 반영으로 새로운 단가를 적용하여 잔토운반비 설계변경이 가능한지
>
> **【답변】** 회제41301-444, 2007. 06. 19.
> 국가기관이 체결한 공사계약에 있어서 토사채취, 사토 및 폐기물처리 등과 관련하여 당초 설계서 등에 사토장의 위치가 지정되지 않고 운반거리만 확정되어 있는 경우로서, 발주기관의 요구 또는 계약상대자의 책임없는 사유에 의하여 운반거리가 변경되는 경우에는, 설계변경 시 기준이 되는 당초 운반로가 없기 때문에 운반로 전체가 변경되는 것으로 보아 "실비산정기준" 제4조 제3호에 정한 바에 따라 계약금액을 조정하는 것이 타당하다고 봄.

② 발주자가 제시한 지질조사서가 실제 현황의 내용과 다르고, 이로 인한 낙반 등으로 TBM의 굴착속도가 설계도면에 제시된 굴착속도보다 저하된 경우

---

59) 서울특별시, "건설공사 설계·설계변경 가이드라인", 2014, p. 183.

③ 선박의 입·출항 횟수가 설계서(현장설명서)에 월간 380회 정도로 명시되어 있으나, 월간 530회 정도로 계약 당시보다 대폭 증가되어 시공현장의 여건이 계약 당시와 다르게 됨으로써 공기가 연장되는 경우

④ 특수 장비를 계속 사용하여 일괄 작업하도록 설계하여 동 장비의 반·출입 및 설치·해체비용도 1회만 계상되어 있으나, 현장여건상 1·2단계로 구분시공이 불가피하게 되어 해체·반입·설치비용이 추가로 소요되는 경우

⑤ 계약문서에는 군 작전지구에 대한 내용이 없으나, 공사현장의 일부가 군 작전지구로서 작업능률에 현저한 저하를 초래하는 경우

⑥ 펌프식 준설공법으로 설계되었으나 공사현장 여건상 변경이 불가피하여 그라브식 준설공법으로 변경하는 경우

⑦ 발주자의 귀책사유로 공사기간이 연장 또는 단축되는 경우

⑧ 관계법령의 제·개정으로 인하여 새로운 비목이 추가되는 경우

4. 계약금액 조정방법

변경된 내용에 따라 "실비를 초과하지 않는 범위 내"에서 계약금액을 조정한다. 여기서 "실비"란 변경된 내용을 이행하는 데 '실제로 소요되는 금액'을 의미할 것이나, 이와 같은 실제사용 개념의 실비는 시공 후에나 산정이 가능한 것이므로 사전 원가계산 개념인 '실비로 예상되는 금액'으로 이해하여야 할 것이다. 조정방법으로는 변경된 내용에 따라 실비의 범위 내에서 조정을 한다. 물론 계약금액이 증액이 될 경우에는 계약자의 신청이 있어야 한다.

5. 실비의 산정

1) 산정기준

실비는 실제 사용된 비용 등 객관적으로 인정될 수 있는 자료와 「국가계약법 시행규칙」 제7조의 규정에 의한 가격을 활용하여 실비를 산출한다. 실비산정과 관련해서 회계예규인 「정부 입찰·계약 집행기준」 제16장에 자세한 절차와 기준이 규정되어 있다. 기획재정부장관이 정한 단위당 가격, 거래실례가격, 품셈의 통계작성의 승인을 받

은 기관이 조사 공표한 가격 등을 활용하여 산출한다. 이른바 조사금액의 산정과 같은 방법으로 하며, 일부의 주장과 같이 직접공사비를 실비로 보아야 하거나 조사금액에 낙찰률을 곱한 금액을 실비로 산정하는 것은 아니다.[60)]

실비는 변경된 내용을 이행하는 데 추가로 소요되는 금액인데, 이를 산정하는 방법은 ① 변경된 내용을 기준으로 전체에 대한 금액을 산정한 후 당초의 금액을 차감하여 산정하는 방법과, ② 변경 추가되는 부분만의 금액을 산정하는 방법으로 대별할 수 있다. 계약담당공무원은 간접노무비의 산출을 위하여 계약상대자로 하여금 계약상대자의 급여, 연말정산서류, 임금지급대장, 감독의 현장확인 복명서 등 간접노무비 지급관련 서류를, 경비는 계약상대자의 경비지출 관련 계약서, 요금고지서, 영수증 등을 활용할 수 있다.

2) 공기연장 또는 단축 시 실비산정

발주자의 귀책사유로 공사기간이 연장되는 경우에는 현장관리비 등 계약상대자의 추가부담 요인이 발생되며, 발주자가 공기를 단축하여 돌관작업토록 요구할 경우 초과임금지급, 장비특별상각 등 공사비의 추가요인이 발생한다.

> **【질의】** 발주관서의 사정에 의거 일방적으로 공기연장을 요구한 경우 이에 소요되는 모든 추가비용(간접노무비, 기타경비, 일반관리비, 산재보험료, 이윤 등)은 당연히 계약금액에 반영하여 설계변경조치가 가능한지 여부
>
> **【답변】** 회제 125-3111, 1986. 8. 6.
> 국가기관에서 시행하는 계약에서는 예산회계법 시행령 제95조 제5항(현행 국가계약법 시행령 제66조)의 규정에 의거 계약조건의 변경으로 공사물량의 증감없이 계약단가를 조정하여야 할 필요가 있는 경우에는 그 변경된 내용에 따라 실비를 초과하지 아니하는 범위 안에서 이를 조정할 수 있는 바, 본 건 질의의 공기연장은 계약조건의 변경에 해당될 것으로 생각됨.

또한 계약상대자의 책임 없는 사유로 공사기간이 연장되어 당초 제출한 계약보증서 등 보증기간을 연장함에 따라 소요되는 추가비용도 발생하게 되며, 이와 관련한 실비정산방법은 다음과 같다.

---

60) 서울특별시, 앞의 책, p. 25.

(1) 간접노무비

'간접노무비'는 직접 작업에 종사하지는 않으나, 작업현장에서 보조 작업에 종사하는 노무자, 종업원과 현장감독자 등의 기본급과 제수당, 상여금, 퇴직급여충당금 등을 말하며, 이는 「공사계약일반조건」 제23조 제3항의 규정에 따라 "계약금액의 증감분에 대한 간접노무비, 산재보험료 및 산업안전보건관리비 등 승율비용과 일반관리비 및 이윤은 산출내역서상의 간접노무비율, 산재보험료율 및 산업안전보건관리비율 등의 승율비용과 일반관리비율 및 이윤율에 의하도록" 규정하고 있기 때문에 감액하는 경우도 이와 다르지 않다.

작업현장에서 보조 작업에 종사하는 노무자, 종업원(자재, 노무, 경리, 공무, 전산 등)과 현장감독자 등의 노무량에 해당 직종의 단가를 곱하여 기본급과 제수당, 상여금, 퇴직급여 충당금의 합계액으로 한다. 이는 근무시간이 변경되므로 조정대상이 된다.

① 공사기한 연장과 간접비 청구

공공공사에서 발주기관의 귀책사유로 인한 공기 연장이 빈번히 발생하고 있다. 이러한 공공공사의 공기 연장은 국가 예산의 낭비와 사회적 편익 손실은 물론이고 시공계약자의 입장에서도 공사 수행 차질과 파행적 현장 운영 등의 피해를 야기시킨다. 특히 발주기관의 귀책으로 공기가 연장되었음에도 불구하고 계약상대자가 그로 인한 손실을 부담하는 부당한 상황이 발생하고 있는 실정이다.[61]

발주기관의 귀책사유로 인해 공사기간이 연장되면 변경된 내용에 따라 실비를 초과하지 않는 범위 내에서 계약금액을 조정하여야 하는데, 발주기관은 공기연장비용이 이미 각 연차별 계약금액에 포함되어 있다며 계약금액 조정에 응하지 않는 경우가 많다.

또한 발주기관에서는 「총사업비관리지침」[62]에 공기 연장에 따른 사업비 조정을 인

---

61) 건설산업연구원이 수집한 최근 3년간(2010~2012년) 수행된 공공공사 총 821개 현장 중에서 발주기관의 귀책사유로 계약 기간이 연장된 경우는 254개 현장으로 공기 연장이 발생한 평균 비용은 30.9%로 조사된바 있다(건설경제, 2013. 7. 30.). 한편 서울 지하철 7호선 연장선 서울구간을 시공 중인 건설사들이 서울시를 상대로 141억 원 규모의 공기연장에 따른 간접비 청구소송을 냈다. 7호선 연장선 인천구간을 시공 중인 건설사들도 같은 내용으로 소송을 준비 중이고, 간접비를 지급받지 못하고 있는 다른 공공공사에 대해서도 건설사들이 소송을 낼 예정이어서 앞으로 공기연장에 따른 간접비 청구소송이 봇물을 이룰 전망이다(건설경제 2012. 3. 19.).

정하지 않고 있다는 이유로 시공 계약자가 청구한 계약금액의 조정을 반려하거나 거부하는 경우도 있다. 현행 국가계약법과 공사계약일반조건에서는 물가변동 및 설계변경으로 인한 계약금액의 조정 외에도 공사 기간의 변경 등 계약 내용의 변경으로 인한 계약금액의 조정을 있음에도 불구하고 현행 「총사업비관리지침」에서는 관련 규정이 누락되어 있는 것이다.

> **【질의】** 공기연장에 따른 간접노무비 및 경비 산정
> 1. ○○공사와 체결한 공사계약에서 발주처의 예산부족 등으로 공사기간이 3년 연장된 경우에 추가된 공사기간에 대한 간접노무비를 계약금액에 반영할 수 있는지
> 2. 공사기간이 연장되어 가설건물, 콘크리트 생산시설 및 크러셔 부지 등의 지급임차료, 산재보험료 및 계약보증서의 연장에 따른 수수료 등의 소요비용을 계약금액에 반영할 수 있는지
>
> **【회신】** 법무지원팀-3666, 2006. 11. 09.
> 공사계약에서 계약상대자의 책임없는 사유로 인하여 공사기간이 연장되어 간접노무비, 지급임차료, 산재보험료 및 계약보증수수료 등이 추가로 발생한 경우에는 「국가계약법 시행령」 제66조 및 계약예규 「정부 입찰·계약 집행기준」 제73조 각 항의 규정에 정한 바에 따라 실비를 산정하여 계약금액을 조정하는 것이며, 상기 규정에 의하여 산출된 금액에 대한 일반관리비 및 이윤은 동 예규 제76조에 의하여 계약서상의 일반관리비율 및 이윤율에 의하되 같은 법 시행규칙 제8조에서 정한 율의 범위 내에서 결정하는 것임을 알려드립니다.

② 공기연장과 간접비 청구 관련 문제점

공기 연장 또는 공사 정지 시 현장 유지 관리 및 인력에 대한 배치 기준이 불명확하거나 실제 투입된 인력보다 과소 책정된 비현실적인 기준이 적용되고 있다. 공기가 연장되는 경우 간접비 보상 청구 금액 중 상당 부분이 현장 유지를 위한 간접노무비 항목으로, 간접 노무 인력에 대한 투입 기준이 명확히 정립되지 않아 발주기관과 시공사 간 마찰과 분쟁의 원인이 되는 것이다. 일부 발주기관은 공기 연장 또는 공사 정지 등에 대한 실비 산정 기준을 자체적으로 규정하고 있는데, 그 적용 범위를 축소하고 있어 실제 투입된 인력 전체에 대한 비용 보상은 이뤄지이 않고 있다.

「국가계약법」 제5조에서는 서로 대등한 입장에서 당사자의 합의에 따른 계약 체결과 신의성실의 원칙에 입각한 계약 이행을 천명하고 있다. 발주기관의 귀책사유로 초

---

62) 「국가재정법」 제50조 및 동법 시행령 제21조, 제22조의 규정에 의거 국가의 예산 또는 기금으로 시행하는 대규모 사업의 총사업비를 사업추진 단계별로 합리적으로 조정·관리함으로써 재정지출의 효율성을 제고함을 목적으로 기획재정부가 마련한 지침(2013. 3.)으로 총사업비가 500억 원(건축사업의 경우는 200억 원) 이상인 사업을 말한다.

래된 추가 비용을 시공자가 부담해야 한다고 주장하는 것은 신의성실의 원칙을 위반하는 것이며, 계약상대자의 이익을 제한하는 계약의 공정성을 훼손시키는 것이다.

③ 공기연장과 간접비 청구 관련 대안 모색

국내 건설공사를 적기에 준공해 재정의 효율적 집행을 도모하며 공기 연장과 관련한 소모적 분쟁을 최소화하기 위한 방안으로는, 공기연장 등 기타 계약내용의 변경을 총사업비 관리대상 사업의 계약금액 조정사유 및 자율조정 항목에 포함하고, 공기연장에 따른 계약금액 조정을 임의규정에서 강행규정으로 변경한다. 현행 「총사업비관리지침」에서 물가변동으로 인한 공사계약금액의 변경을 인정하고 있는 것처럼, 공사기간의 변동과 같은 기타 계약 내용의 변경에 따른 계약금액의 조정도 인정하는 것이 마땅할 것으로 판단된다.

이와 함께 국가계약법령 등과 어긋나는 총사업비관리지침도 손질해 건설업계의 막대한 손해와 이로 인한 경영위기를 해소하고 필요할 경우 건설공사 프로젝트별 예비비 확보대책도 마련할 필요가 있다.

가. 직접계상이 가능한 비목

경비 중 가설공사비, 지급임차료, 보관비 등 직접계상이 가능한 비목, 계약상대자로부터 제출받은 경비지출 관련 계약서, 요금고지서, 영수증 등 객관적인 자료에 의하여 확인된 금액을 기준으로 변경되는 공사기간에 상당하는 금액을 산출한다.

　㉠ 가설공사비 : 간접재료비에 해당하는 가설재료비(거푸집 등), 경비에 해당되는 가설비(현장사무실, 울타리) 등 가설공사비의 경우 공기연장에 따라 가설재 사용기간도 연장되어 가설재 손료부담이 증가될 것이므로 조정대상이 된다.

　㉡ 보관료 : 공기연장에 따라 자재보관 기간이 길어질 경우에는 창고사용료 등이 증가될 것이므로 조정대상이 된다.

나. 승률계상비목

경비 중 지급임차료, 보관비 등 직접계상이 가능한 비목의 실비는 계약상대자로부터 제출받은 경비지출관련 계약서, 요금고지서, 영수증 등 객관적인 자료에 의하여 확인된 금액을 기준으로 변경되는 공사기간에 상당하는 금액을 산출한다.

복리후생비, 소모품비, 산재보험료 등 승률계상비목에 대해서는 기준이 되는 비목의 합계액에 계약상대자의 산출내역서상 해당비목의 비율을 곱하여 산출된 금액과 당초 산출내역서상의 금액과의 차액으로 한다.

다. 보증서발급 수수료

계약상대자의 책임 없는 사유로 공사기간이 연장되어 당초 제출한 계약보증서 등의 보증기간을 연장함에 따라 소요되는 추기비용은 계약상대자로부터 제출받은 보증수수료의 영수증 등 객관적인 자료에 의하여 확인된 금액을 기준으로 산출한다.

3) 운반거리 변경에 따른 실비정산

(1) 토사채취 사토 및 폐기물처리 등과 관련하여 당초 설계서에 정한 운반거리가 증감되는 경우에는 다음 각 기준에 의하여 계약금액을 조정한다. 계약담당공무원은 「국가계약법 시행령」 제14조(공사입찰)에 의한 당해 공사의 설계서를 작성하는 데 운반비 산정의 기준이 되는 다음의 사항을 구체적으로 명기하여 불가피한 경우를 제외하고는 계약체결 후 운반거리 변경이 발생되지 않도록 유의하여야 한다(국가계약법 시행령74조).

　① 토사채취, 사토 및 폐기물처리 등을 위한 위치

　② 공사현장과 토사채취, 사토 및 폐기물처리 등을 위한 위치간의 운반거리, 운반로 및 운반속도 등

　③ 기타 운반비 산정에 필요한 사항

(2) 토사채취 사토 및 폐기물처리 등과 관련하여 당초 설계서에 정한 운반거리가 증·감되는 경우에는 다음 각 호의 기준에 의하여 계약금액을 조정한다.

① **당초 운반로 전부가 남아있는 경우로서 운반거리가 변경되는 경우**

　조정금액＝당초 계약단가＋추가된 운반거리를 변경 당시의 품셈을 기준으로 하여 산정한 단가와 동 단가에 낙찰률을 곱한 단가의 범위 내에서 계약당사자 간에 협의하여 결정한 단가

② 당초 운반로의 일부가 남아있는 경우로서 운반거리가 변경되는 경우

조정금액＝(당초 계약단가－당초 운반로 중 축소부분의 계약단가)＋대체된 운반거리를 변경 당시 품셈에 의하여 산정한 단가와 동 단가에 낙찰률을 곱한 단가의 범위 안에서 협의 결정한 단가

③ 당초 운반로 전부가 변경되는 경우

조정금액＝(계약단가＋변경된 운반거리를 변경 당시 품셈을 기준으로 산정한 단가와 동 단가에 낙찰률을 곱한 단가의 범위 내에서 계약당사자 간에 협의하여 결정한 단가)－계약단가

(3) 협의단가를 결정하는 데 계약당사자 간의 협의가 이루어지지 아니하는 경우에는 그 중간금액으로 한다.

4) 일반관리비 및 이윤

공사기간 및 운반거리 변경 이외의 실비산정은 변경된 내용을 기준으로 하여 산정한 단가와 당초 단가와의 차액범위 안에서 계약당사자 간에 협의하여 결정한다. 그러나 계약당사자 간 협의가 이루어지지 아니하는 경우에는 변경된 내용을 기준으로 하여 산정한 단가와 당초 단가를 합한 금액의 100분의 50으로 한다(국가계약법 시행령 75조, 76조).

일반관리비 및 이윤은 산출된 실비금액에 대하여 계약서상의 일반관리비율 및 이윤율에 의하여 「국가계약법 시행규칙」 제8조에서 정하는 율의 범위 내에서 결정한다. 즉, 간접노무비 및 경비의 증감액에 산출내역서상의 일반관리비율 및 이윤을 적용한다. 그러나 일반관리비율은 6%, 이윤율은 15%를 초과해서는 안 된다.

【해석】 계약금액조정 시 일반관리비 이윤 등의 적용
국가기관이 체결한 공사계약에 있어 설계변경으로 인한 계약금액조정 시 계약금액의 증감분에 대한 일반관리비 및 이윤은 계약상대자가 제출한 산출내역서상의 일반관리비 및 이윤율에 의하되, 재정부장관이 정한 율을 초과할 수 없는 것인 바, 이 경우 일반관리비 및 이윤율은 총공사에 대하여 계상된 비율을 의미하는 것임(회계 45107-793, 2007. 6. 19.).

6. 계약내용 변경 시기

계약금액의 조정은 그 변경된 내용에 따라 실비를 초과하지 않는 범위내에서 이를 조정한다. 공사기간, 운반거리의 변경 등 계약내용의 변경은 변경되는 부분의 이행에 착수하기 전에 완료하여야 한다. 다만 각 중앙관서의 장 또는 계약담당공무원은 계약 이행의 지연으로 품질저하가 우려되는 등 긴급하게 계약을 이행하게 할 필요가 있는 때에는 계약상대자와 협의하여 계약내용의 변경 시기 등을 명확히 정하고, 계약내용 을 변경하기 전에 우선 이행하게 할 수 있다(규칙74조의31항).

계약금액이 증액될 경우에는 계약상대자의 신청에 의하여 조정하여야 한다. 원래 는 설계변경으로 인한 계약금액조정규정의 한 항목이었던 것이 1986. 4. 1. 독립된 조문으로 신설되었다.

기타 계약내용 변경의 개념이 포괄적이므로 실무상 어느 사인이 기타 계약내용 변 경사유에 해당되는지 여부는 개별적·구체적으로 계약내용을 검토하여 판단할 수밖 에 없을 것이다. 판단 기준이 될 수 있다고 생각되는 사항을 기술하면 다음과 같다.

첫째, 계약금액조정을 필요로 하되, 설계변경이나 물가변동사유에 해당되지 않아 야 한다. 일반적으로 물량의 증감 여부에 따라 양자를 구별하는데, 계약된 공사물량 이 증감되는 경우에는 설계변경으로, 물량증감이 없는 경우에는 기타 계약내용변경 으로 구분한다.

둘째, 계약내용으로 규정된 사항에 변경이 있어야 한다. 계약내용은 계약문서에 규 정되므로 계약문서에 규정된 모든 변경사항이 해당될 수 있을 것이나 주로 시방서, 현장설명서 등에 제시된 사항의 변경이 기타 계약내용 변경사유에 해당된다.

7. 공기연장과 관련된 간접비 소송사례[63]

1) 장기계속공사에서의 공기연장에 따른 간접비 판례(사례 I)

(1) 사건 개요

① 원고 □□건설주식회사와 피고 충청북도는 2002. 12. 18. "○○도로확·포장공사"
를 299억 원에 장기계속공사계약을 체결하였고, 총 공기는 2002. 12. 20~2007.
12. 27(60개월)이었으나, 2012. 7. 11.까지(114일) 연장되었다. 그 결과 원고는 간
접공사비로 17.6억 원을 추가로 지출하였기에, 이 금액과 지연손해금을 청구하게
되었다.

② 원고와 피고는 12차에 걸쳐 연차별 계약을 체결하였고, 대금은 모두 지급되었는
데, 원고는 12차 기성대가 지급 받기 전인 2012. 7. 16. 피고에게 추가로 지출한
간접비 조정신청을 하게 되었으나, 원고는 그 이전에는 공기연장에 따른 계약금액
조정신청을 한 적이 없었다.

(2) 쟁점 사항

① 국가계약법령(지방계약법령)에 규정된 장기계속공사계약에서 이른바 '총괄계약'의
의미와 효력

② 장기계속공사계약의 총공사기간 연장을 이유로 총공사금액을 조정할 수 있는지
여부(소극)

③ 장기계속공사계약의 연차별 공사기간 연장을 이유로 연차별 계약금액조정신청을
할 수 있는지 여부 및 그 조정신청을 할 수 있는 시기(해당 연차의 기성대가 수령 전까지)

(3) 하급심의 판단

　제1심은 공기 연장에 따른 계약금액 조정신청은 연차별 공사의 기성대가 수령 전에

63) 대법원 2018. 10. 30. 선고 2014다235189 전원합의체 판결; 서울고등법원 2014. 11. 5. 선고 2013나
2020067 판결; 서울중앙지방법원 2013. 8. 23. 선고 2012가합22179 판결; 정홍식, "간접비 관련 대법
원 판례", 2018. 11. 21. 건설경제; 2019. 1. 28. 건설이코노미뉴스; 2018. 10. 31. 건설경제; 법무법인
화우, "장기계속공사에서의 공기연장 간접비 관련 세미나", 2018. 12. 12.; 이선재, "건설중재 주요이
슈 및 차별화 방안", 2019. 3. 15. 등 참조

하여야 하는데, 이 사건 조정신청은 원고가 제11차 계약까지 기성대가를 모두 수령한 후 제12차 계약의 기성대가를 수령하기 전에 이루어졌으므로, 제12차 계약의 연차 별 공사기간 연장에 따른 계약금액 조정신청으로서만 적법하다고 보았다.

즉, 장기계속공사를 하나의 공사(총괄공사)로 해석하여, 차수별 계약이 진행되더라도 총공사기간이 늘어나면, 이에 대한 공사금액조정이 요구된다고 판단하였다. 이에 따라 제1심은 원고 청구 중 제12차 계약의 연차별 공사기간 연장에 따라 추가로 지출한 간접비 부분만 인용하고, 그 나머지 청구는 기각. 제1심 판결에 대하여 원고만 항소하였다.

(4) 대법원의 판단

장기계속공사계약은 총공사금액 및 총공사기간에 관하여 별도의 계약을 체결하고, 다시 각 각 사업연도별로 계약을 체결하는 형태가 아니라, 우선 1차년도의 제1차 공사에 관한 계약을 체결하면서 총공사금액과 총공사기간을 부기하는 형태로 이루어진다.

제1차 공사에 대한 계약 체결 당시 부기된 총공사금액 및 총공사기간에 관한 합의를 통상 '총괄계약'이라 칭하는데, 이러한 총괄계약은 전체 사업 규모나 공사금액, 공사기간 등에 관하여 잠정적으로 활용하는 기준으로서, 계약상대방이 각 연차별 계약을 체결할 지위에 있다는 점과 계약의 전체 규모는 총괄계약을 기준으로 한다는 점에 관한 합의라고 보아야 한다. 따라서 총괄계약의 효력은 계약상대방 결정, 계약이행의사 확정, 계약단가 등에만 미칠 뿐이고, 계약상대방이 이행할 급부의 구체적인 내용, 계약상대방에게 지급할 공사대금의 범위, 계약 이행기간 등은 모두 연차별 계약을 통하여 구체적으로 확정된다(대법원 2018. 10. 30. 선고 2014다235189 판결).

장기계속공사계약의 경우 연차별 공사기간 연장을 이유로 연차별 계약금액을 조정할 수 있을 뿐, 총공사기간 연장을 이유로 총공사금액을 조정할 수는 없다. 그리고 연차별 계약금액 조정신청은 해당 연차의 기성대가 수령 전까지 하여야 한다(대법원 2006. 9. 14. 선고 2004다28825 판결). 그러므로 원고의 이 사건 청구는 제12차 계약의 연차별 공사기간 연장에 따라 원고가 추가로 지출한 간접공사비의 범위 내에서만 이유 있다(대법원 2019. 1. 31. 선고 2016다213183 판결).

(5) 결 론

장기계속공사계약에서 최초계약(총괄계약)의 법적 구속력이 없고, 차수별(연차별) 계약을 통해서만 공사비증액이 가능하다고 판단하였다. 즉, 계약금액 조정시점을 각 차수별 준공대가 지급 전으로 제한하였다.

2) 장기계속공사에서의 공기연장에 따른 간접비 판례(사례Ⅱ)

(1) 사건 개요

① 서울시는 서울지하철 7호선 온수역에서 지하철 1호선 부평구청역까지 연결하는 총 연장 10.2km로 9개 정거장 규모의 연장공사에 대한 도급계약을 체결하였다. 서울시(도시기반시설본부)는 조달청에 공사계약체결을 요청하고, 조달청은 이 공사를 701, 702, 703, 704공구로 구분하여 2004. 8. 16. 공구별로 기본설계 대안입찰공사방식, 조기착공방식(Fast track)으로 입찰공고를 내고, 시공사는 공동이행방식으로 공동수급체를 구성하여 참가, 그 후 701, 702 공구는 2005. 9. 29. 703공구는 2005. 11. 11.에 704공구는 2005. 11. 4. 각 총공사준공일 2011. 3. 31.로 정하여 총괄계약을 체결하였다.

② 그 후 국토교통부는 "서울도시철도 7호선 기본계획 변경고시"를 하여 사업기간을 2004~2010년에서 2004~2012년으로 변경하였고, 시공사들과 서울시는 총공사기간을 변경하는 총괄계약을 포함하여 각 공구별로 설계변경, 물가변동, 공사구역 변경 등의 사유로 수회에 걸쳐 차수별 계약 및 총괄계약을 체결하였다.

(2) 소송제기

2012. 3. 16. 지하철 7호선 연장선 4개 공구를 시공하는 4개 건설회사로(공구 당 3개사로 총 12개사)는 서울시를 상대로 공사기간이 21개월 연장되면서 투입한 간접비를 지급해달라는 내용의 공기연장에 따른 간접비청구소송을 서울지방법원에 제기하였다. 청구금액은 1공구 27억 원, 2공구 42억 원, 3공구 37억 원 및 4공구 35억 원 등 계 141억 원이었다.

공사계약은 장기계속계약으로 체결하였다. 장기계속공사는 낙찰 등에 의하여 결정된 총 공사금액을 부기하고, 당해 연도의 예산의 범위안에서 제1차 공사를 이행하도록하는 계약을 말한다. 이 경우 2차 공사 이후의 계약은 부기된 총 공사금액(계약금액의 조정이 있는 경우에는, 조정된 총 공사금액)에서 이미 계약된 금액을 공제한 금액의 범위안에서 계약을 체결할 것을 부관(附款)으로 약정한다. 제1차 및 제2차 이후의 계약금액은 총 공사비의 계약단가에 의하여 결정한다(국가계약법69조).

[표 6-6] 계약별 상호 비교

구분	장기계속계약	계속비계약	단년도계약
사업내용 확정	확정	확정	확정
총예산 확보	미확보(당해 연도분 확보)		
계약체결	총공사금액으로 입찰하고, 각 회계연도 예산범위 안에서 계약체결 및 이행(총공사금액은 부기함)	총공사금액으로 입찰 및 계약(년부액부기)	당해 연도 예산범위 내 입찰 및 계약

(3) 당사자의 주장 요지

【원고 : 시공회사】

발주기관의 귀책사유로 인해 공사기간이 연장된 만큼 변경된 내용에 따라 실비를 초과하지 않는 범위 내에서 계약금액을 조정하여야 한다.

○ 본 건과 관련된 상호 간의 쟁점은 매우 다양했으나, 가장 쟁점이 되는 부분은 장기계속계약에 대한 성격을 어떻게 이해하는가의 문제이다. 따라서 시공사들은 장기계속계약은 전체 사업내용이 확정된 하나의 공사로서, 그 이행에 수년을 요하는 공사로서 총공사금액 및 총공사계약기간 등이 계약서에 부기되는 형태의 계약이다.

○ 이는 기본계약의 성질을 갖는 총괄계약과 개별계약의 성질을 갖는 차수별 계약이 병존하는 형태의 계약으로 총괄계약의 구속력이 인정되고, 이 사건과 같이 총공사기간 연장으로 계약금액을 조정하는 경우 총 공사금액은 부기(附記)된 총 공사금액을 조정하게 되므로, 조정신청도 전체 준공대가 수령 전이라면 차수별 계약과 상관없이 1회로 충분하다.

○ 예산부족에 따른 공기지연 등 서울시 책임으로 준공기한이 2011. 3. 31.에서 2012. 12. 31.로 변경되었는데, 시공사들은 준공기한 변경내용의 총괄계약을 체결할 무렵, 공기연장에 따른 계약금액조정신청을 하였음에도 서울시가 거부하였으므로,

서울시는 「공사계약일반조건」 제26조 제4항, 제23조(기타 계약내용의 변경으로 인한 계약금액의 조정)에 따라 공기연장에 다른 약정공사대금을 지급하여야 한다.

【피고 : 서울시】

발주기관은 공기연장비용이 이미 각 연차별 계약금액에 포함되어 있다는 입장이다.

o 장기계속공사는 수년간 공사수행이 예정된 것으로 '회계연도 독립의 원칙'에 의하여 다년도 예산을 일시 확보할 수 없으므로, 매년 나누어서 공사계약을 체결하는 것으로서 총공사금액을 부기금액으로 하고, 당해 연도 범위 내에서 차수별 계약을 체결하므로 차수별 계약이 바로 공사도급계약이다. 따라서 공기 변경 등으로 계약금액을 조정하는 경우, 차수별 계약 체결 시 그 조정금액(총공사부기금액)을 부기하지 아니한 경우 이에 대한 간접비를 청구할 수 없다.

o 공기연장은 피고 서울시의 예산부족 등의 사정으로 연장된 것이 아니고, 원고들의 귀책사유로 연장되었다. 설령, 예산확보를 못한 사정이 있더라도 공사가 장기계속계약인 점을 고려 할 때, 예산이 부족할 수 있음은 예상이 가능하므로, 이를 서울시의 책임으로 보기 어렵고, 설령 서울시에 책임이 있더라도 이는 「공사계약특수조건」 제19조 제3항에 의하여 설계변경에 의한 계약금액의 조정을 하여야 한다.

o 총괄계약과 차수별 계약이 별개의 독립된 계약이라 하더라도 이 공사는 장기계속공사로서 차수별 계약을 체결하여 추진된 공사이므로, 공기연장에 따른 비용은 이미 각 차수별 계약에 포함되었고, 피고 서울시는 이미 전액 지급하였다.

(4) 하급심(1, 2심)의 판단

o 「국가계약법」 제21조(계속비 및 장기계속계약), 「국가계약법 시행령」 제69조 제2항(장기계속계약 및 계속비계약)의 규정과 지체상금은 차수별 계약금액을 기준으로 하고 있고(시행령 제74조), 장기계속공사계약에서는 총공사금액 중 일부 공사를 분리하여 발주할 수 없다.

○ 이러한 규정들의 취지, 목적, 장기계속계약의 특성 등을 종합적으로 살펴볼 때 ① 조달청이 총공사기간, 총공사예산액을 정하여 입찰을 실시하면 ② 입찰참가자들이 총공사기간 안에 공사가 완료될 것을 전제로 입찰금액을 정하여 입찰에 참가하고, ③ 실시설계적격자로 선정되면 조달청과 사이에 총공사기간, 총공사금액을 부기한 1차 계약 및 총괄계약을 체결하고, 2차 계약부터는 회계연도마다 부기된 총공사금액에서 이미 계약된 금액을 공제한 금액의 범위에서 계약을 체결하는 바, 총공사기간 및 총공사대금에 관하여 체결된 총괄계약은 계약당사자 사이에 구속력이 있고, 차수별 계약은 총괄계약에 구속되어 각 회계연도 예산의 범위 안에서 이행할 공사에 관하여 계약이 체결된다.

○ 총괄계약에서 총공사금액은 총공사기간 동안의 간접공사비 등을 포함한 전체 공사비인바, 차수별 계약의 공사기간이 증감되더라도 총공사기간 내에 공사를 완료한 경우에는 차수별 계약에서 공사기간에 대해서는 계약금액 조정사유에 해당되지 않는다.

○ 장기계속공사계약에서 통산 물가변동, 설계변경으로 인한 계약금액의 조정은 차수별 계약금액 변경에 수반하여 총공사금액이 변경될 것이지만, 예산부족 등을 이유로 총공사기간이 연장되는 경우에는, 차수계약이 늘어나는 형태로써 차수별 계약 내에서 공기연장과 별개로 계약금액이 조정되어야 하고,

○ 이는 공사가 중단되었는지와 관련이 없으므로, 공사 중단 없이 차수별 계약이 체결되고 그에 따라 공사가 진행되었다 하더라도 연장된 공사기간에 대하여 총공사금액 조정을 할 수 있으며, 이 경우 계약당사자들의 총공사기간 연장에 대한 공사금액 조정신청은 차수별 계약과 상관없이 1회로 충분하다.

(5) 대법원의 판단

【쟁점사항】 구 「국가계약법」 제21조에 따른 장기계속공사계약에서 총공사기간이 최초로 부기한 공사기간보다 연장된 경우, 공사기간이 변경된 것으로 보아 계약금액 조정을 인정할 수 있는지 여부이다.

【판결요지】 구 「국가계약법」(2012. 3. 21. 법률 제11377호로 개정되기 전의 것) 제21조는 "각 중앙관서의 장 또는 계약담당공무원은 임차·운송·보관·전기·가스·공급 기타 그 성질상 수년간 계속하여 존속할 필요가 있거나, 이행에 수년을 요하는 계약에서는 대통령령이 정하는 바에 의하여 장기계속계약을 체결할 수 있다. 이 경우에는 각 회계연도 예산의 범위 안에서 당해 계약을 이행하게 하여야 한다"라고 규정하고 있다.

그리고 「국가계약법 시행령」 제69조 제2항은 "장기계속공사는 낙찰 등에 의하여 결정된 총공사금액을 부기하고 당해 연도의 예산의 범위 안에서 제1차공사를 이행하도록 계약을 체결하여야 한다. 이 경우 제2차공사 이후의 계약은 부기된 총공사금액(제64조 내지 제66조의 규정에 의한 계약금액의 조정이 있는 경우에는 조정된 총공사금액을 말한다)에서 이미 계약된 금액을 공제한 금액의 범위 안에서 계약을 체결할 것을 부관으로 약정하여야 한다"라고 규정하고 있다.

이처럼 장기계속공사계약은 총공사금액 및 총공사기간에 관하여 별도의 계약을 체결하고 다시 개개의 사업연도별로 계약을 체결하는 형태가 아니라, 우선 1차년도의 제1차공사에 관한 계약을 체결하면서 총공사금액과 총공사기간을 부기하는 형태로 이루어진다.

제1차공사에 관한 계약 체결 당시 부기된 총공사금액 및 총공사기간에 관한 합의를 통상 '총괄계약'이라 칭하고 있는데, 이러한 총괄계약에서 정한 총공사금액 및 총공사기간은 국가 등이 입찰 당시 예정하였던 사업의 규모에 따른 것이다.

사업연도가 경과함에 따라 총공사기간이 연장되는 경우, 추가로 연차별 계약을 체결하면서 그에 부기하는 총공사금액과 총공사기간이 같이 변경되는 것일 뿐 연차별 계약과 별도로 총괄계약(총공사금액과 총공사기간)의 내용을 변경하는 계약이 따로 체결되는 것은 아니다. 따라서 위와 같은 총괄계약은 그 자체로 총공사금액이나 총공사기간에 대한 확정적인 의사의 합치에 따른 것이 아니라 각 연차별 계약의 체결에 따라 연동되는 것이다.

일반적으로 장기계속공사계약의 당사자들은 총괄계약의 총공사금액 및 총공사기간을 각 연차별 계약을 체결하는 데 잠정적 기준으로 활용할 의사를 가지고 있을 뿐이라고 보이고, 각 연차별 계약에 부기된 총공사금액 및 총공사기간 그 자체를 근거로 하여 공사금액과 공사기간에 관하여 확정적인 권리의무를 발생시키거나 구속력을 갖게 하려는 의사를 갖고 있다고 보기 어렵다. 즉, 장기계속공사계약에서 이른바 총괄계약은 전체적인 사업의 규모나 공사금액, 공사기간 등에 관하여 잠정적으로 활용하는 기준으로서 구체적으로는 계약상대방이 각 연차별 계약을 체결할 지위에 있다는 점과, 계약의 전체 규모는 총괄계약을 기준으로 한다는 점에 관한 합의라고 보아야 한다.

따라서 총괄계약의 효력은 계약상대방의 결정(연차별 계약마다 경쟁입찰 등 계약상대방 결정 절차를 다시 밟을 필요가 없다), 계약이행의사의 확정(정당한 사유 없이 연차별 계약의 체결을 거절할 수 없고, 총공사내역에 포함된 것을 별도로 분리발주할 수 없다), 계약단가(연차별 계약금액을 정할 때 총공사의 계약단가에 의해 결정한다) 등에만 미칠 뿐이고, 계약상대방이 이행할 급부의 구체적인 내용, 계약상대방에게 지급할 공사대금의 범위, 계약의 이행기간 등은 모두 연차별 계약을 통하여 구체적으로 확정된다고 보아야 한다(대법원 2018. 10. 30. 선고 2014다235189 [공사대금] 전원합의체 판결). 이상은 다수의견이고 반대의견도 있으나 생략한다.

(6) 판결에 대한 의미

대법원의 판결과 같이 "장기계속공사계약에서 최초 계약(총괄계약)의 법적 구속력이 없고, 차수별(연차별) 계약을 통해서만 공사비 증액이 가능하다"고 판단한 대법원의 간접비 소송 판결이 다른 재판에도 영향을 주고 있다. 대법원은 서울 지하철 7호선 연장 서울구간(701~704공구) 손해배상 청구소송 판결에서 건설사들의 손을 들어준 원심을 깨고 사건을 서울고등법원으로 돌려보냈다.

2심 재판부는 서울시가 ○○산업 등 4개사를 상대로 제기한 항소심에서 해당공사의 첫 계약일인 2004. 12. 30.로부터 5년이 넘어 손해배상채권의 소멸시효가 지났다고 봤다. 1차 계약시 총공사 준공일과 총공사금액이 기재된 만큼 총괄계약에 따라 손해배상채권 소멸시효를 계산한 것이다.

이와는 달리 대법원은 총괄계약의 법적 구속력을 부인한 간접비 소송 판결을 근거로 손해배상채권의 소멸시효 기산일을 차수별로 해석했다. 7호선 연장 서울구간의 차수계약은 공구별로 10~14차에 이른다. 이러한 대법원의 판결은 다음과 같은 의미를 담고 있다.

첫째, 이번 판결은 공기연장 시 간접비 지급 자체를 불인정한 것이 아닌 법적 구속력이 없는 총괄계약 대신 차수별 계약 때 간접비를 청구해서 받아야 한다는 취지이나, 차수별 공기 연장을 요청하더라도 쉽게 수용하지 않는 발주기관 관행에 반하는 판결이어서 건설업계의 우려는 증폭되고 있다.

둘째, 현재 장기계속공사에서 예산 부족, 민원 발생, 용지보상 및 이주 지연 등 발주기관이 책임져야 할 원인으로 인한 공사기간 연장 문제는 심각한 상황이다. 향후 대법원 판례대로 간다면 시공사에 책임 없는 사유로 총공사기간이 늘어남에 따라 필연적으로 발생하는 공기 연장 간접비를 시공사가 모두 부담해야 한다.

셋째, 공기연장 간접비 논란은 비단 장기계속공사의 총괄계약 구속력 인정 여부뿐만 아니라 다양한 쟁점들이 오랜 기간 지속돼 온 상황이다. 이러한 쟁점 사항들은 대부분 제도 개선을 통해 해결 가능한 문제이다. 그동안 정부가 예산 절감을 목적으로 해결 방안 마련에 소극적으로 대응했기 때문에 문제를 더 키웠다는 지적이다. 불합리한 총사업비 관리지침의 개정과 함께 국가계약법 등 관련 법률 개정이 시급히 추진되어야 한다.

넷째, 현재 진행 중이거나 향후 발주될 장기계속공사에서 대법원 판결내용을 감안하여 공기 연장 간접비 관련 지침을 발주기관에 시달해야 한다는 지적이다. 이와 아울러 건설업계는 공기 연장 간접비에 대한 대법원의 판결을 발주기관과 계약을 체결한 종합건설업체뿐만 아니라, 하도급업체와 근로자까지 큰 파장을 일으키는 심각한 상황으로 보고 있다. 따라서 제도 개선에 관한 업계의견을 폭넓게 수렴·보완하는 한편 대법원 판결에 따른 발주기관의 탈법적 갑질 모니터링 및 개선을 위해 주력하여야 할 것이다.

제9절 공사촉진[64]

1. 개 요

공사촉진과 관련된 클레임은 일반적으로 공기지연 또는 공사범위와 관련하여 발생되는 것으로 생산성 클레임이라고도 한다. 공사촉진 클레임은 건설업체로 하여금 처음 공기보다 단축하여 작업하도록 요구하거나 생산체계를 촉진하기 위하여 추가나 다른 자원을 사용하도록 요구할 때 발생하게 된다.

건설공사는 계약체결 시 결정된 공사기간이 있으나, 사정변경에 의하여 공사 완공을 단축하여야 하는 경우가 발생한다. 이러한 공기 단축에 따른 대가청구 및 비용처리 등에 따른 문제가 발생하게 된다. 본 절에서는 이를 둘러싼 문제점을 검토하고 하결방안을 고찰한다.

관련 법규로는 계약예규인 「공사계약일반조건」 제18조(휴일 및 야간작업), 제23조(기타 계약내용의 변경으로 인한 계약금액의 조정), 제26조(계약기간의 연장), 제47조(공사의 일시정지), 「공사계약특수조건」 제19조(휴일 및 야간작업), 「용역계약일반조건」 제19조(계약기간의 연장) 등이 있다.

2. 개 념

공사의 촉진(acceleration)이란 공사개시 후 발주자가 수급자에 시공속도를 높여 공사의 완공을 앞당기도록 요구하는 것으로 공사기간의 단축을 의미한다. 수급자는 공기를 단축하기 위해 당초의 시공계획을 변경하여 건설기자재나 노무자를 늘리고, 시간 외의 작업에 대하여 수급자는 발주자에게 추가비용을 청구하는 클레임을 제기할 수 있다.

이러한 작업을 돌관(突貫)공사라 부른다. 이는 예정된 공사기간보다 공사기간을 단축시키위한 목적으로 급하게 하는 공사를 말하며, 이 때 이루어진 작업을 돌관작업이라한다. 발주자 측이 공사진척이 부진하여 일정기간 내에 공사를 완료하지 못할 것을 우려하여 시공을 독촉하여 노동을 시키거나 혹은 시공절차를 변경할 필요가 있을 때,

---

64) Robert Rubin, op.cit, pp. 60~65; Eward R. Fisk, op, cit., pp. 502~504.

그에 수반하여 공사비(acceleration cost)가 증가된다. 발주자의 공사 독촉에 따른 추가적 경비에 대한 보상을 요구하는 클레임이다. 공사촉진에는 다음 두 가지의 형태가 있다.

3. 유 형[65]

공사촉진(acceleration)은 계약변경 등의 사유로 원 공정표(original schedule)상의 단위 시간당 작업량을 늘여서 작업을 하는 경우를 말하는데, ① 발주자가 원 공기보다 일찍 완공을 지시하여 수급자로 하여금 2부제(two shift) 작업, 야간, 휴일 작업 등을 하게 되는 경우와, ② 발주자의 귀책사유로 인한 지연(delay)인대도 원 공기대로 완공을 지시하는 경우가 있다.

이러한 경우 수급자는 당초 작업계획을 변경하여 인력, 자재, 장비 등의 자원을 추가로 투입할 수밖에 없으며 작업시간도 늘려야 한다. 이는 모두 비용(cost)과 직결되어 있는 문제로서 보상을 받아야 한다. 그러한 발주자의 지시나 인정이 있을 경우 (directed acceleration)는 보상이 가능하나 그렇지 않을 경우(constructive acceleration)는 대가를 받아 내기 위해 최선을 다해야 한다. 이는 공사의 수익성에 대단히 중요하기 때문이다. 그러나 수급자의 귀책으로 공정이 지연되는 경우 원 공기를 지키기 위해 발주자가 촉진을 지시하더라도 이는 보상이 되지 않는다. 오히려 지연되었을 경우 손해보상(liquidated damage)의 부과 대상이 된다.

1) 명령에 따른 촉진(directed acceleration)

발주자가 수급자에 대하여 공사촉진의 명령을 발하는 경우로서 미국에서는 다수의 건설공사계약에서 발주자에게 공사촉진명령권을 부여하는 조항이 있다. 발주자의 지시로 촉진한 경우, 발주자의 귀책사유로 인한 경우는 보상이 가능하나 수급자의 귀책인 경우는 보상이 불가능하다.

---

65) Edward R. Fisk, Ibid., pp. 502~504; 한국건설감리협회, "외국의 CM제도와 클레임 및 분쟁처리", (한국의 감리제도와 비교검토) 2001. 10. 26., pp. 9~13 참조.

2) 의제공사촉진(constructive acceleration)

다른 하나는 예컨대, 악천후 등으로 수급자의 책임이 아닌 사유로 공사가 지연된 경우에는 당연히 공기연장을 해주는 경우가 있는데, 발주자가 공기연장을 인정해주지 않는 경우에는 수급자가 공사촉진을 강제할 수 있다. 이 경우 발주자는 수급자에 대하여 직접적으로 공사촉진을 명하지 않지만, 수급자는 실질적으로 공사촉진을 도모할 필요가 있기 때문에 이를 의제공사촉진(擬制工事促進)이라 부르고 있다.

발주자의 귀책으로 인한 지연이 발생하여 수급자가 공기연장(time extension)을 신청하여도 발주자가 이를 거절하고, 원래의 공정(original schedule)대로 시공하도록 할 경우 수급자는 이를 맞추기 위해 촉진을 할 수밖에 없게 된다. 발주자는 원 공기를 지키기 위해 가능한 한 그리고 우월적 지위를 이용하여 추가공사를 인정해주지 않으려고 하는데, 수급자는 계약조건상의 모든 절차에 따라 조치를 취하여 의제공사촉진이 명령에 따른 촉진이 되어 정식으로 발급되도록 해야 한다.

이러한 의제공사촉진에 대한 클레임 성립의 기본적인 요소는 계약조건상의 절차에 따라 claim notice를 하고 공기연장(time extention)을 요구하는 것이다. 이러한 공기연장의 요구가 받아들여지면 계약변경(change order)을 통해 공기연장을 발급받거나 acceleration order를 발급 받아 촉진비용(accelation cost)을 받게 된다. 어느 쪽도 인정을 받지 못할 경우 계약조건에 따라 클레임을 제기해야 한다.

【건설공사분쟁사례 : 공사촉진】

[분쟁당사자] 발주자 Marriot Corporation, 수급업자 Dasta Construction Co.

[분쟁내용] 공사가 서로 마주치게 되는 담당구역에서 다른 건설업자의 공사지연으로 공사 도중 그때마다 겹치는 설계변경, 공정계획의 변경 때문에 수급자는 공기를 지키기 위해 공사 촉진이 필요했다. 그 결과 입찰 시에 예상치 못했던 추가공사, 시공계획에 수반하는 작업효율의 저하 등으로 인해 공사비가 증가되었다. 수급업자는 공사비 증가의 원인은 발주자 측에 있다고 하여 추가비용의 지급을 요구했다.

[미국연방공소법원] 본건의 경우, "계약서에는 수급업자의 귀책사유가 아닌 것으로 공사지연이 발생된 경우, 수급업자는 서면으로 공기의 연장을 요구할 수 있다"라고 규정되어 있지만, "수급업자가 문서로서 공기의 연장을 요구한 증거가 없다"라고 판단하였다.

4. 클레임의 취급

공사촉진에 대한 클레임 중에는 발주자의 요청으로 공사가 촉진되고, 이에 따라 공사금액이 증가할 경우에는 당연히 발주자가 책임을 부담해야 하며 클레임의 처리도 비교적 용이하다. 한편 의제공사촉진에 대하여 클레임을 제기할 때에 수급자는 아래와 같은 사실이 존재해야 한다.

① 수급자에게는 원래의 권리로서 공기연장을 인정받아야 할 정당한 이유(excusable delay)가 있음에도 불구하고, 공기연장이 인정되지 않아 공사가 지연 된 사실
② 발주자가 공기연장을 거부한 사실
③ 발주자가 명확히 또는 묵시적으로 공사촉진을 요구한 사실
④ 수급자가 공사를 촉진한 사실을 증명할 것

공사지연에 대한 정당한 사유의 예로는, 발주자가 작성한 설계도나 시방서에 결함이 있는 경우, 발주자로부터 공사물량의 증가명령이 내려진 경우, 악천후로 인한 불가항력 등이 있다. 아울러 수급자가 계약을 맺고 있는 하도급자의 과실 등에 의해 공사가 지연된 경우에는 그것을 이유로 하여 수급자가 발주자에 공사비의 증가를 요구할 수는 없다. 그러나 하도급업자의 공사지연이 불가항력에 의한 경우에는 그렇지 아니하다.

5. 관련 규정

1) 공사계약일반조건

우리나라는 이와 동일한 규정은 없으며 「공사계약일반조건」 제18조에는 "계약상대자는 계약담당공무원의 공기단축지시 및 발주기관의 부득이한 사유로 인하여 휴일 또는 야간작업을 지시받았을 때에는 계약담당공무원에게 추가비용을 청구할 수 있고, 이 경우는 제23조(기타 계약내용의 변경으로 인한 계약금액의 조정)를 준용한다"고 규정하고 있다. 여기서 "제23조를 준용한다"는 것은, 발주청의 공기단축 지시나 발주기관의 사유 및 공기·운반거리 변경 등으로 휴일 또는 야간작업을 지시한 경우에는 계약금액을 조정할 수 있다는 의미가 된다.

종전에는 계약담당공무원의 필요에 의한 경우를 제외하고는 계약담당공무원의 승

인 없이 휴일 또는 야간작업을 할 수 없고, 승인을 얻어 휴일 또는 야간작업을 하는 경우에는 그로 인한 추가비용을 청구할 수 없도록 규정하고 있었다. 즉, 휴일 또는 야간작업을 원칙상 금지시키고 계약문서에 명문규정 또는 계약담당공무원의 승인이 있거나 발주기관의 필요에 의한 경우 예외적 가능하게 하였다.

그러나 계약담당공무원의 승인 없이 휴일 또는 야간작업을 금지한 것은 계약상대 자인 사용자와 근로자의 자유 및 권리를 제한하는 것이 되고, 사용자와 근로자의 합의에 의해 휴일 또는 야간근로를 할 수 있도록 한 근로기준법[66]에 저촉되는 문제로 인해 2009. 6. 29. 국가계약관련 회계예규 개정 시 공사계약일반조건, 용역계약일반조건을 개정하게 되었다.

2) 근로기준법

야간작업 시 사고위험 등을 고려하여 계약담당공무원의 승인을 받도록 한 것이나, 야간근로 등이 근로기준법상 행정관청의 승인에서 사용자와 근로자의 합의로 변경된 점을 반영할 필요성이 있어, 계약담당공무원의 지시를 받았을 때에는 휴일 또는 야간 작업을 할 수 있도록 개정하게 되었다.[67]

휴일 및 야간작업은 공기지연에 대한 만회를 위해서 또는 주간에 시행할 경우 교통 혼잡이나 통행방해 등의 문제를 회피하기 위하여 하는 경우가 대부분이다. 그러나 휴일 및 야간작업의 경우에는 감독관이나 발주자측이 현장에 상주하여 평소와 같은 시공관리가 수반되어야 할 것이나, 이런 경우 작업능률 면에서나 관리감독적인 측면에서도 용이하지 않은 경우가 많다.

---

66) 근로기준법 제55조(휴일) ① 사용자는 근로자에게 1주에 평균 1회 이상의 유급휴일을 보장하여야 한다<개정 2018. 3. 20.>. ② 사용자는 근로자에게 대통령령으로 정하는 휴일을 유급으로 보장하여야 한다. 다만, 근로자대표와 서면으로 합의한 경우 특정한 근로일로 대체할 수 있다<신설 2018. 3. 20.>.

67) 근로기준법 제53조 (연장 근로의 제한) ① 당사자 간에 합의하면 1주 간에 12시간을 한도로 제50조의 근로시간을 연장할 수 있다. ② 당사자 간에 합의하면 1주 간에 12시간을 한도로 제51조의 근로시간을 연장할 수 있고, 제52조 제2호의 정산기간을 평균하여 1주 간에 12시간을 초과하지 아니하는 범위에서 제52조의 근로시간을 연장할 수 있다. ③ 사용자는 특별한 사정이 있으면 노동부장관의 인가와 근로자의 동의를 받아 제1항과 제2항의 근로시간을 연장할 수 있다. 다만 사태가 급박하여 노동부장관의 인가를 받을 시간이 없는 경우에는 사후에 지체 없이 승인을 받아야 한다. ④ 노동부장관은 제3항에 따른 근로시간의 연장이 부적당하다고 인정하면 그 후 연장시간에 상당하는 휴게시간이나 휴일을 줄 것을 명할 수 있다.

또한 「근로기준법」 제56조[68]의 규정에 의거 근로자에게 통상임금의 50% 이상을 지급하여야 하는 등 비용적인 측면에서도 많은 부담이 된다. 그리하여 「공사계약일 반조건」 제18조에서는 계약상대자는 계약문서에서 별도로 규정하고 있지 아니하는 한 계약담당공무원의 필요에 의한 경우를 제외하고는, 계약담당공무원의 승인없이 휴일 또는 야간작업을 할 수 없는 것이 원칙이다. 그리하여 위와 같은 이유로 인해 "계약상대자는 계약담당공무원의 공기단축지시 및 발주기관의 부득이한 지시로 인하여 휴일 및 야간작업을 지시하였을 때에는 추가비용을 청구할 수 있도록" 규정하고 있다. 휴일 및 야간작업 시 추가비용을 청구할 수 있기 위해서는 다음과 같은 조건이 있다.

첫째, 계약담당공무원의 공기단축지시가 있어야 하며,

둘째, 발주기관의 부득이한 지시가 있어야 한다.

따라서 위와 같은 경우에 해당할 때에는 계약상대자는 추가비용을 청구할 수 있다.

3) 건설기술 진흥법

(1) 일요일 건설공사 시행의 제한

건설사업자가 발주청이 발주하는 건설공사를 시행하는 때에는 긴급 보수·보강 공사 등 대통령령으로 정하는 경우로서 발주청이 사전에 승인한 경우를 제외하고는 일요일에 건설공사를 시행해서는 아니 된다. 다만 재해가 발생하거나 발생할 것으로 예상되어 일요일에 긴급 공사 등이 필요한 경우에는 건설사업자가 우선 건설공사를 시행하고 발주청이 이를 사후에 승인할 수 있다(법65조의2)〈신설 2020. 6. 9.〉.

이와 같이 일요일 건설공사 시행을 제한하게 된 것은 근로자에게 적절한 휴식을

---

68) 제56조(연장·야간 및 휴일 근로) ① 사용자는 연장근로(제53조·제59조 및 제69조 단서에 따라 연장된 시간의 근로를 말한다)에 대하여는 통상임금의 100분의 50 이상을 가산하여 근로자에게 지급하여야 한다〈개정 2018. 3. 20.〉.
② 제1항에도 불구하고 사용자는 휴일근로에 대하여는 다음 각 호의 기준에 따른 금액 이상을 가산하여 근로자에게 지급하여야 한다〈신설 2018. 3. 20.〉.
1. 8시간 이내의 휴일근로: 통상임금의 100분의 50
2. 8시간을 초과한 휴일근로: 통상임금의 100분의 100
③ 사용자는 야간근로(오후 10시부터 다음 날 오전 6시 사이의 근로를 말한다)에 대하여는 통상임금의 100분의 50 이상을 가산하여 근로자에게 지급하여야 한다〈신설 2018. 3. 20.〉.

보장함으로써 건설안전이 확보될 수 있도록 하기 위함으로, 긴급 보수·보강 공사 등의 경우로서 발주청이 사전에 승인한 경우를 제외하고는, 일요일에 공공 건설공사의 시행을 제한할 수 있도록 2020. 6. 8. 법을 개정하게 되었다. 물론 민간공사는 해당하지 않는다.

(2) 일요일 건설공사 시행 제한의 예외

법 제65조의2 본문에서 "긴급 보수·보강 공사 등 대통령령으로 정하는 경우"란 다음 각 호의 어느 하나에 해당하는 경우를 말한다(법103조의2)〈신설 2020. 12. 8.〉.

① 사고·재해의 복구 및 예방과 안전 확보를 위하여 긴급 보수·보강 공사가 필요한 경우

② 날씨·감염병 등 환경조건에 따라 작업일수가 부족하여 추가 작업이 필요한 경우

③ 교통·환경 등의 문제로 평일 공사 시행이 어려운 경우

④ 공법·공사의 특성상 연속적인 시공이 필요한 경우

⑤ 민원, 소송, 보상 문제 등 건설사업자의 귀책사유가 아닌 외부 요인으로 인하여 공정이 지연된 경우

⑥ 도서·산간벽지 등 낙후지역의 10일 미만의 단기공사로서 짧은 시일 내에 공사를 마칠 필요성이 크다고 인정되는 경우

【질의】 1. 실제 공사일수에 공휴일과 일요일의 포함 여부
2. 강우로 인한 공사 중단 시 강우일수 전체를 공사기간 연장으로 산정 가능한지 여부

【회신】 조달청 법무지원팀-3266, 2006. 09. 29.
1. 귀 질의 1에 대하여 : 공사계약에 있어 "계약기간"이란 계약당사자 간에 별도의 합의가 없는 경우라면, 당초 계약서에서 정한 기간을 말하는 것이며, 동 계약기간에는 공휴일 및 일요일이 포함되는 것임.
2. 귀 질의 2에 대하여 : 공사계약에 있어 계약예규 「공사계약 일반조건」 제32조에서 규정한 태풍·홍수 기타 악천후 등 불가항력의 사유에 의한 경우에는 동 예규 제26조에 따라 계약기간의 연장이 가능한 것임.

6. 비용부담

1) 계약기간 연장의 유형

① 시공자의 책임있는 사유로 인한 지체 또는 연장 : 지체상금

② 시공자의 책임없는 사유로 인한 지체 또는 연장

③ 발주처의 책임있는 사유로 인한 지체 또는 연장 : 연장비용

④ 계약당사자 누구에게도 책임이 없는 사유로 인한 지체 또는 연장(불가항력의 사유로 인한 지체 또는 연장비용의 법적 근거)

2) 연장비용의 산출 방법

계약기간의 연장으로 인하여 계약당사자 일방에게 발생한 추가비용을 말한다. 계약이행 기간 중 연장 또는 지체의 책임소재가 분명하게 구분될 수 있도록 공정관리 및 연장사유 분석이 선행되어야 하며, 이후 클레임서류 작성 시는 그 산출이 계약예규인 「정부 입찰·계약 집행기준」 제16장 실비의 산정(제71조~제76조)에 따라 실제 사용된 비용 등 객관적으로 인정될 수 있는 자료와 「국가계약법 시행규칙」 제7조(원가계산을 할 때 단위당 가격의 기준)에 의한 가격을 활용하여 실비를 산출하여야 한다.

3) 실비산정기준

「정부 입찰·계약집행기준」 제72조에 따르면 계약내용의 변경으로 계약금액을 조정하는 데는 실제 사용된 비용 등 객관적으로 인정될 수 있는 자료와 「국가계약법 시행규칙」 제7조(원가계산을 할 때 단위당 가격의 기준)에 의한 가격을 활용하여 실비를 산출하여야 한다. 제7조의 "원가계산을 할 때 단위단 가격의 기준"이란 ① 거래실례가격 또는 지정기관이 조사하여 공표한 가격, ② 감정가격 또는 유사한 거래실례가격, ③ 견적가격 등을 말한다.

이와 함께 간접노무비 산출을 위하여 계약상대자로 하여금 급여 연말정산서류, 임금지급대장 및 공사감독의 현장확인복명서 등 간접노무비 지급 관련서류를 제출케하여 이를 활용할 수 있다. 경비의 산출을 위하여 계약상대자로부터 경비지출 관련 계약서, 요금고지서, 영수증 등 객관적인 자료를 제출하게 하여 활용할 수 있다. 이 때

비목별 구분과 비용산출에 대한 입증자료가 충실하게 준비되어야 한다.

계약기간의 연장은 계약당사자 누구의 책임에 의하든, 완성의 자체가 그 요인이 되고 그 추가비용은 손해의 개념으로 대체될 수 있기 때문에 연장비용은 지체비용(delay cost) 또는 지체손해(delay damages)로 표현된다.

4) 휴일 및 야간작업의 경우

시공회사는 계약담당공무원의 공기단축지시 및 발주기관의 부득이한 사유로 인하여 휴일 또는 야간작업을 지시받았을 때에는 계약담당공무원에게 추가비용을 청구할 수 있다. 이러한 비용에 대해서는 계약예규인「공사계약일반조건」제23조(기타 계약내용의 변경으로 인한 계약금액의 조정)를 준용한다(일반조건18조). 따라서 이는 전술한바 있는 연장비용의 산출방법에서와 같이, 실비를 산출하여 적용하게 된다.

7. FIDIC 일반조건

「FIDIC 일반조건」에서는 공사촉진에 관하여 시공자는 이것이 공사변경명령(variation order)은 아니기 때문에 이러한 촉진에 대하여 어떠한 과외지급을 받을 권리는 없다. 따라서 일정한 경우를 제외하고는 주재감리자(resident engineer)의 허가 없이는 야간 및 현지휴일로 지정되어 있는 날에는 공사를 수행할 수 없다. 그러나 인명, 재산의 구제나 공사의 안전을 위해 해당 작업이 불가피하거나 절대적으로 필요한 경우(unavoidable or absolutely necessary)에는 공사수행이 가능하며, 이때 시공자는 그 뜻을 주재감리자에게 통지해야 한다. 즉, 작업촉진을 효과적으로 하기 위하여 시공자가 야간이나 일요일 또는 다른 현지휴일에 작업할 필요가 있는 경우에는 감리자는 정당한 이유 없이 이러한 허가를 거부해서는 아니 된다.

제10절 공사지연 및 지체상금

1. 개 요

계약은 그 본질에 구속력을 가지고 당사자는 계약을 준수할 것을 강제하고 있다. 계약의 본질이 이와 같은 성질을 지니고 있는 이상 계약을 지키지 않는 경우에는 어떠한 제재가 당사자에 대하여 가해지는 것은 당연하다 할 것이다. 이러한 계약의 불이행의 유형으로서 이행지체와 이행불능 그리고 불완전 이행이 있다. 이행지체 또는 이행지연이란 채무의 이행기가 도래하였음에도 불구하고 그 채무의 이행을 하지 못하는 상태를 의미한다. 채무를 이행하지 못하는 원인이 채무자에 있는 경우도 있고, 아니면 채권자인 발주자에게 있을 수도 있다. 따라서 지체상금이란 그 이행지체의 책임이 수급자에게 있어 이에 따른 일정한 비용을 부담하는 제도를 의미한다.

건설공사 수급자가 준공 기한까지 공사를 완성하지 못한 경우에는 수급자는 손해금(지체상금)을 납부하여야 한다. 「국가계약법」 제26조에서는 "각 중앙관서의 장 또는 계약담당공무원은 정당한 이유없이 계약의 이행을 지체한 계약상대자로 하여금 지체상금을 납부하게 하여야 한다"라고 규정하고, 지체상금의 금액·납부방법 기타 필요한 사항은 대통령령으로 정하고 있다. 그러나 일정한 경우에는 지체일수에서 제외하도록 하고, 지체일수에 대한 산정기준을 규정하고 있다.

관련 법규로는 「국가계약법」 제26조(지체상금), 「지방계약법」 제30조(지연배상금 등), 계약예규인 「공사계약일반조건」 제25조(지체상금), 「용역계약일반조건」 제18조(지체상금) 등이 있다.

2. 공사지연의 유형

공사지연의 유형은 책임의 유무에 따른 '비면책지연'과 '면책지연' 그리고 '동시지연'이 있고, 지연에 따른 보상 여부와 관련해서는 '보상이 가능한 지연'과 '보상이 불가능한 지연'으로 구분된다.

도급자와 수급자 간의 공사지연은 비면책지연(非免責遲延)과 면책지연(免責遲延)으로 구별된다. 여기서 '비면책지연'이란 그 지연에 대하여 수급자가 책임을 부담하여야 하는 것이고, '면책지연'이란 수급자가 책임을 부담할 필요가 없는 것을 말한다. 두말할 나위도 없이 비면책 지연에 대하여는 도급자 측이 클레임을 제기할 수 있고, 면책 지연에 대하여는 수급자가 클레임을 제기할 수 있다.

또한 공사지연에는 보상이 가능한 지연(compensable delay)과 보상이 불가능한 지연 (non-compensable delay) 및 동시지연(concurrent delay)이 있다. 보상가능지연은 일반적으로 발주자의 과실로 인해서 발생한다. 이러한 지연은 예상치 못한 시공을 요구하는 잘못된 설계도서와 시방서, 발주자에 의한 공사중지, 작업방해, 발주자가 제공하여야 하는 장비공급의 지연, 제공된 장비의 부적합 등의 원인으로 해서 발생하고, 시공자에게 공기연장과 금전적 보상이 이루어진다.

발주자의 귀책사유로 공사기간이 연장되는 경우에는 대기기간 중 현장관리비 등 계약상대자의 추가부담요인이 발생되며, 발주자가 공기를 단축하여 공사촉진(돌관시공)토록 요구할 경우 초과임금지급, 장비특별상각 등 공사비 추가요인이 발생한다. 또한 계약상대자의 책임 없는 사유로 공사기간이 연장되어 당초 제출한 계약보증서 등 보증기간을 연장함에 따라 소요되는 추가비용도 발생하며, 이는 실비정산하여야 한다.

보상불가능지연은 예컨대, 일괄입찰 및 대안입찰의 공사는 설계변경으로 계약내용을 변경할 경우 공사기간의 지연은 가능하나 계약금액증액은 불가한 경우를 말한다. 동시지연은 동일 기간 내에 두 가지 또는 두 가지 이상의 지연이 발생하는 상황을 나타낸다. 이러한 지연상황은 공사지연에 대해서 발주자와 시공자가 각각 공사지연을 유발하는 경우가 있는데, 공사지연에 대해서 발주자와 시공자가 각각 책임을 져야하는 경우, 발주자는 시공자에게 지체보상금을 주장할 수 없고, 시공자는 지연피해에 대하여 보상받지 못하는 것이 일반적이다.

예컨대, 관급할 자재를 발주자가 5일간 지체하여 구매하였다. 이것은 계약상 완공일에는 아직 영향을 주지 않는다. 그러나 건설사업자의 시공에는 영향을 미쳐서 공사의 진도는 5일 또는 그 이상의 기간 동안 지체될 수 있다. 이 때 자재구매의 지체는 공기를 연장할 사유는 아니지만, 이것이 시공에 미친 영향은 명백히 공기연장의 사유가 될 수 있다. 이것은 발주자와 시공자 간의 책임을 명백하여 구별할 수 있는 예이나, 과거에는 그러한 구별을 하기 어려웠다. 그러나 최근에는 발주자와 시공자가 동시에 지체를 일으키더라도 그 영향을 구별해낼 수 있고, 그래서 책임을 배분하여지는 것이 통용되고 있다. 공사지연의 유형을 살펴보면 다음과 같다.

1) 비면책 지연(non-excusable delay)

"비면책 지연"은 수급자의 과실에 의해 공사가 지연되는 경우로서, 주요한 원인으로는 재정상의 불능, 비효율적인 감리, 효율적인 공정관리의 실패, 적절한 노무자나 건설기자재를 배치하지 않은 경우, 시공도서의 승인요청서 제출이 늦거나 하도급업자의 과실로 인한 지연, 부분 재시공으로 인한 지연 등이 있다. 이를 '수급자의 책임 있는 지연' 또는 '수용불가능 지연'이라고도 한다. 비면책 지연에 대해서는 도급자측이 클레임을 제기할 수 있다.

이러한 면책이 되지 않는 지연은 수급자에게 공기연장이 되지 않음은 물론 수급자는 계약규정을 통해 합의한 지체보상금(liquidated damages)을 도급자에게 보상하여 주어야 할 것이며, 경우에 따라서는 계약해지를 당할 수도 있다.

【판례】 공사도급계약에 있어서 수급인의 공사중단이나 공사지연으로 인하여 약정된 공사기한 내의 공사완공이 불가능하다는 것이 명백하여진 경우에는 도급인은 그 공사기한이 도래하기 전이라도 계약을 해제할 수 있지만, 그에 앞서 수급인에 대하여 위 공사기한으로부터 상당한 기간 내에 완공할 것을 최고하여야 하고, 다만 예외적으로 수급인이 미리 이행하지 아니할 의사를 표시한 때에는 위와 같은 최고 없이도 계약을 해제할 수 있다(대법원 1996. 10. 25. 선고 96다21393, 21409 판결).

2) 면책 지연(excusable delay)

"면책 지연"이란 수급자의 과실이 원인이 아닌 공사지연을 말한다. 즉, 수급자의 노력 여부에 관계없이 도급자(발주자) 측의 원인 혹은 자연재해 등의 불가항력으로 인해 공사가 지연되는 경우로서 수급자는 공기연장에 대한 권리를 갖게 된다. 이를 '수급자의 책임 없는 지연' 또는 '수용가능 지연'을 의미한다. 면책 지연에 대해서는 수급자가 클레임을 제기할 수 있다. 면책 지연은 수급자가 공기연장과 금전보상(compensative)을 청구할 수 있는 것과, 공기의 연장만을 청구할 수 있는 권리를 인정하고 금전적 보상은 청구할 수 없는(non compensative) 것으로 분류된다.[69]

통상적으로 도급자의 귀책사유로 인한 공사지연은 공기와 금전보상이 인정되나, 도급자의 귀책사유로 볼 수 없는 불가항력에 의한 공사지연은 공기의 연장만이 인정

69) Robert Rubin, op.cit, pp. 52~60.

된다. 도급자에 의한 원인으로서 주요한 것은 도급자에게 공사현장의 인도지연, 공사 일시중단명령, 설계도·시방서의 결함, 시공도의 승인지연 등이 있다. 불가항력으로는 비정상적인 기후(태풍·폭설·호우·지진)나 전염병, 노동조합의 파업, 전쟁 등이 있다.

3) 동시지연(concurrent delay)

'동시지연'이란 발주자와 시공자의 공동책임으로 공기지연이 발생한 경우로서, 공사가 지연된 동일기간 동안에 발주자의 귀책사유와 시공자의 귀책사유가 동시에 발생한 경우, 발주자와 시공자의 복합적인 귀책사유로 인한 공기지연이다.

동시지연이 발생하였을 경우 도급자, 수급자가 공동책임으로 생각하면 해결하기 쉬우나 쌍방이 귀책이 없다고 하는 경우에는 해결이 용이하지 않다. 이 공기지연의 경우 공기연장만 가능하고 발주자가 시공자에게 지체상금을 부과할 수도 없고, 시공자가 발주자에게 현장비용을 청구할 수도 없다. 단지 공기연장만 인정된다.

예컨대, 공기가 수급자의 귀책으로 200일이 지연되고, 도급자(발주자)의 귀책으로 210일이 지연되었다고 할 때, 200일은 동시지연으로 공기연장(time extention)을 인정해주고 나머지 10일의 지연에 대해서만 보상기간(compensable time)으로 비용(extended overhead)을 보상해준다.

이 경우는 주로 CPM Schedule Analysis를 통하여 결정적으로 공기가 지연된 귀책사유가 누구에게 있는지 규명하고, 그 결과에 따라 공기연장이 결정되어야 한다. 일반적으로 국내 건설현장에서 많이 활용하고 있는 막대그림표(Bar Chart)는 공종별로 착수시점과 완료시점을 잘 보여준다는 장점이 있지만, 일단 착공이 된 이후로는 공사가 시간 내에 잘 진행되고 있는지를 알아보기 힘들며, 작업변경이 있을 경우 수정하기가 번거롭고 또는 이들 공종간의 상관관계를 보여 주지 못한다는 단점이 있다.

이에 비해 CPM은 공사 전체를 다수의 분할 작업으로 구분하고 그 분할 작업 수행에 소요되는 일수를 분석한다. 따라서 작업들 간의 상호 작용을 파악하기 용이하여 공기지연, 공기촉진, 작업방해에 의한 영향을 분석하고 입증하는 데 유용하다. CPM 공정표는 승인된 공정계획과 실제의 공정수행을 비교할 수 있는 도구이다.

건설공사에서는 대부분의 공기지연이 이 경우에 해당한다. 공기지연을 유형별로 구분하면 다음 그림과 같다.

[그림 6-6] 공사지연의 유형별 분류

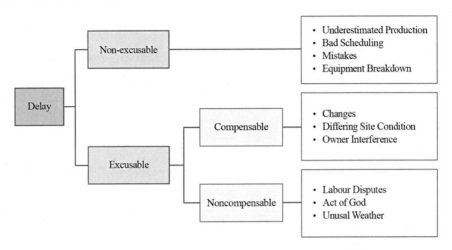

공기연장의 유형에 따라 공사지연에 대한 클레임의 내용을 표로 나타내면 다음 표와 같다.

[표 6-7] 공사지연에 관한 클레임 내용

공기연 장유형		클레임의 취급(공사계약일반조건)
면책 지연	보상 가능	• 계약담당공무원의 공기단축 및 발주기관의 휴일·야간작업지시의 경우 추가비용 청구 가능 • 설계서의 불분명, 누락·오류 및 발주기관의 설계변경 필요시 설계변경이 가능함 • 불가항력, 관급자재 지연, 연대보증인의 보증시공 등 시공자의 귀책이 아닌 지체는 지체일수에서 제외
	보상 불가능	• 일괄입찰 및 대안입찰의 공사는 설계변경으로 계약내용을 변경할 경우 계약금액증액은 불가함(단, 천재지변 등 불가항력적인 경우는 제외)
비면책 지연		• 시공자의 공사지체의 경우 지체상금 부담 • 공사이행이 계약내용과 불일치, 응급조치 등으로 공사를 일시 정지할 경우에는 연장 또는 추가금액의 청구는 불가능함
동시지연		• 쌍방(2개 또는 그 이상)이 같은 기간에 발생하는 지연, 따라서 발주자와 시공자가 각기 책임이 없는 경우임

3. 공기지연과 관련된 분쟁

공정관리는 건설에서 매우 중요한 의미를 지니고 있다. 우선 공사가 지연되면 이를 만회하기 위해 공사촉진(acceleration)을 하게 되고, 이에 따른 추가비용(extended overhead)이 발생하게 되며, 궁극적으로는 예산초과로 인한 적자가 발생하게 된다. 따라서 프로젝트의 성공과 수익성에 결정적인 영향을 주는 공사지연 및 공사촉진에 대한 관리 능력의 향상이 중요하다.

공기지연에 대한 분쟁은 시공자가 계획한 공사기간 동안 작업을 완료할 수 없는 경우에 필연적으로 발생한다. 공기지연으로 인한 분쟁은 다른 유형의 분쟁에 비하여 그 증가 빈도가 급증하고 있다. 공기지연을 다루는 건설분쟁은 복잡하고 다루기 어려운 유형 중의 하나이다. 이러한 공기지연 분쟁의 분석과정은 아래와 같이 세 가지 단계로 나누어진다.

첫째, 공기지연의 원인과 책임 분석

둘째, 원인과 책임에 따른 지연일수 분석

셋째, 지연일수에 따른 상호 보상액 책정 및 공기연장 승인일수 산출

여기서 '지연일수의 산정'은 공기연장의 승인과 손실금액의 보상을 위한 중요한 근거자료가 되므로 공기지연 분쟁의 분석 과정에서 가장 중요한 부분이다.

1) 공기지연의 원인

공기지연은 다음과 같이 여러 가지 다양한 원인에 의하여 발생한다.

① 엔지니어링 : 부정확하거나 불완전한 도면, 지연된 엔지니어링

② 장비 : 장비의 고장이나 조달지연, 부적절한 장비 등

③ 외부적인 요인 : 환경문제, 계획된 개시일보다 지연된 개시, 관련 법규 변경, 허가 승인 지연 등

④ 노무 : 노무인력 부족, 노동 생산성, 노동 일수, 노무자 파업 등

⑤ 관리 : 공법, 계획보다 많은 작업, 품질 보증 및 관리, 지나치게 낙관적인 일정, 주공정선의 작업 미수행 등

⑥ 자재 : 손상된 자재, 부적절한 작업도구, 자재 조달 지연, 자재 품질 등

⑦ 발주자 : 계획변경 명령, 설계 수정, 부정확한 견적, 발주자의 간섭 등

⑧ 하도급업자 : 하도급업자의 공사지연이나 파산, 하도급업자의 간섭 등

⑨ 기상 : 결빙, 고온·고습도, 강우, 강풍 또는 강설 등

2) 공기지연의 유형

① 지급자재로 인한 공기지연 : 발주자가 자재의 일부 항목을 직접 구매하여 지급하는 경우를 "지급자재"라 한다. 이러한 지급자재를 발주자가 적기에 지급하지 못하는 경우에 발생한다.

② 보상지연으로 인한 공기지연 : 발주자가 토지나 건물을 적기에 보상하여 현장을 시공자에게 인도하지 못하는 경우에 발생한다.

③ 불가항력과 공기지연 : 공사과정에서 예측불가하거나 통제 불가능한 사건이 돌출되는 경우에 해당한다.

④ 설계관련 공기지연 : 설계자의 직업이 시공자의 작업 과정에서 영향을 미치는 경우로, 도면이나 시방서의 오류나 누락이 있는 경우 공기지연이 될 수 있다.

⑤ 다른 계약상대자로 인한 공기지연 : 특정계약상대자의 태만이 예기치 않은 작업지연을 가져올 때 이것은 다른 시공업체의 작업에 영향을 미칠 수 있다.

⑥ 현장조건 변경에 따른 공기지연 : 예상치 못했던 지하구조물의 출현이나 지반조건의 변동으로 인해, 공기지연이 발생하여 계약상대자가 입찰 시 책정된 공기를 연장하여야 할 경우가 생기게 된다.

⑦ 시공자의 귀책으로 인한 공기지연 : 시공자의 생산성 저하, 현장관리의 실수 혹은 재시공으로 인하여 공기가 지연되는 경우 등이다.

3) 결 론

동시발생 공기지연은 프로젝트 일정 수행과정에서 발생한 둘 혹은 그 이상의 지연을 표현하기 위해 사용된다. 동시발생 공기지연이 발생하였을 경우 발주가 및 시공자가 공동으로 해결하는 자세가 필요하다. 동시발생 공기지연의 분석은 정확한 공기지연 분석을 위한 필수적인 요구사항이다.

4. 지체상금 관련 분쟁

1) 지체상금의 법적 성질

지체상금에 관한 약정은 수급인이 도급계약서에 규정된 내용대로 일을 완상하지 못하고, 그와 같은 일의 완성을 지체한데 대한 손해배상액의 예정으로 보고 있다. 따라서 수급인이 약정된 기간 내에 그 일을 완성하여 도급인에게 인도하지 아니하여 지체상금을 지급할 의무가 있는 경우, 법원은 「민법」 제398조 제2항[70]의 규정에 따라 계약당사자의 지위, 계약의 목적과 내용, 지체상금을 예정한 동기, 실제의 손해와 그 지체상금액의 대비, 그 당시의 거래관행 및 경제상태 등 제반 사정을 참작하여 약정에 따라 산정한 지체상금액이 일반 사회인이 납득할 수 있는 범위를 넘어 부당하게 과다하다고 인정하는 경우에 이를 적당히 감액할 수 있다.[71] 즉, 손해배상 예정액의 지급이 채권자와 채무자 사이에 공정을 잃는 결과를 초래한다고 인정되는 경우라야 한다는 것이다.[72]

2) 지체상금액이 '부당하게 과다한 경우'

지체상금을 계약 총액에서 지체상금률을 곱하여 산출하기로 정한 경우, 「민법」 제398조 제2항에 의하면, "손해배상액의 예정액이 부당히 과다한 경우에는 법원은 적당히 감액할 수 있다"고 규정되어 있고, 여기의 손해배상의 예정액이란 문언상 그 예정한 손해배상액의 총액을 의미한다고 해석되므로, 손해배상의 예정에 해당하는 지체상금의 과다 여부는 지체상금 총액을 기준으로 하여 판단하여야 한다.

따라서 손해배상 예정액이 부당하게 과다한 경우에는 법원은 당사자의 주장이 없더라도 직권으로 이를 감액할 수 있으며, 여기서 '부당히 과다한 경우'라고 함은 채권자와 채무자의 각 지위, 계약의 목적 및 내용, 손해배상액을 예정한 동기, 채무액에

---

70) 제398조(배상액의 예정) ① 당사자는 채무불이행에 관한 손해배상액을 예정할 수 있다. ② 손해배상의 예정액이 부당히 과다한 경우에는 법원은 적당히 감액할 수 있다. ③ 손해배상의 예정은 이행의 청구나 계약의 해제에 영향을 미치지 아니한다. ④ 위약금의 약정은 손해배상액의 예정으로 추정한다. ⑤ 당사자가 금전이 아닌 것으로써 손해의 배상에 충당할 것을 예정한 경우에도 전 4항의 규정을 준용한다.

71) 대법원 2002. 9. 4. 선고 2001다138 판결.

72) 대법원 1997. 6. 10. 선고 95다37094 판결.

대한 예정액의 비율, 예상 손해액의 크기, 그 당시의 거래관행 등 모든 사정을 참작하여 일반 사회관념에 비추어, 그 예정액의 지급이 경제적 약자의 지위에 있는 채무자에게 부당한 압박을 가하여 공정성을 잃는 결과를 초래한다고 인정되는 경우를 뜻하는 것으로 보아야 하고, 한편 위 규정의 적용에 따라 손해배상의 예정액이 부당하게 과다한지 및 그에 대한 적당한 감액의 범위를 판단하는 데는 법원이 구체적으로 그 판단을 하는 때, 즉 사실심의 변론종결 당시를 기준으로 하여 그 사이에 발생한 위와 같은 모든 사정을 종합적으로 고려하여야 할 것이다.[73]

3) 지체상금의 산정 및 납부

① 시공자는 계약서에 정한 준공기한 내에 공사를 완성하지 아니한 때에는 지체상금을 현금으로 납부하여야 한다.

여기서 '공사의 완성'의 개념은 경미한 하자가 있더라도 공사의 주요 구조 부분이 약정된 대로 시공되어 그 사용가능성이 확보된 상태를 의미한다. 따라서 과다한 비용을 요하지 아니하고 단기간 내에 시정조치를 할 수 있는 사항은 경미한 하자에 해당한다.

공사 실무상 공사가 끝나서 준공검사를 할 때 발주자가 하자사유에 대하여 펀치리스트(punch list)를 만들어서 시공사에게 보완요구를 하게 되는데, 발주자가 하자를 지적하였으나, 그 하자가 공사의 주요 구조 부분과 관계없는 경미한 것이어서 공사가 완성되었다고 볼 수 있는 경우에는, 발주자가 준공검사를 한 후 불합격 판정을 내린다고 하더라도 시공사는 제체상금을 부담하지 않는다. 왜냐하면 지체상금의 측면에서 공사의 완성은 완전한 상태를 의미하는 것이 아니기 때문이다. 대법원도 지체상금과 관련된 공사의 완성 여부는 준공검사 여부와 관계없이 객관적으로 판단하는 것이라고 판시하였다.

---

73) 대법원 2002. 12. 24. 선고 2000다54536 판결.

【판례】 건물신축공사의 미완성과 하자를 구별하는 기준은 공사가 도중에 중단되어 예정된 최후의 공정을 종료하지 못한 경우에는 공사가 미완성된 것으로 볼 것이지만, 그것이 당초 예정된 최후의 공정까지 일응 종료하고 그 주요 구조 부분이 약정된 대로 시공되어 사회통념상 건물로서 완성되고, 다만 그것이 불완전하여 보수를 하여야 할 경우에는 공사가 완성되었으나 목적물에 하자가 있는 것에 지나지 않는다고 해석함이 상당하고, 개별적 사건에 있어서 예정된 최후의 공정이 일응 종료하였는지 여부는, 수급인의 주장에 구애됨이 없이 당해 건물신축도급계약의 구체적 내용과 신의성실의 원칙에 비추어 객관적으로 판단할 수밖에 없고, 이와 같은 기준은 건물신축도급계약의 수급인이 건물의 준공이라는 일의 완성을 지체한 데 대한 손해배상액의 예정으로서의 성질을 가지는 지체상금에 관한 약정에 있어서도 그대로 적용된다(대법원 1994. 9. 30. 선고 94다32986 판결).

「국가계약법 시행령」 제74조는 각 중앙관서의 장 또는 계약담당공무원은 계약상대자가 계약상의 의무를 지체한 때에는 지체상금으로서 계약금액에 기획재정부령이 정하는 율과 지체일수를 곱한 금액(규칙75조)을 계약상대자로 하여금 현금으로 납부하게 하여야 한다. 이 경우 계약상대자의 책임없는 사유로 계약이행이 지체되었다고 인정될 때에는 그 해당일수를 지체일수에 산입하지 아니한다.

> 지체상금 = 계약금액 × 지체일수 × 지체상금률

② 기성부분 또는 기납부분에 대하여 검사를 거쳐 이를 인수한 경우(인수하지 아니하고 관리·사용하고 있는 경우를 포함)에는 그 부분에 상당하는 금액을 계약금액에서 공제한 금액을 기준으로 지체상금을 계산하여야 한다. 이 경우 기성부분 또는 기납부분의 인수는 성질상 분할할 수 있는 공사·물품 또는 용역 등에 대한 완성 부분으로서 인수하는 것에 한한다(영74조2항).

【쟁점】 S건설은 A교육청으로부터 초등학교 교실 및 운동장 신축공사를 도급받아 준공기한 내에 교실과 운동장을 인도해주고, A교육청은 이를 인도받아 학교를 개교하였다. 다만 진입로 공사가 약정 준공기한보다 10일 정도 늦어졌다. 이에 대하여 A교육청이 전체 계약금액을 기준으로 지체상금을 부과하자 S건설은 「국가계약법 시행령」 제74조2항을 근거로 "진입로 공사부분에 해당하는 계약금액을 기준으로 지체상금을 계산해야 한다"며 소송을 제기했다.

【판단】 이 사건의 쟁점은 진입로 부분의 공사가 성질상 분할 가능한 것인가 하는 점이다. 법원은 "A교육청이 교실 및 운동장을 인수하여 사용·관리하였으며, 위 부분과 미시공된 나머지 진입로 부분은 성질상 분할할 수 있다"고 판단하여 S건설의 손을 들어주었다(의정부지방법원 2002가단57256 공사대금 판결).

이 규정은 관급공사에서 지체일수 산정에 기성부분 또는 기납부분의 경우는 지체일수 산정에 포함되는지 그렇지 않은지가 문제가 될 수 있다. 이에 대해서는 「국가계약법 시행령」 제74조 제2항을 적용하는 것으로 하고 있는데, 그 요지는 '성질상 분할 가능한 부분을 기성부분으로 인수한 경우'에는 인수부분을 제외하고 나머지 공사부분만 부과하는 것으로 판단하고 있다. 즉, 성질상 분할 가능한 공사부분을 기성부분으로 인수한 경우, 수급인의 약정 준공 기한을 지키지 못했더라도 지체상금은 인수부분을 제외한 나머지 공사부분에 대해서만 부과하여야 한다.

③ 납부할 지체상금이 계약금액(기성부분 또는 기납부분에 대하여 검사를 거쳐 이를 인수한 경우에는 그 부분에 상당하는 금액을 계약금액에서 공제한 금액을 말함)의 100분의 30을 초과하는 경우에는 100분의 30으로 한다(영74조3항, 일반조건25조1항 후단).

이와 같은 지체상금의 한도를 정한 규정은 없었으나, 정당한 이유 없이 계약의 이행을 지체한 자에게 부과하는 지체상금을 계약금액의 100분의 30을 초과하지 아니하도록 상한을 규정하여, 지체상금이 과도하게 부과되지 않도록 하기 위하여 2018. 12. 4. 「국가계약법 시행령」 개정 시 신설되었다.

④ 한편 공동수급인이 「공동도급계약운용요령」에 의하여 분담이행방식의 공동계약을 체결한 경우, 지체상금의 납부의무자가 누구인지에 대한 의문이 있을 수 있다.

이에 대하여 대법원은 "공동수급인이 분담이행방식에 의한 계약을 체결한 경우에는 공사의 성질상 어느 구성원의 분담 부분 공사가 지체됨으로써 타 구성원의 분담 부분 공사도 지체될 수밖에 없는 경우라도, 특별한 사정이 없는 한, 공사 지체를 직접 야기한 구성원만 분담 부분에 한하여 지체상금의 납부의무를 부담한다"고 판시하고 있다(대법원 1998. 10. 2. 선고 98다33888 판결).

4) 지체상금률

「국가계약법 시행규칙」 제75조에서 규정하고 있는 지체상금률은 다음 각호와 같다. 국가계약의 이행을 지체하는 경우에 부과하는 지체상금률을 현행 기준의 2분의 1 수준으로 완화하여 공공조달 참여기업의 부담을 경감하려는 취지에서 2017. 12. 28. 국가계약법 시행규칙을 개정하였다.

[표 6-8] 업종별 지체상금률

구분	지체상금률
1. 공사	0.5/1,000
2. 물품의 제조·구매	0.75/1,000
3. 물품의 수리·가공·대여, 용역 및 기타	1.25/1,000
4. 군용 음·식료품 제조·구매	1.5/1,000
5. 운송·보관 및 양곡가공	2.5/1,000

5) 지체로 인한 손해의 발생

건물건축공사에서 도급계약의 수급인이 공사를 지체하여 약정기한까지 건물을 완성, 인도하지 않은 경우에는 도급인으로서 손해가 발생하게 된다. 이 경우 통상의 손해의 범위는 어떻게 계산하는지 문제가 발생한다. 이에 대하여 대법원은 "원래 물건의 인도의무의 이행지체를 이유로 한 손해배상의 경우에는 일반적으로 그 물건을 사용 수익함으로써 얻을 수 있는 이익, 즉 그 물건의 임료 상당액을 통상의 손해라고 볼 것이므로, 건물건축공사에 관한 도급계약에서도 그 수급인이 목적물인 건물의 건축공사를 지체하여 약정기한까지 이를 완성, 인도하지 않은 때에는 적어도 당해 건물에 대한 임료 상당의 손해액을 배상하여야 한다고 보아야 한다"고 판시하고 있다.[74]

6) 도급계약 해제에 따른 수급인 재선정시 지체상금 해당 여부

공사 도급계약에서의 지체상금 약정이 수급인의 귀책사유로 인하여 도급계약이 해제되고, 그에 따라 도급인이 수급인을 다시 선정하여 공사를 완공하느라 완공이 지체된 경우에도 지체상금이 적용되는지 여부가 문제될 수 있다. 이에 대하여 수급인이 완공기한 내에 공사를 완성하지 못한 채 공사를 중단하고 계약이 해제된 결과, 완공이 지연된 경우에 지체상금은 약정 준공일 다음날부터 발생하되, 그 종기(終期)는 수급인이 공사를 중단하거나 기타 해제사유가 있어 도급인이 공사도급 계약을 해제할 수 있었을 때(실제로 해제한 때가 아니다)부터 도급인이 다른 업자에게 의뢰하여 공사를

---

74) 대법원 1995. 2. 10. 선고 94다44774(본소), 44781(반소) 판결.

완성할 수 있었던 시점까지이고, 수급인이 책임질 수 없는 사유로 인하여 공사가 지연된 경우에는 그 기간만큼 공제되어야 하는 것이다.[75]

7) 지체상금 대상 제외

그러나 「공사계약일반조건」 제25조 제3항에서는 다음에 열거하는 사유인 경우에는 지체일수에서 제외하고 있다.

① 제32조에서 규정한 불가항력의 사유에 의한 경우[76] : '불가항력'이라 함은 태풍·홍수[77] 기타 악천후, 전쟁 또는 사변, 지진, 화재, 전염병, 폭동 기타 계약당사자의 통제범위를 벗어난 사태의 발생 등의 사유로 인하여 공사이행에 직접적인 영향을 미친 경우로서 계약당사자 누구의 책임에도 속하지 아니하는 경우를 말한다〈개정 2019. 12. 18.〉. 따라서 예년에 비해서 유난히 비가 많이 내려 일을 못했다거나 근로자들의 파업, IMF 사태 및 그로 인한 자재 수급의 차질 등으로 인하여 준공기한을 지키지 못한 정도로는 지체일수에서 제외될 수는 없고, 천재지변과 같은 불가항력의 사유가 있어야 한다는 것이다.[78]

② 계약상대자가 대체 사용할 수 없는 중요 관급자재 등의 공급이 지연되어 공사의 진행이 불가능하였을 경우

③ 발주기관의 책임으로 착공이 지연되거나 시공이 중단되었을 경우: 만약, 중단이 아니고 사정에 의하여 도급계약이 해제된 경우에도 지체상금에 관한 약정이 그대로 이행되는지의 문제가 있을 수 있다.

이에 대하여 대법원은 "건축도급계약 시 도급인과 수급인 사이에 준공기한 내에 공사를 완성하지 아니한 때에는 매 지체일수마다 계약에서 정한 지체상금률을 계약금

---

75) 대법원 2006. 4. 28. 선고 2004다39511 판결.
76) 천재지변이나 이에 준하는 경제사정의 급격한 변동 등 불가항력으로 인하여 목적물의 준공이 지연된 경우에는 수급인은 지체상금을 지급할 의무가 없다고 할 것이지만, 이른바 IMF 사태 및 그로 인한 자재 수급의 차질 등은 그와 같은 불가항력적인 사정이라고 볼 수 없다(대법원 2002. 9. 4. 선고 2001다1386 판결).
77) 일반적으로 수급인이 공사도급계약상 공사기간을 약정하는 데는 통상 비가 와서 정상적으로 작업을 하지 못하는 것까지 감안하고 이를 계약에 반영하는 점에 비추어볼 때 천재지변에 준하는 이례적인 강우가 아니라면 지체상금의 면책사유로 삼을 수 없다(대법원 2002. 9. 4.선고 2001다1386 판결).
78) 대법원 2002. 9. 4. 선고 2001다1386 판결.

액에 곱하여 산출한 금액을 지체상금으로 지급하도록 약정한 경우, 이는 수급인이 완공예정일을 지나서 공사를 완료하였을 경우에 그 지체일수에 따른 손해배상의 예정을 약정한 것이지 공사도중에 도급계약이 해제되어 수급인이 공사를 완료하지 아니한 경우에는 지체상금을 논할 여지가 없다"고 판시하고 있다(대법원1989. 9. 12. 선고 88다카15901, 15918(반소)판결).

④ 계약상대자의 부도 등으로 보증기관이 보증이행업체를 지정하여 보증시공할 경우

> **【해석】** 회계 45107-2297, 2007. 6. 19.
> 국가기관이 체결한 공사계약에 있어 계약상대자가 부도 등으로 연대보증인이 보증시공을 할 때에는 회계예규 「공사계약일반조건」 제18조 제3항 제4호(현행 제25조4항)의 규정에 의거 부도 등이 확정된 날부터 보증시공을 지시한 날까지의 기간은 지체일수에 산입하지 아니함.

⑤ 제19조에 의한 설계변경(계약상대자의 책임없는 사유인 경우에 한함)으로 인하여 준공기한 내에 계약을 이행할 수 없을 경우

> **【해석】** 회계 41301-339, 1998. 3. 30.
> 국가기관이 체결한 공사계약에 있어서 계약상대자의 책임에 속하지 아니하는 사유로 인하여 계약이행이 지체된 경우 등 회계예규 공사계약일반조건 제25조 제3항 각호의 1에 해당하는 경우에는 지체상금의 면제가 가능한 바, 발주기관이 교부한 설계도면에 오류가 있어 발주기관이 설계도면과 다르게 시공하도록 요구한 경우 동 요구 내용대로 시공하는 데 소요된 기간은 계약상대자의 책임에 속하지 않으므로 지체상금 부과대상에 포함되지 않는다고 봄.

⑥ 원자재의 수급 불균형으로 인하여 해당 관급자재의 조달지연 또는 사급자재(관급자재에서 전환된 사급자재를 포함함)의 구입곤란 등 기타 계약상대자의 책임에 속하지 아니하는 사유로 인하여 지체된 경우

> **【해석】** 회계 45170-240, 1997. 2. 4.
> 국가기관이 체결한 공사계약에 있어 지체상금은 「국가계약법 시행령」 제74조에 정한 바에 따라 산정 부과하는 것인 바, 이 경우 지체일수를 산정함에 있어 계약기간을 경과하여 지체되는 기간 도중 발주처의 동절기 공사중지명령과 같이 계약상대자의 책임에 속하지 않는 사유로 지연된 중지기간은 지체일수에 포함하지 아니함.

8) 지체일수의 산정과 유의사항

계약담당공무원은 지체일수를 다음 각 호에 따라 산정하여야 한다(일반조건25조6항). 지체상금의 약정은 수급인이 약정한 기간 내에 공사를 완공하지 아니한 경우는 물론 수급인의 귀책사유로 인하여 도급계약이 해제되고 그에 따라 도급인이 수급인을 다시 선정하여 공사를 완공하느라 완공이 지체된 경우에도 적용된다.[79]

① 준공기한 내에 준공신고서를 제출한 경우에는 검사에 소요된 기간은 지체일수에 산입되지 않는다. 다만 준공기한 이후에 시정조치를 한 때에는 그 조치를 한 날부터 최종 검사에 합격한 날까지의 기간이 해당된다.

② 준공기한을 경과하여 준공신고서를 제출한 때에는 준공기한 다음 날부터 검사(시정조치를 한 때는 최종 검사)에 합격한 날까지의 기간을 지체일수에 산입하게 된다.

③ 준공기한의 말일이 공휴일(관련법령에 의하여 발주기관의 휴무일이거나 「근로자의 날 제정에 관한 법률」에 따른 근로자의 날(계약상대자가 실제 업무를 하지 아니한 경우에 한함)인 경우를 포함함)인 경우에 지체일수는 공휴일의 익일 다음날부터 기산한다.[80]

> 【쟁점】 지체상금의 시기(始期)와 종기(終期) : 공사를 마치지 못하고 공사가 중단된 상태에서 약정 준공기한을 넘긴 뒤에 공사도급계약이 해제되고, 새로운 수급인이 비로소 공사를 완성한 경우 제체일수는 언제까지로 보아야 하는지?

> 【판단】 준공기한 다음날부터 당초의 공사도급계약을 해제하고 새로운 수급인을 선정히여 공사를 완성할 수 있었을 것으로 인정되는 날까지의 일수이다. "수급인이 완공기한 내에 공사를 완성하지 못한 채 완공기한을 넘겨 도급계약이 해제된 경우에 있어서 그 지체상금 발생의 시기는 완공기한 다음날이다."(대법원 2002. 9. 4. 선고 2001다1386 판결)

5. FIDIC 일반조건

1) 준공기한의 연장(extension of time for completion)

「FIDIC 일반조건」 제8.4조에서 규정하고 있는 지연사유는 다음과 같다.

---

79) 대법원 1999. 1. 26. 선고 96다6158 판결.

80) 수급인이 완공기한 내에 공사를 완성하지 못한 채 완공기한을 넘겨 도급계약이 해제된 경우에 그 지체상금 발생의 시기(始期)는 완공기한 다음 날이고, 종기(終期)는 수급인이 공사를 중단하거나 기타 해제사유가 있어 도급인이 이를 해제할 수 있었을 때(현실로 도급계약을 해제한 때가 아니다)를 기준으로 하여 도급인이 다른 업자에게 의뢰하여 같은 건물을 완공할 수 있었던 시점이다(대법원 2000. 12. 8. 선고 2000다19410 판결).

(a) 공사변경 또는 계약에 포함된 작업항목 수량의 대폭적인 변경(substantial change)

(b) 본 조건들에 의거하여 기한연장의 권리가 주어지는 지연사유

(c) 예외적인 불리한 기후조건(exceptionally adverse climatic conditions)

(d) 전염병(epidemic) 또는 정부방침의 변화에 의해 야기된 인력 또는 물품사용의 부족. 이 경우는 2020년도 세계적으로 유행한 '신종 코로나 바이러스 감염증(코로나-19: COVID-19)'사태로 인한 건설현장의 공사 중지와 이에 따른 공기연장 등의 문제와 관련된 경우를 적용할 수 있을 것이다.

(e) 발주자(발주자의 구성원 포함)에 의한 모든 지연, 장애, 방해

만약 시공자가 준공기한의 연장에 대한 권리가 있다고 판단하는 경우에는, 시공자는 제20.1조(시공자 클레임)에 따라 감리자에게 통지하여야 한다. 제20.1조에 따라 각 기한연장을 결정할 때에, 감리자는 이전의 결정 사항들을 검토하여 총 연장기간을 연장할 수 있으나 단축을 할 수 없다.

2) 지연배상금(delay damages)

만약 시공자가 제8.2조(Time for Completion)을 준수하지 못하게 되면, 시공자는 제2.5조(Employe's Claims)를 전제로 그러한 불이행에 대한 지연배상금을 발주자에게 지급하여야 한다. 지연배상금은 해당 준공기한과 인수확인서(Taking-Over Certificate)에 기재된 일자와의 차이 기간 매일에 대하여 입찰서부록(Appendix to Tender)에 기재된 금액으로 지급하여야 한다. 그러나 본 조항에 의거하여 권리가 발생하는 총 금액은 입찰서부록에 기재된(만약 있다면) 최대 지연배상금액을 초과할 수 없다.

이러한 지연배상금은 제15.2조(Termination by Employer)에 의거하여 공사기 준공되기 전에 계약이 해지된 경우를 제외하고, 공사 불이행에 대하여 시공자로부터 지급받을 수 있는 유일한 배상금이다. 이러한 배상금은 계약에 의거한 시공자의 공사준공에 대한 임무(duties)와 의무(obligations) 또는 책임(responsibilities)으로부터 시공자를 면제시키지 아니한다.

제11절 불가항력

1. 개 요

건설업은 공사를 수행하는 과정에 예기치 못한 사태가 발생하는 경우가 적지 않다. 태풍이나 홍수 등의 악천후는 물론 지진, 화재 등의 돌발사태가 발생하게 되고, 이에 따른 공기지연과 손해 등이 수반하게 된다. 이는 필연적으로 책임소재와 손해배상으로 확대되는 것이기 때문에 불가항력의 성격과 함께 책임문제를 검토해볼 필요성이 있어, 이 절에서 다루고자 한다.

관련 규정으로는 계약예규인 「공사계약일반조건」 제32조(불가항력), 「용역계약일반조건」 제24조(불가항력), 「지방자치단체 공사계약일반조건」 제38조(불가항력), 「지방자치단체 용역계약일반조건」 제24조(불가항력), 「일괄입찰 등의 공사계약특수조건」 제33조(불가항력), 「민간건설공사 표준도급계약 일반조건」 제19조(불가항력에 의한 손해) 등이 있다.

2. 불가항력

1) 개 념

계약체결 후 인력으로는 통제할 수 없거나 예견할 수 없는 사태가 발생하여 당사자의 의무이행이 불가능하게 되는 경우가 있다. 이와 같이 계약에 정해져 있는 의무의 이행이 당사자의 책임으로 돌릴 수 없는 사유에 의하여 지연된다든지 불가능하게 되는 경우에는 당사자는 원칙적으로는 책임을 질 필요가 없는데, 이를 보통 불가항력이라 부른다.

건설생산에서는 주로 실외에서 작업이 이루어지고 있기 때문에 기상조건의 지배를 받는 경우가 많다. 또한 지진, 화재, 전쟁 등 수급자가 신의성실의 원칙에 좇아 계약을 이행하더라도 여러 가지 사정으로 인해 어쩔 수 없이 손해를 부담하게 되는데, 이 모두를 수급자 측에서 부담한다는 것은 그에 따른 위험성이 크기 때문에 일정한 사정이 있는 경우에는 이를 불가항력이라 하여 그 책임을 면해주는 제도이다. 따라서 「공사계약일반조건」 제32조에서는 불가항력이라 함은 태풍·홍수 기타 악천후, 전쟁 또는 사변, 지진, 화재, 전염병, 폭동 기타 계약당사자의 통제범위를 벗어나는 사태(이하 "불가항력의 사유"라 함)가 발생하여 공사이행에 직접적인 영향을 미친 경우로서 계약당사자 누구의 책임에도 속하지 아니하는 경우를 말한다.[81]

환언하면, 불가항력이란 자연적 또는 인위적인 현상으로 도급자와 수급자 쌍방의 책임으로 돌릴 수 없는 경우를 의미하고 있다. 그러나 이러한 불가항력도 대한민국 국내에서 발생하여 공사이행에 직접적인 영향을 미친 경우에 한한다.

한편, 「FIDIC 일반조건」 제19.1조(Force Majeure)에서는 "불가항력이란 (a) 일방 당사자의 통제범위를 벗어나 있으며 (b) 그러한 당사자가 계약체결 전에 적절히 대비할 수 없었고 (c) 사태 발생 후 그러한 당사자가 적절히 피하거나 극복할 수 없었으며 (d) 실질적으로 다른 당사자에게 책임을 돌릴 수 없어야 한다"라고 정의하고 있다.[82]

2) 외국 계약서의 표기

위에서 살펴본 바와 같이 우리나라와 일본에서는 단순히 '불가항력'으로 표현한다. 이에 대한 가장 보편적인 영문표기는 'Force Majeure'이나, 이는 프랑스어에서 유래되었다. 프랑스 Civil Code의 Force Majeure는 계약의 위반으로 인한 손해에 대하여 제기하는 클레임에 대한 방어의 개념이며, 수행 불가능, 예측 불가능, 사건과 영향을 피할 수 없을 것을 전제로 하고 있다.

영국의 「관급공사계약조건」에서는 Accepted Risks(용인된 위험), 미국의 「표준계약조건」 23A에서는 Act of God(신의 행위) 또는 Act of the Public Enemy(공적의 행위),

---

81) 불가항력이라는 것은 본래 로마법상의 레켑툼(receptum)의 책임, 즉 운송인이나 여관주인이 영업상 물품을 수령한 사실을 근거로 하여 그 멸실·훼손으로 인한 손해에 관하여 당연히 부담하게 되는 엄격한 결과책임의 면책원인으로서 논의되었던 것이다. 따라서 그 성질상 물리적 사실만을 따져서 엄밀하게 정립된 관념이 아니라 귀책 여부를 따지기 위한 법률상의 관념이고, 오늘날에도 주로 민법이나 상법상의 책임 또는 채무, 기타의 불이익을 면하게 하거나 경감시키는 표준으로 사용된다(상법 제152조, 우편법 제39조 등). 불가항력은 일반적인 무과실보다 엄격한 관념이며, 예컨대 당사자의 부상·여행, 기업시설의 불비 등은 비록 과실에 의거한 것이 아니더라도 불가항력은 아니다. 불가항력을 책임의 경감 또는 면제 원인으로 삼는 것은 근본적으로 당사자 일방이 지게 될 가혹한 책임을 덜어주자는 형평이념에 유래된 것이라고 할 수 있는데, 현행법은 이러한 이념을 더욱 넓게 보편화시켜 불가항력으로 빚어진 사실관계와 관련하여 권리 자체가 소멸하는 것으로 규정하기도 하고(314조 1항), 의무의 경감 또는 면제를 받을 수 있는 요건으로 하기도 한다(상법709조).

82) (a) which is beyond a Party's control, (b) (which such Party could not reasonably have provided against before entering into the Contract, (c) which, having arisen, such Party could not reasonably have avoided or overcome, and (d) which is not substantially attributable to the other Party.

사우디아라비아의 조달 및 건설업에서는 Special Risks(특별위험), 「FIDIC 일반조건」에서는 Force Majeure로, ICE의 「계약조건」에서는 Excepted Risks(예외적 위험)로 표기하고 있다.

요약하면, 불가항력을 영어로는 'Act of God'이라고 하나 오늘날의 국제계약에서는 이 말보다 프랑스어인 'Force Majeure'란 단어를 사용하는 것이 일반적이다. 전자는 천재, 지변 등 전통적인 불가항력적 사태만 포함하는 좁은 이미의 개념인데 반해 후자는 그들 외에 전쟁, 동맹파업 등 인위적 요인에 의한 불가항력적 사태를 포함하는 넓은 의미의 개념이다.[83]

3. 요 건

1) 기본원칙

이와 같은 내용을 종합적으로 고려할 때 불가항력이 성립되기 위해서는 아래의 요건을 충족하여야 한다.

첫째, 천재(天災) 또는 지변(地變)에 해당할 것

둘째, 계약당사자의 힘으로는 방지할 수 없을 것

셋째, 계약당사자의 누구의 책임으로 돌릴 수 없을 것

따라서 이 세 개 항목 중 하나라도 충족되지 않을 경우에는 불가항력이라고 할 수 없다. 예컨대, 계약자가 방화대책을 게을리 함으로써 발생한 화재라면 계약자 자신의 책임이 되며, "계약당사자의 누구의 책임으로 돌릴 수 없을 것"이 아니다.

2) 불가항력개념의 다양성 및 대처방안

불가항력 조항의 내용을 어떻게 할 것인가는 계약당사자의 자유로운 합의사항에 속하는 것으로 이를 명확히 하지 않을 경우에는 이를 둘러싸고 논란이 발생될 여지가 많다. 따라서 불가항력조항의 내용은 다음과 같이 규정할 필요가 있다.[84]

첫째, 불가항력적 사태의 명시이다. 단순히 추상적으로 "불가항력의 경우에는…"

---

83) 대한상사중재원, 상담·알선사례, 2006, p. 22.
84) 대한상사중재원, 상담·알선사례, 2006, pp. 23~25 참조.

등으로 규정해서는 어떤 사태가 이에 해당하는가 하는 문제가 생긴다. 따라서 홍수, 지진 등의 천재지변, 전쟁, 내란 또는 파업과 같은 사태 등 예견 가능한 불가항력적 사태를 예시하여 계약서에 반영하는 것이 필요하다.

둘째, 불가항력사태와 계약과의 관련성 언급이다. 불가항력사태의 발생에 따라 계약이행이 불가능하게 된 당사자는 어떤 책임을 지는가, 어떠한 범위라면 면책되는가, 계약을 해제하는 것이 가능한가 등에 대하여 계약당사자 간에 합의를 해두는 것이 실무적으로 필요하다. 예컨대, 불가항력의 상태가 계속되는 기간의 장단에 따라서는 계약의 목적을 달성하는 것이 불가능한 경우도 생긴다. 불가항력사태 발생 후 일정기간 경과하면 자동적으로 계약이 소멸하는가, 또는 계약의 해제권이 생기는 가를 결정해 두는 것이 효과적이다.

셋째, 통지에 관한 사항이다. 불가항력조항 중에 예시된 사태가 발생한다고 해서 그 사유만으로 면책된다고 할 수 없다. 따라서 이를 즉시 상대방에게 통지함은 물론, 그 사태에 관하여 공적기관의 증명을 취득하는 등의 조치와 계약이행을 위해 최선의 노력을 다하는 것이 필요하다. 천재, 지변, 시민소요, 폭동, 전염병, 화재, 공장폐쇄, 기타 사태의 원인을 포함하여 당사자의 합리적인 통제를 벗어나는 어떤 사유가 발생함에 따라 본 계약의 의무이행이 불가능할 때에는 타방 당사자에 대하여 책임을 부담하지 않는다.

3) 일괄입찰 등의 공사계약특수조건상의 요건

조달청 지침인 「일괄입찰 등의 공사계약특수조건」(조달청시설총괄과-4058, 2018. 5. 31. 개정) 제33조(불가항력)에서는 불가항력에 대하여 계약상대자의 의무와 해당요건을 다음과 같이 규정하고 있다.

① 계약상대자는 「공사계약일반조건」 제32조 제1항에서 규정하는 불가항력 사태의 발생을 대비하여 '적절한 예방조치'를 취하여야 하며, 불가항력의 사태가 발생한 경우에도 피해를 최소화하기 위하여 선량한 관리자로서의 의무를 다하여야 한다.

② 계약상대자가 다음 각 호의 어느 하나에 해당하는 사항을 고의 또는 중대한 과실로 이행하지 않은 경우에는 불가항력으로 인정하지 아니한다.

가. 계약상대자가 통제 가능한 경우

나. 계약상대자가 '미리 예측하여 적절히 대비할 수 있는 경우'

다. 계약상대자가 사태발생 후 적절히 대피하거나 극복할 수 있는 경우[85]

라. 기타 계약상대자의 귀책사유에 기인한 경우

③ 제1항 내지 제2항을 적용하는 데 적절한 예방조치 또는 미리 예측하여 적절히 대피할 수 있는 경우 등이란 공사현장에 10년 주기의 강우·홍수 및 범람에 대비한 예방조치를 말한다.

④ 계약담당공무원이 계약상대자로 하여금 태풍·홍수 및 기타 악천후 등에 대비한 손해보험에 가입하도록 한 경우, 보험에 의하여 보전되는 금액 이내의 손해는 발주기관이 부담하지 아니한다.

4. 내 용

불가항력은 공사를 발주하는 국가의 자연적 또는 사회적 여건에 따라 내용과 그 인정범위에 다소의 차이가 있다. 예를 들면, 전쟁의 발발은 대표적인 불가항력에 속하지만, 일본의 경우 전쟁을 부정하므로 불가항력에서 제외하고 있다.

1) 우리나라의 경우

① 태풍·홍수 기타 악천후, 전쟁 또는 사변, 지진, 화재, 전염병, 폭동 그러나 태풍이나 홍수 등의 경우라도 어느 정도의 태풍이나 홍수를 의미하는지는 사안에 따라 다를 수밖에 없는데, 다음과 같이 규정하는 경우도 있음을 참고하기 바란다.

가. 태풍이라 함은 당해 현장을 포함하는 지역에 「재난 및 안전관리 기본법」에 의한 재난위험지역 또는 특별재난지역으로 지정 발령된 경우로서 예방조치의 한계를 벗어난 경우

나. 홍수라 함은 공사장 인근하천의 범람으로 공사장 일대가 계약당사자의 귀책이 없이 침수되거나 유실된 경우로서 계약상대자의 예방조치 한계를 벗어난 경우[86]

---

85) 97.8밀리의 집중폭우가 그 지역에서 통상 예상할 수 없을 정도의 이변에 속하는 자연현상으로서 위 도로의 안전성을 위하여 필요한 시설을 갖추었다고 하여도 위 절개지의 붕괴를 방지할 수 없었다고 하는 사정이 인정되지 않는 한 97.8밀리의 집중폭우가 있었다는 사실만으로 불가항력이라고 단정할 수 없는 것이다(대법원 1982. 8. 24. 선고 82다카348 판결).

다. 기타 악천후라 함은 제1호 및 제2호에서 적용받지 않은 경우로서 기후변화로 인하여 침해를 받은 경우로서, 당해 공사장 주변을 포함하는 지역에 「재난 및 안전관리 기본법」에 의한 재난위험지역 또는 특별재난지역으로 발령된 경우

라. 전쟁 또는 사변이라 함은 국가비상사태의 발령으로 현저하게 현장 출입에 제약을 받거나, 교전 등으로 현장유지가 곤란한 경우로서 제3자에 의하여 발생되었을 경우

마. 지진은 ○○지역에 리히터규모 5.5 이상의 지진이 발생하여 당해 현장에 피해가 발생하였을 경우

바. 화재라 함은 당해 공사장 주변지역의 화재 등으로 당해 공사현장을 포함하여 「재난 및 안전관리 기본법」에 의하여 재난위험지역 또는 특별재난지구로 발령된 경우

사. 전염병이라 함은 제1종에 속하는 전염병[87]으로서 당해 공구의 출입을 법에 의하여 금지하는 명령이 발령된 날로부터 해제 시까지의 기간

정부에서는 감염병의 예방 및 관리를 효율적으로 수행하기 위하여 2009. 12. 29. 「기생충질환 예방법」과 「전염병예방법」을 통합하여 법 제명을 「감염병의 예방 및 관리에 관한 법률」(약칭, 감염병예방법)로 바꾸고, "전염병"이라는 용어를 사람들 사이에 전파되지 않는 질환을 포괄할 수 있는 감염병이라는 용어로 정비하게 되었다. 이 법의 개정 전에는 전염병을 제1종전염병, 제2종전염병 및 제3종전염병으로 구분하다가, 이후 제1군전염병에서 제4군전염병으로 개정하고, 현재는 제1급감염병에서 제4급감염병으로 호칭하게 되었다.
여기서 "감염병"이란 제1급감염병, 제2급감염병, 제3급감염병, 제4급감염병, 기생충감염병, 세계보건기구 감시대상 감염병, 생물테러감염병, 성매개감염병, 인수(人獸)공통감염병 및 의료관련감염병을 말한다(동법2조).

---

86) 100년 발생빈도의 강우량을 기준으로 책정된 계획홍수위를 초과하여 600년 또는 1,000년 발생빈도의 강우량에 의한 하천의 범람은, 예측가능성 및 회피가능성이 없는 불가항력적인 재해로서 그 영조물의 관리청에게 책임을 물을 수 없다고 본다(대법원 2003. 10. 23. 선고 2001다48057 판결).

87) 법정 제1급 감염병으로 17종이 있다. 생물테러 감염병 또는 치명률이 높거나 집단 발생의 우려가 커서 발생 또는 유행 즉시 신고하여야 하고, 음압격리와 같은 높은 수준의 격리가 필요한 감염병으로서 다음 각 항목의 감염병을 말한다. 갑작스러운 국내 유입 또는 유행이 예견되어 긴급한 예방·관리가 필요하여 보건복지부 장관이 지정하는 감염병을 포함한다. 아래와 같은 질병은 전염성, 치명률이 높으므로 환자가 생기면 보건소에 보고되어야 하는 심각한 질병으로서, 만일 본인 또는 누군가 해당 증상이 의심되거나 할 때에는 해당 지역 보건소를 우선으로(관할 보건소장에게 신고가 원칙)하고, 사안이 긴급할 경우 질병관리본부 긴급상황실로 신고(1339) 해야 한다. 에볼라 바이러스병, 마버그 열, 라싸열, 크리미안 콩고 출혈열, 아메리카 출혈열, 리프트 밸리 열, 두창(천연두), 페스트(Yersinia pestis), 탄저, 보톨리누스 독소증, 야토병, 신종감염병 증후군(렙토스피라증, SRSV, SARS 등), 중증 급성 호흡기 증후군(SARS), 중동 호흡기 증후군(MERS), 동물인플루엔자 인체감염증, 신종인플루엔자, 디프테리아(출처: https://sesang-story.tistory.com/310).

아. 폭동이라 함은 당해 공사장을 포함하는 지역에 치안을 유지 못할 정도의 폭동
　　이 발생하여 공사장으로의 통행이 금지되거나 공사장 출입에 장애를 받을 경우

　기타 위에서 열거하지 아니하는 사건으로서 계약상대자의 통제범위를 초월하는 사
태의 발생을 의미한다.

② 기타 계약당사자 누구의 책임에도 속하지 아니하는 경우를 의미하고 있다.

2) 일본의 경우

　일본의 「公共工事標準請負契約約款」 제29조에서는 공사목적물의 인도 전에 천재 등
으로 발주자와 수급자 쌍방의 책임에 귀속하지 아니하는 것을 불가항력이라 정의하
고, 다음의 경우를 의미한다고 규정하고 있다. 폭풍, 호우, 홍수, 해일, 지진, 지반
침하, 산사태, 낙반, 화재, 소란, 폭동과 기타 자연적 또는 인위적 현상을 의미한다.
따라서 자연적 인위적인 현상으로서 발주자나 시공자 쌍방의 책임으로 돌릴 수 없는
것을 불가항력으로 보고 있다.

3) FIDIC의 경우

　「FIDIC 일반조건」 제19.1조에서는 불가항력(Force Majeure)은 다음에 열거된 유형의
예외적인 사건 또는 상황 등을 포함하며, 반드시 다음에 열거된 사건이나 상황들에
국한되는 것은 아니다.
① 전쟁, 적대행위, 침략, 외적의 행위(act of foreign enemies)
② 반란, 테러, 혁명, 폭동, 군사 또는 찬탈행위(usurped power) 혹은 내란
③ 시공자 구성원 및 시공자와 하도급자의 다른 고용인들이 아닌 자들에 의한 폭동,
　　소요, 무질서, 파업 또는 직장폐쇄(lockout)
④ 군수품, 폭발물, 이온화 방사선 또는 방사능에 의한 오염. 단, 시공자가 그러한
　　군수품, 폭발물, 방사선 또는 방사능을 사용한데서 기인한 경우는 제외
⑤ 지진, 허리케인, 태풍 또는 화산활동과 같은 자연재해(natural catastrophes)

일방 당사자가 불가항력으로 인해 계약상의 의무를 이행하는 데 방해를 받게 되면 이를 타방 당사자에게 이 상황을 알게 된 날로부터 14일 이내에 통지하여야 한다. 시공자는 불가항력에 의해 의무를 이행하는 데 방해를 받거나, 지연 또는 비용을 부담하여야 하는 경우에는 시공자는 지연에 대한 공기연장과 이에 따른 비용지급 등을 지급 받을 수 있는 권리가 있다(조건19.4조).

5. 이행불능과 위험부담의 문제

채무의 이행불능이란 채권 성립 시에는 가능하였던 급부가 그 후 발생한 사유에 의하여 불능하게 되는 것을 말한다. 다시 말해, 이행불능은 단순히 절대적·물리적으로 불능인 경우가 아니라, 사회생활의 경험법칙 또는 거래상의 관념에 비추어 채권자가 채무자의 이행 실현을 기대할 수 없는 경우를 말한다. 이행불능의 사유로는 다음과 같은 경우가 있다.

① 채무자의 귀책사유에 의한 이행불능과

② 채권자의 귀책사유에 의한 이행불능 및

③ 채권자와 채무자의 쌍방의 귀책사유로 인한 이행불능

④ 채권자와 채무자 쌍방이 상호 책임이 없는 경우 등이 있다.

이와 같이 사회통념상 이행불능이라고 보기 위해서는 이행의 실현을 기대할 수 없는 객관적 사정이 충분히 인정되어야 하고, 특히 계약은 어디까지나 내용대로 지켜져야 하는 것이 원칙이므로, 채권자가 굳이 채무의 본래 내용대로의 이행을 구하고 있는 경우에는 쉽사리 채무의 이행이 불능으로 되었다고 보아서는 아니 된다.[88]

1) 채무자의 귀책사유에 의한 이행불능

채무자(수급자)는 채무이행(공사완성)에 더하여 손해배상책임을 부담하게 된다. 반대로 채권자(도급자)에 계약해제권이 발생한다(민법546조). 이러한 경우의 예로서 건축물의 개축공사를 한 수급자가 실화(失火)로 개축 중의 건축물을 소실한 경우이다.

---

88) 대법원 2016. 5. 12. 선고 2016다200729 판결.

계약의 일부이행불능으로 인하여 그 계약목적을 달성할 수 없어서 계약전부를 해제한 경우 그 전보배상액은 이행불능이 확정된 때의 목적물의 전체시가를 표준으로 하여 결정하여야 한다.[89]

2) 채권자의 귀책사유에 의한 이행불능

우리 「민법」 제538조 제1항은 "쌍무계약의 당사자 일방의 채무가 채권자의 책임있는 사유로 이행할 수 없게 된 때에는 채무자는 상대방의 이행을 청구할 수 있다. 채무자의 수령지체 중에 당사자쌍방의 책임없는 사유로 이행할 수 없게 된 때에도 같다"고 규정하고 있다. 이 경우 채무자(수급자)는 반대급부(도급대금의 지급)를 받을 권리를 가지게 되고, 채권자(도급자)는 도급대금을 지급하여야 한다. 이러한 경우의 사례로서 건축물 개축공사 중에 감독관의 실화로 건축물이 소실된 경우가 해당된다.

3) 채권자와 채무자의 쌍방의 귀책사유로 인한 이행불능

건설공사에 관한 이행불능 중에는 가장 문제가 되는 경우로서 민법상 "위험부담의 채무자주의"가 되는 경우이다. 쌍무계약에서 일방의 채무가 당사자의 책임에 돌릴 수 없는 사유에 의하여 이행불능으로 소멸한 경우에 타방의 채무는 어떻게 되느냐 하는 문제인데, 우리 민법은 채무자가 그 위험부담을 지는 것으로 하고 있다(민법537조).[90]

예컨대, 공사착수 후에 지진으로 인해 기성부분이 멸실·훼손된 경우에는 통상적으로 우선 복구를 한 후 공사를 완성하는 것이 가능한데, 이러한 사정변경에 따른 증가비용 부담은 누가 하는가이다. 수급자가 공사목적물을 완성하고 발주자(도급자)가 그에 대한 대가를 지급하는 것은 도급계약의 일반적인 형태이다.

이 때문에 공사기간 내에 도급자 및 수급자 쌍방의 책임으로 돌릴 수 없는 사유인 불가항력으로 기성부분이나 자재 등에 손해가 발생해도 공사목적물의 완성자체가 불능(공사완성채무의 이행불능)이지 않는 한 수급자는 불가항력에 의한 손해를 부담하여 공사목적물을 완성하여야 한다. 그러나 이를 무한정 인정하게 되면 수급자는 과중한 책

---

89) 대법원 1987. 7. 7. 선고 86다카2943 판결.

90) 법률용어사전, 앞의 책, p. 723.

임을 부담하게 되는데, 법에서는 이를 감안하여 "…계약당사자 누구의 책임에도 속하지 아니하는 경우"를 불가항력으로 규정하고 이에 대한 책임을 일정 부분 면해주고 있다.

4) 채권자와 채무자 쌍방의 책임이 아닌 사유로 인한 채무불이행

(1) 상호무책임의 원칙

이는 채권자 및 채무자 쌍방 간에 책임이 없는 경우로서 주로 불가항력인 경우가 이에 해당한다. 불가항력의 발생으로 인한 인명이나 재산상의 피해에 대하여 계약당사자가 쌍방 간에 상호 책임이 없다는 '상호무책임의 원칙'으로 이는 클레임포기조항(disclaimer clause)에 속한다. 이 원칙은 불가항력으로 인한 피해는 계약당사자가 스스로 해결하여야 하며, 불가항력이 발생하기 이전의 상태에서 계약은 다시 이행된다는 의미이다.[91]

이와 같은 원칙을 이해하는 데 주의할 사항은 설령 계약당사자 누구의 책임이 아니라고 하더라도 일의 완성을 위하여 현실적으로는 누군가가 책임을 져야 한다. 다시 말하면, 불가항력이 발생하기 이전의 상태에서 계약을 다시 이행하여야 하는 책임이 그것이다. 일반적인 경우 발주처에서는 계약을 다시 수행하는 데 소요되는 비용을 부담할 책임이 있고, 수급자는 계약을 수행하기 위한 책임이 있다.

(2) 상호무책임 원칙의 예외

불가항력이 발생한 경우에는 계약당사자는 가능한 모든 조치를 취하여야 한다. 이 의무는 계약당사자로서 당연한 의무라고 할 수 있으며, 이를 해태하였을 경우에는 상호무책임원칙의 적용이 배제된다. 일본은 불가항력의 발생으로 인한 계약자의 손해액은 다음과 같다.

첫째, 계약자가 선량한 관리자의 주의의무를 태만히 하여 발생한 금액과

둘째, 화재보험 기타의 보험 등으로 보전되는 금액을 공제하여야 한다. 그러므로 전체 손해액에서 이와 같은 금액을 공제한 후 계약금액의 1%를 초과할 경우에는 그 초

---

91) 한국엔지니어링진흥협회, 엔지니어링사업 계약 및 클레임 관리기법, 2002, p. 65 참조.

과액을 발주자가 부담한다(공사표준약관29조6항).

선량한 관리자의 주의의무는 민법상의 규정이며, 계약자가 이 주의의무를 태만히 하였는지의 여부는 발주자가 입증하여야 한다. 이로 인하여 본 조항의 적용상에 논란의 여지가 없는 것은 아니나, 불가항력에 대한 계약자의 대책을 점검하고 보완하는 간접적인 효과가 이 조항의 목적으로 이해된다.

6. 발주자의 손해부담

1) 채무자위험부담주의

우리나라 「민법」 제537조에서는 "쌍무계약의 당사자 일방의 채무가 당사자 쌍방의 책임없는 사유로 이행할 수 없게 된 때에는 채무자는 상대방의 이행을 청구하지 못한다"라고 하여 소위 '채무자위험부담주의'를 채택하고 있다. 공사계약에서의 이 규정의 의미는 공사의 완성을 도급사항으로 한 계약자는 공사를 완성하였을 때에 한하여 대가를 지급받는 것이므로, 공사 수행과정에서 발주자의 책임이 아닌 사유로 발생한 손해에 대하여 발주자에게 청구할 수 없다는 뜻이다.

도급계약에서 민법상 채무자위험부담주의는 일응 당연한 것이지만, 이 경우 계약자는 예상되는 위험 모두를 계약금액에 계상해야 할 것이며, 만약 그와 같은 위험이 발생하지 않는다면 발주자로서는 상당한 예산을 낭비하는 결과가 된다. 따라서 이와 같은 폐단을 방지하기 위하여 「공사계약일반조건」 제32조 제4항에서는 불가항력에 의한 손해보전조항을 "계약담당공무원은 제3항의 규정에 의하여 손해의 상황을 확인하였을 때에는 별도의 약정이 없는 한 공사금액의 변경 또는 손해액의 부담 등 필요한 조치를 계약상대자와 협의하여 이를 결정한다. 다만 협의가 성립되지 않을 때에는 제51조의 규정에 의해서 처리한다"라고 규정하고 있다.

2) 발주자가 부담하는 손해

한편 「공사계약일반조건」 제32조 제2항은 불가항력으로 인해 발주자가 부담하여야 하는 손해의 범위를 설명하고 있다. 즉, 발주자가 부담하는 손해의 범위는 기성부분, 가설물, 공사재료 또는 건설기계기구 등을 생각할 수 있으나, 본 조항에서는 이를 다음과 같이 구체화하고 있다.

① 제27조의 규정에 의하여 검사를 필한 기성부분

② 검사를 필하지 아니한 부분 중 객관적인 자료(감독일지, 사진 또는 비디오테이프 등)에 의하여 이미 수행되었음이 판명된 부분

③ 계약상대자의 책임없는 사유로 인하여 발생한 손해와 기성부분을 인수하였거나 부분 사용 등으로 인수한 공사목적물에 대한 손해 등은 발주기관이 부담한다.

7. 불가항력에 따른 조치방법

「공사계약일반조건」제32조 제3항은 불가항력의 사유가 발생했을 경우 이에 따른 조치방법을 아래와 같이 규정하고 있다.

① 계약상대자는 계약이행 기간 중 불가항력으로 인한 손해가 발생하였을 때에는 지체없이 그 사실을 계약담당공무원에게 통지하여야 한다.

② 계약담당공무원은 이러한 통지를 받았을 때에는 즉시 그 사실을 조사하고 그 손해의 상황을 확인한 후 그 결과를 계약상대자에게 통지하여야 한다. 이 경우 공사감독관의 의견을 참작할 수 있다.

③ 계약담당공무원은 이러한 손해의 상황을 확인하였을 때에는 별도의 약정이 없는 한 공사금액의 변경 또는 손해액의 부담 등 필요한 조치를 계약상대자와 협의하여 이를 결정한다. 다만 협의가 성립되지 않을 때에는 제51조(분쟁의 해결)의 규정에 의해서 처리한다.

8. '코로나 - 19' 사태와 불가항력

1) 코로나 - 19 사태

2020년 초 신종 코로나바이러스 감염증(이하 "COVID-19" 또는 "코로나-19")이 전 세계적으로 급속히 확산되면서 경제, 사회 전반에 큰 영향을 주고 있다. 특히 기업활동과 관련해서는 실물경제의 침체로 인한 전반적인 경기 하강에 대한 우려를 불러오고 있을 뿐만 아니라, 자금조달 또는 원자재 수급의 어려움, 각 국가에서 입국 제한으로 인한 인적 교류의 어려움, 사회적 거리두기를 위한 재택근무가 가져오는 새로운 업무

형태의 적응의 어려움 등 여러 가지 문제를 발생시키고 있다.

특히 건설업의 경우 공사현장이 폐쇄되거나 공사가 중단되는 경우가 많아지고 있다. 이와 관련하여 행정부처에서는 계약업무 처리지침과 유권해석을 밝히기도 하였으나 여전히 건설현장은 혼란스러운 상황이다. 이와 관련하여 특히 많은 건설업체들이 COVID-19의 확산으로 인한 환경변화가 계약상의 '불가항력'에 해당하는지 여부에 대하여 관심을 가지고 있고, 과연 건설현장의 경우 여기에 해당되는지 여부를 검토할 필요가 있다.[92]

2) 공공 건설현장에서의 법률관계

(1) 발주기관이 공사의 일시정지를 지시한 경우

발주기관이 '코로나-19'로 인해 공사의 일시정지를 지시한 경우 건설사업자는 계약기간의 연장을 청구할 수 있고 지체상금은 적용되지 않는다. 기획재정부 계약예규인 「공사계약일반조건」 제47조는 공사감독관은 필요한 경우 공사를 일시 정지시킬 수가 있으며, 이러한 정지가 계약상대자의 책임있는 사유로 인한 정지가 아닌 때에는 계약기간의 연장이나 추가금액을 청구할 수 있다고 규정하고 있다(일반조건1항, 5항). 연장된 공사기간에 대해서는 공사의 지체가 없으므로 지체상금도 부과되지 않는다. 아울러 공기연장에 따른 간접비 등 추가 비용을 실비로 보상받는 것도 가능하다(일반조건26조4항).

기획재정부가 2020. 2. 12. 시달한 「신종 코로나 바이러스 대응을 위한 공공계약 업무 처리지침」에서도 공사를 일시 정지한 경우 「공사계약일반조건」 제23조 제1항 및 제26조 제1항에 따라 공기연장 및 계약금액을 조정하여야 한다고 하였다. 이는 행정안전부 예규 「공사계약일반조건」도 같으므로 공기연장 및 계약금액조정이 가능할 것이다(8절6-다).

(2) 발주기관이 일시정지를 지시하지 않은 경우

'코로나-19'로 인해 공사가 진행될 수 없는 상황임에도 발주기관이 일시정지를 지시하지 않는 경우에는, 건설사업자는 공사계약일반조건상 불가항력 조항에 근거하여

---

92) 율촌, 코로나19 사태로 인한 건설현장 대응방안, LEGAL UPDATE, 2020. 3. 참조.

법률관계를 처리하여야 한다. 제32조 제1항에 따라 전염병은 불가항력의 사유에 포함되고, 이는 공기연장의 사유가 되므로 지체없이 공기연장을 신청하여야 한다(25조3항 1호, 26조1항). 발주기관은 이를 확인하고 공사가 적절히 이행될 수 있도록 공기연장 등 필요한 조치를 하여야 하며(26조2항), 연장한 경우 실비보상 청구를 할 수 있다(26조4항).

행정안전부의 「공사계약일반조건」은 불가항력의 정의를 보다 구체화하여 「감염병의 예방 및 관리에 관한 법률」에 따른 감염병을 들고 있는데(9조10), 코로나는 이에 해당한다. 한편 기획재정부 계약예규인 「공사계약일반조건」에서는 '전염병'이라고만 규정하고 있어 특정하지는 않고 있다.

결국 불가항력 사유에 해당하는 '코로나-19'로 인한 일시정지, 지체 등이 발생하면 공기연장과 함께 추가 간접비에 대한 실비 보상 청구도 가능하다. 특히 2019. 11 .26. 일자로 개정된 「국가계약법」 제19조는 기타 계약내용의 변경 중 하나로 "불가항력적 사유에 따른 경우"를 명시하였으므로 보다 적극적인 계약관리가 필요하다.

3) 민간 건설현장에서의 법률관계

(1) 민간건설공사 표준도급계약서를 사용한 현장

국토교통부는 2020. 2. 28.자로 「민간건설공사 표준도급계약서」의 해석 및 적용에 관한 유권해석을 유관기관에 시달하였다(국토교통부 2020. 2. 28. 건설정책과-925).

> 최근 코로나-19의 전국적 확산 가능성에 대비하여 위기경보 단계가 심각으로 격상되었고, 다수의 근로자가 현장을 이동하여 근무하는 건설산업의 특성을 감안하여, 금번 코로나-19 대응상황을 「민간건설공사 표준도급계약서」 제17조에 따른 '전염병 등 불가항력의 사태로 인해 계약이행이 현저히 어려운 경우'로 유권해석 함.

「민간건설공사 표준도급계약서」를 적용한 공사는 제17조(공사기간의 연장) 제1항 및 제2항에 따라 공사기간의 연장이 가능하고, 제17조 제4항 및 제30조(지체상금) 제1항에 따라 연장된 공사기간에 대해서는 지체상금을 부과하지 않으며, 제17조 제3항 및 제23조(기타 계약내용의 변경으로 인한 계약금액의 조정) 제1항에 따라 추가간접비 등에 대하여 보상을 받을 수 있다. 이는 공공공사의 경우와 동일하게 운용된다.

(2) 민간건설공사 표준도급계약서를 사용하지 않은 현장

이는 개별적으로 공사도급계약의 구체적인 내용에 따라 법률관계가 달라진다. 원칙적으로 '코로나-19'로 인해 공사가 지체된 기간에 대해서는 지체상금을 부과해서는 아니 될 것이다. 지체상금은 수급인이 일의 완성을 지체한데 대한 손해배상액의 예정에 해당하는데, 이때 수급인이 책임질 수 없는 사유로 인한 지연기간은 지체일수에서 공제되기 때문이다(대법원 2015. 8. 27. 선고 2013다81224, 81231 판결 등).[93]

다만 연장된 기간에 대한 실비 보상도 가능한지 여부에 대해서는 일률적으로 판단하기는 쉽지 않다. 만약 분쟁으로 발전하는 경우, 법원은 계약의 목적, 거래관행, 적용법규, 인의칙 등을 종합적으로 고려하여 만약 계약당사자들이 '코로나-19'의 발생을 예상하였더라면 약정하였을 것으로 보이는 내용으로 사후적인 이익조정을 하여 계약금액을 수정하는 방법이 활용될 가능성이 높아 보인다(대법원 2014. 11. 13. 선고 2009다91811 판결).

4) 건설현장의 대응방안

위에서 살펴본 바와 같이 공공공사의 경우인지, 아니면 민간공사인지 민간공사라면 「표준도급계약서」를 작성한 경우인지 또는 아닌지에 따라 대응방안이 서로 다를 수밖에 없다. 따라서 각 건설현장의 특성에 맞춰 법률관계를 검토하고 적절한 대응방안을 마련하여야 할 것이다.

다만, 어느 현장이든지 간에 건설사업자는 '코로나-19'가 확산되지 않도록 철저한 위생관리, 안전관리 조치를 다하여야 한다. 판례는 어떠한 사유가 불가항력으로 인정되기 위해서는 그의 지배영역 밖에서 발생한 사건과 함께 "통상의 수단을 다하였어도 이를 예상하거나 방지하는 것이 불가능하였음이 인정되어야 한다"고 보고 있다(대법원

---

93) 지체상금에 관한 약정은 수급인이 일의 완성을 지체한 데 대한 손해배상액의 예정으로서 민법 제398조 제2항에 의하여 지체상금이 부당히 과다한 경우에는 법원이 이를 적당히 감액할 수 있다. 수급인이 완공기한 내에 공사를 완성하지 못한 채 공사를 중단하고 계약이 해제된 결과 완공이 지연된 경우에 지체상금은 약정 준공일 다음 날부터 도급인이 공사도급 계약을 해제하여 다른 업자에게 의뢰함으로써 공사를 완성할 수 있었던 시점까지의 기간을 기준으로 산정하며, 수급인이 책임질 수 없는 사유로 인하여 공사가 지연된 경우에는 그 기간만큼 공제되어야 한다(대법원 2010. 1. 28. 선고 2009다41137, 41144 판결, 2014. 6. 26. 선고 2012다39394, 39400; 2015. 8. 27. 선고 2013다81224, 81231 판결).

2008. 7. 10. 선고 2008다15940, 15957 판결).[94] 또한 최근 법원은 불가항력의 요건을 엄격하게 심사하는 경향을 보이고 있다(대법원 2018. 11. 29. 선고 2014다233480 판결).[95]

따라서 건설사업자는 건설현장별로 '코로나-19'의 확산 방지를 위한 최선의 조치를 마련하여 시행하여야 함은 물론이고, 사태 발생 시 발주자 및 보건당국 등 유관기관에 즉시 보고하고 지침을 받아 현장을 관리하도록 하며, 공기연장 신청 및 계약금액조정은 계약조건이 정한 규정과 절차에 충실하게 따르는 등의 면밀한 계약관리가 요구된다.

---

94) 주택공급사업자가 입주지연이 불가항력이었음을 이유로 그로 인한 지체상금 지급책임을 면하려면 입주지연의 원인이 그 사업자의 지배영역 밖에서 발생한 사건으로서 그 사업자가 통상의 수단을 다하였어도 이를 예상하거나 방지하는 것이 불가능하였음이 인정되어야 한다(대법원 2007. 8. 23. 선고 2005다59475, 59482, 59499; 2008다15940, 15957 판결).

95) 「국가계약법 시행령」 제4조는 '계약담당공무원은 계약을 체결하는 데 국가계약법령 및 관계법령에 규정된 계약상대자의 계약상 이익을 부당하게 제한하는 특약 또는 조건을 정하여서는 안 된다'라고 규정하고 있으므로, 계약상대자의 계약상 이익을 부당하게 제한하는 특약은 효력이 없다고 할 것이다. 여기서 어떠한 특약이 계약상대자의 계약상 이익을 부당하게 제한하는 것으로서 「국가계약법 시행령」 제4조에 위배되어 효력이 없다고 하기 위해서는 그 특약이 계약상대자에게 다소 불이익하다는 점만으로는 부족하고, 국가 등이 계약상대자의 정당한 이익과 합리적인 기대에 반하여 형평에 어긋나는 특약을 정함으로써 계약상대자에게 부당하게 불이익을 주었다는 점이 인정되어야 한다. 그리고 계약상대자의 계약상 이익을 부당하게 제한하는 특약인지는 그 특약에 의하여 계약상대자에게 생길 수 있는 불이익의 내용과 정도, 불이익 발생의 가능성, 전체 계약에 미치는 영향, 당사자들 사이의 계약체결과정, 관계 법령의 규정 등 모든 사정을 종합하여 판단하여야 한다(대법원 2017. 12. 21. 선고 2012다74076 전원합의체 판결; 2018. 11. 29. 선고 2014다233480 판결).

제12절 건설공사의 하자

1. 개 요

하자는 시공상의 오류로 인해 발생한 결점을 사후에 보완하는 건설공사의 한 측면이다. 공사목적물에 하자가 있는 때에는 수급인에게 보수책임이 있다. 수급인은 하자보수통지를 받은 때에는 즉시 보수작업을 하여야 하며, 당해 하자의 발생원인 및 기타 조치사항을 명시하여 도급인 또는 발주기관에 제출하여야 한다. 건설공사의 하자는 매우 다양한 형태이나 일반적으로 누수, 파손, 균열, 침하, 방음상의 문제 등이 있다. 그러나 흔히들 하자발생을 부실시공으로 혼돈하는 사례가 적지 않다.

하자와 관련된 법규로는 「민법」 제667조(수급인의 담보책임), 제671조(수급인의 담보책임 -토지, 건물 등에 대한 특칙), 「국가계약법」 제18조(하자보수보증금), 같은 법 시행령 제60조(공사계약의 하자담보책임기간), 제61조(하자검사), 제62조(하자보수보증금), 제63조(하자보수보증금의 직접사용)가 있고, 「지방계약법」 제21조(하자보수보증금), 같은 법 시행령 제71조(하자보수보증금), 제71조의2(하자보수이행절차), 제71조의3(하자보수에 필요한 금액의 산정), 제72조(하자보수보증금의 직접사용) 등이 있다. 그 외 「공동주택관리법」 제36조(하자담보책임), 제37조(하자보수 등)와 「집합건물의 소유 및 관리에 관한 법률」 제9조(담보책임), 제9조의2(담보책임의 존속기간), 「건설산업기본법」 제28조(건설공사 수급인 등의 하자담보책임), 계약예규인 「공사계약일반조건」 제33조(하자보수), 제34조(하자보수보증금), 제35조(하자검사), 제36조(특별책임) 등이 있다.

2. 하자의 개념

하자(瑕疵)란 목적물 자체에 흠결이 있는 것으로서, 완성된 일이 계약으로 정한 내용이 아닌 것으로 목적물의 사용가치나 교환가치를 감소하게 하는 결점을 의미한다. 건축물의 하자라고 함은 일반적으로 완성된 건축물에 공사계약에서 정한 내용과 다른 구조적·기능적 결함이 있거나, 거래관념상 통상 갖추어야 할 품질을 제대로 갖추고 있지 아니한 것을 말하는 것으로, 하자 여부는 당사자 사이의 계약 내용, 해당 건축물이 설계도대로 건축되었는지 여부, 건축 관련법령에서 정한 기준에 적합한지 여부 등 여러 사정을 종합적으로 고려하여 판단되어야 한다.[96]

「주택법」에서는 시공상의 잘못으로 인한 균열·처짐·비틀림·침하·파손·붕괴·누수·누출, 작동 또는 기능불량, 부착·접지 또는 결선 불량, 고사 및 입상불량 등이 발생하여 건축물 또는 시설물의 기능·미관 또는 안전상의 지장을 초래하는 것이라 정의하고 있다(시행령 별표6 참조).

3. 하자의 발생원인

하자의 원인은 공사의 종류만큼이나 다양하다. 그러나 일반적으로 부적절한 토지형질의 분석, 사전조사, 사업기간의 무리한 설정 또는 설계누락이나 설계검토 미흡, 감리부실, 시공상의 과실, 자재품질의 미달과 함께 전문지식의 부족, 부적절한 공사비 등이 있다.

이러한 하자는 형태별 분류와 하자발생 원인별 분류로 나뉜다. 형태별 분류는 물리적 하자와 법률적인 하자로 구분된다. 물리적 하자는 건물의 균열이나 누수 등 물리적 상태에서 발생되는 하자이고, 법률적인 하자는 건축 관련법령을 위반한 결과 건축물 등을 그대로 이용할 수 없어 철거 등이 필요한 경우를 말한다. 하자발생 원인별 분류는 설계상의 하자, 시공상의 하자 또는 감리·감독상의 하자로 구분된다.

4. 하자의 성립요건

건설사업자의 하자담보책임이 성립하기 위해서는 일정한 요건이 충족되어야 하는데, 일반적으로 그 성립요건은 다음과 같다.

첫째, 일의 완성에 하자가 있어야 한다.

둘째, 목적물의 하자가 도급인이 제공한 재료의 성질이나 도급인의 지시에 기인한 것이 아니어야 한다.

셋째, 수급인의 귀책사유를 요하지 아니한다.

넷째, 당사자 사이에 면책특약이 없어야 한다.

---

96) 대법원 2010. 12. 9. 선고 2008다16851 판결.

5. 하자의 판단기준

하자 여부에 대한 판단기준은 계약문서가 된다. 그중에서도 특히 설계관련 도서가 중심이 된다.

1) 설계도서 등

도급계약서 및 설계도, 시방서, 명세서, 현장설명서 등이 있다. 특히 사업승인 도면,[97] 착공도면,[98] 설계변경 도면[99] 및 사용검사 도면[100] 등이 있다. 아파트의 경우 선분양 아파트의 경우는 분양공고 시점의 설계도서(입주자 모집 공고일), 사업승인도면, 착공도면 및 설계변경 도면이며, 후분양아파트는 준공도면(승인도면) 등이 여기에 해당한다.

신축건물에 하자가 발생하였는지 여부를 판단하는 기준은 용이하지 않으나, 대법원은 "공사시공자와 건축주 사이의 명시적 또는 묵시적 합의에 의한 설계변경을 거쳐 최종적으로 확정된 도면을 기준으로 판단하여야 한다"고 판시하고 있다.

> 【판례】 신축건물에 하자가 발생하였는지 여부는 공사시공자가 건축법 및 위 법에 따른 명령이나 처분, 그 밖의 관계 법령에 맞지 아니하거나 공사의 여건상 불합리하다고 인정되는 사항이 아님에도 건축주나 공사감리자의 동의도 받지 않은 채 임의로 설계도서를 변경한 것이라는 등의 특별한 사정이 없는 한 공사시공자와 건축주 사이의 명시적 또는 묵시적 합의에 의한 설계변경을 거쳐 최종적으로 확정된 도면을 기준으로 판단하여야 한다(대법원 2014. 12. 11. 선고 2013다 92866 판결).

한편, 아파트 분양과 관련하여 수시로 발생하는 분쟁으로서, 아파트 분양계약에 따른 분양자의 채무불이행책임이나 하자담보책임이 인정되는 경우와 함께 하자의 판단기준에 대해서도 대법원은 "분양된 아파트가 당사자의 특약에 의하여 보유하여야 하

---

97) 사업주체가 사업승인을 얻을 당시에 시장·군수에게 제출한 최초 설계도서(주택법 제16조 제1항 및 영 제15조 제1항 참조)

98) 사업계획 승인을 얻은 사업주체가 입주자 모집공고일 이전에 착공신고서를 하는 경우 함께 제출되는 도면(주택법 제16조8항 및 규칙 서식17 참조)

99) 입주예정자 4/5 이상의 동의를 얻어 시장·군수에게 변경신청한 도면 및 내·외장재료를 동급 이상으로 설계변경하여 시장·군수에게 설계변경 신청한 도면(주택법 제16조 제3항 및 규칙 제11조 참조)

100) 사업주체가 공사를 완료하고 사용검사의 대상인 주택/대지가 사업계획의 내용에 적합한지 여부를 확인받기 위하여 사용검사권자(시도지사/시장·군수·구청장)에게 사용검사를 신청할 때 함께 제출되는 도면(주택법 제29조 및 영 제34조 참조)

거나 주택법상의 주택건설기준 등 거래상 통상 갖추어야 할 품질이나 성질을 갖추지 못한 경우에 인정되고, 하자 여부는 당사자 사이의 계약 내용, 해당 아파트가 설계도 대로 건축되었는지 여부, 주택 관련법령에서 정한 기준에 적합한지 여부 등 여러 사정을 종합적으로 고려하여 판단하여야 한다"고 보고 있다.[101]

또한 아파트가 준공도면에 따라 시공된 경우, 사업승인도면이나 착공도면과 달리 시공된 것이 하자인지 여부에 대해서도 다툼이 발생되는 경우가 적지 않은데, 대법원은 "아파트에 하자가 발생하였는지 여부는 원칙적으로 준공도면을 기준으로 판단함이 상당하고, 아파트가 사업승인도면이나 착공도면과 달리 시공되었다고 하더라도 준공도면에 따라 시공되었다면 특별한 사정이 없는 한 이를 하자라고 볼 수 없다"고 판시하고 있다.[102]

2) 거래관행·사회통념

목적물이 거래관행 또는 사회통념상 기대되고 있는 품질, 성능을 구비하고 있는지 여부, 공사대금 상당의 공사인가의 여부 등이 있다. 여기서 사회통념은 통상의 용도에 적합한 성상(性狀), 객관적인 하자 등으로, 용도를 정하는 기준은 당사자 사이의 계약내용에 나타난 사정을 종합하여 객관적으로 판단하여야 한다. 당사자가 아무런 약정을 하지 않은 경우에는 아파트가 사회통념상 최소한 기대되고 있는 품질, 성능을 구비하고 있는지 여부, 공사대금 상당의 공사인가도 하나의 판단기준이 된다.

6. 하자담보책임기간

1) 민 법

토지, 건물 기타 공작물의 수급인은 목적물·지반공사의 하자에 대하여 인도 후 5년간 담보책임을 진다. 그러나 목적물이 석조, 석탄조, 연와조, 금속 기타 이와 유사한 재료로 조성된 것인 때에는 10년이며, 전항의 하자로 인하여 목적물이 멸실·훼손된 날로부터 1년 내에 담보책임의 권리를 행사하여야 한다(민법670조).

---

101) 대법원 2010. 12. 9. 선고 2008다16851 판결.
102) 대법원 2014. 10. 27. 선고 2014다22772 판결.

2) 공동주택관리법

시설공사별 하자담보책임기간을 대지조성공사 등 21개 공종에서 다시 91개의 세부공종으로 분류하고 담보책임기간을 2, 3, 5년으로 구분하여 명시하고 있다. 내력구조부별 하자담보책임기간으로 ① 기둥, 내력벽(힘을 받지 않는 조적벽 등은 제외)은 10년, ② 보, 바닥 및 지붕은 5년이다(공동주택관리법36조, 영36조1항2호).

3) 건설산업기본법

수급인은 발주자에 대하여 공사의 종류별로 대통령령으로 정하는 기간에 발생한 하자에 대하여 담보책임이 있다. ① 건설공사의 목적물이 벽돌쌓기식구조, 철근콘크리트구조, 철골구조, 철골철근콘크리트구조, 그 밖에 이와 유사한 경우는 건설공사의 완공일로부터 10년 ② 제1호 이외의 구조로 된 것인 경우 : 건설공사 완공일로부터 5년이다. 한편 시행령에서는 교량공사 등 15개 공종에서 43개 세부공종으로 1, 2, 3, 5, 7, 10년으로 분류하고 있다(건산법 28조1항, 영30조).

4) 집합건물의 소유 및 관리에 관한 법률(법9조의2, 영5조)

집합건물이란 일반적으로 「집합건물의 소유 및 관리에 관한 법률」의 적용 대상인 건물을 말한다. 집합건물은 동 법률의 적용대상인 1동의 건물 중 구조상 구분된 수개의 부분이 독립한 건물로써 사용될 수 있는 건물을 말하는 것으로, 오피스텔, 아파트, 연립주택, 다세대주택 등이 이에 속한다. 이것을 1동의 건물을 구분하여 별개의 부동산으로 소유하는 건물이라고 하여 구분건물이라고도 하며, 구분소유권의 집합체 건물이라고도 한다.

① 「건축법」 건물의 주요구조부[내력벽(耐力壁), 기둥, 바닥, 보, 지붕틀 및 주계단(主階段)] 및 지반공사의 하자 : 10년

② 제1호에 규정된 하자 외의 하자 : 하자의 중대성, 내구연한, 교체가능성 등을 고려하여 5년의 범위에서 대통령령으로 정하는 기간

　　가. 대지조성공사, 철근콘크리트공사, 철골공사, 조적공사, 지붕 및 방수공사의 하자 등 건물의 구조상 또는 안전상의 하자 : 5년

나. 「건축법」 제2조 제1항 제4호에 따른 건축설비 공사, 목공사, 창호공사 및 조
     경공사의 하자 등 건물의 기능상 또는 미관상의 하자 : 3년

다. 마감공사의 하자 등 하자의 발견·교체 및 보수가 용이한 하자 : 2년

7. 하자담보책임의 성질

도급이란 당사자일방이 어느 일(건설공사)을 완성할 것을 약정하고 상대방이 그 일의
결과에 대하여 보수(대가)를 지급할 것을 약정하는 계약으로서, 쌍무계약과 낙성계약
의 성질을 가지고 있다(민법664조, 건산법2조11호). 또한 도급계약도 유상계약이므로 「민
법」 제567조(유상계약에의 준용)에 의해 매도인의 담보책임에 관한 규정이 준용된다. 모
든 프로젝트는 계약을 통해 그 목적이 달성되며, 건설공사는 도급형태로 이루어지기
때문에 일반적으로 "건설공사도급계약"으로 칭하고 있다. 따라서 「민법」(664~674조)
이 적용되나, 실제로는 특별법이나 약관에 의해 정밀하게 규정되는 경우가 많다.

수급인의 담보책임에 대해서는 담보책임의 요건으로 수급인의 귀책사유를 요하지
아니하므로 법정 '무과실책임'으로 보는 견해와 광의의 채무불이행책임이라는 견해가
있다.[103] 민법과 국가계약법령의 하자책임에 대한 차이를 살펴보면 다음의 표와 같다.

[표 6-9] 민법과 국가계약법령과의 하자책임 차이

구분	민법	국가계약법령
발생시점	• 목적물 인도일 이후	• 전체 목적물 인수일 또는 준공 검사완료일 이후
책임요건	• 완성전 성취된 목적물 또는 완성한 목적물의 하자	• 인수한 공사목적물 하자
하자보수 이행지체 시	• 명시되지 않음	• 인수 전 : 준공기간 이후부터 지체상금 부과
담보책임 기간	• 토지, 건물, 기타 공작물의 목적물 또는 지반공사 : 5년 • 석조, 석회조, 연와조, 금속 기타 이와 유사한 재료로 된 목적물 : 10년	• 공종별로 1년에서 10년까지 세분함

* 자료 : 조영준, 현창택, "건설업 하자에 대한 수급인의 책임에 대한 연구", 1999.

---

103) 남진권, 『건설산업기본법 해설』, 2020, 금호, p. 261.

8. 민법상 하자담보책임의 내용

1) 하자보수청구

완성된 목적물 또는 완성전의 성취된 부분에 하자가 있는 때에는 도급인은 수급인에 대하여 상당한 기간을 정하여 그 하자의 보수를 청구할 수 있다(민법667조1항). 여기서 '상당한 기간'이란 당해 하자를 보수하는 데 드는 통상의 기간을 의미한다. 따라서 상당한 기간 내에 보수를 하면 손해배상의 의무는 면하지만 그렇지 않을 경우에는 하자보수 청구가 가능하다.

그러나 하자가 중요하지 아니하고 그 보수에 과다한 비용을 요할 때에는 수분양자는 보수를 청구할 수 없고, 손해배상만을 청구할 수 있다(민법667조1항단서). "중요한 하자"인지 여부는 '하자의 내용'과 '계약의 목적'을 고려하여 정해진다.

> 【판례】 "하자의 중요성"은 하자보수 청구권의 요건이 될 뿐만 아니라, 실제적으로는 중요한 하자이냐 그렇지 않은 하자이냐에 따라 손해배상의 범위에서 큰 차이가 있다. 중요한 하자의 경우에는 하자를 보수하는 데 드는 비용(철거비+시공비)이 하자보수에 갈음한 손해배상의 범위가 된다(대법원 1994. 10. 11. 선고 94다26011 판결).

2) 손해배상청구

도급인은 ① 하자의 보수에 갈음하거나 ② 하자보수와 함께 손해배상을 청구할 수 있다(민법667조2항). 이 경우 하자보수를 하더라도 완전한 보수가 불가능할 경우에는 병존적(竝存的)으로 손해배상을 청구할 수 있다. 도급계약에서 완성된 목적물에 하자가 있는 때에는 도급인은 수급인에 대하여 하자의 보수를 청구할 수 있고, 그 하자의 보수에 갈음하여 또는 보수와 함께 손해배상을 청구할 수 있는바, 이들 청구권은 특별한 사정이 없는 한 수급인의 보수지급청구권과 동시이행의 관계에 있다.[104]

하자보수에 갈음하는 손해배상을 청구하는 경우에는 '하자보수비 상당액'이 손해액으로 인정되며, 하자보수비 상당액은 일반적으로 하자보수에 필요하면서도 적정한 비용 상당액이 된다. 따라서 이러한 것은 건설물가, 정부노임단가 등에 의하여 객관적으로 인정되는 금액에 한한다.

---

104) 대법원 1991. 12. 10. 선고 91다33056 판결.

하자가 중요하지 아니하면서 동시에 그 보수에 과다한 비용을 요하는 경우에는 도급인은 하자보수나 하자보수에 갈음하는 손해배상을 청구할 수 없고 그 하자로 인하여 입은 손해의 배상만을 청구할 수 있는데, 이러한 경우 그 하자로 인하여 입은 통상의 손해는 특별한 사정이 없는 한 수급인이 하자 없이 시공하였을 경우의 목적물의 교환가치와 하자가 있는 현재 상태대로의 교환가치와의 차액이고, 한편 하자가 중요한 경우에는 그 보수에 갈음하는, 즉 실제로 보수에 필요한 비용이 손해배상에 포함된다.[105] 또한 도급인이 인도받은 목적물에 하자가 있는 것만을 이유로, 하자의 보수나 하자의 보수에 갈음하는 손해배상을 청구하지 아니하고 막바로 보수의 지급을 거절할 수는 없다.[106]

3) 계약 해제

건축물이 완성된 경우에는 완성된 목적물의 하자로 인하여 계약의 목적을 달성할 수 없다고 인정되는 경우에는 계약을 해제할 수 있으나, 건물 기타 토지의 공작물인 경우에는 하자가 있더라도 계약을 해제할 수 있다(민법668조). 이와는 다르게 건축물이 미완성인 경우, 즉 수급인이 공사를 완성하지 못한 상태에서는 도급인은 계약을 해제하고 손해배상을 청구할 수 있으나, 이 경우에도 해제의 소급효가 제한된다.

4) 대금감액 청구

하자보수 및 손해배상 외에 대금감액청구권을 인정할 수 있는지 여부에 대해서는 수분양자의 감액청구를 인정하고, 이를 보수에 갈음하는 손해배상의 의사표시로 해석하고 있다. 감액되는 금액은 하자 있는 물건의 가치와 하자 없는 물건의 가치와의 차액이 된다.

【판례】 아파트분양 시 입주자 모집공고와는 달리 실제로는 공유대지 면적을 부족하게 이전해준 사안에 대해서, 공유대지면적을 지정한 아파트 분양계약을 "수량을 지정한 매매"로 보아 민법 제574조 (수량부족, 일부 멸실의 경우와 매도인의 담보책임)에 의한 대금감액청구를 인정하고 있다(대법원 2002. 11. 8. 선고 99다58136 판결).

---

105) 대법원 1998. 3. 13. 선고 95다30345 판결.
106) 대법원 1991. 12. 10. 선고 91다33056 판결.

5) 건물의 하자와 위자료청구

일반적으로 건물신축에서 수급인이 신축한 건물의 하자로 인해 손해배상과는 별도로 위자료청구가 가능한가의 문제이다. 이를 현실적으로 인정하기는 용이하지 않으나, 건물신축도급계약에서 수급인이 신축한 건물에 하자가 있는 경우 이로 인하여 도급인이 받은 정신적 고통은 하자가 보수되거나 하자보수에 갈음한 손해배상이 이루어짐으로써 회복된다고 보아야 할 것이므로, 도급인이 하자의 보수나 손해배상만으로는 회복될 수 없는 정신적 고통을 입었다는 특별한 사정이 있고, 수급인이 이와 같은 사정을 알거나 알 수 있었을 경우에 한하여 정신적 고통에 대한 위자료를 인정할 수 있다.[107]

6) 하자담보책임의 배제

담보책임에 관한 규정은 강행규정이 아니기 때문에, 신의칙(信義則)에 반하지 않는 한 당사자가 특약에 의해 담보책임을 제한, 배제, 경감 또는 가중할 수 있다. 그러나 정당한 이유가 없을 경우에는 「약관의 규제에 관한 법률」에 의거 무효가 된다. 동법에 따르면 ① 고객에게 부당하게 불리한 조항, ② 고객이 계약의 거래형태 등 관련된 모든 사정에 비추어 예상하기 어려운 조항, ③ 계약의 목적을 달성할 수 없을 정도로 계약에 따르는 본질적 권리를 제한하는 조항은 "신의성실의 원칙을 위반하여 공정성을 잃은 약관"으로 보고 있다(법6조).

「집합건물의 소유 및 관리에 관한 법률」에 관한 분양자의 하자담보책임의 감면 특약은 동법 제9조(담보책임)에 반하므로 효력이 인정되지 않는다. 따라서 특별한 사정이 없는 한 집합건물 분양자는 인도 시부터 10년간 담보책임을 부담한다. 공동주택은 「주택법」 제46조(담보책임 및 하자보수 등)에서 정하는 담보책임을 경감하거나 배제하는 특약은 무효이다.

「주택법」 제46조에서는 ① 사업주체는 건축물 분양에 따른 담보책임에 관하여 전유부분은 입주자에게 인도한 날부터, 공용부분은 공동주택의 사용검사일 또는 「건축법」 제22조에 따른 공동주택의 사용승인일부터 공동주택의 내력구조부별 및 시설공

---

107) 대법원 1993. 11. 9. 선고 93다19115 판결.

사별로 10년 이내의 범위에서 대통령령으로 정하는 담보책임기간에 공사상 잘못으로 인한 균열·침하·파손 등 대통령령으로 정하는 하자가 발생한 경우에는 해당 공동주택의 다음 각 호의 어느 하나에 해당하는 자의 청구에 따라 그 하자를 보수하여야 한다.

9. 하자와 부실시공

1) 하자와 부실시공의 구분

일반인들은 하자에 대한 부정적인 의식이 매우 강하여, 하자발생은 보수의 책임 여부와 상관없이 곧 부실시공을 의미하는 것으로 생각하는 인식이 펴져 있는 실정이다. 부실시공은 단순한 공사계약상의 의무를 위반하거나 시공상의 과실로 인하여 하자보수가 필요한 정도를 넘어 안전상의 위해(危害)를 야기하거나 그와 같은 정도의 위험성을 가진 결함 상태를 의미한다. 현행 관련법령에서도 시공상의 단순한 하자와 달리 부실시공 및 그 결과에 대해서는 별도의 처벌규정(행정형벌)을 두어 엄격한 책임을 묻고 있다. 외관상 하자로 하자보수의무가 없는 경우는 단순하자로 발주자가 부담한다.

「건설산업기본법」이나 「주택법」 등 관련법령은 하자 범위와 정의 규정이나 행정형벌 등을 통하여 하자와 부실시공을 구분하고 있지만, 하자담보책임의 실제 운용과정에서는 혼용되고 있다. 하자와 부실시공에 대하여 비교하면 다음 표와 같다.

[표 6-10] 하자와 부실시공의 비교

구분	내용	비고
시공상의 하자	• 시공상의 잘못으로 공사 목적물의 기능이나 안전상의 지장을 초래한 경우	• 하자담보책임 하자보수
부실시공	• 공사 목적물의 구조상 주요부분에 중대한 손괴를 야기하여 공중의 위험을 발생하게 한 경우	• 재시공 • 징역이나 벌금 등 행정형벌

2) 하자와 부실시공에 대한 벌칙

하자와 부실시공에 대한 벌칙은 법령의 종류에 따라 상이하다. 「건설산업기본법」과 「주택법」 등에서는 하자에 대한 벌칙을 별도로 규정하고 있는데, 그 내용은 다음과 같다.

(1) 건설산업기본법

① 건설사업자 또는 건설현장에 배치된 건설기술인으로서 건설공사의 안전에 관한 법령을 위반하여 건설공사를 시공함으로써 그 착공 후 하자담보책임기간에 교량, 터널, 철도, 고가도로·지하도·활주로·삭도·댐 및 항만시설중 외곽시설·임항교통시설·계류시설, 연면적 5천m² 이상인 공항청사·철도역사·여객자동차터미널·종합여객시설·종합병원·판매시설·관광숙박시설 및 관람집회시설, 16층이상인 건축물의 구조상 주요 부분에 중대한 파손을 발생시켜 공중의 위험을 발생하게 한 자는 10년 이하의 징역에 처한다(법93조1항).

② 위의 제1항의 죄를 범하여 사람을 죽거나 다치게 한 자는 무기 또는 3년 이상의 징역에 처한다(법93조1항).

③ 업무상 과실로 제93조 제1항의 죄를 범한 자는 5년 이하의 징역이나 금고 또는 5천만 원 이하의 벌금에 처한다(법94조1항).

④ 업무상 과실로 제93조 제1항의 죄를 범하여 사람을 죽거나 다치게 한 자는 10년 이하의 징역이나 금고 또는 1억 원 이하의 벌금에 처한다(법94조1항).

(2) 주택법

① 제33조(주택의 설계 및 시공), 제43조(주택의 감리자 지정 등), 제44조(감리자의 업무 등), 제46조(건축구조기술사와의 협력) 또는 제70조(수직증축형 리모델링의 구조기준)를 위반하여 설계·시공 또는 감리를 함으로써 「공동주택관리법」 제36조제3항에 따른 담보책임기간에 공동주택의 내력구조부에 중대한 하자를 발생시켜 일반인을 위험에 처하게 한 설계자·시공자·감리자·건축구조기술사 또는 사업주체는 10년 이하의 징역에 처한다(법98조1항). 이러한 죄를 범하여 사람을 죽음에 이르게 하거나 다치게 한 자는 무기징역 또는 3년 이상의 징역에 처한다(법98조2항).

② 업무상 과실로 제98조제1항의 죄를 범한 자는 5년 이하의 징역이나 금고 또는 5천만 원 이하의 벌금에 처한다(법99조1항). 업무상 과실로 제98조제2항의 죄를 범한 자는 10년 이하의 징역이나 금고 또는 1억 원 이하의 벌금에 처한다(법99조2항).

③ 다음 각 호의 어느 하나에 해당하는 자는 2년 이하의 징역 또는 2천만 원 이하의 벌금에 처한다(법102조). 여기에 해당하는 경우는 매우 다양하나 부실시공과 관련

된 규정을 살펴보면 다음과 같다〈개정 2020. 1. 23.〉.

   ㉠ 과실로 제33조를 위반하여 설계하거나 시공함으로써 사업주체 또는 입주자에
     게 손해를 입힌 자(법102조6의2호)

   ㉡ 법 제34조제1항(주택건설공사의 시공 제한 등) 또는 제2항을 위반하여 주택건설공
     사를 시행하거나 시행하게 한 자(법102조7호)

   ㉢ 제35조(주택건설기준 등)에 따른 주택건설기준 등을 위반하여 사업을 시행한 자
     (법102조8호)

10. 하자와 미완성과의 관계

1) 도급의 성격상 미완성의 문제

도급이라 함은 원도급·하도급·위탁 기타 명칭에 관계없이 건설공사를 완성할 것을 약속하고, 상대방이 그 공사의 결과에 대하여 대가를 지급할 것을 약정하는 계약으로 쌍무와 유상계약의 성격을 가지고 있다(건산법2조11호). 따라서 이러한 경우 수급인은 일의 완성, 목적물의 인도, 담보책임(주관성)을 가지는 반면에, 도급인은 이에 따른 보수지급, 검수, 필요한 재료제공, 장소제공 등의 의무가 발생하게 된다. 완성을 성취 목적으로 하고 있기 때문에 공사를 최종적으로 완성을 했느냐, 아니면 미완성으로 보느냐는 대금수령과 관련하여 매우 중요한 판단 기준이 된다.

2) 사 례

2층 짜리 주택 남측 2층 계단 발코니 처마와 인접대지 경계로부터 두어야 할 거리(이격거리)가 30cm가 초과되었다는 이유로 사용승인이 나지 않았다. 그리하여 수급인이 이격거리를 확보하기 위하여 1층 계단과 발코니 부분을 절단하였으나, 2층 계단의 발코니 부분은 도급인이 더 이상 절단작업을 못하게 하여 그 거리를 확보하지 못하였고, 보일러, 2층의 수도, 세면기, 양변기 등 일부 공사를 도급인이 직접 완료하여 입주한 경우에, 당초 수급인은 일의 완성을 이유로 도급인에 공사비를 청구할 수 있는가의 문제이다.

이에 대하여 대법원은 "경계측량도 도급인(건축주)의 책임하에 진행되고, 도급인이

현장에 매일 참석하였으면서도 이의를 제기하지 않은 점, 신축공사를 1억 2,000만 원에 도급받았고, 수도 등 공사비로는 110만 원, 보일러설치공사비로는 300만 원이 소요될 뿐이라면 사회통념상 그 건물은 완성되었다고 본다"라고 판시하였다.[108]

3) 미완성과 하자를 구별하는 기준

일의 완성 여부는 1차적으로 계약에 의하여 정해지되, 일의 결과가 계약의 내용에 합치되는가는 다시 사회통념에 따라 객관적으로 판단된다.[109] 하자와 미완성의 구별에 관하여 판례는 우선 예정된 최후의 공정을 종료하였는지 여부를 기준으로 판단하고 있다.

건물신축공사의 미완성과 하자를 구별하는 기준은 공사가 도중에 중단되어 예정된 최후의 공정을 종료하지 못한 경우에는 공사가 미완성된 것으로 본다. 이는 채무불이행으로 수급인은 원칙적으로 공사대금지급 청구는 불가하다.

그러나 비록 건축물 사용승인이 나지 않았더라도 "당초 예정된 최후의 공정까지 일단 종료하고 주요 구조 부분이 약정된 대로 시공되어 사회통념상 건물로서 완성되었는데, 다만 그것이 불완전하여 보수를 하여야 할 경우라면, 이는 공사가 완성되었으나 목적물에 하자가 있는 데 지나지 않는다고 해석함이 상당하다. 이 경우에는 수급인은 대금청구는 가능하나 도급인은 동시이행 항변권 행사가 가능하게 된다.[110]

4) 동시이행 항변과 손해배상의 청구

이러한 경우에는 동시이행관계라는 이유로 공사대금채무 전액의 지급을 거절할 수 있는지가 문제가 된다. 예컨대, 빌딩 신축공사를 완공한 후 잔금이 5천만 원이 남아 있는 상태에서, 빌딩 창호와 관련된 하자가 발생하여 도급인은 하자보수와 동시에 잔금을 지급하겠다는 입장이다. 창호 관련 하자보수금액은 1천만 원 정도가 된다. 이 경우 도급인은 동시이행관계라는 이유로 1천만 원의 하자 때문에 5천만 원의 잔액지

---

108) 대법원 1997. 12. 23. 선고 97다44768 판결.
109) 주택산업연구원, 공동주택의 하자담보책임, 2006, pp. 16~17.
110) 대법원 1997. 12. 23. 선고 97다44768 판결.

급을 거절할 수 있는가 하는 문제이다.

이에 대해서는 대법원은 "도급인이 하자의 보수를 청구하려면 그 하자가 중요한 경우이거나 중요하지 아니한 것이라고 하더라도 그 보수에 과다한 비용을 요하지 아니할 경우이어야 하고, 도급인이 하자의 보수에 갈음하여 손해배상을 청구하는 경우에는, 수급인이 그 손해배상청구에 관하여 채무이행을 제공할 때까지 그 손해배상의 액에 상응하는 보수의 액에 관하여만 자기의 채무이행을 거절할 수 있을 뿐, 그 나머지 액의 보수에 관하여는 지급을 거절할 수 없다"라고 판시하고 있다.[111]

11. 하자처리 시 유의사항

1) 하자보수보증금 제도

분양자를 포함한 사업주체는 담보책임기간에 하자가 발생한 경우에는 해당 입주자대표회의 등 또는 임차인 등의 청구에 따라 그 하자를 보수하여야 한다(공동주택관리법 37조1항). 하자보수보증금이란 이와 같이 분양자 등 사업주체가 하자보수의무를 이행하지 아니하는 경우 이를 담보하기 위한 것을 말한다. 즉, 하자보수보증금은 「공동주택관리법」 제38조에 의한 하자보수의무기간 중에 발생하는 하자를 담보하기 위하여 일정금액을 일정기간 동안 금융기관에 예치하는 제도를 말한다.

하자에 대한 제1보증채무자는 시공회사이므로 하자 발생 시 건설회사에 우선적으로 하자보수를 요구하여야 한다. 제2보증채무는 하자보증회사인 건설공제조합, 대한주택보증주식회사 또는 서울보증보험이므로 시공회사가 부도 등으로 인하여 하자보수를 할 수 없거나 하자보수 의무를 이행하지 아니할 때는 하자보증회사에 하자보수를 요구해야 한다.

하자보증회사에 하자보수를 요구할 때에는 보증기간 안에 하자가 발생하였다는 사실을 입증하여야 하기 때문에 반드시 보증기간 안에 시공회사에 하자보수를 청구한 문서로 이를 입증해야 한다. 하자보증회사에 하자보수를 요구할 때 재하자의 경우 재하자임을 분명하게 하여야 하며, 이는 건설회사에서 이미 하자보수를 완료하였다는 항변에 불리하게 작용할 수 있기 때문이다.

---

111) 대법원 1991. 12. 10. 선고 91다33056 판결.

하자보증회사는 미시공(관련 법규 또는 설계도서 등에 정한 사항을 시공하지 아니하는 경우) 및 오시공(시공은 하였으나 설계도서 등에 정한 바 대로 하지 아니하고 자재 또는 규격 등을 달리하여 시공하는 경우), 하자보증기간 이후 발생한 하자에 대하여는 책임을 지지 아니한다.

2) 공동주택의 하자보수 관련 소송

하자보증회사는 시공사가 부도 및 화의 등과 같이 하자보수를 할 수 없는 상태이거나, 하자보수 의지가 없다는 전제가 충족되어야 하자보증회사 기준(약관)과 자체실사 등을 통하여 하자보증회사에서 하자라고 판단한 사항에 대해서만 하자보증금을 지급하거나 하자보수공사를 시행한다. 건설회사 또는 보증회사와 하자보수에 대한 합의가 이루어지지 아니할 경우 소송을 통하여 의사를 관철할 수 있다. 이러한 소송에는 시공회사를 상대로 하자보수 의무불이행을 원인으로 '하자보수에 갈음(병행)하는 손해배상 청구소송'과 사업주체의 하자보수 의무의행을 보증한 보증회사를 상대로 하는 '하자보수 보증금 청구소송'이 있다. 이러한 소송 중 어느 하나를 선택하여 소장을 접수할 수도 있으나 시공사와 하자보증회사 양쪽을 대상으로 소송을 제기할 수도 있다. 하자소송은 변호사 및 하자조사 전문업체의 조력을 받아서 수행하는 것이 일반적이며, 이 경우 전문가의 지원과 세밀한 자료와 증거가 필수적임을 명심하여야 한다.

12. FIDIC 일반조건

「FIDIC 일반조건」 제11조에 하자책임(Defects Liability)에 대한 내용을 규정하고 있다. 하자가 발견되거나 손상이 발생한 경우 발주자는 시공자에게 통지하여야 한다. 다음과 같은 사유에 기인하는 경우 하자보수 비용(Cost of Remedying Defects)은 시공자의 비용으로 시공되어야 한다(조건11.2조).[112]

① 시공자에게 책임이 있는 모든 설계

② 계약에 부합하지 아니하는 설비, 자재 또는 시공기술

③ 기타 의무를 시공자가 준수하지 않는 경우

---

112) (a) any design for which the Contractor is responsible, (b) Plant, Materals or workmanship not being in accordance with the Contractor, or (c) failure by the Contractor to comply with any other obligation.

하자 보수를 실시하는데 시공자가 하자 또는 손상을 기한 내 보수하지 못할 경우, 하자 또는 손상이 보수되어야 할 일자 또는 기한을 발주자가 확정할 수 있다. 하자보수작업이 공사 수행에 영향을 미치는 경우에는 감리자는 시험 반복을 요구할 수 있다. 감리자가 요구하는 경우에는 시공자는 하자에 대한 원인을 조사하여야 한다.

하자 또는 손상이 완료된 경우 완료일자를 기재한 이행확인서(Performance Certificate)를 감리자로부터 발급받아야 시공자의 의무가 완료된다. 오직 이행확인서만이 공사에 대한 승인을 성립시키는 것으로 간주된다(조건11.9조). 그 후 이행확인서를 접수함과 동시에 시공자는 장비, 잉여 자재, 잔해, 쓰레기 및 가설공사(temporary works)를 현장으로부터 철수하는 등의 현장정리를 하여야 한다.

제13절 건설 감정

1. 개 요

감정(鑑定)이란 전문적인 지식과 경험을 가진 사람이 법관의 판단능력을 보완하기 위해 특정 사안에 대한 구체적 사실 판단을 하고 법원에 보고하는 증거조사 방법을 말한다. 건설, 의료, 소프트웨어 등 전문 분야에서 중요성이 점차 높아지고 있는 추세에 있다. 법관이 재판에 필요한 모든 지식을 갖출 수 없으므로 민사소송상 전문가의 지식적 보조를 받는 감정은 중요한 증거방법으로 기능하여 왔다.

감정은 시가 등의 감정, 측량감정, 문서 등의 감정, 신체감정 등 및 공사비 등의 감정과 같이 그 유형은 매우 다양하나(예규2조1항 참조), 여기서는 건설소송에서 다루고 있는 기성고에 대한 감정, 하자 감정 및 건설공사 입접 시설물 피해감정 등에 한정하여 설명한다. 무엇보다도 건설감정은 여타 감정과 다르게 법원 감정인이 주도적으로 사실을 인식, 수집하고 이를 기초로 감정의견을 법원에 보고하는 것이 특징이다. 법원으로서는 당사자가 감정의견에 대한 신빙성을 부인할 만한 객관적인 자료를 제출하지 않는 한 쉽게 해당 감정의견을 무시할 수 없는 바, 건설소송에서의 감정은 특히 중요하다고 할 것이다.[113]

감정과 관련된 법규로는 「민사소송법」 제3절 감정(제333조~제342조)이 있고, 「형법」 제154조(허위의 감정, 통역, 번역), 재판예규인 「감정인등 선정과 감정료 산정기준 등에 관한 예규」(재판예규 제1651호) 등이 있다.

2. 감정제도

1) 감정인의 지정과 의무

감정인은 특별한 학식가 경험을 가지고 이를 적용하여 얻은 판단의 결과를 법관에 보고하는 지위에 있으므로 법관의 보조자의 지위를 갖는 것이며 준사법적 기능을 행하게 된다. 그러므로 감정인이 행하는 감정은 그 개시부터 감정서 작성과정까지 감정

---

113) 권형필, 건설·하도급 분쟁사례, 지혜와 지식, 2018, p. 141 참조.

사항 확정, 감정방법 결정, 전제사실 정리, 자료 정리 등 모든 사항이 판결을 선고하는 법관의 보조자라는 차원에서, 법원의 지휘와 감독하에 이루어져야 한다. 감정결과가 적법한 증거방법이 되기 위하여는 법원의 감독이 필요하고, 그렇지 않으면 감정결과가 재판의 증거로 사용되지 못하게 되는 수가 있기 때문이다.[114]

감정인은 수소법원·수명법관 또는 수탁판사가 지정한다(민사소송법335조). 감정인은 감정사항이 자신의 전문 분야에 속하지 아니하는 경우 또는 그에 속하더라도 다른 감정인과 함께 감정을 하여야 하는 경우에는 곧바로 법원에 감정인의 지정 취소 또는 추가 지정을 요구하여야 하며, 감정을 다른 사람에게 위임하여서는 아니 된다.

감정인은 그 감정에 필요한 학식과 경험이 있는 사람이면 되고, 그 감정인이 공무소 등에 소속되지 않고 직업이 없거나 또는 임의단체 등 사법인에 속한다고 하여 그 감정에 특별히 신빙성이 희박하다고 할 이유가 없다.[115]

2) 감정진술의 방법

재판장은 감정인으로 하여금 서면이나 말로써 의견을 진술하게 할 수 있으며, 여러 감정인에게 감정을 명하는 경우에는 다 함께 또는 따로 따로 의견을 진술하게 할 수 있다(민사소송법339조). 감정인은 재판장이 신문하며, 당사자는 재판장에게 알리고 신문할 수 있다. 다만 당사자의 신문이 중복되거나 쟁점과 관계가 없는 때, 그 밖에 필요한 사정이 있는 때에는 재판장은 당사자의 신문을 제한할 수 있다(민사소송법339조의2). 감정인은 감정을 위하여 필요한 경우에는 법원의 허가를 받아 남의 토지, 주거, 관리중인 가옥, 건조물, 항공기, 선박, 차량, 그 밖의 시설물 안에 들어갈 수 있다(민사소송법342조).

3) 감정의 절차

일반적으로 감정은 다음 그림과 같은 절차에 따라 진행된다.

---

114) 윤재윤, 『건설분쟁 관계법』, 박영사, 2006, p. 546.
115) 대법원 1983. 12. 13. 선고 83도2266 판결.

[그림 6-7] 감정 진행 절차

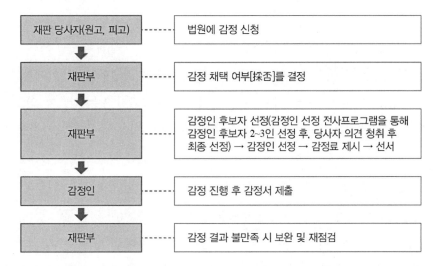

재판 당사자(원고, 피고)	-----	법원에 감정 신청
재판부	-----	감정 채택 여부[採否]를 결정
재판부	-----	감정인 후보자 선정(감정인 선정 전산프로그램을 통해 감정인 후보자 2~3인 선정 후, 당사자 의견 청취 후 최종 선정) → 감정인 선정 → 감정료 제시 → 선서
감정인	-----	감정 진행 후 감정서 제출
재판부	-----	감정 결과 불만족 시 보완 및 재점검

3. 건설분쟁과 건설감정[116]

1) 건설감정의 의의

건설감정은 다른 감정과 달리 전문지식을 적용할 전제사실을 주도적으로 수집하고 이를 기초로 감정의견을 제출하는 경우가 대부분이어서 건설소송상의 감정은 사건의 결론을 좌우하는 가장 중요한 요소가 된다. 재판제도 특히 민사소송제도는 국가가 국민에게 제공하는 공적인 법률서비스인데 건설소송에서 그 법원감정의 역할은 가장 중요한 내용이 되는 것이다.

2) 건설감정의 과제

재판당사자들이 건설감정결과에 대하여 감정인에 대한 사실조회를 하거나 심지어 재감정이 신청되는 등 감정결과에 불만이 적지 않은 실정인바, 다음과 같은 문제가 있다.

첫째, 건설감정의 본질적 한계를 들 수 있다. 설계, 기초공사, 각종 본 공사 등 순차적으로 이루어지는 공정별 시공내용과 책임을 판별하기가 어렵고, 더구나 건설감

---

116) 윤재윤, 『건설분쟁 관계법』, 박영사, 2006. pp. 545~576; 서울건축환경기술사사무소, "건설감정의 표준절차", 2004; 서울중앙지방법원 건설소송실무연구회, "건설감정실무", 2016. 내용을 참고함.

정은 감정인의 주관적 판단을 피할 수 없으며, 감정할 사항이 질적으로 다양하고 양적으로 많아 복잡하다.

둘째, 당사자, 소송대리인, 재판부 등 소송관계자들의 전문지식 부족으로 인한 감정기일의 준비 불충분이다. 소송대리인들은 건설관행과 기법에 대한 이해가 부족하기 때문에 감정단계에서 정확한 감정사항이 제대로 도출되지 않는 경우가 있고, 유효하고 적절한 감정이 실시되기 위하여는 감정의 전제가 되는 공사현장의 기초자료를 확보하여야 하는데, 위와 같이 자료들이 결여된 채 감정이 이루어지는 경우도 있다. 재판부도 전문성이 부족하기 때문에 감정은 대부분 감정인에게 포괄 위임되고 있는 경우도 있고, 감정인 역시 그 수준과 정확도가 천차만별이어서 전문성이 결여되고 소송상 감정제도에 대한 이해가 부족한 감정인이 적지 않다.

셋째, 감정료가 특히 아파트 하자감정의 경우 일반적으로 수천만 원 이상인 경우도 많아서 감정에 대한 불신의 원인이 된다. 또한 건축과정에서 제3자에게 피해를 발생하게 하는 경우 그 원인과 보수비용의 감정에서 감정결과가 어느 정도 예상되고, 그에 따른 소송승소이익과 그 감정료와 대비하여 큰 이득이 없다고 판단되는 경우에는 재판과정에서 감정이 필요하여 감정신청을 하였지만 사후에 감정료를 납부하지 않은 경우가 많다.

4. 건설감정의 종류

건설감정은 크게 세 가지의 유형으로 나뉜다. 공사가 중단된 경우의 기성고 비율의 산정과 추가공사비산정을 위한 공사비 등 감정, 하자의 발생과 보수비공사를 산정하는 하자감정, 건축물의 손상에 대한 원인 또는 상태의 감정 등으로 나뉘고, 구체적인 소송사건에서는 중복되어 감정이 신청되는 경우가 많다.

감정을 시행하고자 하는 경우 감정의 목적이 되는 감정대상과 그 감정자료, 감정기준을 명확하게 함으로써 감정의 정확성과 신뢰도를 증진하여야 할 것이고, 이를 명확하게 하는 과정은 사전에 감정준비기일과 명령을 활용하고, 감정기일에 검증을 실시하여야 할 것이다.

1) 공사비 등 감정

감정대상을 확정하기 위하여는 감정신청인의 신청서만으로 확정하지 아니하고 가능한 한 현장검증을 실시하여 공사현장에서 감정대상을 확정하여야 할 것이다. 건축공사에 여러 시공자가 관여하였던 경우에는 전체 건축공정 중에서 기성고비율을 구하는 시공자가 시공한 공사부분을 명확하게 확정하여야 할 것이다.

한편, 추가공사비용을 감정하는 경우에는 당초의 설계도면, 시방서 등에 의하여 인정되는 공사도급계약에 비추어 구체적으로 시공된 공사부분이 추가공사에 해당하는지의 여부를 확정하여야 할 것이다.

감정인이 당사자로부터 공사계약서, 설계도면, 시방서, 내역서 등 기본자료를 교부받았을 때에는 반드시 상대편 당사자의 확인을 받아야 하고, 다툼이 있을 시에는 감정을 명하는 재판부의 확인을 받아야 하며, 재판장의 명령에 따라 복수감정을 하는 방법도 있다.[117]

기성고 비율을 감정할 때에는 공사계약 시 제시된 설계도면, 건축업자와 건축주가 합의된 설계도면, 그 후 건축주가 일방적으로 변경한 설계도면 등이 제출되는 경우에는 원칙적으로 건축업자와 건축주가 합의된 설계도면을 기준으로 기성고 비율을 감정하여야 할 것이다.

2) 하자감정

건축물의 하자를 여러 기준으로 분류할 수 있지만 감정상의 필요에 의하여는 ① 설계과정에서 발생한 하자인 설계상의 하자, ② 건축시공과정에서 발생한 하자인 시공상의 하자, ③ 감리과정에서 발생한 감리상의 하자, ④ 건축물을 인도받은 후 도급인 등이 사용하는 과정에서 후발적으로 발생하는 하자로 구분할 수 있다. 공사수급인이 하자보수책임을 부담하는 하자는 건축시공과정에서 발생한 시공상의 하자일 것이다.

---

117) 감정인이 분쟁당사자들로부터 감정을 위한 설계도면, 시방서 등의 자료를 받을 때에는 이를 상대방으로 하여금 확인하도록 하고, 확인을 요구하였음에도 불구하고 이에 응하지 않은 경우에는 그 내용을 감정서에 기재하도록 하여 감정후 감정서를 법원에 제출할 시 이로 인한 분쟁을 사전에 제거하여야 할 것이다. 극단적인 경우 이로 인하여 감정결과가 그 신뢰성을 잃은 경우에는 재감정을 하여야 할 경우도 발생한다.

(1) 하자판정의 기준

계약상 약정위반으로 인한 하자는 도급계약서, 설계도, 시방서, 표준명세서, 특기명세서, 현장설명서 등 통상 계약서에 첨부되는 서류를 기준으로 판단한다. 건축허가도면과 사용승인검사를 받은 도면이 상이한 경우에는 어떠한 도면을 기준으로 하여야 할 것인가?

건축주와 공사수급인의 합의로 설계변경을 한 경우가 대부분이므로 사용승인검사를 받은 도면을 기준으로 하여야 할 것이고, 집합건물의 분양의 경우에도 분양자와 수분양자 사이의 분양계약서에 통상적으로 "계약 시 체결된 건물의 면적 및 대지지분은 건축허가변경에 따라 일부 변경될 수 있으며, 계약서와 등기부상의 면적차이에 대하여는 초기분양가를 기준으로 정산한다"는 문구가 삽입되는 경우가 대부분이므로 대부분의 경우 사용승인검사를 받은 도면으로 하자 여부를 판정함이 상당하다.

(2) 하자판정의 자료

건축공사 도급인과 수급인 사이에 도급계약서, 설계도면, 시방서, 내역산출서 등의 건축관련도서들이 분쟁이 없는 경우에는 이를 기준으로 하고, 분쟁이 있는 경우에는 어느 자료를 기준으로 할 것인가를 하자감정을 명할 때이나 현장검증 시에 이를 확정을 하여야 할 것이고, 확정이 되지 아니하는 경우에는 일단 감정신청인이 원하는 기준으로 감정을 하고, 상대방에게는 자신이 원하는 기준으로 감정하는 데 소요되는 추가비용을 부담하게 하여 복수의 감정을 명하여야 하고 어느 감정을 채택할 것인가는 재판과정에서 판단하여야 할 것이다.[118]

(3) 하자감정의 기준

하자라고 판정이 된 경우에 도급계약상의 내용에 따라 하자를 보수하는 것이 가능한 경우에는 원칙적으로 이를 보수하는 방법을 선택하여 그 비용을 산출하여야 하고,

---

118) 재판부가 현장검증과 감정을 명하는 절차에서 당사자들의 주장을 듣고 적극적으로 합의를 유도하여 정하는 것이 좋고, 합의가 이루어지지 않은 경우에는 복수의 감정이 명하여 진다. 건설하자감정에서는 현장 검증을 실시하면서 감정을 명하고 그 과정에서 하자의 대상, 기준 등 이견을 조정하는 것이 중요하다할 것이다.

하자보수가 불가능하거나 하자가 중요하지 않은데, 그 보수에 과다한 비용을 요하는 경우에는 그 보수액을 산정할 것이 아니라 현 상태와 하자 없는 상태와의 교환가치 차액을 산정하는 것이 타당한데, 그 차액을 산출하기가 현실적으로 불가능한 경우가 대부분이므로 하자 없이 시공하였을 경우의 시공비용과 하자 있는 상태대로의 시공비용 차액을 산정하는 것이 현실적이다.

수급인이 직접 하자보수의무를 이행하는 경우에는 하자보수에 실제로 들어간 비용을 수급인이 부담하여야 하는 것이 당연하지만, 도급인이 수급인에게 하자의 보수에 갈음한 손해배상을 청구하는 경우 이를 어느 정도의 범위에서 인정하여야 하는지에 관하여는 논의의 여지가 있다. 판례는 "하자보수비는 하자보수청구 시 또는 보수에 갈음한 손해배상청구 시를 기준으로 산정함이 사리에 합당하다"라고 판시하고 있다.[119]

3) 건설공사 인접 시설물 피해감정

건물이 인접해 있는 도시지역에서 건설공사를 시행하면서 공사로 인한 진동, 지반 침하 등으로 인근 건물에 균열이나 붕괴, 일조권이나 조망권에 직접적인 피해를 주는 경우가 있다. 정상적인 건물은 기본적인 구조내력을 가져야 하는데, 이를 유지하지 못하는 건물은 약한 충격에도 취약한 반응을 보이는 바, 피해를 입었다는 건물이 건축 후 상당기간이 경과하고 상당한 정도의 균열이 있는 경우에 시공자가 착공 전에 촬영한 기존 건물의 하자를 확인하거나, 기존 건물의 설계도 등 건축자료를 검토하여 피해건물 자체의 구조내력을 확인하였다면 이를 감안하여 손상의 원인을 판정하여야 하고, 그 피해상태의 감정에서는 그 기여도까지 감정하여야 할 것이다.

건물의 침하나 균열 등 하자가 발생한 경우에는 보수가 가능하다면 하자보수비 상당액, 보수가 불가능하다면 당시의 교환가치가 통상의 손해가 된다.[120] 훼손된 건물의 보수가 가능하기는 하지만 이에 소요되는 하자보수비가 건물의 교환가치를 초과하는 경우에는 그 손해액은 형평의 원칙상 그 건물의 교환가치 범위 내로 제한되어야

---

119) 대법원 1980. 11. 11. 선고 80다 923, 924 판결.
120) 대법원 1991. 12. 10. 선고 91다25628 판결.

한다.[121)]

하자보수비 상당액을 산정하는 데 피해건물의 균열 등으로 인한 붕괴를 방지하기 위하여 지출한 응급조치비용은 건물을 원상으로 회복시키는 데 드는 하자보수비와는 성질을 달리하는 것이므로 별도로 처리하여야 한다.[122)] 법원으로서는 하자보수비 감정 시에 하자보수비가 건물의 시가를 초과할 가능성이 있으면 건물의 시가에 대한 감정을 별도로 명할 필요성이 있다. 감정을 명할 때에 보수비와 함께 보수에 소요되는 기간까지 산정하도록 명하여야 할 것이다.

하자보수비의 산정시점은 불법행위 당시가 원칙이므로 그때의 건설물가를 기준으로 하여야 한다. 보수공사기간 동안의 대체주거비 주장에 대하여는 그 필요성과 보수공사기간, 대체주거비와 이사비의 액수를 심리하여 확정하여야 한다.

피해건물주가 소송을 준비하는 과정에서 자신의 비용으로 안전진단을 받은 경우 그 비용은 당사자 사이에 약정이 있으면 그에 따르고, 없다면 안전진단의 필요성 여부, 의뢰경위, 그 비용의 적정성 등을 종합하여 안전진단에 필요하였다고 인정이 되면 이를 통상의 손해로 인정될 수 있다.[123)]

5. 건설감정의 진행절차

1) 감정인 선정(예규25조)

감정인의 선정과 관련해 「감정인 등 선정과 감정료 산정기준 등에 관한 예규」에서 상세하게 정하고 있다. 재판장이 「감정인선정전산프로그램」을 이용하여 감정인 명단 중에서 1인을 무작위로 추출·선정하나, 이것이 적절하지 아니하다고 인정하여 복수 후보자 선정 후 감정인 지정을 명하는 경우, 감정사항에 비추어 적합한 자격을 갖춘 사람이 '감정인 명단'에 등재되어 있을 때에는 「감정인선정전산프로그램」에 의하여 2인 또는 3인의 감정인 후보자를 선정한 다음, 감정인 후보자의 전문 분야, 경력, 예상감정료 및 당사자의 의견 등을 종합하여 감정인을 지정한다.

---

121) 대법원 1999. 1. 26. 선고 97다39520 판결.
122) 대법원 1999. 1. 26. 선고 97다39520 판결.
123) 서울고등법원 1998. 9. 10. 선고 97나48694 판결.

일반적으로 법원에서는 매년 9월경 감정인 모집공고를 통해 감정인 등록신청을 받고 있으며, 법원행정처장이 매년 12월 자격을 갖춘 사람[124] 중에서 적절하다고 판단되는 사람을 심사해 감정인 명단에 등재한다. 명단은 1년간 유지되며, 다음 해 12월에 자격을 갖춘 감정인 명단이 갱신되는 방식으로 매년 새롭게 감정인 명단이 구성된다.

감정인 선정절차는 건설분쟁에서 상당히 중요한데, 감정인의 견해에 따라 재판결과에 영향을 크게 미치는 경우가 있으므로 반드시 관심 있게 감정인 지정 절차와 감정인 선정과정의 적정성에 대해 면밀히 살펴봐야 할 필요가 상당하다고 판단된다.

2) 감정료 산정(예규 제7장)

감정인 등은 이 예규가 정하는 감정료만으로는 감정하기 어려운 경우에는 감정하기 전에 그 사유를 구체적으로 적시하여 법원에 감정료의 증액을 요청하여야 한다(예규26조). 공사비, 유익비, 건축물의 구조, 공정 그 밖에 이에 준하는 공사비 등의 감정료는 감정인의 자격에 따라 「공공발주사업에 대한 건축사의 업무범위와 대가기준」 중 감정에 관한 업무의 대가규정 또는 「엔지니어링사업대가의 기준」이 정한 실비정액 가산식으로 산출된 금액으로 한다. 다만 제경비는 직접인건비의 80%, 기술료는 직접인건비와 제경비를 합한 금액의 15% 이내로 한다(예규40조). 여비는 민사소송비용규칙 소정의 여비정액으로 한다(예규41조).

재판장은 감정의 대상, 방법, 감정인 등이 제출한 예상감정료산정서, 감정신청인이 제시한 의견 등을 종합하여 감정료의 예납액을 정한다(예규43조). 재판장은 감정료를 지급할 경우에는 감정료 청구서의 적당한 여백에 인정된 감정료를 기재하고 날인한 다음 감정료청구서를 담임 법원사무관 등에게 교부한다(예규45조).

---

124) 참고로 「2019년도 감정인 명단 등재 희망자 모집 공고」(법원행정처 공고 제2018-141호, 2018. 9. 1.)에 따르면, 공사비 등의 감정인 자격으로 ① 건축시공감정인은 건축사·건축시공기술사 이상의 자격을 가진 사람, ② 건축구조안전감정인은 건축구조기술사·건설안전기술사·토질 및 기초기술사 이상의 자격을 가진 사람, ③ 토목시공·토목구조·도로 및 공항 각 관련 감정인은 기술사 이상의 자격을 가진 사람으로 한정하고 있다. 온라인감정인신청시스템 http://gamjung.scourt.go.kr 참고.

3) 감정보고서 작성

감정인들이 제출하는 감정서의 감정의 기본적 사항을 명시한 「감정서 표준양식」을 마련하여 이를 기본으로 하여 활용할 필요가 있다. 감정의 신뢰성을 확보하기 위하여 감정서 내에 당사자와의 접촉사항을 기재하고, 감정자료에 대하여 당사자의 확인 여부 등을 기재하는 것이 필요하다.

[그림 6-8] 건설감정 진행절차

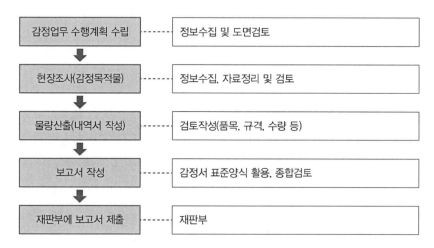

6. 감정과 관련하여 발생되는 문제

1) 감정의 중요성

하자나 건설분쟁에서 감정의 중요성은 아무리 강조해도 지나치지 않는다. 특히 건축·의료 등 전문 분야는 '감정재판'이라고 할 정도로 감정의 비중이 크다. 감정은 법관이 전문 분야의 지식을 모두 갖출 수 없기 때문에 해당 분야 전문가로 하여금 하자보수비용이 얼마인지, 진료가 제대로 이뤄졌는지 등 재판에 필요한 사항을 가리게 하는 절차이다. 법적으로 판사가 감정 결과를 그대로 따라야 할 의무는 없지만, 감정인에게 전문 지식을 의존하는 판사로서는 다른 판단을 하기 힘들기 때문이다.

그리하여 이러한 역할을 수행하는 감정인이 허위 감정을 했을 경우 위증죄에 준해 처벌한다고 규정하고 있다. 「형법」 제154조는 "법률에 의하여 선서한 감정인이 허위의 감정을 한 때에는 위증으로 5년 이하의 징역 또는 1천만 원 이하의 벌금에 처한다

(형법152조)"라고 규정하고 있는 것으로 보아 감정의 중요성을 알 수 있다.

감정인이 하자상태를 조사하여 그 보수비를 명시하게 되면 거의 대부분 감정액에 가깝게 판결로 선고되는 것이 사실이다. 감정서의 문제점을 찾아내서 그 부당함을 주장·입증해 감액을 받는다는 것은 그만큼 어려운 것이다.[125]

2) 허위감정에 대한 문제

허위감정죄에서 감정내용의 허위성에 대한 인식을 요하는지 여부에 대하여 의문이 든다. 이에 대하여 대법원은 "허위감정죄는 고의범이므로, 비록 감정내용이 객관적 사실에 반한다고 하더라도 감정인의 주관적 판단에 반하지 않는 이상 허위의 인식이 없어 허위감정죄로 처벌할 수 없다"고 판시하고 있다.[126] 또한 감정인이 감정사항의 일부를 타인에게 의뢰하는 소위 '감정하도급'을 줄 경우에는 더욱 문제가 크다. 이 경우 한쪽 당사자와 몰래 접촉할 가능성이 크기 때문이다. 하도급을 받은 사람들은 당사자와 개인적으로 접촉하고도 문제의식이 없고, 법원도 이를 통제하기 어렵다는 것이 전문가들의 의견이다.

이와 같이 감정사항의 일부를 타인에게 의뢰하여 그 감정 결과를 감정인 명의로 법원에 제출한 경우 허위감정죄가 성립하는지 여부이다. 이에 대해서는 그 타인은 감정인의 업무보조자에 불과하고 감정의견은 감정인 자신의 의견과 판단을 나타내는 것이므로 감정인으로서는 그 감정 결과의 적정성을 당연히 확인하였다고 볼 것인데, 제반 사정에 비추어보면 감정인에게 허위성의 인식이 있었다는 이유로 허위감정죄가 성립한다고 판단하고 있다.[127]

3) 전문가가 작성한 감정의견서가 서증으로 제출된 경우

감정의견이 소송법상 감정인 신문이나 감정의 촉탁방법에 의한 것이 아니고, 소송 외에서 전문적인 학식 경험이 있는 자가 작성한 감정의견을 기재한 서면이라 하더라

---

125) 정홍식, "감정인 따라 동일하자도 차이 커", 건설신문, 13-1면 참조.
126) 대법원 2000. 11. 28. 선고 2000도1089 판결.
127) 대법원 2000. 11. 28. 선고 2000도1089 판결.

도, 그 서면이 서증(書證)으로 제출되었을 때 법원이 이를 합리적이라고 인정하면 이를 사실인정의 자료로 할 수 있다. 즉, 법원에서 선정된 감정인이 아니고 이 분야의 전문가가 제출한 감정의견서가 서증으로 제출된 경우에는 사실인정의 자료로 삼을 수 있다.[128]

4) 동일한 사항에 관하여 상이한 결과에 대한 판단

예컨대, 건설공사 감정에서 원고의 감정결과에 대하여 피고 측에서 불만이 있는 경우에는 오히려 피고 측에서 이에 대하여 다시 감정을 요청하는 경우가 있다. 그 결과 동일한 사항에 대하여 서로 다른 여러 개의 감정 결과가 나오게 되고, 이에 대한 효력 상의 문제가 대두되고 있는 실정이다. 이에 대하여 대법원은 "동일한 사항에 관하여 서로 다른 여러 개의 감정 결과가 있을 때, 그중 하나에 의거하여 사실을 인정하였다면 그것이 경험칙이나 논리법칙에 위배되지 않는 한 적법하다"라고 판시하고 있다.[129]

감정은 법원이 어떤 사항을 판단하는 데 특별한 지식과 경험을 필요로 하는 경우 그 판단의 보조수단으로서 이를 이용하는 데 지나지 않으므로, 동일한 사실에 관하여 상반되는 수개의 감정결과가 있을 때에 법원이 그중 하나를 채용하여 사실을 인정하였다면 그것이 경험칙이나 논리법칙에 위배되지 않는 한 적법하고 어느 하나를 채용하고 그 나머지를 배척하는 이유를 구체적으로 명시할 필요가 없다.[130]

한편 법원이 동일 조건하에 감정한 수개의 감정의 결과에 대한 채택 여부[採否]를 결정함에는 공지의 사실이 가장 적절히 반영된 것을 채택하여야 할 것이다.[131]

5) 감정결과에 대하여 발생하는 문제

감정인의 감정 결과의 증명력 및 감정결과 중 오류가 있는 부분만을 배척하고 나머지 부분에 관한 감정 결과를 증거로 채택할 수 있는지 여부에 대하여 의문이 든다. 이에 대하여 대법원은 다음과 같이 판시하고 있다.

---

128) 대법원 1999. 7. 13. 선고 97다57979 판결.
129) 대법원 1999. 7. 13. 선고 97다57979 판결.
130) 대법원 1989. 6. 27. 선고 88다카14076 판결.
131) 대법원 1973. 3. 20. 선고 73다233 판결.

"감정인의 감정 결과는 그 감정방법 등이 경험칙에 반하거나 합리성이 없는 등의 현저한 잘못이 없는 한 이를 존중하여야 한다."[132] 또한 법원은 "감정인의 감정 결과 일부에 오류가 있는 경우에도 그로 인하여 감정사항에 대한 감정 결과가 전체적으로 서로 모순되거나 매우 불명료한 것이 아닌 이상, 감정 결과 전부를 배척하여야 할 것이 아니라 그 해당되는 일부 부분만을 배척하고 나머지 부분에 관한 감정 결과는 증거로 채택하여 사용할 수 있다."[133]

> **【판례】** 법관이 감정 결과에 따라 사실을 인정한 경우, 위법이라 할 수 있는지 여부: 감정은 법원이 어떤 사항을 판단하면서 특별한 지식과 경험칙을 필요로 하는 경우에 그 판단의 보조수단으로서 그러한 지식과 경험을 이용하는 것이다. 법관이 감정 결과에 따라 사실을 인정한 경우에 그것이 경험칙이나 논리법칙에 위배되지 않는 한 위법이라고 할 수 없다(대법원 2017. 6. 8. 선고 2016다249557 판결).

6) 감정인의 감정 결과를 배척할 수 있는 경우

감정인의 감정 결과를 배척할 수 있는지, 다시 말해 감정 결과를 받아 드리지 않을 수 있는지 여부이다. 이에 대하여 감정인의 감정 결과는 특별한 사정이 없는 한 존중되어야 하지만, 감정 과정에 중대한 오류가 있는 등 감정방법이 경험칙에 반하거나 합리성이 없는 등 현저한 잘못이 있는 경우에는 이를 배척할 수 있다.[134]

7) 신축건물에 발생된 하자 여부를 판단하는 기준

신축건물에 하자가 발생하였는지 여부를 판단하는 기준은 무엇인지에 대하여 다툼이 많다. 이 경우에는 공사시공자가 「건축법」 및 위 법에 따른 명령이나 처분, 그 밖의 관계법령에 맞지 아니하거나 공사의 여건상 불합리하다고 인정되는 사항이 아님에도, 건축주나 공사감리자의 동의도 받지 않은 채 임의로 설계도서를 변경한 것이라는 등의 특별한 사정이 없는 한, 공사시공자와 건축주 사이의 명시적 또는 묵시적 합의에 의한 설계변경을 거쳐 최종적으로 확정된 도면을 기준으로 판단하여야 한다.[135]

---

132) 대법원 2009. 7. 9. 선고 2006다67602, 67619 판결.

133) 대법원 2012. 1. 12. 선고 2009다84608, 84615, 84622, 84639 판결.

134) 대법원 2010. 11. 25. 선고 2007다74560 판결; 대법원 2012. 1. 12. 선고 2009다84608, 84615, 84622, 84639 판결.

7. 감정에 대한 대응실태와 방안

1) 감정대응 실태

통상적으로 소송을 제기한 원고 측이 하자보수비에 대한 감정을 신청하면, 재판부에서 감정인을 지정하고 지정된 감정인이 평균적으로 약 3개월에 걸쳐서 감정을 하게 된다. 이러한 과정에서 대부분의 건설사들은 감정결과가 나올 때까지 감정결과의 정당성과 공정성을 보장하기 위한 구체적인 행위를 하지 않은 채 기다리는 실정이다. 건설사들이 감정인이 하자상황을 조사하는 현장에는 입회하고 있으나 이 정도로는 감정결과의 공정성을 보장하기는 어렵다.

2) 감정에 대한 대응방안

하자소송과 관련한 감정인들은 자격 요건상 건축사, 건축시공기술사, 건축구조기술사 중에서 지정하고, 지정된 감정인은 각급 법원별로 컴퓨터추첨(감정인선정프로그램)을 통해 감정인으로 지정하고 있다. 일부 감정인들은 경험이 없는데도 공동주택과 같이 여러 항목에 대해 감정을 요하는 경우에도 감정인으로 지정되고 있으니, 법원은 감정에 대한 별도의 기준이 마련되어 있지 않아 동일한 하자에 대해서도 감정인에 따라 큰 차이가 발생할 수밖에 없는 실정이다.

감정 결과에 대하여 상대방이 잘못을 주장하는 경우가 적지 않으나 대다수 감정인들은 본인이 최초 감정서만 고집하게 되므로, 피고는 원고가 감정신청한 항목에 대해 감정 착수 전 구체적인 주장을 하여 감정인이 원고가 주장하는 감정 신청사항을 그대로 받아드려 감정을 하지 못하도록 간접적인 감정기준을 제시할 필요가 있다.[136]

하자소송도 민사소송의 하나이고 민사소송의 근간이 되는 기본원칙 중의 하나가 당사자대등주의다. 당사자대등주의는 양 당사자를 동등하게 대우해 법원이 어느 한쪽의 편을 들어서는 안 되는 것이므로 자신에게 유리한 사실을 스스로 주장·입증하지 않으면, 법원에서는 판단조차도 하지 않기 때문에 건설회사들이 문제가 있는 감정서에 대해 막연히 부당한 감정서라고만 주장하였을 뿐 구체적으로 어느 부분이 왜 부

---

135) 대법원 2014. 12. 11. 선고 2013다92866 판결.
136) 전홍식, 앞의 글.

당한지를 주장 또는 입증하지 못하다 보니 부당한 내용인데도 판결로 선고되기까지 하는 것이다.[137]

3) 철저한 사전준비

법원에 등재된 감정인은 상당한 법률지식이나 관련 판례 등을 고려해서 감정을 하기보다 주관적인 견해에 의해서 감정을 하게 돼 동일한 하자를 가지고도 보수비용이 크게 달라질 수 있다. 따라서 건설회사는 감정 착수 전에 원고가 신청한 감정항목을 토대로 구체적으로 주장해 감정인이 재량의 범위를 넘어 감정을 하지 못하도록 사전에 치밀한 준비를 할 필요가 있고, 감정결과가 나온 후에는 감정서를 구체적으로 다툴 필요가 있다.

---

137) 윤형원, "공동주택 하자보수 소송 대응방안", 2011, p. 2.

제14절 계약의 해제와 해지

1. 개 요

계약은 그 계약서의 내용에 따라 실현되도록 하는 것이 가장 바람직하다고 할 수 있다. 따라서 채무자가 계약내용에 따른 채무의 이행을 하지 않는 때에는 채권자는 법률에서 정해진 절차에 따라 이를 강제로 실현시킬 수 있는 것이 원칙이다. 그러나 일방의 채무가 사후적으로 이행불능의 상태로 된 경우, 채무를 강제로 이행시킬 때에는 원래의 계약목적을 달성할 수 없는 경우 등에는 계약이 없었던 상태로 원상 복귀시키거나, 이미 이행된 부분을 그대로 두고 앞으로 이행할 부분에 대하여 그 이행의무를 면제시켜줌으로써 서로가 계약의 구속력에서 벗어나게 하는 것이 오히려 적절하다고 할 수가 있다. 계약의 해제와 해지제도는 바로 이러한 목적을 위하여 마련된 제도이다.

이와 관련된 법규로는 「민법」 제2장(계약) 제1절(총칙) 제3관(계약의 해지, 해제) 제543~제553조, 「국가계약법 시행령」 제75조(계약의 해제·해지), 「지방계약법」 제30조의2 (계약의 해제·해지 등), 계약예규로서는 「공사계약일반조건」 제44조(계약상대자의 책임있는 사유로 인한 계약의 해제), 제46조(계약상대자에 의한 계약해제 또는 해지), 제45조(사정변경에 의한 계약의 해제 또는 해지) 등이 있다.

2. 계약의 해제와 해지

계약의 해제(解除)란 계약체결 후 계약당사자 일방의 의사표시에 의하여 유효하게 성립된 계약의 효력을 계약체결 시점에서부터 소멸시키는 것으로 소급효과가 있다. 따라서 계약이 해제되면 미이행 채무에 대하여는 변제의무가 소멸하고, 이미 이행한 채무에 대해서는 원상회복의 의무가 있다(민법548조).

① 원상회복의무와 관련하여서는 원 물건을 반환하여야 하나, 이미 물건이 당사자의 귀책사유로 멸실·훼손된 때에는 해제 당시의 시가로 반환하여야 하며

② 반환하여야 할 물건에 필요한 또는 유익비를 지출한 때에는 그 비용의 반환 청구가 가능하다.

③ 금전은 수령 시부터 이자를 붙여 반환한다.

한편 계약의 해지(解止)는 고용, 위임, 임대차, 소비대차, 사용대차 등과 같이 계속적 계약에서 발생하는 것으로서, 소급효과를 인정하지 않고 장래에 대하여 계약상의 의무와 권리를 소멸하는 것을 의미한다(민법550조). 따라서 건설계약에서 시공자가 수행한 공사부분을 계약이 해제되었다 하여 원상을 회복한다는 것은 현실적으로 불가능할 뿐만 아니라, 경제적으로서도 원상회복에 대한 실익이 없다. 그리하여 건설계약에서는 공사착수 전 계약의 해제와 같이 매우 제한적인 경우를 제외하고는 실제적인 의미에서 계약의 해제는 계약의 해지를 뜻한다. 그리고 계약의 해제라고 표기하는 것이 일반적이다. 영어의 termination은 우리 민법상 해제와 해지를 포괄하는 개념이다.[138]

계약이 해제되면 계약관계가 소급적으로 소멸되고 당사자는 상대방에 대하여 원상회복의 의무를 부담한다. 따라서 해제의 소급효를 인정하면 수급인은 공사대금을 청구할 수 없음은 물론, 이미 수령한 공사대금을 반환하고 기시공부분을 철거해야 한다. 그러나 이러한 결과는 공평의 원칙이나 건축의 성질에 비추어 매우 부당하므로, 원상회복이 중대한 사회적·경제적 손실을 초래하게 되고, 완성된 부분이 도급인에게 이익이 되는 때에는 그 소급효를 제한하는 견해가 통설을 이루어왔다. 대법원도 1986. 9. 9. 선고 85다카1751 판결[139] 이래로 일관되게 해제의 소급효를 제한하여 왔다.[140] 이를 표로 나타내면 다음과 같다.

[표 6-11] 계약의 해제와 해지의 차이점

구분	계약의 해제	계약의 해지
적용범위	일시적 계약	계속적 계약
효력	계약체결 자체가 소멸	장래의 효력 소멸
의무	원상회복 의무	청산의무
손해배상	가능(법정 해제)	가능

---

138) 대법원 2017. 5. 30. 선고 2014다233176, 233183 판결.

139) 건축도급계약에서 미완성 부분이 있는 경우라도 공사가 상당한 정도로 진척되어 그 원상회복이 중대한 사회적, 경제적 손실을 초래하게 되고 완성된 부분이 도급인에게 이익이 되는 경우에, 수급인의 채무불이행을 이유로 도급인이 그 도급계약을 해제한 때는 그 미완성 부분에 대하여서만 도급계약이 실효된다고 보아야 할 것이고, 따라서 이 경우 수급인은 해제한 때의 상태 그대로 그 건물을 도급인에게 인도하고 도급인은 그 건물의 완성도 등을 참작하여 인도받은 건물에 상당한 보수를 지급하여야 할 의무가 있다(대법원 1986. 9. 9. 선고 85다카1751 판결).

140) 윤재윤, 『건설분쟁 관계법』, 박영사, 2006, p. 120; 같은 취지의 판결 대법원 1999. 12. 10. 선고 99다 6593 판결; 1997. 2. 25. 선고 96다43454 판결 등

3. 해제 또는 해지 유형

일반적으로 계약해제 또는 계약해지의 권리는 발주자 측에 있다. 우리나라의 경우 「공사계약일반조건」 제44조에서 제46조까지 계약을 해제 또는 해지는 다음과 같이 세 가지의 경우에 한해서 집행할 수 있도록 규정하고 있다.

[그림 6-9] 건설공사계약에서 계약의 해제 및 해지의 유형

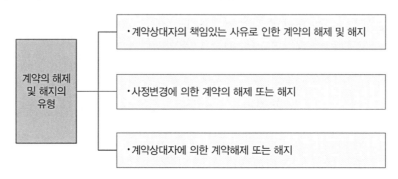

1) 계약상대자(시공자)의 책임 있는 사유로 인한 해제 또는 해지

이는 의무불이행에 의한 해제(termination for default)로서, 다음의 경우에 해당한다.

① 정당한 이유 없이 약정한 기일을 경과하고도 공사에 착수하지 아니할 때

② 준공기한까지 공사를 완성하지 못할 때

③ 지체상금이 계약보증금상당액에 달한 경우로 계약기간을 연장하여도 공사완공의 가능성이 없을 때

위와 같은 경우는 시공자의 중대한 계약위반(contract breach)에 근거한 것으로서, 이 경우에는 시공자 및 하수급자에게 통지하고 기성부분에 대한 인수 등의 절차를 거쳐 계약을 종료시킬 수 있고, 해제에 따른 추가비용을 시공자에게 책임지을 수 있다(일반조건44조 참조). 위에서 이행지체를 이유로 계약을 해제하기 위해서는 상대방에게 상당한 기간을 정하여 이행을 최고(催告)해야 하는데(민법544조), 공사도급계약의 해제를 위해서도 최고가 필요한가 하는 문제인데, 판례는 공사도급계약의 해제를 위해서도 최고가 필요하다고 본다.

> **【판례】** 수급인의 이행지체를 이유로 한 도급계약의 해제도 다른 계약의 해제와 마찬가지로 도급인이 상
> 당한 기간을 정하여 이행을 최고하였음에도 불구하고 수급인이 그 이행을 하지 아니하거나 수급
> 인이 미리 이행하지 아니할 것을 표시한 경우라야 적법하다(대법원 1994. 4. 12. 선고 93다
> 45480, 45497 판결).

2) 사정변경에 의한 계약변경

시공자의 책임 있는 사유로 인한 해제 또는 해지의 경우 외에 '객관적으로 명백한 발주기관의 불가피한 사정이 발생한 때'에는 계약을 해제 또는 해지할 수가 있다(일반조건45조). 그렇다면 사정변경으로 인한 계약해지가 인정되는 경우란 어떠한 사정을 의미하는가?

이에 대하여 대법원은 "사정변경으로 인한 계약해지는, 계약 성립 당시 당사자가 예견할 수 없었던 현저한 사정변경이 발생하였고, 그러한 사정변경이 해제권을 취득하는 당사자에게 책임 없는 사유로 생긴 것으로서, 계약 내용대로 구속력을 인정한다면 신의칙에 현저히 반하는 결과가 생기는 경우에 계약준수 원칙의 예외로서 인정된다"고 판시하고 있다.[141]

이는 시공자가 완전히 계약내용에 따르고 있음에도 불구하고, 시공자를 해제시키는 발주자의 계약상의 권리로서 특정의 이유로 인해서 행사될 수 있다. 이러한 경우는 건설공사에서 발주자의 자금사정에 기인하는 경우가 대부분이다. 이는 임의 해제(termination for convenience)의 경우로서, 이때는 발주자는 시공자에게 보상해야할 의무가 있고, 시공자에게 사전에 서면으로 통지해야 한다. 계약에서 지극히 사소한 부수적 의무의 불이행은 계약자체의 해지 사유가 될 수 없다.[142]

실제 사정변경을 엄격하게 해석하는 사례도 있다. 피고회사는 원고와 휘트니스클럽 운영계약을 체결하고 운영하던 중 적자가 누적되자 사정변경을 이유로 계약해지를 주장한 사안으로, 이 건의 쟁점은 사정변경을 이유로 계약을 해지할 수 있는가의 문제이다. 이에 대하여 대법원은 사정변경을 이유로 계약을 해지하기 위한 요건으로 "계약 성립의 기초가 된 사정이 현저히 변경되고 당사자가 계약의 성립 당시 이를 예

---

141) 대법원 2011. 6. 24. 선고 2008다44368 판결.
142) 서울고등법원 1980. 4. 4. 선고 79나2731 제8민사부 판결: 확정.

견할 수 없었으며, 그로 인하여 계약을 그대로 유지하는 것이 당사자의 이해에 중대한 불균형을 초래하거나, 계약을 체결한 목적을 달성할 수 없는 경우에는 계약준수 원칙의 예외로서 사정변경을 이유로 계약을 해제하거나 해지할 수 있다. 여기에서 말하는 '사정'이란 당사자들에게 계약 성립의 기초가 된 사정을 가리키고, 당사자들이 계약의 기초로 삼지 않은 사정이나 어느 일방당사자가 변경에 따른 불이익이나 위험을 떠안기로 한 사정은 포함되지 않는다.

경제상황 등의 변동으로 당사자에게 손해가 생기더라도 합리적인 사람의 입장에서 사정변경을 예견할 수 있었다면 사정변경을 이유로 계약을 해제할 수 없다. 특히 계속적 계약에서는 계약의 체결 시와 이행 시 사이에 간극이 크기 때문에 당사자들이 예상할 수 없었던 사정변경이 발생할 가능성이 높지만, 이러한 경우에도 위 계약을 해지하려면 경제적 상황의 변화로 당사자에게 불이익이 발생했다는 것만으로는 부족하고 위에서 본 요건을 충족하여야 한다"고 판시했다.[143]

이 판결은 계속적 계약에서 경제적 상황의 변화로 당사자에게 불이익이 발생했다는 것만으로 계약을 해지할 수 없다고 보았는바, 사정변경을 이유로 계약을 해지하기 위한 요건을 명확히하였다는 점에서 건설분쟁에서도 유추 적용될 수 있을 것으로 보인다.

3) 시공자에 의한 계약의 해제 또는 해지

「공사계약일반조건」 제46조의 규정에 의하면 계약 수행 중 다음과 같은 경우에는 계약을 그대로 유지하기에는 실익이 없다고 보아 계약을 해제 또는 해지를 할 수 있도록 하고 있다.

① 공사내용을 변경함으로써 계약금액이 100분의 40 이상 감소되었을 때

② 공사정지기간이 공기의 100분의 50을 초과하였을 경우에는 시공자는 계약을 해제 또는 해지할 수 있다. 이 경우에도 계약상대방에의 통지와 필요한 절차를 거쳐야 한다.

---

143) 대법원 2017. 6. 8. 선고 2016다249557 판결.

【질의】 발주청의 귀책사유로 인한 계약의 해제·해지
　　　 착공 및 착수를 하였으나 종합쓰레기장을 건립한다는 민원인의 반대로 현재까지 용지보상 지연으로 재착공이 불가능하여 현재 공사중지 상태에 발주청은 민원인의 용지보상 반대 및 예산회계법을 근거로 공사해지를 요청하는 바, 귀청의 의견은?

【회신】 조달청 법무지원팀-4639, 2006. 12. 29.
　　　 공사계약에서 발주기관은 객관적이고 명백한 발주기관의 불가피한 사정이 발생한 때에는 계약예규 「공사계약 일반조건」 제45조 제1항 규정에 의하여 계약을 해제 또는 해지할 수 있는 것인 바, 이 경우 당해 공사계약의 이행부분이나 완성을 위하여 투입된 비용 등은 동조 제3항에 따라 처리하는 것임.

4. 해제 및 해지에 따른 책임

1) 손해배상책임 부담

계약 상대방의 채무불이행을 이유로 계약을 해지 또는 해제하는 경우, 상대방에게 고의 또는 과실이 없으면 손해배상책임을 지지 아니하는지 여부 및 이는 약정해지·해제권을 유보한 경우에도 마찬가지인지 여부에 대해서 대법원은 다음과 같이 판단하고 있다.

계약 상대방의 채무불이행을 이유로 한 계약의 해지 또는 해제는 손해배상의 청구에 영향을 미치지 아니하지만(민법551조),[144] 다른 특별한 사정이 없는 한 그 손해배상책임 역시 채무불이행으로 인한 손해배상책임과 다를 것이 없으므로, 상대방에게 고의 또는 과실이 없을 때에는 배상책임을 지지 아니한다(민법390조).[145] 이는 상대방의 채무불이행과 상관없이 일정한 사유가 발생하면 계약을 해지 또는 해제할 수 있도록 하는 약정해지·해제권을 유보한 경우에도 마찬가지이고 그것이 자기책임의 원칙에 부합한다.[146]

---

144) 제551조(해지, 해제와 손해배상) 계약의 해지 또는 해제는 손해배상의 청구에 영향을 미치지 아니한다.

145) 제390조(채무불이행과 손해배상) 채무자가 채무의 내용에 좇은 이행을 하지 아니한 때에는 채권자는 손해배상을 청구할 수 있다. 그러나 채무자의 고의나 과실없이 이행할 수 없게 된 때에는 그러하지 아니하다.

146) 대법원 2016. 4. 15. 선고 2015다59115 판결.

2) 손해배상청구비용

계약의 해지 또는 해제에 따른 손해배상을 청구하는 경우, 채권자가 계약이 이행되리라고 믿고 지출한 비용의 배상을 청구할 수 있는지 여부와 이때 배상을 청구할 수 있는 지출비용의 범위는 어디까지일까?

이에 대하여 대법원은 "계약의 해지 또는 해제에 따른 손해배상을 청구하는 경우에 채권자는 계약이 이행되리라고 믿고 지출한 비용의 배상을 청구할 수 있다. 이때 지출비용 중 계약의 체결과 이행을 위하여 통상적으로 지출되는 비용은, 통상의 손해로서 상대방이 알았거나 알 수 있었는지와 상관없이 배상을 청구할 수 있으며, 이를 초과하여 지출한 비용은 특별한 사정으로 인한 손해로서 상대방이 이를 알았거나 알 수 있었던 경우에 한하여 배상을 청구할 수 있다(민법 제393조). 다만 지출비용 상당의 배상은 과잉배상금지의 원칙[147]에 비추어 이행이익의 범위를 초과할 수 없다."[148]고 판시하고 있다.

3) 지체상금의 발생시기 및 종기

수급인이 완공기한 내에 공사를 완성하지 못한 채 공사를 중단하고 계약이 해제된 결과 완공이 지연된 경우에는 지체상금이 발생하게 된다. 이 경우 지체상금은 약정준공일 다음 날부터 발생하되,[149] 그 종기(終期)는 수급인이 공사를 중단하거나 기타 해제사유가 있어 도급인이 공사도급계약을 해제할 수 있었을 때(실제로 해제한 때가 아니다)부터, 도급인이 다른 업자에게 맡겨서 공사를 완성할 수 있었던 시점까지이고, 수급인이 책임질 수 없는 사유로 인하여 공사가 지연된 경우에는 그 기간만큼 공제되어야 한다.[150]

---

147) "과잉금지의 원칙"이라 함은 국민의 기본권을 제한하는 데 국가작용의 한계를 명시한 것으로서 목적의 정당성, 수단의 적합성, 침해의 최소성, 법익의 균형성을 의미하며, 그 어느 하나에라도 저촉이 되면 위헌이 된다는 헌법상의 원칙을 말한다. 헌법 제37조 제2항은 "국민의 모든 자유과 권리는 국가안전보장, 질서유지 또는 공공복리를 위하여 필요한 경우에 한하여 법률로써 제한할 수 있으며, 제한하는 경우에도 자유와 권리의 본질적인 내용을 침해할 수 없다"라고 규정하여 과잉금지의 원칙을 명시적으로 선언하고 있다.

148) 대법원 2016. 4. 15. 선고 2015다59115 판결.

149) 수급인이 완공기한 내에 공사를 완성하지 못한 채 완공기한을 넘겨 도급계약이 해제된 경우에 그 지체상금 발생의 시기는 완공기한 다음 날이다(대법원 2002. 9. 4. 선고 2001다1386 판결).

4) 합의에 의한 해제 또는 해지의 경우

계약의 합의해제 또는 해제계약이라 함은 해제권의 유무를 불문하고 계약당사자 쌍방이 합의에 의하여, 기존의 계약의 효력을 소멸시켜 당초부터 계약이 체결되지 않았던 것과 같은 상태로 복귀시킬 것을 내용으로 하는 새로운 계약이다. 따라서 계약이 합의해제되기 위해서는 일반적으로 계약이 성립하는 경우와 마찬가지로 계약의 청약과 승낙이라는 서로 대립하는 의사표시가 합치될 것(합의)을 그 요건으로 하는바, 이와 같은 합의가 성립하기 위하여는 쌍방당사자의 표시행위에 나타난 의사의 내용이 객관적으로 일치하여야 되는 것이다.[151] 이와 같이 계약이 상호 합의에 의하여 해제 또는 해지된 경우에 채무불이행에 따른 손해배상을 청구할 수 있는지 여부 및 이때 손해배상 특약이 있다거나 손해배상청구를 유보하였다는 점에 대한 증명책임자는 누구인지의 문제가 발생한다.

이에 대하여 대법원은 "계약이 합의에 의하여 해제 또는 해지된 경우에는 상대방에게 손해배상을 하기로 특약으로 정하거나, 손해배상 청구를 유보하는 의사표시를 하는 등 다른 사정이 없는 한 채무불이행으로 인한 손해배상을 청구할 수 없다.[152] 그리고 그와 같은 손해배상의 특약이 있었다거나 손해배상 청구를 유보하였다는 점은 이를 주장하는 당사자가 증명할 책임이 있다"고 판시하고 있다.[153]

5) 계약내용과 다르게 시공토록 요구한 경우 계약해지의 사유가 되는지

다음과 같은 사례가 있다. 지방자치단체가 발주한 배후도로 개설공사의 수급인(A)은 토공사 외 기타공사를 하도급받은 하수급회사(B)에게 당초 하도급계약 내용과는 달리 잔토처리를 강요하여 B사가 이에 불응하자, A사는 하도급계약을 해지하고 전문공제조합에 보증금 청구와 B사에 출자증권에 대해 가압류를 했다. 이러한 경우 계약해지의 사유에 해당하는지 여부이다.

이에 대하여 건설공사에 관한 도급 및 하도급은 「건설산업기본법」 제2조 제11호 및

---

150) 대법원 2010. 1. 28. 선고 2009다41137, 41144 판결.
151) 대법원 1992. 6. 23. 선고 92다4130, 92다4147 판결.
152) 대법원 1989. 4. 25. 선고 86다카1147, 86다카1148 판결.
153) 대법원 2013. 11. 28. 선고 2013다8755 판결.

제12호의 규정에 의한 것으로, 같은 법 제22조(건설공사에 관한 도급계약의 원칙)제1항에 의거 당사자 간 대등한 입장에서 합의에 따라 공정하게 계약을 체결하고 신의에 따라 성실하게 이행하여야 한다. 다만 같은 법 제38조(불공정행위의 금지)에 의하여 수급인은 하수급인에게 하도급공사의 시공과 관련하여 하수급인에게 불리한 행위를 강요하여서는 아니되므로, 이를 위반한 경우에는 당해 수급인의 등록관청에서 같은 법 제81조(시정명령 등) 및 제82조(영업정지 등)에 의거 시정명령 및 영업정지 등의 행정처분을 부과할 수 있다. 그러나 이러한 행위가 「하도급법」 제2조의 적용을 받는 경우라면 공정거래위원회에서 판단하게 되며, 출자증권의 가압류 여부에 대해서는 구체적인 내용을 검토, 당해 법원의 판단사항으로 해당한다.[154]

5. 해제 이후 기성부분 공사비 산정[155]

공사도급계약이 중도에 해제된 경우 공사대금 산정은 어떠한 기준에 의하여 이루어지는가에 대한 의문이 있다. 공사비 산정에 관하여 당사자 사이에 충분한 합의가 있다면 문제가 없으나, 그렇지 않을 경우에는 결국 소송을 통하여 해결해야만 하는데, 법원은 대상판결과 같이 다음의 기준에 따라 기성공사대금을 산정하게 된다. 법원에서는 기성부분과 미시공 부분에 실제로 소요되거나 소요될 공사대금 전체를 기초로 기성고 비율을 산정한 뒤, 이를 약정 공사대금에 대입하여 기성고 부분의 공사대금을 산정하고 있는 것이다.

일반적으로, 수급인이 공사를 완성하지 못한 상태로 계약이 해제되어 도급인이 그 기성고에 따라 수급인에게 공사대금을 지급하여야 할 경우, 그 공사비 액수는 공사비 지급방법에 관하여 달리 정한 경우 등 다른 특별한 사정이 없는 한 당사자 사이에 약정된 총공사비에 공사를 중단할 당시의 공사기성고 비율을 적용한 금액이고, 기성고 비율은 이미 완성된 부분에 소요된 공사비에다 미시공부분을 완성하는 데 소요될 공사비를 합친 전체 공사비 가운데 완성된 부분에 소요된 비용이 차지하는 비율이다.[156]

---

154) 국토교통부 건설경제담당관실-1086, 2004. 3. 17.

155) 권형필, 건설, 하도급 분쟁사례, 지혜와 지식, pp. 185~186 참조.

156) 대법원 1989. 4. 25. 선고 86다카1147, 86다카1148 판결; 2011. 1. 27. 선고 2010다53457 판결; 2016. 12. 27. 선고 2015다231672, 231689 판결.

6. FIDIC 일반조건

「FIDIC 일반조건」 제15.2조는 발주자에 의한 계약해지(Termination by Employer)를 제16.2조는 시공에 의한 계약해지(Termination by Contractor)를 규정하고 있다.

1) 발주자에 의한 계약해지

① 이행보증서(Performance Security) 또는 시정통지(Notice of Correct)의 내용을 준수하지 못한 경우

② 공사를 포기하거나 계약상의 의무 이행을 지속하지 않겠다는 의사를 밝힌 경우

③ 공사의 전부를 하도급하거나 합의 없이 계약을 양도(assigns)하는 경우

④ 파산, 지급불능, 청산에 들어가거나 재산관리 명령을 받은 경우

⑤ 뇌물, 선물, 보수, 수수료 또는 다른 가치있는 것을 주거나 주기로 제안한 경우

　계약이 해지되면 감리자는 계약해지의 평가(Valuation at Date of Termination)를 통해 시공자에게 지급하여야 할 금액을 평가하고, 발주자가 부담한 모든 손실 및 배상, 공사 완공을 위한 추가비용을 시공자로부터 충당한다(조건15.4조).

2) 시공자에 의한 계약해지의 사유

① 발주자의 재정준비(Employer's Financial Arrangement)가 부족한 경우

② 시공자가 지급받아야 할 금액을 지급기한(조건14.7조)이 만료된 후 42일 이내에 지급받지 못한 경우

③ 발주자가 계약에 의거한 그의 의무 등을 이행하지 못한 경우

④ 발주자가 계약서(조건1.6조) 또는 양도(조건1.7조)조건을 준수하지 못한 경우

⑤ 발주자가 파산, 지급불능, 청산에 들어가거나 재산관리 명령 등의 사건이 등이 발생한 경우

　이러한 사안들이 발생하면 시공자는 14일 간 통지(notice) 후 계약을 해지할 수 있으며, 시공자는 공사를 중지하고 현장의 장비를 철수하게 되고, 계약해지에 따른 이익의 상실 또는 손실에 따른 대가를 시공자에게 지급하여야 한다.

제15절 설계, 감리 및 사업관리(CM)

1. 개 요

건설산업의 생산체계는 프로젝트의 기획, 타당성조사에 이어 설계를 거쳐 시공에 이르게 되고, 시공이 끝남과 동시에 유지관리에 들어가게 되는 것이 생애주기(life cycle)이다. 따라서 건설산업은 다양한 생산시스템과 이해관계자들이 관여하게 된다. 여기서 설계는 프로젝트를 도면과 시방서로 나타내는 것이고, 시공은 도면을 현장에 형상화(形象化)시키는 작업이다. 이러한 시공에 대한 감독의 역할을 수행하는 것이 감리이다. 따라서 설계와 감리 또는 감독은 건설업에서 매우 중요한 역할을 하게 되는데, 이와 관련하여 다양한 분쟁이 발생되고 있어 본 절(節)에서는 이에 대한 내용을 검토하고자 한다.

관련 법규로는 「국가계약법」 제13조(감독), 「지방계약법」 제16조(감독), 「건축사법」 제2조 제3호(설계), 제4조(설계 또는 공사감리 등)와 「건축법」 제2조 제13호(설계자), 제2조 제15호(공사감리자), 「주택법」 제33조(주택의 설계 및 시공), 제43조(주택의 감리자 지정 등), 제44조(감리자의 업무 등), 「건설기술 진흥법」 제2절(건설사업관리), 제38조(건설기술용역사업자의 지도·감독 등), 제49조(건설공사감독자의 감독 의무)가 있으며, 계약예규로는 「공사계약일반조건」 제14조(공사현장대리인), 제16조(공사감독관), 「용역계약일반조건」 제12조(계약이행상황의 감독), 국토교통부 고시인 「건설공사 사업관리방식 검토기준 및 업무수행지침」(고시 제2015-473호) 등이 있다.

2. 설계의 개념

「건축사법」 제2조 제3호에서는 설계란 자기 책임 아래(보조자의 도움을 받는 경우를 포함한다) 건축물의 건축, 대수선, 용도변경, 리모델링, 건축설비의 설치 또는 공작물의 축조를 위한 ① 건축물, 건축설비, 공작물 및 공간환경을 조사하고 건축 등을 기획하는 행위, ② 도면, 구조계획서, 공사 설계설명서, 그 밖에 국토교통부령으로 정하는 공사에 필요한 서류(설계도서)를 작성하는 행위 및 ③ 설계도서에서 의도한 바를 해설·조언하는 행위를 말한다.

이러한 설계 등의 업무를 수행하는 사람이 건축사이다. 건축사란 국토교통부장관이 시행하는 자격시험에 합격한 사람으로서 건축물의 설계와 공사감리 등「건축사법」
제19조에 따른 업무를 수행하는 사람으로(건축사법2조1호), 건축물의 설계와 공사감리
에 관한 업무를 수행한다(건축사법19조). 따라서 건축사는 다른 사람에게 자기의 성명
을 사용하여 건축사업무를 수행하게 하거나[157] 자격증을 빌려주어서는 아니 되며, 누
구든지 다른 사람의 성명을 사용하여 건축사업무를 수행하거나 다른 사람의 건축사
자격증을 빌려서는 아니 된다(건축사법10조).

> **【판례】** 구 건축사법 제10조 소정의 '면허증 대여'의 의미: 면허증이란 면허수첩과 함께 '건축사로서의
> 자격이 있음을 증명하는 증명서'인 점에 비추어 보면, 구 건축사법이 금지하고 있는 '면허증 대
> 여'라 함은 타인이 그 면허증을 이용하여 건축사로 행세하면서 건축물의 설계 및 공사감리의 업
> 무를 행하려는 것을 알면서도 면허증 자체를 빌려 주는 것이라고 해석함이 상당하다(대법원
> 1997. 5. 16. 선고 97도60 판결).

3. 설계계약의 법적 성질

설계계약의 법적 성질을 도급으로 보아야 하는지 아니면 위임으로 보아야 하는지
논의가 있다. 도급계약으로 해석하면 계약의 내용이 설계도서의 작성이라고 하는 일
정한 일의 완성을 목적으로 하고, 건축가는 일의 완성에 의해서 미리 정해진 보수를
받는 것이라는 점을 근거로 한다.

건축사는 건축시공자와 밀접한 관계에 있는 것이 보통이고 또 설계업무는 전문적·
기술적 분야로서 일반인이 쉽게 알기 어렵기 때문에 건축주와 건축사 사이에서 설계
계약으로 인한 분쟁이 발생하면 입증 등에 매우 불리하기 마련이므로 수급인인 건축
사에게 무과실책임인 하자담보책임을 인정함으로써 도급인인 건축주를 보호하여야
한다는 취지이다.[158]

이에 반하여 위임계약으로 해석하면, 설계자는 주문자의 의도를 실현하기 위하여
자기의 가치관이나 사상에 기초하여 건축물의 설계를 행하는 것이고, 어떠한 설계를
할 것인가는 설계자에게 위임되어 있는 것이기 때문에 계약 시에 어떠한 상태가 일의

---

157) "타인에게 자기의 성명을 사용하여 건축사의 업무를 행하게 하는 행위"에는, 건축사가 타인으로 하
여금 자기의 이름을 사용하여 건축사의 업무를 행하도록 적극적으로 권유·지시한 경우뿐만 아니
라 타인이 자기의 이름을 사용하여 건축사의 업무를 하는 것을 양해 또는 허락하거나 이를 알고서
묵인한 경우도 포함된다(대법원 2005. 10. 28. 선고 2005도5044 판결).

158) 日向野弘毅, 建築家の民事責任, 判例タイムズ 42卷 8號(No. 748), p. 22.

완성으로 되는가가 정하여져 있는 것은 아니고, 건축주로부터 부여된 조건하에서 가장 합리적인 해답을 찾는 과정에서 설계자의 창조성이 발현되는 것이므로, 건축설계계약은 설계도서의 완성과 인도 그 자체가 목적이 아니라 설계자 자신에 의한 설계도서의 완성, 즉 특정 채무자에 의한 계속적인 노무의 공급이 더 본질적이라는 점에서 위임으로 보아야 한다고 본다.[159]

설계계약을 도급계약으로 해석하면, 설계자는 수급인으로서 무과실책임인 수급인의 하자담보책임을 져야 하고(민법667조1항), 하자보수에 갈음하여 또는 보수와 함께 손해배상책임을 지게 된다(민법667조2항). 아울러 건축주는 완성된 목적물의 하자로 인하여 도급의 목적을 달성할 수 없을 때 계약을 해제할 수 있게 되지만(민법668조), 설계자가 지는 하자담보책임의 존속기간은 1년으로 해석된다(민법670조2항).

반면, 설계계약을 위임계약으로 볼 경우 설계자는 수임인으로서 선관주의의무를 부담하고 선관주의를 다하지 못한 과실로 건축주에게 손해를 입힌 경우 채무불이행에 의한 손해배상책임을 져야 한다. 설계자의 손해배상책임은 5년의 상사시효에 걸린다. 그러나 현실적으로 설계계약의 법적 성질을 순수한 의미에서의 도급계약이나 위임계약으로 보아야 할 경우는 드물고, 건축설계계약이 도급계약인지 위임계약인지 여부는 기본적으로 그 계약에서 건축사에게 맡겨진 업무가 어떠한 내용의 것이냐 등 구체적인 계약의 내용을 실질적으로 검토하여 결정되어야 할 문제이지 일률적으로 결정할 것은 아니라고 본다.[160]

4. 건축사

1) 건축사의 주요 업무

건축물의 건축 등을 위한 설계는 건축사사무소개설신고 또는 국토교통부장관에게 신고를 한 건축사 또는 건축사사무소에 소속된 건축사가 아니면 할 수 없다(건축사법4조1항).[161] 건축사는 건축물의 설계와 공사감리 업무 외에 다음 각 호의 업무를 수행할

---

159) 大森文彦, 建築設計契約·工事監理契約の法的性質, 判例タイムズ 43卷4號(No. 772), pp. 35~39.

160) 강동세, "건축설계계약의 법적 성질과 건축설계도서의 양도에 따른 저작권법상의 문제", 대법원판례해설 제34호(2000년), p. 798; 길기관, 『건설분쟁의 쟁점과 해법』, 진원사, 2013, pp. 389~390; 박명호, "건축감리에 관한 법적 연구", 2005, pp. 13~16.

수 있다(건축사법19조).

① 건축물의 조사 또는 감정(鑑定)에 관한 사항

② 「건축법」 제27조에 따른 건축물에 대한 현장조사, 검사 및 확인에 관한 사항

③ 「건축물관리법」 제12조에 따른 건축물의 유지·관리 및 「건설산업기본법」 제2조
   제8호에 따른 건설사업관리에 관한 사항

④ 「건축법」 제75조에 따른 특별건축구역의 건축물에 대한 모니터링 및 보고서 작성
   등에 관한 사항

⑤ 「건축사법」 또는 「건축법」과 「건축사법」 또는 「건축법」에 따른 명령이나 기준 등
   에서 건축사의 업무로 규정한 사항[162]

⑥ 「건축서비스산업 진흥법」 제23조에 따른 사업계획서의 작성 및 공공건축 사업의
   기획 등에 관한 사항

⑦ 「건축법」 제2조 제1항 제12호의 건축주가 건축물의 건축 등을 하려는 경우 인가·허
   가·승인·신청 등 업무 대행에 관한 사항

⑧ 그 밖에 다른 법령에서 건축사의 업무로 규정한 사항

2) 자격증의 명의 대여 등의 금지

건축사는 다른 사람에게 자기의 성명을 사용하여 건축사업무를 수행하게 하거나
자격증을 빌려주어서는 아니 된다. 누구든지 다른 사람의 성명을 사용하여 건축사업
무를 수행하거나 다른 사람의 건축사 자격증을 빌려서는 아니 된다. 누구든지 명의
대여 등의 금지된 행위를 알선해서는 아니 된다(건축사법10조).〈신설 2019. 8. 20.〉

위에서 "다른 사람에게 자기의 성명을 사용하여 건축사의 업무를 수행하게 하는 행
위"의 의미에 대하여 대법원은 다음과 같이 판시하고 있다.

건축사법의 입법목적이 건축사의 자격과 그 업무에 관한 사항을 규정함으로써 건

---

161) 건축사법 제4조 제1항의 "건축사가 아니면 할 수 없는 설계"란 건축허가를 받기 위하여 건축허가신
    청서에 첨부하여 제출하는 당해 설계도서를 의미하고 그 설계도서작성을 위한 준비행위로서 작성
    한 기초도면은 이에 포함되지 않는다(대법원 1983. 8. 23. 선고 82도471 판결).

162) 건축주와 그로부터 건축설계를 위임받은 건축사가 상세계획지침에 의한 건축한계선의 제한이 있
    다는 사실을 간과한 채 건축설계를 하고 이를 토대로 건축물의 신축 및 증축허가를 받은 경우, 그
    신축 및 증축허가가 정당하다고 신뢰한 데에 귀책사유가 있다고 한 사례(대법원 2002. 11. 8. 선고
    2001두1512 판결).

축물의 질적 향상을 도모하려는 것이라는 점, 이러한 목적을 달성하기 위하여 건축사의 자격에 관하여 엄격한 요건을 정하여 두는 한편, 건축사가 아니면 일정 규모 이상의 건축물의 설계 또는 공사감리의 업무를 행할 수 없다는 것을 그 본질적·핵심적 내용으로 하는 건축사법의 관련 규정의 내용 등에 비추어 보면, 「건축사법」 제10조가 금지하고 있는 "타인에게 자기의 성명을 사용하여 건축사의 업무를 행하게 하는 행위"에는, 건축사가 타인으로 하여금 자기의 이름을 사용하여 건축사의 업무를 행하도록 적극적으로 권유·지시한 경우뿐만 아니라 타인이 자기의 이름을 사용하여 건축사의 업무를 하는 것을 양해 또는 허락하거나 이를 알고서 묵인한 경우도 포함된다(대법원 2005. 10. 28.선고 2005도5044 판결).

3) 정지조건부 약정과 불확정 기한부 약정

정지조건이란 어떤 조건이 성립되면 법률행위의 효력이 발생하는 조건이다. 예컨대 "설계도서를 작성하여 행정청으로부터 허가를 얻으면 대가를 지급 하겠다"고 약속한 경우, 행정관청의 허가라는 장래에 일어날지도 모르는 불확실한 사실의 성립에 따라 대가를 지급한다는 효력이 발생한다. 여기서 '허가를 득하면'이 정지조건이다. 장래의 불확실한 사실의 발생에 효력의 발생 여부가 결정되는 법률행위이다. 조건성취에 의하여 이익을 받는 자는 기대권을 가지며 이 기대권은 보호된다. 따라서 불능한 정지조건을 붙인 법률행위는 무효이다.

특히 설계용역의 경우 이러한 사례가 수시로 발생하고 있다. 아래의 판정에서 보는 바와 같이 설계대금의 지급에 관한 약정을 하면서 그 일부 또는 잔금을 '건축허가시'에 지급하기로 약정하는 경우가 있는데, 이러한 '정지조건부 약정'의 경우에는 건축허가라는 조건이 성취되지 않는 이상 약정한 대금을 지급할 의무가 발생되지 않는다. 따라서 설계용역 계약 체결 시 성과품 납품과 관련된 부대조건이 있는지, 있다면 문제발생의 소지가 없는지에 대하여 충분한 사전 검토가 필요하다. 다음은 이와 관련된 중재판정의 사례이다.

【사건 개요】 신청인은 설계사이고, 피신청인은 발주처로서 청구원인은 계획변경에 따른 설계용역비 청구로서 신청금액 1,630만원이고, 신청일은 2003. 3. 10. 판정일은 2003. 7. 4.이다.

【설계사의 주장】 설계사는 발주처와 「○○택지관련 상세계획변경도서 작성 및 자동차정류장 계획 변경타당성 검토 용역계약」을 체결하고, 설계는 용역을 완료했으나 발주처가 용역대금의 50%만 지급하고 나머지는 지급하지 않아서, 나머지 50%에 달하는 금 1,630만 원을 지급하지 않고 있다고 주장하고 있다.

【발주처의 주장】 발주처는 이 용역은 설계사가 발주처에게 용역성과품 제출로서 완성되는 것이 아니고, 용역 성과품을 토대로 "C道로부터 인허가절차가 완료되어야 완성"되는 것으로, D市에 설계사가 납품한 성과품을 토대로 「지구단위계획변경신청」을 하였으나, 법상 불가하다는 이유로 서류가 반려되어 더 이상 과업을 진행할 수 없었으므로 설계사가 잔금을 지급받기 위한 조건이 성취되지 못한 것이라고 항변하였다.

【중재판정】 이에 대하여 설계사와 발주처는 용역계약을 체결하면서 "대가는 성과품 납품시 50%, 잔금 50%는 D市 의 승인 후 지급"이라는 조건이 성취되면 지급하기로 하는 소위 조건부계약으로서, 잔금지급의 전제조건이 되는 C道의 승인이 있었다는 점에 대해 설계사의 주장과 입증이 없는 이상 설계사의 나머지 주장은 이유 없다.

이와는 달리 "건축설계계약의 잔금지급에 관한 약정이 불확정기한부 약정에 해당한다"고 본 사례도 있다.

【사건 개요】 원고(A)는 건축사사무소이고 피고(B)는 설계를 의뢰한 개인이다. 양자 간에 설계 용역계약을 체결하고 대가 지급 중 잔금은 공사착공시 지급하고, 다만 공사착공이 건축허가일로부터 6개월을 초과하는 경우에는 허가일로부터 6개월 내에 지급하기로 약정하였다.

【당사자의 주장】 그 후 원고측(A)이 잔금지급을 청구하자, 피고(B)는 이러한 계약조건은 잔금지급채무에 대하여 건축허가를 받을 것을 조건으로 한 것인데, 원고측(A)이 그 건축허가를 받지 못하였으니 원고(A)의 잔금지급청구에 응할 수 없다고 주장하였다.

【대법원의 판결】 이에 대법원은 "이 사건 건축설계계약의 잔금지급에 관한 약정의 경위에 관하여 판시(건축설계계약의 잔금지급에 관한 약정이 불확정기한부 약정에 해당한다)와 같은 사실을 인정한 다음, 그와 같은 잔금지급약정의 경위와 이 사건 계약의 목적 등에 비추어 보면, 원고와 피고는 계약체결 당시 계약이나 잔금지급채무의 효력을 공사착공 또는 건축허가의 成否에 의존케 할 의사로 위와 같이 약정하였다고 볼 수는 없고, 단지 피고의 잔금지급채무를 장래 도래할 시기가 확정되지 아니한 때로 유예 또는 연기한 것으로서, 잔금지급채무의 시기에 관하여 불확정기한을 정한 것이지, 건축허가를 조건으로 붙인 것은 아니다"라고 판단하고 피고의 위 주장을 배척하였다.[163]

---

163) 대법원 1999. 7. 27. 선고 98다23447 판결.

4) 건축사(설계자)의 손해배상책임

설계자와 건축주의 요구사항을 충족하지 못한 설계를 하였으나, 설계상 하자로 건물에 하자가 발생하고 주변의 제3자에게 피해를 입힌 경우 설계자는 어떠한 책임을 지게 되는 것일까.[164]

(1) 건축주에 대한 채무불이행

설계자의 건축주에 대한 채무불이행으로 완성된 건물의 하자가 잘못된 설계에 의한 경우, 설계내용이 건축주의 희망과 달리 설계가 된 경우 등이 있을 수 있다.

① 완성된 건물에 하자가 발생한 경우 건축주는 일단 수급인에게 그 책임을 묻게 되고, 수급인이 설계도서대로 건축하였음에도 설계도서의 하자로 건물에 하자가 발생한 것이라는 것을 주장·입증하면, 다시 설계자에게 설계도서의 하자에 대하여 책임을 묻게 되거나, 수급인과 설계자에게 한꺼번에 건물하자에 대한 책임을 묻고 설계자는 건물의 하자가 설계서의 하자와는 관련이 없다는 것을 주장·입증하여야 한다. 그 결과 건물의 하자가 설계자의 설계상의 과실에 의한 것으로 인정되면 설계자는 건축주에게 채무블이행책임 또는 불법행위책임을 지게 된다.

② 건축주의 희망 또는 지시와 달리 설계도서가 완성되었을 경우 설계자의 과실에 의한 것이라면 특별한 사정이 없는 한 채무불이행이 되고 설계자는 건축주에게 채무불이행책임을 지게 된다. 다만 건축주의 의사와 달리 설계가 된 경우 건축주의 지시가 합리적인 것인지 문제가 될 수도 있다. 또한 건축주의 희망대로 설계가 되지 않았다 하더라도 설계변경의 여지가 있기 때문에 곧바로 계약개제를 할 수 있다고 보기는 어렵다. 건축주의 희망대로 설계도서가 완성되지 않은 것에 견적액이 초과하는 경우도 있으나, 건축업자와 설계자가 견적액을 조정할 수 있고, 설계변경도 가능하므로 곧바로 계약해제가 가능하다고 볼 수는 없다.

---

164) 이범상, 『건설관련소송실무』, 법률문화사, 2004, pp. 74~75.

(2) 제3자에 대한 불법행위

설계상의 과실로 인하여 건물에 하자가 발생하여 건물 주변의 제3자에게 손해를 가한 경우에는 설계자는 제3자에 대하여 불법행위책임을 지게 된다. 설계계약을 도 급계약으로 본다면 하자담보책임 기간은 1년이 된다(민법670조). 다만 1년간의 하자담 보책임은 무과실을 전제로 하는 것이므로 설계자에게 고의 또는 과실이 있는 경우에 는 일반 채무불이행책임에 따라 민법상 10년 또는 상법상 5년(상법64조)의 책임을 지 는 것으로 해석하여야 할 것이다. 설계계약을 위임계약으로 볼 경우에는 민법상 10년 또는 상법상 5년의 책임을 지게 된다.

> **【설계상의 오류로 인한 클레임 사례】**
> 서울시 지하철 8-10공구의 경우 문제가 된 구간은 총 460m에 해당하였다. 이 가운데 설로가 갈라지거나 교차하는 핵심부 45m는 균열이 심각해 복개한 흙을 퍼낸 뒤 완전히 재시공하였고, 나머지 415m는 기주를 추가로 놓는 등의 방식으로 보강했다. 여기에 들어간 추가비용만 무려 56억 6,000만 원이었다. 시공사는 '설계대로 시공했으니 책임이 없다'는 주장이고, 감리사는 '책임 감리가 아닌 시공감리로 계약했으므로 설계도면 대로 시공되고 있지만 감독하면 그만이지 설계 자체의 오류까지 책임질 이유는 없다'는 주장을 했다. 설계자는 '설계상 문제는 인정하지만 설계비가 전체 공사비의 2%에 불과한 점을 감안할 때 지나치게 많은 부담을 안기면 곤란하다'고 호소했다. 서울시와 업체들은 여러 차례에 걸친 협의 끝에 제시공 및 보강 공사비용의 분담 원칙을 정했다. 시공사 50%, 설계사 40%, 감리사 10%로 결론이 내려졌다(건설광장, 1997. 3.).

(3) 공사감리 업무를 맡은 건축사의 검사행위 잘못으로 인한 배상책임

건축사가 행하는 준공검사를 위한 검사는 당사자의 위탁에 의하여 행하게 되는 감리행위와는 별개의 업무로서 행정청의 검사업무를 법령에 의하여 대행하는 것이므로, 건축주로부터 공사감리를 의뢰받은 건축사가 당해 건축물에 대하여 그와 같은 검사행위를 하는 데 잘못이 있으면 그로 인하여 건축주뿐 아니라 그밖에 다른 사람이 입는 손해에 대하여도 이를 배상할 책임이 있다(대법원 1989. 3. 14. 선고 86다카2237 판결).

5. 감리 및 사업관리(CM)

1) 감 리

감리란 건설공사가 관계 법령이나 기준, 설계도서 또는 그 밖의 서류 등에 따라 적정하게 시행될 수 있도록 관리하거나 시공관리·품질관리·안전관리 등에 대한 기술지도를 하는 건설사업관리업무를 말한다(건진법2조5호).

공사감리자란 자기의 책임으로 건축법으로 정하는 바에 따라 건축물, 건축설비 또는 공작물이 설계도서의 내용대로 시공되는지를 확인하고, 품질관리·공사관리·안전관리 등에 대하여 지도·감독하는 자를 말한다(건축법2조15호). 따라서 감리란 건설공사의 시행과정에서 공사감리자로 지정된 자가 자신의 책임하에 관계법령이 정하는 바에 의하여, 건설구조물이 설계도서의 내용대로 시공되는지 여부를 확인하고 품질관리, 공사관리 및 안전관리 등에 대하여 지도·감독하는 행위 일체를 의미한다. 이러한 감리제도를 두게 된 취지는 감리관련 전문회사가 발주청의 감독권한을 대행하여 품질·안전 및 공사관리 등에 대한 기술지도와 확인·점검으로 시공품질을 확보하는 데 그 목적이 있다.

2) 사업관리(Construction Management: CM)

건설사업관리는 발주자를 대신하여 건설공사 프로젝트를 효율적, 경제적으로 수행하기 위하여 광범위한 지식과 능력을 갖춘 전문가 집단이 Project Life Cycle(계획, 설계, 시공, 유지관리)상의 모든 단계의 업무영역을 대상으로 의사전달, 주재, 조정 및 통합으로 총괄자의 역할을 수행하는 엔지니어링 서비스를 말한다. 이러한 건설사업관리는 1960년대 중반에 미국에서 시작되었으며, 도시들은 주요 시설물에 대한 개량의 필요성이 증가하였고, 민간부문에서는 자산증식에 대한 수요가 증가되었다.

「건설산업기본법」에서 규정하고 있는 건설사업관리(Construction Management: CM)는 두 가지 유형이 있는데, '건설사업관리'와 '시공책임형건설사업관리'가 그것이다. 건설사업관리(CM for fee)란 건설공사에 관한 기획, 타당성조사, 분석, 설계, 조달, 계약, 시공관리, 감리, 평가, 사후관리 등에 관한 관리 업무를 말한다(법2조8호). 시공책임형 건설사업관리(CM at risk)란 종합공사를 시공하는 업종을 등록한 건설사업자가 건설공사에 대하여 시공 이전 단계에서 건설사업관리 업무를 수행하고 아울러 시공 단계에서 발주자와 시공 및 건설사업관리에 대한 별도의 계약을 통하여 종합적인 계획, 관리 및 조정을 하면서 미리 정한 공사 금액과 공사기간 내에 시설물을 시공하는 것을 말한다(법2조9호).

그리하여 「건설기술 진흥법」에서도 "사업관리란 「건설산업기본법」 제2조 제8호에 따른 건설사업관리를 말한다"고 규정하고 있다(법2조4항). 이러한 건설사업관리제도의 도입은 지금까지 시공에 국한되었던 건설공사의 영역을 기획, 타당성조사, 설계, 조달, 계약, 시공관리, 감리, 평가, 사후관리까지도 확대된다는 것을 의미한다.

[표 6-12] 감리제도와 사업관리제도의 비교

구분	건설감리제도	건설사업관리(CM)제도
제도 목적	• 품질확보를 위한 부실공사 방지와 이에 대한 문제해결	• 건설사업의 성과 및 효율성 향상을 위한 사전관리
법적 근거	• 건설기술 진흥법, 건축법, 주택법, 건축사법, 전기공사업법 등 • 강제조항(규제조항)	• 건설기술 진흥법, 건설산업기본법, 발주자와 건설사업관리(CM)계약에 의거 시행함
수행 유형	• 사업관리의 한 형태: 설계감리·시공감리	• 공사발주방식의 한 종류: 사업시행단계의 전부 또는 일부 발주
수행 업무	• 발주자가 모든 발주 및 계약관계를 완료한 시점에 투입하여 시공부분에 국한하여 건설을 관리·감독·검사하는 기능(Inspection)이 강조됨	• 프로젝트의 기획·타당성조사·시공관리·유지관리 등 공사전반(Life Cycle)에 걸쳐 발주자를 대신하여 모든 공사 단계를 Consulting, Advice업무를 수행
중점 분야	• 품질확보와 기술지도	• 공기단축, 사업비관리, 품질확보
수행업체	• 감리전문회사(건축사사무소 등)	• 감리전문회사, 건축사사무소, 엔지니어링회사, 시공회사 등

6. 감리 및 사업관리 체계

우리나라의 건설공사 수행의 일반적인 형태는 발주자가 엔지니어링 업체나 건축사에게 의뢰해서 조사·설계가 끝나면 건설업체가 도급해 시공하는 방식을 택하고 있다. 또 시공과정에서는 설계대로 시공되고 있는지의 여부는 소속직원으로 하여금 직접 감독하거나, 감리전문업체에게 위탁하는 등의 방법으로 건설공사가 이루어지도록 분리해서 발주하고 그 관리업무도 직접 수행해왔다.

그러나 대규모의 복합공사나 건설공사에 관한 경험이 없는 발주자인 경우 사업계획의 수립에서부터 사후관리에 이르기까지 건설관리업무를 효과적으로 수행하기 어려우므로 이러한 경우, 건설사업관리에 관한 전문적인 지식과 기술을 갖춘 업계에게 위탁해 수행할 수 있도록 근거를 마련한 것이다.

그리하여 건설공사의 기술 집약화·복잡화 등 건설 환경의 급격한 변화에 적절히 대응하여 건설공사가 효율적으로 수행될 수 있도록 하고, 기존의 건설사업관리제도를 활성화하기 위하여 「건설산업기본법」이 개정(1996. 12. 30. 법률 제5230호)되면서 이 제도를 도입하게 되었다. 그 후 건설사업관리는 여러 가지 문제로 침체를 면하지 못하고 있다가 정부에서 공공사업의 효율화 대책의 일환으로 「건설산업기본법」과는 별도로 「건설기술관리법」에서 건설사업관리에 대하여 규정, 시행하여 오다가 2014. 5. 23.자로 「건설기술관리법」이 「건설기술 진흥법」으로 대폭 개정되어 공공공사에 대해서는 종전의 감리제도에서 건설사업관리제도로 자리 잡게 되었다.

[그림 6-10] 건설공사 감리 및 사업관리 체계

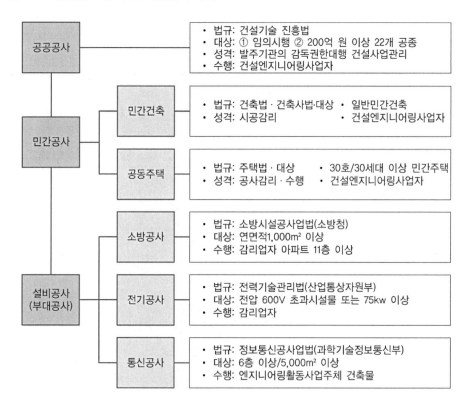

건설감리나 건설사업관리는 모두 '건설 매니지먼트'의 범주에 속해 있다. 매니지먼트(management)는 사람·물건·자본·정보 등의 자원을 목적달성을 위하여 가장 효율적으로 사용하는 방법이다. 감리(supervision)는 건설공사가 설계도서 기타 관계서류와 관계법령의 내용대로 시공되는지의 여부를 확인하는 것으로서, 이는 건설공사에 대하여 품질의 확보 및 향상을 위하여 탄생된 제도이다. 현재 우리나라에서 건설 분야에 시행되고 있는 관리기법으로「건설기술 진흥법」에 의한 사업관리(법4장2절)와「건축법」(법25조) 및「건축사법」(법19조)에 의한 일반건축물에 대한 감리,「주택법」(법24조)에 의한 공동주택감리 등이 있다. 설비공사에 해당하는 감리로는 소방설비공사감리, 전력설비공사감리 및 통신설비공사감리 등이 있다.

7. 감리원 및 사업관리자의 업무

1) 건설기술 진흥법상의 건설사업관리자의 업무

발주청은 건설공사를 효율적으로 수행하기 위하여 필요한 경우로서, 설계·시공 관리의 난이도가 높아 특별한 관리가 필요한 건설공사, 발주청의 기술인력이 부족하여 원활한 공사 관리가 어려운 건설공사 및 그 밖에 공사의 원활한 수행을 위하여 발주청이 필요하다고 인정하는 건설공사에 대하여 건설엔지니어링사업자로 하여금 건설사업관리를 하게 할 수 있다. 이 경우 수행하는 건설사업관리는 다음의 업무를 수행하게 된다(건진법39조1항, 영59조2,3항).

① 건설공사의 계획, 운영 및 조정 등 사업관리 일반

② 건설공사의 계약관리

③ 건설공사의 사업비 관리, 공정관리, 품질관리, 안전관리, 환경관리, 사업정보관리 등

> 【질의】 건설사업관리에 시설물의 안전점검 및 정밀안전진단이 포함되는지 여부
>
> 【회신】 국토교통부 건설안전과 2017. 7. 13.
> 건설사업관리의 시공 후 단계의 업무내용인「건설공사 사업관리방식 검토기준 및 업무수행지침」제107조, 제108조, 제109조, 제110조, 제11조와 시설물의 안전점검 및 정밀안전진단의 업무내용인「시설물의 안전점검 및 정밀안전진단 실시 등에 관한 지침」별표8, 별표9를 비교하여 볼 때 일부 중복되는 업무가 있을 수 있으나, 건설사업관리에 시설물의 안전점검 및 정밀안전진단을 포함시킬 수 없는 것으로 판단됨.

④ 건설공사의 사업비, 공정, 품질, 안전 등에 관련되는 위험요소 관리[165]

⑤ 그 밖에 건설공사의 원활한 관리를 위하여 필요한 사항

---

165) 공사감리자의 감리상의 잘못을 인정하여 공사장 인접 건물 소유자에 대한 손해배상책임을 인정한 사례(대법원 1997. 8. 22. 선고 97다19670 판결).

이러한 사항들로서, 시공계획의 검토, 공정표의 검토, 시공이 설계도면 및 시방서의 내용에 적합하게 이루어지고 있는지에 대한 확인, 건설업자나 주택건설등록업자가 수립한 품질관리계획 또는 품질시험계획의 검토·확인·지도 및 이행상태의 확인, 품질시험 및 검사 성과에 관한 검토·확인, 재해예방대책의 확인, 안전관리계획에 대한 검토·확인, 그 밖에 안전관리 및 환경관리의 지도, 공사 진척 부분에 대한 조사 및 검사, 하도급에 대한 타당성 검토, 설계내용의 현장조건 부합성 및 실제 시공 가능성 등의 사전검토, 설계 변경에 관한 사항의 검토 및 확인, 준공검사,[166] 건설업자나 주택건설등록업자가 작성한 시공상세도면의 검토 및 확인, 구조물 규격 및 사용자재의 적합성에 대한 검토 및 확인 등이 있다.[167]

2) 설계변경 관련 건설기술인의 업무

만약 설계변경이 필요한 경우, 건설공사의 시공관리 및 기술관리를 위하여 현장에 배치된 건설기술인은 어떠한 조치를 취해야 하는가의 문제이다. 이에 대하여 건설공사의 시공관리 및 기술관리를 위하여 현장에 배치된 건설기술인으로서는 반드시 적법하게 작성된 설계도면에 따라 시공하여야 하고, 설계변경이 필요한 경우에는 설계변경과 관련한 법령(국가계약법령) 및 감리업무지침서가 정하고 있는 절차를 밟은 다음에야 비로소 시공할 수 있다(대법원 2000. 8. 22. 선고 98도4468 판결).

3) 건축법상의 감리원의 업무

건축법에 의한 감리제도는 감리자가 발주자(건축주)를 대신하여 수시 또는 필요한 때에 공사현장에서 관계법령에 적합하도록 시공지시하고 공사의 지도, 확인 등을 하

---

166) 허가관청이 건축허가사항대로 시공된 건축물의 준공을 거부할 수 있는지 여부로서, 준공검사는 건축허가를 받아 건축한 건물이 건축허가사항대로 건축행정목적에 적합한가의 여부를 확인하고 준공검사필증을 교부하여 주는 것이므로 허가관청으로서는 건축허가사항대로 시공되었다면 준공을 거부할 수 없다(대법원 1999. 12. 21. 선고 98다29797 판결).

167) 설계변경과 관련한 법령 및 감리업무지침서의 제 규정과 구 건설업법 제33조 제1항의 규정에 비추어 보면, 건설공사의 시공관리 및 기술관리를 위하여 건설 현장에 배치된 건설기술자로서는 반드시 적법하게 작성된 설계도면에 따라 시공하여야 하고, 설계변경이 필요한 경우에는 위 법령 및 감리업무지침서가 정하고 있는 절차를 밟은 다음에야 비로소 시공할 수 있다고 할 것이며 책임감리원의 지시가 있었다 하여 이를 달리할 것은 아니다(대법원 2000. 8. 22. 선고 2000다19342 판결).

는 감리로서 설계감리의 성격을 가진다. 건축공사의 경우 건축주는 건축허가를 받아야 하는 건축물을 건축하는 경우와 건축물을 리모델링하는 경우에는 건설기술용역업자를 공사감리자로 지정하여 공사감리를 하게 하여야 한다(건축법25조1항). 이때 건축공사감리자가 수행하여야 하는 감리업무는 다음과 같다(건축법 시행령19조6항, 규칙19조의2의1항).

① 공사시공자가 설계도서에 따라 적합하게 시공하는지 여부의 확인

② 공사시공자가 사용하는 건축자재가 관계 법령에 따른 기준에 적합한 건축자재인지 여부의 확인

③ 그 밖에 공사감리에 관한 사항으로서 국토교통부령으로 정하는 사항으로서, 건축물 및 대지가 관계법령에 적합하도록 공사시공자 및 건축주를 지도, 시공계획 및 공사관리의 적정 여부의 확인, 공사현장에서의 안전관리의 지도, 공정표의 검토, 상세시공도면의 검토·확인, 구조물의 위치와 규격의 적정 여부의 검토·확인, 품질시험의 실시 여부 및 시험성과의 검토·확인, 설계변경의 적정 여부의 검토·확인, 기타 공사감리계약으로 정하는 사항 등이 있다.[168]

> 【판례】 건물의 굴뚝을 외벽에 설치하지 아니하고 내벽과 외벽 사이에 굴뚝 대용의 파이프를 설치하는 시공은 연탄가스누출의 위험성이 커서 위생에 지장이 있으므로 건축법 제2조, 동법 시행령 제49조에 저촉되는 시공에 해당한다 할 것이니, 공사감리자 또는 그 보조자가 이를 지적하여 시정토록 하지 아니하였다면 감리상의 잘못이 있다(대법원 1989. 3. 14. 선고 86다카2237 판결).

4) 주택법상의 감리원의 업무

주택공사의 경우 사업계획승인권자가 주택건설사업계획을 승인하였을 때와 시장·군수·구청장이 리모델링의 허가를 하였을 때에는 「건축사법」 또는 「건설기술 진흥법」에 따른 감리자격이 있는 자를 해당 주택건설공사의 감리자로 지정하여야 하는데(주택법43조1항), 이러한 감리자는 다음과 같은 업무를 수행하게 된다(주택법44조1항).

① 시공자가 설계도서에 맞게 시공하는지 여부의 확인[169]

---

168) 일정한 용도·규모 및 구조의 건축물을 건축하는 공사의 경우 반드시 건축사 등에 의한 공사감리를 받도록 규정한 취지 및 공사감리자가 감리업무를 소홀히 하여 사상의 결과가 발생한 경우 업무상 과실치사상의 죄책을 진다(대법원 2010. 6. 24. 선고 2010도2615 판결).

169) 46동의 주택들이 완공되지 아니한 사실을 확인하고도 마치 위 주택들의 공사가 완공된 것처럼 확

② 시공자가 사용하는 건축자재가 관계 법령에 따른 기준에 맞는 자재인지 여부의 확인

③ 주택건설공사에 대하여 「건설기술 진흥법」 제55조에 따른 품질시험을 하였는지 여부의 확인

④ 시공자가 사용하는 마감자재 및 제품이 제54조 제3항에 따라 사업주체가 시장·군수·구청장에게 제출한 마감자재 목록표 및 영상물 등과 동일한지 여부의 확인

⑤ 그 밖에 설계도서가 해당 지형 등에 적합한지에 대한 확인, 설계변경에 관한 적정성 확인, 시공계획·예정공정표 및 시공도면 등의 검토·확인, 방수·방음·단열시공의 적정성 확보, 재해의 예방, 시공상의 안전관리 및 그 밖에 건축공사의 질적 향상을 위하여 국토교통부장관이 정하여 고시하는 사항에 대한 검토·확인(주택법 시행령49조1항).

감리는 전문회사가 발주청의 감독권한을 대행하여 품질·안전 및 공사관리 등에 대한 기술지도와 확인·점검으로 시공품질을 확보하는 데 있다. 감리원과 감독자 및 건설사업관리기술자에 대해서는 「건설기술 진흥법」에 상세히 규정하고 있다.

【판례】 감독권한을 행사하지 않아 손해 입혔으면 "감리자가 배상" 대법 판결
감리자는 발주자의 위탁에 의해 관계법령에 따라 발주자로서의 감독권한을 행사할 책임과 의무가 있다. 만약 이에 위반하여 제3자에게 손해를 입혔다면 이를 배상해야 한다. 건설공사 감리자는 제3자적 독립된 지위에서 부실공사를 방지할 목적으로 당해 공사가 설계도서 기타 관계 서류의 내용에 따라 적합하게 시공되는지, 시공자가 사용하는 건축자재가 관계 법령의 기준에 접합한 건축자재인지 여부를 확인해야 한다. 감리자는 이밖에 설계도서가 당해 지형 등에 적합한지를 검토하고 시공계획이 재해의 예방, 시공상의 안전관리를 위해 문제가 없는가를 검토·확인해 설계변경 등의 필요 여부를 판단해야 한다. 만약 감리자의 판단 결과 그 위반사항이나 문제점을 발견한 때에는 지체없이 시공자 및 발주자에게 이를 시정토록 통지함으로써 품질관리·공사관리·안전관리 등에 대한 기술지도를 해야 한다(대법원 2001. 9. 7. 선고 99다70365 판결).

5) 타법에 따른 감리받는 경우 건설사업관리 면제 여부

예컨대, 한국가스안전공사에게 「도시가스사업법」에 따른 감리를 받는 경우에 「건설기술 진흥법」에 의한 건설사업관리 시행이 면제되는지 여부가 있다. 이에 대하여

인건축사로서 점검표에 서명날인을 하였다면 이는 건축사로서는 도저히 용인될 수 없는 일이라 할 것이니 이를 이유로 건축사사무소의 등록을 취소한 것은 상당하고 거기에 재량권일탈의 위법이 있다고 볼 수 없다(대법원 1984. 8. 21. 선고 84누249 판결).

국토교통부에서는 「건설기술 진흥법」 제39조 제2항에 따라 발주청은 건설공사의 품질확보 및 향상을 위하여 "같은 법 시행령 제55조"에서 정하는 건설공사에 대하여는 법인인 건설기술용역업자로 하여금 건설사업관리(시공단계에서 품질 및 안전관리 실태의 확인, 설계변경에 관한 사항의 확인, 준공검사 등 발주청의 감독 권한대행 업무를 포함한다)를 하게 하여야 한다. 아울러, 「건설기술 진흥법」에서는 「도시가스사업법」에 따른 감리 등에 대한 면제는 규정되어 있지 않다고 해석하고 있다(국토교통부 건설안전과, 2017. 4. 13.).

8. 감리의 법적 성격

감리계약의 법적 성질에 관해서는 위임계약설과 도급계약설이 있지만, 우리나라에서는 도급계약설은 취하는 입장은 없고 위임계약설만이 있다.[170] 판례는 건설공사감리계약은 그 감리의 대상이 된 공사의 완성 여부, 진척 정도와는 독립된 별도의 용역을 제공하는 것을 본질적 내용으로 하는 위임계약의 성격을 갖고 있는 것으로 보고 있다.

대법원은 "구 「건설기술관리법」 제5조, 제54조의2 등 감리업무 관련 규정에 의하면, 책임감리 업무를 수행하는 감리자는 제3자적인 독립된 지위에서 부실공사를 방지할 목적으로 정기적으로 당해 공사의 품질검사, 안전검사를 실시하여 만일 부적합한 공사가 시행되고 있다면 당해 공사에 대한 시정, 재시공, 중지요청까지도 하여야 하는 등 공사의 진행에 제동을 걸어야 하고, 공정이 계획대로 진행되고 있는지를 면밀히 살펴 예정된 공기를 준수하지 못할 우려가 있는 경우에는 그 원인을 분석하고 결과를 보고하는 사무도 담당하고 있기 때문에, 공사의 진척이 부진하거나 공정이 예정대로 진행되지 않는다고 하여 그에 병행하여 아무런 감리업무를 수행하지 아니한 채, 이를 그대로 방치하거나 적법한 절차를 거치지 아니한 채 함부로 감리원을 공사현장에서 철수시켜서는 아니 되는 것을 그 기본적 사무의 내용으로 하고 있으므로, 감리의 대상이 된 공사의 진행 정도와 수행할 감리업무의 내용이 반드시 비례하여 일치할 수 없는 것은 그 업무의 속성상 당연하고, 따라서 이에 터잡은 감리계약의 성격은 그 감리의 대상이 된 공사의 완성 여부, 진척 정도와는 독립된 별도의 용역을 제공

---

170) 고영한, "건설공사의 감리에 관한 소고", 건설재판실무논단, 서울중앙지방법원 건설실무연구회, p. 483; 길기관, 앞의 책, p. 402.

하는 것을 본질적 내용으로 하는 위임계약의 성격을 갖고 있다고 봄이 상당하다.

또한 건설기술관리법상의 책임감리 업무를 제공하기로 하는 내용의 이 사건에서 감리계약은 본질적으로 위임계약의 성질을 가지고 있으므로 그 감리용역에 대한 보수는 감리대상 공사의 기성고와 상관없이 정하여져야 하고, 따라서 이 사건 감리계약에서 감리비를 3개월 단위로 나누어 전체 공사의 기성고에 따라 지급하기로 한 것[171]은 약정에 감리비의 지급시기 및 방법에 관한 불과하다고 판단한 것은 위 법리에 따른 것으로 정당하다"고 판시하고 있다.[172]

이상의 판시는 '감리계약의 성격과 공사가 중단된 경우 감리비 청구가 가능한가'에 대한 내용으로서 감리계약을 위임계약으로 보는 것과 함께 건설공사가 도중에 종료된 경우 감리사무에 대한 보수는 기성고율 상당만 지급하면 되는지, 아니면 기성고율과 관계없이 지급하여야 하는지의 문제인데, 이에 대하여 대법원은 "기성고율과는 별개로 사무처리비율을 산정하여야 한다"는 것으로 해석하고 있다. 위임은 위임인이 수임인에게 사무의 처리를 위탁하고 수임인이 이를 승낙함으로써 성립하는 계약의 일종이다(민법680조).

9. 감리 관련 쟁점사항

1) 사업관리 및 감리대가 산정

건설사업관리대가는 「건설기술용역 대가 등에 관한 기준」(국토교통부고시 제2020-707호, 2020. 10. 6., 일부개정), 주택감리대가는 「주택건설공사 감리비 지급기준」(2014. 8. 18. 개정)에 따라 산정한다. 건설사업관리대가는 발주청이 사업특성, 업무범위를 고려하여 '실비정액가산방식'으로 산출한다. 즉, 업무량, 공사 특성 및 난이도를 고려하고 직접인건비에 직접경비, 제경비, 기술료 등을 합산하여 산출하는 방식이다. 주택건설공사의 감리비는 감리비 및 감리원 배치 인·월수 산출기준 등을 감안하여 산정하게 된다.

---

171) 「주택건설공사 감리용역 표준계약서」제22조(기성대가의 지급) ① 기성대가는 착수일로부터 매 3개월마다 정액으로 지급하는 것을 원칙으로 하되, 다음의 지급일정에 따른다. 다만 사업주체는 사용검사신청서 또는 임시사용승인신청서에 감리자가 날인 시까지 이미 지급된 선급금 및 기성대가를 포함하여 감리용역 계약금액의 95% 이상을 감리자에게 지급되도록 하여야 한다.

172) 대법원 2006. 11. 23. 선고 2004다3925 판결; 대법원 2000. 8. 22. 선고 2000다19342 판결.

2) 감리계약이 중도에 종결된 경우의 감리비 산정방법

주택 등 건설공사감리계약의 성격은 그 감리의 대상이 된 공사의 완성 여부, 진척 정도와는 독립된 별도의 용역을 제공하는 것을 본질적 내용으로 하는 위임계약의 성격을 갖고 있다고 봄이 상당하다.

한편, 감리계약이 도중에 종료된 경우 그 사무에 대한 보수를 정하는 데는「민법」제686조 제2항 단서, 제3항[173]의 규정에 따라 기간으로 보수가 정해진 경우에는 감리업무가 실제 수행되어온 시점에 이르기까지, 그 이행기가 도래한 부분에 해당하는 약정 보수금을 청구할 수 있고, 후불의 일시불 보수약정을 하였거나 또는 기간보수를 정한 경우에도, 아직 이행기가 도래하지 아니한 부분에 관하여는 감리인에게 귀책사유 없이 감리가 종료한 경우에 한하여 이미 처리한 사무의 비율에 따른 보수를 청구할 수 있다(대법원 2001. 5. 29. 선고 2000다40001 판결).

3) 건설감리자의 손해배상책임

위에서 살펴본 바와 같이「건설기술 진흥법」제39조 제1항, 같은 법 시행령 제59조의2 제3항,「건축법 시행령」제19조의 제6항, 같은 법 시행규칙 제19조의2 제1항,「주택법」제44조 제1항에 따르면, 감리자는 감리계약에 기하여 감리업무를 성실히 수행하여야 하는 의무가 있는데, 그 업무가 종료되어 건물을 완성한 후에도 건물이 건축주의 희망대로 되지 않았다든가 통상 갖추어야 할 성능을 갖추고 있지 않고(하자나 미완성 부분), 이들이 감리상 과실에서 유래한다고 인정되는 경우 감리자는 건축주에 대하여 채무불이행책임 또는 불법행위책임을 진다. 다만 건축물 등에 하자가 발생하였다고 하여 곧바로 감리자에게 하자로 인한 손해배상책임이 인정되는 것은 아니며, 별도의 감리상 주의의무 위반 사실에 대한 입증이 필요하다.

또한 건축주 이외의 제3자에 대하여 자신의 주의의무 위반으로 인한 부실한 감리로 손해를 입혔다면 불법행위에 의한 손해배상책임을 부담함이 당연하다. 이 경우 건

---

173) 제686조(수임인의 보수청구권) ① 수임인은 특별한 약정이 없으면 위임인에 대하여 보수를 청구하지 못한다. ② 수임인이 보수를 받을 경우에는 위임사무를 완료한 후가 아니면 이를 청구하지 못한다. 그러나 기간으로 보수를 정한 때에는 그 기간이 경과한 후에 이를 청구할 수 있다. ③ 수임인이 위임사무를 처리하는 중에 수임인의 책임없는 사유로 인하여 위임이 종료된 때에는 수임인은 이미 처리한 사무의 비율에 따른 보수를 청구할 수 있다.

축업자도 채무불이행책임 또는 손해배상책임을 지기 때문에, 대개 감리자는 건축업
자와 연대해서 손해배상책임을 지고, 감리자가 건축주에게 손해배상을 한 때에는 건
축업자에 대해서 이것을 구상청구할 수 있을 것이다.

4) 건설감리자의 책임 인정 사례(I)

【사건 개요】

　원고는 □□아파트입주민이고 피고는 건축사사무소(설계회사)이다. 1995. 11. 14. 건
축사사무소는 감리보조자를 지정하여 감리업무를 수행하던 중 아파트 옹벽에 위험이
예상되므로 전문토공업체를 선정, 시공토록 건축공사시공업체(원수급업체로 공동피고)에
권유했다. 그 후 토공업체가 ○○건설(원심공동피고)이라는 사실을 통지받았으나, 토목
업무를 수행하는 데 적합한 전문토공업체인지를 확인하여, 부적합한 경우 시공업체
를 교체토록 요구하여야 하는데, 이러한 조치를 취하지는 않았다. 그 후 주민에 공사
설명회에서 감리보조자는 이 공사는 H빔을 박고 토류판을 설치한 후 어스앙카를 설
치하는 순서로 진행된다고 토공사 시공방법 및 순서를 설명하고 실제 어스앙카 2개
를 설치했다.

　주민들은 이 지역은 옹벽기초 및 벽체가 연약하므로 시공 시 주의하도록 요구하였
다. 그 해 11월말 피고가 현장확인 결과 균열을 발견, 원인은 천공 시 진동과 에어콤
퓨레샤의 영향으로 추정했으나 공사촉진을 위해 5번째 어스앙카까지 빨리 완료하도
록 지시했다. 같은 해 11. 28. 감리자가 기재된 공사착공계를 행정관청에 제출했고,
그 후 시공과정에서 옹벽위에 건설된 아파트의 벽체에 균열이 발생하게 되어 분쟁에
이르게 되었다.

【쟁점사항】

(1) 공사감리자의 감리의무의 내용과 손해배상책임이 인정되는지 여부
(2) 공사감리자에 대하여 감리상의 잘못으로 인한 손해배상책임을 인정할 수 있는지
(3) 공동불법행위책임에서 가해자 중 1인이 다른 가해자에 비하여 불법행위에 가공한
　　정도가 경미한 경우, 피해자에 대한 관계에서 그 가해자의 책임 범위를 제한할
　　수 있는지 여부

【판결요지】

(1)에 대하여 : 피고가 감리자가 기재된 공사착공계를 1995. 11. 28. 행정관청에 제출했다 하더라도, 피고는 그 이전인 1995. 11. 14.부터 감리자로 선정되어 감리업무를 수행하여 왔고, 시공 건물이 소규모이어서 설계 당시 토목에 관한 구조도면을 작성해야 하는 경우에 해당되지 아니하였다 하더라도, 피고는 단순히 건물설계에 그친 것이 아니라 동시에 감리자로 지정되었으므로, 공사현장의 지형으로 보아 그 설계가 시공과정에서 뒤편 옹벽 위에 건설된 아파트의 기초에 영향을 미쳐 위험을 초래할 염려가 없는지 여부를 검토하여, 설계 또는 시공방법을 변경할 필요는 없는지 여부를 판단하고 이를 시공자와 발주자에게 통지할 책임과 의무가 있다.

따라서 피고는 이에 위반하여 그 위험발생 가능성을 예견하였음에도 불구하고 시공을 강행하도록 조치한 잘못이 있다할 것이므로, 피고의 감리상 잘못으로 인하여 이 사건 아파트에 균열이 발생하였다고 판단된다.

따라서 건축법, 건설기술관리법(현, 건설기술 진흥법) 및 주택건설촉진법(현, 주택법) 등 제반 공사관계 법규에 의하면, 건설공사의 감리자는 제3자적인 독립된 지위에서 부실공사를 방지할 목적으로 당해 공사가 설계도서 기타 관계 서류의 내용에 따라 적합하게 시공되는지, 시공자가 사용하는 건축자재가 관계 법령에 의한 기준에 적합한 건축자재인지 여부를 확인하는 이외에도, 설계도서가 당해 지형 등에 적합한지를 검토하고, 시공계획이 재해의 예방, 시공상의 안전관리를 위하여 문제가 없는지 여부를 검토, 확인하여 설계변경 등의 필요 여부를 판단한 다음, 만약 그 위반사항이나 문제점을 발견한 때에는 지체 없이 시공자 및 발주자에게 이를 시정하도록 통지함으로써, 품질관리·공사관리 및 안전관리 등에 대한 기술지도를 하고, 발주자의 위탁에 의하여 관계 법령에 따라 발주자로서의 감독권한을 대행하여야 할 책임과 의무가 있으므로, 만약 이에 위반하여 제3자에게 손해를 입혔다면 이를 배상할 책임이 있다.

(2)에 대하여: 공사감리자는 감리상의 잘못으로 인해 제3자에게 손해를 끼쳤다면 그 손해를 배상하여야 한다.

(3)에 대하여: 공동불법행위 책임(공동피고: 설계회사, 감리자, 시공회사)은 가해자 각 개인의 행위에 대하여 개별적으로 그로 인한 손해를 구하는 것이 아니라, 그 가해자들이 공동으로 가한 불법행위에 대하여 그 책임을 추궁하는 것이므로, 공동불법행위로 인한 손해배상책임의 범위는 피해자에 대한 관계에서 가해자들 전원의 행위를 전체적으로 함께 평가하여 정하여야 하고, 그 손해배상액에 대하여는 가해자 각자가 그 금액의 전부에 대한 책임을 부담하는 것이며, 가해자 1인이 다른 가해자에 비하여 불법행위에 가공한 정도가 경미하다고 하더라도 피해자에 대한 관계에서 그 가해자의 책임 범위를 위와 같이 정하여진 손해배상액의 일부로 제한하여 인정할 수는 없다(대법원 2001. 9. 7. 선고 99다70365 판결).

5) 건설감리자의 책임 인정 사례(II)

공사감리자의 감리상의 잘못을 인정하여 공사장 인접 건물 소유자에 대한 손해배상책임을 인정한 사례이다. 매립지 지반굴착이 원래 C.I.P(설계도서상 35인치 구멍을 3m 이상 뚫고 철근을 조립하여 모르터 주입용 파이프를 밑바닥까지 꽂은 다음 구멍에 자갈을 다져넣고 파이프를 통하여 모르터를 주입하여 콘크리트 말뚝을 간격 없이 만드는 방법)공법으로 설계되어 있었으나, 시공자가 비용절감을 위하여 감리자와의 협의를 거쳐 설계도서와 달리 목재토류벽 흙막이 공법으로 시공함으로써 지반침하기 급격하게 진행되는데, 감리자는 공사중지 민원을 제기받고서야 처음으로 공사현장에 나가본 후 비로소 시공자에게 터파기의 공법을 변경할 것을 요구한 경우이다.[174]

6) 건설감리자의 책임 인정 사례(III)

공사감리자 또는 그 보조자가 법령에 저촉되는 시공을 시정토록 하지 않은 감리상의 잘못이 있다고 본 사례이다. 건물의 보일러와 연결할 굴뚝은 벽돌로 건물 외벽에 잇대어 설치하도록 설계되어 있음에도 불구하고 이를 설치하지 아니한 채, 내벽과 외벽사이에 굴뚝대용의 파이프를 설치하는 시공은 연탄가스 누출의 위험성이 커서 위생에 지장이 있으므로, 「건축법」제2조, 동법 시행령 제49조[175]에 저촉되는 시공에

---

174) 대법원 1997. 8. 22. 선고 97다19670 판결.

해당한다 할 것이니, 공사감리자 또는 그 보조자가 이를 지적하여 시정토록 하지 아니하였다면 감리상의 잘못이 있다.[176)]

10. FIDIC 일반조건

「FIDIC 일반조건」에서 감리자(Engineer)란 계약의 목적을 위해 감리자의 역할을 하도록 발주자에 의해 임명되는 입찰서부록(Appendix to Tender)에서 기재된 자 또는 제3.4조(Replacement of the Engineer)에 의거하여 수시로 발주자에 의해 임명되고 시공자에게 통지된 자를 의미한다(조건1.1.2.4.조).[177)]

감리자는 발주자가 임명하며, 계약에 명시되었거나 계약으로부터 유추되는 권한을 행사할 수 있다. 감리자는 계약의 명시적 혹은 묵시적 임무를 수행하거나 권한을 행사하는 데 발주자를 위하여 행위하는 것으로 간주된다. 감리자는 어느 당사자에 대하여도 계약상의 임무, 의무, 책임을 면제해줄 권한이 없다. 아울러 계약을 변경할 권한이 없다(조건3.1조). 감리자는 보조자들(assistants)에게 임무를 할당하고 권한을 위임할 수 있으며, 이러한 위임을 철회할 수 있다. 보조자들은 위임을 통해 규정된 범위 내에서만 시공자에게 지시서(instructions)를 발급할 수 있다(조건3.2조).

시공자는 계약과 관련된 어떠한 문제에 대해서도 감리자나 위임받은 보조자(delegated assistant)에 의해 발급되는 지시를 준수하여야 한다(조건3.3조). 이 지시는 가능한 한 서면(in writing)으로 하여야 한다. 발주자가 감리자를 교체하려는 경우에는 발주자는 교체 예정일 42일 전까지 새로운 감리자를 시공자에게 통지하여야 한다(조건3.4조).

---

175) 제49조(건축설비설치의 원칙) ① 건축설비를 설치할 때에는 이로 인하여 건축물의 안전·방화 및 위생에 지장이 없도록 하고, 당해 설비의 유지관리가 용이한 구조로 하여야 한다<개정 1985. 8. 16.>.

176) 대법원 1989. 3. 14. 선고 86다카2237 판결.

177) "Engineer" means the person appointed by the Employer to act as the Engineer for the purposes of the Contract and named in the Appendix to Tender, or other person appointed from time to time by the Employer and notified to the Contractor under Sub-Clause 3.4.(Replacement of the Engineer).(1.1.2.4)

제16절 공사감독자 및 현장대리인

1. 개 요

발주처에서 공사를 감리하고 감독하는 방법은 다양하다. 우선 발주처가 직접적으로 감독하는 방법과 용역업체가 사업관리(CM)를 수행하는 방법인데, 이는 '감독권한 대행 등 사업관리'와 '시공단계의 사업관리'를 하는 방법 및 민간공사의 경우 감리를 하는 방법 등이 있다. 이러한 행위 중에서 발주자를 대신해서 현장을 총괄적으로 수행하는 공사감독자와 시공회사를 대신해서 현장의 제반 업무를 수행하는 현장대리인 간에서 발생되는 문제를 검토한다.

관련 법규로는 「국가계약법」 제13조(감독), 「지방계약법」 제16조(감독), 「건설기술진흥법」 제49조(건설공사감독자의 감독 의무), 「건설산업기본법」 제40조(건설기술인의 배치), 「건설산업기본법 시행령」 제35조(건설기술인의 현장 배치기준 등) 등이 있고, 계약예규로서 「공사계약일반조건」 제2조(정의) 제3호(공사감독관), 제14조(공사현장대리인), 제16조(공사감독관), 조달청 지침인 「공사계약특수조건」 제10조(공사현장 대리인), 제11조(공사감독관), 「건설공사 사업관리방식 검토기준 및 업무수행지침」 등이 있다.

2. 공사감독자

1) 공사감독자의 개념

공사감독자란 계약된 공사의 수행과 품질의 확보 및 향상을 위하여, 시공이 설계도면 및 시방서의 내용에 적합하게 이루어지고 있는지에 대한 확인, 품질시험 및 검사를 하였는지 여부의 확인 및 건설자재·부재의 적합성에 대한 확인 등의 업무를 수행하기 위하여 발주청이 임명한 기술직원 또는 그의 대리인으로 해당 공사 전반에 관한 감독업무를 수행하고 건설사업관리업무를 총괄하는 사람을 말한다(업무수행지침2조2호).

각 중앙관서의 장 또는 계약담당공무원은 공사, 제조, 용역 등의 계약을 체결한 경우에 그 계약을 적절하게 이행하도록 하기 위하여 필요하다고 인정하면 계약서, 설계서, 그 밖의 관계 서류에 의하여 직접 감독하거나 소속 공무원에게 그 사무를 위임하여 필요한 감독을 하게 하여야 한다(국가계약법13조).

2) 공사감독자의 업무

공사감독자는 위에서 살핀 바와 같이 다양한 업무를 수행하게 된다. 그 대표적인 것은 「건설기술 진흥법 시행령」 제59조에 다음과 같이 기술하고 있다.

① 건설공사의 계획, 운영 및 조정 등 사업관리 일반

② 건설공사의 계약관리, 사업비 관리, 공정관리, 품질관리, 안전관리, 환경관리, 사업정보 관리, 건설공사의 사업비, 공정, 품질, 안전 등에 관련되는 위험요소 관리[178]

③ 시공계획의 검토, 공정표의 검토, 시공이 설계도면 및 시방서의 내용에 적합하게 이루어지고 있는지에 대한 확인, 건설사업자나 주택건설등록업자가 수립한 품질관리계획 또는 품질시험계획의 검토·확인·지도 및 이행상태의 확인, 품질시험 및 검사 성과에 관한 검토·확인, 재해예방대책의 확인, 안전관리계획에 대한 검토·확인, 그 밖에 안전관리 및 환경관리의 지도, 공사 진척 부분에 대한 조사 및 검사

> 【판례】 성수대교와 같은 교량이 그 수명을 유지하기 위하여는 건설업자의 완벽한 시공, 감독공무원들의 철저한 제작시공상의 감독 및 유지·관리를 담당하고 있는 공무원들의 철저한 유지·관리라는 조건이 합치되어야 하는 것이므로, 위 각 단계에서의 과실 그것만으로 붕괴원인이 되지 못한다고 하더라도, 그것이 합쳐지면 교량이 붕괴될 수 있다는 점은 쉽게 예상할 수 있고, 따라서 위 각 단계에 관여한 자는 전혀 과실이 없다거나 과실이 있다고 하여도 교량붕괴의 원인이 되지 않았다는 등의 특별한 사정이 있는 경우를 제외하고는 붕괴에 대한 공동책임을 면할 수 없다(대법원 1997. 11. 28. 선고 97도1740 판결).

④ 하도급에 대한 타당성 검토, 설계내용의 현장조건 부합성 및 실제 시공 가능성 등의 사전검토, 설계 변경에 관한 사항의 검토 및 확인, 준공검사

⑤ 건설사업자나 주택건설등록업자가 작성한 시공상세도면의 검토 및 확인

⑥ 구조물의 설치 형태 및 건설공법 선정의 적정성 검토, 사용재료 선정의 적정성 검토, 설계내용의 시공 가능성에 대한 사전검토, 구조계산의 적정성 검토, 측량 및

---

178) 공사를 발주한 구청 소속의 현장감독 공무원인 피고인이 갑 회사가 전문 건설업 면허를 소지한 을 회사의 명의를 빌려 원수급인인 병 회사로부터 콘크리트 타설공사를 하도급받아 전문 건설업 면허나 건설기술 자격이 없는 개인인 정에게 재하도급주어 이 사건 공사를 시공하도록 한 사실을 알았거나 쉽게 알 수 있었음에도 불구하고 그 직무를 유기 또는 태만히 하여 정의 시공방법상의 오류와 그 밖의 안전상의 잘못으로 인하여 콘크리트 타설작업 중이던 건물이 붕괴되는 사고가 발생할 때까지도 이를 적발하지 아니하였거나 적발하지 못한 잘못이 있다면, 피고인의 위와 같은 직무상의 의무위반 행위는 이 사건 붕괴사고로 인한 치사상의 결과에 대하여 상당인과관계가 있다(대법원 1995. 9. 15. 선고 95도906 판결).

지반조사의 적정성 검토

⑦ 설계공정의 관리, 공사기간 및 공사비의 적정성 검토, 설계의 경제성 등 검토, 설계안의 적정성 검토 설계도면 및 공사시방서 작성의 적정성 검토 등

3) 공사감독자의 업무와 관련된 문제

공사감독자 혹은 감리자의 권위적 자세나 계약내용의 이해부족으로 발생할 수 있는 클레임으로써, 현재 건설시장 개방으로 외국업체의 국내시장 진출 시 우리나라의 발주자 우위의 건설관행으로 인해 상호 간에 커다란 갈등의 요인이 될 수 있다.

이와 관련해서는 감독관의 잦은 변경지시, 공사중지나 공사촉구, 현장인도 지연, 준공 전 시설이용, 계약자의 승인요청에 대한 승인지연, 불합리한 승인거부, 시공확인의 지연, 감독관의 경우 작업의 기술적 사항에 대한 지시가 수급자에게는 설계변경지시로 변질되는 경우, 감독관이 특정 공법이나 장비사용을 요구하여 추가경비가 발생한 경우, 감독관이 시공업체의 잘못을 발견하고도 상당 기간 동안 이를 방치하였다가 나중에 지적하는 경우, 감독관이 추가시험을 요구하여 테스트한 결과 이상이 없음이 밝혀진 경우, 감독관이 시공순서를 바꿀 것을 지시하여 공사금액의 추가 및 공기 자연이 발생한 경우, 공사수행 중 행정지침이나 시방서 내용의 변경으로 추가공사비가 발생하게 되는 경우 등이 있다.[179]

3. 공사현장대리인

1) 현장대리인의 개념

계약상대자는 계약된 공사에 적정한 공사현장대리인을 지명하여 계약담당공무원에게 통지하여야 한다. 공사현장대리인은 공사현장에 상주하여 계약문서와 공사감독관의 지시에 따라 공사현장의 관리 및 공사에 관한 모든 사항을 처리하여야 한다.[180]

---

179) 이 사건 공사감독일지는 공사를 발주한 관서의 장을 대리하여 현장에 주재하며, 공사전반에 관한 감독업무에 종사하는 공사감독관의 지위에서 직무상 작성하는 문서로서 당해 관할관청에 비치하여야 할 공문서라 할 것이고, 단순히 공사감독관이 그 직무를 수행하는 데 참작할 문서에 불과하다고 볼 수 없다(대법원 1989. 12. 12. 선고 89도1253 판결).

180) 원고회사의 현장소장이 하도급업자와 공모하여 그 수급한 공사에 관련하여 편의를 보아 달라는 명

다만 공사가 일정기간 중단된 경우로서 발주기관의 승인을 얻은 경우에는 그러하지 아니한다(일반조건14조).

2) 건설기술인의 현장 배치

건설사업자는 건설공사의 시공관리, 그 밖에 기술상의 관리를 위하여 대통령령으로 정하는 바에 따라 건설공사 현장에 건설기술인을 1명 이상 배치하여야 한다. 다만 시공관리, 품질 및 안전에 지장이 없는 경우로서 일정 기간 해당 공종의 공사가 중단되는 등 국토교통부령으로 정하는 요건에 해당하여 발주자가 서면으로 승낙하는 경우에는 배치하지 아니할 수 있다.

건설공사 현장에 배치된 건설기술인은 건설공사 현장을 이탈하여서는 아니 되며, 발주자는 건설공사 현장에 배치된 건설기술인이 업무를 수행할 능력이 없다고 인정하는 경우에는 수급인에게 건설기술인을 교체할 것을 요청할 수 있다. 이 경우 수급인은 정당한 사유가 없으면 이에 따라야 한다(건산법40조). 이러한 기술인 중에서 회사를 대표해서 공사현장을 총괄적으로 관리·수행하는 사람을 현장대리인 또는 현장소장이라 한다.

건설공사의 현장에 배치하여야 하는 건설기술인은 '해당 공사의 공종에 상응하는 건설기술인'이어야 하며, 해당 건설공사의 착수와 동시에 배치하여야 한다. 건설기술인의 배치는 '공사예정금액'의 규모별 건설기술인 배치기준에 따라야 한다(건산법 시행령 제35조). 공사예정금액의 규모별 건설기술인 배치기준은 다음과 같다(영 제35조 제2항 [별표5] 관련)〈개정2020. 10. 8.〉.

목에서, 관계공무원(공사감독관)에게 금원을 제공하였다면 이는 하도급업자뿐 아니라 원고회사를 위한 것으로도 보여지고, 그 증뢰가 원고회사의 자금 또는 동 회사대표이사의 지시에 의하여 이루어진 것이 아니라 하더라도, 위 증뢰행위는 공사계약 상대자인 원고회사의 사용인이 그 계약이행에 관련하여 관계공무원에게 증뢰한 경우에 해당한다고 봄이 상당하다(대법원 1984. 4. 24. 선고 83누574 판결).

[표 6-13] 공사예정금액의 규모별 건설기술인 배치기준

공사예정 금액의 규모	건설기술인의 배치 기준
700억 원 이상[181]	1. 기술사
500억 원 이상	1. 기술사 또는 기능장 2. 「건설기술 진흥법」에 따른 건설기술인 중 당해 직무분야의 특급기술인으로서 해당 공사와 같은 종류의 공사현장에 배치되어 시공관리업무에 5년 이상 종사한 사람
300억 원 이상	1. 기술사 또는 기능장 2. 기사 자격취득 후 해당 직무분야에 10년 이상 종사한 사람 3. 「건설기술 진흥법」에 따른 건설기술인 중 해당 직무분야의 특급기술인으로서 해당 공사와 같은 종류의 공사현장에 배치되어 시공관리업무에 3년 이상 종사한 사람
100억 원 이상	1. 기술사 또는 기능장 2. 기사 자격취득 후 당해 직무분야에 5년 이상 종사한 사람 3. 「건설기술 진흥법」에 따른 건설기술인 중 다음 각목의 어느 하나에 해당하는 사람 　가. 당해 직무분야의 특급기술인 　나. 당해 직무분야의 고급기술인으로서 해당 공사와 같은 종류의 공사현장에 배치되어 시공관리업무에 3년 이상 종사한 사람 4. 산업기사 자격취득 후 해당 직무분야에 7년 이상 종사한 사람
30억 원 이상	1. 기사 이상 자격취득자로서 해당 직무분야에 3년이상 실무에 종사한 사람 2. 산업기사 자격취득 후 해당 직무분야에 5년 이상 종사한 사람 3. 「건설기술 진흥법」에 따른 건설기술인 중 다음 각목의 어느 하나에 해당하는 사람 　가. 해당 직무분야의 고급기술인 이상인 사람 　나. 해당 직무분야의 중급기술인으로서 '해당 공사와 같은 종류의 공사장에 배치되어 시공관리업무에 3년 이상 종사한 사람'[182]
30억 원 미만	1. 산업기사 이상 자격취득자로서 해당 직무분야에 3년 이상 실무에 종사한 사람 2. 「건설기술 진흥법」에 따른 건설기술인 중 다음 각목의 어느 하나에 해당하는 사람 　가. 해당 직무분야의 중급기술인 이상인 사람 　나. 해당 직무분야의 초급기술인으로서 당해 공사와 같은 종류의 공사현장에 배치되어 시공관리업무에 3년 이상 종사한 사람

---

181) 법 제93조 제1항의 규정이 적용되는 시설물이 포함된 공사인 경우에 한하는데, 이러한 시설물로서는 교량, 터널, 철도, 고가도로, 지하도, 활주로, 삭도, 댐, 항만시설 중 외곽시설, 임항교통시설, 계류시설, 연면적 5,000m² 이상인 공항청사·철도역사·여객자동차터미널·종합여객시설·종합병원·판매시설·관광숙박시설·관람집회시설·기타 16층 이상인 건축물. 단, 주택법 제3조 제3호의 규정에

여기서 '해당 공종에 상응하는 건설기술인'이란 건설기술인을 배치하려는 해당 건설공사의 목적물과 종류가 같거나 비슷하고 시공기술상의 특성이 비슷한 공사를 말하며(영35조2항 별표5 비고2호), 이 건설사업자는 수급인 뿐만 아니라 하수급인도 포함되기 때문에 하도급을 준 경우에는 하수급인 역시 이 기준에 맞게 해당 공종에 맞는 건설기술인을 배치하여야 한다.

> 【판례】 건설산업기본법은 '건설업자'라는 용어를 '수급인'과 명확히 구분하여 사용하고 있는 점, 특히 건설산업기본법 제25조 제1항은 "발주자 또는 수급인은 공사내용에 상응한 업종의 등록을 한 건설업자에게 도급 또는 하도급 하여야 한다"라고 되어 있어 '하도급을 받은 건설업자'를 상정하고 있는 점, 여러 종류의 공사를 여러 업체에 하도급을 주어 시공하는 경우, 건설산업기본법 시행령 제35조에 의한 '당해 공사의 공종에 상응하는 건설기술자'의 배치는 공종에 따른 전문기술인력을 보유한 하수급인이 맡는 것이 적절한 점 등을 고려하면, 건설산업기본법 제40조 제1항의 '건설업자'에는 수급인뿐만 아니라 하수급인도 포함된다고 할 것이다(대법원 2010. 6. 24. 선고 2010도2615 판결).

그러나 건설공사를 도급에 의하여 시공하지 아니하고 건축주가 직접 시공하는 경우에는 「건설산업기본법」 제40조의 규정에 의한 건설기술인의 배치의무는 없다.[183]

공사예정금액이란 발주자가 재료를 제공하는 경우에는 그 재료의 시장가격 및 운임을 포함한 금액을 말하고 있는 바(건산법 시행령8조), 일반적으로 부가가치세액이 포함된 설계금액이 이에 해당될 수 있다.[184]

건설기술인의 배치는 공사예정금액의 규모별로 30억 원 미만에서 30억 원 이상,

의한 공동주택은 제외.

182) 현장대리인에서 "당해 공사와 같은 종류의 공사현장에서 배치되어 시공관리업무에 3년이상 종사한 자"의 의미.
   【질의】 건설산업기본법 제35조 별표5의 공사예정금액 20억 원이상인 경우의 현장대리인으로 "기사이상 자격취득자로서 당해 직무분야에 3년 이상 실무에 종사한 자" 및 "당해 공사와 같은 종류의 공사현장에서 배치되어 시공관리업무에 3년 이상 종사한 자"의 의미는?
   【회신】 질의의 경우 "3년 이상 실무에 종사한 기간"이란 동법 시행령 제35조 제2항 별표5의 비고의 규정에 의거 기술자격취득 이전의 경력이 포함되며, '당해 공사와 같은 종류의 공사현장'이란 건설공사의 목적물과 종류가 같거나 유사하고 시공기술상의 특성이 유사한 공사임[건설교통부 건경 58070-610(2001. 5. 30.)].

183) 건설신문, 유권해석 건설산업기본법(자료 : 국토교통부), 2005. 12., p. 648.

184) 공사예정금액의 정의: 건설산업기본법 시행령 제8조의 규정에 의하여 동일한 공사를 2 이상의 계약으로 분할하여 발주하는 경우에는 각각의 공사예정금액을 합산한 금액으로 하고, 발주자가 재료를 제공하는 경우에는 그 재료의 시장가격 및 운임을 포함한 금액을 말하고 있는 바, 2. 일반적으로 부가가치세액이 포함된 설계금액이 이에 해당될 수 있을 것입니다[국토교통부 건설경제과, 자주하는 질문(FAQ), 등록일자 2008. 9. 9. 수정일자 2014. 12. 30. 1.].

100억 원, 300억 원, 500억 원, 700억 원으로 구분되며, 건설기술인은 「건설기술 진흥법」에 따른 초급, 중급, 고급, 및 특급기술인과 함께 「국가기술자격법」에 의한 기술사, 기능장, 기사 및 산업기사 등이 해당된다.

3) 공사현장대리인의 역할

현장대리인은 본사의 사장을 대리하여 건설현장을 직접적이고 전체적으로 수행하는 사람으로서 관리영역은 다음과 같다.

① 공정관리, 공사비관리, 공사 Scope관리, 품질관리, 안전관리 및 환경관리

② 일반 행정관리, 위험관리, 조직관리, 계약 및 구매관리

③ 하도급업체 선정(본사에서 선정하는 경우를 제외함), 하도급관리, 대민관리 등

따라서 현장대리인은 관리자이면서 훌륭한 리더가 되어야 한다. 이러한 리더십은 하급자들이나 일반조직원들이 리더에 대하여 갖는 상징적 인식과 관련된다. 현장대리인은 다양한 경력과 전문자격, 리더로서의 실행능력, 임기응변이 필요한 폭넓은 경험, 유연한 성격과 높은 교육수준을 갖추어야 한다. 국내 공사는 아래와 같은 수행과정을 거치게 된다.

[그림 6-11] 국내 공사 수행 과정도

 * 시공직원 선정: 현장대리인 선임 등
** 착공: 자금지원, 자재지원, 장비지원, 가설재지원, 시공기술지원, 협력업체 선정, 기성취하 등

4. 현장소장

현장소장이란 건설현장을 하나의 사업단위로 총체적인 책임을 지고 직접적으로 수행하는 사람을 말한다. 즉, 현장사무소의 최고 책임자를 가리키고 있는데, 일반적으로 건설업계에서 부르는 명칭으로 법규에서는 현장대리인이라 칭하고 있다. 따라서 현장소장과 현장대리인은 상호 일치하는 경우가 대부분이나 그렇지 않은 경우도 있다. 예컨대 현장을 이끌어가는 풍부한 경험과 리더십은 있으나 건설법령에서 규정한

기술자격이 없는 경우는 현장대리인과 소장은 동일하지 않을 수도 있다.

　현장대리인은 계약예규인「공사계약일반조건」제14조에 따라 배치하는 것이며, 이는「건설산업기본법 시행령」제35조 별표5 등 공사 관련법령에 따른 기술자 배치기준에 적합한 자를 말한다라고 규정하고 있으며, 민간건설공사의 경우에는 계약당사자 간의 계약조건에서 정하는 바에 따라 배치하는 것이다.

　「건축법」제21조는 허가를 받거나 신고를 한 건축물의 공사를 착수하려는 건축주는 허가권자에게 공사계획을 신고하여야 하며, 이때 같은 법 시행규칙 제14조에 따라 착공신고서(공사현황, 설계자, 시공자, 감리자, 관계전문기술자 현황 등 기재), 건축관계자 상호 간의 계약서 사본, 일부 설계도서(시방서, 실내마감도, 건축설비도 등)를 제출하여야 한다.

　건축법령에서는 현장소장, 현장대리인 등에 대하여 별도로 정의하고 있지 아니하나, 상기 착공신고 때 신고한 공사시공자를 변경한 때에는 같은 법 시행규칙 제11조 제2항에 따라 그 변경한 날부터 7일 이내에 건축관계자변경시고서를 허가권자에게 제출하여야 한다.[185]

5. 현장대리인의 법적 성질

1) 현장소장이 하도급계약을 체결할 수 있는가

　건설회사의 현장소장이 하도급계약을 체결하거나 시공에 필요한 자재를 구입하고 장비를 임차하는 경우, 현장소장과 하도급계약을 체결한 계약 상대방이 그 소장을 고용한 건설회사를 하도급계약의 당사자라 주장할 수 있는지에 대하여, 건설회사가 명시적으로 현장소장에게 하도급계약의 체결이나 자재구입, 또는 장비를 임차할 수 있는 권한을 부여한 경우에는 현장소장이 회사의 대리인으로서 행위한 것이므로 당연히 그 효력이 회사에 미치게 될 것이다. 즉, 현장소장을 고용하여 공사를 수행하고 있는 건설사업자는 현장소장이 책임지고 있는 현장의 시공과 관련하여 체결한 하도급계약상의 책임을 져야 한다.

　그렇다면, 현장소장이 시공과 관련하여 한 행위를 현장소장을 고용한 건설회사에서 책임져야 하는 근거는, 현장소장은 보통「상법」제15조 소정의 영업의 특정한 종

185) 건설경제, 건설산업기본법 유권해석(자료 : 국토교통부), 2019. 7., p. 270.

류 또는 특정한 사항에 대한 위임을 받은 사용인으로서, 그 업무에 관해서는 부분적 포괄대리권을 가지고 있기 때문이다(상법15조1항).

아울러 건설회사가 책임져야 하는 현장소장의 행위는 어느 범위까지인가의 문제가 있다. 이에 대하여는 현장소장이 공사시공과 관련하여 행하는 모든 행위로 보고 있다. 하도급계약체결, 자재구매 등에 대해서는 비록 소장이 독단적으로 결정하였다 하더라도 소장을 고용한 건설회사가 책임져야 한다. 그러한 행위들은 부분적 포괄대리권을 가진 현장소장의 권한 범위 내에 있기 때문이다.

> **【사실】** A사 소속 부장급 직원이 현장소장으로 공사수행 중 하수급업체(B)의 도산으로 다른 업체(C)에게 하도급, 이때 계약명의자를 소장으로 하였다. 그 계약은 종전업체보다 2배 정도 높게 공사비가 책정되었다. 그리하여 회사(A)는 현장소장이 계약체결권이 없다고 무효를 주장하고, C사는 공사현장에서 일하는 것을 A사 사장이나 전무 모두 알고 있으므로 유효하다고 주장하였다.
>
> **【판시】** 현장소장은 보통 「상법」 제15조(부분적 포괄대리권을 가진 사용인)[186] 소정의 영업의 특정한 종류 또는 특정한 사항에 대한 위임을 받은 사용인으로서, 그 업무에 관하여 "부분적 포괄대리권을 가진 자"로 보고 있다. 따라서 공사현장에서 공사에 필요한 사무에 대하여는 소속건설회사를 대리할 권한이 있으나, 이것을 벗어나 새로운 공사의 수주나 채무부담 내지 채무경감조치를 할 권한은 없다. 이 사건은 여러 상황을 고려 A회사가 알고 있었다고 보아 A사의 책임을 인정하였다(대법원 1994. 9. 30. 선고 94다20884 판결).

2) 현장소장이 채무보증을 할 수 있는가[187]

130여 만 평의 부지위에 조성하는 대규모공사로 하도업체 100여 개, 공사비 1,000억 원의 토목공사를 수행하는 건설회사의 현장소장이 본사의 허락을 얻지 않고 임의로 공사현장에서 사용할 건설기계(4대) 등에 관하여 임대차계약(보증입보)을 체결한 경우로서, 건설기계임대인이 건설회사에 직접 책임을 물어 임대료를 청구할 수 있는지의 문제가 발생하였다.

이에 대하여 대법원은 현장소장을 지배인에 다음 가는 경영보조자로서 재판 외의 영업의 특정한 종류 또는 특정한 사항에 대한 위임을 받아 이에 관한 모든 행위를 할 수 있는 부분적 포괄대리권을 가진 상업사용인으로 보고 있다. 이는 건설회사의 현장

---

186) 법 제15조(부분적 포괄대리권을 가진 사용인) ① 영업의 특정한 종류 또는 특정한 사항에 대한 위임을 받은 사용인은 이에 관한 재판외의 모든 행위를 할 수 있다. ② 제11조 제3항의 규정은(지배인의 대리권에 대한 제한은 선의의 제3자에게 대항하지 못한다)은 전항의 경우에 준용한다.

187) 길기관, 앞의 책, pp. 143~144 참조.

소장이 표현지배인인지,[188] 아니면 부분적 포괄대리권을 가진 사용인인지의 여부에 대한 판단인데, 대법원은 「상법」 제15조의 부분적 대리권을 가진 사용인이라 판단하고 있다.

따라서 본 건에 대해서는 "현장소장으로서 공사에 관한 하도급계약과 공사에 소요될 장비에 관한 임대차계약, 대금지급 등 어느 정도 광범위한 권한을 부여받고 있었으며, 위 공사의 경우 장비를 구하기가 어려웠고 장비가 없으면 공사에 큰 지장을 초래할 우려가 있다는 현장소장의 주장과 당시의 사정을 고려하여 현장소장의 업무범위에 속한다"고 보았다.[189]

여기서 "특정한 종류 또는 특정한 사항"이란 공사의 시공과 관련한 행위로서 자재관리, 노무관리, 관련 하도급 계약체결, 공사대금 지급, 건설기계 등의 임대차 등의 행위를 말한다. 그러나 이와는 달리 현장소장이 한 채무보증행위에 대해 책임을 져야 하는 경우도 있다. 여러 가지 사정에 비추어볼 때 현장소장에게 채무보증을 할 권한이 부여되었다고 인정되는 경우에는 현장소장이 한 채무보증의 효력이 회사에 미친다.

이와 유사한 사례로서 도로공사를 도급받은 회사에서 현장소장의 지휘 아래 노무, 자재, 안전 및 경리업무를 담당하는 관리부서장이 회사의 부담으로 될 채무보증 등의 행위를 할 권한이 있는지 여부에 대해서는 "관리부서장은 그 업무에 관하여 「상법」 제15조 소정의 부분적 포괄대리권을 가지고 있다고 할 것이지만, 그 통상적인 업무가 공사의 시공에 관련된 노무, 자재, 안전 및 경리업무에 한정되어 있는 이상 일반적으로 회사의 부담으로 될 채무보증 또는 채무인수 등과 같은 행위를 할 권한이 있다고 볼 수는 없다"고 판단하였다.[190]

---

188) 상법 제14조(표현지배인) ① 본점 또는 지점의 본부장, 지점장, 그 밖에 지배인으로 인정될 만한 명칭을 사용하는 자는 본점 또는 지점의 지배인과 동일한 권한이 있는 것으로 본다. 다만 재판상 행위에 관하여는 그러하지 아니하다. ② 제1항은 상대방이 악의인 경우에는 적용하지 아니한다. 표현지배인이란 영업주로부터 지배인으로서의 대리권을 수여받지 않았으나 지점장·지사장·영업소 주임 등과 같이 본점 또는 지점의 영업소 책임자인 것을 표시하는 명칭을 붙이고 사용되는 상업 사용인으로서, 표현지배인은 재판상의 행위를 제외하고 영업에 관하여 지배인과 동일한 권한을 가지고 있는 것으로 본다. 그러나 이 규정은 선의(진정한 지배인이 아니라는 것을 모름)의 거래자를 보호하기 위한 제도이므로 상대방의 악의(이 사실을 아는 것)일 경우에는 적용되지 않는다.

189) 대법원 1994. 9. 30. 선고 94다20884 판결.

190) 대법원 1999. 5. 28. 선고 98다34515 판결.

3) 타워크레인 설치작업 중 발생한 사고에 현장대리인의 책임 여부

타워크레인 작업을 전문업자에게 도급 준 건설회사의 현장대리인에게 붕괴사고에 따른 형사책임을 물을 수 있는가의 사례이다.

A사(건설회사)는 공사 중 타워크레인 작업을 B업자(타워크레인)에게 도급을 주었고, 타워크레인의 설치, 운전, 해체에 필요한 모든 인원은 A사의 관여 없이 B가 고용하여 작업에 투입하였다. 타워크레인 설치작업은 고도의 숙련된 노동을 필요로 하는데, A사의 직원들은 그에 대한 경험이나 전문지식이 부족하여 구체적인 설치작업 과정에는 관여한 바 없다. B는 자기의 책임으로 운전기사를 고용하고 자기가 소유 또는 관리하는 장비를 사용하여 타워크레인 작업을 수행하였는데, 이것이 붕괴되는 사고로 사람이 죽거나 다쳤다. 이 사고에 대해 A사나 그 현장대리인(C)에게 형사책임을 물을 수 있는가 하는 문제이다.

이에 대하여 대법원은 "현장대리인 C가 타워크레인 설치작업을 관리하고 통제할 실질적인 지휘, 감독권한이 있었던 것으로 보이지는 아니하므로 업무상 주의의무를 위반한 과실이 있다고 할 수 없어서 업무상 과실치사죄 및 업무상 과실치상죄의 책임을 물을 수 없다"고 판단하였다(대법원 2005. 9. 9. 선고 2005도3108 판결).

결론적으로 현장대리인이 타워크레인 설치작업에 대하여 관리하고 통제하는 실질적인 지휘, 감독권한을 행사하였는지를 기준으로 그 책임이 있는지 여부를 판단한 것임을 알 수 있다.

제17절 턴키공사

1. 개 요

턴키계약방식은 시공업체가 건설공사에 대한 재원조달, 토지구매, 설계와 시공, 운전 등의 모든 서비스를 발주자를 위하여 제공하는 일괄계약방식의 특별한 경우로서, 기존의 설계·시공 분리방식의 대안으로 미국에서 개발되어 세계 각국에서 활용되고 있는 계약방식이며, 시공자가 설계 및 시공을 일괄적으로 수행하는 형태이다. 이러한 계약방식은 1970년대 초 처음으로 국내에 도입되었다. 해외 건설시장의 호황을 맞으면서 국내기업의 국제경쟁력 향상을 촉진하기 위하여 대형공사나 기술집약적인 공사에 설계·시공 일괄계약을 적용할 수 있도록 1975년 「대형공사 계약에 관한 예산회계법 시행령 특례규정」을 제정하여 시행되고 있다.[191]

설계와 시공을 일괄하여 입찰에 부치는 이 제도는 설계평가를 통해 실시설계적격자(사실상 시공자)를 선정함으로써 기술발전에 기여하고, 설계·시공의 일관성을 확보하여 건설공사 입찰 시 가격보다는 기술(설계)경쟁을 통해 기술력이 우수한 업체를 선정하기 위해서 도입된 제도이다. 그러나 당초의 제도의 취지인 기술경쟁을 통해서기술력이 우수한 업체를 선정한다는 취지 못지않게, 공사의 특성상 대형업체에 편중되거나 업체선정의 문제 등으로 인해 다소 침체되고 있는 현실이다. 특히 업계에서는 설계변경과 관련된 분쟁이 빈번하게 제기되고 있다.

관련 법규로는 「국가계약법 시행령」 제6장(대형공사계약) 제78조~제92조, 「지방계약법 시행령」 제6장(대형공사계약) 제94조~제103조, 계약예규 「일괄입찰 등에 의한 낙찰자 결정기준」 및 계약예규인 「공사계약일반조건」 제21조(설계변경으로 인한 계약금액조정의 제한 등), 조달청 지침인 「일괄입찰 등의 공사계약특수조건」 등이 있다.

---

191) 월간 환경과 조경, "턴키제도 개관 및 제도상 문제점", 2002. 2. 166호.; 서울특별시, "대형공사 입찰 및 계약관행혁신방안", 2013. 3.; 국토교통부, "턴키·대안입찰제도업무요령", 2003. 8. 참조.

2. 일괄입찰제도

1) 개 념

발주기관이 제시하는 기본계획과 입찰안내서에 따라 건설업체(설계업체와 공동입찰이 가능)가 기본설계도면과 공사가격 등의 서류를 작성하여 입찰서와 함께 제출하는 방식이다. 시공자가 설계서 작성뿐만 아니라 시공도 함께 수행하는 방식으로 시공자가 설계에 대한 책임을 지는 방식이다.

대형공사계약 중 대안입찰 또는 일괄입찰에 의한 계약에 관하여는 「국가계약법 시행령」 제6장에 규정한 바에 의하여 적용한다. 같은 법 시행령 제79조 제5호에서는 '일괄입찰'이란 정부가 제시하는 공사일괄입찰기본계획 및 지침에 따라 입찰 시에 그 공사의 설계서 기타 시공에 필요한 도면 및 서류를 작성하여 입찰서와 함께 제출하는 설계·시공 일괄입찰이라 정의하고 있다.

【판례】 설계·시공 일괄입찰(Turn-Key Base)방식에 의한 도급계약이라 함은 수급인이 도급인이 의욕하는 공사목적물의 설치목적을 이행한 후 그 설치목적에 맞는 설계도서를 작성하고 이를 토대로 스스로 공사를 시행하여 그 성능을 보장하여 결과적으로 도급인이 의욕한 공사목적물을 이루게 하여야 하는 계약을 의미한다(대법원 1996. 8. 22. 선고 96다16650 판결).

일반적으로 이를 턴키공사(turn-key base)라 칭하고 있으나 기본적인 의미는 다르다. 즉, 턴키제도는 미국에서 개발되어 세계적으로 활용되고 있는 계약방식으로 시공자가 건설공사에 대한 재원조달, 용지매입, 설계 및 시공과 시운전까지 하여 키(key)를 전달한다는 방식을 의미한다.

한편 설계·시공 일괄계약방식(design-build or design-construct)은 발주자가 하나의 도급자와 설계 및 시공을 수행하는 계약을 체결하는 발주 방식으로 턴키계약과는 계약 상대자의 책임 범위 및 계약조건이 확연히 구분된다.[192] 그러나 국내에서는 턴키와 디자인 빌드를 동일한 발주방식으로 잘못 인식함으로써 실제적으로 디자인 빌드 공사임에도 불구하고 계약조건의 해석은 턴키방식으로 확대 해석하여 계약 상대자의 계약적 권리를 부당하게 침해하는 사안들이 발생하고 있다. 따라서 현재 우리가 국내에서 시용하고 있는 턴키방식과는 차이가 있다. 그러나 두 가지의 경우 모두 공사의

---

192) 이종수, "현장 여건상의, 예측 불가능 입증이 관건", 월간건설(건설저널 2002. 2.), p. 31.

설계에 대한 책임은 시공자에게 있으며, 시공자는 발주자가 추구하는 공사의 목적으로 이루게 하여야 하는 책임과 의무가 있다.

2) 특 징

일괄입찰제도는 일반입찰제도와는 달리 다음과 같은 다양한 특징을 가지고 있다.

[표 6-14] 발주방식별 장단점 비교

구분	턴키공사(일괄입찰제도)	기타공사(일반입찰제도)
개념	• 발주기관이 제시한 공사일괄입찰 기본계획 및 지침에 따라 입찰 시에 설계서와 시공에 필요한 도서를 작성하여 입찰서와 함께 제출하는 방식	• 발주기관이 제시하는 실시설계 도서에 대하여 건설업체가 공사가격을 제출하는 일반적인 입찰방식
특징	• 입찰가격과 설계점수를 종합적으로 평가하여 계약상대자를 결정 • 설계와 시공을 계약상대자가 일괄로 수행하여 발주자에게 최종적으로 키(key)를 넘겨주는 방식 • 기술경쟁이 요구되는 공사에 적합	• 기본 및 실시설계가 완료된 상태에서 입찰가격을 중심으로 시공자를 결정 • 시공자는 공사만 수행 • 발주자가 전문적인 공사관리 능력이 없을 경우 기타공사방식으로 복잡한 공사를 진행할 경우 많은 문제가 발생되므로 상대적으로 단순한 공사에 적용해야 함
장점	• 예산범위 내에서 발주자가 요구하는 성능을 만족시키면 되기 때문에 자유로운 신기술·신공법을 적용할 수 있어 건설기술 발전과 목적물의 성능향상이 가능 • 발주자는 필요한 성능만을 요구하기 때문에 이를 충족시키기 위한 모든 비용이 입찰가격에 반영되므로, 설계누락 또는 자재가격 상승 등 예기치 않은 설계변경으로 인한 추가비용은 계약당사자가 책임하에 시공	• 실시설계가 완료된 이후에 공사가 발주되는 관계로 예정가격 산정이 용이하고 신뢰도가 높음 • 최저가 방식으로 입찰이 가능하여 턴키에 비해 낙찰률이 낮음 • 입찰가격을 충족하는 불특정 다수업체의 참여가 가능하여 충분한 가격경쟁이 보장됨 • 턴키공사에 비해 진입장벽이 낮아 중소업체나 신설업체도 입찰에 참여하기 수월함
단점	• 기본계획 상태에서 공사발주가 이루어지므로 상대적으로 낙찰률이 높음 • 응찰을 위해서는 설계비를 선투입해야 하며 탈락하면 경제적 부담이 커 사실상 중소업체의 참가가 제한됨 • 설계심의 과정에서 심의위원에 대한 불법로비가 발생할 개연성이 존재	• 발주자가 전문적인 공사관리를 못할 경우 설계누락 또는 자재가격 상승 등으로 공사비가 상승 • 발주 시 덤핑으로 낙찰되면 하도급업체나 현장근로자에게 손실을 전가하여 피해가 발생할 수 있음

자료 : 서울특별시, "대형공사 입찰 및 계약관행 혁신방안", 2013. 3. 참조.

3) 용어의 정의

대형공사계약 중 대안입찰 또는 일괄입찰에 의한 계약에 관하여는 「국가계약법 시행령」 제6장(78조부터 92조까지)에 규정한 바에 의하여 적용한다. 이 절에서 적용되는 용어에 대하여 살펴보면 다음과 같다.

① 대형공사 : 총공사비 추정가격이 300억 원 이상인 신규복합공종공사를 말한다(국가계약법 시행령79조1호). 여기서 추정가격이란 설계금액에서 부가가치세와 관급 자재대를 제외한 순수한 공사금액을 의미한다.

② 특정공사 : 총공사비 추정가격이 300억 원 미만인 신규복합공종공사 중 각 중앙관서의 장이 대안입찰 또는 일괄입찰로 집행함이 유리하다고 인정하는 공사를 말한다(국가계약법 시행령79조2호).

③ 일괄입찰 : 정부가 제시하는 공사일괄입찰기본계획 및 지침에 따라 입찰 시에 그 공사의 설계서 기타 시공에 필요한 도면 및 서류를 작성하여 입찰서와 함께 제출하는 설계·시공 일괄입찰을 말한다(국가계약법 시행령79조5호).

④ 기본설계입찰(tender by basic design) : 일괄입찰의 기본계획 및 지침에 따라 실시설계에 앞서 기본설계와 그에 따른 도서를 작성하여 입찰서와 함께 제출하는 입찰을 말한다(국가계약법 시행령79조6호).

⑤ 입찰안내서 : 대안입찰, 일괄입찰, 기본설계입찰에 참가하고자 하는 자가 당해공사의 입찰에 참가하기 전에 숙지하여야 하는 공사의 범위·규모, 설계·시공기준, 품질 및 공정관리 기타 입찰 또는 계약이행에 관한 기본계획 및 지침 등을 포함한 문서이다(국가계약법 시행령79조7호).

⑥ 실시설계서(execution plan) : 기본계획 및 지침과 기본설계에 따라 세부적으로 작성한 시공에 필요한 설계서(설계서에 부수되는 도서를 포함)를 말한다(국가계약법 시행령79조8호).

4) 건설공사 입찰 및 낙찰방법

건설공사 입찰에서는 대형공사와 기타공사로 구분하는데, 대형공사는 추정가격 300억 원 이상의 신규복합공종공사(대형공사)와 추정가격 300억 원 미만 중 일괄입찰 등이 유리한 공사(특정공사)가 있고, 기타공사는 대형공사 및 특정공사를 제외한 모든 건설공사를 말한다. 입찰방법으로서 대형공사는 턴키입찰(일괄입찰), 대안입찰, 기술제안입찰이 있고, 기타공사는 설계·시공분리입찰의 방식이 있다.

[그림 6-12] 건설공사 입찰방식

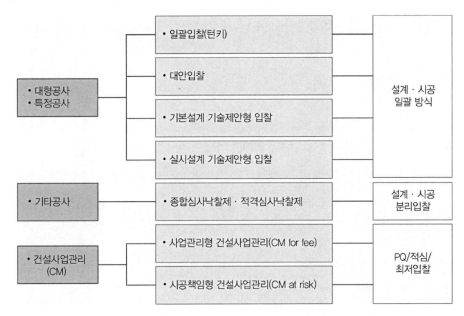

3. 대상공사의 확정

1) 대상공사의 범위와 입찰방법의 심의

총공사비 추정가격이 300억 원 미만인 특정공사와 추정가격이 300억 원 이상인 대형공사가 일괄입찰의 대상이 된다. 대형공사 및 특정공사의 경우 입찰의 방법에 관하여 중앙건설기술심의위원회의 심의를 거쳐야 한다. 각 중앙관서의 장 또는 계약담당공무원은 ①「건설산업기본법」 제9조에 따라 해당공사의 시공에 필요한 건설업의 등록을 한 자일 것, ②「건설기술 진흥법」 제20조의2에 따른 설계 등 용역업자 또는 「건축사법」 제23조에 따라 건축사업무신고를 한 자에 한하여 일괄입찰 또는 대안입찰에 참가하게 하여야 한다.

2) 일괄입찰 등의 입찰절차

각 중앙관서의 장 또는 계약담당공무원은 일괄입찰 또는 대안입찰의 경우 입찰참가자격을 미리 심사하여 일괄입찰 또는 대안입찰에 참가할 수 있는 적격자를 선정할

수 있고, 이 경우 선정된 적격자에게 선정결과를 통지하여야 한다(국가계약법 시행령84조
의2). 일괄입찰은 기본설계입찰을 실시하여 「국가계약법 시행령」 제87조 제1항의 규
정에 의하여 실시설계적격자로 선정된 자에 한하여 실시설계서를 제출하게 하여야
한다. 일괄입찰자는 기본설계입찰서 또는 실시설계서에 관련 도서를 첨부하여 제출
하여야 한다.

3) 설계심의

각 중앙관서의 장 또는 계약담당공무원은 일괄입찰의 경우로서 기본설계입찰서 또
는 실시설계서를 제출받은 때의 어느 하나에 해당하는 때에는 중앙건설기술심의위원
회에 당해 설계의 적격 여부에 대한 심의 및 설계점수평가를 의뢰하여야 한다(국가계약
법 시행령85조5항).

4) 낙찰자 선정방법

기본설계입찰자를 대상으로 우선설계심사를 하여 설계점수가 높은 순으로 최대 6
인(적격으로 통지된 입찰자가 6인 미만인 경우에는 적격으로 통지된 모든 입찰자)을 선정한 후 실시
설계적격자 결정방법을 적용하여 합당한 자를 실시설계적격자로 결정한다(국가계약법
시행령87조1항).

중앙건설기술심의위원회 또는 설계자문위원회로부터 당해 실시설계의 적격통지를
받은 때에는 그 실시설계서를 제출한 자를 낙찰자로 결정한다. 이와 함께 각 중앙관
서의 장 또는 계약담당공무원은 실시설계적격자로 결정된 입찰자의 입찰금액이 계속
비 대형공사에서는 계속비예산, 일반 대형공사에서는 총공사예산을 각각 초과하는
경우에는 예산의 범위 안으로 가격을 조정하기 위하여 그 입찰자와 협의하여야 하며
협의가 성립되지 아니할 때에는 재공고입찰에 의하여야 한다. 이러한 낙찰자의 결정
은 부득이한 사유가 없는 한 실시설계서가 제출된 날부터 60일 이내에 하여야 한다
(국가계약법 시행령87조3의4항).

5) 우선시공(fast track)이 있는 일괄입찰

각 중앙관서의 장 또는 계약담당공무원은 낙찰자 결정에서 공사의 시급성 기타 특수한 사정으로 인하여 필요하다고 인정하는 경우에는 실시설계적격자로 하여금 당해 공사를 공정별 우선순위에 따라 구분하여 실시설계서를 작성하게 할 수 있으며, 당해 실시설계서에 대하여 중앙건설기술심의위원회 또는 설계자문위원회로부터 실시설계 적격통지를 받은 때에는 그 실시설계적격자를 낙찰자로 결정하고 우선순위에 따라 공사를 시행하게 할 수 있다(국가계약법 시행령87조5항).

4. 일괄입찰 등의 설계변경 조정요건

「국가계약법 시행령」 제91조 및 「공사계약일반조건」 제21조에 의해 대형공사의 설계변경 조정요건이 다음과 같이 규정되어 있으며, 동 조건 제4항에 의해 증가된 물량은 수정 전의 설계도면과 수정 후의 설계도면을 비교하여 산출하여야 한다.

1) 원칙적으로 계약금액의 증액은 인정하지 않음

(1) 증액이 인정되지 않는 계약유형

일괄입찰의 방법으로 체결된 공사계약에서는 설계 변경으로 계약내용을 변경하는 경우에도 정부에 책임있는 사유 또는 천재·지변 등 불가항력의 사유로 인한 경우를 제외하고는 그 계약금액을 증액할 수 없다(국가계약법 시행령91조1항).

(2) 불인정되는 사유

대안입찰 중 대안이 채택된 부분과 설계 시공 일괄입찰 및 기술제안 입찰에 대해서는 설계변경을 하는 경우에도 원칙적으로 계약금액을 증액할 수 없다. 대안부분 및 일괄입찰 및 기술제안입찰의 경우 설계에 대한 책임이 모두 계약상대자에게 있으므로 설계상의 미비, 오류점 등을 보완하기 위해 설계변경을 수행하더라도 증액을 허용하지 않는 것이다.

설계서(산출내역서는 포함하지 않음)의 하자에 의한 설계변경, 즉 설계서의 내용이 불분명할 경우, 설계서에 누락·오류가 있을 경우, 설계서 상호 간의 모순 및 설계서와 공사현장의 상태 불일치 등의 사유는 모두 계약상대자의 책임에 의한 설계변경에 해당된다고 볼 수 있다. 이러한 경우 설계서를 계약상대자가 직접 작성한 것이기 때문에 동 설계서의 하자 등은 계약상대자의 책임으로 귀속된다고 보아야 한다. 다만 산출내역서는 설계서에 포함되지 않기 때문에 산출내역서의 과다·과소계상 등 작성오류는 설계서의 상이로 인한 설계변경의 사유가 아니므로 계약금액을 조정할 수 없다(회제 41301-744, 2000-03-27).

그러나 계약상대자 귀책사유일 경우 설계변경으로 인한 계약금액의 증액이 인정되지 않을 뿐, 물량감소로 인한 계약금액의 감액은 적용하고 있으며, 이는 시공자의 설계서 작성에 대한 불성실의 문제점을 방지하여 설계의 정확성을 유도하기 위한 목적으로 볼 수 있다. 이때 기존비목의 물량감소로 인한 감액단가는 산출내역서상의 단가(계약단가)로 한다.

> **【질의】** 턴키공사계약의 설계변경 및 산출내역서 재조정 가능 여부
> 공사 낙찰 이후 중앙건설기술심의위원회의 지적사항 반영, 공사 시공 중의 지반조건 변화 등에 기인한 세부공종별 수량변경이 발생했을 경우에도 국가계약법 시행령 제91조 제1항의 규정인 "정부의 책임있는 사유 또는 천재지변 등 불가항력의 사유에 의하여" 계약금액을 조정할 수 없는지 여부
>
> **【답변】** 회제45107-2446, 2007. 6. 16.
> 국가기관이 체결한 대형공사계약에 있어서 대안입찰 중 대안이 채택된 부분과 설계·시공 일괄입찰 및 실시설계시공입찰에 대하여는 설계변경으로 계약내용을 변경하는 경우에도, 국가계약법 시행령 제91조 제1항에 의해 정부의 책임있는 사유 또는 천재지변으로 인한 경우를 제외하고는 그 계약금액을 증액할 수 없는 것인 바, 이 경우 설계변경으로 계약내용 변경 시 공사도급계약서상의 계약금액을 초과하지 않는 범위 내에서의 산출내역서를 재작성하여 제출할 수 있는 것임.

2) 증액을 인정하는 경우

대형공사계약의 경우는 전술한 바와 같이 원칙적으로 설계변경으로 계약내용을 변경하는 경우에도 계약금액의 증액은 인정하지 않으나, 예외적으로 정부의 책임있는 사유 또는 불가항력의 사유에 의한 계약금액의 증액을 인정하고 있다. 이때 증가되는 공사물량은 수정 전의 설계도면과 수정 후의 설계도면을 비교하여 산출한다.

(1) 정부(발주관서)의 책임있는 사유

앞의 정부의 책임있는 사유 또는 불가항력의 사유란 다음 각 호의 1의 경우를 말한다. 다만 설계 시 공사 관련법령 등에 정한 바에 따라 설계서가 작성된 경우에 한한다(일반조건21조4항).

① 사업계획 변경 등 발주기관이 필요한 경우

지하철 공사의 경우에는 ⓐ 노선 등 계획의 변경, ⓑ 부대시설의 추가 또는 감소와 그 기능의 향상 또는 저하, ⓒ 정거장 규모의 증감과 위치의 변경으로 물량변동이 있는 경우, ⓓ 연결통로 등의 신규시설물 설치로 구조물의 물량에 증감이 있는 경우, ⓔ 지하철 개통예정일의 단축으로 공사방법이 변경되는 경우 등이다.
한편 「일괄입찰 등의 공사계약특수조건」 제22조 제1항에서는 발주기관이 제시한 공사의 기본계획·입찰안내서의 내용에 모순이나 상이 등이 있는 경우는 계약금액을 증액할 수 있도록 하고 있다.

② 발주기관 외에 당해공사와 관련된 인·허가기관 등의 요구가 있어 이를 발주기관이 수용하는 경우

ⓐ 서울특별시의 지하철공사에서 서울특별시에서 유지관리하는 도로 부속 시설물 중 지하철공사와 관련이 없는(상수도, 하수도, 가로수 및 수목, 포장, 신호시스템 등)유지관리부서에서 교체, 개량, 추가공사 등을 입찰공고일 후에 요구하여 발주기관에서 추가공사를 지시한 경우, ⓑ 환경영향평가 및 교통영향분석·개선대책 최종협의 내용의 이행을 위한 시설의 추가, 변경 등이 수반되는 경우 중 발주기관이 인정하는 경우, ⓒ 지하철 운영주체에서 지하철 시설기준 이외의 새로운 시설의 설치를 요구하여 발주기관이 추가 승인한 경우

③ 공사 관련법령(표준시방서, 전문시방서, 설계기준 및 지침 등 포함)의 제·개정으로 인한 경우

ⓐ 공사 관련법령의 제·개정에서 발주기관이 변경 시공을 지시한 경우, ⓑ 강도의 변경, 품질안전을 개선할 필요가 있어 발주기관이 지시한 경우 등

【해석】 관련법령 개정으로 인한 설계변경 및 계약금액조정(회제 41301-23, 2007. 6. 19.)
국가기관이 설계·시공 일괄입찰을 실시하여 체결한 공사계약에 있어서 설계변경으로 계약내용을
변경하는 경우 정부에 책임있는 사유 또는 천재지변 등 불가항력의 사유로 인한 경우를 제외하고
는 공사계약일반조건 제21조 제1항의 규정에 의하여 그 계약금액을 증액할 수 없으나, 공사관련
법령(표준시방서, 전문시방서, 설계기준 및 지침 등 포함)의 제·개정으로 인하여 설계변경하는
경우에는 동조 제3항 제3호의 규정에 의하여 계약금액을 증감 조정할 수 있으며, 이 경우 설계변
경당시의 단가라 함은 설계변경 시점의 거래실례가격 등을 의미함.

④ 공사 관련법령에 정한 바에 따라 시공하였음에도 불구하고 발생되는 민원에 의
   한 경우

지하철 공사에서 노선 등 계획의 변경에 해당하는 민원으로서 발주기관이 변경을
지시한 경우와 같다.

⑤ 발주기관 또는 공사 관련기관이 교부한 지하매설 지장물도면과 현장상태가 상이
   하거나 계약 이후 신규로 매설된 지장에 의한 경우

⑥ 토지·건물소유주의 반대, 지장물의 존치, 관련기관의 인·허가 불허 등으로 지질
   조사가 불가능했던 부분의 경우

   ㉠ 입찰자가 토지·건물소유주 및 인·허가기관 등 관련자와 최소 1회 이상 문서로
      협의하여 발주기관이 인정한 경우

   ㉡ 조사가 불가능하였던 부분에 대하여 그 내용을 관련 증빙자료를 첨부하여 입찰
      시 설계서와 함께 제출한 경우

【질의】 용출수 발생 시 설계변경 가능 여부: 발주처와 법면 open cut로 협의하여 굴착하던 중 원인모
를 용출수가 발견되어 흙막이로 변경지시 되었을 때 설계변경사항이 아닌지

【답변】 회제 41301-26, 2007. 6. 19.
국가기관이 설계·시공 일괄입찰을 실시하여 체결한 공사계약에 있어 설계변경으로 계약내용을
변경하는 경우, 정부의 책임있는 사유 또는 천재지변 등 불가항력의 사유로 인한 경우를 제외하
고는 그 계약금액을 증액할 수 없으나, 발주처의 요구 및 당초 지질조사 시 지장물의 존치 등으
로 지질조사가 불가능했던 부분의 경우 등 공사계약일반조건 제21조 제3항에 규정된 불가항력
적인 사유로 인하여 설계변경된 경우에는 동조 제2항의 규정에 정한 바에 따라 계약금액을 증감
할 수 있는 바, 구체적인 경우가 이에 해당되는지 여부는 계약내용 및 설계변경사유 등을 고려하
여 계약담당공무원이 판단할 사항임.

⑦ 「일괄입찰 등의 공사계약특수조건」 제22조 제1항에서는 「공사계약일반조건」 제21조 제4항의 경우 외에 다음과 같은 사유 추가

　㉠ 발주기관이 제시한 공사의 기본계획·입찰안내서의 내용에 모순이나 상이 등이 있는 경우

　㉡ 발주기관이 측량 또는 지질·지반조사 등을 실시하여 해당자료를 제공하고 그 자료를 기준으로 설계를 하도록 한 공사에서 그 제공받은 자료에 모순이나 상이 등이 있는 경우

(2) 불가항력의 사유

「공사계약일반조건」 제32조의 규정에 정한 불가항력 관련 사항 등 계약당사자 누구의 책임에도 속하지 않는 사유에 의한 경우에는 증액을 인정하고 있다. 불가항력에 대해서 자세한 사항은 후술한다.

5. 대형공사의 설계변경 기준

상기의 경우에 계약금액을 조정하고자 할 때에는 다음 각 호의 기준에 의한다(국가계약법 시행령65조3항, 일반조건21조3항).

1) 일괄입찰 및 대안입찰의 경우와 설계공모·기술제안입찰은 「국가계약법 시행령」 제91조 제3항에 의함

① 감소된 공사량의 단가 : 대안입찰, 일괄입찰 및 설계공모·기술제안입찰의 경우에는 제출한 산출내역서상의 단가(계약단가)를 적용한다.

> 【질의】 T/K공사에 있어 설계도면에 비하여 내역서상에 물량이 과다, 과소하게 산정되어 있는 경우 "설계변경 및 계약금액조정가능 여부"
>
> 【답변】 회계 41301-3525, 2007. 6. 19.
> 　　　 국가기관이 설계·시공 일괄입찰을 실시하여 체결한 공사계약에 있어 「국가계약법 시행령」 제85조 제4항의 규정에 의하여 계약상대자가 제출한 산출내역서는 설계서에 해당되지 않는바, 설계도면과 산출내역서상의 물량이 상이하다는 사유로는 계약금액을 조정할 수 없으며, 설계도면에 따라 시공하여야 함.

② 증가된 공사량의 단가 : 설계변경당시를 기준으로 산정한 단가와 산출내역서상의 단가(계약단가)의 범위 안에서 계약당사자 간에 협의하여 결정한다. 다만 계약당사자 사이에 협의가 이루어지지 아니하는 경우에는 설계변경당시를 기준으로 산정한 단가와 제1호의 규정에 의한 산출내역서상의 단가를 합한 금액의 100분의 50으로 한다.

③ 산출내역서상의 단가가 없는 신규비목의 단가 : 설계변경당시를 기준으로 산정한 단가를 적용한다.

④ 설계변경으로 삭제 또는 변경되었던 공종 또는 품목 등을 다시 당초 설계대로 변경하는 경우에는 당초 감액조정한 단가를 적용한다. 다만 추가되는 수량에 대하여는 「일반조건」 제21조 제3항 제2호를 적용한다(일괄입찰 등의 공사계약특수조건26조).

> **【해석】** 대형공사계약의 설계변경 시 오류사항 정정가능 여부 : 일괄입찰을 실시하여 체결한 공사계약에서 설계변경으로 인한 계약금액쩡 과정에서 조정금액 산출오류 등으로 인하여 일부공종이 누락되거나, 과다·과소 계상된 경우로서 현재 계약을 이행 중에 있는 경우에는 계약당사자 간의 협의에 따라 이를 재조정할 수 있을 것임(조달청 법무지원팀-4472, 2007. 11. 7.).

2) 설계변경기준에 따른 계약금액 조정의 공사물량 산출

이러한 설계변경기준에 따라 계약금액을 조정하고자 하는 경우 증감되는 공사물량은 수정 전의 설계도면과 수정 후의 설계도면을 비교하여 산출한다(일반조건21조5항).

3) 현장상태와 설계서의 상이 등으로 인하여 설계변경을 하는 경우의 설계변경

일괄입찰, 대안입찰, 그리고 설계공모·기술제안입찰 및 기술제안입찰의 사유에 해당되지 않는 경우로서, 현장상태와 설계서의 상이 등으로 인하여 설계변경을 하는 경우에는 전체공사에 대하여 증감되는 금액을 합산하여 계약금액을 조정하되, 계약금액을 증액할 수 없다(일반조건21조6항).

【해석】 회제41301-66, 2007. 6. 19.
　　　국가기관이 설계·시공 일괄입찰로 체결한 공사계약에 있어 설계서와 현장상태가 상이한 경우 등
　　　에는 공사계약일반조건 제21조의 규정에 따라 설계변경할 수 있으나, 설계변경으로 계약내용을
　　　변경하는 경우에도 정부에 책임있는 사유 또는 천재지변 등 불가항력의 사유로 인한 경우를 제외
　　　하고는 그 계약금액을 조정할 수 없는 것임.

4) 연차별로 준공되는 장기계속공사의 경우의 설계변경

계약담당공무원은 이와 같은 계약금액 조정과 관련하여 연차계약별로 준공되는 장기계속공사의 경우에는 계약체결 시 전체공사에 대한 증감 금액의 합산처리방법, 합산잔액의 다음 연차계약으로의 이월 등 필요한 사항을 정하여 운영하여야 한다(일반조건21조7항).

【해석】 장기계속공사에 있어 차수별 준공대가가 지급된 경우 설계변경이 가능한지(회제 41301-754,
　　　2007. 6. 19.)
　　　국가기관이 체결한 공사계약에 있어 설계서의 불분명·누락·오류인 경우에는 회계예규 「공사계
　　　약일반조건」 제19조의2의 규정에 의하여 설계변경이 가능하며, 이 경우 계약금액은 동 예규 제
　　　20조에 의하여 조정하나, 장기계속공사의 경우 차수준공대가가 지급된 차수별 계약분에 대하여
　　　는 당해 차수별 계약이 종료된 것으로 보아 계약금액의 조정대상에 포함하지 않는 것이 타당하다
　　　고 판단됩니다.

6. 설계변경에 따른 계약금액 조정절차

「공사계약일반조건」 제21조 제1항에서 제7항까지의 계약금액조정의 경우에는 제20조 제4항 및 제7항 내지 제9항의 규정을 준용한다(일반조건21조8항). 위와 같은 계약금액을 조정하는 경우에는 일반조건상의 규정 외에 「일괄입찰 등의 공사계약특수조건」 제24조에서 해당 절차를 규정하고 있다.

1) 일반조건상의 절차와 기준

① 「공사계약일반조건」 제20조 제4항의 규정의 승률비용과 일반관리비율 및 이윤율을 적용한다. 즉 원가계산에 의한 예정가격 결정 시의 일반관리비율은 ① 공사의 경우 100분의 6, ② 용역의 경우 100분의 5, 이윤율은 ① 공사의 경우 100분의 15, ② 용역의 경우 100분의 10을 초과할 수 없다(국가계약법 시행규칙8조).

【해석】 제잡비율 적용관련 질의(회제 41301-29, 2007. 6. 19.)

국가관이 턴키로 체결한 공사계약에 있어서 설계변경으로 인한 계약금액의 증가분에 대한 간접노무비, 산재보험료 및 안전관리비 등 승률비용과 일반관리비 및 이윤은 산출내역서상 간접노무비, 산재보험료 및 안전관리비 등의 승률비용과 일반관리비율 및 이윤율에 의하되 관계법령 및 회계예규 "원가계산에 의한 예정가격작성준칙"에서 정한 율을 초과할 수 없는 것임.

② 동조 제7항의 규정을 준용하여 계약금액조정 청구를 받은 경우에는 청구를 받은 날부터 30일 이내에 계약금액을 조정하여야 한다.

③ 계약담당공무원이 계약상대자의 계약금액조정 청구내용이 부당함을 발견한 때에는 필요한 보완조치를 취하여야 한다.

④ 계약상대자의 계약금액 조정청구는 준공대가 수령 전까지 하여야 한다.

2) 일괄입찰 등의 공사계약특수조건상의 절차와 기준

(1) 승인 및 통지

이 계약의 이행에 필요한 설계변경은 계약담당공무원의 승인 및 통지에 의하여야 한다(특수조건24조1항).

(2) 계약상대자의 통지

계약상대자는 설계변경과 관련하여 계약담당공무원의 승인이 필요한 사안이 발생한 때에는, 사안이 발생한 날 또는 그 사안의 발생을 안 날로부터 14일 이내에 공사감독관과 계약담당공무원에게 동시에 통지하여야 한다. 다만 천재지변 등 불가피한 사유로 14일 이내에 통지할 수 없는 경우에는 당해 사유가 소멸된 날로부터 14일 이내에 통지하여야 한다(특수조건24조2항).

(3) 승인 여부 통지

계약담당공무원은 제2항에서 규정하는 통지를 접수한 날로부터 21일 이내에 설계변경 등의 승인 여부를 계약상대자에게 통지하여야 한다. 다만 해당 기일 내에 승인 여부를 결정하기가 곤란하다고 판단되는 경우 14일을 초과하지 않는 범위 내에서 통지기한을 연장할 수 있다. 이때 계약담당공무원은 연장하는 사유와 기한을 계약상대자에게 통지하여야 한다(특수조건24조3항).

(4) 계약상대자의 조정 또는 승인요청

계약상대자는 제3항에서 규정하는 통지를 접수한 날로부터 30일 이내에 설계변경 등에 따른 계약금액의 조정 또는 계약기간의 연장을 요청하여야 한다(특수조건24조4항).

(5) 조정 또는 연장의 제한

계약상대자는 계약담당공무원의 설계변경 승인 통지 이전에 시행한 공사에 대해서는 설계변경이 된 이후라도 계약금액의 조정 및 계약기간의 연장을 요구할 수 없다(특수조건24조5항). 그러나 계약담당공무원은 제5항에 규정한 바와 같이 계약상대자가 사전승인을 받지 않고 시공한 경우 계약상대자의 부담으로 원상 복구할 것을 요구할 수 있으며 계약상대자는 지체없이 이에 따라야 한다.

다만, 계약상대자가 원상복구 요구에 따르지 않을 경우 계약담당공무원은 원상 복구를 제3자에게 대행하도록 할 수 있으며 이에 소요된 비용은 대가지급 시 공제할 수 있다(특수조건24조6항).

7. 턴키공사에서의 수급인의 의무

턴키공사의 경우에는 설계와 시공을 수급인이 전체적인 책임으로 수행해야 함은 당연하다. 그러나 그 역할과 책임은 어디까지 져야 하는지에 대하여 대법원은 다음과 같이 판시하였다.

"대한민국과 건설회사 사이에 체결된 난지도 쓰레기처리장 건설공사계약은 이른바 설계·시공 일괄입찰(Turn-Key Base) 방식에 의한 것으로서, 비록 도급인인 대한민국이 쓰레기처리장의 입지, 규모, 처리공정의 골격과 처리설비의 최소한의 기능 등 공사 전반의 기본적 사항을 결정하여 제시하고 공사실시도면에 관하여 행정상 필요한 승인을 하였다고 하더라도, 설계·시공 일괄입찰 방식 계약에서의 수급인인 건설회사는 도급인이 의욕하는 공사목적물의 설치목적을 이해한 후 그 설치목적에 맞는 설계도서를 작성한 뒤 이를 토대로 스스로 공사를 시행하고, 그 성능을 보장하여 결과적으로 도급인이 의욕(意欲)한 공사목적을 이루게 하여야 하는 것이다."[193]

8. 턴키공사에서의 도급인의 해제권

턴키공사계약을 수행하는 과정에서 중대한 하자가 발생한 경우 도급인은 기성금 대가의 지급의무를 이행하지 않고 일방적으로 도급계약을 해제할 수 있는지의 문제 이다.

이에 대하여 대법원은 "설계·시공 일괄입찰 방식의 자동화설비 도급계약에서 도급 인의 중도금 지급채무가 일시 이행지체의 상태에 빠졌다 하더라도, 당해 자동화설비 에 중대한 하자가 있어 시운전 성공 여부가 불투명하게 된 때에는, 도급인으로서는 자신의 대금지급의무와 대가관계에 있는 시운전 성공시까지는 중도금지급의무의 이 행을 거부할 수 있고, 그 하자가 중대하고 보수가 불가능하거나 보수가 가능하더라도 장기간을 요하여 계약의 본래의 목적을 달성할 수 없는 경우에는, 중도금채무의 이행 을 제공하지 않고 바로 계약을 해제할 수 있으며, 그 계약해제가 신의칙에 반하지 아 니한다"고 판시하고 있다.[194]

---

193) 대법원 1994. 8. 12. 선고 92다41559 판결.
194) 대법원 1996. 8. 23. 선고 96다16650 판결.

제18절 부정당업자의 제재

1. 개 요

2018. 9. 조달청이 발표한 '최근 5년간 부정당업자제재 처분 현황' 자료를 분석한 결과, 2013년부터 2018년 6월까지 2회 이상 공공입찰 참가자격을 제한받은 업체는 대기업 건설사 중심으로 총 13곳이나 되는 것으로 나타났다. 해당 13곳은 입찰 담합 적발로서 부정당업자제재 처분을 받았다. 입찰담합 행위는 조달청 입찰 과정에서 경쟁을 피하고 낙찰가를 끌어올려 이익을 높이는 행위다. 따라서 경쟁 입찰에 참가하는 업체는 부정당업자에 해당하는지 사전 확인이 필요하다. 만일 이를 속이고 계약 체결, 시공이 진행된다면 이후 벌어질 수 있는 손해는 막대하기 때문이다.

이러한 행정절차를 통해 입찰참가자격 제한 처분을 받은 부정당업자에 대하여는 제재 기간 동안 동일 법률을 적용받는 각급 기관별로 입찰참여를 제한하고 있으며, 계약 공무원은 수의계약을 체결할 때 국가종합전자조달시스템에서 제공하는 부정당업자제재 여부 등 업체정보를 확인한 후 부정당업자로서 입찰참가자격을 제한 받은 자와 수의계약을 체결하면 안 된다.

관련 법규로는 「국가계약법」 제27조(부정당업자의 입찰 참가자격 제한 등), 제27조의2(과징금), 제27조의3(과징금부과심의위원회), 「지방계약법」 제31조(부정당업자의 입찰 참가자격 제한), 제31조의2(과징금), 제31조의3(과징금부과심의위원회), 계약예규로 「공사계약일반조건」 제49조(부정당업자의 입찰참가자격 제한) 등이 있다.

2. 부정당업자

1) 개 념

부정당업자란 경쟁의 공정한 집행 또는 계약의 적정한 이행을 해칠 염려가 있거나, 그 밖에 입찰에 참여시키는 것이 부적합하다고 인정되는 계약상대자 또는 입찰자로서 「국가계약법」 제27조 제1항에 해당되는 사람을 말한다.

2) 범 위

각 중앙관서의 장은 다음 각 호의 어느 하나에 해당하는 부정당업자에게는 2년 이내의 범위에서 대통령령(영76조)으로 정하는 바에 따라 입찰 참가자격을 제한하여야 하며, 그 제한사실을 즉시 다른 중앙관서의 장에게 통보하여야 한다. 이 경우 통보를 받은 다른 중앙관서의 장은 대통령령(영76조)으로 정하는 바에 따라 해당 부정당업자의 입찰 참가자격을 제한하여야 한다(국가계약법27조1항).

① 계약을 이행하는 데 부실·조잡 또는 부당하게 하거나 부정한 행위를 한 자

> **【판례】** 구 건설업법(1996. 12. 30. 법률 제5230호로 전문 개정되기 전의 것) 제37조 제3항의 '공사를 조잡하게' 한다는 것은, 건축법 등 각종 법령·설계도서·건설관행·건설업자로서의 일반 상식 등에 반하여 공사를 시공함으로써 건축물 자체 또는 그 건설공사의 안전성을 훼손하거나 다른 사람의 신체나 재산에 위험을 초래하는 것을 의미한다(대법원 2001. 6. 12. 선고 2000다 58859 판결).

② 경쟁입찰, 계약 체결 또는 이행 과정에서 입찰자 또는 계약상대자 간에 서로 상의하여 미리 입찰가격, 수주 물량 또는 계약의 내용 등을 협정하였거나 특정인의 낙찰 또는 납품대상자 선정을 위하여 담합한 자

> **【판례】** 「국가계약법 시행령」 제76조 제1항 본문이 입찰참가자격 제한의 대상을 '계약상대자 또는 입찰자'로 정하고 있는 점 등에 비추어 보면, 같은 항 제7호에 규정된 '특정인의 낙찰을 위하여 담합한 자'는 '당해 경쟁입찰에 참가한 사람'으로서 그 입찰에서 특정인이 낙찰되도록 하기 위한 목적으로 담합한 사람을 의미한다고 보아야 하고, 당해 경쟁입찰에 참가하지 아니함으로써 경쟁입찰의 성립 자체를 방해하는 담합행위자는 설사 그 경쟁입찰을 유찰시켜 수의계약이 체결되도록 하기 위한 목적에서 비롯된 것이라 하더라도 위 '계약상대자 또는 입찰자'에 해당한다고 할 수 없다(대법원, 2008. 2. 28. 선고 2007두13791 판결).

③ 「건설산업기본법」, 「전기공사업법」, 「정보통신공사업법」, 「소프트웨어진흥법」 및 그 밖의 다른 법률에 따른 하도급에 관한 제한규정을 위반하여 하도급한 자 및 발주관서의 승인 없이 하도급을 하거나 발주관서의 승인을 얻은 하도급조건을 변경한 자

하도급에 관한 제한규정으로 「건설산업기본법」 제29조(건설공사의 하도급 제한), 제29조의2(건설공사의 하도급관리), 제29조의3(건설공사의 하도급 참여 제한), 「전기공사업법」 제14조(하도급의 제한 등), 「정보통신공사업법」 제31조(하도급의 제한 등), 「소프트웨어진흥법」 제51조(하도급 제한) 등이 있다.

> **【질의】** 공동이행방식으로 공동도급 계약한 공사계약에 있어 공동수급체의 대표자가 하도급 제한규정을 위반한 경우 부정당업자의 입찰참가자격제한은 공동수급체의 대표자만 제재대상이 되는지, 아니면 공동수급체 구성원 모두가 제재대상이 되는지 여부
>
> **【회신】** 조달청 법무심사팀-740, 2005. 03. 02.
> 공동이행방식에 의한 공동도급계약에 있어 각 중앙관서의 장은 계약상대자가 「건설산업기본법」 기타 다른 법령에 의한 하도급의 제한규정에 위반하여 하도급을 하였거나, 발주관서의 승인 없이 하도급을 한 경우 또는 발주관서의 승인을 얻은 하도급조건을 변경한 경우에는 「국가계약법 시행령」 제76조 제1항 제2호에 의하여 부정당업자의 입찰참가자격 제한조치를 하되, 공동도급계약의 경우는 동조 제3항에 의하여 입찰참가자격의 제한사유를 직접 야기한 자에 대하여 재제조치를 하여야 하는 것임.

④ 사기, 그 밖의 부정한 행위로 입찰·낙찰 또는 계약의 체결·이행 과정에서 국가에 손해를 끼친 자

⑤ 「독점규제 및 공정거래에 관한 법률」 또는 「하도급거래 공정화에 관한 법률」을 위반하여 공정거래위원회로부터 입찰참가자격 제한의 요청이 있는 자

⑥ 「대·중소기업 상생협력 촉진에 관한 법률」 제27조 제5항에 따라 중소벤처기업부장관으로부터 입찰참가자격 제한의 요청이 있는 자

⑦ 입찰·낙찰 또는 계약의 체결·이행과 관련하여 관계 공무원(과징금부과심의위원회, 국가계약분쟁조정위원회, 중앙건설기술심의위원회·특별건설기술심의위원회 및 기술자문위원회, 그 밖에 대통령령으로 정하는 위원회의 위원을 포함함)에게 뇌물을 준 자

> **【판례】** 뇌물죄에서 뇌물의 내용인 이익은 금전, 물품 그 밖의 재산적 이익과 사람의 수요 욕망을 충족시키기에 충분한 일체의 유형·무형의 이익을 포함한다. 뇌물수수죄에서 말하는 '수수'란 받는 것, 즉 뇌물을 취득하는 것이다. 여기에서 취득이란 뇌물에 대한 사실상의 처분권을 획득하는 것을 의미하고, 뇌물인 물건의 법률상 소유권까지 취득하여야 하는 것은 아니다(대법원 2019. 8. 29. 선고 2018도13792 판결).

⑧ 그 밖에 다음 각 목의 어느 하나에 해당하는 자로서 대통령령으로 정하는 자(국가계약법 시행령76조1항)

　가. 입찰·계약 관련 서류를 위조 또는 변조하거나 입찰·계약을 방해하는 등 경쟁의 공정한 집행을 저해할 염려가 있는 자[195]

---

195) 인터넷을 통한 전자입찰 시스템을 조작하여 낙찰받은 행위가 부정당업자의 입찰참가자격의 제한 사유인 「국가계약법 시행령」 제76조 제1항 제8호에 해당하는지 여부: 사전에 조작된 입찰 모듈을 전자입찰 시스템에 설치하여 특정 업체로 하여금 공사를 낙찰받게 한 행위는 「건설산업기본법」 제

나. 고의로 무효의 입찰을 한 자. 다만 입찰서상 금액과 산출내역서상 금액이 일치하지 않은 입찰 등 기획재정부령으로 정하는 입찰무효사유에 해당하는 입찰의 경우는 제외한다.

> 【해석】 연대보증 시 원계약상대자의 부정당업자 제재 여부(회제 41301-456, 2007. 6. 19.)
> 국가기관이 체결한 공사계약에 있어서 각 중앙관서의 장은 계약상대자가 정당한 이유없이 계약을 이행하지 아니한 때에는 국가를당사자로하는계약에관한법률시행령 제76조 제1항 관련 [별표 2] 부정당업자의 입찰참가자격 제한기준에 정한 기간의 범위 내에서 입찰참가자격 제한조치를 하여야 함. 이 경우 계약서상에 입보된 연대보증인이 당해공사를 보증시공하여 당해 계약이행을 완료한 경우라 하더라도 정당한 이유없이 당해 공사를 중도에 포기한 계약상대자는 위의 규정이 적용되는 것임.

다. 입찰참가를 방해하거나 낙찰자의 계약체결 또는 그 이행을 방해한 자

라. 정당한 이유 없이 계약을 체결 또는 이행하지 아니하거나 입찰공고와 계약서에 명시된 계약의 주요 조건을 위반한 자

> 【질의】 수의시담 후 계약을 체결하겠다는 수의계약 동의서를 제출한 후 당해 업체가 계약을 체결하지 않을 경우 처리 절차, 방법 및 제재방법
>
> 【회신】 조달청 인터넷 질의 2011. 09. 22.
> 수의계약에 있어 수의계약대상자가 당해 계약을 체결하지 아니한 사유는 「국가계약법 시행령」 제76조 제1항 각호에 해당되지 않는 것이므로 부정당업자의 입찰참가자격제한을 할 수는 없는 것임.

마. 조사설계용역계약 또는 원가계산용역계약에서 고의 또는 중대한 과실로 조사설계금액이나 원가계산금액을 적정하게 산정하지 아니한 자

바. 「건설기술 진흥법」 제47조에 따른 타당성조사 용역의 계약에서 고의 또는 중대한 과실로 수요예측 등 타당성조사를 부실하게 수행하여 발주기관에 손해를 끼친 자

사. 감독 또는 검사에서 그 직무의 수행을 방해한 자

95조 제3호 위반죄에는 해당하나, 문서를 사용할 권한이 없는 자가 문서명의자로 또는 사용 권한이 있는 것처럼 가장하여 행사하거나, 사용할 권한이 있더라도 본래의 사용 목적이나 정당한 용법에 반하여 사용 또는 행사하는 경우에 해당된다고는 볼 수 없을 것이므로, 부정당업자의 입찰참가자격을 제한하는 「국가계약법 시행령」 제76조 제1항 제8호의 입찰 또는 계약에 관한 서류를 위조·변조하거나 부정하게 행사 또는 허위 서류를 제출한 것에 해당하지 아니한다(광주지법 2004. 7. 15. 2003구합278).

아. 시공 단계의 건설사업관리 용역계약 시「건설기술 진흥법 시행령」제60조 및 계약서 등에 따른 건설사업관리기술인 교체 사유 및 절차에 따르지 아니하고 건설사업관리기술인을 교체한 자

자. 계약의 이행에서 안전대책을 소홀히 하여 공중에게 위해를 가한 자 또는 사업장에서「산업안전보건법」에 따른 안전·보건 조치를 소홀히 하여 근로자 등에게 사망 등 중대한 위해를 가한 자

차. 「전자정부법」제2조 제13호에 따른 정보시스템의 구축 및 유지·보수 계약의 이행과정에서 알게 된 정보 중 각 중앙관서의 장 또는 계약담당공무원이 누출될 경우 국가에 피해가 발생할 것으로 판단하여 사전에 누출금지정보로 지정하고 계약서에 명시한 정보를 무단으로 누출한 자

타. 「전자정부법」제2조 제10호에 따른 정보통신망 또는 같은 조 제13호에 따른 정보시스템의 구축 및 유지·보수 등 해당 계약의 이행과정에서 정보시스템 등에 허가 없이 접속하거나 무단으로 정보를 수집할 수 있는 비인가 프로그램을 설치하거나 그러한 행위에 악용될 수 있는 정보시스템 등의 약점을 고의로 생성 또는 방치한 자

3. 부정당업자의 입찰참가자격 제한

1) 국가계약법

각 중앙관서의 장은 다음 각 호의 어느 하나에 해당하는 부정당업자에 대해서는 즉시 1개월 이상 2년 이하의 범위에서 입찰참가자격을 제한해야 한다. 다만 부정당업자의 대리인, 지배인 또는 그 밖의 사용인이 법 제27조 제1항 각 호의 어느 하나에 해당하는 행위를 하여 입찰참가자격 제한 사유가 발생한 경우로서 부정당업자가 대리인, 지배인 또는 그 밖의 사용인의 그 행위를 방지하기 위해 상당한 주의와 감독을 게을리 하지 않은 경우에는 부정당업자에 대한 입찰참가자격을 제한하지 않는다(국가계약법 시행령76조2항).

① 계약상대자, 입찰자 또는 전자조달시스템을 이용해 견적서를 제출하는 자로서 법 제27조 제1항 제1호부터 제4호까지 및 제7호·제8호의 어느 하나에 해당하는 자

② 법 제27조 제1항 제5호(「독점규제 및 공정거래에 관한 법률」또는「하도급법」을 위반하여 공정

거래위원회로부터 입찰참가자격 제한의 요청이 있는 자) 또는 제6호(「대·중소기업 상생협력 촉진에 관한 법률」 제27조 제5항에 따라 중소벤처기업부장관으로부터 입찰참가자격 제한의 요청이 있는 자)에 해당하는 자

입찰참가자격 제한의 기간에 관한 사항은 법 제27조 제1항 각 호에 해당하는 행위별로 부실벌점, 하자비율, 부정행위 유형, 고의·과실 여부, 뇌물 액수 및 국가에 손해를 끼친 정도 등을 고려하여 기획재정부령으로 정한다.

2) 국가계약법 시행규칙[부정당업자의 입찰참가자격 제한기준(제76조 관련)]

다음은 「국가계약법 시행규칙」 제76조에 따른 부정당업자의 입찰참가자격의 제한에 대한 '일반기준'이며, '개별기준'으로서는 입찰참가자격 제한 사유에 따라 각 1개월에서 2년까지 범위 내에서 제재를 받게 된다. 부정당업자의 입찰참가자격 제한의 세부기준은 시행규칙76조별표2에 규정하고 있다.

① 각 중앙관서의 장은 입찰참가자격의 제한을 받은 자에게 그 처분일부터 입찰참가자격제한기간 종료 후 6개월이 경과하는 날까지의 기간 중 다시 부정당업자에 해당하는 사유가 발생한 경우에는 그 위반행위의 동기·내용 및 횟수 등을 고려하여 제2호에 따른 해당 제재기간의 2분의 1의 범위에서 자격제한기간을 늘릴 수 있다. 이 경우 가중한 기간을 합산한 기간은 2년을 넘을 수 없다.

② 각 중앙관서의 장은 부정당업자가 위반한 여러 개의 행위에 대하여 같은 시기에 입찰참가자격 제한을 하는 경우 입찰참가자격 제한기간은 제2호에 규정된 해당 위반행위에 대한 제한기준 중 제한기간을 가장 길게 규정한 제한기준에 따른다.

③ 각 중앙관서의 장은 부정당업자에 대한 입찰참가자격을 제한하는 경우 자격제한 기간을 그 위반행위의 동기·내용 및 횟수 등을 고려해 제2호에서 정한 기간의 2분의 1의 범위에서 줄일 수 있으며, 이 경우 감경 후의 제한기간은 1개월 이상이어야 한다. 다만 법 제27조 제1항 제7호에 해당하는 자에 대해서는 입찰참가자격 제한기간을 줄여서는 안 된다.

3) 과징금 부과

각 중앙관서의 장은 법 제27조제1항에 따라 부정당업자에게 입찰 참가자격을 제한하여야 하는 경우로서 다음 각 호의 어느 하나에 해당하는 경우에는 입찰 참가자격 제한을 갈음하여 다음 각 호의 구분에 따른 금액 이하의 과징금을 부과할 수 있다(법 27조의2). 각 중앙관서의 장은 위반행위의 동기·내용과 횟수 등을 고려하여 과징금 금액의 2분의 1의 범위에서 이를 감경할 수 있다.

① 부정당업자의 위반행위가 예견할 수 없음이 명백한 경제여건 변화에 기인하는 등 부정당업자의 책임이 경미한 경우로서 대통령령으로 정하는 경우 : 위반행위와 관련된 계약의 계약금액(계약을 체결하지 아니한 경우에는 추정가격을 말한다)의 100분의 10에 해당하는 금액

② 입찰 참가자격 제한으로 유효한 경쟁입찰이 명백히 성립되지 아니하는 경우로서 대통령령으로 정하는 경우 : 위반행위와 관련된 계약의 계약금액(계약을 체결하지 아니한 경우에는 추정가격을 말한다)의 100분의 30에 해당하는 금액

4. 입찰참가자격 제한 처분 시 적용 법령

부정당업자로서 입찰참가자격 제한 처분을 하는 경우에 적용되는 법령은 어느 시점을 기준으로 따라야 하는지의 문제가 있다. 이에 대하여 대법원은 "「공공기관운영법」 제39조 제2항[196]은 공기업·준정부기관이 공정한 경쟁이나 계약의 적정한 이행을 해칠 것이 명백하다고 판단되는 행위를 한 부정당업자를 향후 일정 기간 입찰에서 배제하는 조항으로서, 공적 계약의 보호라는 일반예방적 목적을 달성함과 아울러 해당 부정당업자를 제재하기 위한 규정이다. 따라서 「공공기관운영법」 제39조 제2항에 따라 부정당업자에 대하여 입찰참가자격 제한 처분을 하려면 그 부정당행위 당시에 시행되던 법령에 의하여야 한다"고 판시하고 있다(대법원 2019. 2. 14. 선고 2016두33292 판결).

---

196) 제39조(회계원칙 등) ① 공기업·준정부기관의 회계는 경영성과와 재산의 증감 및 변동 상태를 명백히 표시하기 위하여 그 발생 사실에 따라 처리한다.
② 공기업·준정부기관은 공정한 경쟁이나 계약의 적정한 이행을 해칠 것이 명백하다고 판단되는 사람·법인 또는 단체 등에 대하여 2년의 범위 내에서 일정기간 입찰참가자격을 제한할 수 있다.
③ 제1항과 제2항의 규정에 따른 회계처리의 원칙과 입찰참가자격의 제한기준 등에 관하여 필요한 사항은 기획재정부령으로 정한다<개정 2008. 2. 29.>.

5. 해당 입찰제한 대상 공사

이러한 입찰참가자격을 제한받는 경우 정부 또는 공공공사의 경우에만 해당하는 지, 아니면 민간공사의 경우에도 해당하는지가 문제가 될 수 있다. 즉, 부정당업자 제재를 받은 자가 민간공사를 수행할 수 있는지의 여부인데, 「국가계약법」 제27조 및 동법 시행령 제76조에 의거 국가기관으로부터 일정기간 입찰참가자격제한조치를 받은 자는 동 제한기간 동안은 국가기관, 지방자치단체 및 정부투자기관에서 시행하는 공사 등의 입찰에 참가할 수 없으나, 민간에서 발주하는 공사, 용역 및 물품구매의 경우에는 위의 규정이 적용되지 아니한다(회계 41301-195, 2007. 6. 19).

6. 수의계약 제한 등

각 중앙관서의 장 또는 계약담당공무원은 입찰 참가자격을 제한받은 자와 수의계약을 체결하여서는 아니 된다. 다만 입찰 참가자격을 제한받은 자 외에는 적합한 시공자, 제조자가 존재하지 아니하는 등 부득이한 사유가 있는 경우에는 그러하지 아니하다(국가계약법27조3항).

중앙관서의 장은 제1항 각 호의 행위가 종료된 때(제5호 및 제6호의 경우에는 중소벤처기업부장관 또는 공정거래위원회로부터 요청이 있었던 때)부터 5년이 경과한 경우에는 입찰 참가자격을 제한할 수 없다. 다만 제2호[197) 및 제7호[198)의 행위에 대하여는 위반행위 종료일부터 7년으로 한다(국가계약법27조4항).

---

197) 제2호 : 경쟁입찰, 계약 체결 또는 이행 과정에서 입찰자 또는 계약상대자 간에 서로 상의하여 미리 입찰가격, 수주 물량 또는 계약의 내용 등을 협정하였거나 특정인의 낙찰 또는 납품대상자 선정을 위하여 담합한 자

198) 제7호 : 입찰·낙찰 또는 계약의 체결·이행과 관련하여 관계 공무원(제27조의3 제1항에 따른 과징금 부과심의위원회, 제29조 제1항에 따른 국가계약분쟁조정위원회, 「건설기술 진흥법」에 따른 중앙건설기술심의위원회·특별건설기술심의위원회 및 기술자문위원회, 그 밖에 대통령령으로 정하는 위원회의 위원을 포함한다)에게 뇌물을 준 자

제19절 건설보증

1. 개 요

보증이란 채무자의 계약조건의 불이행 또는 위반을 약인(consideration)으로 일정한 금액을 지급할 약속이다. 예컨대, 건설공제조합에서의 보증은 조합원이 건설업을 영위하는 과정에서 부담하는 의무 또는 채무를 이행하지 아니하는 경우 조합이 대신하여 그 이행을 담보하는 것을 의미한다. 건설산업은 일반적으로 사업규모가 크고 기간의 장기성 등으로 인하여 이를 원만하게 수행토록 하는 것이 매우 중요하며, 이러한 역할을 담당하는 보증 행위가 매우 중요하다.

건설보증과 관련된 법규로는 「건설산업기본법」 제57조의2(보증 규정), 제66조(보증금 징수의 제한), 제68조의3(건설기계 대여대금 지급보증), 「국가계약법」 제9조(입찰보증금), 제18조(하자보수보증금), 「국가계약법 시행령」 제50조(계약보증금), 제52조(공사계약에 있어서의 이행보증), 제62조(하자보수보증금), 「지방계약법」 제12조(입찰보증금), 제15조(계약보증금), 제21조(하자보수보증금), 계약예규인 「공사계약일반조건」 제7조(계약보증금), 제34조(하자보수보증금), 「정부 입찰·계약 집행기준」 제10장(일괄입찰보증제도의 운용), 제11장(계약보증금의 감면), 제13장(공사의 이행보증제도 운용), 제14장(공사의 손해보험가입 업무집행) 등이 있다.

2. 보증의 내용

1) 보증의 당사자

민법상 보증채무란 채무자가 그 채무를 이행하지 않을 경우에 대신하여 채무를 이행하기 위해 채무자 이외의 사람(보증인)이 부차적 채무(보증채무)를 부담하는 것이다. 따라서 보증(guaranty)이란 법률상 타인의 채무불이행 등에 대하여 책임을 지는 것, 또는 채무불이행에 대비하여 채권자에게 제공되어 채무의 변제를 확보하는 데 사용되는 수단을 의미한다.

공사계약에서의 보증은 수급자가 계약상의 의무를 수행하지 못한 데 대해서 발주자에게 보호대책을 제공한다. 보험업자나 보증회사는 수급자 측이 이행에 대한 채무불이행(default)이나 실패에 대해서 발주자에게 배상할 것에 동의한다. 공공공사에서는 보증이 요구되는 것이 일반적이지만, 민간공사의 경우는 선택적이다.

보증은 발주처와 시공자 및 보증인의 관계를 형성한다. 계약에서 계약의무이행자는 시공자이며, 발주처에 대하여 이행채무자이다. 발주처는 이행채무에 대한 채권자가 된다. 보증인은 결국 시공자의 계약의무이행을 보증하는 자이다. 이와 같은 보증의 당사자의 관계를 정리하면 아래와 같다.

① 시공자(contractor)는 보증의 주체(principal)이며,

② 발주처(owner)는 채권자(obligee)이고,

③ 보증인(surety)은 고객(principal)을 대신하여 그의 채무를 이행할 것임을 담보한다.

[그림 6-13] 보증의 당사자 관계

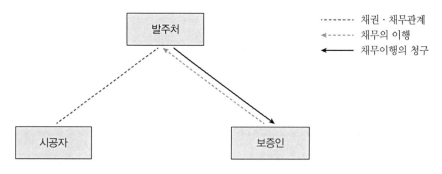

위 그림에서와 같이 발주처와 시공자는 계약상의 의무에 대하여 채권·채무의 관계에 있다. 시공자가 계약상의 의무인 채무를 이행하지 아니할 경우 발주처는 보증인에게 채무이행을 요구할 수 있으며, 보증인은 무조건적으로 채무를 이행하여야 한다. 채무를 이행한 보증인은 보증계약이 정하는 바에 따라 시공자로부터 이를 보전받는다.

2) 보증의 내용

보증의 내용으로 ① 일정한 금전지급을 약속하는 것과 ② 도급업자를 대신하여 공사이행을 약속하는 것이 있다. 건설공사의 경우 후자가 통상적인 유형이다. 보증이 체결되기 위해서는 당사자들의 관계가 필요한데 발주처, 시공자 및 보증인이 바로 그 관계이다.

3. 보증의 종류

1) 지급보증과 이행보증

건설공사계약이나 기술용역계약에서 가장 일반적인 보증은 ① 지급보증과 ② 이행 보증으로 구분될 수 있다. 지급보증으로는 선수금보증, 자재비 및 노무비 지급보증, 계약이행보증 중 채무상환과 관련한 보증 등 금전지급을 요소로 한 것이 그 예이다. 이행보증은 계약이행보증 중에서 공사 또는 용역의 이행과 관련한 보증, 입찰보증, 하자보수보증, 연대보증 중 완성보증인이 제공하는 보증 등은 이행보증에 속한다.

우리나라 「국가계약법」상의 손해보험이나 일본의 화재보험 또는 기술용역계약서 의 전문책임보험(Professional Liability Insurance: PLI) 등은 통상 제위험보험(Contractor's All Risks Insurance)에 포함되며, 이와 같은 보험도 일종의 보증이라 할 수 있다.

보증기구를 영·미식으로 분석하면, 이행보증(performance bond) 등의 경우 도급업자 가 보증인과 보증서발행 의뢰계약을 맺어 보증인과 발주자가 보증계약을 맺는 구도가 되는 영·미에서는 일반적으로 이 보증을 Guarantee라 하며, 이 중에서 특히 날인계약 을 한 것을 Bond라고 부르고 있다. 보증에는 발주자의 요구가 있게 되면 무조건 그 보증의무를 이행하는 On Demand Type과 조건부인 Conditional Type이 있다.[199]

2) 건설공제조합이 취급하는 보증

건설공제조합이 행할 수 있는 사업 중 보증은 건설업을 영위함에 필요한 입찰보증, 계약보증(공사이행보증을 포함한다), 손해배상보증, 하자보수보증, 선급금보증, 하도급보 증(법56조1항)과 기타 비교적 비중이 적은 보증에 대해서는 「건설산업기본법 시행령」 에서 규정하고 있다. 공사단계별 건설공제조합의 보증내용은 다음과 같다(건산법 시행 령 56조2항).[200]

---

199) 대한상공회의소, "국제건설거래와 계약보증", 1984, pp. 8~10 참조.

200) 건설공제조합이 행할 수 있는 보증의 범위: 건설공제조합법 제1조에서 건설공제조합을 설립하여 조합원에게 필요한 보증과 자금의 융자 등을 행하게 함으로써 자주적 경제활동과 경제적 지위향상 을 도모하여 국민경제의 균형있는 발전에 기여하는 것이 본법의 목적임을 밝히고 있고, 제8조 제1 항 제1호에서 건설공제조합이 위와 같은 목적을 달성하기 위하여 행하는 보증사업의 범위를 입찰 보증·계약보증·차액보증·하자보수보증·손해배상보증·하도급이행보증·지급보증 및 기타 보증으 로 제한하면서, 제2조 제5호 내지 제12호에서 위 각 보증의 정의를 구체적으로 규정하고 있음에

[그림 6-13] 건설단계별 조합의 주요 보증

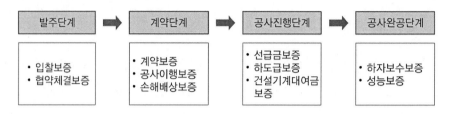

(1) 입찰보증(bid bond) : 공사 등의 입찰에 참가하는 조합원이 입찰참가자로서 부담하는 입찰보증금의 납부에 관한 의무이행을 보증하는 것이다. 낙찰자가 계약을 체결하는 것을 담보하기 위한 보증으로 통상 공사예정가액의 5% 이상을 보증금액으로 하여 입찰참가자가 제출한다.

(2) 계약보증(contract bond) : 조합원이 도급받은 공사 등의 계약이행과 관련하여 부담하는 계약보증금의 납부에 관한 의무이행을 보증하는 것이다.[201] 계약의 이행을 담보하기 위한 보증으로 통상 보증금액은 계약금액의 10~20%이다.

(3) 공사이행보증(performance bond) : 조합원이 도급받은 공사의 계약상 의무를 이행하지 못하는 경우 조합원을 대신하여 계약이행의무를 부담하거나 의무이행을 하지 아니할 경우 일정금액을 납부할 것을 보증하는 것이다. 계약보증이 계약불이행에 대한 금전보상 성격이 우선되는 반면, 공사이행보증은 준공책임이 우선되는 보증의 성격을 가지고 있다. 현재까지는 국가기관 등 공공발주공사로 한정되어 있는 보증으로 계약금액의 40~50%가 보증금액이 된다.

(4) 손해배상보증(damage bond) : 조합원이 도급받은 공사 등의 계약이행 중 발생한 제3자의 피해에 대한 배상금의 지급채무를 보증하는 것이다. 조합원이 계약이행 중

_____

비추어볼 때, 본법에 의하여 설립된 법인인 건설공제조합은 본법 제8조 제1항 제1호에 열거되어 있는 보증 이외의 보증은 행할 수 없는 것이라고 보아야 한다(대법원 1993. 7. 7. 선고 92누1563 판결).

201) 건설공제조합의 조합원인 수급인이 도급인으로부터 건축공사를 수주하고 선급금을 지급받은 다음 건설공제조합이 발급한 계약보증서를 도급인에게 교부하였는데, 수급인의 귀책사유로 인하여 계약이 해제되어 도급인으로부터 지급받은 선급금을 반환할 의무가 발생한 경우, 그 선급금 반환의무는 수급인의 채무불이행에 따른 계약 해제로 인하여 발생한 것으로써 건설공제조합이 한 계약보증에 포함된다(대법원 1996. 3. 22. 선고 94다54702 판결).

발생한 제3자의 피해에 대한 보상을 위하여 계약상대자에 대하여 부담하는 손해
배상보증금의 납부의무를 보증하는 제도이다.

(5) 하자보수보증(maintenance bond) : 조합원이 건설공사 등 사업의 영위와 관련하여
발생된 하자의 보수에 관한 의무이행을 보증하는 것이다. 건설공사가 준공된 후
발생되는 하자에 대한 보수를 책임지는 보증이다. 하자보수는 그 책임기간이 장
기이고 여러 변동상황이 발생될 가능성이 커서 보증의 필요성이 크다. 통상 계약
금액의 3%가 보증금액이 되며 보증기간은 공종별로 1년에서 10년까지 다양하게
설정된다.

(6) 선급금보증(advance payment guarantee) : 조합원이 도급받은 공사 등과 관련하여 수
령하는 선금의 반환채무를 보증하는 것으로,[202] 공사 계약 후 계약조건에 따라
선급금을 지급한 경우 계약 불이행 등으로 선급금을 반환하여야 할 때, 이를 담
보하는 보증이다.

(7) 하도급보증(subcontract bond) : 조합원이 하도급받고자 하거나 하도급받은 공사 등
과 관련하여 부담하는 제1호 내지 제6호와 같은 채무를 보증하는 것이다.

(8) 기타 다음에서 정하는 보증(영56조3항)[203]

① 인·허가보증 : 사업을 진행하는 과정에서 인·허가와 관련된 보증금 납부의무가
발생하는 경우가 발생한다. 조합원이 그 사업과 관련하여 국가기관 등 공공기관
으로부터 면허·허가·인가 등을 받고자 할 때 원상회복 등을 위하여 공공기관에
부담하는 예치금 또는 보증금의 납부의무는 인허가 보증으로 해결할 수 있다.

---

202) 건설산업기본법에 의하여 설립된 공제조합이 그 조합원과의 보증위탁계약에 따라 조합원이 도급
받은 공사 등과 관련하여 수령하는 선급금의 반환채무를 보증하기 위하여 선급금지급보증서를 발
급하는 방법으로 그 도급인과 보증계약을 체결하는 경우, 보증사고에 해당하는 수급인의 채무불이
행이 있는지 여부는 보증계약의 대상인 도급공사의 내용과 공사금액·공사기간 및 지급된 선급금
등을 기준으로 판정하여야 하므로, 이러한 보증계약서에서 선급금의 액수와 지급방법 및 선급금이
정하여진 용도로 실제 사용될 것인지 여부 등은 계약상 중요한 사항으로서, 조합원 등이 이를 거짓
으로 고지하는 것은 공제조합에 대한 기망행위에 해당할 수 있고, 기망행위에 해당하는 경우 공제
조합은 민법의 일반원칙에 따라 그 보증계약을 취소할 수 있다(대법원 2002. 11. 26. 선고 2002다
34727 판결).

203) 건설공제조합 홈페이지 www.cgbest.co.kr 참조.

② 자재구입보증 : 조합원이 조합으로부터 계약보증서 또는 공사이행보증서를 발급 받은 공사에 필요한 자재를 생산자, 판매업자로부터 구입하기 위하여 체결한 자 재공급계약에 의하여 계약상대자에게 부담하는 대금지급채무를 보증하는 제도.

③ 대출보증 : 조합원이 공공기관으로부터 도급받은 공사(조합이 계약보증 또는 공사이행보 증한 공사에 한함)에 필요한 자금을 금융기관에서 대출받은 경우 금융기관에 대하여 부담하는 상환채무를 보증하는 제도이다.

④ 납세보증

⑤ 하도급대금지급보증204) : 건설공사를 수행하면서 일부분 하도급을 해야할 때 법령 상 반드시 필요한 보증으로, 수급인이 부도 등으로 하수급자에게 하도급대금을 지 급할 수 없을 때 하도급대금 지급을 담보하는 보증이다. 하도급대금지급보증은「하 도급법」이 정한 바에 따라 보증대상 및 보증금액 등이 결정되며, 2개 기관 이상의 외부신용평가기관으로부터 회사채 신용등급 A0등급 이상으로 평가된 경우와 하 수급자와 하도급대금직불에 동의한 경우에는 이 보증서를 교부할 의무는 없다.

⑥ 법 제68조의3 제1항에 따른 건설기계 대여대금 지급보증

⑦ 그 밖에 조합원이 경영하는 건설업과 관련하여 그가 부담하게 되는 재산상의 의무 이행을 보증하는 것으로서 정관으로 정하는 보증205)

4. 입찰보증금

1) 개 념

입찰보증금이란 경쟁입찰에서 발주자가 낙찰자의 계약체결을 담보하기 위하여 입

---

204) 건설산업기본법에 따라 건설공제조합이 조합원으로부터 보증수수료를 받고 조합원이 다른 조합원 또는 제3자와 하도급계약을 체결하는 경우 부담하는 하도급대금 지급채무를 보증하는 보증계약은 그 성질에서 조합원 상호의 이익을 위하여 영위하는 상호보험으로서 보증보험과 유사한 것으로, 건설공제조합은 보증서에 기재된 보증기간 내에 발생한 보증사고에 대하여 보증금액의 한도 안에 서 보증책임을 부담하고, 주채무자와 보증채권자 사이에서 주채무의 이행기를 보증기간 이후로 연 기하는 변경계약을 체결하더라도 건설공제조합의 보증계약상의 보증기간도 당연히 변경된다고 할 수는 없다(대법원 2001. 2. 13. 선고 2000다5961 판결; 2008. 5. 15. 선고 2007다68244 판결).

205) 주택건설촉진법(1999. 2. 8. 법률 제5908호로 개정되기 전의 것) 제47조의7 제1항 제1호 및 같은 법 시행령 제43조의5 제1항은 주택사업공제조합이 행하는 보증사업의 범위를 제한적으로 열거하면서 그 각 보증의 정의를 구체적으로 규정하고 있으므로, 주택사업공제조합은 같은 법에 열거되어 있는 보증 이외의 보증은 행할 수 없다고 할 것이다(대법원 2000. 12. 8. 선고 2000다19410 판결).

찰 시 낙찰잘부터 지급받는 현금 또는 보증서를 말한다. 「국가계약법 시행령」 제9조는 각 중앙관서의 장 또는 계약담당공무원은 경쟁입찰에 참가하려는 자에게 입찰보증금을 내도록 규정하고 있다. 다만 대통령령으로 정하는 경우에는 입찰보증금의 전부 또는 일부의 납부를 면제할 수 있다.

입찰은 영문으로 Bid 또는 Tender라 하며, 보증은 Bond, Guarantee, Deposit 또는 Security 등 다양하게 표기된다. 입찰보증은 일반적으로 계약이행보증에 의하여 대체된다는 뜻에서 임시 또는 잠정예비보증이라고도 부르며, 영문으로는 Initial Bond, Provisional Bond, Tempory Bond, Preliminary Bond 등으로 표기된다.

2) 성 격

이러한 입찰보증금은 낙찰자에게 계약체결을 강제하는 동시에 낙찰자가 정당한 이유없이 계약체결을 거부할 경우, 발주자가 입은 손해를 담보하기 위한 것으로 위약벌 또는 손해배상의 예정에 해당하는 것으로 보고 있다.[206) 만약 계약을 체결하지 않을 경우 입찰보증금 이외에 별도로 손해배상을 청구할 수 있다고 명시하는 등 특별한 사정이 없다면 일반적으로 손해배상액의 예정으로 추정하고 있다.

계약을 이행하는 과정에서 손해가 발생하는 경우 사전에 그 손해액을 약정해 두는 경우가 있는데, 이를 손해배상액의 예정이라 하며 「민법」 제398조에 규정하고 있다. 손해배상의 예정은 그 배상액이 부당히 과다한 경우 법원은 이를 적당히 감액할 수 있고, 위약금의 약정은 손해배상액의 예정으로 추정하고 있다.

위약금은 「민법」 제398조 제4항에 의하여 손해배상액의 예정으로 추정되므로, 위약금이 위약벌로 해석되기 위해서는 특별한 사정이 주장·증명되어야 한다. 계약을 체결할 당시 위약금과 관련하여 사용하고 있는 명칭이나 문구뿐만 아니라 계약당사자의 경제적 지위, 계약 체결의 경위와 내용, 위약금 약정을 하게 된 경위와 교섭과정, 당사자가 위약금을 약정한 주된 목적, 위약금을 통해 이행을 담보하려는 의무의 성격, 채무불이행이 발생한 경우에 위약금 이외에 별도로 손해배상을 청구할 수 있는

---

206) 도급계약에서 계약이행보증금과 지체상금의 약정이 있는 경우에는 특별한 사정이 없는 한 계약이 행보증금은 위약벌 또는 제재금의 성질을 가지고, 지체상금은 손해배상의 예정으로 봄이 상당하다 (대법원 1997. 10. 28. 선고 97다21932 판결).

지 여부 등 여러 사정을 종합적으로 고려하여 위약금의 법적 성질을 합리적으로 판단하여야 한다.[207]

손해배상의 예정과 위약벌은 차이가 있다. 위약벌(違約罰)은 채무를 이행하지 않을 경우 채무자가 채권자에게 내는 벌금의 일종이다. 위약벌의 약정은 채무의 이행을 확보하기 위하여 정하는 것으로서 손해배상의 예정과 다르므로, 손해배상의 예정에 관한 「민법」 제398조 제2항(손해배상의 예정액이 부당히 과다한 경우에는 법원은 적당히 감액할 수 있음)을 유추 적용하여 그 액을 감액할 수 없다. 다만 의무의 강제로 얻는 채권자의 이익에 비하여 약정된 벌이 과도하게 무거울 때에는 일부 또는 전부가 공서양속에 반하여 무효로 된다(민법103조).[208]

> 【판례】 입찰보증금이 계약체결을 담보하는 동시에 계약체결 불이행에 대한 위약벌 또는 제재금의 성질을 가진 경우에는 채무불이행으로 인한 보증금의 귀속에 관하여 손해의 발생이 필요한 것이 아니며, 그와 같은 규정이 공서양속에 반하여 무효라고 할 수도 없다(대법원 1979. 9. 11. 선고 79다1270 판결).

현실적으로 입찰보증금은 현금보다는 보증기관의 보증서로 제출되는 경우가 일반적이며, 낙찰자가 계약체결을 거부할 경우 발주자는 보증기관(공제조합 또는 보증회사)에게 입찰보증금을 청구하고, 보증기관은 낙찰자에게 구상권을 행사한다. 이 과정에서 낙찰자는 보증기관의 구상권 행사를 방지하기 위하여, 발주자를 상대로 자신이 계약체결을 거부한 것에 정당한 이유가 있다는 주장을 하면서 채무부존재 확인소송을 제기한다.

3) 납 부

정부계약의 경우 입찰보증금은 입찰금액의 100분의 5 이상으로 해야 한다. 다만 「재난 및 안전관리 기본법」 제3조 제1호의 재난이나 경기침체, 대량실업 등으로 인한 국가의 경제위기를 극복하기 위해 기획재정부장관이 기간을 정하여 고시한 경우에는 입찰보증금을 입찰금액의 1천분의 25 이상으로 할 수 있다(국가계약법 시행령37조1항).[209]

---

207) 대법원 2016. 7. 14. 선고 2012다65973 판결.
208) 대법원 2016. 1. 28. 선고 2015다239324 판결.
209) 이러한 단서조항은 경쟁에 부칠 여유가 없거나 경쟁에 부쳐서는 계약의 목적을 달성하기 곤란하여 수의계약을 체결할 수 있는 사유로 감염병 예방 및 확산 방지를 추가하고, 감염병 확산 등의 재난, 경기침체 등으로 인한 국가의 경제위기를 극복하기 위해 기획재정부장관이 기간을 정하여 고시한

입찰보증금은 현금, 외국은행이 발행한 지급보증서, 증권, 보증보험증권, 「건설산업기본법」에 따른 공제조합의 보증서, 정기예금증서 및 수익증권 등으로 납부하게 해야 한다(국가계약법 시행령37조2항).

4) 납부면제

다음의 경우에는 입찰보증금의 전부 또는 일부의 납부를 면제할 수 있다(국가계약법 시행령37조3항).

① 국가기관 및 지방자치단체

② 「공공기관의 운영에 관한 법률」에 따른 공공기관

③ 국가 또는 지방자치단체가 기본재산의 100분의 50 이상을 출연 또는 출자(법률의 규정에 의하여 귀속시킨 경우를 포함)한 법인

④ 「건설산업기본법」·「전기공사업법」 등의 법령에 따라 허가·인가·면허를 받았거나 등록·신고 등을 한 자로서 입찰공고일 현재 관련법령에 따라 사업을 영위하고 있는 자

각 중앙관서의 장 또는 계약담당공무원은 낙찰자가 계약을 체결하지 아니하였을 때에는 해당 입찰보증금을 국고에 귀속시켜야 한다. 이 경우 입찰보증금의 전부 또는 일부의 납부를 면제하였을 때에는 입찰보증금에 해당하는 금액을 국고에 귀속시켜야 한다.

5. 계약보증금

1) 개 념

계약보증은 시공자가 계약조건에 따라 계약상의 책임과 의무를 성실하게 수행할 것을 보증하는 것이며, 시공자가 계약사항을 이행하지 아니하는 때에는 계약조건이나 보증서에 정하는 바에 따라 보증의무를 이행하는 것이다.

경우 해당 기간 동안 입찰보증금을 입찰금액의 100분의 5 이상에서 1천분의 25 이상으로, 계약보증금을 계약금액의 100분의 10 이상에서 100분의 5 이상으로 인하할 수 있도록 하는 등 감염병 확산(코로나-19) 등에 따라 경영상의 부담을 겪는 조달업체를 지원하기 위한 조치를 마련하려는 것으로 2020. 5. 1. 국가계약법 시행령을 개정하였다.

> **【판례】** '계약보증'은 건설공사도급계약의 수급인이 도급계약을 약정대로 이행하는 것을 보증하고, 만약 수급인의 귀책사유로 도급계약을 불이행하는 경우에는 그로 인한 수급인의 도급인에 대한 손해배상채무의 이행을 계약보증금의 한도에서 보증하는 것이다(대법원 1999. 10. 12. 선고 99다14846 판결).

계약을 체결하고자 하는 자는 계약체결 전까지 계약서에서 정한 계약보증금을 현금 또는 기타 수단으로 계약담당공무원에게 납부하여야 하는 것이 일반적인 절차이다. 이에 대하여는 「국가계약법」 제12조, 동법 시행령 제50조 및 계약예규인 「공사계약일반조건」 제7조에 상세하게 규정되어 있다.

2) 성 격

국가계약법령상 계약의 이행을 담보하기 위하여 계약상대자에게 일정한 금액을 납부하게 하는 것이 계약보증금인데 이는 위약금(違約金)의 성격을 가지고 있다. 예컨대, 매매계약시에 "매도인이 목적물을 인도하지 못하는 경우에는 100만 원의 배상금을 지급한다"든가, "인도가 늦어질 경우에는 하루에 5만 원씩의 지연배상금을 지급한다"는 등의 특약과 같다. 위약금이라고 약정하는 경우에도 손해배상과는 별도로 위약벌로 지급하는 일도 있고, 손해배상액의 예정인 경우도 있다. 따라서 구체적으로 당사자의 의사에 따라 어느 경우인가를 판단하여야 한다.

민법은 "위약금의 약정은 손해배상액의 예정으로 추정한다"(법398조4항)고 규정하고 있다. 따라서 채무불이행의 경우, 실제의 손해액과는 상관없이 예정된 배상액을 청구할 수 있고, 배상액의 예정이 아닌 경우, 예컨대 위약벌인 경우에는 그것을 입증하여야 한다. 위약금이 배상액의 예정으로 추정된 결과, 법원은 예정액이 부당히 과다한 경우에는 적당히 감액할 수 있고, 배상액의 예정으로 이행의 청구나 해제에 영향을 미치지 아니한다. 당사자가 금전이 아닌 것으로써 손해의 배상에 충당할 것을 예정한 경우에도 위약금에 관한 규정이 준용된다(법398조2·3·5항).

> **【판례】** 건설공제조합이 조합원인 공사수급인에게 발급하는 계약보증서는 결국 공사도급계약시 통상 수급인이 도급인에게 지급하는 계약보증금 또는 계약이행보증금을 대신하는 것으로서, 수급인이 약정한 공사기간 내에 공사를 완공하는 것을 내용으로 하는 공사도급계약의 이행을 보증하고 만일 계약의 이행 과정에서 수급인이 그 귀책사유로 인하여 도급인에게 채무를 부담하게 될 경우 그 채무의 이행을 보증하는 것이다(대법원 1996. 3. 22. 선고 94다54702 판결).

3) 납 부

「국가계약법 시행령」 제50조 제1항은 계약보증금을 계약금액의 100분의 10 이상으로 납부토록 하되, 재난이나 경기침체, 대량실업 등으로 인한 국가의 경제위기를 극복하기 위해 기획재정부장관이 기간을 정하여 고시한 경우에는 계약보증금을 계약금액의 100분의 5 이상으로 할 수 있다〈개정 2020. 5. 1.〉. 계약보증금은 계약의 종류별로 다음과 같이 특별하게 적용하는 경우가 있다(국가계약법12조, 영50조, 52조1항).

① 단가계약의 경우 : 여러 차례로 분할하여 계약을 이행하게 하는 때에는 매회별 이행예정량 중 최대량에 계약단가를 곱한 금액의 100분의 10 이상을 계약보증금으로 납부한다.

② 장기계속계약의 경우 : 제1차 계약체결 시 부기한 총공사 또는 총제조 등의 금액의 100분의 10 이상을 계약보증금으로 납부하게 하고 이를 총공사 또는 총제조 등의 계약보증금으로 본다.

③ 공사계약의 경우(국가계약법 시행령52조1항)

　　가. 계약보증금을 계약금액의 100분의 15 이상 납부하는 방법

　　나. 영 제50조 제1항부터 제3항까지의 규정에 따른 계약보증금을 납부하지 않고 공사이행보증서를 제출하는 방법

4) 납부 방법

계약보증금은 현금, 외국은행이 발행한 지급보증서, 증권, 보증보험증권 또는 건설공제조합이 발행한 지급보증서 등으로 이를 납부하게 하여야 한다(국가계약법 시행령50조7항). 그러나 계약금액이 5천만 원 이하인 계약을 체결하는 경우 등 일정한 경우에는 계약보증금의 전부 또는 일부를 면제할 수 있다.

6. 공사이행보증

1) 개 념

계약예규인 「공사계약일반조건」 제48조 및 「정부 입찰·계약 집행기준」 제13장에는 공사계약의 원활한 이행을 위하여 이행보증에 대하여 규정하고 있다. 이행보증은

계약상대자의 책임있는 사유로 인한 계약의 해제 및 해지의 사유에 해당하는 경우로 서 계약체결 시 연대보증인이 입보(立保)되어 있거나, 또는 공사이행보증서가 제출되어 있는 경우에는 계약을 해제 또는 해지하지 아니하고, 연대보증인 또는 보증기관에 대하여 공사를 완성할 것을 청구하도록 규정한 것이다.

공사이행보증(performance bond)은 공사계약에서 계약상대자가 계약상의 의무를 이행하지 못하는 경우 계약상대자를 대신하여 계약상의 의무를 이행할 것을 보증하되, 이를 보증기관이 의무를 이행하지 아니하는 경우에는 일정금액을 납부할 것을 보증하는 것을 말한다(국가계약법 시행령2조4호).[210] 이는 미국이나 일본의 공사이행보증제도 와 같은 개념이라 할 수 있으며, 우리나라는 1997. 1. 1. 대외시장 개방에 맞추어 처음으로 도입된 제도이다. 영문으로는 단순히 이행보증의 뜻으로 Performance Bond (Guarantee, Deposit, Security)라고 표기한다. 또한 입찰보증을 예비 또는 임시, 잠정보증이라는 점에서 이행보증을 최종보증, 즉 Final Bond라고도 표기한다.

계약보증이 계약불이행에 대한 금전보상 성격이 우선되는 반면, 공사이행보증은 준공책임이 우선되는 보증의 성격을 가지고 있다. 현재까지는 국가기관 등 공공발주 공사로 한정되어 있는 보증으로 계약금액의 40~50%가 보증금액이 된다.

2) 보증방법

계약이행보증의 전제가 계약의 이행 및 완성이지만 그렇다고 하여 보증의 범위를 계약금액 전체로 할 수는 없다. 그럴 경우 계약자는 엄청난 보증의 부담으로 인하여 계약의 이행에서 얻을 수 있는 이익이 없을지도 모른다. 이로 인하여 계약이행의 실제적인 범위는 상기 전체를 만족시키는 범위가 아니라 계약자가 계약의 이행과 완성에서 얻을 수 있는 이익의 범위, 다시 말해 계약자가 계약이행을 포기할 경우에 발주

---

210) 계약 당시 일방의 책임으로 계약이 해지되면 계약이행보증금이 상대방에게 귀속된다고 정한 경우 계약이행보증금은 위약금으로서 민법 제398조 제4항에 따라 손해배상액의 예정으로 추정된다. 손해배상액을 예정한 경우 다른 특약이 없는 한 채무불이행으로 발생할 수 있는 모든 손해가 예정액에 포함된다. 그 계약과 관련하여 손해배상액을 예정한 채무불이행과 별도의 행위를 원인으로 손해가 발생하여 불법행위 또는 부당이득이 성립한 경우 그 손해는 예정액에서 제외되지만, 계약 당시 채무불이행으로 인한 손해로 예정한 것이라면 특별한 사정이 없는 한 손해를 발생시킨 원인행위의 법적 성격과 상관없이 그 손해는 예정액에 포함되므로 예정액과 별도로 배상 또는 반환을 청구할 수 없다(대법원 2018. 12. 27. 선고 2016다274270, 274287 판결).

자에게 예상되는 손해의 범위를 계약이행보증의 범위로 하고 있다.

이 범위가 과학적인 검증절차를 거친 것은 아니지만, 경험에 의하여 통상 입찰금액 또는 계약금액의 5%에서 10% 수준이 합리적인 것으로 인식되고 있다. 예컨대, 사우디 아라비아의 경우에는 입찰금액의 5%, ICE의 경우에는 입찰금액의 10%, 일본의 「표준 청부조건」에서는 10%로 하고 있다.

「국가계약법 시행령」은 각 중앙관서의 장 또는 계약담당공무원은 공사계약을 체결 하고자 하는 경우 계약상대자로 하여금 다음의 어느 하나의 방법을 선택하여 계약이 행의 보증을 하게 해야 한다. 다만 각 중앙관서의 장 또는 계약담당공무원은 공사계 약의 특성상 필요하다고 인정되는 경우에는 계약이행보증의 방법을 제2호에 따른 방 법으로 한정할 수 있다(영52조1항).

① 계약보증금을 계약금액의 100분의 15 이상 납부하는 방법
② 「국가계약법 시행령」 제50조(계약보증금) 제1항부터 제3항까지의 규정에 따른 계약 보증금을 납부하지 않고 공사이행보증서를 제출하는 방법

아울러 각 중앙관서의 장 또는 계약담당공무원은 계약이행을 보증한 경우로서 계 약상대자가 계약이행보증방법의 변경을 요청하는 경우에는 1회에 한하여 변경하게 할 수 있다(국가계약법 시행령52조2항).

3) 보증기관에 공사완성을 청구

계약담당공무원은 계약상대자가 「공사계약일반조건」 제44조 제1항 각호의 어느 하나에 해당하는 경우로서 「국가계약법 시행령」 제52조 제1항 제3호에 의한 공사이 행보증서가 제출되어 있는 경우에는 계약을 해제 또는 해지하지 아니하고 「공사계약 일반조건」 제9조에 의한 보증기관에 대하여 공사를 완성할 것을 청구하여야 한다(일 반조건48조1항).

【판례】 이행보증보험계약을 체결한 경우 보험사고발생 여부의 판단기준: 이른바 이행(계약) 보증보험계 약을 체결한 경우에 그 보험금지급의 원인이 되는 보험사고의 발생, 즉 수급인에게 도급계약상의 의무불이행이 있는지의 여부는 당해 이행 (계약) 보증보험계약의 당사자인 수급인과 보험자 사이 에 이행보증의 대상으로 약정된 도급공사의 공사금액, 공사기간, 공사내용 등을 기준으로 판정해 야 한다(대법원 1987. 6. 9. 선고 86다카216 판결).

4) 보증채무의 범위

계약담당공무원은 계약상대자가 정당한 이유 없이 계약상의 의무를 이행하지 아니한 경우에는 보증기관으로 하여금 보증서에 기재된 사항에 따라 발주기관에 보증채무를 이행하게 하여야 한다. 이러한 보증채무에는 하자담보채무와 선금반환채무를 포함하지 아니한다. 다만 계약체결 시 하자담보채무에 대하여 별도의 특약을 체결한 때에는 이를 포함한다(정부 입찰·계약 집행기준43조).[211]

공사이행보험증권을 교부한 후 사정에 의하여 공사비가 대폭적으로 감소된 경우 보험자의 책임한도는 어떻게 되는가? 이에 대하여 대법원은 "회사가 국가로부터 그가 시공하는 공사를 수급하는 데 공사금의 10분의 1에 해당하는 공사이행보증금을 예치하기로 하되, 그 후 위 공사비가 감축되어 다시 정하여 졌다면 그 보증금 역시 새로 정하여진 공사비의 10분의 1인 금액으로 감액된 것으로 봄이 당사자의 의사에 합치되므로, 보험사고 발생 후 원고 보험회사가 국가에게 보상할 금액도 위와 같이 감액된 금액이라고 본다"고 판시하고 있다(대법원 1981. 12. 8. 선고 80다2396 판결).

5) 보증채무의 이행방법

계약담당공무원은 계약상대자가 정당한 이유없이 계약상의 의무를 이행하지 아니한 경우에 보증기관은 보증이행업체를 지정하여 해당 계약을 이행하게 하여야 한다. 다만, 공사이행보증서상의 보증금을 현금으로 납부하는 경우에는 그러하지 아니하다(정부 입찰·계약 집행기준44조).

6) 보증이행업체의 보증이행

계약담당공무원은 계약상대자가 계약상의 의무를 이행하지 아니한 경우에는 지체 없이 보증기관에 보증채무의무를 이행할 것을 청구하여야 한다. 이때 계약담당공무

---

211) 건설공제조합이 조합원인 공사수급인에게 발급하는 계약보증서는 결국 공사도급계약시 통상 수급인이 도급인에게 지급하는 계약보증금 또는 계약이행보증금을 대신하는 것으로서, 수급인이 약정한 공사기간 내에 공사를 완공하는 것을 내용으로 하는 공사도급계약의 이행을 보증하고 만일 계약의 이행 과정에서 수급인이 그 귀책사유로 인하여 도급인에게 채무를 부담하게 될 경우 그 채무의 이행을 보증하는 것이다(대법원 1996. 3. 22. 선고 94다54702 판결).

원은 공사현장(기성부분, 가설물, 기계·기구, 자재 등)의 보존과 손해의 발생을 방지하여야 하며 보증기관이 보증이행업체를 지정하여 보증채무를 이행하게 한 경우에는 그 보증이행업체에게 이를 인도하여야 한다.

　이러한 청구에 의하여 계약상의 공사보증이행의무를 완수한 보증기관은 계속공사에서 계약상대자가 가지는 계약체결상의 이익을 가진다. 보증기관은 계약금액 중 보증이행부분에 상당하는 금액을 발주기관에 직접 청구할 수 있는 권리를 가지며, 계약상대자는 보증이행업체의 보증이행부분에 상당하는 금액을 청구할 수 있는 권리를 상실한다. 보증기관이 정당한 이유없이 계약상의 보증채무를 이행하지 아니한 경우에는 보증기관으로 하여금 공사이행보증서상의 보증금을 현금으로 납부하게 하여야 한다(정부 입찰·계약 집행기준46조).

7. 계약보증과 이행보증의 차이

　이상에서 살펴본 바와 같이 계약보증과 공사이행보증은 다음의 표와 같은 차이점이 있다.

[표 6-15] 건설공사에서의 계약보증과 공사이행보증의 차이

구분	계약보증	공사이행보증
근거법	• 국가계약법 제12조 시행령 제50조	• 국가계약법 시행령 제52조
보증채권자	• 공공기관 또는 민간	• 공공기관
보증기간	• 계약문서에서 정한 계약일부터 계약이행기일로 함	• 계약문서에서 정한 계약일부터 계약이행기일로 함
보증대상	• 건설공제조합원이 도급받은 공사 등의 계약상 의무를 이행하지 못하는 경우 금전보상	• 건설공제조합원이 도급받은 공사등의 계약상 의무를 이행하지 못하는 경우 조합이 대신 계약이행의무를 부담하거나 금전보상
보증금액	• 공공기관 : 계약금액 10~20% • 민간 : 계약서에 정한 금액. 단, 일정 금액 초과 시 담보제공하여야 함	• 공공기관 : 계약금액의 40~50%

제20절 건설민원

1. 개 요

건설민원은 공사에 직접 참여하지 않는 제3자가 공사와 관련하여 회사에 제기하는 제반 클레임을 말한다. 전술한 바와 같이 건설업은 발주처, 협력업체, 입주민 혹은 사용자와 납품업체 등 직·간접적인 요소가 복합적으로 작용하고 있기 때문에 언제든 지 민원이 발생할 소지가 있다. 사회 환경의 급격한 변화와 내 권리는 내가 찾겠다는 주권의식의 신장 등으로 민원 발생이 잦아지고 점차 대형화되므로 그러한 민원의 효율적인 대처와 방법이 요구되고 있는 실정이다.

민원과 관련되는 법규는 사안에 따라서 다양하기 때문에 일률적으로 한정하기는 용이하지 않으나, 절차적인 측면에서 민원 처리에 관한 기본적인 사항을 규정하고 있는 「민원 처리에 관한 법률」(법률 제14839호)과 개별법으로는 「민법」 제217조(매연 등에 의한 인지에 대한 방해금지), 제241조(토지의 심굴금지), 제242조(경계선부근의 건축), 제244조 (지하시설 등에 대한 제한), 제750조(불법행위의 내용), 제756조(사용자의 배상책임), 제757조(도급인의 책임), 제760조(공동불법행위자의 책임), 「환경정책기본법」, 「환경영향평가법」, 「환경분쟁 조정법」, 「소음·진동관리법」, 「폐기물관리법」, 「산업안전보건법」, 「건축법」 제40조(대지의 안전 등), 제41조(토지 굴착 부분에 대한 조치 등), 제44조(대지와 도로의 관계), 제61조(일조 등의 확보를 위한 건축물의 높이 제한) 및 「공사계약일반조건」 제31조(일반적 손해), 제32조(불가항력) 등이 있다.

2. 민원의 발생

1) 민원의 개념

민원(民願)이란 건설과 관련이 있는 이해당사자가 관련된 각종 사업행위로 인하여 발생하는 유·무형의 정신적 피해나 재산상의 손실에 대하여 이해관계자가 권리, 피해보상 등을 사업주체나 정부기관에 요구하는 것을 말한다. 정부의 「민원 처리에 관한 법률」에 따르면 "민원"이란 민원인이 행정기관에 대하여 처분 등 특정한 행위를 요구하는 것을 말하며, 민원의 종류는 일반민원과 고충민원으로 구분되며, 일반민원은 다시 법정민원, 질의민원, 건의민원 및 기타민원으로 구분된다. 고충민원은 「부패방지 및 국민권익위원회의 설치와 운영에 관한 법률」 제2조 제5호에 따른 민원으로, 행정기관 등의 위법·부당하거나 소극적인 처분 및 불합리한 행정제도로 인하여 국민의 권리를 침해하거나 국민에게 불편 또는 부담을 주는 사항에 관한 민원을 말한다(민원처리법2조1호).

건설업은 타 산업과는 달리 기본적으로 내재하고 있는 특성이 있다. 건설공사가 서로 다른 형태와 내용으로 존재하는 비동일성이 있고, 타인의 주문에 의하여 생산되는 주문생산성의 형태를 지니고, 주문자의 요구사항이 다양하기 때문에 표준화와 규격화가 곤란하다. 옥외성(屋外性)과 이동성으로 효과적인 현장관리가 어려워 지역, 공해 및 환경에 연관이 된다. 또한 계절성과 노동집약성으로 자연조건, 기후 및 노동력에 영향을 많이 받게 된다. 이러한 특성은 상당 부분 건설민원과 연관이 되고 있는 요인이기도 하다.

아울러 건설현장은 발주처와 관공서, 협력회사, 감독 감리단, 자재 장비업체, 언론기관 및 인근 주민 등 다양한 이해당사자가 존재하며, 이를 통해 협력업체의 부도로 인한 농성, 일조권으로 인한 인근 주민의 농성, 소음·진동·비산먼지로 인한 농성, 안전사고로 인한 피해보상 요구 등 그 민원의 종류도 매우 다양함을 알 수 있다.

2) 민원의 발생 동기

민원의 발생 동기는 다음 그림과 같이 세 가지 형태로 구분될 수 있다.

[그림 6-15] 민원의 발생 동기

I. 사업계획 반대민원 (발주 관련 민원)	• 개발과 보존을 둘러싼 사회적 갈등의 심화 • 님비(Not in my back yard)성 집단민원 • 지방자치제 시행에 따른 지역이기주의 팽배
II. 손실보상민원 (발주기관 관련 민원)	• 편입토지 등 보상가격에 대한 불만 시가보상 개발예정지 • 무연고 분묘: 개장 및 이장 절차 미준수 • 영년작물 보상 문제(유실수, 관상수, 인삼 등)
III. 피해보상민원 (시공 관련 민원)	• 공사관리 소홀로 인한 개인의 피해 및 재산 손실 초래 • 공사현장의 안전조치 미흡 및 부실공사 방치 • 공사현장의 정비, 점검 및 보수·보강 미흡으로 한해, 수해 피해 발생

3. 건설현장의 환경피해 배상 관련 제도

1) 사업자의 무과실 책임

「환경정책기본법」 제44조 제1항은 "사업장 등에서 발생되는 환경오염 또는 환경훼손으로 피해가 발생한 경우에는 해당 환경오염 또는 환경훼손의 원인자가 그 피해를 배상하여야 한다"고 하여 환경오염의 피해에 대한 무과실책임을 명시하고 있다. 법원의 판례도 "환경오염으로 인한 피해에 대해서는 법이 정한 배출허용기준을 준수하였다 할지라도 사업자의 무과실책임을 인정"하고 있다. 즉, 환경분쟁(공해소송)에서 인과관계의 입증책임은 가해자 측에 있다고 판시하고 있다.[212]

이는 「소음·진동관리법」이나 대기환경보전법, 물환경보전법, 토양환경보전법 등이 정한 행정적인 규제기준 이하로 오염물질을 배출했다 할지라도, 그 물질로 인해 건강상, 재산상의 피해가 발생했다면 사업자에게 배상책임이 있다는 것을 의미한다. 따라서 종종 "우리 사업장은 규제기준 이내로 배출했으니 책임이 없다, 문제가 있으면 법대로 하라"는 식으로 전개되어, 피해자들의 보상요구 무시로 분쟁이 악화되는 경우가 있다.

2) 피해사실의 입증책임

(1) 인과관계의 증명이 어려움

피해사실을 입증하는 것이 민원해결의 관건이 되나, 이는 생각만큼 쉬운 일은 아니다. 특히 공해 관련 사항은 일반인으로서는 자연과학적인 규명이 곤란하고, 피해조사 과정에서의 사업자의 협조를 얻기가 용이하지 않은 문제점이 있다. 이와 아울러 과학적 전문지식과 비용을 부담할 능력이 없는 경제적, 사회적 약자인 경우가 대부분이어서 인과관계의 증명을 더욱 어렵게 하고 있는 실정이다.

(2) 개연성 이론

개연성(蓋然性)이란 확실하지는 않지만 아마도 그럴 것이라고 생각되는 것으로, 어떤 일의 성립 여부가 확실하지 않을 때, 그 일이 실제로 성립될 가능성을 전후 상황으

---

212) 대법원 2002. 10. 22. 선고 2000다65666, 65673 판결

로 보아 판단한다는 이론이다.[213] 민원에서 피해자는 인과관계의 개연성만 입증하면 충분하고, 사업자가 반증으로써 인과관계가 없다는 것을 증명하지 못하면 피해배상의 책임을 면할 수 없다는 것이다.

> **【판례】** 공해로 인한 불법행위에 있어서의 인과관계에 관하여 당해행위가 없었더라면 결과가 발생하지 아니하였으리라는 정도의 개연성, 즉 침해행위와 손해와의 사이에 인과관계가 존재하는 상당 정도의 가능성이 있다는 입증을 함으로써 족하다(대법원 1974. 12. 10. 선고 72다1774 판결).

(3) 위법성 및 입증방법

예컨대, 건축행위로 인해 일조권(日照權)에 대한 방해행위가 발생하는 경우 모두가 사법상 위법한 가해행위로 인정되는 것인가, 아니면 어디까지가 가해행위로 인정되는 것인지에 대한 의문이 있을 수 있다. 일조방해행위가 사법상 위법한 가해행위로 평가되기 위한 요건은 무엇인가에 대해서, 대법원은 "건물의 신축으로 인하여 그 이웃 토지 상의 거주자가 직사광선이 차단되는 불이익을 받은 경우에, 그 신축행위가 정당한 권리행사로서의 범위를 벗어나 사법상 위법한 가해행위로 평가되기 위하여는 그 일조방해의 정도가 사회통념상 일반적으로 인용하는 수인(受忍)한도를 넘어야 한다"고 하고, 일조방해 행위가 사회통념상 수인한도를 넘었는지에 관한 판단 기준으로는 "피해의 정도, 피해이익의 성질 및 그에 대한 사회적 평가, 가해 건물의 용도, 지역성, 토지이용의 선후관계, 가해방지 및 피해회피의 가능성, 공법적 규제의 위반 여부, 교섭 경과 등 모든 사정을 종합적으로 고려하여 판단하여야 하고, 건축 후에 신설된 일조권에 관한 새로운 공법적 규제 역시 이러한 위법성의 평가에서 중요한 자료가 될 수 있다"고 판시하고 있다.[214]

건설현장의 소음으로 피해가 발생한 경우 공사일지를 제출받아, 피해발생 당시에 사용한 장비의 소음도를 토대로 공사장과 피해자 거주지 간의 거리, 방음벽 등에 의한 감소효과를 계산한 추정소음도가 사회적 수인한도를 초과한 정도와 기간에 따라 피해 배상액을 결정한다.[215] 소음도로 인한 가축피해의 경우에는 소, 돼지, 닭, 사슴

---

213) 공사장에서 배출되는 황토 등이 양식어장에 유입되어 농어가 폐사한 경우, 폐수가 배출되어 유입된 경로와 그 후 농어가 폐사하였다는 사실이 입증되었다면 개연성이론에 의하여 인과관계가 증명되었다고 보아야 한다(대법원 1997. 6. 27. 선고 95다2692 판결).

214) 대법원 1999. 1. 26. 선고 98다23850 판결.

등 종류별로 소음도에 따른 유산율, 폐사율, 성장감소율 등을 산출한 전문가의 연구용역 결과를 인과관계의 입증자료로 사용하고 있다(중앙환경분쟁조정위원회). 소음으로 인한 정신적 갈등이 분쟁으로 확대되기 전에 주민과 함께 협의하여 소음피해 감소방안을 마련하고, 아니면 적당한 위자료 등으로 사전에 해결해야 할 것이다.

【판례】 공해소송에 있어서 인과관계의 입증 정도: 대기오염으로 인한 공해소송에 있어서는 가해자의 공장에서 대기에 악영향을 줄 수 있는 석탄분진이 생성·배출되고, 그 석탄분진 중 일부가 대기를 통하여 피해자의 거주지등에 확산·도달되었으며, 그 후 피해자에게 진폐증의 발병이라는 피해가 있었다는 사실이 모순없이 증명된다면, 위 석탄분진의 배출이 피해자가 진폐증에 이환된 원인이 되었을 개연성이 있음은 일응 입증되었다고 보아야 할 것이고, 이러한 사정 아래에서는 가해자가 그 공장에서의 분진 속에는 피해발생의 원인물질이 들어 있지 아니하며 원인물질이 들어 있다 하더라도, 그 혼합률이 피해발생에는 영향을 미치지 아니한다는 사실을 반증을 들어 증명하지 못하는 이상, 그 불이익은 가해자에게 돌려 그 분진배출과 피해자의 진폐증이환 사이에 원인관계의 증명이 있다고 보아야 마땅하다(서울민사지방법원 1989. 1. 12. 선고 88가합2897 제13부 판결).

4. 환경 관련법령의 체계

1) 환경 관련법령

환경 관련법령은 다름과 같이 정리할 수 있다.

[표 6-16] 환경 관련법령

구분	관련법령
환경기본정책	• 환경정책기본법, 환경영향평가법
환경오염대책 및 규제	• 대기(물)환경보전법, 소음·진동관리법, 토양환경보전법
폐기물관리대책	• 폐기물관리법, 가축분뇨의 관리 및 이용에 관한 법률
환경분쟁절차 및 해결	• 환경분쟁 조정법, 환경범죄의 처벌에 관한 특별조치법
건축법	• 대지의 안전, 토지굴착부분에 대한 조치, 대지와 도로의 관계, 건축물 높이의 제한 등

---

215) 원심은 본건과 같은 소위 공해사건에서는 문제의 가해행위와 피해와의 간에 인과관계의 유무를 인정함에 있어서 일반 불법행위와 달리 일반적으로 충분한 인과관계의 입증이 없어도 족하고, 다만 일정한 사유만 있어서 인과관계를 추정할 수 있는 개연성만 있으면 일응 입증이 있는 것으로 소송상 추정되어서 가해자는 피해자의 손해를 배상할 책임이 있게 되고, 피고가 그 불법행위의 책임을 면하려면 인과관계가 없다는 적극적 증명(반증)을 할 책임, 즉 소위 입증 책임의 전환이 있다는 전제 하에 위 적시와 같은 판결을 하였으나, 우선 본건과 같은 소위 공해사건에 있어서의 이와 같은 입증에 관한 특별취급에 관한 위 전제는 본원이 인정할 수 없다(대법원 1973. 11. 27. 선고 73다919 판결).

2) 민법상 건설 관련법률

인근한 부동산의 소유자가 각자의 소유권을 무제한으로 주장한다면 그들 부동산의 완전한 이용을 이룩할 수 없게 됨에 따라, 각 소유자가 가지는 권리를 어느 정도까지 제한하고, 각 소유자에게 협력의무를 부담하게 함으로써 부동산 상호 간의 이용의 조정을 꾀하는 것이 상린관계이며, 그러한 상린관계로부터 발생하는 권리를 상린권(相隣權)이라고 한다.

① 매연 등에 의한 인지(隣地)에 대한 방해금지(민법217조)

② 토지의 심굴금지(민법241조)

③ 경계선 부근의 건축(민법242조)

④ 지하시설에 대한 제한(민법244조)

⑤ 불법행위의 내용(민법750조)

⑥ 사용자의 배상책임(민법756조)

⑦ 도급인의 책임(민법757조), 공동불법행위의 책임(민법760조)

3) 공공공사의 경우

공공(정부, 지자체)공사의 경우 민원 처리에 대해서는 국토교통부 고시인 「건설공사 사업관리방식 검토기준 및 업무수행지침」(국토교통부고시 제2020-987호, 2020. 12. 16.)에서 "건설사업관리기술인은 공사시행 중 예산이 변경되거나 계획이 변경되는 중요한 민원이 발생된 때에는 민원인 주장의 타당성, 소요예산 등을 검토하여 그 검토의견서를 첨부하여 발주청에 보고하여야 하고(지침92조6항), 공사와 직접 관련된 경미한 민원 처리는 직접 처리하거나 전화 또는 방문하여 성실하게 하여야 하며, 시공자와 협조하여 적극적으로 해결방안을 강구·시행하여야 한다"(지침92조8항)고 규정하고 있다.

손해 부담에 대해서는 「공사계약일반조건」 제31조(일반적 손해)에 따라 계약자는 계약의 이행 중 공사목적물, 지급자재, 대여품 및 제3자에 대한 손해를 부담하여야 한다. 다만 계약자의 책임없는 사유로 인하여 발생한 경우에는 발주자가 부담한다. 태풍, 홍수, 악천후, 전쟁, 사변, 지진, 화재, 전염병, 폭동 등의 불가항력의 사유로 인하여 다음 각 호에 발생한 손해는 발주자가 부담한다(동 조건32조).

① 제27조에 의하여 검사를 필한 기성부분

② 검사를 필하지 아니한 부분 중 객관적인 자료(감독일지, 사진 또는 동영상 등)에 의하여 이미 수행되었음이 판명된 부분

③ 제31조 제1항 단서 및 동조 제3항에 의한 손해

4) 민간공사의 경우

「민간공사 표준도급계약일반조건」 제36조(손해배상책임)에는 "수급인이 고의 또는 과실로 인하여 도급받은 건설공사의 시공관리를 조잡하게 하여 타인에게 손해를 가한 때에는 그 손해를 배상할 책임이 있다"고 규정하고 있고, 민원사항에 대하여는 특약으로 규정할 수 있게 하였다.

【특약 예시】 공사로 인한 민원 발생 시는 수급인이 책임을 지고 이를 해결하며, 도급인은 이에 최대한 협조하여야 한다. 민원해결을 위하여 발생되는 비용은 별표에 따라 부담하고 공동부담인 경우에는 도급인, 수급인이 50 : 50의 비율로 한다.

5. 민원인의 공사방해에 대한 대책

1) 공사방해금지 가처분 또는 공사중지 가처분

가처분이란 장래에 채권의 보전을 집행하기 위하여 채무자의 재산처분을 금지시키기 위해(예컨대, 건물의 양도금지가처분) 임시로 취하는 절차(공사중지, 공사방해금지, 대표이사 직무정지 등)로서 확정판결의 집행을 보전하기 위한 집행보전제도이다. 가처분의 요건으로는 ① 권리관계가 존재하여야 하며(예, 민법상의 상린관계 법규상의 권리) ② 가처분의 필요성이 있어야 한다. 즉, 방지해야 할 현저한 위험이 존재해야 함을 의미한다.

공사 관련 가처분의 유형으로는 첫째, '공사금지' 또는 '중지가처분'으로서 피신청인에게 미치는 영향이 매우 크기 때문에 고도의 필요성이 인정되어야 한다. 둘째, '공사방해금지 가처분'으로 상대방이 실력으로 방해 행위를 하려는 사정을 밝혀야 한다. 가처분의 신청은 원칙적으로 본안의 관할법원이나, 긴박한 경우는 소재지 관할지방법원이며, 가처분의 심리와 가처분에 대한 불복(상소 및 이의신청) 등의 업무를 담당한다. 가처분 이후에는 결국 본래의 피해보상 청구 등의 법적 절차가 뒤따른다.

가처분에 대한 대응은 다음과 같은 방법이 있다.

① 가처분 결정에 대한 불복

② 본안 제소의 명령 신청

③ 가처분 집행의 변경 또는 취소(가처분 집행에 대한 이의신청 재판 청구)

또한 가처분 결정에 대한 불복으로 우선 가처분 결정문에 명기된 조건에 따르데, 공탁금을 걸고 이의신청을 할 경우 가처분 결정이 곧바로 해지되는 경우가 있고, 이의신청 재판을 열어 그 취소 여부를 결정해야 하는 경우가 있다. 그러나 취소 결정까지는 가처분 결정은 유효하다.

[표 6-17] 공사방해금지가처분(예시)

<table>
<tr><td colspan="2" align="center">○○지 방 법 원
제2 민사부
결 정</td></tr>
<tr><td>사 건</td><td>91카654321 공사방해금지가처분</td></tr>
<tr><td>신 청 인</td><td>△△건설 주식회사 대표이사 □ □ □</td></tr>
<tr><td>피신청인</td><td>별지와 같음</td></tr>
<tr><td>주 문</td><td>피신청인들은 별지목록기재 토지 중 별지도면표시 1, 2도면 지상에 신청인이 시행하는 철근콘크리트벽식 아파트 5동 390세대(건축연면적 45,600.8평방미터), 판매시설 1동(1,122.45평방미터), 노인정, 관리실 1동(358.5평방미터)건물의 건축공사를 방해하는 일체의 행위를 하여서는 아니 된다.
신청인이 위임하는 ○○지방법원 소속 집달관은 위 취지를 적당한 방법으로 공시하여야 한다.</td></tr>
<tr><td>이 유</td><td>이 사건 신청은 이유있으므로 담보로 별지 기재 지급보증 위탁계약을 체결한 문서를 제출받고 주문과 같이 결정한다.</td></tr>
<tr><td colspan="2" align="center">2018. 12. 23.
재판장 판사 ◎ ◎ ◎ (인)</td></tr>
</table>

2) 고소·고발

고소(告訴)는 피해당사자 또는 법정대리인, 친족 등이 수사기관에 범죄의 사실을 신고하여 범인의 처벌을 구하는 것으로, 문서 또는 구술도 가능하다. 대리인이 대리하여 고소도 가능한데, 이는 수사의 단서가 된다.

고발(告發)은 피해당사자 이외의 제3자가 범죄의 사실을 신고하여 범인의 처벌을 구하는 의사표시로서 문서 또는 구술도 가능하나 대리인은 불가능하다. 특정범죄는 고소에 의한 기소가 가능하다. 고소·고발 이후의 조치로는 공사방해금지 가처분 결정 후에 민원인들의 데모나 농성을 계속하여 공사를 방해하는 경우 형법상의 업무방해죄(제314조)²¹⁶⁾에 해당되어 민원인을 고소·고발할 수 있다.

업무를 방해하는 경우는 매우 다양하나, 일반적으로 다음의 유형과 같다.

① 업무를 행하지 못하게 폭행, 협박하는 경우

② 고함을 지르거나 난동을 부리는 행위

③ 출입문을 폐쇄 또는 출입자의 출입을 금지하는 경우

고소·고발 이후의 조치는 다음과 같이 전개된다. 고소 또는 고발을 수리한 날로부터 3월 이내에 수사를 완료하여 공소제기 여부를 결정한다. 검사는 공소를 제기하거나 제기하지 아니하는 처분, 공소의 취소, 송치를 한 때에는 그 처분한 날로부터 7일 이내에 서면으로 고소인 또는 고발인에게 그 취지를 통보하여야 한다. 또한 검사는 고소 또는 고발이 있는 사건에 관하여 공소를 제기하지 아니하는 처분을 한 경우에 고소인 또는 고발인의 청구가 있는 때에는 7일 이내에 고소인 또는 고발인에게 그 이유를 서면으로 설명하여야 한다.

6. 건설민원 관련법령 체계

1) 공법과 사법

법질서는 공법(公法)과 사법(私法)의 이원적 구조를 보인다. 공법은 수직질서를 사법은 수평질서를 나타낸다. 공법은 국가와 개인 간의 관계를 규율하고 사법은 개인들 상호간의 관계를 규율한다. 공법이란 일반적으로 국민의 국가적·정치적인 생활관계를 규율하는 특수 고유의 법이라 할 수 있다. 공법은 개인에 대한 국가의 우월적 지위를 보장하며 동시에 국가의 권력행사에 대한 통제를 목적으로 한다. 사법은 그러한 공법질서에서 개인들에게 맡겨진 영역이라고 할 수 있다. 일반적으로 우리나라 실정

---

216) 형법 제314조(업무방해) ① 제313조(신용훼손)의 방법 또는 위력으로써 사람의 업무를 방해 한 자는 5년 이하의 징역 또는 1천500만 원 이하의 벌금에 처한다.

법 중 「헌법」, 「행정법」, 「형법」, 「형사소송법」 및 「민사소송법」 등은 공법에 속하고, 민법, 상법은 사법에 속한다.

2) 공법과 사법의 구분 특징

건설민원과 관련하여 공법과 사법을 구분하는 것은 다음과 같은 특징을 지니고 있기 때문이다. 공법은 ① 공익의 보호를 목적으로 하고, ② 불평등적 관계, 즉 수직복종의 관계를 규율하며, ③ 국가 또는 공공단체 상호 간 또는 이들과 개인 간의 관계를 규율하며, ④ 국민으로서의 생활관계를 규율한다. ⑤ 따라서 징역, 벌금, 과태료 등과 같은 공권력에 의한 제재를 받게 된다.

이와는 달리 사법은, ① 개인의 이익보호를 목적으로 하고, ② 수평, 대등한 관계를 규율하고, ③ 개인 상호 간의 관계를 규율하고, ④ 인류로서의 생활관계를 규율하며, ⑤ 손해배상의 의무를 부담하게 된다.

3) 건설민원의 사업적 구제

건설공해 관련 법률을 공법과 사법으로 크게 두 가지로 구분 짓는 이유는, 공법상의 준수가 사법상의 구제에 대한 방어가 될 수 없어 개념적 구분이 매우 중요하기 때문이다. 예컨대, 공법상 생활소음 규제 기준인(규칙30조3항) "주거지역 경계선 50m 이내의 소음허용치 50~70dB(A)"를 준수하더라도, 사법상 특정 피해인은 정신적 고통의 무형의 피해를 근거로 가해자를 고소할 수 있다는 것이다. 건설민원의 사법적 구제를 그림으로 나타내면 다음과 같다.

[그림 6-16] 건설민원의 사법적 구제

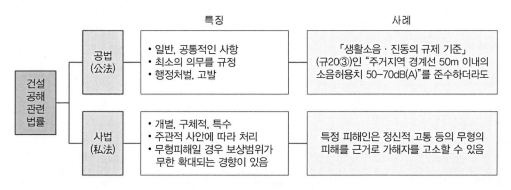

4) 건설민원과 관련 있는 민법 조항[217]

건설공사 민원과 관련하여 빈번하게 적용될 수 있는 민법 조항을 살펴보면 다음과 같다. 그러나 모든 민원이 다음에 나열한 조항에 정확하게 적용되지는 않는다. 각각의 민원의 성격과 내용에 따라 적용되는 조항이 달라지므로 주의가 필요하다.

(1) 매연 등에 의한 인지에 대한 방해금지

> **민법 제217조** 토지소유자는 매연, 열기체, 액체, 음향, 진동 기타 이에 유사한 것으로 이웃 토지의 사용을 방해하거나 이웃 거주자의 생활에 고통을 주지 아니하도록 적당한 조처를 할 의무가 있다. 이웃 거주자는 전항의 사태가 이웃 토지의 통상의 용도에 '적당한 것인 때에는 이를 인용할 의무'가 있다.

'적당한 조치와 용인(容認)의 의무'에서 적당한 조치는 이웃이 받는 고통을 줄일 수 있는 조치, 예컨대, 소음이 발생하는 공사를 하는 자는 방음벽을 설치하거나 야간에는 작업을 중지한다거나 하는 것이고, 이웃 거주자의 인용의무는 피해가 크지 않고, 통상적인 용도에서 발생하는 불편사항은 참아야 한다는 것이다.

> **【판례】** 이웃의 거주자가 수인하여야 할 것으로 판결한 사례 : 3층 이상의 건물의 건축만이 허가되는 상업지역에서 당국의 허가를 받아 4층 건물을 건축한 경우에, 이는 통상의 용도에 적정한 것이므로 어느 정도 일광차단, 통풍방해가 있어도 이웃 거주자는 이를 인용할 의무가 있다(대법원 1971. 7. 23. 선고 71다835 판결).

(2) 토지의 심굴금지

> **민법 제241조** 토지소유자는 인접지의 지반이 붕괴할 정도로 자기의 토지를 심굴(深屈)하지 못한다. 그러나 충분한 방어공사를 한 때에는 그러하지 아니하다.

토지소유권의 횡적인 범위는 1필지 단위로 구분되며, 종적인 범위는 이용가능한 부분까지이다. 자기의 토지를 파내는 것은 자기의 토지의 이용을 위하여 필요한 것이라도 이웃 토지가 붕괴할 정도라면, 이웃의 토지가 붕괴하지 않도록 방지시설을 하는

---

217) ○○건설주식회사, 민원업무지침, 2017, 참조.

것이 필요하다. 또 자신의 토지가 붕괴할 위험이 없음에도 불구하고 이웃의 토지를 파낸다고 해서 무조건 저지시킬 수는 없는 것이다.

【판례】 건축물의 축조를 위한 심굴 굴착공사가 완료된 경우에, 심굴 굴착공사로 인한 균열을 이유로 공사중지 가처분을 허용한 것은 부당하다(대법원 1981. 3. 10. 선고 80다2832 판결).

(3) 경계선부근의 건축

민법 제242조 건물을 축조함에는 특별한 관습이 없으면 경계로부터 반미터 이상의 거리를 두어야 한다. 인접지소유자는 전항의 규정에 위반한 자에 대하여 건물의 변경이나 철거를 청구할 수 있다. 그러나 건축에 착수한 후 1년을 경과하거나 건물이 완성된 후에는 손해배상만을 청구할 수 있다.

건축물을 건축하려고 하면 토지의 경계로부터 자기소유의 토지 쪽으로 50cm 이상의 거리를 두어야 한다. 그러나 반드시 50cm 이상의 거리를 두고 건축하여야 하는 것은 아니며, 특별한 관습이 있거나 인접토지 소유자와 합의가 있는 경우에는 50cm 이상의 거리를 띄우지 않아도 된다. 그러나 건축법상의 규정은 공법상의 규제를 나타내는 것이므로, 만일 이웃의 토지소유자에게 수인의 한계를 초과하는 손해를 가한 경우에는 그 손해를 배상할 책임이 있다.

【판례】 1. 서로 인접하여 있는 토지소유자의 합의에 의하여 법정거리를 두지 않게 하는 것을 금하는 것은 아니다(대법원 1962. 11. 1. 선고 62다567 판결).
2. 민법 제242조 제2항에 의한 건물의 변경이나 철거의 청구는 재판상의 청구(소송절차)로 하지 않아도 된다(대법원 1969. 2. 4. 선고 68다2339 판결).

(4) 차면시설의무

민법 제243조 경계로부터 2미터 이내의 거리에서 이웃 주택의 내부를 관망할 수 있는 창이나 마루를 설치하는 경우에는 적당한 차면시설을 하여야 한다.

차면시설(遮面施設)이란 이웃의 내부를 관망할 수 없도록 하는 적당한 가리개 장치를 의미한다. 만일 차면시설을 설치할 의무가 있는 자가 차면시설을 설치하지 않는 경우에는 이웃사람이 차면시설 설치의 의무가 있는 자에게 마루나 창의 폐쇄 또는 차면시설의 설치를 청구할 수 있다.

경계로부터 2m 이상의 거리를 두고 창이나 마루를 설치한 경우에는, 피해를 받는 이웃에서 차면시설을 설치하여야 할 것이다. 이는 상린관계뿐만 아니라 이웃의 사생활을 보호하는 문제와도 관계가 있기 때문에 사생활을 침해할 정도의 관망시설에는 적당한 차면시설의 설치가 바람직할 것이다.

(5) 지하시설 등에 대한 제한

> **민법 제244조** 우물을 파거나 용수, 하수 또는 오물 등을 저치할 지하시설을 하는 때에는 경계로부터 2미터 이상의 거리를 두어야 하며 저수지, 구거 또는 지하실공사에는 경계로부터 그 깊이의 반 이상의 거리를 두어야 한다. 전항의 공사를 함에는 토사가 붕괴하거나 하수 또는 오액(汚液)이 이웃에 흐르지 아니하도록 적당한 조처를 하여야 한다.

예컨대, 깊이가 10m인 우물을 파야 한다면, 경계로부터 자기 토지 쪽으로 5m 이상의 거리를 두어야 한다. 또 거리만 두면 되는 것이 아니라 토지의 붕괴나 하수 또는 오염된 폐수 등이 이웃의 토지에 흐르지 않게(침투방지 포함) 하여야 하며, 그럼에도 불구하고 이웃에 피해가 발생한 경우에는 그 손해를 배상하여야 한다.

「건축법」 제9조는 "건축물의 건축 등을 위하여 지하를 굴착하는 경우에는 「민법」 제244조 제1항을 적용하지 아니한다. 다만 필요한 안전조치를 하여 위해(危害)를 방지하여야 한다."는 규정이 있다. 결론적으로 건축을 위하여 지하굴착을 하는 경우에는 그 깊이의 반 이상의 거리를 두지 않아도 되지만, 거리를 두지 않음으로써 다른 손해가 발생한다면, 그 손해는 배상하여야 할 것이다.

> **【판례】** 지하시설을 하는 경우에 있어서 경계로부터 두어야 할 거리에 관한 사항 등을 규정한 민법 제244조는 강행규정이라고는 볼 수 없으므로 이와 다른 내용의 당사자 간의 특약을 무효라고 할 수 없다(대법원 1982. 10. 26. 선고 80다1634 판결).

(6) 불법행위의 내용

> **민법 제750조** 고의 또는 과실로 인한 위법행위로 타인에게 손해를 가한 자는 그 손해를 배상할 책임이 있다.

고의란 자기의 행위로부터 일정한 결과가 생길 것을 인식하면서 감히 그 행위를 하는 것으로, 예견한 결과를 만들어낸다는 심리적 의식의 상태를 말한다. 과실이란 일정한 결과의 발생을 인식하여야 함에도 불구하고, 부주의로 인하여 인식하지 못하는 것이다. 사법상의 책임요건으로는 고의와 과실을 구분하지 않으며, 책임의 경중의 차이도 인정하지 않는다.

위법행위는 법률이 허용할 수 없는 것으로 평가하여, 행위자에게 불이익한 효과를 발생하게 하는 행위인데, 손해가 발생한 경우라도 정당방위, 긴급피난, 피해자의 승낙이 있는 경우 등에는 위법성이 조각된다.

손해의 발생은 재산적 이익(소유권, 점유권, 채권 등)의 침해와 인격권(생명, 신체, 성명, 사생활 방해 등) 및 가족권의 침해가 있는 경우에도 발생한다. 단, 현실적으로 발생하는 것에 한한다.

(7) 사용자의 배상책임

> **민법 제756조** 타인을 사용하여 어느 사무에 종사하게 한 자는 피용자가 그 사무집행에 관하여 제삼자에게 가한 손해를 배상할 책임이 있다. 그러나 사용자가 피용자의 선임 및 그 사무 감독에 상당한 주의를 한 때 또는 상당한 주의를 하여도 손해가 있을 경우에는 그러하지 아니하다. 사용자에 갈음하여 그 사무를 감독하는 자도 전항의 책임이 있다. 전 2항의 경우에 사용자 또는 감독자는 피용자에 대하여 구상권을 행사할 수 있다.

사용자 배상책임의 규정은 과실이 없어도 책임을 지게 하는 것인데, 사용자가 종사케한 사무의 집행에 관하여 피용자가 제3자에게 가한 손해에 대하여만 사용자가 손해배상의 책임을 진다.

구상권은 사용자 또는 감독자가 제3자가 입은 피해를 배상하였을 경우에, 제3자에게 손해를 가한 피용자에게 사용자 또는 감독자가 배상한 금액을 청구할 수 있는 권리이다.

> **【판례】** 1. 명의대여자는 상대방의 고용인의 업무상의 불법행위에 대하여 피해자에게 손해배상의 책임이 있다(대법원 1969. 1. 28. 선고 67다2522 판결).
> 2. 사용자와 피용자 간에 선임 감독관계가 발생하려면 반드시 법적으로 유효한 계약관계가 있음을 필요로 하는 것은 아니므로 사실상의 선임 감독 관계만 있으면 족하다(대법원 1962. 2. 22. 선고 294민상996 판결).

(8) 도급인의 책임

> **민법 제757조** 도급인은 수급인이 그 일에 관하여 제삼자에게 가한 손해를 배상할 책임이 없다. 그러나 도급 또는 지시에 관하여 도급인에게 중대한 과실이 있는 때에는 그러하지 아니하다.

도급은 당사자 일방이 어느 일을 완성할 것을 약정하고 상대방이 그 일의 결과에 대하여 보수를 지급할 것을 약정함으로써 그 효력이 발생하는 계약의 형태로서(민법 664조). 완성된 일의 결과를 목적으로 하는 점에 특질이 있다. 건설공사의 도급계약은 문서로서 하여야 한다(건산법21조2항).

도급인과 수급인 간의 도급계약의 내용은 손해배상의 책임과 관련하여 매우 중요하다. 따라서 제기된 민원의 책임과 관련하여 우선적으로 확인할 사항 중의 하나가 도급계약서의 내용 확인이다.

> **【판례】** 1. 도급인이 수급인의 일의 진행 및 방법에 의하여 구체적인 지휘감독권을 유보한 경우에는, 도급인은 수급인이나 하수급인이 고용한 제3자의 불법행위로 인한 손해에 대하여 사용자 배상 책임을 면할 수 없으나, 도급인이 수급인의 공사에 대하여 감리, 감독을 함에 지나지 않을 경우에는 도급인은 사용자 배상의 책임이 없다(대법원 1981. 11. 22. 선고 83다카153 판결).
> 2. 공사계약을 체결하면서 그 공사 중 발생한 인명피해에 대한 책임은 수급인이 부담하기로 하는 약정을 한 경우에 그 약정은 도급인과 수급인 사이에서만 효력이 발생할 뿐 제3자에 대한 관계에서는 효력이 없다(대법원 1981. 1. 13. 선고 80다2140 판결).

(9) 공동불법행위자의 책임

> **민법 제760조** 수인(數人)이 공동의 불법행위로 타인에게 손해를 가한 때에는 연대하여 그 손해를 배상할 책임이 있다. 공동 아닌 수인의 행위 중 어느 자의 행위가 그 손해를 가한 것인지를 알 수 없는 때에도 전항과 같다. 교사자나 방조자는 공동행위자로 본다.

교사(敎唆)란 그 방법의 여하를 불문하고, 타인에 어떤 행위실행의 결의를 생기게 하는 것을 말한다. 방조(傍助)란 타인의 어떤 실행행위를 용이하게 하는 것을 말한다. 도구를 대여한다든지, 조언이나 격려를 하는 경우에도 방조라 볼 수 있다.

【판례】 1. 공동불법행위자 상호 간의 부담 부분의 산정방법 및 구상권 행사의 요건 : 공동불법행위자는 채권자에 대한 관계에서는 연대책임(부진정연대채무)을 지되, 공동불법행위자들 내부관계에서는 일정한 부담 부분이 있고, 이 부담 부분은 공동불법행위자의 과실의 정도에 따라 정하여지는 것으로서 공동불법행위자 중 1인이 자기의 부담 부분 이상을 변제하여 공동의 면책을 얻게 하였을 때에는 다른 공동불법행위자에게 그 부담 부분의 비율에 따라 구상권을 행사할 수 있다(대법원 2002. 9. 24. 선고 2000다69712 판결).

2. 공동불법행위자 상호 간의 구상권 행사의 범위 : 공동불법행위자 상호 간에 공동면책에 따른 구상권 행사를 위하여는 전체 공동불법행위자 가운데 구상의 상대방이 부담하는 부분의 비율을 정하여야 하므로 단순히 구상의 당사자 사이의 상대적 부담 비율만을 정하여서는 아니 되며, 또한 피해자가 여럿이고 피해자별로 공동불법행위자 또는 공동불법행위자들 내부관계에 있어서의 일정한 부담 부분이 다른 경우에는 피해자별로 구상관계를 달리 정하여야 한다(대법원 2002. 9. 24. 선고 2000다69712 판결).

3. 공동불법행위자 간의 구상권의 발생 시점(=공동면책행위를 한 때) : 공동불법행위자 간 구상권의 발생 시점은 구상권자가 현실로 피해자에게 손해배상금을 지급한 때이다(대법원 1997. 12. 12. 선고 96다50896 판결).

제21절 건설업체의 부도와 회생

1. 개 요

부도(不渡)란 대금 결제일에 수표나 어음이 은행에 제시되었는데도 불구하고 당좌예금통장에 자금이 없어서 지급이 이루어지지 못한 것을 말한다. 이때 지급을 하지 못한 어음을 부도어음, 수표를 부도수표라 한다. 부도가 발생되었다고 곧바로 도산하는 것이 아니라 은행과 거래중지로 정상적인 경영이 어려워진다. 이처럼 어음이 지급제시된 날 결제를 하지 못한 것을 1차 부도라고 하며, 그 다음 날도 결제를 위해 자금을 입금하지 않으면 최종 부도 처리가 된다. 여기서 수입이 지출보다 적을 경우를 적자부도라하고, 장부상 이익이 발생했으나 유동자산 부족으로 부도가 발생한 경우를 흑자부도라 한다. 이렇게 되면 해당 기업은 더 이상 수표나 어음을 발행하지 못한다. 이것을 당좌거래중지라고 한다. 건설업의 부도는 여러 분야에서 상당한 영향을 미친다. 공사진행의 불투명으로 계획적인 현장관리와 품질관리가 어렵고, 아울러 공사 준공 지연이 발생하게 되어 수익성에 손실을 가져오게 된다.

이 절에서는 건설업계의 부도와 관련된 문제점과 회생(回生)에 관련된 문제점을 살펴본다. 관련 법규로는 「채무자 회생 및 파산에 관한 법률(채무자회생법)」, 「기업구조조정 촉진법」 등이 있다.

2. 건설업의 부도 발생 원인

건설업의 부도발생 원인은 다양하나 건설경기의 구조적 요인 및 수주의 불확실성, 경영관리 및 현장관리 능력의 부족 또는 부재, 공사의 저가수주에 따른 경영 악화, 무리한 사업확장, 보증제도와 부도 도미노 현상요인, 건설업의 구조적 문제와 함께 자체사업의 실패 등으로 요약된다. 이와 같이 건설업이 다른 업종보다 부도가 많이 발생하는 이유는 무엇보다도 건설업은 경영여건이 취약하게 출발한 데서 비롯된 것이라고 볼 수도 있다. 일반 제조업체나 유통업체만 하더라도 일정한 시설이나 공장 등을 갖추고 사업을 하는 데 비하여, 건설업은 특수한 업종을 제외하고는 인력 및 자금과 사무실만 준비하여 사업을 개시하는 경우가 다수 있기 때문이기도 하다.

3. 부도의 사전 대비

부도 우려 현장은 사전 대비가 무엇보다 중요하다. 우선 관련업체의 동향을 파악하여야 하는데, ① 도급업체의 동향을 파악하는 것으로 자사의 주식가치(상장사의 경우) 급락, 정치, 경제 등 사회적 여건의 변화 등이 건설업에 불리하게 변화하는지, 현장에서의 원가관리에 문제가 발생하는지, 임금체불이 발생하는지 등이 있고 ② 하도급업체의 동향파악 착안사항으로서 하도급대금으로 지급한 어음의 결제기간이 장기화되거나, 하도급대금 및 노임지급 예정일의 지연이 자주 발생하고 있는지, 어음 유통 시할인율이 지나치게 높게 책정되는 경우가 발생하는지 등으로 징조를 파악할 수 있다.

4. 부도 발생 시 현장관리 요령[218]

1) 부도 발생 정보 수집

신체에 건강상 문제가 발생하는 경우 반드시 사전의 징후가 있듯이, 건설회사의 부도가 발생하는 경우에도 그 조짐이 있고 이를 신속히 파악하는 것도 예방을 위한 중요한 요인이 된다. 직원들의 임금체불, 하도급대금 및 자재 납품 지연, 하수급인의 대금지급보증 요구, 공사대금에 대한 가압류 및 압류 등의 사례가 발생한다. 외부적으로는 무리한 사업확장과 미분양 발생, 어음 결제기간 및 할인율 증가, 금융 및 사채시장 내 부도설과 함께 주식가치의 하락, 협력업체 공사기피 현상 등이 발생하게 된다.

2) 공사계약 현황 분석

현장에서 부도가 발생하면 우선 공사계약의 현황을 살펴보는 것이 중요하다. 계약의 내용에 따라 책임소재가 달라질 수가 있기 때문이다.[219] 우선 단독계약인지 아니

---

218) 이병주, "건설공사 부도처리 및 관리실무"(강의자료), 2015; 김강규, "부도업체 현장관리"(강의자료), 2010; 조문형, "기업회생 절차"(채권관리 전문가 포럼 세미나), 2009; 건설업부도연구소, "건설업자 급관리지원과 신개념 Risk 관리 세미나", 1999. 참조

219) 계약의 일방 당사자가 계약기간 중에 부도가 발생하였다는 사실만으로 당해 계약의 이행이 그의 귀책사유로 불가능하게 되었다고 단정할 수는 없고 그 부도 발생 전후의 계약의 이행정도, 부도에 이르게 된 원인, 부도 발생 후의 영업의 계속 혹은 재개 여부, 당해 계약을 이행할 자금사정 기타 여건 등 제반 사정을 종합하여 계약의 이행불능 여부를 판단하여야 한다(대법원 2006. 4. 28. 선고 2004다16976 판결).

면 공동도급계약인지를 살핀다. 공동계약의 경우도 ① 출자비율에 따른 공동이행방식, ② 공사를 분담하여 구성하는 분담이행방식 및 ③ 공사를 분담구성하되 주계약자가 통합조정관리하는 주계약자관리방식 등이 있으며, 공동 수급업체 구성원 및 공사 이행 보증기관 현황을 사전에 확인한다.

공사계약별로 공사를 추진하는 방법도 다르다. 우선 ① 단독계약의 경우는 이행보증기관에 이행을 촉구하거나 발주하는 방법과 부도업체, 공사 포기각서의 조속한 제출을 유도할 수 있다. ② 공동계약의 경우는 공동수급업체가 공동이행하거나 이행보증기관이 이행하거나 공사포기각서를 제출하거나[220] 구성원 출자지분을 변경하여야 한다.

[표 6-18] 공사계약 현황분석

공동이행방식	주요 검토사항
공동수급 협정서	• 공동수급체는 공동도급운영요령의 공동수급협정서를 입찰참가 신청 서류 제출 시 제출
공동도급 운영협약서	• 공동운영기본협정서, 공무, 경리, 회계, 자재, 장비 및 안전환경관리에 대한 공동도급관리지침을 자율적으로 체결
공동계약 이행협정서	• 구성원별 이행부분 및 내역서, 투입인원, 장비 및 투입시기, 발주자요구사항을 착공 시까지 제출, 발주자에게 승인을 받아야 함

3) 부도 현장 상황보고

부도가 발생하면 우선 해당 현장의 공사개요, 부도 발생 현황, 공사 진행 현황, 공사대금 지급 현황, 현장 동향 및 현장의 문제점 등을 검토하고 이를 보고하여야 한다. 이와 동시에 관할 경찰서와 관할 노동사무소 등에 사전협조를 받아야 한다. 경찰서는 근로자 소요사태 발생 시 치안 문제와 노동사무소는 근로자 체불노임 신고 및 해결 협조를 구해야 한다.

---

220) 공동수급체 구성원 중 일부 구성원이 부도발생 등으로 계약이행 중에 공동수급체에서 탈퇴하는 경우, 관련 법률 규정(국가계약법 제76조 제6호 "정당한 이유 없이 계약을 체결 또는 이행하지 아니한 자")에 의한 입찰참가자격 제한조치를 받게 된다(재경부 유권해석, 회제41301-200, 2007. 6. 19.).

4) 부도 현장관리

부도가 발생하면 우선 현장의 현황자료 파악 및 확보, 하수급업체의 면담, 공사비 미지급 현황 분석, 설계변경사항, 물가변동 적용 여부 검토 등을 수행하게 된다. 구체적으로 ① 공정관리를 통해 불요불급한 기성지급을 억제하고, ② 자재관리를 통해 시공되지 않은 자재는 장소를 지정하여 정리보관하여야 하며, ③ 하도급대금 및 노임 지급관계를 파악하고,[221] ④ 현장 출입 통제 및 제한 등 현장 소요예방 및 민원관리 등을 하여야 한다.

이와 함께 공사대금 채권 보전 및 집행을 위해 ① 채권자의 강제집행 보전을 위한 임시조치로서 가압류, ② 채무자의 재산에 대한 강제집행 절차로서의 압류, ③ 압류 채권을 채권자에게 이전하는 법원의 결정을 말하는 전부명령, ④ 제3채무자가 채권자에게 직접지급을 결정하는 추심명령 및 ⑤ 계약으로 채권을 양도, 양수하는 채권양도 등이 있다. 이때 양도인은 공사수급자, 양수인은 채권자(은행 등)가 되며, 채무자는 발주자(발주청)가 된다.

5. 공사의 재개

건설공사 부도 이후에 공사를 계속 시행하여 재개하는 것으로서 공사 미성고(未成高)로 정상적으로 준공이 가능하거나, 보증기관의 지급보증의 경우이다. 그 방법으로는 계속공사, 공동수급업체 또는 보증시공(계약보증, 공사이행보증[222])이나 재발주 등이 있다. 공사 타절 후 공사 재개의 경우에는 공동수급사는 지분을 조정하고, 보증기관은 업체를 선정하여 통보하거나, 재발주를 통해 업체를 선정하는 것이다.

공사가 재개되는 경우에는 다양한 분야에서 검토해야 할 사항이 많다. 대표적으로

---

221) 건축공사가 수급인의 부도로 중단된 후 도급인, 수급인 및 하수급인 3자 사이에 하수급인이 시공한 부분의 공사대금 채권에 대하여 도급인이 이를 하수급인에게 직접지급하기로 하고 이에 대하여 수급인이 아무런 이의를 제기하지 않기로 합의한 경우, 그 실질은 수급인이 도급인에 대한 공사대금 채권을 하수급인에게 양도하고 그 채무자인 도급인이 이를 승낙한 것이라고 봄이 상당하다(대법원 2000. 6. 23. 선고 98다34812 판결).

222) 이행보증보험은 보험계약자인 채무자의 주계약상 채무불이행으로 인하여 피보험자인 채권자가 입게 되는 손해의 전보를 보험자가 인수하는 것을 내용으로 하는 손해보험으로서, 실질적으로는 보증의 성격을 가지고 보증계약과 같은 효과를 목적으로 한다(대법원 2002. 10. 25. 선고 2000다16251 판결).

공사계약에 대한 철저한 확인, 공사기간의 조정과 관련 공사지체 문제, 하자보수보증금과 정당한 이유 없이 계약을 체결 또는 이행을 하지 아니한 경우에 대한 부정당업체에 대한 제재 등이 있다.

6. 기업 회생과 법적 검토[223]

1) 채무자회생 및 파산에 관한 법률

「채무자회생 및 파산에 관한 법률」은 재정적 어려움으로 인하여 파탄에 직면해 있는 채무자에 대하여, 채권자·주주·지분권자 등 이해관계인의 법률관계를 조정하여 채무자 또는 그 사업의 효율적인 회생을 도모하거나, 회생이 어려운 채무자의 재산을 공정하게 환가·배당하는 것을 목적으로 2005. 3. 31.(법률 제7428호) 제정되었다.

채무초과, 즉 자산보다 부채가 많은 채무자의 처리에 관한 법으로서 기존의 「파산법」, 「화의법」, 「회사정리법」 및 「개인채무자 회생법」 등 네 가지 법을 통합하여 제정한 것으로 이를 일명 「채무자회생법」이라 부르기도 한다. 부실기업에 대한 처리방향에 대하여 정리하면 다음 그림과 같다.

[그림 6-17] 부실기업 처리방향

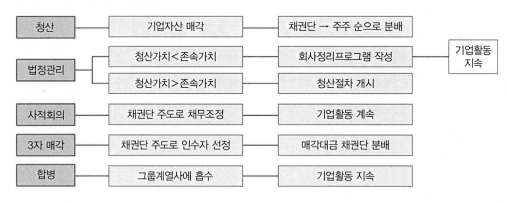

퇴출기업에 대한 처리프로그램을 살펴보면 [표 6-19]와 같다.

223) 남진권, 『건설경영 이렇게 하라』, 금호, 2020, pp. 247~253 참조.

[표 6-19] 퇴출기업 처리프로그램

구분	방법	회사 존립 여부	주요 내용
퇴출 판정 기업	청산	×	• 기업자산 매각 후 채권단·주주에 배당
	법정관리	△ (존립, 청산 모두 가능)	• 법원 주도 아래 회생프로그램 가동 • 법정관리신청이 거부되면 청산
	사적화의	○	• 채권단 합의 아래 회생작업 • 경영권은 그대로 인정
	제3자 매각	○	• 채권단 지분매각으로 대주주가 바뀜
	합병	×	• 그룹 계열사 등에 흡수합병

2) 법정관리와 워크아웃

법정관리란 재정적 궁핍으로 파탄에 직면했을 때 갱생의 가망이 있는 회사에 관하여 채권자, 주주, 기타 이해관계인의 이해를 조정하면서 회사의 정리, 재건을 목적으로 하는 절차이다. 법정관리는 「채무자회생법」에 의한 기업 부채를 동결시킨 후 법원의 관리하에 채권자, 주주 등의 이해를 조정해 기업을 정상화하고자 하는 법정절차이다. 채권자 중 금융기관만이 합의하여 금융부채를 동결시키고 부채 조정을 통해 기업정상화를 도모하는 자율적인 합의절차인 기업개선작업과는 의미를 달리하고 있다.

이에 반해 워크아웃(workout)이란 법원과 같은 공공기관의 힘을 빌리지 않고 부실기업에 대출해준 금융기관들이 주도해 기업을 회생시키는 방법으로 「기업구조조정 촉진법」의 적용을 받는다. 워크아웃은 부실기업에 채권 금융기관이 추가적인 금융혜택(만기연장, 금리인하 추가대출 등)을 주는 대신에, 채권금융기관의 주도하에 기업에게 강도 높은 자구노력(구조조정)을 요구하는 것을 의미한다. 따라서 경영이 정상화되면 채권금융기관은 채권회수가 가능해지고, 기업은 수익성을 회복하여 국민경제적으로도 이익을 본다는 것이 기본취지이나, 이러한 노력이 실효를 거두지 못하면 퇴출의 수순을 밟게 된다. 이를 비교하면 다음 표와 같다.

[표 6-20] 법정관리와 워크아웃

구분	법정관리	워크아웃(workout)
개념	• 법적 기업구조조정 절차	• 자율적 기업구조조정 절차
적용법	• 채무자회생법	• 기업구조조정 촉진법
관리주체	• 법원	• 채권금융기업 대상
채권자 구성	• 채권자들이 국내외 다양할 때	• 채권자들이 국내 금융사일 때
경영권	• 경영권을 잃더라도 회사를 살리고자 할 때	• 경영권을 유지하고자 할 때
법적 효력	• 이해관계자에게 법적 강제력 있으며, 채권확보를 위한 강제집행 금지	• 채권금융기업 등 상환요구 등에 대하여 법적 강제력이 없음
신규자금	• 금융회사 대출 외 자금유입 경로가 있을 때	• 금융회사 대출이 필요할 때
채권금융회사와의 관계	• 압력으로부터 어느 정도 자유로울 때	• 자유롭지 못할 때
개선 및 회생기간	• 법원인가 : 8~10개월 • 회생기간 : 10년	• 기업개선계획약정 : 3~4개월 • 개선기간 : 5년

3) 기업회생의 절차

(1) 회생절차 개시신청

사업의 계속에 현저한 지장을 초래하지 아니하고는 변제기에 있는 채무를 변제할 수 없거나, 채무자에게 파산의 원인인 사실이 생길 염려가 있는 경우에 법원에 서면으로 회생절차 개시신청을 할 수 있다. 이때 신청권자는 채무자 본인 또는 채권자가 된다.

(2) 심 사

법원은 회생절차 개시신청에 대한 결정이 있을 때까지 채무자의 업무 또는 재산에 대하여 다음과 같은 가압류, 가처분 그 밖에 필요한 보전처분을 할 수 있다(법43조).

① 보전관리 명령(법44조3항)

② 파산·강제집행·소송절차 등의 중지명령(법44조)

③ 회생채권 또는 회생담보권에 기한 강제집행 등의 포괄적 금지명령(법45조)

④ 채권자 협의회 구성(법20조)

⑤ 대표자 심문(법41조)

(3) 회생절차 개시결정

채무자가 회생절차 개시를 신청한 때에는 법원은 회생절차 개시의 신청일부터 1월 이내에 회생절차 개시 여부를 결정하여야 하며(법49조), 법원은 회생절차개시결정과 동시에 관리위원회와 채권자협의회의 의견을 들어 1인 또는 여럿의 관리인을 선임하고 필요한 사항을 정하여야 한다(법51조).

(4) 회생채권 등 목록제출

법원은 채권자들로부터 회생채권 등 신고를 받아 회생기업이 변제하여야 할 채무를 집계하고 채권·채무를 확정하여야 한다. 회생채권 등 목록제출, 회생채권 등 신고, 회생채권 등의 조사의 순으로 이루어진다.

(5) 제1회 관계인 집회

회생절차 개시와 관련된 사항을 정리하고 회생절차를 계속 진행할 것인지를 결정하는데, 관리인은 회사가 회생절차에 이르게 된 사정을 설명하고, 채권액에 대하여 보고하고 법원이 선정한 조사위원회(회계법인)가 회생회사에 대한 실사결과를 보고한다. 채무자의 업무 및 재산사항 등에 관한 보고와 법원의 의견을 청취한다.

(6) 회생계획안 제출명령 및 회생계획안 제출

법원은 채무자의 사업을 청산할 때의 가치가 채무자의 사업을 계속할 때의 가치보다 크다고 인정하는 때에는 ① 관리인 ② 채무자 ③ 목록에 기재되어 있거나 신고한 회생채권자·회생담보권자·주주·지분권자의 어느 하나에 해당하는 자의 신청에 의하여 청산(영업의 전부 또는 일부의 양도, 물적분할을 포함)을 내용으로 하는 회생계획안의 작성을 허가할 수 있다. 다만 채권자 일반의 이익을 해하는 때에는 그러하지 아니하다(법222조). 채무자의 부채의 2분의 1 이상에 해당하는 채권을 가진 채권자는 회생절차 개시의 신청이 있은 때부터 제1회 관계인집회의 기일 전날까지 회생계획안을 작성하여 법원에 제출할 수 있다(법223조).

(7) 제2회 및 제3회 관계인 집회

회생계획안의 제출이 있는 때에는 법원은 그 회생계획안을 심리하기 위하여 기일을 정하여 관계인집회를 소집하여야 한다. 다만 법 제240조의 규정에 의한 서면결의에 부치는 때에는 그러하지 아니하다(법224조).

(8) 회생계획 인가

관계인집회에서 회생계획안을 가결한 때에는 법원은 그 기일에 또는 즉시로 선고한 기일에 회생계획의 인가 여부에 관하여 결정을 하여야 한다(법242조). 회생계획은 채무자, 회생채권자·회생담보권자·주주·지분권자, 회생을 위하여 채무를 부담하거나 담보를 제공하는 자 및 신 회사에 대하여 효력이 있다. 이러한 회생계획은 인가의 결정이 있은 때부터 효력이 생긴다(법246조).

> 【결정요지】 회생계획이 그 인가요건을 충족하는지 여부의 판단 방법: 법원이 회생계획의 인가결정을 함에 있어서는 인가요건을 갖추었다는 점에 관한 확신이 있어야 하고, 그 확신은 통상의 판결절차에 있어서 사실의 증명이 있다고 할 수 있을 정도가 요구된다. 다만 복수의 사실에 대한 법적 평가의 결과가 인가요건의 내용이 되는 경우(채무자 회생 및 파산에 관한 법률 제243조 제1항 제1호 내지 4호)에는 관련된 사실을 모두 종합하여 평가한 결과 요건을 충족하고 있다고 판단되면 충분한데, 이는 마치 통상 소송절차에서 간접사실에 의하여 주요사실을 증명하는 것과 같은 형태이다(부산고등법원 2007. 9. 21. 자 2007라147 결정: 재항고[회생절차개시]).

(9) 회생계획의 수행

회생계획인가의 결정이 있는 때에는 관리인은 지체 없이 회생계획을 수행하여야 한다. 회생계획에 의하여 신 회사를 설립하는 때에는 관리인이 발기인 또는 설립위원의 직무를 행한다. 관리위원회는 매년 회생계획이 적정하게 수행되고 있는지의 여부에 관하여 평가하고 그 평가결과를 법원에 제출하여야 한다. 관리위원회는 법원에 회생절차의 종결 또는 폐지 여부에 관한 의견을 제시할 수 있다(법257조).

여기서 회생계획의 수행가능성의 의미 및 그 판단 방법에 대해서는 법원은 회생계획의 수행가능성은 채무자가 회생계획에 정해진 채무변제계획을 모두 이행하고, 다시 회생절차에 들어오지 않을 수 있는 건전한 재정상태를 구비하게 됨을 의미하는 것으로, 건전한 재정상태의 구비 여부를 판단하는 데 채무자가 회사인 경우에는 정상기업으로서의 건전한 재무상태와 적정한 자본구성을 유지할 수 있는 능력을 갖추고 있느지를 검토하여야 하며, 조사위원의 검토보고서가 어떤 전제하에 작성된 경우에는 그 전제가 과연 실현가능한지 여부를 보수적인 관점에서 검토함이 옳다는 입장이다 (부산고등법원 2007. 9. 21. 자 2007라147 결정).

(10) 회생절차의 종결

회생계획에 따른 변제가 시작되면 법원은 관리인, 목록에 기재되어 있거나 신고한 회생채권자 또는 회생담보권자의 어느 하나에 해당하는 자의 신청에 의하거나 직권으로 회생절차종결의 결정을 한다. 다만 회생계획의 수행에 지장이 있다고 인정되는 때에는 그러하지 아니하다(법283조).

7. 워크아웃, 개인회생, 개인파산의 구분

[표 6-21] 워크아웃, 개인회생, 개인파산의 구분

구분	사전채무조정 개인워크아웃	개인워크아웃	개인회생	개인파산
운영주체	신용회복위원회		법원	
시행시기	2009. 4. 13.	2002. 10. 1.	2004. 9. 23.	1962. 1. 20.
대상채권	협약가입 금융기관 보유채권		제한 없음(사채 포함)	
채무범위	• 담보채무(10억)	• 무담보채무(5억)		제한 없음
대상채무자	연체기간 30일 초과 90일 미만	연체기간 3개월이상	과다채무자인 봉급생활자, 영업소득자	파산원인
보증인에 대한효력	보증인에 대한 채권추심 불가		보증인에 대한 채권추심 가능	
채무조정 수준	• 원금 및 이자 감면 없음 • 신청 전에 발생한 연체이자만 감면	• 무담보채무 이자 전액 감면 • 상각채무 원금 최대 70% 감면 • 사회취약계층 원금 최대 90% 감면	• 원칙적으로 3년간 가용소득으로 변제 후 전액 면책	• 보유재산 처분 후 잔여 채무 전액 면제
법적효력	변제완료 시 채무 종결		변제완료 시 법적면책	청산 후 면책

* 자료 : 고려신용정보(주), "개인워크아웃, 개인회생 및 개인파산의 비교" 2020. 10. 현재

제22절 건설업 경영과 벌칙

1. 개 요

건설산업은 그 특성상 발주자, 인·허가 등 행정관련부처, 설계업자, 자재업자, 원도급업자 및 하도급업자, 건설근로자, 건설현장의 인근 주민 등 다수가 참여하는 복합성을 띠고 있고, 시공과정에서 규정위반과 산업재해사고 등이 필연적으로 발생하게 된다. 따라서 이에 벌칙이 수반되고 있어 서비스나 제조업종에 비해 매우 어려운 업종임에는 틀림없다. 이는 작업을 수행하는 당사자는 물론이고 이를 경영하는 경영자는 항상 위험성을 동반하고 있다. "경영자는 교도소 담장위를 걷는 사람이다"라는 말이 있을 정도이다.

건설산업에 종사하는 근로자는 물론이고 이를 경영하는 경영자[224)]는 벌칙과 관련해서 다양한 책임을 지게 되는데, 해당 법령으로는 「건설산업기본법」, 「건설기술 진흥법」, 「국가계약법」 및 「지방계약법」, 「하도급법」, 「주택법」, 「건축법」, 「시설물 안전 및 유지관리에 관한 특별법」, 「산업안전보건법」, 「고용보험법」, 「근로기준법」, 노동관계법령 등 그 내용이 매우 다양하다.

이와 함께 공통적으로 벌칙과 관련된 법률로는 「형법」, 「중대재해 처벌 등에 관한 법률(중대재해처벌법)」(법률 제17907호, 2021. 1. 26. 제정, 2022. 1. 27. 시행), 「부정청탁 및 금품 등 수수의 금지에 관한 법률(청탁금지법)」(법률 제17882호, 2021. 1. 5., 일부개정, 2021. 1. 5. 시행) 등이 있다.

2. 벌칙의 종류

벌칙의 종류는 형사처벌, 행정제재, 민사처벌 등으로 구분되는데, 이를 요약하면 다음의 표와 같다.

---

224) 산업안전보건법 시행령 제9조 제2항에 정하여진 그 사업을 실질적으로 총괄·관리하는 자라 함은, 공장장이나 작업소장 등 명칭의 여하를 묻지 아니하고 당해 사업장에서 사업의 실시를 실질적으로 총괄·관리하는 권한과 책임을 가지는 자를 말한다(대법원 2004. 5. 14. 선고 2004도74 판결).

[표 6-22] 건설제재의 유형[225]

구분	벌칙 유형	벌칙 및 제재 내용
처벌/제재	형사처벌	• 자유형(징역, 금고) • 재산형(벌금, 양벌규정)
	행정제재	• 영업제한(등록취소, 영업정지, 부정당업자제재, 업무정지), • 금전제재(과징금, 과태료, 범칙금)
	민사책임	• 자격제한(계약자격제한) • 손해배상(개별 법률, 민법)
영업제한	부정당업자 제재	• 공공발주 제한 • 국가계약법, 지방계약법, 공공기관운영법, 지방공기업법
	영업정지	• 업종별 제한, 해당 업자에게 부과 • 건설산업기본법, 건설기술 진흥법, 전기공사업법, 소방공사업법
	업무정지	• 개별 법률에 따라 시공자, 설계자, 감리원, 건설기술인에 부과 • 건설기술 진흥법, 정보통신공사업법 등
	부실벌점	• 건설기술 진흥법 제53조 • 영업정지 등 처분을 받은 경우에는 제외
금전제재	과징금	• 행정상의 의무위반에 대한 제재로서 부과하는 금전적 제재 • 근거법률별 중복부과 가능
	과태료	• 행정질서벌, 비송사건절차법
	범칙금	• 범칙행위를 한 사람에게 형사절차에 앞서 행정기관이 통고처분을 발하여 납부하도록 명한 금전 • 범칙금을 납부한 사람은 그 행위에 대하여 다시 처벌받지 않음

1) 행정벌

행정목적의 실현을 위한 명령이나 금지의 위반행위를 처벌하여 사회질서의 유지와 행정법규의 실현을 확보하기 위하여 국가에서는 일반국민에게 일정한 의무를 부과하는 것이 법치사회의 실정이다. 이러한 행정법상의 의무위반에 대하여 일반통치권에 기하여 과해지는 제재를 행정벌이라 하며, 장래의 의무이행을 강제하기 위한 수단인 집행벌과는 구별되고 있다. 그리고 집행벌에는 형법에 형명(刑名)이 있는 형벌인 행정형벌 즉, 사형·징역·금고·자격상실·자격정지·벌금·구류·과료 및 몰수를 과하는 경우와 과태료를 과하는 경우 및 지방자치법상의 과태료 등의 3종으로 분류할 수 있

---

225) 법무법인 율촌, "최근 건설클레임 주요 이슈 및 대응방안 세미나", 2018. 6. 18. pp. 43~50 자료 참고.

다. 후자를 행정질서벌이라 한다.

여기서 과태료란 행정법상의 의무 및 질서위반자에 대한 행정 질서벌로서의 제재를 말한다. 과태료는 행정처분기관이 부과징수하며 이의 제기 시에는 「비송사건절차법」에 의한 과태료 재판절차에 의하며, 주로 법에서 정한 신고나 보고 등 경미한 의무를 이행하지 아니한 자에 대하여 부과된다. 과태료는 통상적인 행정질서법 중의 하나로서 행정형벌과는 다르다. 행정형벌은 특별한 규정이 있는 경우를 제외하고는 원칙적으로 형법총칙의 규정이 적용되고 통상 법원에서는 「형사소송법」의 절차에 따라 확정·집행되고, 행정법상의 의무 및 질서위반자에 대한 행정질서벌로서의 제재인 과태료는 개별법령의 규정에 의하여 행정기관이 부과·징수한다.[226] 따라서 행정질서벌인 과태료는 다른 특별한 규정이 없는 한 고의·과실을 필요로 하지 아니한다(대법원 1969. 7. 29. 자69마400 결정).

> **【판례】** 구 건축법상 과태료처분이 행정소송의 대상이 되는 행정처분인지 여부: 구 건축법(1991. 5. 31. 법률 제4381호로 전문 개정되기 전의 것) 제56조의 2 제1, 4, 5항 등에 의하면, 부과된 과태료처분에 대하여 불복이 있는 자는 그 처분이 있음을 안 날로부터 30일 이내에 당해 부과권자에게 이의를 제기할수 있고, 이러한 이의가 제기된 때에는 부과권자는 지체 없이 관할법원에 그 사실을 통보하여야 하며, 그 통보를 받은 관할법원은 비송사건절차법에 의하여 과태료의 재판을 하도록 규정되어 있어서, 건축법에 의하여 부과된 과태료처분의 당부는 최종적으로 비송사건절차법에 의한 절차에 의하여만 판단되어야 한다고 보아야 하므로, 그 과태료처분은 행정소송의 대상이 되는 행정처분이라고 볼 수 없다(대법원 1995. 7. 28. 선고 95누2623 판결).

2) 행정제재

(1) 등록말소(면허취소)

건설업의 등록은 행정법상 일정한 법률사실 또는 법률관계를 행정청 등 특정한 등록기관에 비치된 장부에 기재하는 것을 의미하는 것으로, 어떤 사실이나 법률관계의 존재를 공적으로 공시 또는 증명하는 행위이다.

---

226) 행정질서벌의 부과대상 및 고의·과실의 요부: 과태료와 같은 행정질서벌은 행정질서유지를 위하여 행정법규위반이라는 객관적 사실에 대하여 과하는 제재이므로 반드시 현실적인 행위자가 아니라도 법령상 책임자로 규정된 자에게 부과되고 또한 특별한 규정이 없는 한 원칙적으로 위반자의 고의·과실을 요하지 아니한다(대법원 1994. 8. 26. 선고 94누6949 판결).

【판례】 제재적 행정처분이 재량권의 범위를 일탈·남용하였는지 여부의 판단 기준 : 제재적 행정처분이 사회통념상 재량권의 범위를 일탈하였거나 남용하였는지 여부는 처분사유로 된 위반행위의 내용과 그 처분에 의하여 달성하려는 공익목적 및 이에 따르는 모든 사정을 객관적으로 심리하여 공익침해의 정도와 그 처분으로 인하여 개인이 입게 될 불이익을 비교교량하여 판단하여야 한다(대법원 2002. 7. 12. 선고 2002두219 판결).

그러므로 이러한 등록을 취득한 자가 사망이나 법인의 해산 등의 경우에는 건설업의 등록을 말소시켜 법률효과 그 자체를 소멸시킬 필요가 있다. 등록말소는 중대한 법규위반 행위가 있는 경우에 건설사업자의 지위를 박탈하는 행위를 말한다. 등록이 말소되면 계속중인 공사를 완료하는 것이 가능하나, 등록말소처분 이후 신규공사 수주는 물론이고 건설업 영업행위가 불가능하다.

「건설산업기본법」 제83조에 등록말소에 해당하는 경우를 규정하고 있다. 국토교통부장관은 건설사업자가 부정한 방법으로 건설업 등록을 한 경우 등 제1호부터 제13호까지 어느 하나에 해당하면, 그 건설사업자의 건설업 등록을 말소하거나 1년 이내의 기간을 정하여 영업정지를 명할 수 있다. 다만 제1호, 제2호의2, 제3호의2, 제3호의3, 제4호부터 제8호까지, 제8호의2, 제12호 또는 제13호에 해당하는 경우에는 건설업 등록을 말소하여야 한다.

【판례】 건설업법 제38조(건설업의 면허취소) 제1항 단서에 의하면 부정한 수단으로 건설업면허를 받은 때에는 건설업면허를 취소하여야 하고 면허관청이 그 취소 여부를 선택할 수 있는 재량의 여지가 없다(대법원 1983. 11. 22. 선고 82누95 판결).

또한 건설업 면허를 받고서 그 취소 전에 자본금이나 기술인 등 면허기준미달 사항을 보완한 경우에는 면허취소 또는 등록말소가 치유되는지 여부가 의문시된다. 이에 대하여 대법원은 "건설업면허취소 전에 건설기술자를 새로 고용하여 면허 당시의 기준미달을 보완하였더라도 그로써 위 면허취소 사유인 하자가 치유되었다고 볼 수 없다."라고 판시하고 있다(대법원 1983. 11. 22. 선고 82누95 판결).

이와 함께 건설업자가 건설업 등록기준에 일시적으로 경미하게 미달한 경우, 「건설산업기본법」 제83조 제3호 단서에 따라 등록말소 또는 1년 이내의 영업정지라는 제재처분의 대상에서 제외된다고 법원이 판단하고 있다.

【판례】 구 건설산업기본법 시행령 제79조의2 각호는 건설산업기본법(이하 '법'이라 한다) 제83조 제3호 단서의 위임 취지에 따라 법 제83조 제3호 본문에 의한 제재처분의 대상이 되지 않는 경우를 구체화하여 예시적으로 규정한 것이므로, 시행령 제79조의2 각호에 해당하지 않더라도 건설업자가 건설업 등록기준에 일시적으로 경미하게 미달한 것으로 볼 수 있는 경우에는 법 제83조 제3호 단서에 따라 등록말소 또는 1년 이내의 영업정지라는 제재처분의 대상에서 제외된다고 해석함이 정당하다. 이로써 하위법령은 최대한 헌법과 모법에 합치되도록 해석하여야 한다는 법령해석의 원칙에도 부합하게 된다(대법원 2020. 1. 9. 선고 2018두47561 판결).

(2) 영업정지

영업정지는 일정한 기간동안 영업활동을 정지시키는 것으로 입찰참가 등 건설업으로서 행하는 모든 영업활동이 금지된다. 이 경우 '영업의 정지'란 일반적으로 현장설명 및 입찰의 참가(PQ신청 포함), 견적, 도급계약의 체결, 시공 등 일체의 영업활동이 정지되는 것을 의미한다.[227] 따라서 그 기간이 만료되면 별도의 행정행위가 없이 자동적으로 영업의 행위능력이 회복되므로 등록의 말소와는 그 뜻을 달리하고 있다.[228]

영업정지는 공공공사 이외에 민간공사에 대해서도 새로운 도급계약의 체결이 금지된다는 점에서 공공공사에 대한 입찰참가 자격만 제한되는 국가계약법 및 지방계약법령상의 부정당업자 제재 처분과는 구별된다. 또한 영업정지는 기본권을 제한하기 때문에 법률에 근거를 두고 있다.

【판례】 행정청이 건설산업기본법 및 구 건설산업기본법 시행령 규정에 따라 건설업자에 대하여 영업정지처분을 할 때 건설업자에게 영업정지 기간의 감경에 관한 참작 사유가 존재하는 경우, 위와 같은 사유가 있음에도 이를 전혀 고려하지 않거나 그 사유에 해당하지 않는다고 오인한 나머지 영업정지 기간을 감경하지 아니하였다면 영업정지 처분은 재량권을 일탈·남용한 위법한 처분이다(대법원 2016. 8. 29. 선고 2014두45956 판결).

---

227) 건설교통부 건경 58070-1453(1994. 12. 23.)

228) 면허수첩 대여행위가 면허취소 사유에 해당하는지 여부

    1. 건설업자가 건설기술자 면허수첩을 대여받는 행위는 건설업자의 영업정지사유로 되나, 건설업 면허 신청 시에 건설기술자의 면허수첩을 대여받아 동인을 고용한 것으로 기재하여 건설면허기준중 기술능력 보유기준을 충보한 것처럼 가장함으로써 건설업면허를 받았다면 건설업면허 취소사유에 해당한다.

    2. 부정한 수단으로 건설업면허를 받은 경우에는 건설업면허 취소사유에 해당하는 바, 이는 부정한 수단을 사용한 것을 그 이유로 한 것이고 면허기준 미달을 이유로 한 것이 아니므로 면허취소된 뒤 면허기준 미달을 보완하였다고 하여도 이로써 위 취소사유인 하자가 치유되었다고 볼 수 없다(대법원 1982. 7. 13. 선고 82누69 판결).

(3) 업무정지

업무정지란 영업자가 특정 업무에서 단속 규정을 위반하였을 때, 행정 처분에 의하여 일정 기간 동안 규정을 위반한 업무를 못하게 하는 일을 말한다. 「건설기술 진흥법」 제24조(건설기술인의 업무정지 등)에서는 국토교통부장관은 건설기술인이 ① 명의 대여 금지 등을 위반하여 자기의 성명을 사용하여 다른 사람에게 건설공사 또는 건설기술용역 업무를 수행하게 하거나 건설기술경력증을 빌려준 경우, ② 고의 또는 중대한 과실로 발주청에 재산상의 손해를 발생하게 한 경우 등에 해당하면 2년 이내의 기간을 정하여 건설공사 또는 건설기술용역 업무의 수행을 정지하게 할 수 있다.

> 【판례】 건설업법의 건설업면허 대여행위가 대가를 받을 것을 요건으로 하는지 : 건설업법 제16조의2에 정한 건설업면허 명의대여행위는 건설업자가 다른 사람에게 자기의 성명 또는 상호를 사용하여 건설공사를 수급 또는 시공하게 함으로써 성립하는 것이고, 반드시 그 대여행위가 유상으로 이루어질 것을 요건으로 하는 것은 아니다(대법원 1997. 6. 13. 선고 97도534 판결).

「건축법」 제25조의2(건축관계자등에 대한 업무제한)는 허가권자는 설계자, 공사시공자, 공사감리자 및 관계전문기술자가 건축물의 손괴(損壞)로 사망사고가 발생하거나, 시정명령을 이행하지 않을 경우에는 1년 이내의 기간을 정하여 이 법에 의한 업무를 수행할 수 없도록 업무정지를 명할 수 있다.

> 【판례】 주택 1동의 신축에 대한 공사감리지정을 받은 건축사가 공사감리업무를 수행 중, 건축주가 설계도와는 달리 2층 발코니를 무단설치하는 등 위법의 시공을 한 사실을 발견하고서도 즉시 시정조치를 취하지 아니하고 공사허가관청에 보고하지도 아니하여 공사감리자로서의 의무이행을 다하지 못하였으나, 한편 위 위반내용의 시정을 위하여 수회에 걸쳐 구두 또는 서면으로 건축주에게 그 시정을 촉구하였으며 시공위반의 정도가 경미하고, 사후에 시정이 되어 준공검사까지 마쳤다면 위 건축사에 대하여 한 1개월간의 건축사업무정지처분은 재량권의 범위를 일탈하여 위법한 것이다(대법원 1991. 4. 12. 선고 90누8886 판결).

이와 같이 ① 업무정지는 허가받은 해당 업종별 영업 중 해당하는 업무만 할 수 없으며, 정지되는 업무의 범위가 특정되어 있다. 이에 비하여 ② 영업정지는 해당 업종별 사업자등록을 내어 하는 입찰, 계약 등 영업행위 전반을 할 수 없는데, 상호 차이가 있다.

(4) 과징금

경제법상 의무위반자가 당해 위반행위로 경제적 이익이 예상되는 경우 불법적인 경제적 이익을 박탈하기 위해 과하는 행정 제재금을 말한다. '과징금(penalty)'은 물론 재산형은 아니고 행정처분으로서의 영업정지 대신에 과하는 일종의 재산상의 불이익 처분이라고 할 것이다. 행정청이 일정한 행정상의 의무에 위반한 자에 대하여 부과하는 금전적 제재로서 형식상 행정벌에 속하지 않는다. 이러한 과징금제도는 「독점규제 및 공정거래에 관한 법률」에 의하여 의무이행 확보수단으로서 도입되는 바, 주로 경제법상의 의무에 위반한 자가 당해 위반행위로 경제적 이익을 얻을 것이 예정되어 있는 경우에, 당해 의무위반행위로 인한 불법적인 경제적 이익을 박탈하기 위하여 그 이익액에 따라 과하여지는 행정제재금의 일종이라 할 수 있다. 과징금에 의하여 위반 행위로 인한 불법적인 경제적 이익이 박탈되기 때문에 사업자는 위반행위를 하여도 아무런 경제적 이익을 얻을 수 없게 되어 간접적으로 의무이행을 강제하는 효력을 갖는다.

【질의】 취소쟁송 중인 과징금부과처분의 효력 : 행정청에서 건설업자에게 행한 과징금부과처분이 고등법원에서 취소판결되었으나 대법원에 상고하여 소송이 진행중인 경우 동 행정처분이 대법원의 최종 판결 전까지는 유효한 것인지?

【회신】 건설교통부 건경 58070-860(1999. 5. 10.)
행정처분은 권한있는 기관의 취소나 쟁송절차를 통하여 취소될 때까지는 유효한 것임. 다만 행정청으로부터 과징금부과처분을 받은 자가 동 처분에 대하여 법원의 효력정지결정 등을 받았다면 동 결정문의 내용에 따라 효력이 일시 정지될 수 있을 것으로 생각됨.

3) 시정명령과 시정지시

기타 행정처분으로는 시정명령과 시정지시 등이 있다. 「건설산업기본법」 등 관계 법령상 의무 사항의 규정을 이행하지 아니하거나 이를 위반한 경우에 그 시정을 명하 거나 필요한 지시를 하는 것으로, 건설사업자는 이에 따라 일정한 행위를 하여야 할 의무가 발생하며, 만약 이를 이행하지 아니한 경우에는 영업정지 또는 과징금 부과를 받게 된다.

지방자치단체의 장은 건설사업자가 관할구역에서 이 법을 위반한 사실을 발견하면 그 건설사업자의 등록관청으로 하여금 「건설산업기본법」 제81조, 제82조, 제82조의

2 및 제83조에 따라 그 건설사업자에 대한 시정명령, 영업정지 또는 등록말소 등을 하도록 요구할 수 있다(법83조의2의1항).

행정처분을 하는 데 법령 위반 여부의 최종 판단권자는 누구일까? 건설사업자가 건설산업기본법령을 위반하여 행정처분의 대상이 되는 경우 법령 위반 여부의 최종 판단권자는 해당 건설사업자의 처분권자가 될 것이며, 이러한 행정처분을 하는 데 처분권자가 원수급인의 의견을 받아야 할 경우 제출된 의견은 법령 위반 여부를 판단하는 하나의 객관적인 자료로써 활용될 것이다(건설경제담당관실-5088, 2004. 11. 22.).

4) 부정당업자 제재

국가 또는 지방자치단체를 당사자로 하는 계약에서 입찰·계약이행, 하자보수 등의 전 과정에서 계약자에게 부여된 의무이행을 위반함으로써 정부계약 질서를 어지럽히는 자에게 일정기간 입찰참가 자격을 제한하는 부정당업자 제재 제도가 있다(국가계약법27조, 지방계약법31조 참조).

부정당업자 제재기간은 그 제한 사유에 따라 1월 이상 2년 이하의 범위 내에서 차등 제한하며, 제재기간 동안 국가가 실시하는 경쟁입찰에 참가할 수가 없다. 어느 한 기관에서 제재를 받게 될 경우 다른 모든 국가기관에서도 입찰참가자격이 제한되며, 부득이한 사유가 없는 한 부정당업자와의 수의계약도 할 수 없다. 「국가계약법」 제27조, 「지방계약법」 제31조에 부정당업자 입찰참가 자격제한에 대하여 규정하고 있다.

3. 처벌절차

전술한 바와 같이 징역과 벌금은 형사소송법 절차에 따라 확정·집행되고 과태료는 개별법령의 규정에 따라 행정기관이 부과와 징수를 하게 된다. 면허취소나 영업정지 등의 행정제재는 건설업 등록 관청인 시·도지사가 청문(hearing) 등의 절차를 밟아 처분을 하여야 한다. 영업정지나 과징금 등 행정처분에 대하여 불복이 있을 경우 「행정심판법」 제23조(심판청구서의 제출) 및 「행정소송법」 제20조(제소기간)에 의하여 그 처분이 있음을 안 날(송달일)로부터 90일 이내 본점 영업지 관할 시·도에 행정심판을 청구하거나 행정법원에 소송을 제기할 수 있다.

1) 청문절차

재판절차에 준하는 행정절차로서 불이익 처분에 앞서 국민이 자신에게 유리한 사실을 진술하거나 필요한 증거를 제출할 수 있는 절차적 권리의 법률적 실현방법의 하나이다. 「건설산업기본법」 제86조에서 "국토교통부장관은 제82조, 제82조의 2 또는 제83조에 따라 영업정지, 과징금 부과 또는 등록말소를 하려면 청문을 하여야 한다. 다만, 건설사업자의 폐업으로 제83제12호에 해당하여 등록말소를 하여야 하는 경우에는 청문을 하지 아니한다"라고 규정하고 있다.[229] 그러나 법령상에 청문절차에 관한 규정이 없는 경우에는 청문절차를 실시하지 않았다고해서 위법이 되는 것은 아니다.[230]

청문의 절차는 ① 청문대상 ② 청문주재자 선정 ③ 청문 장소 ④ 청문의 통지 ⑤ 청문의 공개 또는 비공개 결정 ⑥ 청문의 진행 ⑦ 청문의 종결 등으로 진행된다.

> 【판례】 건설업 면허취소처분 전에 원고가 피고(서울특별시)의 청문을 위한 출석요구를 받고 시청에 출두하여 관계공무원에게 이 사건 건설면허취득 경위 등을 진술하고 기술능력이 미비되었으나 기술자를 추가로 보완했다는 취지의 경위서를 작성·제출하였다면 이로써 피고는 건설업법 제42조(제재처분과 청문) 소정의 청문절차를 거쳤다고 볼 수 있다(대법원 1983. 11. 22. 선고 82누95 판결).

2) 과태료의 부과절차

일반적으로 과태료의 부과권자는 지방자치단체의 장이 되며, 세입금은 부과자치단체로 귀속된다. 건설사업자의 과태료는 대통령령으로 정하는 바에 따라 국토교통부장관이 부과·징수한다(법101조, 영89조). 과태료의 부과절차는 ① 건설사업자의 법위반 ② 시·도지사 ③ 부과예고 ④ 의견진술 및 증거제출 ⑤ 과태료 부과 ⑥ 독촉행위 ⑦ 압류 등의 순으로 진행된다.

4. 개별법상 벌칙

건설산업과 관련된 법령상의 벌칙 등의 제재 규정은 다음의 표와 같이 매우 다양하다. 그 외 처벌과 제재를 기본으로 하고 있는 「형법」과 2021. 1. 26. 제정된 「중대재

---

229) 시장 또는 군수가 미리 청문절차를 거치지 아니한 채 건축허가를 취소한 처분은 건축법 제42조의3 단서 소정의 예외적인 경우가 아닌 한 위법한 것이다(대법원 1990. 1. 25. 선고 89누5607 판결).
230) 대법원 1994. 3. 22. 선고 93누18969 판결.

[표 6-23] 건설 관련법령별 처벌 및 제재규정

법령명	벌칙 등 제재 규정
건설산업기본법	• 시정명령 등(81조), 영업정지 등(82조), 부정한 청탁에 의한 재물 등의 취득 및 제공에 대한 영업정지 등(82조의2), 건설업의 등록말소 등(83조), 청문(86조), 벌칙(93조~97조), 양벌규정(98조), 과태료(98조의2~100조)
건설기술 진흥법	• 건설기술인의 업무정지 등(24조), 과징금(32조), 시정명령(80조), 청문(83조), 벌칙(85조~89조), 양벌규정(90조), 과태료(91조)
건축법	• 이행강제금(80조), 청문(86조), 벌칙(106조~111조), 양벌규정(112조), 과태료(113조)
주택법	• 청문(96조), 벌칙(98조~101조), 양벌규정(105조), 과태료(106조)
국가계약법	• 부정당업자의 입찰 참가자격 제한 등(27조), 과징금(27조의2)
지방계약법	• 부정당업자의 입찰 참가자격 제한(31조), 과징금(31조의2)
하도급법	• 시정조치(25조), 과징금(25조의3), 시정권고(25조의5), 벌칙(29조~30조), 과태료(30조의2), 양벌규정(31조), 고발(32조), 손해배상책임(35조)
시설물안전법	• 등록의 취소 등(31조), 청문(32조), 시정명령(35조), 이행강제금(61조의2), 벌칙(63조~66조), 양벌규정(66조), 과태료(67조)
산업안전보건법	• 영업정지의 요청 등(159조), 제업무정지 처분을 대신하여 부과하는 과징금 처분(160조), 도급금지 등 의무위반에 따른 과징금 부과(161조), 청문 및 처분기준(163조), 벌칙(167조~172조), 양벌규정(173조), 형벌과 수강명령 등의 병과(174조), 과태료(175조)

해 처벌 등에 관한 법률(중대재해처벌법)」(법률 제17907호) 등이 있다.

「중대재해처벌법」은 2020. 1. 26. 제정 공포되었고, 2022. 1. 27.부터 시행되었다. 그러나 개인사업자 또는 상시근로자 50명 미만인 사업 또는 사업자(건설업인 경우 50억 원 미만의 공사)는 법 공포 후 3년 후인 2024. 1. 27.부터 시행한다.

이 법은 안전 보건의무를 위반한 사업주, 경영책임자 등에 대한 처벌을 규정하여 중대재해를 예방하고 시민들과 산업종사자의 생명과 신체를 보호하기 위하여 제정되었다. 그러나 법이 시행되면 중대재해의 의미와 의무의 주체인 사업주 또는 경영책임자, 종사자의 범위 및 처벌기준 등에 대하여 사회·정치·경제적으로 많은 이슈가 야기될 것으로 예상된다.

제7장
건설클레임과 분쟁의 처리

건설클레임과 분쟁의 처리

제1절 클레임 제기 시 검토사항

1. 클레임 제기 전 단계

[그림 7-1] 클레임 제기 절차도

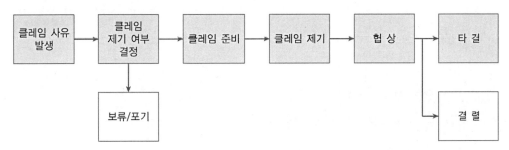

1) 계약관리

클레임의 제기 여부를 불문하고 공사시공관리에서 계약관리의 중요성은 두말할 나위도 없다. 왜냐하면 모든 건설행위는 계약이 그 바탕을 이루고 있기 때문이다. 더욱이 전술한 바와 같이 클레임이란 계약서에 근거하여 이것의 위반 여부 또는 불이행 여부를 주장하는 행위이기 때문에 계약관리의 중요성이 더 강조되고 있다.

클레임을 효과적이고 성공적으로 추진하기 위해서는 체계적이고 합리적인 원가관리 및 공정관리를 필요로 할 뿐만 아니라, 현장에 근무하는 직원 모두가 클레임에 대한 올바른 개념 및 추진의지를 가지고 있어야 한다. 그러나 막무가내식으로 클레임을 추진할 경우에는 발주자와의 유대관계를 소원하게 할 뿐만 아니라, 자칫하면 감정에 치우쳐 원하고자 하는 목표에 빗나갈 우려도 없지 않다. 따라서 클레임을 제출할 경우에는 무엇보다도 명확하고 근거 있는 사실에 입각해서 청구해야 할 것이며, 협상에 임하는 자세 역시 분명해야 할 것이다.

2) 클레임 제기 여부 결정

클레임은 합당하고 공정해야 하며, 가능한 한 상세한 정보를 제공하고, 논리적이고 이해하기 쉬워야 한다. 클레임이란 통상적으로 계약상대자가 제기한 경우가 대부분이고, 결과적으로 공사비의 증액이나 공기의 연장을 요구하는 형태로 귀결되는 점을 감안하면, 클레임 사안에 대한 요구사항의 입증책임은 대부분 클레임을 제기하는 시공자의 몫이 될 수밖에 없다. 그리고 클레임 제기가 계약상대자의 정당한 요구라 할지라도 클레임이 제기되지 않는 한 계약내용의 변경 등은 발생할 수 없기 때문에 가장 먼저 클레임을 제기할 것인가 아니할 것인가를 결정하여야 한다.

클레임을 제기하지 않는다면 논할 바가 아니나, 만약 이를 제기한다면 여러 가지 사항을 고려해야 할 것이다. 당해 현장뿐만이 아니고 회사의 정책적인 고려와 함께, 이 클레임을 통해서,

① 무엇을 얻을 것인가?
② 양보할 것은 무엇인지?
③ 타협은 어느 정도까지 가능한 것인지?
④ 협상이 결렬된다면 후속 조치는 어떻게 할 것인지?
⑤ 상대방이 결정사항에 대하여 승복하지 않는다면 후속조치는 어떻게 할 것인가

등의 제반 요소를 명확히 해야 할 것이다.

이와 함께 분쟁으로 확대되었을 경우는 또한 어떤 형태로 접근할 것인지에 대해서도 사전에 염두에 두어야 할 것이다. 즉, 협의를 통해서 수용이 되지 않을 경우에는 계약서(계약일반조건)에 정하고 있는 분쟁해결의 방법 중 어떤 것을 택할 것인가에 대한 고려이다. 조정으로 갈 것인지 중재로 할 것이지 아니면 사법적인 해결로 대응할 것

인지를 고민해야 할 것이다. 왜냐하면 그 선택에 따라 대응방법이나 자세가 달라질 수 있기 때문이다.

3) 접근 전략 개발

일단 클레임을 제기하기로 결정되면 우선 상대방보다 우월한 입장에 설 수 있도록 전략을 세우는 것이 필요하다. 제기하는 측과 상대방간의 강점과 약점을 파악하여 상황에 따른 적절한 대응책을 세워야 한다. 소위 말하는 SWOT분석[1]이 요구되는 것이다. 또한 협상에 임하는 데는 신의에 기초한 성실한 자세로 임해야 할 것이다. 상대방을 기만하거나 과장된 표현은 결과적으로 상대방에게 불신을 주게 되어 협상의 기본에 영향을 주는 결과를 초래한다.

4) 클레임의 준비

시공자는 제기하려고 하는 클레임이 적법하다는 것을 주장하기 위한 자료를 준비해야 한다. 여기에는 클레임을 제기하여야 하는 상황이 발생하게 된 원인과 계약서류와의 대조 확인하는 작업 등이 포함된다. 또 클레임의 내용을 특정하기 위하여 재료비·노무비·기타 관리비 등에 관한 정보를 수집·정리할 필요가 있다. 왜냐하면 이것에 근거하여 비용 증가액과 필요한 공기연장의 기간을 계산하기 때문이다. 클레임 관련 사실을 문서화(documentation)하는 것은 당사자들이 자신을 보호하는 데 큰 도움이 될 수 있기 때문이다.

클레임 발생 시 예견치 못한 클레임 요소가 존재하고 그러한 요소가 자신의 과실 없이 자신의 통제 밖에서 일어났다고 하더라도, 실제로 이것을 입증하지 못할 경우에는 클레임을 청구할 권리가 없어진다.

클레임 관련 서류의 준비는 충분한 증거수집과 분석을 통하여 ① 책임소재를 파악하고, ② 원인을 규명하여, ③ 손실의 산출을 서면화하고 이를 발주처에 제출하는 기능이다.

---

1) 환경분석과 전략선택을 위하여 SWOT분석을 활용한다. 즉, 전략형성에서는 상황분석과 조직의 역량을 연결시키는 것이 필요한데, 그 방법에는 외적 환경변화에 대한 위협(threats)요인과 기회(opportunities)요인을 파악·분석하고, 조직의 강점(strengths)과 약점(weaknesses)을 평가하여 전략을 수립하게 된다.

2. 클레임 제기 전에 시공자 유의사항

물론 클레임 등이 발생하지 않고 계약서에 따라 문제없이 공사를 시공하는 편이 바람직하지만, 클레임 발생사유를 보면 발주차 측의 담당자가 작성하는 계약서류의 불비(不備)와 함께 시공자 측에서 계약서류를 충분히 이해하지 못하거나 또는 잘못 해석하는 등의 계약서류와 관련되어 발생하는 경우가 많다. 시공자가 우선 상식적으로 유의해야 할 사항으로 다음과 같은 것이 있다.

1) 통지문서의 중요성

공사계약 전 또는 시공 중 당사자 간에 주고 받은 문서는 계약서류의 일부로 인정된다. 계약예규인「공사계약일반조건」에서도 구두에 의한 통지·신청·청구·요구·회신·승인 또는 지시(이하 "통지 등"이라 한다)는 문서로 보완되어야 효력이 있으며, 계약당사자는 계약이행 중 이 조건 및 관계법령 등에서 정한 바에 따라 서면으로 정당한 요구를 받은 경우에는 이를 성실히 검토하여 회신하여야 한다고 규정하고 있다(조건5조). 따라서 계약당사자 상호 간에 주고 받은 제반 문서에 대한 답변이나 처리 내용을 충분히 이해하고 의문 사항이 있는 경우 질의를 통해 확인하는 등 관련 문서처리에 주의를 기울여야 할 것이다.

2) 설계변경 관련 사항 검토

공사현장을 수행하는 과정에서 수시로 발생되는 설계변경과 관련된 사항을 면밀히 검토하여야 할 것이다. 사업계획의 변경 없이 설계서 자체에 흠이 있는 경우인지를 검토하는 것으로, 설계서의 내용이 불분명하거나, 누락, 오류 또는 상호 모순되는 점이 없는 지를 세밀하게 살펴야 한다는 것이다. 예컨대, 설계서와 시방서가 서로 맞지 않는다든지 아니면 시방서와 도면은 일치하는데, 물량내역서와 일치하지 않는다든지 하는 경우이다.

3) 입찰 관련 서류 숙지

입찰에 앞서 행해진 입찰예비조사에 관한 규정 및 현장설명 등은 많은 경우 입찰자에 대한 지시사항에 포함되어 있음을 인식하여야 한다. 현장설명서도 설계서에 포함되고 이 또한 계약문서에 해당하기 때문이다. 입찰예비조사나 현장설명 시에 강조되는 점과 유의사항을 세밀하게 검토하여야 할 것이다.

일반적으로 입찰자가 자신이 수행한 현장조사에 대하여는 시공자가 전적 책임을 부담하며, 시공자가 공사를 수행해나가는 이상 필요한 데이터에 대해서는 사전에 충분히 조사해둔 것으로 간주된다. 따라서 입찰자가 충분히 알고 있는 또는 예측된다고 여겨지는 제조건에 기인하는 증가비용, 손해에 대하여는 보상되지 않는다. 더욱이 입찰 시 입찰자로부터 건네받은 지형도, 지질도, 기상 데이터 등은 입찰자가 참고하기 위해 제공하는 것으로서, 그에 대하여 기사(계약담당관)는 책임을 부담하지 않는다는 규정을 계약서에 기재해놓고 있는 것이 많다.

예컨대, 기획재정부 계약예규인 「공사입찰유의서」 제5조에서는 "입찰에 참가하고자 하는 자는 시행령 등의 입찰에 관련된 법령 및 제4조 제1항에 의한 입찰 관련 서류를 입찰 전에 완전히 숙지하여야 하며 이를 숙지하지 못한 책임은 입찰참가자에게 있다"고 규정되어 있다. 또한 조달청의 지침인 「일괄입찰 등의 공사입찰 특별유의서」에서도 "발주기관의 장이 제5항에서 규정하는 바에 따라 제공한 자료에 대한 확인 책임은 입찰자에게 있으며, 발주기관은 제1항 단서에서 규정한 경우를 제외하고는 당해 자료의 정확성 또는 충분성에 대하여 책임을 지지 아니한다(10조6항)"라고 규정하고 있는 점 등을 감안하면 입찰에서 사전에 충분한 검토가 필요함을 알 수 있다.

건설공사의 특성상 천재지변 등 불가항력에 의한 손실비용이 발생하는 것은 막을 수는 없으나, 발주자, 기사 또는 시공자의 당사자 간에 이해가 충분하지 못하기 때문에 발생하는 것은 상호 의사소통을 충분히 하여 여기에서 발생되는 시비를 함께 피하는 노력을 기울여야 할 것이다.

제2절 클레임 제기와 검토사항

1. 클레임의 성립요건

우리나라의 경우 클레임의 성립요건에 대하여 외국에서와 같이 별도의 규정이나 제한적 요건은 없다. 그러나 다음에서 말하는 미국에서의 클레임 성립요건을 유추하여 이해하면 도움이 될 것이다. 미국의 경우 연방정부가 발주한 건설, 개조, 유지·보수 공사의 계약에 관계되는 클레임과 분쟁은 「계약분쟁처리법(Contract Dispute Act: CDA)」에 따라 처리된다. 계약의 당사자는 정부(government)와 주계약자(prime contractor)가 되며, 이들 만이 CDA에 따라 클레임을 제기할 수 있다. 따라서 하도급업체는 정부에 클레임을 제기할 수 없다. 이 법에 근거하여 분쟁을 처리하기 위해서는 다음과 같은 요건이 갖추어져야 한다.[2]

첫째, 계약상대자는 서면으로 요구하거나 주장해야 하며, 구두에 의한 클레임은 인정되지 않는다. 이에 대하여는 우리나라 「공사계약 일반조건」 제5조에서 "구두에 의한 통지·신청·청구·요구·회신·승인 또는 지시 등은 문서로 보완되어야 효력이 있다"라고 규정하고, "계약당사자는 계약이행 중 이 조건 및 관계법령 등에서 정한 바에 따라 서면으로 정당한 요구를 받은 경우에는 이를 성실히 검토하여 회신하여야 한다"라고 하여 서면제출이 클레임의 전제조건임을 명시하고 있다.

둘째, 계약상대자의 서면 요구 또는 주장은 특정금액의 지급, 계약 조건의 조정, 해석 또는 정부와 계약상대자 간의 계약과 관련하여 발생하는 기타 구제를 요구해야 한다. 예컨대, 막연히 "원금 및 지연이자를 지급하라"는 형태로서는 성립되지 않고, 반드시 "원금○○○에 ○○일 간의 ○○%의 지연이자 ○○○를 지급하라"고 하여 청구금액이 명확히 정해져야 한다는 것이다. 그러나 어떤 금액이 단순계산 등에 의해 확정할 수 있는 경우에는, 특정금액을 명시하고 있지 않아도 이 요건은 충족된 것으로 보고 있다. 계약상대자의 청구는 간단한 수학적 공식에 의해 확실하게 결정 할 수 있어야 한다. 계약상대자의 청구금액이 "대략 얼마라든가" 또는 "초과"지급에 대한 주장은 인정되지 않는다.

---

2)   www.smithcurrie.com/publications(Construction & Government Contract Law)

셋째, 10만 달러를 초과하는 모든 계약상대자의 청구는 계약상대자의 인증(certified by the Contractor)을 받아야 한다. 정부가 주장하는 클레임은 CDA에 따라 인증될 필요가 없다. 10만 달러를 초과하는 청구의 경우, 계약상대자는 (a) 청구가 선의로 주장되고 있으며, (b) 지원 데이터는 계약상대자가 알고 있는 한 정확하고 안전하며, (c) 요청한 금액은 정확하며, (d) 청구를 주장하는 사람은 청구를 증명할 정당한 권한이 있다.

넷째, 6년의 소멸시효(statute of limitation) 내에 청구서를 제출해야 한다. 우리나라의 경우 상행위로 생긴 채권의 즉, 상사채권은 5년간 행사하지 않으면 소멸시효가 만료된다(상법64조). 민사채권의 소멸시효는 10년으로 하고 있다(민법162조).

다섯째, 클레임은 현장 책임자 또는 기타 행정 공무원이 아닌 계약 담당자(contracting officer)에게 제출되어야 한다.

여섯째, 클레임에는 최종 결정에 대한 구체적인 요청이 포함되어 있어야 하며, 계약 담당자가 최종 결정을 내리기를 원한다는 명확한 표시를 제시해야 한다.

계약상대자의 클레임이 위에 명시된 6가지 요구 사항을 충족하는 경우 CDA에 따라 클레임이 적절하게 청구될 수 있다. 클레임이 CDA 청구기준을 충족하는 경우, 처음에는 세부비용분석과 같은 지원 데이터를 포함할 필요가 없다. 그러나 계약상대자의 클레임에는 요청된 구제에 대한 계약자의 자격이 있다는 근거를 제시하는 충분한 정보가 포함되어야 한다.

우리나라의 경우에는 미국과 같이 클레임의 성립에 관한 별도의 규정이 정해져 있는 것은 아니나, 미국의 예와 크게 다를 바가 없다고 보면 될 것이다.

2. 클레임 제기 시 검토사항

불만이 있는 당사자가 상대방 당사자에게 계약의무를 준수하지 않거나 상대방 당사자로 인하여 불만이 있는 당사자가 자신의 의무를 이행하지 못했다고 주장할 때 공식적인 클레임이 제기된다. 따라서 우리나라 정부공사의 경우 분쟁의 처리는 공사계약일반조건의 분쟁해결 규정에 따라 처리하게 되고, 따라서 ① 협의 ② 조정 ③ 중재 ④ 소송이라는 방법 중에서 어떤 방향으로 전개할 것인가에 대한 분명한 전략이 수립되어야 할 것이다. 왜냐하면 분쟁해결방향에 따른 대응방법이 달라질 수밖에 없기 때문이다.

그리하여 분쟁해결방법에 따라, 이때부터 피해당사자는 타방 당사자의 행위가 주장된 피해를 야기했다는 것을 증명해야 할 부담을 안게 된다. 즉, 증거라는 부담은 항상 제기한 측이 지게 된다. 따라서 법정이든 중재이든 필수적으로 당사자들은 가능한 한 철저하고 설득력 있게 자신의 입장을 분명하게 제시하고 문서화해야 한다.

1) 책임소재 파악과 책임증명(당사자의 확정)

클레임이 발생하면 먼저 클레임을 청구할 당사자를 결정하여야 한다. 당사자의 선택은 발생원인과 책임소재를 검토하여 결정하여야 한다. 클레임의 당사자는 일반적으로 계약당사자가 되지만 예외적으로 계약당사자의 책임 없는 사유로 발생된 손해에 대해서는 계약이행과정에서 관련되는 제3자인 은행, 공제조합, 보험회사, 보증기관 등에게 제기되는 경우도 있다. 클레임을 구성하는 가장 핵심적인 요소로는 다음과 같은 세 가지가 있다.

첫째, 누구에게 책임(liability)이 있느냐, 즉 발생한 사안(event)에 대해 책임소재와 보상을 명확히 규정하고 있는 관련조항이 계약서상 있는지 여부이고,

둘째, 인과관계(causation)를 증명하는 것이다. 발생한 사안과 책임소재와의 상관관계(linkage, connection)를 입증하여야 한다.

셋째, 실제로 손해(time and/or money)가 발생되어야 한다.

요약하면, 클레임은 그 책임에 따른 책임과 인과관계 및 손실량을 정확히 밝히는 과정을 의미한다. 따라서 여기서는 계약서상에 클레임의 사유가 되는 변경, 불리한 현장조건, 지연, 중지 등에 대한 책임이 어떻게 규정되어 있는가를 파악하는 것이 중요하다.

(1) 계약에 근거

발주자와 시공자는 계약이행과 관련하여 상호 부과된 의무가 있다. 우선 발주자는 ① 우선 공사를 진행하고 해결해야 할 정당한 영역을 제시해야 하며, ② 시공자의 계약의무 이행을 부당하게 간섭해서는 안 되며, ③ 정당한 시기에 계약서에 의거 대금을 지급해야 한다.

한편, 시공자는 ① 계약서에서 합의된 대로 설계도 및 시방서에 제시된 구조물 또

는 시설을 제공할 책임을 진다. ② 또한 하도급업자와 자재납품업자 등 협력업자에게 정당한 시기에 정확하게 대금을 지급해야 하며, 건설현장에서 이들을 정당하게 대우해야 한다. ③ 공사이행과 관련하여 시공자는 공사뿐만 아니라 공사감독, 감리자, 설계자, 인근 민원인 등과 협력하고 조화롭게 하여 성실히 수행해야 한다.

공사당사자들은 공사기간이 지연되거나 비용이 상승할 때 불가피하게 의견을 달리하게 된다. 따라서 이때 이로 인해 클레임을 제기할 의도가 있거나, 분쟁을 주장하는 통지서를 받는 경우, 첫 번째 대응은 계약문서를 꼼꼼하게 검토하는 것이다.

클레임은 계약조항에 의거(arising under or relating to contract)해야 한다. 계약서에 명문으로 기재되어 있는 공사기간, 일일 간의 지체상금, 에스컬레이션 조항 및 해제조건 등은 대표적인 예가 된다. 중재나 법원은 그 심리에서 당사자들이 명시적으로 합의한 사항을 제일 먼저 고려하여 실행하게 된다.

클레임을 제기한 측은 관련 조항을 세부적으로 분석하여 예상되었던 작업과 실제로 필요했던 것을 제시해야 한다. 물론 이외에도 당사자의 행위 또는 과실과 주장된 피해결과 사이의 인과관계를 증명해야 한다. 즉, 책임, 인과관계 및 손실액 등을 제시해야 하며, 이 세 가지 중 하나라도 부족하면 클레임을 무효화시키는 대신에 단순히 손실액을 삭감한다고 해도, 클레임은 제기 당사자가 피해를 야기하지 않겠다는 점을 증명해야 한다. 이 경우 법저 관점에 대해서는 법률관게의 전문가의 자문이 필요하다.

(2) 사실에 입각

클레임을 준비하는 당사자는 보다 면밀하게 프로젝트의 내력을 조사하여 필요한 정보를 찾아내야 한다. 따라서 클레임에서 '사실확인'은 그 성패 여부에 절대적인 영향을 가져오게 된다. 사실확인을 위한 증거확보가 선행되어야 할 것이다. 클레임에서 설득력이 부족하다는 것은 사실이 부족한 것일 가능성이 높다.

클레임 당사자는 사실에 대한 중요한 정보원이지만, 이를 보강하는 것으로는 건축가·엔지니어·하도급업자·자재납품업자·프로젝트에 참가한 정부공무원·전문가는 물론 지침서·절차서·매뉴얼·계약서·증거문서·왕래서신·메모·회의록·사진·실험보고서 등이 있다.

이러한 사실적인 주장은 최소한 하나 이상의 증거로 보강되어야 하는데, 근거가 불명하고 모순이 있는 주장을 하는 클레임보다 훨씬 신속하게 해결되기 때문이다. 따라서 사실에 입각(fact base)한 근거의 기초는 문서관리이다. 문서관리는 모든 프로젝트 단계에서 매우 중요하다.

문서는 종류마다 주요 파일을 시간순서와 내용에 따라 보관하여 프로젝트의 처음부터 끝까지 사건을 쉽게 추적할 수 있어야 한다. 문서에 꼼꼼하게 날짜를 기록하는 일은 사실을 재구성하는 과정에서 필수적이며, 자재 입고 시에는 인수일, 검토자 명단, 취해진 조치에 대한 기록 등이 표시되어야 한다. 아울러 사진도 정기적으로 촬영하여 클레임이 제기될 때 일련의 사건들을 제시할 수 있어야 한다.

문서 중 가장 중요한 것은 계약서이다. 계약서에 의해 당사자들의 책임관계가 설정되기 때문에 모든 클레임은 명시적인 계약조항에 의거해야 한다. 직원은 작업 및 책임에 관련이 있는 계약조항을 숙지하고 있어야 한다. 사실확인이 필수불가결한 요소이긴 해도 계약서에 포함되지 않는 권리는 인정되지 않기 때문이다.

(3) 클레임 기록

위와 같은 시간순서에 따라 파일을 정리하고 나면, 공사진행 상태에 관한 공정표를 만들고, 증거를 구성하여 클레임의 주요쟁점을 형성하는 개요로 삼아야 한다. 이 시점에서는 지연, 공사촉진, 생산성 손실 및 기타 클레임에 대한 보다 많은 설명을 제시하기 위해 차트나 그래프, 정부의 통계자료(물가·노임·자재), 증거서류 등을 제시해야 한다.

최종 클레임 문서의 본문에는 프로젝트에 대한 간략한 설명과 계약에 의해 요구된 사항이 포함되어야 한다. 아울러 보고서는 공사시행에 영향을 준 문제를 제시해야 한다. 각 클레임을 철저히 분석하여 계약요건이 위반되었고 특정 계약조항이 해당 당사자의 구제를 보장하는 사실을 강조하는 형식으로 제시해야 한다. 이러한 보고서에서 신뢰가 가는 계약조항을 언급하고 계약서, 피해 및 구제권리 간에 명확한 권리를 제시하는 것이 필수적이다.

2) 원인규명

클레임에 대한 보상을 받기 위해서는 책임과 원인 사이에 인과관계를 증명하는 것이 관건이다. 인과관계란 어떤 결과가 어떤 행위를 통하여 발생했다고 주장하려면, 그 결과와 행위 사이에 불가분의 관계가 있어야 하는데, 이러한 관계를 보통 인과관계 또는 인과성이라고 한다. 인과관계를 증명하는 형태에는 다음과 같은 것이 있다.

첫째, 회피불가능성을 증명하는 것이다. 시공자가 정당한 노력에도 불구하고 방지할 수 없었다는 사실을 증명하여야 한다. 또한 발생한 사건이 계약당사자에게 영향을 미치고, 경제적·사회적·물리적인 형태로 구체화되어야 하며, 상기의 영향에 계약당사자가 대처할 수 없을 것이 요구되는 것을 의미한다.

둘째, 책임회피가능성을 증명할 수 있어야 한다. 클레임으로 발생된 사안이 본인의 귀책사유가 아닌 계약상대자의 귀책사유라는 것을 증명할 수 있어야 하고, 양당사자에게 부분적으로 책임이 있을 경우에는 책임부담정도를 증명해야 하는 것을 의미한다. 특히 불가항력(force majeure)의 경우 판별력 기준은 회피가능성의 여부, 예측불가능성 여부, 수행가능성 여부 등이다.

이와 함께 인과관계를 증명하기 위해서는 아래의 사항을 면밀히 검토하여야 한다.
① 계약규정상으로 보아 보상이 가능한 것인지 여부
② 클레임의 성격(금액청구인지, 공기연장인지 등) 결정
③ 사안별 클레임추진 가능성 및 타당성 검토

이러한 인과관계의 규명을 위해서는 CPM기법을 활용하든지 원가계산이나, 법률·회계전문가의 분석이나 설계자나 감리자 또는 사업관리자 등의 사업참여자의 의견을 듣는 것이 바람직하다.

(1) CPM기법의 이용(Critical Path Method Scheduling)

공사지연과 공사촉진은 모두가 시간(공기)과 관련된 클레임이다. 따라서 영향을 받는 시간과 그에 따른 비용을 정당하게 받으려면 시간(time)을 정확히 분석하여 입증하는 것이 필수적이다. 따라서 시간을 정확히 분석해주는 도구가 바로 CPM이며 이를 통해 어느 시간에 어떤 사건이 일어나야 했는지가 명확해지게 되어 클레임을 제기하

는 데 도움이 된다. 여기에는 네트워크 프로그레밍이 이러한 문제를 해결하는 데 큰 역할을 하게 된다.

공정지연에 대한 최종 책임의 규명이나, 공사 완료일에 대한 지연의 영향을 가장 효과적으로 증명하는 방법은 CPM기법을 이용하는 것이다. 예컨대, 기초보강 철근을 늦게 수급하면 중요한 콘크리트 타설이 지연되는데, 이러한 사실은 CPM네트워크에서 가시적으로 드러나서 지연의 책임소재를 쉽게 판단할 수 있다.

그러나 철근구조 도면의 승인이나 건축허가를 취득할 때 설계자 및 발주자의 동시 다발적인 지연이 기초보강 철근반입 지연과 함께 발생하면, 지연결과에 대한 원 책임소재를 결정하는 것은 쉽지 않다. 착공에서 준공까지 유지해온 네트워크에 기반을 둔 공정은 각 지연의 영향을 측정하는 데 도움이 되며, 보다 효과적으로 대응하기 위해서는 지연을 확인한 즉시, 그 영향을 계산해야 한다.

CPM을 효과적으로 이용하면 프로젝트에 대한 지연의 영향을 생생하게 지적하게 된다. 공사의 다양한 측면과 단계를 통하여 원인, 결과 및 파급효과를 추적할 수 있어 클레임을 제기한 측에서는 자신이 부담한 추가비용을 모두 제시할 수 있고, 반대로 클레임을 당한 측에서는 자신의 책임한도를 제시할 수 있다. 대규모 프로젝트는 매우 복잡하기 때문에 CPM 및 기타 다른 네트워크 기술을 함께 이용해야 할 것이다.

이러한 CPM에는 어떠한 사안으로 인해 영향을 받은 내용이 CPM schedule상에 구체적으로 나타나야 하는데, 여기서 클레임 성립에서 3대 요소인 ① 책임소재(liability) ② 인과관계(causation) ③ 손해발생(damage) 등이 입증되면 그 결과에 따라 공기연장의 기간과 그에 따른 연장비용의 보상규모도 결정될 수가 있다. 그리하여 CPM schedule은 공기와 관련된 클레임을 청구하는 데뿐만 아니라 프로젝트를 컨트롤하는 데 가장 중요한 도구이다.

(2) 전문가 분석

건설계약에 따른 소송이나 중재는 매우 복잡하고 양이 방대하여, 이를 효과적으로 수행하기 위해서는 전문가의 의견이나 지식이 중요한 역할을 하게 된다. 전문가는 그의 지식을 이용하여 클레임을 객관적이고 지적으로 분석할 수 있기 때문이다. 전문가는 자신이 지니고 있는 분야 내에서는 의견 및 결론을 개진하고 유사한 프로젝트의 경험을 자신이 주장하는 의견에 대한 근거로 삼을 수도 있다. 따라서 필요할 경우에는 분쟁대상인 공사에 익숙한 전문가를 찾는 것이 중요하다.

한편 전문 참고인의 증언은 사건의 인과관계를 설정하는 데 중요하지만, 전적으로 수용되지 않기 때문에 증거의 질은 증명에서 중추적인 요소가 된다. 그러나 전문가를 선택하는 것은 민감한 문제이다. 어느 일방에 대한 편견이나 곡해를 하고 있으면 사건이 왜곡되게 전개될 수 있기 때문에 보다 객관적인 전문가의 선정이 요망된다.

3. 손실 및 청구금액 산출

클레임은 손실보상과 관련하여 객관적이고 정확한 피해손실을 보여주어야 하고, 부담 정도에 따른 정확한 금액을 산출하여야 한다. 이러한 손실발생에 대한 금액은 공사원가산출방식으로 산출하는데, 회계예규의 「예정가격작성기준」[3]에 대한 산출방식과 기준을 명확히 이해하여야 한다. 계약담당공무원은 기타 계약내용의 변경으로 계약금액을 조정하는 데는 실제 사용된 비용 등 객관적으로 인정될 수 있는 자료와 거래실례가격, 통계기관이 조사 공포한 가격, 감정가격, 유사한 거래실례가격, 견적가격을 활용하여 실비를 산출하여야 한다.[4]

1) 실제비용(actual cost)

건설공사에서 추가비용을 배상받을 수 있는 것은 비용이 실제적으로 발생되었다는 점을 발주자에게 설득하는 것에 크게 좌우된다. 이것은 실제 추가로 투입된 비용에 대한 기록이 중요한 역할을 하는데, 임금지급대장, 송장, 장비대여대장, 하도급계약서, 견적서, 구매지시서, 시세표, 입찰서 등이 있다.

---

3) 기획재정부 계약예규 제464호, 2019. 12. 18. 일부개정
4) 국가계약법 시행령 제9조의 예정가격의 결정기준에 따르면 각 중앙관서의 장 또는 계약담당공무원은 다음 각 호의 가격을 기준으로 하여 예정가격을 결정하도록 하고 있다. ① 거래가 형성된 경우에는 그 거래실례가격 ② 거래실례가격이 없는 경우에는 원가계산에 의한 가격 ③ 공사의 경우 이미 수행한 종류별 시장거래가격 등을 토대로 산정한 표준시장단가로서 중앙관서의 장이 인정한 가격 ④ 위의 규정에 의한 가격에 의할 수 없는 경우에는 감정가격, 유사한 물품·공사·용역 등의 거래실례가격 또는 견적가격

2) 견적비용(estimate cost)

실제비용을 제시하기 곤란할 경우에는 견적비용을 제시하여 증명하여야 한다. 견적가격은 계약상대자 또는 제3자로부터 직접 제출받은 가격을 말한다. 실제비용을 분리하여 증명하는 것은 현실적으로 쉬운 일은 아니다. 이때 당사자들은 견적비용자료를 분석하여야 한다.

3) 유사비용(comparison cost)

분쟁대상인 공사와 유사한 성격을 지닌 공사와 비교하는 방법이다. 동 공사와 유사한 거래실례가격은 기능과 용도가 유사한 물품의 거래실례가격이어야 한다.

4. 클레임 제기

클레임을 제기할 때는 우선 클레임을 제기하는 사유를 분명히 해야 하고, 그로 인한 비용이 얼마인가를 제시하여야 하며, 책임 당사자 및 일련의 인과관계를 증명하여야 한다. 이와 함께 제3자를 충분히 설득할 수 있는 서류를 준비해야 하며, 또한 증명되지 않은 가정이나 논리는 피해야 한다.

1) 클레임의 제기의 기본원칙

위에서 언급한 바와 같이 클레임의 제기란 분쟁사유가 발생하여 일방이 타방 당사자에 대하여 어떤 청구를 하는 것을 말한다. 클레임제기자(claimant)가 피제기자(claimee)에 대하여 직접적으로 손해배상을 청구하거나 또는 중재나 법적 절차의 과정을 통하여 청구하는 것으로, 다음과 같은 원칙이 있다.[5]

첫째, 신속성과 간결성의 원칙이다. 클레임은 제기 시기를 놓치면 시효에 걸릴 뿐만 아니라,[6] 증거를 상실하게 되므로 신속히 제기하지 않으면 안 된다. 특히 건설분

---

5)   최장호, 앞의 책(주18), 두남, 2003, pp. 77~78; 박준기, 앞의 책(주 187), pp. 67~76.

6)   국내 건설공사(건설공사일반조건)에서는 분쟁을 제기해야 하는 시기를 별도 규정하고 있지는 않으나, 이에 대하여는 특수조건에서 정할 수 있고, 서울시의 건설공사계약특수조건, 조달청의 특수조건 등에서는 분쟁제기 기간에 대하여 정하고 있다. 아울러 국제계약의 경우는 대부분이 제기기간에 대한 규정을 두고 있기 때문에 소홀히 할 수 없는 입장이다.

쟁의 경우에는 시기를 놓치면 대상물건에 대하여 압류나 가압류 등의 조치가 내려질 우려가 많기 때문에, 실익을 확보한다는 차원에서도 신속한 제기가 요구된다. 아울러 클레임서류는 복잡해서는 안 되며, 단순화해야 한다.

'단순화한다(one page statements)'는 것은 클레임의 내용을 생략하거나 증빙을 소홀히 하라는 뜻이 아니라, 클레임에서 일관성을 유지하라는 의미이다. 건설클레임은 사안이 복잡하고 쟁점이 다양하기 때문에, 하나의 주제를 하나의 클레임으로 요청하여야 한다. 계약서상 클레임조항이 있고 클레임 제기기간이 명시되어 있는지를 눈여겨보고 이에 유의하여야 한다.

둘째, 클레임을 제기하는 경우에는 그 내용이 정확하고, 충분한 근거와 이유가 있어야 한다. 클레임이 제기되면 그 판단은 입증자료(relevant facts)에 의해 문제가 해결된다고 보아야 하므로, 단순히 상거래상 발생할 수 있는 손해를 만회하기 위한 목적이나 불확실한 개연성만 가지고 클레임을 제기해서는 안 된다.

셋째, 신의성실의 원칙이다. 모든 상거래는 신의에 따라 성실(good faith)하게 하여야 하며, 또한 클레임 제기도 다르지 아니하다. 허위나 위장된 사실에 의한 클레임은 부정당한 클레임(wrong claim)이며, 자신이 입을 수 있는 손해를 피하게 위해서나 협의 단계에서 조정될 것을 염두에 두고 과장해서 손해액을 청구하는 악의적인 클레임, 이른바 마켓클레임(market claim)[7]은 삼가야 할 것이다.

넷째, 선청구의 원칙이다. 클레임은 우선 청구(demand prerequisite)를 전제조건으로 하기 때문에, 상대방의 책임 있는 사유로 손해가 발생하였다고 하더라도 그 피해자가 손해배상의 청구를 하지 않을 경우에는 상대방이 먼저 손해를 배상할 수 없다. 예컨대, 「공사계약일반조건」 제22조 제3항(물가변동으로 인한 계약금액의 조정)에서는 「제1항의 규정에 의하여 계약금액을 조정하는 경우에는 계약상대자의 청구에 의하여야 하며…」 동 조건 제23조 제4항(기타 계약내용의 변경으로 인한 계약금액의 조정)에서는 "제1항의 경우 계약금액이 증액될 때에는 계약상대자의 신청에 의거 조정하여야 한다"는 규정

---

7)   무역거래에서 유래된 것으로 무역거래에서 예상 밖으로 경기가 악화되거나 시장상황을 잘못 판단 하여 판매가 부진하게 되는 경우, 사소한 잘못을 가지고 트집을 잡는 등 자신의 손해를 상대방에게 전가시키기 위하여 클레임을 제기하는 경우를 말한다. 평소에는 클레임의 대상이 아닌 아주 사소한 하자라도 경기가 악화되면 그러한 하자를 마치 중대한 하자인 것처럼 과장하여 클레임을 제기하는 경우이다.

모두가 선청구의 원칙을 천명한 것으로 볼 수 있고, 대법원의 판례도 같은 입장이다.

【판례】 「국가계약법」 제19조와 같은 법 시행령 제64조, 같은 법 시행규칙 제74조에 의한 물가변동으로 인한 계약금액조정에 있어, 계약체결일부터 일정한 기간이 경과함과 동시에 품목조정률이 일정한 비율 이상 증감함으로써 조정사유가 발생하였다 하더라도, 계약금액조정은 자동적으로 이루어지는 것이 아니라, 계약당사자의 상대방에 대한 적법한 계약금액조정신청에 의하여 비로소 이루어진다(대법원 2006. 9. 14. 선고 2004다28825 판결).

다섯째, Four File의 원칙이다.[8] 클레임을 준비할 때 가장 기본이 되는 문서 또는 증빙자료로서 네 가지는 반드시 갖추어야 한다는 원칙으로 다음의 서류를 말한다.

① 계약서(contract)

② 클레임 서류(claim documentations)

③ 계약담당관의 결정문(contracting officer's decision)

④ 관련 서한(relevant correspondence)

위의 서류가 클레임 청구의 필수요건을 나타낸 것으로 일반 상거래에서는 ① 클레임진술서(claim note), ② 클레임명세서(statement of claim), ③ 클레임금액청구서(debit note for claim), ④ 클레임 입증서류(claim evidence)[9] 등을 필요서류로 구분하기도 한다.

끝으로 인과성(traceability)의 원칙이다. 클레임은 클레임 사유, 손해 및 제기한 자 간에 인과관계가 있어야 한다. 만약에 시공자에게 손해는 발생하였으나 손해의 사유가 클레임이 아니라든지, 클레임 사유는 발주처에 의하여 발생하였으나 시공자에게

---

8) Rule Four File이라 함은 원래 미국의 계약항소위원회(Board of Contract Appeal)에서 정부인 발주처가 이 위원회에 항소할 경우에 요구되는 기본적인 제출문서에서 유래한 원칙이다. 따라서 이 원칙은 시공자가 BCA에 클레임을 제기할 경우에도 당연히 원용된다. 또한 미국이 아니라고 하더라도 클레임을 준비할 때에 이 원칙은 클레임의 기본문서 또는 증빙으로 존중될 것이다(박준기, 앞의 책(주 187), p. 67); 또는 ① 클레임 기술서(Statement of claim), ② 관련사항 요약목록표(Chronology of relevant events), ③ 계약조건상의 정당성(Contractual justification), ④ 공기와 비용에 미치는 영향에 대한 평가표(Evaluation of time and cost consequences), ⑤ 주고받은, 계약기록상의 관련 항목의 사본이나 참고서류(Reference to or copies of relevant items of correspondence and contract records)가 클레임 서류의 핵심이다(John K. Sykes, Construction Claims, Sweet & Maxwell, 1999, p. 143).

9) 클레임의 입증서류는 성격에 따라 다양한데, 일반적으로는 1) 발주자, 감리자, 하도급자, 공급업자 등의 수·발신 공문, 2) 회의록(minutes of meeting), 3) 발주자나 감리자의 지시서(instructions), 4) 도면, 공정표 등 계약서류 일체, 5) 인원투입대장(labour allocation sheets), 6) 자재 및 장비투입기록(materials schedules and equipment allocation sheets), 7) 작업보고서(daily·weekly·monthly report), 8) 공정표(work schedule) 및 공정사진(progress photographs) 및 기타 감리자가 서명한 서류 등이며, 특히 이러한 서류는 재원의 현장소재 증명과 당사소유 증명이 될 수 있도록 해야 한다.

는 발생하지 아니한 경우 등은 클레임을 제기할 수 없다.

2) 클레임의 제기 시기

(1) 클레임 제기 기한의 법적 성격

클레임의 제기 시기에 대하여는 계약서에 약정된 경우와 약정이 되어 있지 않은 경우로 나누어볼 수 있다. 클레임의 제기기한이란 클레임을 제기할 수 있는 권리행사의 예정기간을 의미하며, 매도인으로서는 하자담보기간의 성격을 띤다고 볼 수 있고, 매수인으로서는 구제권 행사기간의 성격을 갖는다고 할 수 있다.

클레임 제기 기한의 법적 성격은 ① 면책의 효과를 발생케 하는 일종의 면책조항이고, ② 제척기간이며, ③ 권리자의 의사표시로 일정한 법률관계의 변동이 일어나게 하는 권리인 형성권으로 볼 수 있다.[10]

(2) 계약서에 약정 기한이 있는 경우

클레임을 제기하는 시기는 계약서에 규정된 조건에 따라 약정 기간 내 제기하여야 한다. 그 계약내용은 일반적으로 클레임 통지 및 입증자료 제출기간을 설정하고, 그 기간 내에 클레임을 제기하지 않으면 클레임 제기 권리를 포기한 것으로 본다든지, 동 기간이 경과한 뒤에 제기되는 클레임은 수락할 수 없다는 등의 면책조항을 명시하고 있다.

국가계약에 활용되는 「공사계약일반조건」 제51조의 분쟁해결 관련 조항에서는 약정기한에 대하여 별도의 규정을 두고 있지는 않다. 따라서 공사수행 중이거나 준공 전·후를 막론하고 어느 때나 가능한 것으로 해석된다. 그러나 조달청의 「공사계약특수조건」 제19조에서는 다음과 같은 조건을 두고 있다.[11]

---

10) 한국무역협회, 수출입절차해설, 1990, p. 744.
11) 서울특별시의 경우에도 「서울특별시공사계약특수조건」(예규 제701호, 2006. 5. 15.) 제21조(분쟁의 사전협의) 및 제22조(분쟁의 해결)에서 조달청의 경우와 유사한 내용으로 클레임의 제기기한을 규정하고 있음을 알 수 있다. 또한 주택공사의 「공사계약특수조건」에서도 "계약자가 계약내용의 변동으로 계약내용변경청구(claim)를 하고자 할 때는 계약내용의 변동사유 발생일로부터 30일 이내에 추정공사비와 소요공사기간에 대한 계산서를 제출하여야 한다. 단, 계약내용변동사유 발생일로부터 30일 이후에 제기하는 계약내용변경청구는 이를 인정하지 아니 한다"고 일정한 조건을 붙이고 있다.

① 계약상대자는 분쟁이 되는 사안이 발생한 날로부터 또는 통지를 접수한 날로부터 30일 이내 계약담당공무원과 공사감독관에게 협의를 요청하여야 하고,

② 계약담당공무원은 요청받은 날로부터 60일 이내 수용 여부를 결정하여 계약상대자에게 통지하여야 하며,

③ 계약상대자는 이 통지를 받은 날로부터 30일 이내 통지에 대한 수용 여부를 계약담당공무원에게 통보하여야 하며,

④ 이 기간에 통보하지 않는 경우에는 이를 거절하는 것으로 본다.

「FIDIC 일반조건」에서는 시공자 클레임(Contractor's Claims)의 경우 준공기한의 연장이나, 추가지급을 요청하는 경우 사건 또는 상황을 인지한 날부터 28일 이내 상세한 입증내역을 첨부하여 감리자에게 제출하여야 한다. 이 기간이 경과하면 발주자는 클레임과 관련된 모든 책임이 면제된다(조건20.1조).[12]

(3) 계약서에 약정 기한이 없는 경우

전술한 바와 같이, 「공사계약일반조건」에서는 약정기한에 대하여 별도의 규정을 두고 있지는 않고, 특수조건에 명기하는 사례가 대부분이다. 그러나 민간공사의 경우 클레임의 제기기한에 대한 내용을 기술한 예는 찾아보기 힘들다. 계약 관련 분쟁에 대한 언급을 싫어하는 발주자 측의 특성을 고려, 계약체결단계에서 구체적으로 논의하거나 명시하는 것을 달가워하지 않는 분위기 때문으로 생각된다. 특히 건설공사의 경우 이처럼 별도의 클레임 제기 기한이 없더라도 증거확보, 증인선정, 시간경과에 따른 구조물의 변형 등으로 인해 무한정 늦출 수만은 없는 실정이다.

계약서에 클레임 제기 기한에 대한 약정이 없는 경우에는 법규나 관행에 따라 결정될 것이다. 국내 상거래인 경우에는 일반적으로 상법, 국제무역인 경우에는 국제무역법규나 국제적인 관행이 적용될 것이다. 「상법」 제69조에는 "상인 간의 매매에 있어

---

12) FIDIC General Conditions 20.1 Contractor's Claims: 시공자가 일반조건이나 그 외의 조항에 따라 그가 준공기한연장 내지 추가비용을 받을 권한이 있다고 생각할 경우, 시공자는 실행가능 한 빨리, 그리고 클레임 발생사유가 되는 사건 내지 상황발생 후 28일 이내, 시공자는 감리자에게 그러한 사건 또는 상황을 인식한 후 모든 계약에 의해서 요구되는 다른 통지 및 클레임의 근거자료를 제출하여야 한다. 시공자가 28일 이내에 청구의 통지를 하지 못한 경우에는 준공기한은 연장되지 않으며, 시공자는 추가지급에 대한 권리가 없으며, 발주자는 청구와 관련된 모든 책임으로부터 면책된다.

서 매수인이 목적물을 수령한 때에는 지체 없이 이를 검사하여야 하며, 하자 또는 수량의 부족을 발견한 경우에는 즉시 매도인에게 그 통지를 발송하지 아니하면 이로 인한 계약해제, 대금감액 또는 손해배상을 청구하지 못한다"고 규정하고 있다.

국제거래에서는 클레임 제기기한에 관한 별도의 약정이 없는 경우 검사 내지 통지의 시한(time limits)에 관하여 '지체 없이', 13) '즉시', '합리적인 기간 내(within a reasonable time)' 14) 등으로 다양하게 표현하고 있다. 그러나 실제 어느 정도의 기간이 합리적이냐는 것은 사실문제, 개별적인 거래와 목적물의 성질, 거래관행, 검사의 장소나 시설, 검사에 소용되는 통상의 기간 등 제반사정을 고려하여 결정하여야 할 것이다.

3) 사전평가 단계

클레임을 제기한 사람은 먼저 클레임을 제기할 근거가 존재하는지 또는 클레임 제기에 저해가 되는 기타 계약조항이 있는지를 검토해야 한다. 클레임에 대한 접근방법, 즉 어떻게 하면 성공적으로 보상을 받을 수 있는지, 보상받을 손실을 어떻게 할 것인가를 결정하여야 한다. 이때 중요한 문제점과 경미한 문제점을 분리하고, 잠정적 보상금액을 개산견적(槪算見積)에 의해 집계해야 한다.

① 계약문서를 검토, 보상이나 설계변경이 가능한지 여부를 판단
② 제기할 클레임의 종류 및 방법을 결정
③ 현재 추진 중에 있는 업무의 진행과정, 발주자와의 관계 등
④ 클레임을 제기할 개략적인 금액의 산출

사전평가의 단계는 클레임의 사유, 즉 '변경되는 모든 사항'에 대해 사전평가를 하는 단계로 클레임 추진 전에 개괄적인 검토 및 분석을 함으로써 클레임의 추진 여부를 결정하는 단계이다. 또한 클레임 제기에 대한 체계적인 접근방법으로서는 예상되는 위험요인을 나열하여 하나씩 검토해가는 방법으로 다음과 같이 체크포인트를 작성하여 정리할 필요도 있다.

---

13) "지체 없이"라는 표현은 일본의 상법 제526조(매수인은 지체 없이 검사하여 곧 통지하여야 한다), 우리나라 「상법」 제69조에서 규정하고 있다.

14) "합리적인 기간내"는 미국통일상법전(UCC 제2-513, 606조), 영국물품매매법(제35조) 및 국제물품매매계약에 관한 UN협약(제38조, 제39조) 등에서 사용하고 있는 용어들이다.

[표 7-1] 클레임 체크포인트(예시)

체크 사항	Yes	No
01. 원 계약서에 포함되지 않은 업무가 추가된 적이 있는가		
02. 계약서에 기술되어 있는 것처럼 현장접근이 유용한가		
03. 발주자가 특정한 방법으로 작업을 하도록 지시한 적이 있는가		
04. 발주자가 계약상 적기에 당신의 의문사항에 답변하였는가		
05. 발주자가 일정에 맞게 자재를 현장에 조달하였는가		
06. 발주자가 공사완공 이전에 시설물을 점유하였는가		
07. 발주자가 협조요건을 충실히 이행하였는가		
08. 현장의 다른 계약자들이 당신의 계약업무수행을 방해한 적이 있는가		
09. 공사기간이 어떤 형태로든 짧아져서 단축작업을 한 적이 있는가		
10. 공사의 성격이 입찰당시의 시방서 내역과 다르게 변했는가		
11. 시공자가 스스로 선택하지 않았는데 작업순서가 바뀐 적이 있는가		
12. 발주자가 추가인력 및 장비 등을 투입하도록 지시나 요청한 적이 있는가		
13. 파업이나 태업으로 인하여 공사가 중단되었던 적이 있었는가		
14. 기상이변으로 인하여 공사가 지연되거나 지장이 있었는가		
15. 기타 ········		

4) 발주자에 통지

시공자는 클레임을 작성하기 전에 우선 클레임이 필요하게 된 사유가 발생한 것을 발주자에게 통지하여야 한다. 그 후 필요한 자료를 수집하여 소정의 요건을 충족한 클레임의 서류를 작성, 정식적으로 클레임을 제기하게 된다. 클레임을 신속하게 해결하기 위해서는 시공자는 계약서의 내용을 숙지함과 아울러, 클레임 제기의 필요성이 생겼을 때에는 신속 정확하게 공사에 투입된 작업시간·근로자수·재료비 등을 기록하고, 그에 기초하여 간결·정확·명확한 클레임 서류를 작성함과 동시에, 클레임의 정당성과 타당성을 나타내는 자료를 작성하는 것이 매우 중요하다.

클레임을 제기해야 하는 상황이 발생한 때에는 시공자는 발주자에게 상황설명과 그 상황이 공사에 미치는 영향에 대한 견해 등을 기술한 문서로 통지한다. 이 통지는 시공자가 계약서의 어느 조항에 근거하여 클레임을 제기하는 가에 대하여도 기술하는 것이 바람직하다. 한편 발주자(상대방)는 시공자로부터 통지를 받은 때에는 수령한 사실을 알리는 것이 매우 중요하다. 장차 클레임이 복잡한 분쟁으로 발전할 때에는 클레임의 제출시기가 중요한 의미를 가지는 경우가 적지 않기 때문이다.

5) 근거자료의 확보

시공자는 제기하려고 하는 클레임이 적법함을 주장하기 위한 자료를 준비해야 한다. 여기에는 클레임을 제기하여야 하는 상황이 발생하게 된 원인과 계약서류와의 대조 확인하는 작업 등이 포함된다. 또 클레임의 내용을 특정하기 위하여 재료비·노무비·기타 관리비 등에 관한 정보를 수집·정리할 필요가 있다. 왜냐하면 이것에 근거하여 비용증가액과 필요한 공기연장의 기간을 계산하기 때문이다. 클레임 관련사실을 문서화(documentation)하는 것은 당사자들이 자신을 보호하는 데 큰 도움이 될 수 있다.

클레임 발생 시 예견치 못한 클레임 요소가 존재하고 그러한 요소가 자신의 과실 없이 자신의 통제 밖에서 일어났다고 하더라도, 실제로 이것을 입증하지 못할 경우에는 클레임을 청구할 권리가 없어진다. 경우에 따라서는 다음과 같은 것이 필요하다.

① 공인회계기관의 의견서(CPA audit report)
② 구조기술사, 품질전문기관 등 전문가의 보고(specialist report)
③ 연구기관 등의 감정서류(survey report)
④ 계약·회계·프로젝트 관련서류 등

클레임 관련 서류의 준비는 충분한 증거수집과 분석을 통하여, 책임소재를 파악하고, 6하 원칙에 따라 원인을 규명하여, 손실의 산출을 서면화하고 이를 발주처에 제출하는 기능이다.[15]

6) 클레임 문서의 작성

클레임이 유효하기 위해서는 그 클레임이 계약서 또는 관련법령 등에서 정한 소정의 요건을 충족해야 한다. 클레임의 작성을 누가 하는가는 도급자의 능력, 클레임의

---

15) "협상에서 준비를 대신할 수 있는 것은 아무 것도 없다(There is no substitute for preparation in negotiation)"는 말은 클레임에서 격언처럼 쓰이고 있다. 클레임의 성패는 결국 누가 정확하고 설득력 있는 자료를 철저하게 준비하느냐에 달려 있다.

복잡성에 따라 다르다. 많은 경험과 충분한 인재가 있는 건설회사의 경우에는, 특별한 경우를 제외하고 스스로 클레임을 작성하는 것이 가능하다. 그러나 규모가 크고 사건이 복잡한 경우에는 클레임 컨설턴트나 변호사를 활용할 필요도 있다.

클레임의 처리를 담당하는 인물이 반드시 현장이나 건설공사계약에 정통한 것만은 아니기 때문에, 또는 기술인이 아닌 경우도 있기 때문에, 서류를 작성할 때에는 그 요약서 작성하여 제3자가 보아도 쉽고 분명하게 이해할 수 있도록 해야 한다. 아울러 클레임에는 계산서, 기타 증빙자료(back data), 발주자의 분쟁문서, 사진 등을 첨부하여 관계자의 이해를 얻도록 노력하는 것이 중요하다.

7) 청구금액산출

시공자가 그가 받은 손실, 즉 시간 또는 금전에 대한 실제적인 액수를 산출해야 하며, 그것에 대해서는 책임과 원인에 대한 결과로서 보상되어야 한다. 청구금액은 엄밀히 말해서「발주자가 계약문서에 따라 공사가 적절하게 이행 될 수 있도록 조치하였다면 시공자가 부담하지 않았을 공사비 중에서 발주자가 기지급한 금액을 공제한 것」이 손해액이 된다. 이러한 청구금액은 확보된 자료를 근거로 정확하게 계산되어야 하며, 협의과정에서 감소되거나 우선 많이 청구해놓고 본다는 자세는 결코 바람직하지 않을 것이다. 왜냐하면 클레임의 상대방 역시 전문가들이며 또한 자료에 한 번 신뢰를 잃어버리면 결과적으로 불리한 입장에 서게 되기 때문이다.

8) 클레임 문서의 제출

클레임의 제출은 클레임 서류를 제출하는 뜻을 기술한 문서와 함께 표지(covering letter)를 붙이고, 이하에 클레임 본문을 첨부하여 송부한다.[16]「공사계약일반조건」에 따르면 계약의 수행 중 계약당사자 간에 발생하는 분쟁은 협의에 의하여 해결하는 것으로 규정하고 있으므로(51조1항), 클레임 사유가 발생하여 동 문서를 작성한 후 제출

---

16) 클레임의 제출은 클레임의 취지를 기술한 business문의 covering letter를 첨부하고, 그 밑에 클레임 본문을 첨부하여야 한다. 클레임을 제출할 때 시공자는 사본을 필히 남겨두어야 한다. 서명은 사장이나 해외공사의 경우 현장소장이 하는 경우가 일반적이며, 수신자는 결정권의 유무에 따라 발주자의 대표자 또는 공사감독(engineer)이나 현장감독(resident engineer)으로 하고, 또 발주자에게 직접 제출하도록 되어 있는 경우에는 발주처로 한다.

할 때에는 계약당사자가 일방인 발주자(계약담당공무원)에게 제출하여야 하고 협의를 하여야 한다.

일반적으로 클레임 관련 서류들로는 사안의 내용에 따라 다르긴 해도 공사도급계약서를 기본으로 해서 차수별 변경공사도급계약서, 공동도급의 경우 공동수급체운영약정서, 회의록, 세금계산서, 확인서, 통장사본, 작업완료확인서, 준공정산합의서, 견적비교서, 사진, 하자보수보증서, 이행보증보험증권 등이 있다. 클레임 서류의 사례를 보고 참고하기 바란다.

[표 7-2] 클레임 요구서 예시(해외공사)

【클레임서식 예 I】 시공자가 엔지니어(감리자)에게 제출한 클레임 요구서

AB & C CONSTRUCTION CO., LTD
Seoul, KOREA

Your Ref.   February 15,
1995.
Our Ref. JT-2

The Resident Engineer
A-1 Highway Project
P.O. Box 224
Karachi. Pakistan
Dear Sir:

        Our Claim No. JT-2
        Request for Payment of Extra Cost
        Incurred in Regaining Schedule

Under the provision of Article 12 of the 「General Conditions of the Contract」 dated 15 February, 1993, for the construction work to be performed by the AB & C Construction Co., Ltd., the Contractor requests the Engineer to approve compensation to the Contractor for the extra costsuffered for expediting the road surfacing work on the A-1 Highway Block C and D to overcome the delay in the earth moving work, due to the occurrence of an unforeseeable weather condition.

The reasons why the Contractor requests this payment and the method by which the Contractor arrived at the claimed amount are given below.

1. Basis of Bid Prices

The Contractor based his estimate of bided unit prices on the supply of equipment and manpower in numbers adequate to perform the road surfacing work in accordance with production rate which would achieve the schedule of the surfacing work. The Contractor despatched both equipment and manpower to the project site in numbers on which his estimate was based.

2. Actual Unforeseen Condition

Since the commencement of earth moving work, the Contractor encounterd an unforeseeable weather condition. An unexpectedly long spell of rainy days resulted in the lower work progressing rate than had been originally scheduled, and the completion of the earth moving work, which was planned to be completed by June, 1990, was seriously delayed until October, 1994.

The Contractor suffered the delay, due to the delay in earth moving work, in starting the surfacing work, which could not be effected until September, 1990, three months behind the schedule.

Meetings and discussions were held between the concerned agencies, and the decision was made by the Contractor to increase the manpower and equipment in order to expedite the surfacing work.

3. Proposed Adjustment

This letter of claim requests the Engineer to reimburse the extra cost of expediting the surfacing work. The Contractor feels that payment for the additional cost is justified, since it was necessary to expedite the work and the actual weather condition which the Contractor encountered was vastly different from that known and informed at the time of bid.

4. Calculation of Claimed Amount

The Contractor has suffered loss due to expedition of the surfacing work. The calculation of the extra cost being claimed by the Contractor is as follows:

(a) Addition of three dump trucks	$11,500.00
(b) Addition of one tandem roller	$3,000.00
(c) Move-in of one trailer house	$500.00
(d) Despatch of one Korean engineer (6man/mon)	$4,000.00
(e) Despatch of one Korean mechanic (6man/mon)	$3,500.00
(f) General Expense (20%)	$4,500.00
(g) Total	$27,000.00

The Engineer is requested to review and approve the payment to the Contractor's claimed amount of extra equipment and manpower which were unavoidably spent.

Very truly yours,
AB & C Construction Co., Ltd.

Vincent, Hong
The Project Manager
A-1 Highway Project

【클레임서식 예 II】 엔지니어(감리자)가 시공자에게 보내는 클레임에 대한 회신

XYZ ENGINEERING, INC.
London, ENGLAND

Your Ref. JT-2   February 23,
1995.
Our Ref. C 102-A-1-2
The Project Manager
A-1 Highway Project
AB & C Construction Co., Ltd.
P.O. Box 311
Karachi, Pakistan
Dear Sir:

       C 102 Contract
       A-1 Highway Claim JT-2

I refer to the Contractor's letter dated February 15, 1995, and I give comments below on the Claim JT-2 that the Contractor suffered additional cost due to the delay in the earth moving work and in starting the surfacing work, due to the adverse weather condition which falls within the provision of Clause 12 of the Contract.

1. Summary of Claim

The Contractor considers that he should be reimbursed for the expense which he incurred due to the increase of equipment and manpower for the purpose of expediting the road surfacing work which started behind the schedule, as a result of the delay in completion of the earth moving work.

The Contractor maintains that the delay in completion of the earth moving work was caused by an unexpectedly long spell of rainy days, and he requests payment under the provision of Clause 12 of the General Conditions of the Contract "Adverse Physical Conditions."

2. Summary of the Resident Engineer's Reply

The weather which the Contractor encountered during the earth moving work was unusual in the time of the year in the area where the construction work is being executed, since it rained heavily for a spell of days in March, April and May, 1994.

The additional cost of expediting the surfacing work, which the Contractor claims, is deemed to include some items which were not used only for the intended purpose. Those items which were utilized mainly for other purposes should not be included in the items being claimed by the Contractor.

It is therefore considered that a portion of the additional reimbursement is required under the Contract.

3. Comments on Contractor's Claim JT-2

The section 2 of the claim is not clear of the reasons why the road surfacing work was delayed for three months. It is agreed that the adverse weather condition was met by the Contractor, but it is advised that the Contractor submits actual records of weather in 1994.

It is not agreed that the Contractor included the cost of expanding staff office in the claimed amount. Nor is it agreed that he used 6 man-months instead of 3 man-months in calculating the additional expense.

4. Additional Expense to Be Reimbursed

The calculation of additional cost to be reimbursed is given below.

(a) Transport of 3 additional dump trucks $11,500.00

(b) Transport of 1 tandem roller $3,000.00

(c) Despatch of 1 Korean engineer(3man/mon) $2,000.00

(d) Despatch of 1 Korean mechanic(3man/mon) $1,750.00

(e) General Expense(20%) $3,650.00

(f) Total $21,900.00

5. Conclusion

It is agreed in consultation with the Engineer that some amount of additional expense was incurred by the Contractor due to the adverse physical condition and the consequential delay in starting the surfacing work. Extra cost given in section 6 of this letter will be paid under an item to be issued in Variation Order No. JT-2.

Sincerely yours,

Peter Brake
Resident Engineer
A-1 Highway Project
XYZ Engineering, Inc.

[표 7-3] 클레임 청구서 예시(국내)

「○○건설공사의 간접비 및 물가변동에 따른 추가비용 청구의 건」

1. 귀 사의 무궁한 발전을 기원합니다.
2. ○○건설공사와 관련하여 「공사도급계약서」 제19조에 의거 다음과 같이 공사기간 연장에 따른 간접노무비, 제반경비 및 물가변동으로 인한 계약금액조정에 대하여 청구하오니 조치하여 주시기 바랍니다.

- 다 음 -

항목		금액(원)	비고
간접비 및 경비 합계금액		115,114,889	부가가치세 별도
물가변동 관련 금액	제1차분	7,096,000	
	제2차분	3,905,000	
총 계		126,115,889	

* 붙임서류 : 1. 물가변동으로 인한 계약금액조정(1, 2차분) 자료
2. 공기연장에 따른 간접노무비 및 제반경비 자료

[항목별 청구내역 요약(예시)]

구분	금액	비고
1. 간접노무비	85,298,275	
2. 재료비	0	

[항목별 청구내역 요약(예시)](계속)

구분	금액	비고
3. 경 비	12, 345,416	
가. 직접계상비용	8,391.915	
(1) 지급임차료	630,000	
(2) 전력·수도광열비	953,063	
(3) 여비·교통비	2,347,092	
(4) 통신비	538,039	
(5) 기타	3,923,721	(재료비+노무비)×4.6%
나. 승률계산비목	3,953,501	
(1) 복리후생비	0	
(2) 소모품비	0	
(3) 산재보험료	3,241,334	(직접노무비+간접노무비)×3.8%
(4) 고용보험료	712,167	(직접노무비+간접노무비)×0.67%
4. 보증수수료	87,300	
소 계	97,730,990	
5. 일반관리비	4,593,356	(간접노무비+경비+보증)×4.7%
6. 이 윤	12,790,543	(간접보무비+경비+보증+일반관리비)×12.5%
7. 공사보험료	0	
8. 공급가액	115,114,889	
9. 부가가치세	11,511,489	
총 계	126,626,000	

9) 클레임의 종결처리

클레임 문서를 제출하여 상대방이 검토한 후 이를 수용할 경우에는 간단하게 종료가 되지만, 그렇지 않을 경우에는 계약조건에서 규정한 절차를 밟아가야 할 것이다. 교섭의 단계에서 합의가 이루어지지 않으면 조정이나 중재 또는 소송의 방법에 의하여야 한다. 우리나라의 건설공사의 경우 「공사계약일반조건」 제51조에 따라 조치하게 되며, 국제계약의 경우는 일반적으로 사법적 효력을 갖는 중재위원회(Arbitration Board)에 클레임의 해결을 의뢰하는 경우가 있다. 「FIDIC 일반조건」에서는 국제상업회의소(ICC)에 의뢰하도록 되어 있다. 기타 사법적 수단에 의한 해결로서 사법기관에 제소하여 진위를 가리는 것으로써, 특별한 경우를 제외하고는 사법적인 해결은 피하는 것이 좋다.[17] 위와 같은 단계를 거치면서 클레임에 대한 보상금액이 결정된다.

---

17) 서양에는 소송과 관련하여 의미있는 말이 있는데, 예컨대 "양 한마리 때문에 소송하면 소 한마리

제3절 외국의 클레임 처리절차

1. 클레임의 제출

유럽이나 미국의 계약서에는 거의 대부분 클레임을 규정하고 있는 조항이 있어 그 규정에 근거하고 있다. 원칙적으로 클레임 관련서류를 작성하는 데는 상당한 시간이 걸리기 때문에, 관련 서류를 제출하기 전에 클레임을 제출하게 된 취지의 통지를 하는 것이 일반적이다. 「FIDIC 일반조건」 제20조의 「클레임, 분쟁 및 중재」(Claims, Disputes and Arbitration) 관련 규정을 살펴보면 다음과 같다.

① 제20.1조 Contractor's Claims(시공자 클레임)

② 제20.2조 Appointment of the Dispute Adjudiction Board(분쟁조정위원회의 임명)

③ 제20.3조 Failure to Agree Dispute Adjudication Board(분쟁조정위원회에 대한 합의 실패)

시공자가 준공기한의 연장 또는 추가지급의 권리가 있다고 판단하는 경우 클레임 관련 서류를 작성하여 감리자(Engineer)[18]에게 송부하여야 하며, 이러한 서류는 시공

잃는다(He that goes to law for a sheep loses his a cow)", "소송은 당사자를 여위게 하고, 변호사를 살찌게 한다(Lawsuits make the parties lean, the lawyer fat)", "소송은 많은 돈과 훌륭한 변호사, 그리고 남다른 인내와 행운을 필요로 하는 것이다(He who prosecutes a lawsuit must have much gold good lawyer, much patience and much luck)" 등이다.

18) FIDIC(1.1.2.4)에서 "Engineer"means the person appointed by the Employer to act as the Engeer for the purposes of the Contract and named in the Appendix to Tender, or other person appointed from time to time by the Employer and notified to the Contractor under Sub-Clause[Replacement of the Engineer]라 규정하고 있다. Engineer란 우리나라나 일본에서 생각하고 있는 엔지니어(기술인)와는 의미가 다른바, 발주자에 할당된 공사의 시공관리를 담당하는 독립된 컨설탄트를 의미한다. 엔지니어란 컨설칸트회사 이름으로 들어가는 것이 일반적이다. "Engineer"는 우리나라나 일본에서는 발주자 측에 소속되어 있으나, 해외공사에는 일반적으로 발주자 측이 충분한 기술력, 관리능력이 구비되어 있지 않는 경우가 많아, 발주자·시공자·감리자의 3개 틀로 공사를 수행하는 것이 전형적인 유형이다. 엔지니어는 FIDIC계약에 대한 서명자나 당사자는 아니지만 계약문서에 명명되어 있고, 기술적인 설계와 관리에서 자신의 전문지식을 필요로 하는 여러 가지 책임을 부여받고 있다. 엔지니어는 발주자가 지명하고 지시, 지침 및 명령을 발동하고 공사시공의 진행을 위해 필요한 자료를 제공할 책임과 임무(Engineer's Duties and Authority)를 부여받고 있다. 우리나라의 경우 엔지니어의 의미와 정확하게 부합하는 의미는 없으나 "감리자"로서의 성격과 유사한 면이 없지 않기 때문에 "감리자"라 부르고 있다. 감리자는 계약에 명시된 권한은 물론이고 계약에 의해 묵시적으로 인정될 수 있는 권한까지도 행사할 수 있는데, 만약 발주자가 이러한 감리자의 권한을 제한하려 한다면 그 내용을 Part II에 명기하도록 되어 있다. 이와 함께 감리자의 임무(duties)는 통상적으로 계약의 관리, 공사의 성질과 내용의 변동에 관련된 지시, 그에 따른 비용 및 시공기간의 변경 등을 포함한다. 이와 더불어 공사수행에 필요한 자료(informations)와 지시(instructions)의 발급, 시공자 제안에 대한 의견진술, 자재와

자가 해당 사건을 인지한 날로부터 28일 이내에 이루어져야 한다. 만약 28일 이내에 하지 못한 경우에는 준공기한은 연장되지 않으며, 추가지급에 대한 권리도 갖지 못하며 발주자는 클레임과 관련된 모든 책임으로부터 면책된다(조건20.1조).

2. 분쟁해결 절차

「FIDIC 일반조건」에는 분쟁의 해결절차를 ① 분쟁의 발생 ② 분쟁조정위원회(DAB) ③ 중재로 규정하고 있다. 분쟁조정위원회(Dispute Adjudication Board: DAB)는 1인 또는 3인으로 구성(입찰서에 달리 규정되어 있거나 계약당사자가 달리 합의하지 않으면 3인으로 구성된다)되며, 분쟁이 발생한 후에 구성되는 것이 아니라 계약 후 입찰서에 규정된 기간 내에 구성하도록 하여 계약 중에 수시로 발생하는 문제들에 대해 의견을 구할 수 있다.

분쟁에 대한 결정을 요청받은 경우에는 요청 받은 날로부터 84(28+56)일 이내에 해당 분쟁에 대한 DAB의 결정을 계약당사자에게 통지하여야 한다. DAB의 결정은 중재나 중재 전 과정인 우호적 합의(amicable settlement)에 의해 해결될 때까지 계약당사자들을 구속하며, 중재는 계약당사자 중 일방이 DAB의 결정에 승복할 수 없다는 의사표시를 통지하지 않는 한 개시될 수 없다.

계약당사자 일방에 의한 불만족 통지는 DAB의 결정을 접수한 후 28일 이내에 하여야 한다. 따라서 DAB의 결정 후 28일 이내에 어느 일방 당사자도 불만족 통지를 하지 않는 경우에는 DAB의 결정은 최종적인 것이 되고, 계약당사자는 그 결정에 구속된다(조건20.4조). DAB의 결정은 다수에 의해 결정되고 고용인, 감리자 그리고 계약자에게 보낼 리포트를 작성한다. 결정은 구체적으로 명시되어 규정된 기간 안에 서면으로 제시되어야 한다.

「FIDIC 일반조건」에 규정된 분쟁처리 절차를 그림으로 나타내면 다음과 같다.

시공이 시방규정과 일치하는지에 대한 확인, 기성측정에 대한 합의, 중간 및 최종 지급증명서(payment certificate) 발급 등 매우 광범위하고 포괄적이라 할 수 있다.

[그림 7-2] FIDIC 일반조건상 분쟁해결 절차도

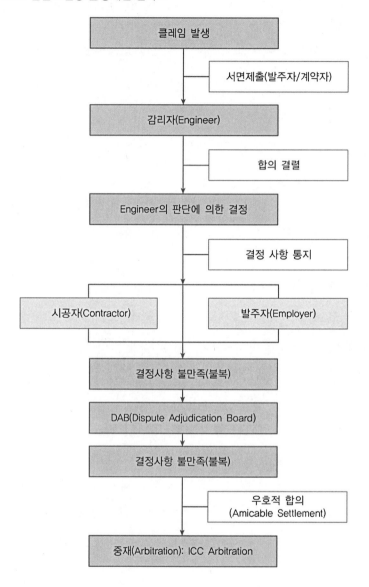

3. 중재(Arbitration)

중재는 국제상업회의소(International Chamber of Commerce)에서 정한 「조정·중재규칙(Rules of Conciliation and Arbitration)」에 따르도록 하고 있으며, 중재판정에 의해 해당 분쟁이 최종적으로 해결된다. 중재의 전제가 되는 DAB의 결정에 대한 계약당사자 일방의 불만족 통지가 이행되면 우호적 해결을 위한 절차를 이행하였는지 여부와 무관하게 불만족 통지가 주어진 날로부터 56일 이후에 중재가 개시될 수 있다.

일반적으로 협의 또는 교섭단계에서 대화로 해결되는 것이 바람직하나, 오히려 양자의 의견조정이 필요한 때에는, 사법적 효력을 가지고 있는 중재위원회(Arbitration Board)에 클레임의 해결을 위임하는 경우가 있다. 중재제도는 사인 간의 분쟁을 법원의 판결에 의하지 아니하고 당사자의 합의로 중재에 의하여 신속하게 해결함을 목적으로 한다. 따라서 당사자의 합의는 중재제도의 기초가 되는 것이며 또한 그것은 실체법상 계약의 성질을 가지고 있다.

미국에는 미국중재협회 건설공사중재위원회(The National Construction Industry Arbitration Committee of American Arbitration Association), FIDIC에는 국제상업회의소(International Chamber of Commerce) 등이 그 임무를 담당하고 있다.

중재인은 전문가적인 입장에서 공평한 판단을 내리는 사람으로, 당사자의 합의에 의해 선임된다. 일본에서는 건설공사분쟁심사회 등이 그 임무를 수행하는 것으로 설치되어 있는데, 절차가 복잡하고 시간이 걸리는 것, 더욱이 사법적 조치로 소송을 하면 신용을 떨어뜨리는 것이라는 생각이 강하기 때문에 중재재정에서 소송으로 가는 것은 극히 드물다. 더욱이 중재의 전(前) 단계로서 알선조정이 있다. 이것은 공평한 제3자에 위임을 받아 분쟁을 해결하는 것으로, 중재의 한 형태로서 고안되었다.

4. 소송 등

사법적 수단에 의한 해결방법의 또 다른 것으로는 사법기관에 제소하여 시비를 가리는 것이 있는데, 미국 국내에서는 가끔 사례가 있으나 일본에서는 법적인 해결은 일반적으로 많지 않다. 또한 소송의 해결에는 장시간을 요하는 외에, 변호사, 법정비용 등 많은 비용이 필요하다. 해외공사에서도 재판까지 이어진 사례는 거의 흔하지 않다.

제8장
건설분쟁의 해결방안

제8장

건설분쟁의
해결 방안

제1절 분쟁해결의 유형

예로부터 우리나라는 분쟁이 발생한 경우 직접 사법기관에 호소하기보다는 이웃에서 먼저 조정을 시도하는 것이 상례였으며, 많은 분쟁이 이를 통하여 초기 단계에서 해결되어 관청으로 가는 것을 막는 방파제 역할을 하였다. "흥정은 붙이고, 싸움은 말려라"라는 말과 같이 이와 같은 전통은 송사(訟事)를 꺼려하는 유교문화의 영향과도 무관하지 않다. 분쟁이 발생하면 문중이나 부락의 공동체에서 문중의 장이나 부락 유력자의 관여하에 소송 이외의 방법으로 해결하는 것을 바람직하다고 여겨온 것에 기인한다.[1]

그러나 서양의 근대법제가 직수입되면서 이와 같은 전통이 퇴색하고, 분쟁을 법원의 판결에 의하여 해결하려는 경향이 자리 잡게 되었고, 그 밖의 분쟁해결 수단은 그 이용률이 저조한 형편이었다. 그러나 다수의 복잡한 분쟁이 발생하는 현대사회에서 사법자원의 확충만으로는 나날이 증가하는 수많은 분쟁사건을 효과적으로 대처하는 데 한계가 있으며, 특히 복잡한 현대사회의 특성상 전통적인 재판 제도만으로는 해결이 곤란한 성격이 자주 발생하고 있다. 따라서 사법자원의 효율적인 배분과 국민의 사법 접근기회(access)의 확충이라는 측면에서 재판 이외에 다양한 분쟁해결 제도가 필요함에도 불구하고, 우리나라는 재판 외의 분쟁해결제도가 충분히 활성화되지 못

---

1)　송상현, 『심당 법학논집(II)』, 박영사, 2007, p. 862.

하고 있어, 그 원인과 해결방안을 모색할 필요가 있다.

1. 정부 및 공공공사계약의 경우

1) 국가계약법

건설 분야의 분쟁해결에 대해서는 우선 국가계약법 및 지방계약법에 규정하고 있다. 「국가계약법」 제28조의2와 「지방계약법」 제34조의2에서는 '분쟁해결방법의 합의'에 대한 규정을 두고 있다. 각 중앙관서의 장 또는 계약담당공무원은 국가를 당사자로 하는 계약에서 발생하는 분쟁을 효율적으로 해결하기 위하여 계약을 체결하는 때에 계약당사자 간 분쟁의 해결방법을 정할 수 있으며, 그 방법으로 ① 제29조에 따른 국가계약분쟁조정위원회의 조정, ② 「중재법」에 따른 중재의 어느 하나 중 계약당사자 간 합의로 정한다〈본조신설 2017. 12. 18.〉.

2) 공사계약일반조건

계약예규인 「공사계약일반조건」 제51조 및 「용역계약일반조건」 제36조에서는 분쟁해결에 관하여 다음과 같이 규정하고 있다.

① 계약의 수행 중 계약당사자 간에 발생하는 분쟁은 협의에 의하여 해결한다.

② 제1항에 의한 협의가 이루어지지 아니할 때에는 법원의 판결 또는 「중재법」에 의한 중재에 의하여 해결한다. 다만 「국가계약법」 제28조에서 정한 이의신청 대상에 해당하는 경우 국가계약분쟁조정위원회 조정결정에 따라 분쟁을 해결할 수 있다.

제28조(이의신청) ① 대통령령으로 정하는 금액(국제입찰의 경우 제4조에 따른다)[2] 이상의 정부조달계약 과정에서 해당 중앙관서의 장 또는 계약담당공무원의 다음 각 호의 어느 하나에 해당하는 행위로 불이익을 받은 자는 그 행위를 취소하거나 시정(是正)하기 위한 이의신청을 할 수 있다.
1. 제4조 제1항의 국제입찰에 따른 정부조달계약의 범위와 관련된 사항
1의2. 제5조 제3항에 따른 부당한 특약등과 관련된 사항
2. 제7조에 따른 입찰 참가자격과 관련된 사항
3. 제8조에 따른 입찰 공고 등과 관련된 사항
4. 제10조 제2항에 따른 낙찰자 결정과 관련된 사항
5. 계약금액 조정 및 지체상금과 지체일수 산입범위와 관련한 사항

③ 제2항에도 불구하고 계약을 체결하는 때에「국가계약법」제28조의2[3])에 따라 분쟁해결방법을 정한 경우에는 그에 따른다〈신설 2018. 3. 20.〉.

④ 계약상대자는 제1항부터 제3항까지의 분쟁처리절차 수행기간중 공사의 수행을 중지하여서는 아니 된다.

　협의와 조정의 차이는 전자가 문제해결의 주체가 계약당사자에 있는 데 비하여, 후자는 중립적인 제3자가 문제해결의 주체가 된다는 점에서 차이가 있다. 조정의 경우 계약당사자는 조정결정에 대하여 이를 수용하느냐 아니면 소송으로 갈 것이냐만을 선택하는 입장에 있다.

[그림 8-1] 클레임과 분쟁의 개념도

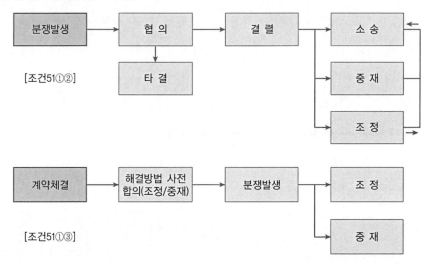

---

2)　제110조(이의신청을 할 수 있는 정부조달계약의 최소 금액 기준 등) ① 법 제28조 제1항 각 호 외의 부분에서 "대통령령으로 정하는 금액"이란 다음 각 호의 구분에 따른 금액을 말한다.
　　1. 공사 계약의 경우: 다음 각 목의 구분에 따른 금액
　　　가.「건설산업기본법」에 따른 종합공사 계약의 경우: 추정가격 30억 원
　　　나.「건설산업기본법」에 따른 전문공사 계약의 경우: 추정가격 3억 원
　　　다. 가목 및 나목 외의 공사 계약의 경우: 추정가격 3억 원
　　2. 물품 계약의 경우: 추정가격 1억 5천만 원
　　3. 용역 계약의 경우: 추정가격 1억 5천만 원

3)　제28조의2(분쟁해결방법의 합의) ① 각 중앙관서의 장 또는 계약담당공무원은 국가를 당사자로 하는 계약에서 발생하는 분쟁을 효율적으로 해결하기 위하여 계약을 체결하는 때에 계약당사자 간 분쟁의 해결방법을 정할 수 있다.
　　② 제1항에 따른 분쟁의 해결방법은 다음 각 호의 어느 하나 중 계약당사자 간 합의로 정한다.
　　1. 제29조에 따른 국가계약분쟁조정위원회의 조정
　　2.「중재법」에 따른 중재

3) 조달청의 특수계약조건상의 분쟁해결 절차

조달청 지침인 「공사계약특수조건」(조달청시설총괄과-4058) 제44조와 「서울특별시공사계약특수조건」(서울특별시예규 제722호) 제22조에도 분쟁의 해결에 대한 규정을 두고 있는데, 이들은 주로 분쟁처리의 절차적인 면을 기술하고 있다. 그 외 「건설산업기본법」 제8장(제69조~제80조)에서는 건설업 및 건설용역업에 관한 분쟁을 조정하기 위하여 국토교통부장관 소속으로 건설분쟁 조정위원회를 두고 있다.

조달청의 「공사계약특수조건」 제44조에는 건설공사의 분쟁해결에 대하여 일반조건과는 달리 다음과 같은 내용의 조건을 규정하고 있다.

(1) 문서에 의한 협의

앞서 기술한 「공사계약일반조건」 제51조 제1항에서 규정하는 협의는 문서로 하여야 한다(특수조건44조1항). 계약의 수행 중 계약당사자 간에 발생하는 분쟁은 협의에 의하여 해결하는데, 이러한 협의는 구두나 기타 다른 수단이 아닌 문서를 통해서 협의를 하여야 한다는 것이다. 협의는 상호 분쟁해결을 위한 전 단계로서 상호 논의하는 과정을 의미하며, 이는 합의와는 의미를 달리한다.

[그림 8-2] 특수계약조건상의 분쟁처리절차

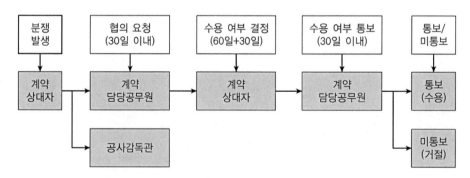

(2) 협의요청

계약상대자는 당해 계약의 이행과 관련하여 분쟁의 사유가 되는 사안이 발생한 날 또는 지시나 통지를 접수한 날로부터 30일 이내에 계약담당공무원과 공사감독관에게 동시에 협의를 요청하여야 한다(특수조건44조2항).

(3) 수용 여부 결정 및 통지

이러한 협의요청을 접수한 계약담당공무원은 협의요청을 받은 날로부터 60일 이내에 계약상대자의 요구사항에 대한 수용 여부를 결정하여 계약상대자에게 통지하여야한다. 다만 부득이한 사유가 있는 경우 30일의 범위 내에서 결정기한을 연장할 수 있으며 연장하는 사유와 기한을 계약상대자에게 통지하여야 한다(특수조건44조3항).

(4) 통지내용에 대한 수용 여부 통보

계약상대자는 이러한 협의를 요청하는 통지를 받은 날로부터 30일 이내에 통지내용에 대한 수용 여부를 계약담당공무원에게 통보하여야 하며, 이 기간 내에 통보하지 않은 경우에는 이를 거절한 것으로 본다(특수조건44조4항).

(5) 중재는 별도의 서면합의를 요함

「공사계약일반조건」제51조 제2항에서 규정하는 중재법에 의한 중재로써 분쟁을 해결하고자 하는 경우에는 사전에 계약당사자 간에 중재로서 분쟁을 해결한다는 별도의 서면합의가 있어야 한다. 이러한 합의의 형식에 대해서는 특별한 규정이 없으나 일반적으로 중재지, 중재기관 및 준거법이 명시되어야 하는데, 대한상사중재원에서 마련한 '표준중재조항'을 활용하면 용이하다.

2. 민간공사계약의 경우

민간건설공사 계약에 대해서는 별도로 인정되고 있는 분쟁해결 방법이 특정된 것은 없다. 다만 국토교통부가 제정한「민간건설공사 표준도급계약서」제41조 및「하도급법」제3조의2 규정에 의거 공정거래위원회가 사용 보급을 권장하고 있는「건설업종 표준하도급계약서」제54조에서 분쟁해결에 대하여 내용과 절차를 규정하고 있다. 그러나 이는 민간건설공사의 원활한 분쟁해결을 위하여 상호 간의 형평성을 고려하여 권장하고 있는 표준계약서일 뿐 강제적으로 사용되는 것은 아니며, 다음의 사례와 같이 다양한 분쟁해결 방법이 있음에도 불구하고, 일반적으로 소송을 통해서 해결하는 경우가 많은 실정이다.

【사례 1】「민간건설공사 표준도급계약서」를 그대로 사용하고 있는 경우이다.

> **제41조(분쟁의 해결)** ① 계약에 별도로 규정된 것을 제외하고는 계약에서 발생하는 문제에 관한 분쟁은 계약당사자가 쌍방의 합의에 의하여 해결한다.
> ② 제1항의 합의가 성립되지 못할 때에는 당사자는 건설산업기본법에 따른 건설분쟁조정위원회에 조정을 신청하거나 중재법에 따른 상사중재기관 또는 다른 법령에 의하여 설치된 중재기관에 중재를 신청할 수 있다.
> ③ 제2항에 따라 건설분쟁조정위원회에 조정이 신청된 경우, 상대방은 그 조정 절차에 응하여야 한다.

【사례 2】 도급인과 수급인이 임의로 작성하여 사용하는 경우로 별도로 특정되지 않고 사안마다 다를 수가 있다.

> [제2유형]
> **제○○조(분쟁의 해결)** ① 이 계약과 관련하여 업무상 분쟁이 발생한 경우에는 관계기관의 유권해석이나 판례에 따른다.
> ② 본 계약에 관하여 분쟁이 발생한 경우에는 "갑"의 주소지 관할 법원의 판결에 따라 해결한다.
>
> [제3유형]
> 제1항의 합의(협의)가 성립되지 못할 경우에는 당사자는 관련법령에 의하여 설치된 조정 또는 중재기관의 조정 또는 중재에 의하여 해결할 수 있다.[제1유형]
> **제○○조(분쟁의 해결)** ① 계약 수행 중 계약당사자 간에 발생하는 분쟁은 협의(합의)에 의하여 해결한다.
> ② 본 조 제1항에 의하여 해결되지 아니하는 분쟁에 관하여는 서울중앙지방법원을 전속관할로 하기로 한다.

외국의 경우에는 분쟁방지 혹은 조정을 위한 기구를 설치하거나 제3자의 조정으로 처리하는 경우가 많으나, 국내에서는 시공자 혹은 설계자와 발주부서 관계자들 간의 비공식적인 대화로 처리하는 것이 그동안의 관례였다. 건설 관련 분쟁해결에 대한 규정과 그 유형을 정리하면 다음과 같다.

[표 8-1] 건설 관련 분쟁해결 규정

구분	내용	비고
법령	• 국가계약법 제28조의2(분쟁해결방법의 합의)	국가계약 원칙
법령	• 지방계약법 제34조의2(분쟁해결밥법의 합의)	지방계약 원칙
법령	• 건설산업기본법 제8장(건설분쟁조정위원회)(제69조~제80조)	건설분쟁조정
법령	• 집합건물의 소유 및 관리에 관한 법률 제2장의2(집합건물 분쟁조정위원회)(제52조의2~제52조의10)	집합건축물분쟁
법령	• 공동주택관리법 제44조(분쟁조정)	공동주택분쟁
법령	• 건축법 제88조(건축분쟁전문위원회), 제89조~제104조의2	건축분쟁
행정규칙	• 공사계약일반조건 제51조(분쟁의 해결)	계약예규
행정규칙	• 용역계약일반조건 제36조(분쟁의 해결)	계약예규
행정규칙	• 공사계약특수조건 제19조(분쟁의 해결)	조달청 지침
행정규칙	• 서울특별시공사계약특수조건 제22조(분쟁의 해결)	서울특별시 제정
행정규칙	• 민간건설공사 표준도급계약서 제41조(분쟁의 해결)	국토교통부 제정
행정규칙	• 건설업종 표준하도급계약서 제54조(분쟁해결)	공정거래위원회제정

제2절 화해·협상·알선에 의한 분쟁해결

1. 건설분쟁관련 규정

분쟁이 발생하면 계약당사자 어느 누구에게도 이로울 것이 없으며 경제적, 정신적으로 많은 어려움을 당하게 된다. 따라서 갈등을 일으키는 분위기 보다 상호 이해와 협조, 타협으로 신뢰하고 양보할 수 있는 분위기여야 한다. 분쟁을 해결하기 위하여 선택할 수 있는 방법은 다양하다.[4] 일반적으로 일방적인 결정과 쌍방의 협의 및 제3자의 개입으로 분류할 수 있다. 일방적인 결정은 청구권의 포기 또는 철회가 있고, 협의는 교섭을 통하여 해결하는 화해가 이에 해당된다. 다른 방법은 제3자를 개입시켜 문제를 해결하는 것으로 알선, 조정, 중재, 소송 등의 경우가 있다. 이 경우 제3자는 알선인, 조정인, 중재인, 고충처리위원, 옴부즈만, 행정기구 또는 법원이 될 수 있다.

우리나라의 건설분쟁해결과 관련해서는 발주자의 성격에 따라 달리 적용하고 있다. 우선 정부공사인 경우는 국가계약법령에, 민간공사인 경우는 민간건설공사 표준도급계약 일반조건에 규정되어 있다. 「공사계약일반조건」 제51조 및 「용역계약일반조건」 제36조에서는 "계약의 수행 중 계약당사자 간에 발생하는 분쟁은 협의에 의하여 해결하되, 이러한 협의가 이루어지지 아니할 때에는 법원의 판결 또는 중재법에 의한 중재에 의하여 해결한다. 다만 「국가계약법」 제4조의 규정에 의한 국제입찰의 경우에는 「국가계약법」 제28조 내지 제31조에 규정한 절차에 의할 수 있다"고 규정하고 있다.

또한 민간건설공사 「표준도급계약 일반조건」 제38조에서는 "계약에 별도로 규정된 것을 제외하고는 계약에서 발생하는 문제에 관한 분쟁은 계약당사자가 쌍방의 합의에 의하여 해결한다. 제1항의 합의가 성립되지 못할 때에는 당사자는 건설산업기본법에 의하여 설치된 건설업분쟁조정위원회에 조정을 신청하거나, 다른 법령에 의하여 설치된 중재기관에 중재를 신청 할 수 있다." 규정하고 있다. 이는 계약수행 중 당사

---

[4]   대한상사중재원은 상사분쟁의 해결방법으로 ① 일방적 결정(철회, 포기) ② 쌍방협의(화해) ③ 제3자 관여(알선, 조정, 중재, 정부의 고충처리기구 등) ④ 소송(법원)을 들고 있고(최신 중재론, 앞의 책, p. 13), Donnell, Barnes & Metzger는 ① 협상(negotiation) ② 조정(mediation) ③ 중재(arbitration) ④ 소송(courts)으로 구분하고 있다(John D. Donnel, Law for Business, Irwin, 1980, pp. 18~21).

자 간에 발생하는 분쟁은 우선 협의에 의하여 해결하며, 협의가 이루어지지 아니할 경우에는 관계 법률의 규정에 의하여 설립된 조정위원회 등의 조정 또는 중재법에 의한 중재기관의 중재에 의하거나, 법원의 판결에 의하도록 하고 있다.

이와 같이 우리나라 계약조건에서는 당사자 간의 협의에 의하여 분쟁을 해결하도록 규정하고 있으나, 협의의 방법이나 절차는 규정되어 있지 않다. 이러함에도 불구하고 건설사업 시행 중 발생하는 대부분의 분쟁은 당사자 간의 협의에 의하여 처리하는 경우가 많다.

외국의 경우에는 분쟁방지 혹은 조정을 위한 기구를 설치하거나 제3자의 조정으로 처리하는 경우가 많으나,[5] 국내에서는 시공자 혹은 설계자와 발주부서 관계자들 간의 비공식적인 대화로 처리하는 것이 그 동안의 관례였다.

2. 화 해

1) 재판외 화해

화해(和解, amicable settlement)는 당사자가 사적분쟁을 자주적으로 해결하는 전형적인 방식으로, 분쟁 당사자 간의 직접적인 교섭에 의하여 원만하게 해결하는 방법이다. 제3자를 개입시키지 않고 분쟁을 당사자 간에 해결할 수 있는 가장 간편하고 경제적인 방법이다. 화해는 재판외 화해와 재판상 화해가 있다. 재판 외의 화해는 당사자 간의 교섭에 의하여 법원 외에서 이루어지며, 「민법」상(민법731조 이하)의 화해계약을 말한다. 「민법」 제731조에서는 "화해는 당사자가 상호 양보하여 당사자 간의 분쟁을 종지할 것을 약정함으로써 효력이 생긴다"고 규정하고 있다. 따라서 계약자유의 원칙상 그 내용과 방법에 제약이 없다. 상사분쟁의 화해는 대부분 이것에 의하여 해결된다. 실제로 우리생활에서 불법행위 등 사고가 발생한 경우 이른바 '합의'라는 이름으로 화해에 의한 해결이 이루어지고 있음을 알 수 있다. 화해의 결과 서로 양보한 바에 따라 법률관계가 확정된다.

---

5) FIDIC 계약조건 제20조에는 계약당사자들이 공사를 진행하면서 분쟁사항을 합의로 해결하는 것을 방해하지 않도록 하면서도, 그들에게 다툼이 있는 사항을 공정한 분쟁조정위원회(Dispute Adjudication Board)에 회부하는 규정을 포함하여야 한다고 규정하고 있다. 이는 양 당사자로 하여금 협상·화해·조정 또는 소송외적 해결방법으로 원만하게 해결(amicable settlement)하려는 의도에서 기술된 것이다.

화해계약은 당사자 일방이 양보한 권리가 소멸되고, 상대방이 화해로 인하여 그 권리를 취득하는 창설적 효력이 있으므로, 의사표시에 착오가 있어도 취소하지 못한다(민법732조, 733조). 그러나 화해당사자의 자격 또는 화해의 목적인 분쟁 이외의 사항에 착오가 있는 때에는 취소할 수 있는데(민법733조 단서), 이러한 사항은 화해의 대상이 아니므로 창설적 효력을 인정함은 화해의 취지나 당사자의 본의에 반할 뿐만 아니라 취소해도 화해의 결과를 번복하지 않기 때문이다.

> 【판례】 민법상의 화해계약을 체결한 경우 당사자는 착오를 이유로 취소하지 못하고, 다만 화해당사자의 자격 또는 화해의 목적인 분쟁 이외의 사항에 착오가 있는 때에 한하여 이를 취소할 수 있으며, 여기서 '화해의 목적인 분쟁 이외의 사항'이라 함은 분쟁의 대상이 아니라 분쟁의 전제 또는 기초가 된 사항으로서 쌍방 당사자가 예정한 것이어서, 상호 양보의 내용으로 되지 않고 다툼이 없는 사실로 양해된 사항을 말한다(대법원 2004. 6. 25 선고 2003다32797 판결).

화해계약은 법원이 관여하지 않음으로 당사자 간의 순수한 자주적인 분쟁해결방법이기 때문에, 해결 이후에도 양 당사자 간의 관계가 손쉽게 회복이 되어 정상적인 관계를 지속할 수 있는 장점이 있다. 그러나 이는 일종의 계약일 뿐 계약당사자가 합의한 대로 의무를 이행하지 않는 경우, 분쟁이 재발하여 별도의 구제수단을 취해야 한다는 문제점이 있다.

2) 재판상 화해

재판상 화해는 법원의 중개에 의해 이루어지는 사법적 해결방법으로서 제소전 화해와 재판상 화해로 나누어진다. 제소전 화해란 민사상 다툼에 대해 당사자가 청구의 취지·원인과 다투는 사정을 밝혀 상대방의 보통재판적이 있는 곳의 지방법원에 신청하는 것을 말한다(민사소송법385조1항). 제소전 화해의 경우는 소송계속이 있다고 할 수 없으므로 소송 종료사유가 되지 아니하고,[6] 다만 화해불성립 시 당사자의 제소신청

---

6)　제소전 화해는 재판상 화해로서 확정판결과 동일한 효력이 있고 창설적 효력을 가지는 것이므로 화해가 이루어지면 종전의 법률관계를 바탕으로 한 권리·의무관계는 소멸하는 것이나, 제소전 화해의 창설적 효력은 당사자 간에 다투어졌던 권리관계, 즉 계쟁 권리관계에만 미치는 것이지 당사자 간에 다툼이 없었던 사항에 관하여서까지 미치는 것은 아니므로 제소전 화해가 있다고 하더라도 그것에 의하여 화해의 대상이 되지 않은 종전의 다른 법률관계까지 소멸하는 것은 아니고 제소전 화해가 가지는 확정판결과 동일한 효력도 소송물인 권리관계의 존부에 관한 판단에만 미친다(대법원 1997. 1. 24. 선고 95다32273 판결).

으로 통상의 재판절차로 이행된다(민사소송법220조).

재판상 화해는 소송계속 중 화해가 이루어지는 것을 말한다(민사소송법220조 참조). 따라서 재판상 화해는 소송종료원인이 되고, 형식적 확정력에 의하여 일반 상소로써 불복할 수 없는 확정력이 생긴다.

화해가 성립되면 그 해결내용을 화해조서에 작성하게 되는데, 이는 확정판결과 동일한 효력을 가진다(민사소송법220조). 즉, 일반적인 판결의 경우와 마찬가지로 화해조서가 작성되면 기속력이 생겨서, 그 후에 화해조서에 부당한 내용이나 또는 오류가 발견되더라도「민사소송법」제211조에 의한 경정결정(更正決定) 이외에는 함부로 취소 또는 변경할 수 없다.

> 【판례】 화해권고결정의 효력 및 그 기판력의 범위: 화해권고결정에 대하여 소정의 기간 내에 이의신청이 없으면 화해권고결정은 재판상 화해와 같은 효력을 가지며(민사소송법 제231조), 한편 재판상 화해는 확정판결과 동일한 효력이 있고 창설적 효력을 가지는 것이어서 화해가 이루어지면 종전의 법률관계를 바탕으로 한 권리·의무관계는 소멸함과 동시에 재판상 화해에 따른 새로운 법률관계가 유효하게 형성된다. 그리고 소송에서 다투어지고 있는 권리 또는 법률관계의 존부에 관하여 동일한 당사자 사이의 전소에서 확정된 화해권고결정이 있는 경우 당사자는 이에 반하는 주장을 할 수 없고 법원도 이에 저촉되는 판단을 할 수 없다(대법원 2014. 4. 10. 선고 2012다29557 판결; 대법원 2019. 4. 25. 선고 2017다21176 판결).

민법상의 화해계약[7]은 집행력이 없으므로 당사자가 이를 이행하지 아니하면 다시 그 이행을 소송으로 청구하게 된다. 화해는 당사자가 직접 교섭하는 경우와 변호사를 통하여 교섭하는 등 특별히 정해진 방법은 없다. 재판상 화해의 경우에도 법원에서 이루어지기는 하지만 분쟁의 해결 자체는 법원의 관여 없이 당사자 간의 자주적인 교섭과 양보에 의해 이루어진다는 점과 판결이 아닌 화해조서로 분쟁이 종료된다는 점에서 ADR에 해당된다.

---

7)　도로건설공사의 현장책임자가 공사로 인한 양계장의 피해보상을 요구하는 양계업자와 사이에 민사상의 소를 취하하는 대신 환경분쟁조정위원회의 결정에 승복하기로 합의한 경우, 그 합의는 화해계약에 해당한다(대법원 2004. 6. 25. 선고 2003다32797 판결).

3. 협 상[8]

1) 협상의 개념과 필요성

협상(negotiation)은 경쟁하는 이해당사자들이 가능한 복수의 대안들 중에서 그들 전체가 갈등을 줄이면서 수용할 수 있는 특정대안을 찾아가는 동태적 의사결정과정이다.[9] 개인이나 집단은 한정된 자원 하에서 달성하고자 하는 목표의 상이성, 혹은 이해관계의 충돌로 인하여 분쟁과 갈등을 갖게 된다. 이에 대한 대안적 방법으로서 협상이 필요하게 되었다. 협상은 또한 교섭[10]이라고도 한다. 교섭이 협상보다 넓은 의미로 쓰일 수 있으나, 오늘날 우리나라 사회에서 협상이라는 용어가 널리 사용되고 있는 실정이다.

건설분쟁에서는 "협의에 의하여 분쟁을 해결하고"라고 규정하여 협상과 같은 의미로 표현하고 있음을 알 수 있다. 그러나 협의를 어떤 방법으로, 어떻게 수행하는가에 대한 언급이 없고, 또 일반적으로 클레임에서 분쟁으로 진행되는 과정에서 협의에 대한 별도의 규정이 없더라도 다양한 형태의 협의가 이루어지고 있기 때문에, 이러한 규정은 선언적 의미가 크다 할 것이다. 또한 협의절차를 거치지 않고 곧바로 중재나, 소송으로 진행되었다 하더라도 절차상의 하자를 이유로 무효화시키거나 정당성을 부인할 수 없는 실정이기 때문이다.

그러나 어떤 사안에 대해 소송을 제기한 후 협상을 하여 더 이상 소송을 제기하지 아니하기로 합의(부제소 합의)하고서도 그에 위반하여 제기한 경우에, 이에 대하여 권

---

8)   협상은 가장 오래되고 가장 널리 사용되는 분쟁해결방법이다. 'negotiation'의 어원은 라틴어의 '사업을 수행함(carrying on business)'이며, 제3자의 개입 없이 쌍방의 합의로, 법적 권리와 의무 및 경제적·사회적·심리적 이익의 맞교환과 타협을 수단으로 하며, 쌍방에게 바람직스러운 법적 관계를 설정하기 위하여, 기준의 차이점을 조정하는 과정으로 정의할 수 있다(Ray August, *International Business Law(Fourth Edition): Text, Cases, and Readings*, Prentice Hall, 2004, p. 118). 협상을 협의 또는 교섭 등으로 불리고 있는데, 공사계약일반조건 제51조 제1항에서는 "계약당사자 간에 발생하는 분쟁은 협의에 의하여 해결한다"로 하여 협의로 부르고 있다.

9)   정창화, 기술 협상론, 한국기술사회, 2006, p. 12: 협상과 유사한 bargaining은 상업적 거래에서 개인 간의 흥정을 둘러싼 상호작용을 의미하며, negotiation은 복잡한 사회단위, 즉 공공조직, 집단, 국가 등의 주체가 갈등을 해소하기 위해서 시도하는 상호작용을 의미한다.

10) Negotiation은 협상이라고 하기도 하고(대한상사중재원, 조정제도, 2001, p. 3; 사법연수원, ADR, 2001, p. 49), 교섭(강이수, 『국제거래분쟁론』, 삼영사, 1999, p. 357; 홍성규, 『국제상사중재』, 두남, 2002, p. 120)이라고도 칭하며, 협의(국가계약법상 공사계약일반조건51조 제1항)라고 하는 등 다양하게 쓰이고 있다.

리를 보호해야 하는 이익이 있는지 여부에 대한 문제가 있을 수 있다. 이에 대해서 대법원은 "특정한 권리나 법률관계에 관하여 분쟁이 있어도 제소하지 아니하기로 합의한 경우 이에 위반하여 제기한 소는 권리보호의 이익이 없고, 또한 권리의 행사와 의무의 이행은 신의에 좇아 성실히 하여야 한다는 신의성실의 원칙은 계약법뿐 아니라 모든 법률관계를 규제, 지배하는 법의 일반원칙으로서 민사소송에서도 당연히 요청되는 것인 바(민사소송법 제1조는 이를 명백히 규정하고 있다), 이에 위반하여 제기한 소는 권리보호의 이익이 없다"고 판시하고 있다.[11]

협상은 분쟁당사자들이 분쟁을 해결하기 위하여 가장 먼저 사용하는 방법이며, 이 방법에 의하여 대부분의 분쟁이 해결된다. 협상은 제3자의 개입 없이 당사자들의 주도하에 분쟁을 해결하는 방법으로, 분쟁이 발생하면 당사자들이 가장 먼저 시도하는 방법이다. 모든 ADR절차에서 당사자들은 협상에 의하여 절차에 참여하고 각자의 의견과 자료를 교환하며, 그 해결의 방법이나 그 합의안을 도출하게 된다는 면에서 협상의 중요성은 다른 분쟁해결절차에서의 기본적인 역할이 있다고 할 수 있다.

2) 협상의 전략

계약당사자 간의 협의(협상)에 의한 해결은 가장 간단하며 최소의 경비로 처리할 수 있는 방법이다. 협의에 의한 해결은 당사자 간의 우호적인 관계를 유지하면서, 상호 감정의 골을 깊게 하지 않는 장점이 있다. 협의를 원만히 해결하기 위해서는 각 당사자를 대표하는 협의당사자들은 자기 회사를 대표하는 권한을 가지고 있는 사람이어야 한다.

사실 지금까지는 관(官) 주도였던 정부건설공사에서 발주자인 정부가 절대적인 우위를 차지하고 있던 전통적인 계약방식과 관행으로 인해, 상호 대등한 입장에서 협상하기란 현실적으로 많은 제약이 있었다. 그러나 자기의 권리를 찾자는 풍토와 함께 종전과는 상황이 달라지고 있는 현실을 감안할 때, 협상(교섭)의 실제는 계획의 수립, 협상의 성공요소, 교착상태의 극복이라는 상황을 인식하여 점진적이고 꾸준하게 진행하여 나간다면 효과적인 협상을 통해 실익을 얻을 수 있을 것이다.

---

11) 대법원 1993. 5. 14. 선고 92다21760 판결[소유권보존등기말소].

3) 협상 단계

준비와 계획단계로서 여기서는 먼저 무엇을 해야 하고, 또 하고자 하는 바, 즉 '흥정거리'를 상대방에 제시하는 단계이다. 상대방에 대한 관련 자료를 수집하고, 상대방의 협상스타일과 상대방에 우선할 수 있는 이슈가 있는지를 파악한다.

건설공사의 경우 클레임은 대부분이 현장에서 이루어지기 때문에 클레임이 예상되는 부분은 발주자, 설계자(A/E), 현장담당자, 감리자, 협력업체와의 정기적인 회의를 통해서 이에 대한 의견을 제시하고, 상대방과의 충분한 대화를 통해 문제가 확대되지 않도록 노력하는 것이 필요하다. 이러한 형태의 한 유형을 파트너링(Partnering)이라 한다.12)

4. 알 선

1) 알선의 의의

알선(Intermediation)은 공정한 제3자가 당사자의 일방 또는 쌍방의 의뢰에 의하여 사건에 개입하여 원만한 타협이 되도록 조력하는 방법이다.13) 알선(斡旋)은 분쟁당사자 간의 협력을 필요로 하며 강제력은 없으나 당사자 간의 비밀을 보장하고 거래관계를 지속할 수 있는 장점이 있다. 국내외 상거래에서 발생하는 분쟁을 분쟁해결의 경험과 지식이 풍부한 사람이 개입하여, 양 당사자의 의견을 듣고 해결합의를 위한 조언과 타협권유를 통하여 합의를 유도하는 제도이며, 이 방법은 중재계약이 없는 분쟁 내지 클레임의 경우에 제3자가 개입하여 해결을 도모하는 경우에 많이 이용된다.

---

12) 미국에서는 건설분쟁에 관한 소송이 대단히 많아 그 처리에 소요되는 시간과 노력과 비용은 막대한 것으로, 장기적인 관점에서 볼 때 발주자측이나 시공자측 모두가 손실이 되고 있다. 이러한 상황에 대한 반성으로부터 분쟁을 소송에 의하지 아니하고 해결하는 방법에 대한 관심이 높아져, 그 대안으로 구속력 있는 중재(binding arbitration), 화해, 간이재판, 구속력 없는 중재(non-binding arbitration) 등이 채택되어 왔다. 그러나 현재 건설업계는 여하히 분쟁을 해결하려고 하는 것보다도, 발주자와 시공자가 서로 파트너로서 협력하여 분쟁을 회피하려는 방안에 주목하게 되었다. 이러한 새로운 방안이 파트너링(Partnering)이라고 불린다. 따라서 파트너링이란 발주자(Owner), 설계자(A/E), PM, 하도급업자 등 프로젝트 관련자들이 서로 협력하여, 각기 상대방의 책임과 전문성을 이해하고 존중하여, 이들을 하나의 팀으로 만들고자 하는 시도이다(남진권, 앞의 책(주 125), pp. 186~187).

13) 대한상사중재원, "중재제도", 1992, p. 20.

2) 알선의 특징

알선은 분쟁당사자 간의 협력을 필요로 하며 강제력은 없으나 당사자 간의 비밀을 보장하고 거래관계를 지속할 수 있는 장점이 있다. 알선은 조정과 매우 흡사하나 그 구조면에서 조정보다 더 비형식적 성격을 띠고 있다. 조정은 중재절차의 한 부분으로 취급되고 있으나 알선은 중재와 성격을 달리한다. 알선이 구조면에서는 조정과 비슷하나 조정이나 중재와 다른 점은 일반적인 경우 형식적인 절차를 요하지 않고 당사자 일방의 의뢰에 의해서도 가능하다는 점이다.

건설분쟁의 경우 별도로 알선에 대한 규정은 없는데, 이는 당사자들의 자율적인 의사에 의거 선택할 수 있기 때문에 굳이 언급할 필요는 없다고 하겠다. 대한상사중재원의 알선 외에 「환경분쟁 조정법」 제27조 내지 제29조에서는 환경분쟁이 발생한 경우 그 해결방법의 하나로서 알선(제2절), 조정(제3절), 재정(제4절), 중재(제5절)를 들고 있다.[14] 여기서 중재관련 조항은 2015년 12월 22일 신설되었다.

분쟁에 대하여 알선을 받고자 하는 자는 알선신청서를 위원회에 제출하여 알선을 신청할 수 있으며, 알선이 성립한 때에 알선위원은 알선서를 작성하여 관계당사자와 함께 기명날인하여야 한다(동법36조의4). 따라서 분쟁해결의 한 방식으로서 알선제도를 두는 것은 위원회의 성격상 또는 분쟁해결의 절차적 편이성을 고려하여 알선의 유무를 선택하고 있는 것으로 보인다. 알선은 소액이거나 또는 비교적 사안이 단순한 건설분쟁인 경우 알선제도를 활용하면 유용할 수 있다.

3) 알선의 효력

알선은 양 당사자의 자발적인 합의를 통한 해결이기 때문에 법률적인 구속력은 없으며, 당사자 간 합의가 불가능한 경우 중재합의를 통하여 중재로 해결하거나 소송으로 해결하여야 한다. 알선은 권고의 성격이기 때문에 쌍방의 협력이 없으면 실패로 돌아가며 강제력은 없으나 알선기관의 역량에 따라 그 실효성이 나타난다.

---

14) 환경분쟁 조정법 제27조 등에서는 조정과 구분하여 알선을 규정하고 있다. 여기서의 조정(調停)은 용어상 '조정(調整)'과 구별되어야 한다. 환경분쟁 조정법 등에서는 알선, 조정(調停), 재정(裁定)을 포함하는 의미로 조정(調整)이라는 용어를 사용하고 있다(김정순, 『행정법상 재판외 분쟁해결법제연구』, 한국법제연구원, 2006, p. 18).

제3절 조정에 의한 분쟁해결

1. 조정의 의의

조정(mediation)은 당사자 간에 분쟁이 협상으로 합의에 이르지 않는 경우 중립적인 제3자의 조정인이 당사자의 동의를 얻어 협상에 개입하여 분쟁당사자들이 분쟁해결에 도달할 수 있도록 도와주는 절차이다.[15] 조정의 'mediation'은 중간이 되다(to be in the middle)인 'mediates'에서 유래된 것[16]에서 알 수 있듯이, 조정이란 중립적 위치에 있는 제3자가 분쟁당사자를 중개하고 쌍방의 주장을 절충하여 화해에 이르도록 도와주는 것을 말한다. 따라서 조정이란 말에서 보듯이 그 핵심은 당사자가 자발적이고 우호적인 화해에 이르도록 하는 것으로서, 조정인이 당사자의 교섭을 촉진·원조하는 것이다. 이를 조정의 자기결정원리(Self-determination)라 한다. 조정을 다른 절차와 구별하는 기본적인 요소로서 소송이나 중재와는 달리 본질적으로 당사자가 자기 책임하에 결정을 행하고 조정위원은 이를 도와 자기결정을 극대화하는 절차이기도 하다. 또한 조정은 사람은 모두 다르고 각자 자기의 관점(subjectively)에서 사물을 보므로, 누구나 자신의 관점을 가질 권리가 있다(Everyone is entitled to his own point of view)는 것을 전제로 한다.[17] 이러한 의미에서 조정은 제3자의 도움하에 이루어지는 협상절차의 확장이라고 할 수 있다.

조정(調停)은 조정자가 아닌 당사자들의 자발적인 의사에 따라 합의가 도출된다는 것으로, 제3자가 분쟁에 개입한다는 면에서 협상과 다르고 알선, 중재와 같다고 할 수 있다. 그러나 조정은 법원의 판결과 달리 제3자는 결정을 제시만 할 수 있으며 조정의 결정을 강제할 수 없고, 분쟁당사자들이 절차 및 그 결과에 대하여 주도권을 가

---

15) 조정을 의미하는 'mediation'이나 'conciliation'은 함께 혼용되어 사용되기도 한다. 그러나 실무자들은 조정인의 개입 여부에 따라 양자를 구별하기도 한다. 즉, 'mediator'는 당사자 스스로 해결에 도달될 수 있도록 조력하며 분쟁 당사자 일방이 상대방의 입장을 잘 이해하도록 노력하는 것이다. 그러나 'conciliator'는 분쟁을 평가하여 논쟁의 명백한 해결책을 위한 자신의 견해를 결정한다(Donahey. M.S. International Mediation and Conciliation, The Alterative Dispute Resolution Practice Guide, Lawyers Cooperative Publishing, p. 2.)

16) Ray August, International Business Law(Fourth Edition)-Text, Cases, and Readings-, Prentice Hall, 2004, p. 119.

17) 한국의료분쟁조정중재원·한국조정학회, "의료분쟁, 어떻게 풀 것인가?", 의료분쟁조정제도 시행 2주년 세미나(의료분쟁의 특성과 조정기법, 정해남 상임조정위원), 2014. 4. 28. p. 60, p. 74.

지고 있다는 점에서 중재와 다르며, 당사자들이 대화와 타협을 통하여 합의에 이르도록 도와주는 역할을 한다.

조정은 권고적 효력이 인정된다. 따라서 이러한 현상으로 인하여 건설분쟁의 경우 건설분쟁조정위원회가 설치되어, 비용이나 시간적인 측면에서 소송에 비해 많은 장점이 있음에도 불구하고 활성화가 저해되고, 다수의 분쟁이 재판으로 이행되는 경우가 많다. 그러나 오늘날 조정제도는 전 세계적으로 다양한 방식과 다양한 명칭으로 이루어지고 있다고 볼 수 있다.

2. 조정인

조정인(Mediator)의 역할은 당사자들이 쟁점을 파악해 합의점을 찾아 상호 만족할 수 있는 최종합의에 도달할 수 있도록 도와주는 것이며, 각 당사자가 상대방의 이해관계를 어느 정도 수용할 수 있도록 도와주는 것이다. 또한 모임장소와 시간을 주선하여 당사자들의 쟁점에 관해 논의하도록 하며, 일방 당사자가 주장하는 본질이 사건 내용과 무관할 때 사건의 내용과 상응하는 주장을 하도록 충고할 수 있으며, 당사자들이 서로 대면하기를 꺼려할 때 메시지 전달자 노릇도 한다.[18)]

조정절차에서 조정인은 해결안을 제시하며 이때 조정인이 해결안을 제시하는 것은 월권행위가 아니다. 그러나 조정인의 신분에 따르는 내재적인 약점이 있을 수 있는데, 분쟁에 본격적으로 개입함으로써 갖게 되는 자기 주관에 따르는 편견에 대한 인식, 사법형식에 대한 집착, 노련함에서 오는 조급성, 전문지식의 부족 등이 있을 수 있다.

3. 조정제도의 장단점

조정의 장점은 절차가 단순하고 신속·저렴하고 분쟁을 타협과 양보로써 인적 관계를 파괴하지 않고 원만하게 해결할 수 있으며, 오랜 적대감정을 없앨 수 있다. 또한 조정은 당사자들의 자발적인 해결절차이므로 조정이 성립되었을 때 모두에게 만족스

---

18) Leo Kanowitz, "Case and Materials on Alternative Dispute Resolution", American Casebook Series, West Publishing Co., 1985, p. 79.

러운 해결이라고 할 수 있으며, 법률적인 관점에서 법적인 쟁점만 판단하는 소송과 달리 다양한 각도에서 분쟁을 검토하여 최상의 해결책을 마련할 수 있는 장점이 있다.[19] 요약하면 조정은 자율성의 존중, 편안하고 협력 또는 협동적인 분위기, 비밀유지, 창의적인 해결책 창출, 접근의 용이성, 신속과 경제성 등을 들 수 있다.

영국의 C.M. Schmitthoff는 "중재는 소송보다 좋고, 조정은 중재보다 좋으며, 분쟁의 예방은 조정보다 좋다."[20]라고 평가하였다. 이는 분쟁을 해결하는 방법이 자주적인 것으로 제3자의 개입의 정도가 약한 분쟁해결방법이 더 좋다는 것을 의미하고 있다.

반면에 조정의 단점은 조정제도가 소송 절차와는 독립된 절차이기 때문에 헌법상의 재판권과 변호사에 의한 절차대리가 결여될 수 있다. 이 제도는 조정절차에서 합의가 이루어지지 않는 경우 오히려 시간이 많이 소요될 수 있으며, 강제수단이 없고 조정절차 참여가 당사자의 자율에 달렸다고 하더라도, 항상 조정합의가 이루어지는 것은 아니므로 종국적인 해결이 되지 않을 수 있다는 단점이 있다.

4. 우리나라의 조정제도

우리나라에서 행하여지고 있는 조정은 매우 다양하나 크게 법원에 의한 민사조정, 특별법에 의한 조정 및 대한상사중재원에 의한 조정 등으로 나누어볼 수 있다. 법원에 의한 조정에는 1990년 종래 산발적으로 규정되었던 차지차가조정법(借地借家調停法) 등 각종의 민사분쟁에 관한 조정법규를 통합하여 제정한 민사조정법[21]에 의한 법원 민사조정이 있다. 법원에 의한 민사조정제도에서는 분쟁당사자 일방의 신청(동법5조)

---

19) Jacqueline, op(fn6). cit., pp. 63~65.

20) It is almost a truism to state that arbitration is better than litigation, conciliation better than arbitration, and prevention of legal disputes better than conciliation(Schmitthoff's Export Trade, 1980, p. 411).

21) 이 법은 민사에 관한 분쟁을 간이한 절차에 따라 당사자 사이의 상호 양해를 통하여 조리를 바탕으로 실정에 맞게 해결함을 목적으로 1990년 1월 13일 법률 제4202호로 제정되었다. 민사에 관한 분쟁의 당사자는 법원에 조정을 신청할 수 있으며, 조정신청은 서면 또는 구술로 가능하다. 조정장 1인과 조정위원 2인 이상으로 조정위원회가 구성되며 조정절차는 조정장이 지휘한다. 조정장은 고등법원장·지방법원장 또는 지방법원지원장이 관할법원의 판사 중에서 지정하며, 위원은 학식과 덕망이 있는 자 중에서 선정한다. 조정은 비공개를 원칙으로 하고 진술청취와 증거조사를 할 수 있으며, 당사자 사이에 합의한 사항을 조서에 기재함으로써 성립하며, 재판상의 화해와 동일한 효력이 있다.

이나 법원의 직권(동법6조)에 의하여 조정에 회부되기도 한다.

특별법에 의한 조정에는 「소비자기본법」(제8장)에 의한 소비자분쟁조정위원회의 조정, 「건설산업기본법」(제8장)에 의한 건설분쟁조정위원회, 「환경분쟁 조정법」에 의한 환경분쟁조정 등 약 40여 개의 각 개별행정법에서 분쟁조정과 관련된 조항을 두어 민원해소 차원에서 시행하고 있다. 따라서 이러한 개별행정법상의 조정제도는 행정부서의 민원해결제도의 성격을 지닌 경우가 많아 진정한 의미에서 분쟁해결제도라고 보기 어려운 경우도 있다.

5. 민사조정에 의한 분쟁해결

1) 민사조정의 대상

우리나라의 조정은 민사조정법상의 조정과 행정영역에서의 조정으로 구분할 수 있다. 「민사조정법」에 의한 조정은 법원에서의 법원업무 폭주에 따라, 민사에 관한 분쟁을 간이한 절차로 당사자 사이의 상호 양해를 통하여 조리를 바탕으로 실정에 맞게 해결할 목적으로 1990. 1. 13. 법률 제4202호로 제정, 동년 9월 1일부터 시행되었다.

민사조정의 대상은 민사에 관한 분쟁이다. 따라서 민사법상 권리관계에 대한 분쟁은 모두 민사조정의 대상이 되었으며, 이는 종전의 조정이 소액, 차지차가관계, 단독판사의 관할에 속하는 사건에 한하여 이루어질 수 있었던 것에 비하여 그 대상이 획기적으로 확대된 것이다.

2) 조정 절차

조정기관에는 조정담당판사와 조정위원회가 있는데, 조정사건은 조정담당판사가 처리하는 것이 원칙이다. 조정담당판사는 지방법원장이나 지원장이 지명하며 각 지방법원이나 지원에 1명씩 있다. 조정담당판사가 조정위원회로 하여금 조정하게 하거나 당사자가 신청한 때, 소송계속 중 수소법원이 결정으로 사건을 조정에 회부한 때에는 반드시 조정위원회가 사건을 처리하도록 되어 있다. 또한 이른바 '수소법원조정제도(受訴法院調停制度)'를 두어서 조정에 회부한 수소법원이 스스로 조정함이 상당하다고 인정하면, 스스로 조정위원이 되어 조정으로 처리할 수 있다(민사조정법6조).

　　조정위원회는 판사인 조정장 1명과 일반인인 조정위원들 중 선정된 2인의 위원으로 구성된다. 조정위원은 고등법원장, 지방법원장 또는 지원장이 위촉한다. 조정기일에는 당사자 본인이 직접 출석하는 것이 원칙이며, 신청인이 조정기일에 출석하지 아니한 때에는 다시 기일을 정하여 통지하여야 하고, 새로운 기일 또는 그 후의 기일에 신청인이 출석하지 아니한 때에는 조정신청이 취하된 것으로 본다(민사조정법31조). 피신청인이 조정기일에 출석하지 아니한 경우 조정담당판사는 상당하다고 인정하는 때에는 직권으로 조정을 갈음하는 결정을 할 수 있다(민사조정법32조). 조정에는 자유로이 사실 또는 증거를 조사할 수 있으며, 조정절차에서의 당사자 또는 이해관계인의 진술은 소송으로 이행된 경우 그 원용이 금지된다.

[그림 8-3] 민사조정 절차도

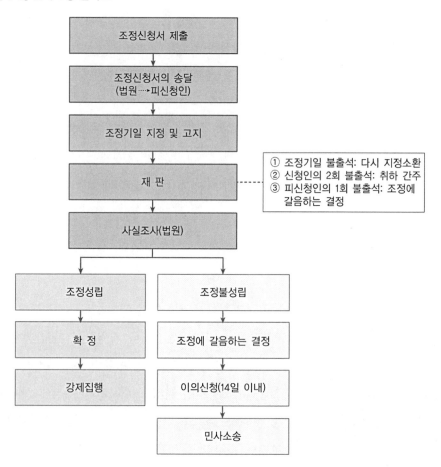

3) 조정의 성립

조정은 당사자 사이에 합의가 성립하면 그 내용을 조서에 기재함으로써 조정이 성립하지만(민사조정법28조), 그 내용이 상당하지 않다고 인정되면 조정담당판사는 조정이 성립하지 않는 것으로 사건을 종결할 수 있다(민사조정법27조). 사건이 성질상 조정을 함에 적당하지 아니하다고 인정하거나, 당사자가 부당한 목적으로 조정을 신청한 것임을 인정하는 때에는 조정을 하지 아니하는 결정으로 사건을 종결시킬 수 있으며, 이 결정에 대하여는 불복할 수 없다. 그러나 실무상으로는 이와 같은 사례는 드물고, 대부분의 경우 조정의 성립 또는 불성립으로 조정사건이 종결된다.

4) 조정에 갈음하는 결정 및 이의신청

조정담당판사는 합의가 성립되지 아니한 사건 또는 당사자 사이에 성립된 합의의 내용이 적당하지 아니하다고 인정한 사건에 관하여 직권으로 당사자의 이익이나 그 밖의 모든 사정을 고려하여 신청인의 신청 취지에 반하지 아니하는 한도에서 사건의 공평한 해결을 위한 결정을 할 수 있다(민사조정법30조)〈개정 2020. 2. 4.〉.

조정에 갈음하는 결정 또는 피신청인의 불출석에 대하여 당사자는 조정조서 정본의 송달일로부터 2주일 이내에 이의를 신청할 수 있다. 다만 조서의 정본이 송달되기 전에도 이의를 신청할 수 있다(민사조정법30조). 이의신청이 있으면 조정에 갈음하는 결정은 실효된다. 조정에 갈음하는 결정에 대하여는 그 조서의 정본을 송달받은 날부터 2주일 이내에 이의신청을 할 수 있고, 적법한 이의신청이 있으면 소송으로 이행된다.

5) 소송에의 이행과 조정의 효력

조정을 하지 아니하기로 한 결정이 있거나, 조정이 성립하지 아니하고 조정에 갈음하는 결정이 이의신청에 의하여 효력을 상실한 때에 조정신청인은 조서등본이 송달된 날 또는 이의신청의 통지를 받은 날로부터 2주일 이내에 제소신청을 할 수 있고, 이 경우 조정을 신청한 때에 소가 제기된 것으로 간주한다.

조정이 성립한 경우의 조정과 조정에 갈음하는 결정에 대하여 이의신청이 없는 경우의 결정은 모두 재판상 화해와 동일한 효력이 있다(민사조정법28조). 또한 다음 각 호의 어느 하나에 해당하는 경우에는 제30조(조정을 갈음하는 결정) 및 제32조(피신청인의 불출석)에 따른 결정은 재판상의 화해와 동일한 효력이 있다(민사조정법34조4항).

① 조서 정본이 송달된 날부터 2주일 이내에 이의신청이 없는 경우

② 이의신청이 취하된 경우

③ 이의신청이 적법하지 아니하여 대법원 규칙으로 정하는 바에 따라 각하결정이 확정된 경우

결론적으로 조정은 당사자 사이에 합의된 사항을 조서에 기재함으로써 성립하고 조정조서는 재판상의 화해조서와 같이 확정판결과 동일한 효력이 있으며, 창설적 효력을 가지는 것이어서 당사자 사이에 조정이 성립하면 종전의 다툼있는 법률관계를 바탕으로 한 권리·의무관계는 소멸하고 조정의 내용에 따른 새로운 권리·의무관계가 성립한다(대법원 2007. 4. 26. 선고 2006다78732 판결).

> **【판례】** 조정은 재판상의 화해와 동일한 효력이 있고(민사조정법 제29조), 재판상의 화해는 확정판결과 동일한 효력이 있으며, 창설적 효력을 가지는 것이어서 화해가 이루어지면 종전의 법률관계를 바탕으로 한 권리·의무관계는 소멸하는 것이므로(대법원 1981. 8. 25. 선고 80다2645 판결, 대법원 1992. 5. 26. 선고 91다28528 판결 등 참조), 당사자 사이에 조정이 성립되면 종전의 다툼 있는 법률관계를 바탕으로 한 권리·의무관계는 소멸하고, 조정의 내용에 따른 새로운 권리·의무관계가 성립한다고 할 것이다(대법원 2006. 6. 29. 선고 2005다32814, 32821 판결 참조). 따라서 대물변제를 원인으로 한 소유권이전등기절차를 이행한다는 내용의 조정이 성립된 경우, 특별한 사정이 없는 한 위 조정에 의하여 취득하는 것은 위 대물변제를 원인으로 한 소유권이전등기청구권이지 위 조정의 성립에 따라 이미 소멸한 종전의 원인채권은 아니라고 할 것이다(대법원 2007. 6. 28. 선고 2005두7174 판결).

6. 조기조정제도

1) 개 요[22]

조기조정(Early Mediation)제도는 법정심리 등 본격적인 재판이 시작되기 전에 당사자와 민간 조정위원들이 머리를 맞대고 대화를 통해 분쟁의 종국적 해결을 시도하는 절차다. 통상 소장 접수 후 첫 변론기일까지 2개월의 시간이 걸리는데, 이 기간 동안 조정을 통해 분쟁 해결방안을 모색하는 방식이다.

본격적인 재판과정이 진행돼 당사자의 감정이 극한으로 치닫기 전에 대화를 통해

---

22) 법률신문, "민사사건 '조기조정제도' 5월부터 본격 시행" 2010. 5. 4. 참조.

문제를 풀고, 특히 조정과정에 재판부가 직접적인 개입을 하지 않고 민간 조정위원들이 사실상 조정 전 과정을 주도한다는 점에서, 신속한 분쟁해결은 물론 조정에 대한 당사자의 만족도가 높아질 것으로 기대되고 있다. 서울중앙지법이 2010년 3월부터 민사사건에서 '조기조정제도'를 도입해 본격적으로 실시하고 있다.

2) 운영 형태[23]

기존의 조정방식은 당사자의 법정 공방이 오간 뒤 재판부가 사안에 따라 직권으로 조정에 들어가는 '수소법원조정' 방식이 대분이었다. 하지만 조기조정제도는 첫 변론기일 이전 당사자들이 대기하는 2개월간 민간 조정위원들이 나서 적극적이고 집중적인 조정을 통해 조기에 분쟁해결을 도모한다는 점에 차이가 있다. 당사자들이 조정에 응하지 않으면 이후 재판절차가 예정대로 진행되기 때문에 사건처리가 지연될 우려도 없다. 특히 조정서비스는 무료로 제공되므로 당사자의 추가 비용부담도 없다.

조기조정은 크게 세 가지 트랙으로 진행된다. 조정센터는 소송가액이 크거나 당사자가 다수인 사건, 복잡한 법률적 쟁점이 있거나 사회적 파급효과가 큰 사건들의 조정을 담당한다. 상사사건은 대한상사중재원 분쟁종합지원센터에 맡기고 있다.

이외의 사건들은 대부분 서울중앙지법 조정위원회로 배당된다. 변호사 출신 조정위원을 포함해 3인 1조로 구성된 조징딤이 조정을 맡는다. 조정위원들은 당사사에게 직접 전화를 걸거나 변호사 조정위원의 사무실에서 대면회의를 열어 당사자들이 굳이 조정을 위해 법원에 출석하는 일 없이 시간과 장소에 구애받지 않고 자유로운 분위기에서 조정에 임할 수 있도록 하고 있다. 다만 조정장소는 외부조정기관의 조정실 등을 원칙으로 이용해야 하며, 조정위원의 개인 사무실 등을 이용하지 않도록 해야 한다. 특히 당사자의 주장을 듣고 적절한 절충점을 찾아 조정안을 제시·협의하고 대안을 찾아내는 등 집중적이고 적극적인 조정주체로 역할하게 된다.

현재 이 조정의 형태로는 법원 부속형 조정(court-annexed mediation)과 법원 연계형 조정(court-connected mediation)이 있고, 전자는 조정담당판사와 상임조정위원이 담당하고, 후자는 대한상사중재원 조정센터, 한국소비자원 소비자분쟁조정위원회 등 17

---

23)　서울중앙지방법원, "조기조정제도 안내"(대한상사중재원 조정중재센터 조정위원용) 참조.

개의 외부 조정기관이 있다.

3) 조기조정 절차

본안재판부는 사건분류단계에서 조정할 사건을 조정담당판사에 조기조정을 회부하고, 조정담당판사는 각 조정위원에게 사건특성과 당사자에 맞춤형 조정사건배당을 하게 된다. 조정사건을 배당받은 외부조정기관의 총괄조정위원은 사건처리 후(당사자 사이에 합의 성립 시 첨부 양식에 따른 합의서 작성), 배당일로부터 45일 이내에 조정담당판사에 사무수행보고하여야 하고, 필요한 경우 조정담당판사로부터 1개월 한도로 연장허가를 얻어 조정을 계속할 수 있다. 조정담당판사는 사무수행 보고서에 기재된 내용대로 조정에 갈음하는 결정을 하고, 종국 시 본안재판부에 통보 또는 소송이행을 하게 된다.

4) 조기조정에서의 조정위원의 업무 흐름도

(1) 사건개요 파악(screen)

조정위원은 조정사건을 배당받은 후 조정용 스캔기록을 통해 사건개요를 파악하고 분쟁해결책을 검토하게 된다. 복수의 조정위원이 지정된 경우 사건개요 파악을 위해 조정위원 상호 간 전화 등 의견교환을 교환하게 된다.

사건개요를 파악한 후 즉시 당사자에게 순차적으로 전화연락을 하여 대면회의 일정을 정하게 된다. 당사자들이 조정위원에게 서면으로 주장을 하고자 하는 경우 '조기조정 회부안내문(당사자가 법원으로부터 송달받음)'에 기재된 바와 같이 당사자로 하여금 조정위원에게 직접 '조정진술서'를 팩스, 이메일로 보내도록 하며, 이 경우 조정진술서는 원칙적으로 조정위원만 읽어보고 상대방 당사자에게는 비공개로 하며 사건기록에는 편철되지도 않는다.

(2) 대면회의(conference in person)

대면회의는 외부조정기관 조정실에서 조정위원과 쌍방 당사자·대리인 전원 참석하여 조정을 실시하게 된다. 조정은 분쟁을 당사자들이 자율적으로 해결하는 절차로서, 대면회의에서 각자의 입장을 설명하고 상대방의 입장을 이해한 후 해결책 또는 건설적 대안을 모색하여야 한다. 그러나 당사자가 먼 거리에 거주하거나 생업 때문에 대면회의 시간을 정할 수 없을 경우에는 전화회의를 활용할 수도 있다.

(3) 조정 종료 및 안내

합의가 성립한 경우 합의서(별지 양식)를 작성하여 당사자들의 서명을 받아 조정위원이 보관하고, 당사자들에게 법원으로부터 합의 내용대로 조정에 갈음하는 결정이 송달될 것임을 안내하여야 한다. 소송당사자가 아닌 제3자와의 권리의무관계가 합의내용에 포함될 경우(예: 회사가 소송당사자인데, 대표이사 개인이 지급채무를 연대보증하는 경우 등)에는 해당 제3자(예: 연대보증채무를 지는 자 등)로 하여금 조정참가신청(별지 양식)을 하도록 한다.

[표 8-2] 조기조정 합의서 양식

```
                        (합의서 양식)
┌─────────────────────────────────────────────────────────┐
│                      ■ 주의사항 ■                        │
└─────────────────────────────────────────────────────────┘

┌─────────────────────────────────────────────────────────┐
│  아래 합의서 내용을 확인합니다.                          │
│           조정위원(서명):                                │
└─────────────────────────────────────────────────────────┘
                         합 의 서
   사 건   서울중앙지방법원 2018머_____  (2017가단_____)
   원 고  _____
   피 고  _____

   이 합의서에 서명 또는 날인한 이 사건의 당사자들은 이 사건에 관하여 아래와 같은 내용
으로 합의하였으므로, 그 합의내용대로 이행할 것임을 약속하며, 그 합의내용에 따른 '조정
에 갈음하는 결정'에 대하여 이의하지 않을 것임을 약속합니다.

   합의일   2017.        .        .

                         합의내용
   1.
   2.
   3. 원고는 나머지 청구를 포기한다.
   4. 소송비용 및 조정비용은 각자가 부담한다.

   원고 _____ (서명 또는 날인)  소송대리인 _____ (서명 또는 날인)

   피고 _____ (서명 또는 날인)  소송대리인 _____ (서명 또는 날인)
```

(4) 보고(report)

조정 종료 후 조정담당판사에게 합의서(별지 양식)를 첨부한 사무수행 보고서(별지 양식)를 제출하게 된다. 사무수행 보고서에는 ① 합의의 성립 여부, ② 합의사항, ③ 사건관계인의 의견청취 및 회합상황을 기재하여 제출하여야 한다.

(5) 조정절차 종료 단계

조정담당판사는 합의 성사 시 사무수행보고서에 따라 조정에 갈음하는 결정을 하게 되고, 합의 불성립 시에는 소송으로 복귀하게 된다. 한편, 외부조정기관 총괄조정위원의 경우 행정처리 기간을 감안하여 45일로 한정하고 있음에 따라 외부조정기관의 조정위원은 조정사건 배당일부터 40일 이내에 해당 총괄조정위원에게 사무수행 보고서를 제출하여야 한다.

조정위원은 정당한 이유 없이 그 직무 수행 중에 알게 된 타인의 비밀을 누설하여서는 아니 된다. 이를 위반할 경우 2년 이하의 징역 또는 100만 원 이하의 벌금형에 처하게 된다(민사조정법41조2항).

[그림 8-4] 조기조정(기일외) 진행과정

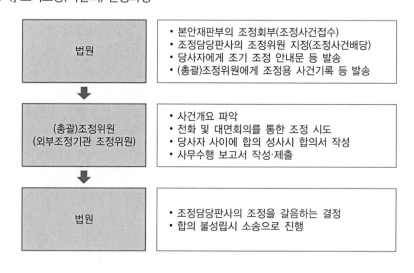

7. 행정형 조정제도에 의한 분쟁해결

1) 행정형 조정제도의 의의

특별법에 의해 행정기관에 설치된 조정기구를 통하여 당사자 간의 화해를 유도하고 당사자 간의 합의를 기초로 사인 간의 분쟁을 해결하는 것을 행정조정 또는 행정형 조정이라 한다.[24] 우리나라에서 ADR 제도, 특히 조정제도는 그 유형별로는 행정기관형, 공공기관형, 민간단체형이 있다. 행정기관형 또는 공공기관형 조정은 행정기관 또는 공공기관의 특별법의 규정에 의하여, 관할 행정기관 또는 공공기관이 그 산하에 조정위원회를 구성하여 분쟁을 해결하도록 하는 경우이다.

현재 우리나라에서는 행정부 산하의 각종 조정위원회에 의한 조정이 성행하고 있다. 이는 우리 국민의 의식 속에 아직도 분쟁해결기관으로서 사법부의 기능과 행정기관의 기능에 대한 구별이 모호한 상태로 남아 있는 점을 무시할 수 없기 때문이다. 분쟁이 발생하는 경우 그 해결을 위하여 법원을 찾아가기 보다는, 관할 행정기관을 찾아가 민원이나 시위 등의 형식으로 그 해결을 구하는 사례가 많기 때문에, 차라리 관할 부처에 분쟁해결기구를 설치하여 운영하는 것이 편리할 수 있기 때문이다. 이에 더하여 행정기관에 의한 조정은 대부분 무료이거나 저렴하고, 소송에 비해 간이·신속하게 처리된다는 점에서 분쟁당사자에게 편리한 점도 그 이유라 할 수 있다.[25]

행정기관형의 조정기구로는 노동위원회, 환경분쟁조정위원회, 건설분쟁조정위원회 등이 있고, 공공기관형 조정기구로는 금융분쟁조정위원회, 소비자분쟁조정위원회 등이 있다. 민간단체형 조정은 사업자단체에 의해서 분쟁조정위원회에 의해 분쟁을 해결하도록 하는 것으로 하도급분쟁조정협의회, 증권거래소 분쟁조정위원회 등이 있다. 이를 전체적인 의미에서 행정형 조정으로 통칭하고자 한다.

2) 건설 분야의 분쟁조정위원회

이하에는 행정부 산하에 있는 조정기관으로 건설 분야의 분쟁해결을 위한 각종 위원회를 중심으로 검토한다. 건설분쟁조정위원회, 건축분쟁전문위원회, 공동주택관리

---

24) 권수철, "사적조정에 관한 행정조정제도의 연구", 법제(제503호), 1999, p. 18.
25) 손한기 외, "사회분쟁조정제도 설치방안에 관한 연구", 교육인적자원부, 2004, pp. 18~19.

분쟁조정위원회, 하자심사·분쟁조정위원회, 하도급분쟁조정협의회, 환경분쟁조정위
원회 및 국제계약분쟁조정위원회가 있고, 소비자분쟁조정위원회가 직·간접적으로
그 영향을 미치고 있다. 이 분야에 속하는 위원회의 구성 및 절차에 대한 특징을 요약
하면 다음과 같다.

[표 8-3] 건설분쟁 관련 국내 분쟁조정기구의 비교

구분	법적근거	조정대상	운영현황	위원수	조정형태	조정안효력	소관부처
건설분쟁 조정위원회	건설산업 기본법 (69~80조)	건설업, 용 역업의 분쟁 관련사항	건설분쟁 조정(위)	15명 이내	조정	재판상 화해와 동일한 효력	국토 교통부
건축분쟁 전문위원회	건축법 (88~105조)	건축물 건축 관련 분쟁	• 조정(위) • 재정(위)	15명 이내	조정 재정	재판상 화해와 동일한 효력	국토 교통부
공동주택 관리분쟁 조정위원회	공동주택 관리법 (71~80조)	공동주택 입주자사용 자 관리주체 간분쟁조정	• 중앙분쟁 조정(위) • 지방분쟁 조정(위)	중앙15명 지방10명 이내	조정	재판상 화해와 동일한 효력	국토 교통부
하도급분쟁 조정협의회	하도급법 (24~24조의7)	건설하도급 거래에 관한 사항	하도급거래 분야별 9개 협의회 (건설협회, 전문협회)	9명 이내	확인 조정	재판상 화해와 동일한 효력	공정거래 (위)
국가계약 분쟁조정 위원회	WTO 정부조달 협정(20조) 국가계약법 (29~31조)	국가계약에 서 발생하는 분쟁의 심사·조정	• 공사 분야 소위원회 • 물품·용역 분야 소위원회	15명 이내	심사 조정	재판상 화해와 동일한 효력	기획 재정부
환경분쟁 조정위원회	환경분쟁 조정법 (법률15846호)	환경분쟁 예방환경 피해구제 민원조사	• 중앙환경분 쟁조정(위) • 지방환경분 쟁조정(위)	중앙30명 지방20명 이내	알선 조정 재정 중재	• 재판상 화해와 동일 • 확정판결	환경부
소비자분쟁 조정위원회	소비자 기본법 (60~69조)	소비자와 사업자 간의 분쟁 조정	• 한국소비 자원 • 전문(위)	150명 이내	조정	재판상 화해와 동일한 효력	공정거래 (위)

8. 건설분쟁조정위원회

1) 설치 배경

건설공사는 계약서, 설계도면, 시방서 등에 상세히 규정하더라도 완공에 장시간이 소요되고, 시공과정에서 불확실한 요인이 많기 때문에 발주자와 시공자 간에 분쟁이 발생할 소지가 높다. 이러한 분쟁은 최종적으로 법원에 소송하게 되고, 분쟁을 해결하는 방식으로서는 가장 확실한 방법이 될 수 있으나, 소송기간에 장시일이 소요되어 신속한 타결을 요하는 건설공사에는 부적합하다. 따라서 행정기관에서 사전에 조정단계를 거칠 경우 건설공사 등에 관한 전문성을 토대로 신중히 검토할 수 있어 소요기간의 단축, 비용의 절감 등의 효율성을 제고할 수 있으므로 건설산업기본법에 건설분쟁조정제도를 도입하게 되었다.

건설분쟁조정위원회는 건설업 및 건설용역업에 관한 도급계약의 내용, 시공상의 책임 등에 관한 분쟁을 심사·조정하기 위하여 국토교통부장관 소속하에 설치·운영하고 있는 법정기구이다. 건설업 및 건설용역업에 관한 분쟁을 조정하기 위하여 국토교통부장관 소속하에 건설분쟁조정위원회(이하 "위원회"라 한다)를 둔다(법69조1항).

2) 분쟁의 심사·조정대상

위원회는 당사자의 어느 한쪽 또는 양쪽의 신청을 받아 다음 각 호의 분쟁을 심사·조정한다(법69조3항).

① 설계·시공·감리 등 건설공사에 관계한 자 간의 책임에 관한 분쟁

【질의】 건설용역업자의 설계·감리의 부실로 인한 하자발생 시 건설용역업자에 대한 제재처분내용, 시공사(건설업자) 및 건설용역업자에 대해 하자보수문제로 건설분쟁조정신청이 가능한지

【회신】 건설교통부 건경 58070-785(2001. 7. 7.)
하자발생이 건설용역업자의 부실설계·감리에 의한 경우라면 건설기술관리법 제20조의2 및 제20조의4 규정에 의한 처분을 요청할 수 있을 것입니다. 또한 건설산업기본법 제69조 제1항의 규정에 의거 건설업자 및 건설용역업자에 관한 제2항 각호의 분쟁의 경우는 당사자 일방 또는 쌍방이 동법 시행령 제66조 및 제74조의 규정에 의거 건설분쟁조정위원회에 조정신청이 가능할 것입니다.

② 발주자와 수급인 간의 건설공사에 관한 분쟁. 다만 국가계약법령의 해석과 관련된
　 분쟁을 제외
③ 수급인과 하수급인 간의 건설공사의 하도급에 관한 분쟁. 다만 하도급법의 적용을
　 받는 사항을 제외
④ 수급인과 제3자 간의 시공상의 책임 등에 관한 분쟁
⑤ 건설공사의 도급계약의 당사자와 보증인 간의 보증책임에 관한 분쟁
⑥ 수급인 또는 하수급인과 제3자 간의 자재의 대금 및 건설기계사용대금에 관한 분쟁
⑦ 건설업의 양도에 관한 분쟁
⑧ 법 제28조의 규정에 의한 수급인의 하자담보책임에 관한 분쟁
⑨ 법 제44조의 규정에 의한 건설업자의 손해배상책임에 관한 분쟁

　건설산업기본법상 '심사·조정'이라 함은 분쟁의 내용을 심사하고 이에 따른 화해의
성립을 말한다. 심사는 조정을 위한 분쟁내용의 조사이고, 그러한 심사에 따라 분쟁
을 조정하여야 하므로 심사와 조정은 상호보완적 개념이라 하겠다. 한편 건설사업자
가 아닌 당사자는 「건설산업기본법」에 의한 건설사업자가 아니므로 조정신청할 수
없으며, 일방 또는 쌍방이 건설사업자인 경우에만 분쟁조정신청이 가능하다.

3) 위원회의 구성

　위원회는 위원장과 부위원장 각 1인을 포함한 15인 이내의 위원으로 구성한다(법70
조1항). 위원회의 위원은 국토교통부, 기획재정부·법제처 및 공정거래위원회의 공무
원으로서 해당 기관의 장이 지명하는 사람과 학교에서 공학이나 법률학을 가르치는
조교수 이상의 직(職)에 있거나 있었던 사람 및 판사, 검사 또는 변호사의 자격이 있는
사람 중 국토교통부장관이 위촉하는 사람이 된다(법70조).

4) 조정 절차

　분쟁조정을 신청하고자 하는 자는 신청서에 당사간의 교섭경위서와 기타 분쟁조정
신청사건의 심사·조정에 참고가 될 수 있는 객관적인 자료를 첨부하여 위원회에 제
출하여야 한다(규칙35조). 위원회는 당사자 일방으로부터 분쟁의 조정신청을 받으면, 그
신청 내용을 상대방에게 알려야 하며, 상대방은 그 조정에 참여하여야 한다(법72조).[26]

한편 위원회는 국가계약법령의 해석에 관한 사항과 하도급법에 관한 사항 등과 같이 분쟁의 성질상 위원회에서 조정하는 것이 적합하지 아니하다고 인정되거나, 부정한 목적으로 조정을 신청하였다고 인정되는 때에는 당해 조정을 거부할 수 있다. 이 경우 조정 거부의 사유 등을 신청인에게 통보하여야 한다(법78조). 위원회는 분쟁 당사자 중 어느 한쪽이 소(訴)를 제기하면 조정을 중지하고 소 제기로 인하여 조정이 중지된 사실을 분쟁당사자에게 통보하여야 한다. 건설분쟁조정 절차를 그림으로 나타내면 다음과 같다.

[그림 8-5] 건설산업기본법상 건설분쟁의 조정절차

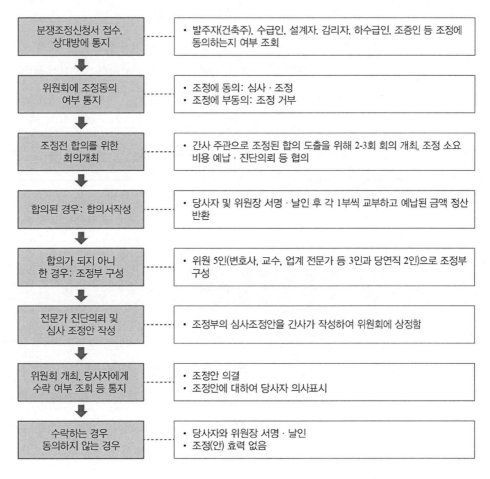

분쟁조정신청서 접수, 상대방에 통지	• 발주자(건축주), 수급인, 설계자, 감리자, 하수급인, 조증인 등 조정에 동의하는지 여부 조회
위원회에 조정동의 여부 통지	• 조정에 동의: 심사 · 조정 • 조정에 부동의: 조정 거부
조정전 합의를 위한 회의개최	• 간사 주관으로 조정된 합의 도출을 위해 2-3회 회의 개최, 조정 소요 비용 예납 · 진단의뢰 등 협의
합의된 경우: 합의서작성	• 당사자 및 위원장 서명 · 날인 후 각 1부씩 교부하고 예납된 금액 정산 반환
합의가 되지 아니한 경우: 조정부 구성	• 위원 5인(변호사, 교수, 업계 전문가 등 3인과 당연직 2인)으로 조정부 구성
전문가 진단의뢰 및 심사 조정안 작성	• 조정부의 심사조정안을 간사가 작성하여 위원회에 상정함
위원회 개최, 당사자에게 수락 여부 조회 등 통지	• 조정안 의결 • 조정안에 대하여 당사자 의사표시
수락하는 경우 동의하지 않는 경우	• 당사자와 위원장 서명 · 날인 • 조정(안) 효력 없음

---

26) 종전에는 분쟁당사자 일방이 조정신청을 거부하면 신청이 불가능하여 상당수 피신청인이 조정거부 등으로 실효성이 저하되고 조정 실적이 1998년부터 2003년까지 34건에 그치는 매우 저조한 실정이었다. 그리하여 2004. 12. 31. 법 개정 시 국가·지방자치단체, 공공기관 등이 피신청인일 경우에는 조정에 응하도록 강제하여 분쟁조정 활성화를 도모하였다(건설교통부, 건설업업무편람, 2005, p. 27).

5) 처리기간

위원회는 분쟁의 조정 신청을 받은 날부터 60일 이내에 이를 심사하여 조정안을 작성하여야 한다. 다만 정당한 사유가 있는 경우에는 위원회의 의결을 거쳐 60일의 범위에서 그 기간을 연장할 수 있다. 위원회는 기간을 연장한 경우에는 기간 연장의 사유와 그 밖에 기간 연장에 관한 사항을 당사자에게 통보하여야 한다(법74조).

6) 조정의 성립과 효력

위원회는 조정안을 작성하였을 때에는 지체 없이 이를 각 당사자에게 제시하여야 하며, 조정안을 받은 당사자는 그 제시를 받은 날부터 15일 이내에 그 수락 여부를 위원회에 통보하여야 한다. 당사자가 분쟁해결에 관하여 합의하거나 조정안을 수락하면 위원회는 즉시 조정서를 작성하여야 하고, 위원장과 각 당사자는 이에 서명 또는 기명날인하여야 한다. 조정서의 내용은 재판상 화해와 동일한 효력이 있다(법78조).[27]

'재판상 화해'란 분쟁당사자가 법원에서 서로 그 다툼을 중지하는 것을 말한다. 소송상의 화해와 제소전의 화해가 재판상의 화해에 해당하는 것으로, 재판상 화해는 확정된 판결과 동일한 효과가 있다.

> 【판례】 재판상의 화해는 확정판결과 동일한 효력이 있고 창설적 효력을 가지는 것이어서 화해가 이루어지면 종전의 법률관계를 바탕으로 한 권리·의무관계는 소멸하나, 재판상 화해 등의 창설적 효력이 미치는 범위는 당사자가 서로 양보를 하여 확정하기로 합의한 사항에 한하며, 당사자가 다툰 사실이 없었던 사항은 물론 화해의 전제로서 서로 양해하고 있는 데 지나지 않은 사항에 관하여는 그러한 효력이 생기지 않는다(대법원 2011. 7. 28. 선고 2009다90856 판결).

기존에는 아무리 양 당사자가 합의서를 작성했다 하더라도 대금지급을 유보하거나 아예 조정결과를 거부하는 등의 문제가 있었다. 이에 신고인은 결국 다시 민사소송을 준비해야 해 비용·시간 측면에서 큰 피해를 보는 경우가 발생했다. 그러나 조서에 재판상 화해 효력이 생김으로써 신고인은 별도의 민사소송 없이도 피신고인을 상대로 가압류 등을 집행할 수 있게 됐다. 간단하게 협의회에 신청해 조정조서 등을 법원

---

27) 1999. 4. 15. 법개정시에 건설분쟁조정위원회 위원장의 자격을 재조정하고, 조정의 효력을 '재판상 화해'에서 당사자가 조정안을 수락한 때에는 '당사자 간에 조정서와 동일한 내용의 합의'가 성립된 것으로 변경하였다.

에 제출하기만 하면 된다.

조정안은 위원회가 작성하는 분쟁의 해결안으로써 조정안 자체가 당사자를 구속하는 힘, 즉 구속력은 없다. 다만 조정안은 당사자 임의의 수락에 의해서만 당사자를 구속하게 되므로 위원회는 당사자에게 조정안의 수락을 권고할 수 있을 뿐이다.

당사자가 조정안을 수락하느냐 여부는 당사자 임의의 의사로 결정한 문제이며, 만약 당사자가 조정안을 수락하지 아니하면 조정안은 성립되지 아니한다. 조정의 성립에 관계인의 합의를 필요로 한다는 점에서 소송과 본질을 달리 하며, 제3자의 중재가 필수적이라는 점에서 반드시 중재를 요하지 않는 화해와 구별된다.

이밖에 조정위원회가 개입하여 관계인의 합의를 필요로 하는 점에서 조정이 성립되지 않을 때 법관이 직권으로 행하는 조정에 갈음한 재판, 즉 강제조정과 구별된다.[28]

9. 건축분쟁전문위원회

1) 설치 근거

건축물의 설계·시공 등과 관련된 분쟁을 효율적으로 처리하기 위하여 시·도 및 시·군·구에 건축분쟁조정위원회를 설치하도록 하는 것을 내용으로 1995. 1. 5. 건축법 개정 시(법률 제4919호) 신설되었다. 건축공사를 시행하는 과정에는 건축주와 시공회사, 설계사무소, 인근 주민과 기술자 등 참여자들이 다양하여 필연적으로 분쟁이나 다툼이 발생될 개연성이 매우 높다. 따라서 다양하고 분쟁의 내용도 복잡한 사건을 행정심판이나 민사소송으로 가지 않고, 건축 관련 전문가들이 이를 쉽게 판단할 수 있도록 마련된 제도가 건축분쟁전문위원회(이하 "분쟁위원회"라 함)이다. 그리하여 건축물의 건축 등에 관하여 분쟁을 조정 및 재정(이하 "조정 등"이라 함)을 하기 위하여 건축법[29] 제76조의2의 규정에 의하여 국토교통부에 동 위원회가 설치되었다.

2) 분쟁위원회의 대상

분쟁위원회의 조정이나 재정의 대상이 되는 분쟁은 다음과 같다. 그러나 「건설산

---

28) 전병서, 대체적 분쟁해결제도(ADR) 도입방안, 사법제도개혁추진위원회, 2005. 12., pp. 27~28.
29) 개정 2005. 12. 7. 법률 제7715호의 현행 법률.

업기본법」제69조(건설분쟁조정위원회의 설치)의 규정에 의한 조정의 대상이 되는 분쟁은 제외한다. 즉, 설계·시공·감리 등 건설공사에 관계한 자 간의 책임에 관한 분쟁, 발주자와 수급인간의 건설공사에 관한 분쟁, 수급인과 하수급인 간의 건설공사의 하도급에 관한 분쟁 등은 건설분쟁조정위원회에서 다룬다(법88조).

① 건축 관계자와 당해 건축물의 건축 등으로 인하여 피해를 입은 인근 주민 간의 분쟁

② 관계전문기술자와 인근 주민 간의 분쟁

③ 건축관계자와 관계 전문기술자 간의 분쟁

④ 건축관계자 간의 분쟁

⑤ 인근 주민 상호 간의 분쟁

⑥ 관계전문기술자 간의 분쟁

⑦ 기타 대통령령으로 정하는 사항

3) 분쟁위원회의 구성

분쟁위원회는 위원장과 부위원장 각 1명을 포함한 15명 이내의 위원으로 구성한다(법89조). 분쟁위원회의 위원장과 부위원장은 위원 중에서 국토교통부장관이 위촉한다. 공무원이 아닌 위원의 임기는 3년으로 하되, 연임할 수 있으며, 보궐위원의 임기는 전임자의 남은 임기로 한다. 분쟁위원회의 회의는 재적위원 과반수의 출석으로 열고 출석위원 과반수의 찬성으로 의결한다.

조정은 3명의 위원으로 구성되는 조정위원회에서 하고, 재정은 5명의 위원으로 구성되는 재정위원회에서 한다(법94조). 조정위원과 재정위원은 사건마다 분쟁위원회의 위원 중에서 위원장이 지명한다. 이 경우 재정위원회에는 판사, 검사 또는 변호사의 직에 6년 이상 재직한 위원이 1명 이상 포함되어야 한다.

4) 조정 절차

건축물의 건축 등과 관련된 분쟁의 조정 또는 재정(이하 "조정 등"이라 한다)을 신청하려는 자는 분쟁위원회에 조정 등의 신청서를 제출하여야 한다(법92조). 이러한 조정신청은 해당 사건의 당사자 중 1명 이상이 하며, 재정신청은 해당 사건 당사자 간의 합의로 한다. 다만 분쟁위원회는 조정신청을 받으면 해당 사건의 모든 당사자에게 조정

신청이 접수된 사실을 알려야 한다.

　분쟁위원회는 당사자의 조정신청을 받으면 60일 이내에, 재정신청을 받으면 120일 이내에 절차를 마쳐야 한다. 다만 부득이한 사정이 있으면 분쟁위원회의 의결로 기간을 연장할 수 있다. 분쟁의 조정신청을 받은 관할 분쟁위원회는 조정기간 내에 심사하여 조정안을 작성하여야 한다(법96조). 분쟁위원회는 조정안을 작성한 때에는 지체 없이 이를 각 당사자에게 제시하여야 하며, 조정안을 제시받은 당사자는 15일 이내에 그 수락 여부를 분쟁위원회에 통보하여야 한다(법96조1항).

5) 조정의 성립과 효력

　조정위원회는 조정안을 작성하면 지체 없이 각 당사자에게 조정안을 제시하여야 하며(법96조), 조정안을 제시받은 당사자는 제시를 받은 날부터 15일 이내에 수락 여부를 조정위원회에 알려야 한다. 조정위원회는 당사자가 조정안을 수락하면 즉시 조정서를 작성하여야 하며, 조정위원과 각 당사자는 이에 기명날인하여야 한다. 당사자가 조정안을 수락하고 조정서에 기명날인하면 당사자 간에 조정서와 동일한 내용의 합의가 성립된 것으로 본다(법96조4항).

6) 재 정

　재정(裁定)은 분쟁당사자가 신청에 의해 재정위원회가 사실조사 및 심문 등을 거쳐 법률적 판단을 내리는 준사법적인 제도이다. 재정은 문서로써 행하여야 하며,[30] 재정위원이 이에 기명·날인하여야 한다. 또한 재정위원회는 재정을 한 때에는 지체 없이 재정문서의 정본을 당사자 또는 대리인에게 송달하여야 한다(법97조).

　재정위원회는 분쟁의 재정을 위하여 필요하다고 인정하는 경우에는 당사자의 신청에 의하여 또는 직권으로, 재정위원 또는 소속공무원으로 하여금 당사자 또는 참고인에 대한 출석의 요구·자문 및 진술청취, 감정인의 출석 및 감정의 요구 등의 행위를 할 수 있다(법98조).

---

30) 여기서 재정문서의 이유를 기재하는 때에는, 주문내용이 정당함을 인정할 수 있는 한도에서 당사자의 주장 등을 표시하여야 한다.

재정위원회가 재정을 한 경우 재정 문서의 정본이 당사자에게 송달된 날부터 60일 이내에 당사자 양쪽이나 어느 한쪽으로부터 그 재정의 대상인 건축물의 건축 등의 분쟁을 원인으로 하는 소송이 제기되지 아니하거나 그 소송이 철회되면 당사자 간에 재정 내용과 동일한 합의가 성립된 것으로 본다(법99조).

10. 하자심사·분쟁조정위원회

1) 설치 목적

공동주택의 하자담보책임, 하자보수, 하자보수보증금의 예치 및 사용 등과 관련한 아래의 사무를 심사·조정 및 관장하기 위하여 국토교통부에 하자심사·분쟁조정위원회(이하 "하자분쟁조정위원회"라 함)를 둔다(법39조).

① 하자 여부 판정
② 하자담보책임 및 하자보수 등에 대한 사업주체·하자보수보증금의 보증서 발급기관(이하 "사업주체 등"이라 함)과 입주자대표회의 등·임차인 등 간의 분쟁의 조정
③ 하자의 책임범위 등에 대하여 사업주체등·설계자 및 감리자 간에 발생하는 분쟁의 조정
④ 다른 법령에서 하자분쟁조정위원회의 사무로 규정된 사항

하자분쟁조정위원회에 하자심사 또는 분쟁조정(이하 "조정 등"이라 함)을 신청하려는 자는 국토교통부령으로 정하는 바에 따라 신청서를 제출하여야 한다.

2) 구 성

하자분쟁조정위원회는 위원장 1명을 포함한 50명 이내의 위원으로 구성하며, 위원장은 상임으로 한다(법40조). 위원회는 하자 여부 판정 또는 분쟁조정을 전문적으로 다루는 분과위원회를 두되, 분과위원회는 하자분쟁조정위원회의 위원장(이하 "위원장"이라 한다)이 지명하는 9명 이상 15명 이하의 위원으로 구성한다.

하자분쟁조정위원회의 위원은 공동주택 하자에 관한 학식과 경험이 풍부한 사람으로서 국토교통부장관이 임명 또는 위촉한다. 위원장과 공무원이 아닌 위원의 임기는 2년으로 하되 연임할 수 있으며, 보궐위원의 임기는 전임자의 남은 임기로 한다.

3) 하자심사

하자 여부 판정을 하는 분과위원회는 하자의 정도에 비하여 그 보수의 비용이 과다하게 소요되어 사건을 제44조에 따른 분쟁조정에 회부하는 것이 적합하다고 인정하는 경우에는 신청인의 의견을 들어 분쟁조정을 하는 분과위원회에 송부하여 해당 사건을 조정하게 할 수 있다(법43조).

하자분쟁조정위원회는 하자 여부를 판정한 때에는 사건번호와 사건명, 하자의 발생 위치 등의 사항(영57조)을 기재하고, 위원장이 기명날인한 하자 여부 판정서 정본(正本)을 각 당사자 또는 그 대리인에게 송달하여야 한다.

사업주체 등은 제2항에 따라 하자 여부 판정서 정본을 송달받은 경우로서 하자가 있는 것으로 판정된 경우에는 하자를 보수하여야 한다. 그러나 하자 여부 판정 결과에 대하여 이의가 있는 자는 하자 여부 판정서를 송달받은 날부터 30일 이내에 안전진단전문기관 또는 변호사가 작성한 의견서를 첨부하여 국토교통부령으로 정하는 바에 따라 이의신청을 할 수 있다.

4) 분쟁조정

하자분쟁조정위원회는 ① 하자담보책임 및 하자보수 등에 대한 사업주체·하자보수보증금의 보증서 발급기관과 입주자 대표회의 등·임차인 등 간의 분쟁의 조정 및 ② 하자의 책임범위 등에 대하여 사업주체 등·설계자 및 감리자 간에 발생하는 분쟁의 조정에 따른 분쟁의 조정절차를 완료한 때에는 지체 없이 사건번호와 사건명, 하자의 발생 위치 등 시행령 제58조에 정하는 사항을 기재한 조정안을 결정하고, 각 당사자 또는 그 대리인에게 이를 제시하여야 한다(법44조).

이러한 조정안을 제시받은 당사자는 그 제시를 받은 날부터 30일 이내에 그 수락 여부를 하자분쟁조정위원회에 통보하여야 한다. 이 경우 수락 여부에 대한 답변이 없는 때에는 그 조정안을 수락한 것으로 본다. 동 위원회는 각 당사자 또는 그 대리인이 조정안을 수락하거나 기한 내에 답변이 없는 때에는 위원장이 기명날인한 조정서 정본을 지체 없이 각 당사자 또는 그 대리인에게 송달하여야 한다.

조정서의 내용은 재판상 화해와 동일한 효력이 있다. 다만 당사자가 임의로 처분할 수 없는 사항으로 대통령령으로 정하는 것은 그러하지 아니하다(법44조4항, 영60조).

5) 조정 등의 처리기간 등

하자분쟁조정위원회는 조정 등의 신청을 받은 때에는 지체 없이 조정 등의 절차를 개시하여야 한다. 이 경우 하자분쟁조정위원회는 그 신청을 받은 날부터 60일(공용부분의 하자는 90일로 하고, 흠결보정기간 및 하자감정기간은 산입하지 아니함) 이내에 그 절차를 완료하여야 한다(법45조).

하자분쟁조정위원회는 신청사건의 내용에 흠이 있는 경우에는 상당한 기간을 정하여 그 흠을 바로잡도록 명할 수 있다. 이 경우 신청인이 흠을 바로잡지 아니하면 하자분쟁조정위원회의 결정으로 조정 등의 신청을 각하(却下)한다.

동 위원회는 조정 등의 절차 개시에 앞서 이해관계인이나 하자진단을 실시한 안전진단기관 등의 의견을 들을 수 있으며, 조정 등의 진행과정에서 조사·검사, 자료 분석 등에 별도의 비용이 발생하는 경우 비용 부담의 주체, 부담 방법 등에 필요한 사항은 국토교통부령으로 정한다.

11. 공동주택관리 분쟁조정위원회

1) 설치 목적

공동주택의 입주자·사용자·관리주체·입주자대표회의 또는 리모델링주택조합 간에 발생되는 분쟁을 조정하기 위하여, 「공동주택관리법」 제8장(법71~80조)의 규정에 의하여 국토교통부에 중앙 공동주택관리 분쟁조정위원회(이하 "중앙분쟁조정위원회"라 함)를 두고, 시·군·구(자치구를 말함)에 지방 공동주택관리 분쟁조정위원회(이하 "지방분쟁조정위원회"라 함)를 둔다(법71조1항).

2) 심의·조정대상

분쟁조정위원회에서 심의·조정할 사항은 다음 각 호와 같다(법71조2항).
① 입주자대표회의의 구성·운영 및 동별 대표자의 자격·선임·해임·임기에 관한 사항
② 공동주택관리기구의 구성·운영 등에 관한 사항
③ 관리비·사용료 및 장기수선충당금 등의 징수·사용 등에 관한 사항
④ 공동주택(공용부분만 해당한다)의 유지·보수·개량 등에 관한 사항

⑤ 공동주택의 리모델링에 관한 사항

⑥ 공동주택의 층간소음에 관한 사항

⑦ 혼합주택단지에서의 분쟁에 관한 사항

⑧ 다른 법령에서 공동주택관리 분쟁조정위원회가 분쟁을 심의·조정할 수 있도록 한 사항

⑨ 그 밖에 공동주택의 관리와 관련하여 분쟁의 심의·조정이 필요하다고 대통령령 또는 시·군·구의 조례(지방분쟁조정위원회에 한정한다)로 정하는 사항

중앙분쟁조정위원회는 위원장 1명을 포함하여 15명 이내의 위원으로 구성한다(법73조1항).

3) 조정 절차

분쟁이 발생한 때에는 중앙분쟁조정위원회에 조정을 신청할 수 있다(법74조). 중앙분쟁조정위원회는 조정의 신청을 받은 때에는 지체 없이 조정의 절차를 개시하여야 한다. 이 경우 필요한 경우에는 당사자나 이해관계인을 중앙분쟁조정위원회에 출석하게 하여 의견을 들을 수 있다. 중앙분쟁조정위원회는 조정절차를 개시한 날부터 30일 이내에 그 절차를 완료한 후 조정안을 작성하여 지체 없이 이를 각 당사자에게 제시하여야 한다.

[그림 8-6] 공동주택관리분쟁조정위원회의 운영절차

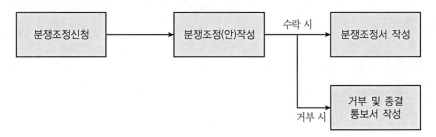

4) 조정의 효력

당사자가 조정안을 수락하거나 수락한 것으로 보는 경우 중앙분쟁조정위원회는 조정서를 작성하고, 위원장 및 각 당사자가 서명·날인한 후 조정서 정본을 지체 없이

각 당사자 또는 그 대리인에게 송달하여야 한다. 당사자가 조정안을 수락하거나 수락한 것으로 보는 때에는 그 조정서의 내용은 재판상 화해와 동일한 효력을 갖는다. 다만 당사자가 임의로 처분할 수 없는 사항에 관한 것은 그러하지 아니하다(법74조5, 6항).

12. 건설하도급분쟁조정협의회

1) 설립 배경

하도급분쟁조정협의회(이하 "협의회"라 함)는 하도급거래의 당사자인 원사업자와 수급사업자가 대등한 지위에서 상호보완적으로 균형 있게 발전할 수 있도록, 하도급거래분쟁의 내용에 대한 사실을 확인하여 분쟁당사자들이 자율적이고 합리적으로 분쟁을 해결하도록 조정하는 기구로서, 공정한 거래질서 확립과 올바른 경쟁질서를 구축하기 위한 자율조정기구의 기능을 담당하고 있다.

협의회는 「하도급법」 제24조에 의거 원사업자와 수급사업자 간의 하도급분쟁사안을 공정거래위원회로부터 조정의뢰 또는 직접신고를 받아 분쟁해결을 위한 조정절차를 진행하고 있다. 협의회는 총 13개의 사업자단체[31]에 설치되어 있다(영7조). 협의회는 건설하도급거래에 관한 분쟁을 재판 이전 단계에서 쌍방 간의 자율적인 합의를 유도함으로써, 신속한 분쟁해결을 위하여 설치된 기구로서, 1985년 6월 24일 대한건설협회와 대한전문건설협회가 공동으로 공익대표와 사업자단체대표를 원인으로 설치하여, 공정거래위원회 또는 양 당사자가 직접 요청해온 분쟁사안을 처리하고 있다.

2) 구 성

협의회는 위원장 1인을 포함하여 9인 이내의 위원으로 구성된다. 다만 위원은 공익을 대표하는 위원, 수급인을 대표하는 위원 및 하수급인을 대표하는 위원이 각각 동

---

31) 총 13개 사업자단체는 중소기업협동조합중앙회(제조), 건설협회 및 전문건설협회(공동설치, 건설), 한국전기공사협회(전기공사), 정보통신공사협회(정보통신공사), 한국소방안전협회(소방공사), 한국엔지니어링협회(엔지니어링), 한국소프트웨어산업협회(소프트웨어), 대한건축사협회(건축설계), 공정거래위원회 위원장의 허가를 받아 설립된 단체(공정거래), 광고단체연합회(광고), 한국방송협회 및 방송프로그램의 방송영상독립제작사의 단체(공동설치, 방송프로그램), 전국화물자동차운송주선사업연합회 및 전국화물자동차운송사업연합회(공동설치, 화물운송), 운송·하역 등을 하는 자들의 물류단체(물류) 등이다.

수가 되도록 하고 있으며, 현재 협의회는 수급인(원사업자) 및 하수급인(수급사업자) 대표 각 3명과 공익대표 3명으로 이루어져 있다. 협의회의 위원 임기는 2년으로 하되 연임이 가능하며, 위원 위촉은 각 사업자단체의 장이 한다(법24조).

3) 분쟁조정대상

하도급분쟁조정협의회(Subcontract Dispute Mediation Council)는 공정거래위원회 또는 양 당사자가 요청하는 원사업자(수급인)와 수급사업자(하수급인) 간의 분쟁에 대하여 사실을 확인하거나 조정을 한다. 하도급법상 원사업자에 해당되기 위해서는 대기업자이거나 중소기업자인 경우 계약 당해연도의 시공능력 평가액이 45억이 넘어야 하며, 건설위탁을 받은 사업자보다 규모가 2배 이상이어야 한다.

건설위탁에서 공정거래위원회가 협의회에 조정을 요청하는 경우는 하도급거래와 관련한 분쟁으로서 토목건축 시공능력평가액순위[32] 100위 미만 사업자의 하도급법 위반사건일 때로 한정되고 있다.

4) 분쟁조정의 신청 등

다음 각 호의 어느 하나에 해당하는 분쟁당사자는 원 사업자와 수급사업자 간의 하도급거래의 분쟁에 대하여 협의회에 조정을 신청할 수 있다. 이 경우 분쟁당사자가 각각 다른 협의회에 분쟁조정을 신청한 때에는 수급사업자 또는 제3호에 따른 조합이 분쟁조정을 신청한 협의회가 이를 담당한다(법24조의4).

① 원사업자

② 수급사업자

③ 제16조의2 제8항에 따른 조합

공정거래위원회는 원사업자와 수급사업자 간의 하도급거래의 분쟁에 대하여 협의

---

32) 시공능력이란 발주자가 공사의 특성에 따라 건설업자를 선정하는 데 참고할 수 있도록 건설업자의 시공능력을 나타내는 것을 말한다. 시공능력의 평가는 당해 건설업자의 건설공사실적, 자본금, 건설공사의 안전·환경 및 품질수준 등에 따라 시공능력을 평가하여 공시하게 된다(건산법 제23조 제1항). 시공능력평가액은 공사실적평가액, 경영평가액, 기술능력평가액 및 신인도평가액을 합하여 산정하되, 업종별로 평가하여 매년 7월 31일까지 공시하게 된다(건산법 시행규칙 제23조 제2항).

회에 그 조정을 의뢰할 수 있다.

협의회는 분쟁당사자로부터 분쟁조정을 신청받은 때에는 지체 없이 그 내용을 공정거래위원회에 보고하여야 하는데, 이러한 분쟁조정의 신청은 시효중단의 효력이 있다(법24조의4의4항). 중단된 시효는 다음 각 호의 어느 하나에 해당하는 때부터 새로 진행한다.

① 분쟁조정이 성립되어 조정조서를 작성한 때

② 분쟁조정이 성립되지 아니하고 조정절차가 종료된 때

5) 조정 절차

협의회는 분쟁당사자에게 분쟁조정사항에 대하여 스스로 합의하도록 권고하거나 조정안을 작성하여 제시할 수 있다(법24조의5의1항). 협의회는 다음 각 호의 어느 하나에 해당되는 경우에는 조정신청을 각하하여야 한다.

① 조정신청의 내용과 직접적인 이해관계가 없는 자가 조정신청을 한 경우

② 이 법의 적용대상이 아닌 사안에 관하여 조정신청을 한 경우

③ 조정신청이 있기 전에 공정거래위원회가 이 법에 위반된 사실이 있다고 인정하여 조사를 개시한 사건에 대하여 조정신청을 한 경우

협의회는 다음 각 호의 어느 하나에 해당되는 경우에는 조정절차를 종료하여야 한다(법24조의5의4항).

① 분쟁당사자가 협의회의 권고 또는 조정안을 수락하거나 스스로 조정하는 등 조정이 성립된 경우

② 법제24조의 4 제1항에 따른 조정의 신청을 받은 날 또는 같은 조 제2항에 따른 의뢰를 받은 날부터 60일(분쟁당사자 쌍방이 기간연장에 동의한 경우에는 90일)이 경과하여도 조정이 성립되지 아니한 경우

③ 분쟁당사자의 일방이 조정을 거부하거나 해당 분쟁조정사항에 대하여 법원에 소(訴)를 제기하는 등 조정절차를 진행할 실익이 없는 경우

[그림 8-7] 하도급거래 분쟁조정 절차

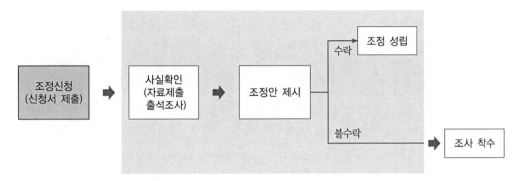

6) 분쟁조정의 효력

　협의회는 조정사항에 대하여 조정이 성립된 경우 조정에 참가한 위원과 분쟁당사자가 서명 또는 기명날인한 조정조서를 작성하며(24조의6), 분쟁당사자가 조정절차를 개시하기 전에 조정사항을 스스로 조정하고 조정조서의 작성을 요구하는 경우에는 그 조정조서를 작성하여야 한다.

　분쟁당사자는 작성된 조정조서의 내용을 이행하여야 하고, 이행결과를 공정거래위원회에 제출하여야 하며, 공정거래위원회는 조정조서가 작성되고, 분쟁당사자가 조정조서에 기재된 사항을 이행한 경우에는 제25조 제1항에 따른 시정조치 및 제25조의5제1항에 따른 시정권고를 하지 아니한다. 조정조서가 작성된 경우 조정조서는 재판상 화해와 동일한 효력을 갖는다(24조의6의5항)〈신설 2018. 1. 16.〉.

7) 분쟁조정의 종료

　협의회는 조정신청을 각하하거나 조정절차를 종료한 경우에는 공정거래위원회에 조정의 경위, 조정신청 각하 또는 조정절차 종료의 사유 등을 관계 서류와 함께 지체없이 서면으로 보고하여야 하고, 분쟁당사자에게 그 사실을 통보하여야 한다(법24조의5의5항). 조정신청을 각하하거나 조정절차를 종료한 경우에는 분쟁조정종료서를 작성하여 공정거래위원회에 보고하여야 한다(영11조).

「공정거래위원회 심결사항」(○○종합건설의 불공정하도급거래행위에 대한 건)

【의결】 제93-261호(1993. 11. 11. 시정명령)　　　**【사건번호】** 9308하545, 9308하563
【건명】 ○○종합건설(주)의 불공정하도급거래행위에 대한 건 [피심인] ○○종합건설(주), 위 피심인의 「하도급법」 위반사건에 대하여 공정거래위원회는 적법한 심의를 거쳐 주문과 같이 의결한다.

【주문】 1. 피심인은 수급사업자인 J건설(주)에게 건설공사를 위탁하고, 교부하지 아니한 「하도급법」 제3조 제1항 및 제2항의 규정에 의한 서면을 지체 없이 교부하여야 한다.
　　　2. 피심인은 목적물을 인수하고, 그 하도급대금을 지급함에 있어서는 목적물인수일로부터 60일 이내에 지급하여야 하며, 이를 초과하여 지급하는 행위를 하여서는 아니 된다.
　　　3. 피심인은 J건설(주)에게 목적물 인수일로부터 60일 이내에 하도급대금을 어음으로 지급하면서, 목적물 인수일로부터 60일을 초과하는 날부터 어음의 만기일까지의 기간에 대하여 부담하지 아니한 어음할인료 555천 원(할인율 연리 13.5%)을 J건설(주)에게 지체 없이 지급하여야 한다.
　　　4. 피심인은 목적물 인수 후, 하도급대금을 목적물 인수일로부터 60일을 초과하여 지급하면서, 그 초과하는 날부터 실제 지급한 날까지의 기간에 대하여 지급하지 아니한 지연이자(이자율 연리 25.0%) 1,045천 원을 J건설(주)에게, 그리고 2,858천 원을 H산업(주)에게 각각 지체 없이 지급하여야 한다.

13. 국제계약분쟁조정위원회[33]

1) 설립근거

국제계약분쟁조정위원회는 국제입찰에서 발생하는 분쟁을 심사·조정하기 위하여 WTO 정부조달협정(Agreement on Government Procurement) 제20조의 규정에 의하여 본 협정을 이행하기 위해 만들어진 재심적 성격의 조정기구이다. 협정 제20조는 국제입찰에서 분쟁발생 시 이의신청을 통하여 해결할 수 있는 절차를 마련하도록 하고 있으며, 동 이의신청절차는 법원이나 조달결과에 대하여 아무런 이해관계가 없는 공정하고 독립적인 심사기관에서 처리하도록 규정하고 있다.[34]

1997. 1. 1. WTO 정부조달협정 발효시기에 맞추어 동 협정내용을 반영하고, 변화되는 조달환경에 대응하기 위하여 1995. 1. 5. 종전의 「예산회계법」 중에서 계약에 관한 규정만을 별도로 분리하여 국가계약법(법률 제486호)이 제정되었다. 이로써 동법

---

33) 이에 관해서는 조대현, "국가를 당사자로 하는 계약의 분쟁해결 방안", 국회사무처, 2002; 사법개혁추진위원회, "재판외 분쟁해결제도 활성화 방안 참고자료", 2006; 전병서, "대체적분쟁처리제도(ADR) 도입방안", 사법제도개혁추진위원회, 2005. 12.; 건설교통부, "건설분쟁조정위원회 활성화 방안", 2002 등을 참고하였음.
34) Agreement on Government Procurement, 1997. 1. 3. 조약 제1363호.

이 국가계약의 기본법이 되면서 모든 국가기관이 행하는 계약업무가 동법의 적용을 받게 되었다.

한편 국가계약법의 하위법령에서는 국내입찰과 국제입찰을 구분하여 이원화하고 있다. 국제입찰의 경우에는 국가계약법 시행령과 동법 시행규칙의 적용을 기본으로 하면서, 국내입찰의 경우와 다르게 운영할 필요가 있는 사항에 대하여 특례규정 및 특례규칙을 만들어 이를 적용하고 있다.

현행 국가계약법에서는 국제입찰에 의한 정부조달계약과정에서 발주기관의 일정한 행위로 인하여 불이익을 받은 자가, 그 행위의 취소 또는 시정을 요구하는 이의신청을 할 수 있도록 규정하고 있으며(제29조 내지 제31조), 이의신청에 대한 발주기관(중앙관서의 장)의 조치에 불복하는 경우 조정을 위한 재심의 절차가 마련되어 있는데, 이를 위한 국제계약분쟁조정위원회를 재정경제부 내에 설치하도록 규정하고 있다. 본 위원회의 근거 법률로는 「국가계약법」 제29조, 같은 법 시행령 제111조 및 시행규칙 제87조가 있고 구체적인 사항은 기획재정부 훈령인 「국가계약분쟁조정위원회 운영규정」(기획재정부훈령 제430호, 2019. 4. 2., 일부개정)에 규정하고 있다.

2) 위원회의 구성

정부조달협정은 일정금액[35] 이상의 조달에 대해서는 WTO 정부조달협정가입국 회원들에게 입찰참여를 개방하도록 하고 있고, 동 협정 제20조는 국제입찰에서 분쟁발생 시 이의신청을 통하여 해결할 수 있는 절차를 마련하도록 하고 있으며, 동 이의신청절차는 법원이나 조달결과에 대하여 아무런 이해관계가 없는 공정하고 독립적인 심사기관에서 처리하도록 규정하고 있다. 이에 따라 국제입찰에 의한 정부조달에 한정하여 이의신청 절차와 이의신청에 불복하는 경우, 분쟁을 처리할 수 있는 조정기구로서 재정경제부에 국제계약분쟁조정위원회가 설치되어 있다.[36]

---

35) 국가계약법 제4조 제1항의 규정(국제입찰에 의하는 정부조달계약의 범위는 정부기관이 체결하는 물품·공사·용역의 계약으로서 정부조달협정 및 이에 근거한 국제규범에 따라 재정경제부장관이 정하여 고시하는 금액 이상의 계약으로 한다)에 의한 재정경제부장관이 정하여 고시하는 금액은 ① 세계무역기구의 정부조달협정상 개방 대상금액으로 물품 및 용역은 1.9억 원 이상, 공사는 74억 원 이상, ② 정부투자기관회계규칙 제11조 제1항의 규정에 의한 재정경제부장관이 정하여 고시하는 금액으로 세계무역기구의 정부조달협정상 개방 대상금액으로 물품 및 용역은 6억 7천만 원, 공사는 222억 원을 말한다(재정경제부고시 제2006-58호, 2006. 12. 29.).

위원회는 위원장을 포함하여 15인 이내의 위원으로 구성된다(국가계약법29조). 위원
장은 기획재정부장관이 지명하는 고위공무원단에 속하는 공무원이 되고, 위원은 대
통령령으로 정하는 중앙행정기관 소속 공무원으로서 해당 기관의 장이 지명하는 사
람과 변호사의 자격을 가진 사람으로서 그 자격과 관련된 업무에 5년 이상 재직 중이
거나 재직한 사람 등 기획재정부장관이 위촉하는 사람이 된다.

3) 위원회의 기능

국가를 당사자로 하는 계약에서 발생하는 분쟁을 심사·조정하게 하기 위하여 기획
재정부에 국가계약분쟁조정위원회(이하 "위원회"라 한다)를 둔다(법29조1항). 위원회는 다
음 각 호의 사항을 심의·의결 내지 조정한다(운영규정4조).

① 국제입찰에 따른 정부조달계약의 범위와 관련된 사항

② 입찰참가자격과 관련된 사항

③ 입찰공고 등과 관련된 사항

④ 낙찰자 결정과 관련된 사항

⑤ 계약금액 조정과 관련된 사항

⑥ 지체상금과 지체일수 산입범위와 관련한 사항

⑦ 위원회 운영규정의 제·개정에 관한 사항

⑧ 기타 위원장이 위원회에서 심의·의결할 필요가 있다고 판단하는 주요 분쟁조정
   관련 사항 등

그러나 국가계약 중 물품과 용역을 제외한 공사계약은 민간부분과 같이 「건설산업
기본법」 제8장에 규정되어 있는 건설분쟁조정위원회에서 이에 대한 분쟁의 조정을
할 수 있다. 이는 국제계약분쟁조정위원회와 달리 국제입찰에 한정되지 않으며, 그

---

36) 정부조달에 관한 협정 제20조(이의신청 절차) : 1) 공급자가 특정 조달과 관련하여 이 협정의 위반이
   있었다고 이의를 제기하는 경우, 각 당사자는 동 공급자가 조달기관과 합의하여 자신의 이의신청에
   대한 해결을 모색하도록 권장한다. 이러한 경우 조달기관은 이의신청제도에 따른 교정조치의 확보
   를 저해하지 않는 방법으로, 그러한 이의신청을 공평하고 그리고 적시에 고려한다(협의). 2) 각 당사
   자는 공급자가 관심을 가지고 있거나 거졌던 조달과 관련하여 발생하는 이 협정의 위반협의에 대
   해 이의를 제기할 수 있도록 하는, 무차별 적이고, 적시의, 투명하고, 효과적인 절차를 마련한다(이
   의신청).

조정대상도 건설공사와 관련한 전반적 분쟁을 다룰 수 있도록 되어 있다. 다만「건설산업기본법」제69조 제2항 제2호 단서의 규정에 의하여 국가계약법령의 해석과 관련된 분쟁은 그 심사·조정대상에서 제외하도록 하고 있다.

4) 심 사

위원회는 심사·조정에 착수하는 경우 청구인과 해당 중앙관서의 장에게 그 사실을 통지하여야 한다(법30조1항). 이러한 심사·조정 청구의 사실을 통지받은 중앙관서의 장은 통지를 받은 날부터 14일 이내에 이에 대한 의견을 서면으로 위원회에 제출하여야 한다(영112조1항). 위원회는 필요한 경우 청구인 및 해당 중앙관서의 장에게 심사·조정이 요청된 사항에 관한 서류의 제출을 요구할 수 있으며, 관계 전문기관에 감정·진단과 시험 등을 의뢰할 수 있다.

5) 조 정

위원회는 조정청구의 심사 결과에 대하여 조정안을 작성하여 이를 청구인 및 해당 중앙관서의 장에게 알려야 한다(영113조). 조정안을 작성할 때 법 제28조 제1항에 따른 행위로 청구인이 불이익을 받았다고 인정되는 경우에는 해당 중앙관서의 장 또는 계약담당공무원이 행한 행위를 취소 또는 시정하거나 그에 따른 손해배상 또는 손실보상을 하도록 하여야 한다. 각 중앙관서의 장은 법 제31조 제2항에 따라 이의를 제기하려는 경우에는 계약심의위원회의 자문을 거쳐 이의를 제기하는 취지와 사유 등이 포함된 서면을 위원회에 제출하여야 한다. 위원회는 위원회에 조정청구된 것과 같은 사안에 대하여 법원의 소송이 진행 중인 경우 그 심사·조정을 중지할 수 있다. 이 경우 중지 사유를 청구인 및 해당 중앙관서의 장에게 알려야 한다(영114조).

6) 심사·조정

위원회는 특별한 사유가 없으면 심사·조정청구를 받은 날부터 50일 이내에 심사·조정하여야 한다(법31조1항). 위원회는 심사·조정의 완료 전에 청구인 및 해당 중앙관서의 장과 그 대리인에게 의견을 진술할 기회를 주어야 하며, 필요한 경우에는

청구인 및 해당 중앙관서의 장과 그 대리인, 증인 또는 관계 전문가로 하여금 위원회
에 출석하게 하여 그 의견을 들을 수 있다(법31조2항)〈신설 2020. 3. 31.〉.

7) 조정의 효력

조정은 청구인과 해당 중앙관서의 장이 조정 완료 후 15일 이내에 이의를 제기하지
아니한 경우에는 재판상 화해와 동일한 효력을 갖는다(법31조3항).

14. 환경분쟁조정위원회

1) 환경분쟁조정제도의 개요[37)

환경분쟁이 발생한 경우에는 당사자 간의 대화를 통해 해결하는 방법과 재판을 통
하여 피해를 구제받는 방법이 있으나, 개인적인 입장이 달라 분쟁해결이 사실상 곤란
하고, 비용과 시간이 과다하게 소요되는 소송에 의거하는 것도 어렵다. 따라서 이러
한 점을 감안하여 행정기관이 지니고 있는 전문성과 절차의 신속성을 활용하여 환경
분쟁에 직접 개입하여, 간편하고 신속·공정하게 구제하기 위해 마련된 제도이다. 환
경분쟁의 소관부처는 환경부이나 분쟁의 성격상 건설시공분야와 매우 밀접한 관련이
있어 건설 분야와 함께 검토하고자 한다.

환경분쟁의 신속·공정하고 효율적으로 해결하기 위하여, 환경분쟁의 알선·조정
및 재정의 절차를 규정하고 있는 「환경분쟁 조정법」[38)에 근거하여 설치되어 있다. 동
위원회는 그 성격상 행정기관의 처분만을 대상으로 하는 행정심판이나 행정소송제도
와는 다르다.

---

37) 환경분쟁조정위원회에 대해서는 http://edc.me.go.kr; 김정순, 앞의 논문(주 266), pp. 22~34; 이재협,
    "환경분쟁해결과 협상", 분쟁해결연구, 단국대학교 분쟁해결연구소, pp. 123~142; 건설교통부, "건
    축분쟁·민원 통합관리시스템마련을 위한 연구", 대한주택공사, 2007. 8.; 加藤和夫, "公害等調整委員會
    及び都道府縣公害審査會における公害紛爭の解決", ADRの實際と理論(II), pp. 109~162 참조.
38) 환경부 법률 제5395호, 1997. 8. 27. 전문개정.

2) 위원회의 설치

(1) 설치기관 및 위원회의 소관 업무

환경분쟁을 신속·공정하고 효율적으로 해결하기 위하여 환경부에 중앙환경분쟁조정위원회(이하 "중앙조정위원회"라 한다)와 특별시·광역시·도에 지방환경분쟁조정위원회(이하 "지방조정위원회"라 한다)를 설치하고(법4조), 중앙조정위원회 및 지방조정위원회(이하 "위원회"라 한다)의 소관 사무는 다음 각 호와 같다(법5조).

① 환경분쟁(이하 "분쟁"이라 한다)의 조정. 다만 다음 각 목의 어느 하나에 해당하는 분쟁의 조정은 해당 목에서 정하는 경우만 해당한다.

　가. 「건축법」 제2조 제1항 제8호의 건축(건축물을 신축·증축·개축·재축(再築)하거나 건축물을 이전하는 것)으로 인한 일조 방해 및 조망 저해와 관련된 분쟁 : 그 건축으로 인한 다른 분쟁과 복합되어 있는 경우

　나. 지하수 수위 또는 이동경로의 변화와 관련된 분쟁 : 공사 또는 작업(「지하수법」에 따른 지하수의 개발·이용을 위한 공사 또는 작업은 제외)으로 인한 경우

② 환경피해와 관련되는 민원의 조사, 분석 및 상담

③ 분쟁의 예방 및 해결을 위한 제도와 정책의 연구 및 건의

④ 환경피해의 예방 및 구제와 관련된 교육, 홍보 및 지원

⑤ 그 밖에 법령에 따라 위원회의 소관으로 규정된 사항

중앙조정위원회는 위원장 1인을 포함한 30명 이내의 위원으로 구성하며, 그중 상임위원은 3명 이내로 한다. 지방조정위원회는 위원장 1명을 포함한 20명 이내의 위원으로 구성하되, 위원 중 상임위원은 1명을 둘 수 있다(법7조).

(2) 위원회의 관할

중앙위원회는 ① 분쟁의 재정, ② 국가 또는 지방자치단체를 당사자로 하는 분쟁의 조정,[39] ③ 둘 이상의 시·도의 관할구역에 걸치는 분쟁의 조정, ④ 제30조의 규정에 의한 직권조정, ⑤ 제35조의3제1호에 따른 원인재정과 제42조 제2항에 따라 원인재

---

[39] 환경분쟁의 조정의 경우라 하더라도 건축법 제2조 제1항 제9호의 건축으로 인한 일조방해 및 조망 저해와 관련된 분쟁의 조정은, 그 건축으로 인한 다른 분쟁과 복합되어 있는 경우에 한한다.

정 이후 신청된 분쟁의 조정, ⑥ 기타 대통령령이 정하는 분쟁의 조정에 대하여 관할

한다(법6조1항).

　　지방위원회는 당해 시·도의 관할구역 안에서 발생한 분쟁의 조정사무 중 제1항 제

2호부터 제6호까지의 사무 외의 사무를 관할하되, 분쟁의 재정 및 중재의 경우에는

일조방해, 통풍방해, 조망저해로 인한 분쟁을 제외한 것으로서, 조정가액이 1억 원

이하인 분쟁의 재정 및 중재사무로 한다(법6조2항, 영3조2항).

> 【분쟁조정】 중앙환경분쟁조정위원회는 충남 공주군 우성면에서 사과 과수원을 경영하는 ○○○이 한국도
> 로공사를 상대로 통풍방해로 인한 손해배상을 하여 달라며 재정 신청한 사건에 대하여, 한국도로공사의
> 손해배상책임을 인정하여 신청인에게 금41,843,426원을 배상하도록 결정했다. 이 사건은 한국도로공사
> 가 2006. 5.부터 현재까지(2007. 3.) 시행하고 있는 서천~공주 간 고속도로 건설공사 제1공구 성토작업
> (높이 16.8m) 구간에 접해 있는 사과 과수원이 성토로 인해 통풍이 저해되어 사과나무 고사 등의 피해를
> 입은 사건으로서, 통풍방해로 인한 손해배상을 인정한 첫 번째 사례이다(엠파스, 2007. 3. 27.).

3) 분쟁의 조정

(1) 조정의 신청

　　조정(調整)을 신청하려는 자는 관할 위원회에 알선·조정(調停)·재정 또는 중재 신청

서를 제출하여야 한다(법16조). 국가를 당사자로 하는 조정에서는 환경부장관이 국가

를 대표한다. 위원회는 조정신청을 받았을 때에는 지체 없이 조정절차를 시작하여야

하며, 위원회는 조정절차를 시작하기 전에 이해관계인이나 주무관청의 의견을 들을

수 있다. 위원회는 당사자의 분쟁 조정신청을 받았을 때에는 다음과 같이 정하는 기

간 내에 그 절차를 완료하여야 한다(영12조1항).

① 알선의 경우 : 3개월

② 조정 또는 중재의 경우 : 9개월

③ 재정의 경우

　　가. 원인재정의 경우 : 6개월

　　나. 책임재정의 경우 : 9개월

(2) 조정 절차

　　위원회의 위원장은 조정신청을 받으면 당사자에게 피해배상에 관한 합의를 권고할

수 있다(법16조의2). 위원회는 조정신청이 적법하지 아니한 경우에는 적절한 기간을 정하여 그 기간 내에 흠을 바로 잡을 것을 명할 수 있다(법17조). 신청인이 이러한 명령에 따르지 아니하거나 흠을 바로 잡을 수 없는 경우에는 결정으로 조정신청을 각하(却下)한다. 아울러 위원회는 다른 법률에서 정하고 있는 조정절차를 이미 거쳤거나 거치고 있는 분쟁에 대한 조정신청은 결정으로 각하한다.

다수인이 공동으로 조정의 당사자가 되는 경우에는 그중에서 3명 이하의 대표자를 선정할 수 있고(법19조), 선정된 대표자(이하 "선정대표자"라 한다)는 다른 신청인이나 피신청인을 위하여 해당 사건의 조정에 관한 모든 행위를 할 수 있다. 당사자는 당사자의 배우자, 직계존비속 또는 형제자매, 당사자인 법인의 임직원, 변호사 등을 대리인으로 선임할 수 있다(법22조1항).

조정절차와 관련된 위원회의 중간결정에 대하여는 그 결정이 있음을 안 날부터 14일 이내에 해당 위원회에 이의를 제기할 수 있다(법23조). 이의 제기가 이유 있다고 인정할 때에는 그 결정을 경정하여야 하며, 이의 제기가 이유 없다고 인정할 때에는 이를 기각(棄却)하여야 한다. 위원회가 수행하는 조정의 절차는 이 법에 특별한 규정이 있는 경우를 제외하고는 공개하지 아니한다(법25조).

4) 알선·조정·재정의 절차

[그림 8-8] 환경분쟁의 해결유형

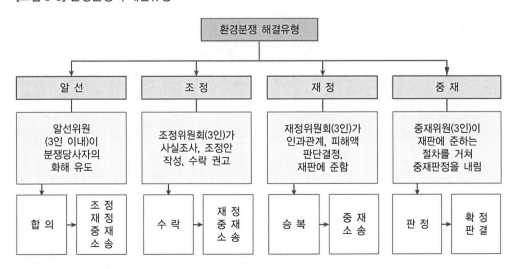

(1) 알 선

우리나라 환경분쟁관련 ADR에는 알선·조정·재정·중재제도가 있다. 환경분쟁이 발생한 경우 관계 당사자는 중앙 또는 지방조정위원회에 알선 또는 조정을 신청할 수 있다. 알선(斡旋)은 알선위원이 분쟁 당사자의 의견을 듣고 그 요점을 정리하는 등 사건이 공정하게 해결되도록 중개하여 민법상 화해계약체결을 유도하는 것을 말한다.

알선은 당사자에게 분쟁해결의 장을 마련해주는 것이므로, 특별한 절차가 마련되어 있는 것은 아니다(법28조). 위원회에 의한 알선은 3명 이내의 위원이 한다. 알선위원은 알선으로 분쟁해결의 가능성이 없다고 인정되는 때에는 알선을 중단할 수 있고, 알선중인 분쟁에 대하여도 조정 또는 재정을 신청할 수 있다. 이 경우 알선은 중단된 것으로 본다(법29조).

(2) 조 정

조정(調整)은 조정위원회가 특정 분쟁에 대하여 법정 절차에 따라 당사자 쌍방을 중개하여 양해에 의한 합의를 유도하는 제도이다. 조정위원회가 적극적으로 당사자 간에 개입하고 분쟁해결의 실질 내용에 대해서도 주도권을 갖고 이끌어간다는 점에서 알선과 차이가 있다.

신청에 의한 조정 이외에도 중대한 환경피해가 발생하여 이를 방치하면 사회적으로 중대한 영향을 미칠 우려가 있다고 인정되는 경우의 분쟁으로서, 이러한 직권조정의 대상은 다음 각 호와 같다(법30조, 영23조 제1항).

① 환경피해로 인하여 사람이 사망하거나 신체에 중대한 장애가 발생한 분쟁
②「환경기술 및 환경산업 지원법」제2조 제2호에 따른 환경시설의 설치 또는 관리와 관련한 분쟁
③ 분쟁조정 예정가액이 10억 원 이상인 분쟁

조정의 절차는 3인으로 구성된 조정위원회가 분쟁의 조정을 위하여 조정기일을 정하여 당사자에게 출석요구서를 통지하여 출석을 요구할 수 있다(법32조의2). 조정은 당사자 간에 합의된 사항을 조서에 적음으로써 성립한다(법33조).

조정위원회는 당사자 간에 합의가 이루어지지 아니한 경우로서 신청인의 주장이 이유 있다고 판단되는 경우에는 문서로서 조정을 갈음하는 결정(이하 "조정결정"이라 한

다)을 할 수 있다(법33조의2). 조정위원회는 해당 조정사건에 관하여 당사자 간에 합의가 이루어질 가능성이 없다고 인정할 때에는 조정을 하지 아니한다는 결정으로 조정을 종결시킬 수 있고(법35조), 조정결정에 대하여 당사자는 조정결정문서 정본을 송달받은 날부터 14일 이내에 불복 사유를 명시하여 서면으로 이의신청이 있는 경우에는 당사자 간의 조정은 종결된다. 아울러 조정절차가 진행 중인 분쟁에 대하여 재정 또는 중재 신청이 있으면 그 조정은 종결된다(법35조3항).

조정과 조정결정은 재판상 화해와 동일한 효력이 있다. 다만 당사자가 임의로 처분할 수 없는 사항에 대해서는 그러하지 아니하다(법35조의2).

(3) 재 정

환경분쟁 중 알선·조정이 곤란한 손해배상사건에 대하여 제3자인 재정위원회가 서로 대립하는 당사자 간의 분쟁에 대하여 사실조사 및 심문 등의 절차를 거쳐 법률적 판단[裁定決定]으로 분쟁을 해결하는 준사법적 쟁송절차이다. 재정결정이 합의의 성립이기는 하나, 재정은 법원의 판단과 유사한 구조를 지닌다고 볼 수 있다. 그것은 재정위원회가 심문기일을 열어 양 당사자의 의견을 진술하도록 하고 있고(법37조1항), 또 재정위원회의 증거조사권을 명시하고 있고(법38조), 증거보전절차를 규정하는(법39조) 것에 비추어 재판에 유사한 것으로 파악할 수 있다.[40] 「환경분쟁 조정법」에 따른 재정의 종류는 다음 각 호와 같다(법35조의3). [본조신설 2018. 10. 16.]

① 원인재정 : 환경피해를 발생시키는 행위와 환경피해 사이의 인과관계 존재 여부를 결정하는 재정
② 책임재정 : 환경피해에 대한 분쟁 당사자 간의 손해배상 등의 책임의 존재와 그 범위 등을 결정하는 재정

재정의 절차는 5인 또는 3인으로 구성되는 재정위원회가 당사자의 의견진술을 듣는 심문절차 및 필요한 경우 증거조사 절차를 거쳐, 주문과 이유를 기재한 문서로 재정을 행한다(법37조, 40조).

지방조정위원회의 재정위원회가 한 책임재정에 불복하는 당사자는 재정문서의 정

---

40) 강정해, "환경분쟁조정위원회의 구성 및 조정절차의 개선방안", 환경법학세미나, 2006. 4. 8., p. 51.

본이 당사자에게 송달된 날부터 60일 이내에 중앙조정위원회에 책임재정을 신청할 수 있다. 재정위원회가 원인재정을 하여 재정문서의 정본을 송달받은 당사자는 이 법에 따른 알선, 조정, 책임재정 및 중재를 신청할 수 있다(법42조2항)〈신설 2018. 10. 16.〉.

재정위원회가 책임재정을 한 경우에 재정문서의 정본이 당사자에게 송달된 날부터 60일 이내에 소송이 제기되지 아니하거나[41] 그 소송이 철회된 경우에는 그 재정문서는 재판상 화해와 동일한 효력이 있다.[42] 다만 당사자가 임의로 처분할 수 없는 사항에 관한 것은 그러하지 아니하다(법42조3항). 재정이 신청된 사건에 대한 소송이 진행 중일 때에는 수소법원(受訴法院)은 재정이 있을 때까지 소송절차를 중지할 수 있다(법45조).

(4) 중 재

중재는 3명의 위원으로 구성되는 위원회(이하 "중재위원회"라 한다)에서 한다(법45조의2). 중재위원은 사건마다 위원회 위원 중에서 위원회의 위원장이 지명하되, 당사자가 합의하여 위원을 선정한 경우에는 그 위원을 지명한다. 제15조 제1항에 따른 위원회의 규칙에서 정하는 위원이 중재위원회의 위원장이 된다. 다만 당사자가 합의하여 위원을 선정한 경우에는 그 위원 중에서 위원회의 위원장이 지명한 위원이 중재위원회의 위원장이 된다.

중재위원회의 회의는 중재위원회의 위원장이 소집하며, 구성원 전원의 출석으로 개의하고, 구성원 과반수의 찬성으로 의결한다. 중재위원회의 심문, 조사권, 증거보전, 중재의 방식 및 원상회복 등에 관하여는 조치를 할 수 있으며, 제37조부터 제41조까지의 규정을 준용한다. 중재는 양쪽 당사자 간에 법원의 확정판결과 동일한 효력이 있다(법45조의 4). 중재와 관련된 절차에 관하여는 이 법에 특별한 규정이 있는 경우를 제외하고는 「중재법」을 준용한다(법45조의5의 2항). 「환경분쟁 조정법」에서 중재관련 사항은 2015. 12. 22. 법 개정 시 신설되었다.

---

41) 환경분쟁 조정법에 따라 재정위원회가 재정을 하였으나 재정문서의 정본이 당사자에게 송달되지 않은 경우, 이에 대하여 청구이의의 소를 제기할 수 없다(대법원 2016. 4. 15. 선고 2015다201510 판결).

42) 도로건설공사의 현장책임자가 공사로 인한 양계장의 피해보상을 요구하는 양계업자와 사이에 민사상의 소를 취하하는 대신 환경분쟁조정위원회의 결정에 승복하기로 합의한 경우, 그 합의는 화해계약에 해당한다(대법원 2004. 6. 25. 선고 2003다32797 판결).

5) 다수인 관련 분쟁의 조정

다수인에게 같은 원인으로 환경피해가 발생하거나 발생할 우려가 있는 경우에는 그중 1명 또는 수인(數人)이 대표당사자로서 조정(調整)을 신청할 수 있다(법46조). 조정을 신청하려는 자는 위원회의 허가를 받아야 한다. 위원회는 허가신청이 다음 각 호의 요건을 모두 충족할 때에는 이를 허가할 수 있다(법4조).

① 같은 원인으로 발생하였거나 발생할 우려가 있는 환경피해를 청구원인으로 할 것
② 공동의 이해관계를 가진 자가 100명 이상이며, 선정대표자에 의한 조정이 현저하게 곤란할 것
③ 피해배상을 신청하는 경우에는 1명당 피해배상요구액이 500만 원 이하일 것
④ 신청인이 대표하려는 다수인 중 30명 이상이 동의할 것
⑤ 신청인이 구성원의 이익을 공정하고 적절하게 대표할 수 있을 것

위원회는 다수인 관련 분쟁 조정(집단분쟁조정)의 허가 결정을 할 때에는 그 결정서에 제46조 제4항 각 호의 사항을 적어야 한다(법49조). 대표당사자가 아닌 자로서 해당 분쟁의 조정결과와 이해관계가 있는 자는 제51조 제1항에 따른 공고가 있은 날부터 60일 이내에 조정절차에의 참가를 신청할 수 있다(법52조). 대표당사자가 조정에 의하여 손해배상금을 받은 경우에는 위원회가 정하는 기간 내에 배분계획을 작성하여 위원회의 인가를 받은 후 그 배분계획에 따라 손해배상금을 배분하여야 하며(법56조), 이러한 배분계획은 공고하여야 한다.

6) 인과관계의 입증 책임

일반적으로 손해가 발생한 경우 그 입증책임은 피해자인 청구자에 있다. 그러나 공해 등 환경과 관련된 문제의 경우에는 이와는 다른 형태를 지니고 있기 때문에 판례를 중심으로 살펴본다. 불법행위로 인한 손해배상청구사건에서 가해행위와 손해발생 간의 인과관계의 입증책임은 청구자인 피해자가 부담하게 된다. 그러나 대기오염이나 수질오염에 의한 공해로 인한 손해배상을 청구하는 소송에서는 기업이 배출한 원인물질이 물을 매체로 하여 간접적으로 손해를 끼치는 수가 많고, 공해문제에 관하여는 현재의 과학 수준으로도 해명할 수 없는 분야가 있기 때문에, 가해행위와 손해의

발생 사이의 인과관계를 구성하는 하나하나의 고리를 자연과학적으로 증명한다는 것은 극히 곤란하거나 불가능한 경우가 대부분이이다.

따라서 이러한 공해소송에서 피해자에게 사실적인 인과관계의 존재에 관하여 과학적으로 엄밀한 증명을 요구한다는 것은 공해로 인한 사법적 구제를 사실상 거부하는 결과가 될 우려가 있는 반면에, 가해기업은 기술적·경제적으로 피해자보다 훨씬 원인조사가 용이한 경우가 많을 뿐만 아니라, 그 원인을 은폐할 염려가 있고 가해기업이 어떠한 유해한 원인물질을 배출하고 그것이 피해물건에 도달하여 손해가 발생하였다면 가해자 측에서 그것이 무해하다는 것을 입증하지 못하는 한 책임을 면할 수 없다고 보는 것이 사회형평의 관념에 적합하다.[43]

그러나 이 경우에도 적어도 가해자가 어떤 유해한 원인물질을 배출한 사실, 그 유해의 정도가 사회통념상 일반적으로 참아내야 할 정도를 넘는다는 사실, 그것이 피해물건에 도달한 사실, 그 후 피해자에게 손해가 발생한 사실에 관한 증명책임은 피해자가 여전히 부담한다.[44]

15. 소비자분쟁조정위원회

1) 개 요

소비자분쟁조정위원회는 한국소비자원에 소속되어 있으며, 1987. 7. 1. 「소비자보호법」에 의하여 한국소비자보호원(2007. 3. 28. 소비자기본법에 의해 한국소비자원으로 변경)이 설립되었고, 소비자분쟁에 대한 사건을 심의·조정하는 준사법적 기구이다(법60조). 「소비자보호법」은 2006. 9. 27. 법률 제7988호로 「소비자기본법」으로 개정되었다. 개정이유는 시장 환경 변화에 맞게 한국소비자원의 관할 및 소비자정책에 대한 집행기능을 공정거래위원회로 이관하도록 하며, 소비자피해를 신속하고 효율적으로 규제하기 위하여, 일괄적 집단분쟁조정 및 단체소송을 도입하여 소비자구제피해제도를 강화하는 것 등이다.

---

43) 대법원 2002. 10. 22. 선고 2000다65666, 65673 판결.
44) 대법원 2019. 11. 28. 선고 2016다233538, 233545 판결.

2) 설 치

소비자와 사업자 사이에 발생한 분쟁을 조정하기 위하여 한국소비자원에 소비자분쟁조정위원회(이하 "조정위원회"라 한다)를 두며, 조정위원회는 다음과 같은 사항 등을 심의·의결한다(법63조의2의 1항).

① 소비자분쟁에 대한 조정결정

② 조정위원회의 의사에 관한 규칙의 제정 및 개정·폐지

③ 그 밖에 조정위원회의 위원장이 토의에 부치는 사항

3) 위원회의 구성

조정위원회는 위원장 1인을 포함한 150명 이내의 위원으로 구성하며, 위원장을 포함한 5명은 상임으로 하고, 나머지는 비상임으로 한다(법61조1항). 위원의 임기는 3년으로 하며, 연임할 수 있다. 조정위원회의 업무를 효율적으로 수행하기 위하여 조정위원회에 분야별 전문위원회를 둘 수 있다.

조정위원회의 회의는 위원장·상임위원 및 위원장이 회의마다 지명하는 5인 이상 9인 이하의 위원으로 구성하며(법63조), 조정위원회의 위원은 일정한 경우에는 제58조 또는 제65조 제1항의 규정에 따라 조정위원회에 신청된 그 분쟁조정사건(이하 이 조에서 "사건"이라 한다)의 심의·의결에서 제척된다.

4) 분쟁조정

소비자와 사업자 사이에 발생한 분쟁에 관하여 제16조 제1항의 규정에 따라 설치된 기구에서 소비자분쟁이 해결되지 아니하거나, 제28조 제1항 제5호의 규정에 따른 합의권고에 따른 합의가 이루어지지 아니한 경우, 당사자나 그 기구 또는 단체의 장은 조정위원회에 분쟁조정을 신청할 수 있다. 정위원회는 분쟁조정을 신청을 받은 경우에는 지체 없이 분쟁조정절차를 개시하여야 한다. 이때 조정위원회는 전문위원회에 자문하거나, 분쟁조정절차에 앞서 이해관계인·소비자단체 또는 관계기관의 의견을 들을 수 있다(법65조).

조정위원회는 분쟁조정을 신청받은 때에는 그 신청을 받은 날부터 30일 이내에 그

분쟁조정을 마쳐야 한다. 그러나 부득이한 사정으로 30일 이내에 그 분쟁조정을 마칠 수 없는 경우에는 그 기간을 연장할 수 있다(법66조).

5) 조정의 효력

조정위원회의 위원장은 분쟁조정을 마친 때에는 지체 없이 당사자에게 그 분쟁조정의 내용을 통지하여야 한다. 통지를 받은 당사자는 그 통지를 받은 날부터 15일 이내에 분쟁조정의 내용에 대한 수락 여부를 조정위원회에 통보하여야 한다. 15일 이내에 의사표시가 없는 때에는 수락한 것으로 본다(법67조1, 2항).

당사자가 분쟁조정의 내용을 수락하거나 수락한 것으로 보는 경우 조정위원회는 조정조서를 작성하고, 조정위원회의 위원장 및 각 당사자가 기명·날인하여야 한다. 당사자가 분쟁조정의 내용을 수락하거나 수락한 것으로 보는 때에는 그 분쟁조정의 내용은 재판상 화해와 동일한 효력을 갖는다(법67조3, 4항).

6) 집단분쟁조정

조정위원회의 분쟁조정의 규정에 불구하고, 국가·지방자치단체·한국소비자원 또는 소비자단체·사업자는 소비자의 피해가 다수의 소비자에게 같거나 비슷한 유형으로 발생하는 경우로서

① 물품 등으로 인한 피해가 같거나 비슷한 유형으로 발생한 소비자의 수가 50명 이상이고

② 사건의 중요한 쟁점이 사실상 또는 법률상 공통될 때는, 조정위원회에 일괄적인 분쟁조정(이하 "집단분쟁조정"이라 한다)을 의뢰 또는 신청할 수 있다(법68조1항).

따라서 건설·통신·자동차·식품 등의 업종에서는 소비자분쟁이 잦을 것으로 전망된다. 집단분쟁조정을 의뢰받거나 신청받은 조정위원회는 조정위원회의 의결로써 집단분쟁조정의 절차를 개시할 수 있다. 이 경우 조정위원회는 14일 간 그 절차의 개시를 공고하여야 한다.

【소비자분쟁조정위원회의 집단분쟁 조정건】
"2007. 9. 10. 열린 소비자분쟁조정위원회에서는 집단분쟁조정 제1호 사건에 대한 배상결정이 내려졌다. 청원군 ○○1차 아파트 주민 235명(조정신청 62명, 추가 참가신청 173명) 2004. 4. (주)□□가 KCC새시 설치계약을 체결한 뒤, 시공과정에서 새시의 강도를 보완하는 중요한 부품인 보강빔을 설치하지 않았다며 재시공을 요구하면서, 협상이 진척되지 않자 주민 62명이 아파트단지 선우를 상대로 손해배상요구와 관련해 집단분쟁조정 절차를 진행했다. 위원회는 결정문에서 새시 상·하부 보강빔 일부가 누락된 것으로 조사되었으나, 공인검사기관(한국건자재시험연구원)의 KS규격 시험결과 안전 및 구조에 문제가 없는 것으로 나타났으나, ① 보강빔을 설치한 시공방법에 관한 계약서를 고의 또는 과실로 위반했고, ② 소비자가 시공 품질을 점검할 수 있도록 한 표준계약서를 교부하지 않고, 임의로 계약서를 사용했으며, ③ 자재누락으로 부당이득을 취득했고, ④ 신의성실의 원칙에 위반하면서 소비자의 계약을 불완전하게 이행한 점을 감안, 손해배상책임이 인정된다고 하였다. 그리하여 "사업자는 보완공사를 받은 가구에는 공사대금 8%, 받지 않은 가구에는 10%에 해당하는 금액을 지급하라"로 결정했다(2007. 9. 12. 세계일보).
이 결정은 "건축물 하자로 인한 문제가 없어도 당초 시공계약을 이행하지 않은 점에 대한 손해배상책임을 인정했다는 점에서 중요한 의미를 가진다."

조정위원회는 사업자가 조정위원회의 집단분쟁조정의 내용을 수락한 경우에는 집단분쟁조정의 당사자가 아닌 자로서 피해를 입은 소비자에 대한 보상계획서를 작성하여 조정위원회에 제출하도록 권고할 수 있다. 그러나 집단분쟁조정의 당사자인 다수의 소비자 중 일부의 소비자가 법원에 소를 제기한 경우에는, 그 절차를 중지하지 아니하고, 소를 제기한 일부의 소비자를 그 절차에서 제외한다(법68조5, 6항). 집단분쟁조정의 절차를 그림으로 나타내면 다음과 같다.

[그림 8-9] 집단분쟁조정절차

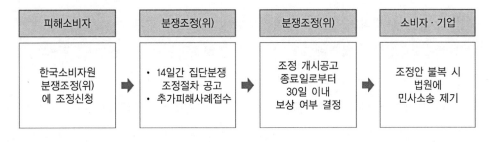

피해소비자	분쟁조정(위)	분쟁조정(위)	소비자·기업
한국소비자원 분쟁조정(위)에 조정신청	• 14일간 집단분쟁 조정절차 공고 • 추가피해사례접수	조정 개시공고 종료일로부터 30일 이내 보상 여부 결정	조정안 불복 시 법원에 민사소송 제기

제4절 건설분쟁 관련 조정제도의 문제점

1. 개 설

앞에서 살펴본 바와 같이 재판외 분쟁해결제도(ADR)는 국내외를 막론하고 매우 다양한 형태로 존재하고, 발전해가고 있음을 알 수 있다. 그러나 우리나라의 경우 화해, 알선, 조정 및 중재 등이 있으나, 건설 분야의 경우 조정, 특히 행정형 조정과 중재가 그 역할의 대부분을 차지하고 있는 실정이다. 따라서 본 장에서는 ADR의 중심적인 역할을 담당하고 있는 조정과 중재제도에 내재된 문제점을 중심으로 고찰하고자 한다.

앞에서 살펴본 바와 같이 우리나라에서는 약 40여 개의 행정형 조정위원회가 설치되어 있으나 이 중 소비자분쟁조정위원회, 언론중재위원회, 환경분쟁조정위원회, 하도급분쟁조정위원회가 다소 활성화되어 이용될 뿐, 전체적으로 이용실적이 저조하며, 주로 조정에 치우쳐 운영되고 있는 실정이다.[45]

건설 관련 ADR은 하도급분쟁조정협의를 제외하고는 대부분 행정관청에 설치되어 있다. 각종 분쟁조정위원회는 해당 특별법을 제정할 때마다 그때그때 다르게 규정하여 그 모양이 동일하지 않다. 예컨대 공동주택인 아파트공사에 시공상의 문제가 발생한 경우, 공사계약에 관련된 분쟁은 건설분쟁조정위원회인지, 공동주택관리분쟁조정위원회인지 또는 소비자분쟁조정위원회인지 일반인은 잘 알 수가 없으며, 역할 또한 매우 혼란스럽다.

또한 건설공사분쟁의 경우라도 국가계약법의 해석과 관련된 분쟁을 건설분쟁조정위원회의 조정대상에서 제외하도록 되어 있고, 하도급공사에 관련된 분쟁에서도 하도급법의 적용을 받는 사항은 역시 제외되도록 규정하고 있어, 많은 문제가 있다. 또한 입찰과 관련된 사항에 대한 분쟁은 국제계약분쟁조정위원회에서 다루도록 되어 있고, 이는 건설공사와 직접적인 관련을 맺고 있음에도 불구하고, 건설분쟁조정위원회의 조정대상이 아니다. 건설분쟁의 내용이 대부분 국가계약법과 관련이 있음을 고려해볼 때 불합리한 규정이 아닐 수 없다.

---

45) 각 조정위원회의 조정의 문제점에 대하여는 유병현, "ADR의 발전과 법원의 조정의 효력", 법조(제53권 6호) 2004. 6., p. 38; 사법제도개혁추진위원회 백서(상권), pp. 289~290 등 참고.

전술한 화해, 알선, 조정 및 중재, 심지어 재판까지도 그 근저에는 이해 당사자들이 가능한 복수의 대안들 중에서 그들 전체가 갈등을 줄이면서 수용할 수 있는 특정 대안을 찾아가는 의사결정과정인 협상이 자리 잡고 있다.[46] "주장은 저항을 유발하지만, 질문은 대답을 유발한다"[47]라는 말처럼 분쟁해결에서 협상은 가장 고전적이며 보편적으로 사용되는 수단임에도 불구하고, 우리나라에서는 아직 협상에 대한 이해와 접근 방법이 익숙하지 못한 것이 사실이다. 특히 건설분쟁에서는 '협상(협의)'에 의하여 해결한다는 원칙적인 명제만 두고, 어떠한 절차나 제한 또는 방법을 제시하지 않고 있어 가장 바람직한 방법임에도 불구하고, 협상으로 분쟁을 해결하는 사례는 많지 않은 실정이다.

2. 제도상의 문제점

1) 조정형태의 혼란

앞에서 본 바와 같이 조정의 형태도 알선, 조정, 재정 또는 심사 등과 같이 다양하다. 알선은 알선위원이 당사자의 의견을 듣고 그 요점을 정리하는 등 사건이 공정하게 해결되도록 중개하여, 민법상 화해계약체결을 유도하는 행위이다. 이러한 알선은 당사자의 자주성을 존중하고 당사자 간의 교섭을 측면에서 지원하면서 분쟁해결을 도모하는 것이다. 알선에 의해 당사자 간에 성립한 화해계약은 민법상의 계약이며 채무인정의 법률효과가 발생한다.

조정은 조정위원회가 특정 분쟁에 대하여 법정 절차에 따라 당사자 쌍방을 중개하여 양해에 의한 합의를 유도하는 제도이다. 조정위원회가 적극적으로 당사자 간에 개입하고 분쟁해결의 실질적인 내용에 대해서도 주도권을 갖고 이끌어간다는 점에서 알선과 차이가 있다. 한편 재정은 민사분쟁에 대하여 재정위원회가 소정 절차에 따라 손해배상책임에 관한 법률적 판단을 내려 분쟁을 해결하는 준사법적 제도이다. 따라서 제3자 개입의 강도에서 차이가 있을 뿐인데 이런 경우 대부분이 조정보다는 재정

---

46) Negotiation is the most obvious way of resolving disputes without the need for court intervention. Negotiation is effective if the parties are prepared to co-operate with each other and can agree the issues in dispute(Russell Caller, op. cit., p. 14).

47) Fisher and Ury, 1981, op. cit., p. 117.

에 의해 처리되고 있는 실정이다.[48]

이러한 다양한 조정형태는 가급적 가벼운 사안도 강도가 높은 재정으로 해결하려고 하는 의식이 작용하여, 그 다양성의 이점을 충분히 살리지 못하는 결과를 초래하게 된다. 또한 전문가가 아닌 일반 분쟁당사자들로서는 조정, 재정, 심사의 법률적인 차이를 알기 어려울 뿐만 아니라, 이는 종국적으로 분쟁조정위원회의 문제해결능력과 공정성을 신뢰하지 않음으로써, 오히려 소송에 의한 재판절차에 의존하려는 경향이 있어 분쟁신청을 기피하는 경향도 있다.

2) 효력상의 문제점

조정의 효력은 비교적 최근에 만들어진 분쟁조정위원회의 경우에는 '당사자 사이의 합의와 동일한 효력'을 인정하고 있고, 과거에 만들어진 위원회의 경우에는 '재판상 화해와 같은 효력'을 인정하고 있다. 국제계약분쟁조정위원회는 그 효력을 재판상의 화해와 같이 보고 있다. 이렇게 될 경우 건설분쟁관련기구 간에서도 조정서와 동일한 합의로 보는 경우와 재판상 화해[49]와 동일한 효력이 인정[50]되는 경우로 혼란스럽다.

재판상 화해는 일단 조정이 확정되면 중재나 소송으로 갈 수 없는 최종적인 효력이 인정되는 경우이다(민사소송법 제220조). 조정의 활성화와 관련하여 가장 어려운 문제는 조정의 효력에 관한 것이다. 성립된 조정에 어떠한 효력을 부여하는 것이 조정의 활성화에 가장 기여할 수 있는가 하는 문제인 것이다.

그런데 이러한 당사자의 합의에 재판상 화해와 같은 효력을 인정할 수 있는가 하는

---

48) 이와 같은 사례는 대부분 환경분쟁조정에서 발생되는 경우인데, 2006년 환경분쟁처리현황을 보면, 처리건수 170건 가운데 재정이 151건(89%), 조정이 19건(11%)으로 재정으로 처리한 건수가 절대적으로 많다는 것을 알 수 있다.

49) 현행 민사조정법에서는 조정의 효력에 대하여 명시적으로 재판상 화해의 효력을 인정하고 있으며, 각종 조정관련 법률에서는 조정의 효력을 다양하게 규정하고 있다. 특히 행정형 조정의 경우 각 법률마다 조정의 효력에 대해 상이하게 규정하고 있다. 일부에서는 단순한 '민법상 화해와 같은 효력'을 인정하기도 하고, '재판상 화해와 같은 효력'을 인정하는 경우와 '조정서와 동일한 합의', 즉 당사자 간의 합의와 동일한 효력으로 보는 경우가 있다. 이는 각 분쟁조정위원회의 기능과 설립목적이 차이나기 때문에 조정의 효력도 달리 규정하고 있다고 해석된다. 그러나 근래에 와서는 행정형 조정(예컨대, 건설분쟁조정위원회, 건축분쟁전문위원회, 하도급분쟁조정협의회, 국가계약분쟁조정위원회, 환경분쟁조정위원회, 소비자분쟁조정위원회 등)의 대부분이 '재판상 화해와 동일한 효력'을 인정하고 있는바, 분쟁해결의 주된 목표가 분쟁의 조정에 있으므로 조정의 효력에 대해서도 통일적으로 규정하는 방향으로 나아가는 것으로 판단된다.

50) 국가계약법 제31조.

문제이다. 현재 판례는 준재심의 소 등 실정법 규정을 근거로 재판상 화해에 기판력을 인정하고 있다.[51] 재판상 화해에 기판력을 인정하는 한 조정에 재판상 화해와 같은 효력을 인정하기는 어렵다. 법원의 판결과는 본질적으로 다른 재판상의 화해에 기판력을 인정하는 것 자체도 문제인데, 더욱이 조정은 재판상 화해와 그 성립과정에서 또 다른 차이가 있기 때문에 이러한 조정에 재판상 화해의 효력까지 인정할 수는 없는 것이다. 즉, 재판이 없었는데 판결과 같은 효력을 인정하는 것은 국민의 재판청구권을 침해하는 문제가 있다.[52]

그러나 다른 한편으로는 조정에 민법상 화해와 같은 효력만을 인정하는 것도 화해제도의 운영에 비효율적이라는 지적이 있을 수 있다.[53] 물론 조정은 양보와 타협을 전제로 하고, 당사자가 동의하지 아니하는 한 조정은 성립하지 아니하므로, 집행의 문제가 없다고 볼 수도 있으나, 법률이 특별히 그 절차의 적정성을 담보하고 있는 한 최소한 집행력만을 인정하는 방안을 적극 검토하여야 할 것이다.

건설 관련 분쟁은 어느 일면으로 해결될 수 없는 매우 복잡하다. 발주자, 시공자, 인근주민, 감리자, 자재업자, 장비업자, 하도급업자 등 다양한 당사자들의 유기적인 관계로 이루어지기 때문에 분쟁역시 다양한 양상을 띠고 있다. 따라서 어느 일면만으로 판단되지 않는 다면성을 지닌 것이 특징이기 때문에 분쟁의 해결도 이런 점이 충분히 감안되어야 할 것이다.

---

51) 대법원 1962. 2. 15. 선고4294민상914 판결 이후 일관된 입장이다(정선주, "ADR통일절차법(시안자료)", 사법제도개혁추진위원회 기획추진단(2006. 11), p. 54; 조병훈, 앞의 논문(주 83), pp. 553~555; 이동흡, 앞의 논문(주 249), pp. 558~563 참조.

52) 이러한 행정형 조정은 위헌의 문제까지 발생시킬 염려가 있는데, 행정관청이 법적 분쟁해결의 주체가 되는 것은 권력분립원칙을 침해하는 것이 되기 때문이다. 특히 우리 헌법 제107조 제3항에서 "재판의 전심절차로서 행정심판을 할 수 있다. 행정심판의 절차는 법률로 정하되 사법절차가 준용되어야 한다"고 규정하고 있어, 행정부가 주체가 되어 ADR을 진행하는 것은 위헌의 소지가 있다는 것이다(정선주, 위의 논문(주 458), p. 30, pp. 53~54). 이러한 지적에 따라 과거 각종 행정분쟁조정위원회에서 행한 조정의 효력에 대해 재판상 화해와 동일한 효력을 인정하였던 규정들이 민법상 화해의 효력을 인정하는 것으로 바뀌었다(정선주, "국민참여에 의한 행정분쟁해결", 저스티스 81권, 76면 이하).

53) 유병현, "우리나라 ADR의 발전방향", 사법제도개혁추진위원회 토론자료, 2006, p. 65 참조.

3. 운영상의 문제점

1) 저조한 이용실적

앞에서 본 바와 같이 건설 분야 ADR 중에서 하도급분쟁조정협의회와 환경분쟁조정위원회를 제외한 다른 조정위원회는 그 이용실적이 매우 저조한 실정이고, 기존의 추세를 보아 크게 개선되기는 기대하기 어렵다. 이러한 원인은 비슷 비슷한 유형의 조정기관이 여러 기관에 분산·설치되어 효율적인 운영 및 홍보가 부족한 실정이며, 그 조정의 형태에서도 알선, 조정 또는 재정 등으로 제각각 다르게 규정되어 있어, 일관적인 운영이 되지 못하고 있다. 또한 건설분쟁조정신청자가 대부분 시공회사이거나 주무부서와 관련이 많은 발주처인데, 조정위원이 고급공무원 중심(최대 15명 중 7명)으로 구성되어 있는 위원회에 굳이 공사로 인해 발생되는 다툼을 이들 앞에서 노출시키는 것을 기피하는 심리도 작용하기 때문이다.

이러한 조정위원들의 구성은 자율성을 존중한다는 조정의 기본원칙이 훼손되어 경직되게 운영될 가능성이 있다. 오히려 이러한 인사보다는 실무형의 중간관리층을 중심으로 전문가형으로 구성할 필요가 있다. 아무리 재판이 아닌 조정이라 해도 건설분쟁은 사안이 복잡하고, 금액이 크며, 이는 기업체에 재정적인 영향을 다른 어떤 분쟁보다도 많이 받기 때문에, 함부로 조정신청이 이루어지지는 않는다. 따라서 종결도 재판이나 중재와 같은 효력을 바라는 경우가 많고 조정 전 합의나 조정안을 수락하는 사례가 적은 것도 그 한 원인이라 할 수 있다.

2) 홍보 부족

우리나라 전체로는 약 40여 개의 ADR 기관이 있고 건설 분야와 관계되는 ADR도 10여 개나 된다. 그러나 이에 대하여 대부분의 이용자가 잘 알지 못하며, 더욱이 해당 조정위원회의 역할이나 조정대상 및 절차 등에 대하여 파악하고 있는 사람은 극히 적다. 구체적인 분쟁이 발생한 경우 어떤 기관에 분쟁해결을 신청해야 하는지를 법률전문가조차 알기 어려운 형편이다. 건설분쟁 이용자는 「건설산업기본법」, 「건축법」 또는 「주택법」에 의한 분쟁조정기구 어디에서 이를 신청하고, 어떤 절차를 이용해야 하는지를 알 수도 없기 때문이다. 건설현장에서 가장 문제시되는 소음·진동·분진 등의 환경관련 분쟁사항도 환경분쟁조정위원회가 있으나, 이를 잘 알지 못하여 즉시에 대응하지 못하는 사례도 자주 접할 수 있다.

매우 합리적이고 저렴하며, 이용하기 편한 제도가 있더라도 이를 알지 못하고, 분쟁이 발생하면 당연히 재판으로 가야 한다고 생각하고 있는 실정이다. 따라서 이를 해소하기 위해서는 보다 능동적인 자세로 홍보에 임해야 할 것이다.

4. 건설분쟁조정위원회의 문제점

건설분쟁은 해마다 증가하고 있는 데도 불구하고 건설분쟁조정위원회의 조정신청 건수는 오히려 줄어들거나, 예년과 큰 변화를 보이지 않는 현상이다.[54] 이는 대한상사중재원의 건설중재와 비교되는 것으로 건설클레임이나 분쟁에 대한 제도적 수용이 충분치 못하고, 동 위원회가 그 기능을 충분히 살리지 못하는 데 원인이 있는 것으로 보인다. 이와 같은 현상은 비록 건설분쟁조정위원회뿐만 아니라 건축분쟁전문위원회, 국제계약분쟁조정위원회 등도 다를 바 없어 운영 실적이 없거나 있더라도 극히 미미한 정도에 그치고 있어, 그 존치의 의의를 찾기가 어려울 상황에 있음을 부인할 수 없다. 이러한 원인으로는 분쟁에 대한 인식 부족, 건설공사 계약관리의 후진성, 타 법령에 의한 분쟁조정 대상의 축소, 관련법령 적용 대상에서의 한계, 조정의 효력상의 문제와 함께 실무전담 기구의 부재로 이용자 불편 등을 초래하고 있다는 점 등을 지적할 수 있다.[55]

그리하여 정부에서는 자율적인 분쟁조정의 활성화를 위해 민간 자율분쟁조정위원회 설치를 추진하고 분쟁조정위원회는 상설사무국 설치와 함께, 위탁의 근거를 마련 지원기능을 강화하여 건설분쟁조정위원회의 기능을 활성화하겠다고 밝혔다.[56]

---

54) 국토교통부(당시, 건설교통부)의 자료에 따르면 연도별 신청건수[연도(신청건수)]를 살펴보면 다음과 같다. '96(7건), '97(8건), '98(38건), '99(29건), '00(9건), '01(13건), '02(11건), '03(13건), '04(12건), '05(8건), '06(3건), '15(12건), '16(42건), '17(39건), '18(33건), '19(24건)으로 나타났다.

55) 건설교통부, "건설분쟁조정위원회 활성화 방안", 2002. 10., p. 41; 건설교통부, "건축분쟁·민원 통합 관리시스템 마련을 위한 연구", 대한주택공사, 2007, pp. 52~53; 사법제도개혁추진위원회, 앞의 책(주 296), pp. 228~290: 여기서는 이와 유사한 내용으로 문제점을 지적하고 있다.

56) 국토교통부 보도자료, "국토교통 규제혁신 전담조직(TF), 도시·건설분야 규제혁신 방안 발표", 2020. 7. 8.

1) 건설공사계약관리의 후진성

국내 건설업계는 아직도 클레임 제기가 활성화되지 못하고 있으며, 분쟁으로 진행될 경우에도 그 처리를 위한 법·제도나 시스템은 완비되고 있지 못한 실정이다. 대부분의 이용자인 건설업계의 건설클레임이나 분쟁처리에 대하여 인식도가 낮은 실정이며, 국제입찰공사에 활용할 수 있는 계약조건의 국제화가 미비하여 분쟁해결에 필요한 내용들이 고려되지 않은 경우가 많고, 아직도 일부 발주자가 우월한 위치에서 시공자와 계약을 체결하고 있어, 분쟁에 대한 시각도 계약당사자의 당연한 권리행사가 아닌 문제의 감정적인 대응 정도로 인식하는 경우도 적지 않다. 이에 못지않게 건설교통부나 기획재정부 등 관련 분쟁기구에 대한 관심도 부족하고 제도를 정비하고 확충하기 위한 예산확보 또한 쉽지 않아 각종 위원회의 설립 취지를 충분히 살리지 못하고 있는 실정이다.

2) 조정의 실효성 미비

건설분쟁조정위원회는 건설업 및 건설용역업의 전반에 걸친 분쟁을 그 대상으로 하지만, ① 국가계약법과 지방계약법의 해석과 관련된 분쟁, ② 건설공사의 하도급에 관한 분쟁의 경우에도 하도급법의 적용을 받는 사항을 조정대상에서 제외하고 있다.[57] 이러한 규정형식은 법령적용상의 원활화를 위한 것이라고 하더라도 해당 규정을 '우선'하도록 하는 것이 아니라, 아예 「건설산업기본법」의 적용대상에서 '제외'한다는 표현으로 규정하고 있어 건설분쟁조정위원회의 이용 자체를 원천적으로 봉쇄해버리는 결과를 초래하고 있다. 뿐만 아니라 건설분쟁의 대부분은 설계변경을 통한 계약금액의 조정에 대한 다툼이 큰 비중을 차지하고 있는데, 여기서 국가계약법 해석 관련 사항이 제외됨으로써 건설분쟁 해결에 충분한 역할을 기대할 수 없는 문제점이 있다.

또한 조정의 자율성에 따라 현행 건설산업기본법은 조정절차의 참가 및 조정과정

---

57) 제69조(건설분쟁조정위원회의 설치) ② 중앙위원회와 지방위원회는 당사자의 일방 또는 쌍방의 신청에 의하여 다음 각 호의 분쟁을 심사·조정한다(1, 4, 5호는 생략).
   2. 발주자와 수급인 간의 건설공사에 관한 분쟁. 다만 국가를 당사자로 하는 계약에 관한 법률 및 지방자치단체를 당사자로 하는 계약에 관한 법률의 해석과 관련된 분쟁을 제외한다.
   3. 수급인과 하수급인 간의 건설공사의 하도급에 관한 분쟁. 다만 하도급거래 공정화에 관한 법률의 적용을 받는 사항을 제외한다.

에서의 탈퇴에 대하여 일부를 제외하고는 제한을 가하고 있지 않으며,[58] 당사자의 탈
퇴시 조정위원회가 상대방 당사자에게 통지하도록 규정하고 있는 바(법73조), 이러한
점을 문제해결의 지연책으로 악용하는 경우도 있어 조정성립에 대한 불확실성으로
인해 조정절차에 당사자가 전심전력하기 쉽지 않다. 이로 인해 분쟁당사자의 조정 기
피 또는 조정절차 개시 후 불성실한 참여, 조정제도 자체의 불신, 조정위원회의 이용
률 저조 등과 같은 부작용이 초래되고 있다.

분쟁조정이 성립된 경우에도 그 효력에 대하여 건설산업기본법(제78조 제3항)은 '당
사자가 조정안을 수락한 때'라는 애매한 표현을 사용하고 있다.[59] 그러나 일반적으로
합의는 당사자 간에 일정한 법률효과의 발생을 위한 의사의 합치로 볼 수 있으며, 이
러한 합의는 재판상 화해와 같은 확정적 효력을 가지지 않는다. 따라서 조정결정의
불이행에 대한 집행문 부여를 규정한 대법원규칙도 적용되지 않아[60] 조정의 실효성
을 기대하기 어렵기 때문에 조정이 분쟁당사자들의 관심을 끌지 못하고 있다.[61]

3) 위원회의 독립성 문제

분쟁조정위원회가 전문성이나 비용적인 측면에서 재판보다 비교우위에 있더라도,
위원회가 다른 조직으로부터 독립성이 확보되어야 그 역할을 다할 수 있을 것이다.
건설분쟁조정위원회의 경우 설치 근거법령인 건설산업기본법에서 국토교통부의 산
하기구로서 규정되어 있기 때문에, 이해당사자로부터 관련기구 또는 행정관청 자체

---

58) 이와 같은 문제점을 해소하기 위하여 「건설산업기본법」 제72조 제3항에서는 "국가·지방자치단체
또는 대통령령이 정하는 공공기관이 분쟁조정 통지를 받은 경우에는 분쟁조정에 응해야 한다"고
규정하여, 실효성의 확보를 기하고 있으나 아직도 활용도가 매우 낮은 실정이다.

59) 제78조(조정의 효력) ① 위원회는 조정안을 작성한 때에는 지체없이 이를 각 당사자에게 제시하여
야 한다. ② 제1항의 규정에 의하여 조정안을 제시받은 당사자는 그 제시를 받은 날부터 15일 이내
에 그 수락 여부를 위원회에 통보하여야 한다. ③ 당사자가 조정안을 수락한 때에는 위원회는 즉시
조정서를 작성하여야 하며, 위원장 및 각 당사자는 이에 서명·날인하여야 한다.

60) 대법원의 「각종 분쟁조정위원회 등의 조정조서 등에 대한 집행문부여에 관한 규칙」(2002. 6. 28. 규
칙 제1768호)에 따르면, "법원 또는 법원의 조정위원회 이외의 각종 조정위원회, 심의위원회, 중재
위원회 또는 중재부 기타의 분쟁조정기관이 작성한 화해조서, 조정조서, 중재조서, 조정서 기타 명
칭의 여하를 불문하고, 재판상의 화해와 동일한 효력이 있는 문서(이하 "조서"라고 한다)에 대한
집행문의 부여신청의 방식과 부여의 절차는 다른 법령에 특별한 규정이 있는 경우를 제외하고는,
성질에 반하지 아니하는 한 이 규칙이 정하는 바에 의한다"고 하여 적용범위를 한정하고 있다.

61) 건설교통부, "건설분쟁조정위원회 활성화 방안", 2002. 10., pp. 50~52 참고.

로 간주되거나 기능의 독립성에 대한 오해를 받기 쉽다. 특히 분쟁의 일방당사자가 공공기관인 경우에는 더욱 그러하다.

위원회의 위원은 ① 국토교통부의 3급공무원 또는 고위공무원단에 속하는 일반직 공무원 ② 기획재정부·법제처 및 공정거래위원회의 3급공무원 또는 고위공무원단에 속하는 일반직공무원과 교수, 판사, 검사, 변호사, 건설 분야에 학식과 경험이 풍부한 사람들 중에서 국토교통부 장관이 위촉하는 사람이 된다. 위원회의 위원장은 국토교통부장관이 위원 중에서 임명하고, 부위원장은 위원회가 위원 중에서 선출한다. 따라서 지금의 경우에서 ① 위원장이 임명권자인 국토교통부장관의 영향력으로부터 자유로울 수 있는지, ② 해당 공무원이 조정업무에 전념하고 위원회를 총괄운영할 수 있는지 의문을 갖게 한다.

이러한 건설분쟁조정위원회가 지니고 있는 문제점은 건축분쟁전문위원회나 주택분쟁조정위위원회 등 행정형 조정제도에서 거의 공통적으로 직면하고 있는 것들로서, 별도로 재론하지 않는다.

제5절 중재에 의한 분쟁해결

1. 중재의 의의[62]

중재(仲裁)란 사적인 법률관계에서 발생하는 분쟁에 대하여 법원의 판결에 의하지 않고 사인인 제3자를 중재인으로 하여 그 중재인의 판정에 맡기는 동시에, 그 판정에 복종함으로써 분쟁을 해결하는 사적 재판제도이다. 중재는 사인이 그 의사에 기초하여 계획된 분쟁해결방법이라는 점에서 국가의 법원에 의한 해결과는 다른 자율적인 제도이며, 당사자 간의 상호 양보나 제3자가 제시하는 조정안에 동의함으로써 분쟁을 해결하는 것이 아니고, 제3자의 판단에 의하여 분쟁을 해결한다는 점에서 재판과 유사하고, 이러한 점은 화해나 조정과는 다르다.

그러나 중재는 비록 재판이기는 하지만 국가권력에 기초를 두는 법원의 법률에 의한 판단에 따르는 것이 아니고, 당사자의 자주적인 의사에 기초를 두는 사적 법원의 경험칙이나 국내외의 다양한 사회관행이나 관습법 및 형평과 선의에 의한 판단에 의하는 것이다. 따라서 이러한 분쟁당사자의 자주적인 측면을 감안하면 화해나 조정에 가깝고 재판과는 다르다. 따라서 중재는 강제적 분쟁해결방법인 재판과 자주적 분쟁해결방법인 화해나 조정의 중간적 위치에 있는 분쟁해결방법이라 할 수 있다.[63]

2. 국제 중재의 개요

국제공사 계약에서는 국제상업회의소(ICC)의 국제중재법원의 규정을 적용하는 사례가 많다. 국제 간의 상사분쟁을 다루는 ICC(International Chamber of Commerce)는 1919 프랑스 파리에서 설립되었으며, 국제상업회의소의 후원하에 운영되는 국제중재법원(International Court of Arbitration: ICA)은 1923년에 설립되어 국제상거래에서 발생하는 분쟁을 중재를 통해 해결하는 대표적이고 상징적인 국제중재기관으로 발전해왔다. 「ICC

---

62) 중재제도에 대해서는 양병회·장문철·서정일 외 6인, "주석 중재법", 대한상사중재원·대한상사중재학회, 2005; 대한상사중재원, 중재논총; 김태기, "대안적 분쟁해결제도와 조정 및 중재", 산업연구(제26집), 2004; 小島武司, ADR·仲裁法教室, 有斐閣, 2001; 大隈一武, 國際商社仲裁の理論と實務, 中央經濟社, 平成7年; 곽영용 외 6인, "최신 상사중재론", 대한상사중재인협회, 2001. 등을 참고.

63) 고범준, "국제상사중재법 해의", 대한상사중재원, 1985, pp. 12~14; Michael Waring, Commercial Dispute Resolution, College of Law Publishing, 2006, pp. 121~122.

Rules of Conciliation and Arbitration」이라는 중재규칙을 사용하고 있다. 긴급중재인(Emergency Arbitration)제도와 효과적인 사건 관리를 위하여 적절하다고 판단하는 절차적 수단을 채택할 수 있는 재량권을 가지고 있다.

국제중재법원(ICA)의 중재를 희망하는 양 당사자는 자국의 국내위원회를 통하거나 또는 직접 재판소 사무국에 직접 중재 신청을 한다. 중재인은 분쟁의 조정 이외에 중재비용을 결정하고 동시에 어느 당사자가 비용을 부담하는지 또는 비용을 양당사자에게 어떤 비율로 분담시킬 것인지를 결정한다. 국가나 주정부(州政府)에 따라서는 각각 상이한 중재제도를 두고 있는 곳도 있으며, 곧바로 지방재판소에 제소해서 결정을 요구하는 국가도 있으므로 계약조건의 중재규정을 충분히 유의할 필요가 있다. 국제적으로 권위가 인정되고 있는 중재기관은 아래와 같다.[64]

[표 8-4] 주요 중재기관

지역별	중재기관
Europe	• ICC(International Chamber of Commerce/International Court of Arbitration) • LCIA(London Court of International Arbitration) • PCA(Permanent Court of Arbitration)-Netherlands • SCAI(Swiss Chamber's Arbitration Institution) • VIAC(Vienna International Arbitration Centre) • SCC(Stockholm Chamber of Commerce Arbitration Institute) • DIS(German Institution of Arbitration)
Asia Pacific	• KCAB(Korea Commercial Arbitration Board) • SIAC(Singapre International Arbitration Arbitration Centre) • CIETAC(China International Economic and Trade Arbitration Centre) • JCAA(Japanes Commercial Arbitration Association)
North America	• AAA/ICDR/NCDRC(American Arbitration Association/International Center for Dispute Resolution/National Construction Dispute Resolution Committee) • JAMS(Judicial Arbitration and Mediation Services, Inc)

---

64) 대한건설협회, 국제화시대의 건설영어, 1996, pp. 39~40; 대한상사중재인협회, "제4차 산업혁명시대의 중재제도 활성화 방안", (사)대한중재인협회 제10대 회기 학술대회, 2017. 2. 27. p. 19.

3. 중재제도의 장점과 문제점

1) 중재제도의 장점

첫째, 전문성(expertise)이다. 중재절차에서는 중재인을 당사자가 선택할 수 있기 때문에, 전문적 색채가 강한 분야에서는 전문적 지식을 가지는 사람을 중재인으로 선정함으로써 확실한 판단을 요구할 수 있다. 이러한 중재인은 소송절차에서는 감정인을 필요로 할 경우에도 이것이 불필요하게 된 적이 많고, 비용이나 시간적인 면에서도 유리하다. 중재인들은 특허, 환경, 지적재산, 해사문제 및 건설 분야 등 분쟁관련 주제에 대한 전문지식을 가지고 있다.

둘째, 신속성(fast)이다. ADR이 소송보다 신속하게 하는 데는 여러 가지 요소가 작용하며 이러한 요소는 그에 따른 비용도 줄게 한다. 먼저 전문가를 중재인으로 선정하여 분쟁사건과 관련된 사실을 확인하는 데 드는 시간과 비용이 절약되며, 중재절차를 규율하는 규칙의 단순함이 중재의 신속성에 기여한다. 중재판정부는 증거의 인용, 관련성, 중요성 등을 결정할 수 있고, 중재인들이 이러한 기회를 적절히 활용하면 증거제시에 소요되는 시간과 비용을 대폭적으로 줄일 수 있다.

셋째, 비밀보호(confidential)가 가능하다. 일반 소송절치는 대중에게 공개되어 있고 법원 판결은 출판되어 누구에게나 접근이 허용된다. 소송절차에서 영업비밀, 고객명부, 재무데이터, 시장분석 자료 등 기업이 비밀로 유지하고자 하는 정보들의 비밀성을 유지하는 것은 거의 불가능하다.

넷째, 국제성(international)을 가지고 있다. 국제적인 사건에서는 소송에 따른 해결은 관할 법원, 준거법, 절차의 차이, 집행 시의 불확정 요소 등 위험이 크다. 이와 반대로 중재에서는 이것에 관련해 합의할 수 있는 규칙으로 정하는 일도 많다. 국제 지적재산권 분쟁이나 다국적 기업이 참여한 대규모 해외 건설 프로젝트에 관련된 분쟁을 소송을 통해서 해결한 경우, 한 나라에서 결정된 판결을 다른 나라에서 집행하기가 용이하지 않다.

반면, 외국에서 내려진 중재판정을 집행하는 것은 그렇게 어렵지 않다. 많은 경우에 당사자들은 법원에 의한 집행을 구하지 않고 스스로 중재판정에 따른다. 법원에 의한 집행이 필요한 경우에도 1958년에 체결된 「외국 중재판정의 승인 및 집행에 관한 UN협약」[65]에 의해 집행절차가 상대적으로 쉽다. 즉, 동 협약에 의해 국경을 초월하여 외국에서도 중재판정의 승인과 집행이 보장된다.

2) 중재제도에 대한 비판

기업에 중요한 분쟁을 사인(私人)들의 손에 맡기는 중재에 대한 비판적인 시각도 많다. 또한 전술한 바와 같이 중재의 이점들이 항상 실현되는 것은 아니다. 예컨대 당사자나 대리인들이 상당히 조심스러워 법원 소송절차 수준의 엄격성을 요구한다면 중재의 유연하고 간단한 절차적 이점을 잃고 이에 따라 신속성과 비용에서의 이점도 사라질 것이다.

첫째, 중재의 본래 특성에 의한 문제를 들 수 있다. 중재판정은 극히 예외적인 경우를 제외하고는 항소가 불가능한 최종적인 판정이다. 때때로 이러한 최종적인 특성이 당사자나 변호인들을 매우 적대적으로 만들 수도 있다.[66]

둘째, 중재인 선정의 문제이다. 중재절차에서는 공평한 중재인을 선정하는 일이 곤란한 경우가 적지 않다. 중재는 법원의 심판권을 배제하기 때문에, 재판을 받을 권리의 포기가 따른다. 중재계약의 유효성의 판단에 대하여는 신중한 고려가 필요하다.

셋째, 중재합의에 의한 문제점이다. 법정소송은 국가에서 정한 절차와 구조를 가진 재판정에 분쟁해결을 의뢰하는 것인데 반하여, 중재는 이와 근본적으로 다르다. 중재는 그 존재와 형태를 전적으로 당사자 사이의 중재합의에 의존한다. 특히 건설공사에서 발생하는 분쟁의 경우 국가계약법의 하부규정인 「건설공사계약일반조건」 제51조에서는 분쟁이 발생한 경우 조정이나 중재 또는 재판으로 해결하도록 규정하고 있어 소위 '선택적 중재조항'의 문제가 크게 대두되고 있는 실정이다.[67]

---

65) the UN Convention on the Recognition and Enforcement of Foreign Arbitral Awards는 '뉴욕협약'이라 약칭한다. 우리나라는 1973년 2월 8일자로 가입하였으며, 2014년 8월 현재 뉴욕협약의 가입국은 150개 국가이다(http://www.kcab.or.kr 참고).

66) 분쟁당사자들이 중재제도를 활용하기로 합의했다면 그 자체가 분쟁당사자들 간의 협상에 영향을 미친다. 분쟁당사자들이 합의에 도달하기 위해서 협상을 한다고 하더라도, 당사자들 궁극적으로 중재를 통해서 분쟁이 해결될 수 있다는 가능성을 의식하게 되기 때문에, 협상을 적극적으로 하려는 열의가 줄어들 수 있다. 협상과정에서 양보하면 나중에 중재를 받는 과정에서 자신에게 불리하게 작용할 수 있다고 예상하게 되기 때문이다. 따라서 분쟁당사자들은 협상과정에서 양보를 기피하게 되어, 결과적으로 중재제도는 협상의 인센티브를 저하시키는 문제를 가지고 있다. 이러한 문제를 중재제도의 냉각효과(chilling effect) 문제라고 부른다(김태기, "대안적 분쟁해결제도와 조정 및 중재", 산업연구(제26집), 2004. 8., pp. 10~11).

67) 이러한 선택적 중재조항의 유효성에 대한 법원의 판결은 엇갈린 내용으로 나타나고 있어 매우 혼

3) 중재합의

(1) 의의와 특색

중재합의(arbitral agreement) 또는 중재계약이란 일반적으로 현재 발생하고 있거나 장래 발생할지도 모르는 분쟁을 중재에 의하여 해결하기로 하는 당사자 간의 약정을 말하는데, 이는 현재 모든 나라의 법에서 인정되고 있으나, 그 효력과 인정범위는 국가마다 다르다.[68] 중재제도의 핵심은 중재계약 또는 중재합의에 있다. 법률관계에 대해서 그 당사자가 하는 중재합의야말로 중재절차의 기초가 된다.

(2) 중재합의의 방식

중재합의는 당사자 간의 분쟁해결을 국가기관이 아닌 사인에게 맡기는 매우 특수한 성격의 계약이다. 그러므로 계약이 진실성이 담보되어야 할 뿐 아니라, 계약당사자들로 하여금 그 계약내용이 가지는 중요성을 일깨워 주어야 하는바, 이를 위하여 국가는 그 계약에 매우 엄격한 형식을 요구하여왔다.

첫째, 중재합의의 방식 중 가장 중요한 것은 중재합의는 반드시 서면으로 작성되어야 한다는 것이다. 이를 서면성(agreement in writing)이라 한다. 서면성을 입법으로 요구하는 국가에서는 서면에 의하지 않은 중재합의는 무효로 하는 데 반하여, 그렇지 않은 나라에서는 이는 입증에 관한 문제로 본다.

둘째, 중재조항이 주된 계약(principal contract)의 본문에 포함되어 있지 않은 경우, 즉 주된 계약에는 "일반거래약관(general conditions of business)을 인용한다" 또는 "…규칙에 의한다"라고 인용하고, 그 일반거래약관 또는 규칙에 중재조항이 포함되어 있는 경우에, 위 중재합의는 유효한가의 문제이다. 일반적으로는 이 경우 일반거래약관 또는 규칙이 계약의 내용에 포함된 것으로 보아 중재조항의 효력을 인정하고 있다. 이

란스러운 실정에 있고, 이러한 내용으로 인해 건설중재의 활성화에 저해요인으로 작용하고 있다. 상세한 설명은 후술한다.

68) 손경한, "중재합의에 관한 일반적 고찰", 중재논총, p. 273; 김용한, "중재합의의 준거법", 중재논총, p. 295; 목영준, "국제거래에 있어서의 중재조항", 사법논집(21집), p. 635; 곽영용 외 6인, 앞의 책(주 370), pp. 106~108; 小島武司, 前揭書(註28), pp. 98~116; Edward Brunet·Richard E. Spidel·Jean R. Sternlight· Stephen J. Ware, Arbitration Law in America: A Critical Assessment, Cambridge University Press, 2006, pp. 39~40. 참조.

는 우리법원의 판례이기도 하다.[69] 우리나라 「중재법」 제8조 제4항에서도 "계약이 중재조항을 포함한 문서를 인용하고 있는 경우에는 중재합의가 있는 것으로 본다. 다만 그 계약이 서면으로 작성되고 중재조항을 그 계약의 일부로 하고 있는 경우에 한한다"라고 규정하고 있다.

【판례】 중재합의는 사법상의 법률관계에 관하여 당사자 간에 이미 발생하였거나 장래 발생할 수 있는 분쟁의 전부 또는 일부를 법원의 판결에 의하지 아니하고 중재에 의하여 해결하도록 서면에 의하여 합의를 함으로써 효력이 생기는 것이므로, 구체적인 중재조항이 중재합의로서 효력이 있는 것으로 보기 위하여는 중재법이 규정하는 중재의 개념, 중재합의의 성질이나 방식 등을 기초로 당해 중재조항의 내용, 당사자가 중재조항을 두게 된 경위 등 구체적 사정을 종합하여 판단하여야 한다. 중재합의는 중재조항이 명기되어 있는 계약 자체뿐만 아니라, 그 계약의 성립과 이행 및 효력의 존부에 직접 관련되거나 밀접하게 관련된 분쟁에까지 그 효력이 미친다(대법원 2005. 5. 13. 선고 2004다67264, 67271 판결).

(3) 중재합의의 사례

각국의 상설중재기관에서는 중재의 효율성을 높이고 신속한 중재절차의 진행을 위하여 당사자들이 중재계약을 체결할 때 쉽게 이용할 수 있도록 표준중재조항을 마련해놓고 있다. 대한상사중재원에서 권고하는 「표준중재조항」은 다음과 같다.

① 중재거래 시 중재조항의 예

이 계약으로부터 발생되는 모든 분쟁은 대한상사중재원에서 중재규칙에 따라 중재로 최종 해결한다.

---

69) 대법원은 "영국회사 甲과 한국회사 乙의 대리인이라 칭하는 丙 사이에 작성된 강철봉 매매계약서 앞면좌측 상단에는 '뒷면의 조건에 따라 공급하여 주십시오(please supply, subject to conditions overleaf)' 라고 부동문자로 인쇄되어 있고, 뒷면의 조건 중 제13조에는 '본 계약의 효력, 해석 및 이행은 영국 법에 따라 규율되며, 그 효력, 해석 및 이행을 포함하여 본 계약서하에서 또는 그와 관련하여 발생하는 모든 분쟁은 본 계약일의 런던중재법원규칙에 따라 중재에 의하여 결정된다'라고 기재되어 있고, 丙이 그 조항의 내용을 충분히 이해하고서 위 매매계약서에 서명한 경우 위 뉴욕협약 제2조 제2항 소정의 계약문 중 중재조항으로서 같은 조 제1항 소정의 '분쟁을 중재에 부탁하기로 하는 취지'의 서면에 의한 중재합의에 해당한다"고 판시하고 있다(대법원 1990. 4. 10. 선고 89다카20252 판결).

② 국제거래 중재조항의 예

『All disputes, controversies, or differences which may arise between the parties out of or in relation to or in connection with this contract, or for the breach thereof, shall be finally settled by arbitration in Seoul, Korea in accordance with the Arbitration Rules of The Korean Commercial Arbitration Board and under the law of Korea. The award rendered by the arbitrator(s) shall be final and binding upon both parties concerned.』

『이 계약으로부터 또는 이 계약과 관련하여 또는 이 계약의 불이행으로 말미암아 당사자 간에 발생하는 모든 분쟁, 논쟁 또는 의견차이는 대한민국 서울에서 대한상사중재원의 중재 규칙 및 대한민국법에 따라 중재에 의하여 최종적으로 해결한다. 중재인(들)에 의하여 내려지는 판정은 최종적인 것으로 당사자 쌍방에 대하여 구속력을 가진다.』

(4) 중재합의의 효력

중재계약이 유효하게 체결되면 일정한 법률효과가 발생한다. 이 법적 효과는 두 가지 다른 방향으로 발생하게 된다. 즉, 해당 법률관계에 관해서 법원에 소송이 제기된 경우에, 이 중 재계약의 당사자는 그 권리관계에 대해서는 중재계약이 존재하는 취지를 주장해서 재판소에 심판의 배제를 요구할 수 있다. 단, 중재계약의 존재는 법원의 직권으로는 고려되지 않고, 당사자의 항변에 따라서 비로소 고려된다(이것을 '중재계약의 항변'이라고 한다). 법원은 이 경우에 중재계약의 존재를 인정하면, 소송을 각하해야 한다(중재법9조1항).[70]

한편으로는, 중재계약의 당사자는 중재절차를 성실하게 추진할 의무를 맡는다고 이해할 수 있다. 또 중재절차상 당사자에게 부과된 다양한 의무는 이 계약에 유래한다고 생각할 수 있다.[71]

---

70) 중재합의는 중재조항이 명기되어 있는 계약 자체뿐만 아니라, 그 계약의 성립과 이행 및 효력의 존부에 직접 관련되거나 밀접하게 관련된 분쟁에까지 그 효력이 미친다(대법원 2005. 5. 13. 선고 2004다67264, 67271 판결[중재판정취소·집행]).

71) 서순복, 앞의 책(주4), pp. 64~65 참조.

4. 대한상사중재원[72]

1) 법적 근거

중재와 관련해서는 「중재법」(1966. 3. 16. 법률 제1767호 제정)과 하부규정으로 「중재규칙」(1989. 11. 16. 대법원 승인)이 있다. 중재법은 그 후 6차의 개정이 있었는데, 당초 개정은 독일·영국 등의 외국 입법례를 참고하면서 UNCITRAL 모델법의 체계와 내용을 수용하는 방향에서 개정되어왔다.[73]

중재규칙은 중재당사자가 중재의 절차법규로 대한상사중재원의 중재규칙을 지정한 경우에는 중재규칙이 절차를 규율한다. 현행 중재법에 의하면 정부에 의하여 상사중재기관으로 지정받은 사단법인이 중재규칙을 제정하거나 변경하는 때에는 대법원장의 승인을 얻도록 하고 있다(법41조).[74] 대한상사중재원은 민법(제32조 사단법인의 설립)에 의하여 대법원의 승인을 얻어 설립된 국내 유일의 중재기관으로서 국제·국내 상거래에서 발생하는 분쟁을 중재와 알선 등을 통하여 분쟁을 신속·저렴하게 해결함으로써 무역진흥을 촉진하고 상거래 질서를 확립하여 국민의 편익을 증진시키기 위해 설립되었다.

2) 중재절차

중재절차는 중재사건이 접수되어 판정이 내려질 때까지의 진행과정으로 중재절차는 당사자가 중재계약으로 정할 수 있으나(법7조1항), 절차에 관하여 별도의 합의를 하지 아니하였거나 절차에 관하여 당사자들의 의사가 분명하지 아니한 경우에는 중재

---

72) 우리나라의 중재제도 및 대한상사중재원에 대한 내용은, 곽영용 외 6인, "최신 상사중재론", 대한중재인협회, 2001; 양병회·장문철·서정일 외 6인, 앞의 책(주 370), 2005; 중재원 30년사, 중재원, 1996 등을 참조.

73) UNCITRAL 모델법은 각국이 중재법제를 정비하는 때에 모델로 하는 것을 상정하고 있다. 국제상사분쟁의 중요한 해결수단인 중재의 기능을 높이기 위해서는 각국의 중재법제도 및 실무가 통일되는 것이 바람직 한 것이나, 중재법은 국내의 사법제도와 밀접 불가분의 관계가 있는 절차법으로서의 성격을 가지기 때문에, 조약에 의하여 통일화하는 것도 곤란하다. 그래서 모델법이라는 형식을 선택한 것이다(양병회·장문철·서정일 외 6인, 위의 책(주 370), p. 3).

74) 우리나라의 중재규정은 대한상사중재원의 중재규칙으로 단일화 되어있으나, 미국의 경우 각 기관별로 별도의 중재규정을 두고 있으며(예컨대, 건설 분야의 경우 Construction Industry Arbitration Rules), 이를 분야별로 분류하고 그에 따라 개별 중재규정을 두고 있다. 미국의 중재협회의 경우는 47종의 중재규정이 있다(http://www.adr.org 참조).

규칙에 따라 다음과 같이 중재절차가 진행된다(법7조3항). ① 중재계약(합의) ② 중재신청서 접수 ③ 중재비용 예납 ④ 중재신청서의 접수통지 ⑤ 중재인 선정절차진행 ⑥ 답변서 접수 ⑦ 중재인 취임수락 요청 및 접수 ⑧ 중재판정부 구성(1인 또는 3인) ⑨ 중재인 선정 및 심리기일 통지 ⑩ 심리개최 ⑪ 심리종결 ⑫ 중재판정 ⑬ 중재판정문 정본(당사자) 및 원본(법원)송달 ⑭ 사건종결(분쟁해결) 등의 순으로 진행된다.

[그림 8-10] 중재절차 진행과정도

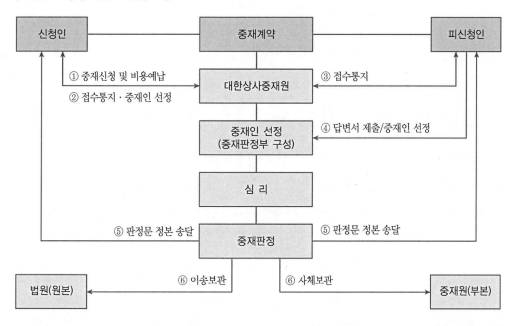

3) 중재계약의 효력

첫째, 직소금지의 효력이 있다. 이는 "중재합의의 대상인 분쟁에 관하여 소가 제기된 경우에 피고가 중재합의의 존재의 항변을 하는 때에는 법원은 그 소를 각하하여야 한다"고 규정(법9조)하고 「중재법」 제3조에서는 "중재계약의 당사자는 중재판정에 따라야 한다. 다만 중재계약이 무효이거나 효력을 상실하였거나 이행이 불능인 때에 한하여 법원에 소송을 제기할 수 있다"라고 규정하여, 직소금지를 천명하고 있다.

둘째, 최종해결의 효력이다. 「중재법」 제12조에서는 "중재판정은 당사자 간에 있어서는 법원의 확정판결과 동일한 효력이 있다"고 하여, 판정이 일단 내려지면 소송과 같이 불복절차인 항소나 상고제도가 허용되지 않는다는 점을 밝히고 있다.

셋째, 중재판정은 「New York 협약」에 의하여 국제적 효력을 인정받고 있다. 이 협약에 따라 우리나라에서 내려진 중재판정이 외국에서도 승인·집행되며, 반대로 외국에서 내려진 중재판정 역시 우리나라에서도 승인되고 집행이 보장된다.[75]

【판례】「외국중재판정의 승인 및 집행에 관한 유엔협약」(이하 '뉴욕협약'이라고 한다)은 제5조 제1항 (a)호 후단에서 중재판정 승인·집행거부사유의 하나로 중재합의가 무효인 경우를 들면서, 중재합의가 무효인지에 관하여 1차적으로 당사자들이 지정한 법령에 의하고, 지정이 없는 경우에는 중재판정을 내린 국가의 법령에 의하여 판단하도록 규정하고 있다. 그리고 뉴욕협약은 제2조 제1항에서 중재합의에 서면형식을 요구하면서, 제2항에서 "서면에 의한 중재합의란 계약문 중의 중재조항 또는 당사자 사이에 서명되었거나 교환된 서신이나 전보에 포함되어 있는 중재의 합의를 포함한다"라고 규정하고 있는데, 뉴욕협약이 요구하는 '서면에 의한 중재합의'가 결여되었다면 이는 중재판정의 승인·집행거부사유인 중재합의가 무효인 경우에 해당한다(대법원 2016. 3. 24. 선고 2012다84004 판결[집행판결]).

5. 중재판정의 이행과 강제집행

중재판정이 내려진 후 패소자가 그 판정에 불복하여 구제받을 수 있는 유일한 수단이 '중재판정 취소의 소'라고 한다면, 상대방이 중재판정에 따라 이행치 않는 소송자가 받을 수 있는 수단은 '중재판정의 승인 또는 집행의 소'이다.

중재판정은 법원의 확정판결과 동일한 효력이 있으므로 당사자들은 판정내용을 이행하여야 한다. 그러나 판정은 외국판결과 같이 그 자체로서 집행력이 없으므로 강제집행을 허용하는 법원의 집행판결로 그 적법함을 선고받아야 한다. 그리고 집행판결에 관한 소에 대하여 중재계약에서 합의한 때에는 그 지방법원 또는 동 지원이 관할하고, 그러하지 아니한 때에는 「민사소송법」이 적용된다.

또한 중재판정에 의하여 확정된 청구권 내지 권리관계는 집행판결절차에서 다툴 수 없고 그것에 관한 항변도 제출할 수 없다. 따라서 중재판정의 취소의 사유가 없는 한, 중재판정에 대한 집행판결은 어떠한 저항도 받지 않고 그대로 인용된다. 집행판결이 내려지면 그것이 미확정인 때에는 가집행의 선고에 의하여, 확정이 된 때에는

75) 「외국중재판정의 승인 및 집행에 관한 UN협약(The United Nations Convention on the Recognition and enforcement of foreign Arbitral Awards: 약칭 New York 협약)」이 UN에 의하여 1958. 6. 10. 미국 New York에서 채택됨으로써 각 체약국 간에는 외국중재판정의 승인 및 집행을 보장받게 되었다. 우리나라도 1973. 2. 8. 이 협정에 가입, 동년 5. 9.부터 효력이 발효됨에 따라 국내 유일의 중재기관인 대한상사중재원에서 내려진 중재판정은, 협약체약국간에서는 그 승인 및 집행을 보장받게 되었다(고범준, 앞의 책(주 372), pp. 115~116).

그 확정판결에 기하여 강제집행을 할 수 있다.

중재판정취소의 소에 대해서는 「중재법」 제36조에서, 중재판정의 승인과 집행에 대해서는 제37조에 규정하고 있다. 중재판정은 국내 중재판정과 외국 중재판정으로 구분된다. 국내 판정은 대한민국 내에서 내려진 중재판정으로 중재판정 취소의 소의 사유가 없는 한 승인 또는 집행된다.

한편, 외국 중재판정은 「외국 중재판정의 승인 및 집행에 관한 협약」(일명 New York 협약)을 적용받는 외국 중재판정의 승인 또는 집행은 같은 협약에 따라 집행한다. New York 협약의 적용을 받지 아니하는 외국 중재판정의 승인 또는 집행에 관하여는 「민사소송법」 제217조, 「민사집행법」 제26조 제1항 및 제27조를 준용한다.

6. 선택적 중재조항의 문제

1) 문제의 제기

국가, 지방자치단체, 공기업 등이 공사도급계약, 기술용역계약 및 물품구매계약을 체결하는 데 「국가계약법」 제22조, 동법 시행령 제48조, 동법 시행규칙 제29조에 의거한 표준계약서를 통하여 기획재정부의 회계예규인 「공사계약일반조건」, 「기술용역계약일반조건」, 「물품구매계약일반조건」을 계약의 일부로 편입하고 있다. 그 일반조항들에 분쟁해결수단으로 중재 또는 소송을 선택할 수 있다는 조항이 들어 있고 그 내용도 수차례 바뀌어왔다.[76)]

그런데 위 조항과 관련하여 다수의 중재사건에서 중재 피신청인으로부터 중재합의의 부존재 등을 이유로 본안 전 항변이 제기되었고, 이에 따라 일부 중재사건은 본안 전 항변이 수용되어 중재각하판정이 내려진 사안도 있으며, 여타 사건의 경우에는 본안 전 항변이 중재판정에서 받아들여지지 않자, 중재판정취소의 소송 또는 중재절차

---

76) 선택적 중재합의 논란에 대하여는 다수의 연구논문이 발표되었다. 장문철, "선택적 중재합의의 유효성", 중재(제307호), 2003. 봄, p. 49; 하충룡·박원형, "미국법원의 판례를 통한 선택적 중재합의의 지위", 중재연구(제17권제1호), 2007. 3., pp. 78~94; 안동섭, "중재합의의 유효성", 중재(제310호), 대한상사중재원, 2003. 겨울, p. 54; 김명기, "선택적 중재합의에 관한 판례연구", 중재(제309호), 대한상사중재원, 2003. 가을, p. 15; 채완병, "우리나라의 건설중재 현황과 활성화 방안", 대한상사중재원, 2004. pp. 19~21; 목영준, "중재에 있어서 법원의 역할에 관한 연구", 연세대학교대학원 박사학위논문, 2004, pp. 33~49; 김경배·신군재, "선택적 중재합의의 유효성에 관한 연구", 중재연구(제15권제1호), 2005. 3.

위법확인의 소송형태로 법원에 계류 중에 있는 사건도 있었다.

이는 사적자치의 원칙, 계약자유의 원칙의 내용 속에 당사자가 자신들이 정한 사법상의 법률관계로 인한 분쟁을 해결하는 수단을 임의로 선택할 수 있는가. 특히 중재와 같은 종국적 분쟁해결방식이라고 할 수 있는 것을 선택적 방식으로 약정할 수 있는가 하는 측면에서 중요한 의미를 지니고 있다.

현행 「공사계약일반조건」 제51조에서는 계약당사자 간 분쟁에 대한 상호합의 도출이 불가능할 시는 중재, 조정 또는 법원의 판결 등으로 분쟁을 해결하도록 규정하고 있다. 그러나 계약당사자의 일방이 상호 별도의 합의 없이 중재로써 분쟁해결을 하고자 할 경우, 과연 계약조건상의 중재를 사전 합의로 해석할 수 있느냐에 대한 논란이 일고 있다. 이것이 이른바 '선택적 중재합의'라 한다. 중재합의의 부존재의 사유는 다양하겠지만, 최근 들어 건설공사도급계약이나 기술용역과 관련된 분쟁에서 중재합의의 유효성 여부에 대한 다툼은 불명료한 중재조항에 대해서 뿐만 아니라 중재제도에 대한 법원의 엄격한 해석도 논란이 되고 있다.

정부건설공사계약의 체결에서는 일반계약조건은 핵심적인 계약문서[77] 중의 하나로서 그 틀을 유지하는데, 그 계약일반조건에 있는 중재합의의 조항이 불분명하여 중재사건처리에 혼선을 가져오고, 중재인들도 명확한 기준이 없는 관계로 중재합의부존재라는 본안전 항변에 대하여 심리과정에서 즉각적인 답변을 제시하지 못하고 있고, 이로 인해 중재를 기피하거나 소송으로 사건을 해결하려는 움직임이 있는 실정이다. 선택적 중재합의에 대한 법원의 판결은 유효론과 무효론으로 나누어져 일관성을 유지하지 못하고 있었으나, 최근에 대법원 판결[78]로 선택적 중재합의에 대한 무효 또는 부존재의 경향으로 확립되어 가고 있다.

---

77) 여기서 계약문서란 계약조건을 이행하기 위해 필요한 서류로서 ① 계약서, ② 설계서, ③ 유의서,
     ④ 공사계약일반조건, ⑤ 공사계약특수조건, ⑥ 산출내역서를 말하며, 이러한 서류는 상호보완의
     효력이 있다(공사계약일반조건 제3조).
78) 대법원 2003. 8. 22. 선고 2003다318 판결; 대법원 2004. 11. 11. 선고 2004다42166 판결; 대법원2005.
     5. 27. 선고 2005다12452 판결.

2) 한국철도시설공단의 간접비 소송사건 사례

한국철도시설공단(피신청인, 이하 '갑'이라 함)은 1998. 6. 30. ○○건설(주), □□토건(주), △△건설(주) 등 세 회사(신청인, 이하 '을'이라 함)와 경부고속철도 제7-1공구 노반신설공사에 대한 도급계약을 체결한 후 수차의 설계변경을 거쳐 2002. 5. 22. 도급변경계약을 체결하면서, 그 분쟁해결방식을 제2의 유형을 채택하였다.

'을'은 '갑'을 상대로 대한상사중재원에 "물가변동에 따른 계약금액의 조정 및 터널굴착방법 변경에 따른 설계변경으로 감액된 82억 9,700만 원 및 이에 대한 지연손해금을 지급하라"는 내용의 중재를 신청하였고, 이에 대하여 '갑'은 중재합의 부존재 항변을 하였다. 그러나 대한상사중재원은 중재합의가 존재함을 전제로 2003. 2. 10. "'갑'은 '을'에게 6,637,600,000원 및 이에 대한 지연손해금을 지급하라"는 중재판정을 내렸다.

이에 '갑'은 위 중재판정의 취소를 구하는 소를 제기하였는바, 제1심법원은 양자 사이에 중재합의가 존재한다는 전제에서 '갑'의 취소청구를 기각하였다.[79] '갑'은 다시 서울고등법원에 항소하였는데, 서울고등법원은 "이 사건 조항과 같이 선택적으로 중재에 의한 해결을 취할 수 있는 조항이 있는 경우에는, 일방 당사자가 상대방에 대하여 조정이나 판결이 아닌 중재절차로 선택하여 그 절차에 따라 분쟁을 해결할 것을 요구하고, 이에 대하여 상대방이 별다른 이의 없이 중재절차에 임하였을 때 비로소 중재합의로서 효력이 있을 뿐, 상대방이 중재신청에 대하여 중재합의의 부존재를 적극적으로 주장하면서 중재에 의한 해결에 반대한 경우에는 중재합의로서의 효력이 없다.

그런데 '갑'은 위 중재사건에서 이 사건 중재판정에 이르기까지 거듭 중재합의의 부존재를 주장하면서 중재에 의한 해결에 반대하였으므로, 양자 사이에는 유효한 중재합의가 존재하지 아니하고, 따라서 이 사건 중재판정은 취소되어야 한다"고 하면서 제1심 판결을 취소하고 '갑'의 취소청구를 받아들였다.[80] '을'은 대법원에 상고하였는데, 이에 대하여 대법원은 위 서울고등법원의 판결과 같은 취지에서 '을'의 상고를 기각하였다.

---

79) 서울중앙지방법원 2003. 9. 18. 선고 2003가합34392 판결.
80) 서울고등법원 2004. 7. 2. 선고 2003나66693 판결.

3) 대법원의 판례

이와 같이 하급심의 엇갈린 판결이 나오는 가운데 대법원(2003. 8. 22. 선고 2003다318 판결)은 "…위와 같은 내용의 선택적 중재조항은 일방당사자가 중재절차를 선택하여 분쟁해결을 요구하는 데 대하여 상대방이 이의 없이 중재절차에 임하였을 때 중재계약으로서 효력이 있다고 할 것이고, 일방의 중재신청에 대하여 상대방이 중재합의의 부존재를 적극 주장하면서 중재에 대한 해결을 반대할 경우에는 중재계약으로서 효력이 없다"고 판시하여 선택적 중재합의는 무효라는 취지로 판결하였다.[81] 현재로서는 상대방의 이의제기가 없음을 해제조건으로 하는 '제한적 유효'의 입장이 가장 뚜렷한 최근의 경향이다.

> 【판례】 분쟁해결방법을 "관계 법률의 규정에 의하여 설치된 조정위원회 등의 조정 또는 중재법에 의한 중재기관의 중재에 의하고, 조정에 불복하는 경우에는 법원의 판결에 의한다"라고 정한 이른바 선택적 중재조항은, 계약의 일방 당사자가 상대방에 대하여 조정이 아닌 중재절차를 선택하여 그 절차에 따라 분쟁해결을 요구하고, 이에 대하여 상대방이 별다른 이의 없이 중재절차에 임하였을 때 비로소 중재합의로서 효력이 있다고 할 것이고, 일방 당사자의 중재신청에 대하여 상대방이 중재신청에 대한 답변서에서 중재합의의 부존재를 적극적으로 주장하면서, 중재에 의한 해결에 반대한 경우에는 중재합의로서의 효력이 있다고 볼 수 없다(대법원 2004. 11. 11. 선고 2004다 42166 판결; 대법원 2005. 5. 27. 선고 2005다12452 판결).

4) 국가계약법 일부 개정

위의 사례에서 살펴본 바와 같이 대법원이 "상대방이 이의 없이 중재에 임하였을 때에만 중재합의로서 효력이 있다"는 판시에 따라 발주처가 중재를 거부하면 중재로 해결이 어려운 것이 현실이었다. 따라서 이러한 실정에 따라 신청인이 중재로 사건을 신청하면 상대방인 피신청인은 대부분 "중재로 해결하는 데 동의해준 바가 없다"라고 하며, 중재에 의한 해결을 기피하는 사례가 많았다. 이러한 문제를 해결하고 다양한 해결방법을 모색하고자 정부에서는 「국가계약법」 제28조의2(분쟁해결방법의 합의)를 신설하였다(법률 제15219호, 2017. 12. 19., 일부개정).

---

81) 상대방의 이의제기 여부에 따라 유·무효를 인정한 판결: 서울고등법원 2004. 7. 2. 선고 2003나 66693 판결; 서울중앙지법 2004. 7. 16. 선고 2003가합6267 판결; 대법원 2003. 8. 22. 선고 2003다318 판결; 대법원 2004. 11. 11. 선고 2004다42166 판결; 대법원 2005. 5. 27. 선고 2005다12452 판결; 대법원 2005. 6. 23. 선고 2004다13878 판결이 있다.

제28조의2(분쟁해결방법의 합의) ① 각 중앙관서의 장 또는계약담당공무원은 계약을 체결하는 때에 계약당사자 간 분쟁의 해결방법을 정할 수 있다.
② 제1항에 따른 분쟁의 해결방법은 다음 각 호의 어느 하나 중 계약당사자 간 합의로 정한다.
1. 제29조에 따른 국가계약분쟁조정위원회의 조정
2. 「중재법」에 따른 중재

따라서 국가계약체결 시 분쟁해결방법으로 조정 또는 중재를 사전에 지정하는 것이 가능하게 됨에 따라, 대법원이 "상대방이 이의 없이 중재에 임하였을 때에만 중재합의로서 효력이 있다"는 판시에 따라 발주처가 중재를 거부하면 중재로 해결이 어려웠던 사안을 해소하는 데 도움이 되고 있다.

정부에서는 이러한 내용을 실무적으로 현실화시키기 위하여 행정규칙인 「정부 입찰·계약 집행기준」(기획재정부 계약예규 제446호, 2019. 6. 1., 일부개정) 제99조(입찰공고시 안내 등)에, "입찰공고 등에 조정 및 중재의 분쟁해결방법을 명시 또는 열람할 수 있다"와 「공사계약일반조건」(기획재정부 계약예규 제441호, 2019. 6. 1., 일부개정) 제51조 제2항에 "분쟁해결방법으로 조정 또는 중재를 사전에 정한 경우 이에 따른다"라는 하부규정을 신설하게 되었다.

제6절 소송에 의한 분쟁해결

1. 소송 일반

소송은 분쟁처리의 최후의 수단으로서 법원에 소(訴)를 제기하는 것을 말한다. 소송은 철저한 사전 준비가 필요하며, 복잡한 건설분규인 경우 시간적으로도 장기간을 요하며, 비용도 많이 든다. 판결에 대하여 항소도 가능하다. 소송은 소의 제기에서 시작하여 판결의 확정으로 끝나는 과정으로 절차를 강조한다. 그러므로 절차의 진행에 따라 실체가 형성되고 실체 형성의 정도에 따라 절차가 진행된다. 특히, 건설공정은 복잡하고 장기간에 걸쳐 시공이 이루어지기 때문에 일반인이 이해하기 어려운 전문성이 요구된다.

대부분의 분쟁은 소송을 통해서 제기되는 것이 일반적이며, 이러한 소송은 소가의 대소에 관계없이 소송대리인인 변호사를 활용하는 것이 일반적인 경향이다. 따라서 소송에 의한 분쟁해결은 그 과정과 절차가 복잡하고 전문적인 법률지식을 필요로 하기 때문에 여기서는 생략하고 간단한 절차와 건설소송의 특성만을 고찰하고자 한다.

2. 민사소송의 절차[82]

민사소송이란 사법상의 권리 또는 법률관계에 대한 다툼을 법원이 국가의 재판권에 의해 법률적·강제적으로 해결·조정하기 위한 일련의 절차를 말한다. 여기서 "사법상의 권리 또는 법률관계에 대한 다툼"이란 「민법」, 「상법」 등 사법(私法)에 의해 규율되는 대등한 주체 사이의 신분상 또는 경제상 생활관계에 관한 다툼을 말한다. 건설분쟁과 관련하여 발생되는 대부분의 소송이 공사대금청구 등 채무관계와 관련이 있는데, 이러한 민사소송의 절차를 살펴보면 다음과 같다.

민사소송은 전문적인 분야로서 관련법에 따라 이루어지며 ① 소장의 작성, ② 소장의 제출, ③ 관할법원 확정, ④ 소송대리인 선정, ⑤ 보정(補正), ⑥ 청구의 변경, ⑦ 송달, ⑧ 변론, ⑨ 변론종결, ⑩ 판결선고, ⑪ 상소(항소, 상고, 항고), ⑫ 판결의 확정, ⑬ 강제집행 등의 절차를 거치게 된다.

---

82) 찾기 쉬운 생활법령 정보: 법령용어집(법제처, 한국법제연구원) 등 참고.

1) 소의 제기

소(訴)는 본인이나 변호사 또는 법무사에게 의뢰하여 소장을 작성하고, 이를 상대방의 주소지나 사무소 또는 영업소의 소재지나 근무지, 분쟁목적물의 소재지를 관할하는 지방법원, 지방법원지원, 시·군법원이나 본인 주소지 법원에 제기할 수 있다(민사소송법 제248조). 소장에는 당사자의 성명, 청구취지, 분쟁의 내용을 명확히 하여야 한다. 소송절차가 진행되려면 당사자 쌍방에게 소환장 등이 송달되어야 하므로 소송을 제기하는 본인과 상대방의 주소 또는 송달장소를 정확히 기재하고, 우편번호와 전화번호를 정확하게 기재하는 것이 바람직하다(민사소송법4절).

상대방의 인원수만큼의 소장의 부본(副本)을 함께 제출하여야 하며, 관련 증거서류를 함께 제출하는 것이 좋다. 소장을 접수할 때에는 인지대 및 송달료를 예납해야 한다.

2) 소송의 진행

원고가 소장을 제출하면 법원은 재판기일을 열기 전에 당사자에게 답변서 또는 준비서면을 제출하게 하여, 서로 상대방의 주장과 증거를 검토하고 반박할 수 있는 기회를 갖도록 함으로써 사건의 쟁점을 정리하는 절차를 먼저 진행하게 된다.

재판기일은 이러한 사전 서면공방 절차를 통하여 어느 정도 사건의 쟁점이 드러나고 쌍방이 필요한 증거신청을 마친 다음에 지정된다. 따라서 원고와 피고는 다음에 안내하는 방법에 따라 법원에서 정한 기한 내에 주장과 입증을 하여야 한다. 만일 지정된 기한이 지난 후에 주장 또는 증거신청을 하면, 기한이 지났다는 이유로 각하(却下)되는 불이익을 받을 수도 있으므로 특히 유의해야 한다. 재판기일이 지정되면 법원에서는 원고와 피고에게 날짜를 알려주고 법원에 출석하도록 통지한다.

3) 답변서 제출

① 피고는 소장을 읽어보고 원고의 청구를 인정할 수 없으면, 소장 부본을 받은날부터 30일 이내에 답변서를 제출해야 한다(민사소송법256조). 그러나 원고의 청구를 그대로 인정할 경우에는 답변서를 제출할 필요가 없다.

② 피고가 이 기간 내에 답변서를 제출하지 아니한 때에는 법원은 피고가 원고의 청

구를 모두 인정한 것으로 보고 변론을 거치지 아니하고 판결할 수 있다(민사소송법 257조).

③ 피고가 제출하는 답변서에는 먼저 「청구취지에 대한 답변」을 적고(예컨대, "원고의 청구를 기각한다라는 판결을 구합니다")이어 「청구원인에 대한 답변」으로서, 원고가 주장하는 사실 하나 하나에 대하여 인정하는지 여부를 밝히고, 인정할 수 없다면 그 사유를 구체적으로 작성하여야 한다. 또한 피고의 주장을 뒷받침하는 서증이 있으면 답변서에 첨부해야 한다.

4) 준비서면 제출

① 법원은 한쪽의 당사자가 답변서 또는 준비서면을 제출하면 이를 상대방에게 송달하면서, 그에 대한 반박 준비서면을 언제까지 제출하라고 정하게 된다.

② 이 경우 상대방의 주장이나 증거에 관하여 종전에 제출한 내용 이외에 더 이상 반박할 사항이 없으면 그 대로 있으면 된다. 그러나 상대방의 주장이나 증거에 이의가 있으면 법원이 지정한 기한 내에 자신의 주장을 적은 준비서면을 제출해야 한다.

③ 준비서면에는 상대방이 주장하는 사실 중 인정하는 사실과 반박하는 사실을 명확히 구분하여 작성하고, 자신의 주장을 뒷받침할 수 있는 증거가 무엇인지를 작성한 다음, 상대방의 주장 및 증거자료에 대한 구체적인 의견을 밝혀야 한다(민사소송법274조).

5) 증거의 제출

증거는 법정에서 재판기일이 열리기 전에 다음 방식에 따라 일괄하여 미리 제출·신청해야 한다. 증거서류는 다음과 같은 방식으로 제출하고, 각 증거서류의 사본 및 증거설명서도 함께 제출한다(민사소송법289조).

① 소송절차에서 증거서류는 대개 '서증'이라 부르고, 원고가 제출하는 것을 '갑 제1호증', '갑 제2호증' 등으로, 피고가 제출하는 것은 '을 제1호증' 등으로 제출자를 구분하여 부호를 붙인다(민사소송법343조).

② 서증은 답변서나 준비서면에 그 사본 1통을 첨부하고, 아울러 상대방 수만큼의 사본을 더 제출해야 한다. 예컨대, 상대방이 2명이면 서증 사본은 3통을 만들어 1통

은 준비서면에 첨부하고, 나머지 2통은 상대방 교부용으로 법원에 제출해야 한다.

③ 이미 제출한 서증이 중복 제출되지 않도록 유의하여야 한다. 중복되었거나 사건과 무관한 서증이 제출된 경우 「문서 등의 반환·폐기 등에 관한 예규」에 따라 제출된 문서가 반환될 수 있다.

6) 증인 신청 및 감정

① 증인의 이름·주소·연락처·직업, 증인과 원고와 피고와의 관계, 증인이 사건에 관여하거나 내용을 알게 된 경위를 적은 '증인신청서'를 제출해야 한다(민사소송법303조). 증인이 채택된 경우 신문사항은 가능한 한 단문단답식으로 작성하고, 신문사항을 기재한 서면은 상대방 수에다 4부를 더하여 제출해야 한다.

② 감정은 증인심문에 관한 규정을 준용하며, 감정인은 수소법원·수명법관 또는 수탁판사가 지정한다(민사소송법335조). 감정인은 감정사항이 자신의 전문 분야에 속하지 아니하는 경우 또는 그에 속하더라도 다른 감정인과 함께 감정을 하여야 하는 경우에는 곧바로 법원에 감정인의 지정 취소 또는 추가 지정을 요구하여야 하며, 감정인은 감정을 다른 사람에게 위임하여서는 아니 된다(민사소송법335조의2).

7) 조정으로 회부

소송을 제기한 원고가 소송 중에 조정신청을 하거나, 담당판사가 당사자 간의 합의·조정하여 원만하게 해결함이 좋다고 판단하여 직권으로 조정에 회부한 때에는 조정절차에 따라 처리하게 된다. 조정에 회부되었으나 당사자 간에 원만하게 합의되지 않을 경우에는 다시 소송절차로 이행하게 된다.

8) 소송의 종료

법원이 심리를 완료한 때에는 변론을 종결하고 판결을 선고한다. 판결에 불복할 경우에는 판결문이 송달된 날로부터 14일 이내에 제1심 법원에 항소할 수 있다(민사소송법390조). 상대방이 판결 내용에 따른 의무를 이행하지 않을 때에는 승소판결을 받은 원고는 법원에 판결확정증명이나 판결정본송달증명을 받고, 판결에 집행문을 부여받아 강제집행을 실시하여 보증금을 돌려받을 수 있다.

원고가 판결확정 전에 소를 취하하는 때에는 소송은 종결된다. 다만 피고가 준비서면을 제출하거나 변론을 한 후에는 피고의 동의를 얻어야만 소를 취하할 수 있다. 그밖에 청구의 포기, 인낙, 화해 등으로 종료되기도 한다.

민사소송과 관련된 절차를 그림으로 나타내면 다음과 같다.

[그림 8-11] 민사소송의 절차

[표 8-5] 소장 예시

소　장

원 고
피 고

공사대금 청구의 소

청구취지

1. 피고는 원고에게 금 45,678,000원 및 이에 대하여 2018. 8. 9.부터 이 사건 소장 부본 송달일까지는 연 6%, 그 다음 날부터 다 갚는 날까지는 연 12%의 각 비율에 의한 금원을 각 지급하라.
2. 소송비용은 피고의 부담으로 한다.
3. 위 제1항은 가집행할 수 있다.
   라는 판결을 구합니다.

청구원인

입증방법

1. 갑 제1호증　　　　　법인등기부등본(원고획사)
2. 갑 제2호증의 1　　　법인등기부등본(피고화사)
3. 갑 제3호증의 1　　　건설공사 도급계약서
4. 갑 제3호증의 2　　　공사내역서
5. 갑 제4호증　　　　　공사대금 정산 내역서

첨부서류

1. 소송위임장

2020. 5. 6.

원고 소송대리인
담당변호사 ○○○

서울중앙지방법원 귀중

---

3. 건설소송의 특징[83]

1) 복잡성과 다양성

건축물에 하자가 발생한 경우 그 원인을 판단하는 것은 매우 어렵다. 건축물의 시공과정은 상호 연관을 맺고 있어서 물리적·기능적으로 영향을 미칠 뿐 아니라, 시공자의 책임으로 돌릴 수 없는 사유가 하자의 원인이 될 수도 있다.[84] 건설공사는 공정이 복잡하고 수많은 자재와 기술이 사용되어 다수의 당사자가 관여되어 있기 때문에, 분쟁의 원인에 대한 인과관계를 파악하기가 어려워 그 책임소재를 가리기가 쉽지 않다. 또한 계약내용이 불분명한 점이 많아 매우 복잡하게 진행된다.

2) 시간경과에 따른 변화

클레임은 사안이 발생했을 때 신속하게 조치하여야 한다. 시간이 지날수록 분쟁의 대상에 관련된 직접적인 증거가 소멸되거나 증거가치가 모호해지고, 감정적 대립이 커진다. 아울러 시간이 경과될수록 피해가 확산된다. 분쟁으로 인하여 공사가 지연될 경우 시공자 측은 엄청난 금액의 지체보상금을 지불해야 하며, 발주자 측은 그만큼 건물의 사용에 따른 임대료 수입 등의 손해를 보게 되어, 시간이 경과할수록 피해액은 커진다. 예컨대, 지하철공사의 경우 일반적으로 착수단계에서 준공까지는 5~8년이 걸리는 경우가 많아 계약체결 시의 상황이 준공시점에서는 많이 변하게 된다. 물가변동, 설계변경 또는 예산배정 등 예측할 수 없는 사정변경이 발생하게 된다.

3) 전문성

장기화에 따른 불이익이 증폭되는 건설분쟁은 신속한 처리를 필요로 하나, 고액인 경우가 많아 양측의 이해관계가 첨예하게 대립하고 있어 신중한 판단을 요한다. 이렇게 복잡하고 다양한 형태의 건설분쟁을 해결하기 위해서는 기술적인 면뿐만 아니라,

---

83) 윤재윤, "사례를 통한 건설분쟁의 바람직한 해결방안", 대한토목학회 세미나, 2005. 11., pp. 23~24, 건설 소송 사건을 통해 본 건설분쟁의 원인과 방지책, 건설저널, 2005. 8호, pp. 60~61. 참조.
84) 예컨대, 시공자가 시공한 건축공사는 잘 되었으나, 건축주가 직접 행한 지반공사가 부실하여 지반이 붕괴된다면, 건물에 균열이 나타나게 되고 이는 시공자의 책임으로 돌릴 수는 없다.

건설현장의 실무관행 등에 대하여도 상당한 전문성을 가진 자의 조력이 절대적으로
필요하다.

4) 증거 부족

건설분쟁이 발생되어도 계약서나 변경합의서 등 증거가 명백하면 비교적 쉽게 합
의가 된다. 그러나 현실에서는 상세한 계약서나 견적서가 없는 경우가 많고, 공사 중
설계변경 시에도 구두합의만 하고 서면은 전혀 없는 경우가 많다. 증거의 수집경위,
관련부위 등이 불분명한 경우가 많아서 증거가 일방적으로 작성되거나, 신뢰도가 약
한 때가 많아 확증이 아니라 추정 위주로 주장이 제기되곤 한다.[85]

5) 건설업계의 관행

우리나라에서는 시시비비를 가리는 것을 꺼리는 유교적 관습이나 개인주의적 계약
관계에 앞서는 공동체 주의적 의식 때문에, 계약행위를 꺼리거나 기피하는 의식이 잠
재되어 있어, 서구와 같은 계약문화가 발전하지 못하였다. 이런 이유로 인해 계약의
세부적인 내용인 시방서, 설계도, 견적서 등이 형식적이고 불명확한 경우가 많아, 양
자 간의 견해가 달라지기 쉽다. 또한 건설업체는 발주자와의 관계를 고려하여 클레임
을 회피하거나 무시하는 경향이 있고, 클레임에 대한 부정적인 인식으로 노출을 꺼려
하는 사회적인 분위기가 있다.

---

85) 윤재윤, 앞의 책(주 219), p. 47.

제7절 소송에 갈음하는 민사분쟁 해결방안

1. 개 설

　민사소송은 민사분쟁 해결의 유일한 수단이 아니며 이와 더불어 그 해결수단으로 화해, 조정, 지급명령, 소액사건심판, 공시최고 등이 있다. 소송은 상대방의 의사나 태도와는 관계없이 국가권력에 의한 강제적 해결방식인데 반하여, 화해 및 조정은 어느 것이나 당사자 쌍방의 일치된 자율적 의사에 기한 자주적 해결방식이라는 점에서 소송과는 그 성질을 달리하고 있다. 따라서 본 절에서는 건설분쟁 해결에서 소송에 갈음하는 민사분쟁의 해결방법으로 빈번하게 활용되고 있는 지급명령과 소액사건심판에 대하여 살펴본다.

2. 지급명령

1) 개 념

　지급명령이란 채권자와 채무자 사이에 진행되는 소송절차 중의 하나로 독촉절차라고도 한다. 금전 등의 지급을 목적으로 하는 청구에 관하여 채권자의 일방적인 신청이 있으면 채무자를 심문하지 않고 채무자에게 그 지급을 명하는 재판으로, 「민사소송법」 제5편(독촉절차)에 내용과 절차가 규정되어 있다.

　지급명령을 발할 때에는 채무자를 심문하지 않지만 지급명령을 발한 후에 이의신청을 할 수 있고, 이의신청이 있으면 통상의 소송으로 이행되는 선행절차이다. 지급명령 신청인을 채권자, 그 상대방을 채무자라고 한다. 지급명령의 신청절차는 일반 소송과 동일하다(민사소송법464조).

2) 관할법원

　독촉절차는 채무자의 주소가 있는 곳을 관할하는 지방법원 또는 채무자에게 사무소나 영업소가 있는 경우에 그 사무소·영업소에 관계되는 것에 한하여 그 곳을 관할하는 지방법원 단독판사 또는 시·군법원 판사가 담당한다(민사소송법463조). 여기서 사무소·영업소는 채무자 자신이 경영하는 사무소·영업소를 말하고, 채무자가 피용자로서 근무하는 타인의 사무소·영업소를 말하는 것은 아니다.

3) 지급명령신청

지급명령의 대상이 될 수 있는 것은 일정액의 금전, 일정양의 대체물 또는 일정양의 유가증권의 지급을 목적으로 하는 청구권에 한한다. 위와 같은 물건이라도 만약 특정성을 띠고 있는 때(예컨대, 어느 창고에 보관 된 백미, 기명식 증권 등)에는 지급명령의 대상이 될 수 없다(민사소송법462조).

지급명령신청은 서면 또는 구술로 할 수 있으나 통상 지급명령신청서를 작성하여 상대방(채무자) 주소지를 관할하는 법원에 제출하되, 채권자의 채권 내용을 뒷받침할 수 있는 소명자료를 첨부하여 민사신청사건부에 접수한다. 지급명령신청서에서는 일반적인 소송절차와 같이 청구의 취지와 청구원인을 기재하여야 하며, 당사자인 채권자와 채무자의 주소, 성명과 법정대리인이 있으면, 그 주소와 성명 등을 표시하여야 하고 관련 근거서류가 있으면 이를 첨부한다.

> 【판례】 지급명령은 채권자의 신청에 의하여 채권자를 심문하지 않고 일방적으로 할 수 있는 것으로 신청이 지급명령을 할 수 있는 청구에 관한 것이고 관할 법원에 제출되었으며 신청의 취지와 이유의 기재에 의하여 이유있는 것이면 신청이유로 기재된 사실에 대하여 증명의 사유를 고려함이 없이 발급되는 것이므로 지급명령 신청서에 첨부된 서증이 위조된 것이라 하더라도 확정된 가집행선고부 지급명령에 대한 재심의 사유가 되지 않는다(대법원 1967. 7. 18. 선고 67다826 판결).

채권자가 지급명령 신청서를 제출하면 법원이 서면으로 심사를 하고, 요건이 구비되었다고 인정하면 채무자에게 지급명령을 한다. 지급명령이 송달되면 채무자는 2주 이내에 이의신청서를 발송하여 법원접수까지 완료해야 한다.

> 【판례】 독촉절차도 소송의 특별절차의 성격이 있으므로 그 성질에 반하지 아니하면 소에 관한 규정이 준용된다 할 것이므로 법원은 지급명령이 채무자에게 송달불능이 되면 일단 채권자에게 그 주소의 보정을 명한 연후에 그 각하 여부를 결정할 것이지 한번 송달불능되었다 하여 곧바로 공시송달의 방법에 의하지 아니하고는 송달할 수 없는 경우에 해당한다고 보아 지급명령신청을 각하할 수 없다(대법원 1986. 5. 2. 자86그10 결정).

[표 8-6] 지급명령신청서(예시)

지급명령신청서

사 건   2018차전1100 분담금
채권자   ○○○
채무자   □□□

○○○○건축 공사대금청구 독촉
청구금액   금 12,000,000원
독촉절차비용 금 25,000원

신 청 취 지
　채무자는 채권자에게 금 8,000,000원 및 이에 대한 이 사건 지급명령 정본 송달일 다음날부터 다 갚는 날까지 연 25%의 비율에 의한 금원 및 독촉절차비용을 지급하라.
라는 지급명령을 구합니다.

신 청 원 인
1. 채권자는 채무자와 계약으로 2019. 4. 22.부터 2019. 5. 25.까지 서울시 ○○구 ○○로○○길○○에서 건축주 □□□의 건물신축공사 일을 해주었습니다.
2. 그러나 채무자는 임금총액 1,200만원 중 800만원만을 지불하고 나머지 400만원은 채권자의 수차례의 독촉에도 불구하고 아직까지 이행치 않고 있습니다.
3. 따라서 채권자는 채무자 ○○○로부터 금 000,000원 및 소송촉진등에 관한 특례법 소정의 지연손해금을 지급받고자 이 사건 지급명령에 이르렀습니다.

첨 부 서 류
1. 계약서   1부
1. 영수증   1부

○○지방법원 귀중

　지급명령제도는 판결절차와 같이 변론이나 증거조사 등의 번거로운 절차를 하지 않아 누구라도 이용하기 쉽다. 그러나 공시송달이 되지 않기 때문에 채무자의 주소지가 확실할 때만 신청해야 한다.

　또한 지급명령은 임차인이 보증금을 돌려받지 못한 경우처럼 다툼이나 반론의 여지가 전혀 없는 청구에 대해서만 효과적이다. 왜냐하면 채무자가 지급명령 송달을 받고 이의신청을 하면 법원이 적법하다고 인정하는 경우 곧 소송으로 이행하는 조치를 취하는데, 그것은 지급명령을 신청한 때에 소를 제기한 것으로 보기 때문이다. 그렇게 되면 처음부터 민사소송으로 접수한 경우보다 더 많은 시간이 걸리게 된다. 지급명령이 확정되면 지체없이 강제집행을 진행해야 한다. 채무자의 재산조회를 통해 부동산이 있다면 압류를 하고 경매를 신청할 수 있다.

4) 지급명령신청에 대한 재판

지급명령 신청사건에 대해서는 채무자를 심문함이 없이(민사소송법436조) 결정으로 재판한다. 지급명령신청에 관할위반이 있거나, 신청요건에 흠결이 있는 경우와 신청의 취지에 의하여 청구가 이유없음이 명백한 때에는 그 신청을 각하(却下)한다(민사소송법435조1항). 이 같은 각하결정에 대해서는 채권자는 불복신청을 할 수는 없으나(민사소송법435조1항), 새로 소를 제기하거나 또는 다시 지급명령을 신청할 수는 있다. 지급명령 신청에 대한 각하사유가 없으면, 청구가 이유 있느냐 여부에 대한 심리 없이 지급명령을 발하고 당사자 쌍방에 송달하여야 한다(민사소송법438조1항).

5) 지급명령에 대한 채무자의 이의신청

지급명령은 채권자의 주장만에 의하여 단면적인 심리만으로 발하여지는 것이므로 상대방인 채무자에게 다툴 수 있는 길을 열어주는 것이 필요함은 물론인 바, 이 취지에서 이의신청을 할 권리가 채무자에게 인정되고 있다.

지급명령에 대한 이의가 있는 채무자는 지급명령 송달이 된 날로부터 2주일 내에 서면 또는 구술로 이의신청을 할 수 있고, 이의신청이 있으면 지급명령은 그 범위 내에서 실효되고 소송절차로 이행된다(민사소송법472조). 채무자의 이의신청은 서면 또는 구술로 하고, 지급명령을 발한 법원에 신청한다. 이의신청에는 단순히 지급명령에 불복이 있다는 취지이면 되므로 그 이유를 밝힐 것을 요하지 않는다. 이의신청서에는 송달료를 예납하고 인지를 붙여야 하며, 이의신청 기간 경과 후의 이의신청은 부적법하다.

6) 지급명령의 확정 및 효력

지급명령에 대하여 2주 이내에 이의신청이 없는 때 또는 이의신청이 있더라도 후에 이의신청이 취하되거나 각하결정이 확정된 때에는 지급명령은 확정되며, 이 지급명령은 확정판결과 동일한 효력이 있다(민사소송법474조). 지급명령은 정본에 의한 강제집행신청의 경우 지급명령의 송달증명과 확정증명을 법원에 제출하지 않아도 된다.

3. 소액사건심판

1) 소액사건의 범위

민사소송은 소송절차가 복잡하고 비용도 많이 들며, 시일도 오래 걸리기 때문에 소송 금액이 적으면 승소를 하더라도 실익이 없어 포기하는 경우가 많다. 소액사건 심판은 소액의 채권자들을 보호하기 위한 제도로서 대여금·물품대금·손해배상 청구 등의 금액이 3,000만 원 이하이고, 사건이 비교적 단순한 경우, 적은 비용으로 신속하게 재판을 받을 수 있도록 한 제도이다.

일정한 소액 이하를 소송목적의 값으로 하는 사건에 대한 소송을 간편하게 할 수 있도록 하기 위하여 제정된 민사소송법에 대한 특별법의 하나로서 「소액사건심판법」(1973. 2. 24. 법률 제2547호)이 제정되었다, 이 법에 의하여 제기되는 절차를 소액사건심판절차라 한다(소액사건심판법1조).

2) 관할법원

소액사건은 지방법원 및 지방법원지원의 관할사건 중 대법원규칙으로 정하는 민사사건(이하 "소액사건"이라 한다)에 적용한다(소액사건심판법1조). 이 사건에 대하여는 이 법에 특별한 규정이 있는 경우를 제외하고는 민사소송법의 규정을 적용한다.

여기서 "소액사건"은 제소한 때의 소송목적의 값이 3,000만 원을 초과하지 아니하는 금전 기타 대체물이나 유가증권의 일정한 수량의 지급을 목적으로 하는 제1심의 민사사건으로 한다(소액사건심판규칙1조의2). 따라서 소액사건 심판절차는 영세한 소액채권자의 권리를 구제하기 위하여 마련된 특별법 절차임에 비하여 소액사건심판법의 적용을 받을 목적으로 많은 금액의 채권을 나누어서 일부청구를 하는 것은 허용되지 않는다(소액사건심판법5조의2).

3) 소송대리

소액사건에서는 절차의 간소화, 저렴한 비용, 신속한 재판 등을 위하여 당사자의 배우자, 직계혈족, 형제자매 또는 호주이면 변호사가 아니라도 법원의 허가없이 소송대리인이 될 수 있고, 이러한 소송대리인은 당사자와의 신분관계 및 수권관계(授權關係)를 서면으로 증명하면 된다.

4) 신청절차

소액사건에서는 구술로써 소를 제기할 수 있는데(소액사건심판법 제4조), 이때는 법원서기관·법원사무관·법원주사 또는 법원주사보(이하 "법원사무관 등"이라 한다)의 면전에서 진술하여야 한다. 이 경우에 법원사무관 등은 제소조서를 작성하고 이에 기명날인하여야 한다. 또한 당사자쌍방은 임의로 법원에 출석하여 소송에 관하여 변론할 수 있으며(소액사건심판법5조), 이 경우에 소의 제기는 구술에 의한 진술로써 행한다.

5) 심리 및 심리절차

소액사건의 신속한 처리를 위하여 소장이 접수되면 즉시 변론기일을 지정하여 원고에게 소환장을 교부하고, 되도록 1회의 변론기일로 심리를 마치고 즉시 선고할 수 있도록 하고 있다. 소액사건의 소가 제기된 때에 법원은 결정으로 소장부본이나 제소조서등본을 첨부하여 피고에게 청구취지대로 이행할 것을 권고할 수 있다(소액사건심판법5조의3), 이에 대하여 피고가 이행권고결정을 송달받은 후 14일 이내에 이의신청을 하지 않으면 확정판결과 같은 효력을 부여하며(소액사건심판법5조의7), 원고는 집행문을 부여받지 않고도 이행권고결정정본으로 강제집행할 수 있다.

6) 판결의 선고 및 재항고

소액사건심판에서 판사의 판결의 선고는 변론종결 후 즉시 할 수 있으며(소액사건심판법11조의2), 판결을 선고함에는 주문을 낭독하고 주문이 정당함을 인정할 수 있는 범위안에서 그 이유의 요지를 구술로 설명하여야 한다. 판결서에는 「민사소송법」 제208조의 규정에 불구하고 이유를 기재하지 아니할 수 있다.

소액사건에 대한 지방법원 본원 합의부의 제2심판결이나 결정·명령에 대하여는 ① 법률·명령·규칙 또는 처분의 헌법위반 여부와 명령·규칙 또는 처분의 법률위반 여부에 대한 판단이 부당한 때,[86] ② 대법원의 판례에 상반되는 판단을 한 때를 제외하고는 대법원에 상고 또는 재항고[87]를 할 수 없다(소액사건심판법3조).

> **【판례】** 소액사건의 상고이유서에 「소액사건심판법」 제3조 각호에 해당하는 상고이유를 구체적으로 명시하지 않고, 이 밖의 사유만을 기재한 때에는 소정기간 내에 상고 이유서를 제출하지 아니한 것으로 된다(대법원 1981. 9. 22. 선고 81다658 판결).

> **【판례】** 소액사건에서 구체적 사건에 적용할 법령의 해석에 관한 대법원 판례가 아직 없는 상황에서, 같은 법령의 해석이 쟁점으로 되어 있는 다수의 소액사건들이 하급심에 계속되어 있을 뿐 아니라, 재판부에 따라 엇갈리는 판단을 하는 사례가 나타나고 있는 경우, 소액사건이라는 이유로 대법원이 법령의 해석에 관하여 판단을 하지 않은 채 사건을 종결하고 만다면 국민생활의 법적 안정성을 해칠 우려가 있다. 이와 같은 특별한 사정이 있는 경우에는 소액사건에 관하여 상고이유로 할 수 있는 '대법원의 판례에 상반되는 판단을 한 때'의 요건을 갖추지 않았다고 하더라도, 법령 해석의 통일이라는 대법원의 본질적 기능을 수행하는 차원에서 실체법 해석적용의 잘못에 관하여 판단할 수 있다(대법원 2021. 1. 14. 선고 2020다207444 판결).

---

86) 소액사건심판법 제3조 제1호에서 정하는 '법률·명령·규칙 또는 처분의 헌법 위반 여부와 명령·규칙 또는 처분의 법률 위반 여부에 대한 판단이 부당한 때'라고 함은 하위법규가 상위법규에 위반하는지 여부에 관한 판단이 잘못된 때를 가리키는 것으로서 그중 제2 경우로 정하여진 것은 법규로서의 성질을 가지는 명령·규칙 또는 처분이 헌법이나 법률에 위반됨에도 불구하고 이를 합헌 또는 합법이라고 하여 당해 사건에 적용한 경우 또는 그 반대의 경우를 말한다. 따라서 거기서 정하는 '처분'은 행정기관 등의 구체적·일회적 처분이 아니라 법규적 효력을 가지는 처분을 가리킨다(대법원 2009. 12. 10. 선고 2009다84431 판결).

87) 재항고란 민사소송법상 항고법원의 결정과 고등법원 또는 항소법원의 결정 및 명령에 대한 법률심인 대법원에의 항고를 말한다. 즉, 항고법원의 결정과 공등법원 또는 항소법원의 결정·명령이 헌법·법률·명령 또는 규칙에 위반되고, 이것이 재판에 영향을 미친 경우 이를 대법원에 항고하는 것을 말한다(민사소송법 제442조).

제8절 행정구제의 수단

1. 행정심판

1) 의 의

행정심판이란 행정관청으로부터 면허, 허가, 인가 등이 부당하게 취소되거나 영업정지 처분을 받은 경우, 행정관청에 면허, 허가, 인가 등을 신청하였으나 행정관청이 부당하게 거부한 경우, 기타 행정관청으로부터 잘못되고 억울한 처분을 받은 경우에 행정심판을 청구함으로써 행정기관이 스스로 해결하여 바로잡는 절차를 말한다. 행정청은 행정심판위원회의 재결에 반드시 따라야 하므로 권리구제 효과가 확실하며, 행정소송에 비해 신속히 사건을 처리하고 비용도 들지 않는 장점이 있다.

이를 규정하고 있는 법이 「행정심판법」으로 행정심판 절차를 통하여 행정청의 위법 또는 부당한 처분이나 부작위(不作爲)로 침해된 국민의 권리 또는 이익을 구제하고, 아울러 행정의 적정한 운영을 꾀함을 목적으로 한다(행정심판법1조).

여기서 "처분"이란 행정청이 행하는 구체적 사실에 관한 법집행으로서의 공권력의 행사 또는 그 거부, 그 밖에 이에 준하는 행정작용을 말한다. "부작위"란 행정청이 당사자의 신청에 대하여 상당한 기간 내에 일정한 처분을 하여야 할 법률상 의무가 있는데도 처분을 하지 아니하는 것을 말한다.

2) 심판기관

심판기관으로서 행정심판위원회가 있다. 행정심판위원회는 중앙행정심판위원회와 시·도행정심판위원회가 있다. 중앙행정심판위원회는 국가행정기관의 장과 그 소속 행정청, 특별시장·광역시장·도지사 등의 처분이나 부작위에 대한 심판청구 사건을 심리·재결하기 위하여 국민권익위원회에 설치되어 있다.

시·도행정심판위원회는 특별시장·광역시장 또는 도지사 관할 내 시장·군수·구청장 등의 처분이나 부작위에 대한 심판청구 사건을 심리·재결하기 위하여 특별시, 광역시·도에 설치되어 있다. 행정심판위원회는 위원장 1명을 포함하여 50명 이내의 위원으로 구성한다(행정심판법7조1항). 중앙행정심판위원회는 위원장 1명을 포함하여 70

명 이내의 위원으로 구성한다.

[표 8-7] 행정심판위원회의 종류

위원회명	심리 대상 행정청	비고
중앙행정심판위원회	중앙행정기관과 그 소속기관, 특별시장·광역시장·도지사 등	국민권익위원회에 설치
시·도행정심판위원회	시장·군수·구청장 등 기초자치단체	특별시·광역시·도에 설치

행정심판위원회는 과반수 이상이 외부민간위원이 참석하여, 공정하고 객관적으로 심리·의결을 하게 된다. 재결은 행정심판을 청구하게 되면 「행정심판법」 제6조에 따른 행정심판위원회의 심리·재결에 따라 결정되는 판단을 의미한다. 위원회는 각하, 기각, 인용 등의 재결을 하게 된다(행정심판법43, 44조). '재결'은 행정심판 청구사건에 대하여 행정심판위원회가 심리, 의결한 내용에 따라 재결청이 판단하는 행위를 뜻한다(행정심판법2조3호). 재결은 준법률적 행정행위 중 확인행위이며 또한 준사법작용적 성질을 갖는다.

3) 행정심판의 종류

행정심판법상 행정심판은 ① 취소심판, ② 무효 등 확인심판 및 ③ 의무이행심판 등이 있다. 취소심판은 행정청의 위법 또는 부당한 처분의 취소나 변경을 구하는 행정심판이다. 무효 등 확인심판은 행정청의 처분의 효력유무 또는 존재 여부 등에 대한 확인을 구하는 행정심판을 의미한다. 의무이행 행정심판은 행정청의 위법 또는 부당한 거부처분이나 부작위에 대하여 일정한 처분을 하도록 요구하는 행정심판이다(행정심판법5조).[88]

---

88) 【판시사항】'진정서'라는 제목의 서면 제출이 행정심판청구로 볼 수 있다고 한 사례 : 비록 제목이 '진정서'로 되어 있고, 재결청의 표시, 심판청구의 취지 및 이유, 처분을 한 행정청의 고지의 유무 및 그 내용 등 행정심판법 제19조 제2항 소정의 사항들을 구분하여 기재하고 있지 아니하여 행정심 판청구서로서의 형식을 다 갖추고 있다고 볼 수는 없으나, 피청구인인 처분청과 청구인의 이름과 주소가 기재되어 있고, 청구인의 기명이 되어 있으며, 문서의 기재 내용에 의하여 심판청구의 대상이 되는 행정처분의 내용과 심판청구의 취지 및 이유, 처분이 있은 것을 안 날을 알 수 있는 경우, 위 문서에 기재되어 있지 않은 재결청, 처분을 한 행정청의 고지의 유무 등의 내용과 날인 등의 불비한 점은 보정이 가능하므로 위 문서를 행정처분에 대한 행정심판청구로 보는 것이 옳다고 한

행정심판 사건의 유형은 매우 다양하나, 일반적으로 건설업면허정지나 취소처분의 취소청구, 각종 영업정지처분의 취소청구, 과징금부과처분의 취소청구, 도시계획시설 결정처분의 취소청구 등이 있다.

> 【판례】 실질 자본금이 기준에 미달함을 이유로 하여 건설업면허를 취소하는 행정처분은 자산상태의 불량으로 인하여 건설공사의 적정한 시공을 기하지 못하고 공사의 주문자 등 거래 상대방에게 손해를 줄 위험이 있는 부실건설업자를 제거함으로써 건설업의 건전한 발전을 도모하려는 데 그 목적이 있는 것이므로, 원고 회사의 부채가 자산을 금 5,391,089원이나 초과할 정도로 그 실질자본금이 건설업면허기준이되는 자본금(금 10,000,000원)에 현저히 미달한다면, 위 건설업면허취소 처분으로 인하여 원고 회사 종업원들의 생계가 막연하게 된다는 점을 감안하더라도 달리 특별한 사정이 없는 한 피고의 위 취소처분이 재량권의 범위를 일탈한 것이라고 볼 수 없다(대법원 1982. 9. 14. 선고 82누243 판결).

4) 당사자와 관계인

취소심판은 처분의 취소 또는 변경을 구할 법률상 이익이 있는 자가 청구할 수 있다. 무효등 확인심판은 처분의 효력 유무 또는 존재 여부의 확인을 구할 법률상 이익이 있는 자가 청구할 수 있다. 의무이행심판은 처분을 신청한 자로서 행정청의 거부처분 또는 부작위에 대하여 일정한 처분을 구할 법률상 이익이 있는 자가 청구할 수 있다(행정심판법13조). 법인이 아닌 사단 또는 재단으로서 대표자나 관리인이 정하여져 있는 경우에는 그 사단이나 재단의 이름으로 심판청구를 할 수 있다.

5) 행정심판 청구

행정심판을 청구하려는 자는 심판청구서를 작성하여 피청구인이나 위원회에 서면으로 제출하여야 한다(행정심판법23조, 28조). 행정청이 고지를 하지 아니하거나 잘못 고지하여 청구인이 심판청구서를 다른 행정기관에 제출한 경우에는 그 행정기관은 그 심판청구서를 지체 없이 정당한 권한이 있는 피청구인에게 보내야 한다.

피청구인이 심판청구서를 접수하거나 송부받으면 10일 이내에 심판청구서와 답변서를 위원회에 보내야 한다. 다만 청구인이 심판청구를 취하한 경우에는 그러하지 아니하다.

사례(대법원 2000. 6. 9. 선고 98두2621 판결).

행정심판은 처분이 있음을 알게 된 날부터 90일 이내에 청구하여야 한다. 청구인이 천재지변, 전쟁, 사변, 그 밖의 불가항력으로 인하여 기간에 심판청구를 할 수 없었을 때에는 그 사유가 소멸한 날부터 14일 이내에 행정심판을 청구할 수 있다. 행정심판은 처분이 있었던 날부터 180일이 지나면 청구하지 못한다. 다만 정당한 사유가 있는 경우에는 그러하지 아니하다(행정심판법27조).

6) 보 정

위원회는 심판청구가 적법하지 아니하나 보정(補正)할 수 있다고 인정하면 기간을 정하여 청구인에게 보정할 것을 요구할 수 있고(행정심판법32조), 이러한 요구를 받으면 서면으로 보정하여야 한다. 이 경우 다른 당사자의 수만큼 보정서 부본을 함께 제출하여야 한다. 또한 당사자는 심판청구서·보정서·답변서·참가신청서 등에서 주장한 사실을 보충하고, 그 주장을 뒷받침하는 증거서류나 증거물을 제출할 수 있다.

7) 재 결

(1) 각 하

위원회는 심판청구가 적법하지 아니하면 그 심판청구를 각하(却下)하고, 심판청구가 이유가 없다고 인정하면 그 심판청구를 기각(棄却)한다. 취소심판의 청구가 이유가 있다고 인정하면 처분을 취소 또는 다른 처분으로 변경하거나 처분을 다른 처분으로 변경할 것을 피청구인에게 명한다(행정심판법43조).

(2) 조 정

위원회는 당사자의 권리 및 권한의 범위에서 당사자의 동의를 받아 심판청구의 신속하고 공정한 해결을 위하여 조정을 할 수 있다. 다만 그 조정이 공공복리에 적합하지 아니하거나 해당 처분의 성질에 반하는 경우에는 그러하지 아니하다(행정심판법43조의2). 조정은 당사자가 합의한 사항을 조정서에 기재한 후 당사자가 서명 또는 날인하고 위원회가 이를 확인함으로써 성립한다.

(3) 사정재결

위원회는 심판청구가 이유가 있다고 인정하는 경우에도 이를 인용(認容)하는 것이 공공복리에 크게 위배된다고 인정하면 그 심판청구를 기각하는 재결을 할 수 있다. 재결을 할 때에는 청구인에 대하여 상당한 구제방법을 취하거나 상당한 구제방법을 취할 것을 피청구인에게 명할 수 있다(행정심판법43조의2). 재결은 피청구인 또는 위원회가 심판청구서를 받은 날부터 60일 이내에 하여야 하며, 서면으로 한다.

(4) 재결의 기속력 등

심판청구를 인용하는 재결은 피청구인과 그 밖의 관계 행정청을 기속(羈束)한다. 재결에 의하여 취소되거나 무효 또는 부존재로 확인되는 처분이 당사자의 신청을 거부하는 것을 내용으로 하는 경우에는 그 처분을 한 행정청은 재결의 취지에 따라 다시 이전의 신청에 대한 처분을 하여야 한다(행정심판법49조). 심판청구에 대한 재결이 있으면 그 재결 및 같은 처분 또는 부작위에 대하여 다시 행정심판을 청구할 수 없다(행정심판법51조).

2. 행정소송[89]

1) 의 의

행정소송은 공법상의 법률관계에 관한 분쟁을 법원에 의해 해결하기 위한 정식의 소송절차를 말하며, 이를 규정하고 있는 것이 「행정소송법」이다. 이 법은 행정소송절차를 통하여 행정청의 위법한 처분 그 밖에 공권력의 행사·불행사 등으로 인한 국민의 권리 또는 이익의 침해를 구제하고, 공법상의 권리관계 또는 법적용에 관한 다툼을 적정하게 해결함을 목적으로 한다.

행정소송은 재판기관이 행정법규 적용에 관한 분쟁을 판단하는 쟁송절차라는 점에 그 특징이 있다. 행정소송은 행정쟁송이라는 점에서 행정심판과 같으나 그 분쟁해결기관과 절차에 큰 차이가 있으며, 행정심판에 비해 공정성과 신중성이 보장되고 있다.

---

89) 다음백과 참조, ⓒ create jobs 51/Shutterstock.com

2) 민사소송과의 관계

행정소송도 당사자 간의 구체적인 법률상의 분쟁을 해결하기 위한 사법작용인 민사소송과 다를 바가 없지만, 행정소송의 대상은 행정사건으로 국한된다는 점에서 가장 큰 차이가 있다. 법률적으로는 민사소송과 달리 행정소송에는 부분적인 행정심판 전치주의(법18조), 심급상의 특수성(법9조), 피고의 특수성(법13조), 관련청구의 병합(법10조), 직권심리주의(법26조), 사정판결(법28조), 제소기간(법20조), 집행부정지의 원칙(법23조) 등의 특징이 있다.

한편 대법원은 "행정사건의 심리절차는 행정소송의 특수성을 감안하여 행정소송법이 정하고 있는 특칙이 적용될 수 있는 점을 제외하면 심리절차 면에서 민사소송 절차와 큰 차이가 없으므로, 특별한 사정이 없는 한 민사사건을 행정소송 절차로 진행한 것 자체가 위법하다고 볼 수 없다"고 판시하고 있다(대법원 2018. 2. 13. 선고 2014두11328 판결).

그렇다면 원고가 고의 또는 중대한 과실 없이 행정소송으로 제기하여야 할 사건을 민사소송으로 잘못 제기한 경우에는 어떻게 처리해야 할까의 문제가 있다. 이에 대하여 대법원은 "수소법원으로서는 만약 행정소송에 대한 관할도 동시에 가지고 있다면 이를 행정소송으로 심리·판단하여야 하고, 행정소송에 대한 관할을 가지고 있지 아니하다면, 당해 소송이 이미 행정소송으로서의 전심절차 및 제소기간을 도과하였거나, 행정소송의 대상이 되는 처분 등이 존재하지도 아니한 상태에 있는 등 행정소송으로서의 소송요건을 결하고 있음이 명백하여 행정소송으로 제기되었더라도 어차피 부적법하게 되는 경우가 아닌 이상 이를 부적법한 소라고 하여 각하할 것이 아니라 관할법원에 이송하여야 한다"고 판시하고 있다(대법원 2017. 11. 9. 선고 2015다215526 판결).

3) 행정심판과의 관계

행정심판은 처분을 행한 행정청에 대해 이의를 제기, 상급기관의 재심리를 거쳐 행정청 스스로 행정의 능률성과 동일성을 확보하기 위하여 행정청에 마련된 제도이다. 이와는 달리 행정소송은 행정청의 위법한 처분,[90] 그 밖의 공권력의 행사, 불행사 등

---

90) 행정소송의 대상이 되는 행정청의 처분이라 함은 행정청의 공법상의 행위로서 특정사항에 대하여

으로 인한 국민의 권리 또는 이익의 침해를 구제하고 공법상의 권리관계 또는 법적용에 관한 분쟁해결을 도모하는 법원의 재판절차이다.

행정심판과 행정소송은 심급제의 상하관계에 있지 않을 뿐만 아니라 제도의 취지·심리의 범위·재결(판결)의 방식 등을 달리 하는 별개의 독립된 제도이다. 행정심판은 소송보다는 절차가 간편하고 형식을 요구하지 않으며, 비용이 들지 않고, 빠른 기간 내에 결과를 받아볼 수 있다는 장점이 있다.

4) 행정소송의 종류

행정소송의 종류는 항고소송, 당사자소송, 민중소송, 기관소송이 있으며, 이는 현행 행정소송법(3조, 4조)에 명문의 규정을 두고 있다. 항고소송은 행정청의 처분 등이나 부작위에 대하여 제기하는 소송이다. 이러한 항고소송은 우월한 행정의사의 발동으로 생긴 행정상 법률관계(행정청의 권력적 행위)와 관련해서 그 자체의 위법상태를 시정함으로써 행정의 적법성을 확보한다는 데 의의가 있다.

당사자소송은 행정청의 처분 등을 원인으로 하는 법률관계에 관한 소송, 그밖에 공법상의 법률관계에 관한 소송으로서 그 법률관계의 한쪽 당사자를 피고로 한다. 민중소송은 국가 또는 공공단체의 기관이 법률에 위반되는 행위를 할 때 직접 자기의 법률상 이익과 관계없이 그 시정을 구하는 소송이다. 기관소송은 국가나 공공단체의 기관 상호 간에 권한의 존부 또는 그 행사에 관한 다툼이 있을 때 그에 관하여 제기하는 소송이다.

5) 제기요건

행정소송을 제기하기 위해서는 다음과 같은 요건을 충족하여야 한다. 첫째, 위법한 행정처분이 존재해야 한다. 둘째, 원고적격과 소의 이익이 있어야 한다.[91] 여기서 소

법규에 의한 권리의 설정 또는 의무의 부담을 명하거나 기타 법률상 효과를 발생하게 하는 등 국민의 권리의무에 직접 관계가 있는 행위를 말한다(대법원 1992. 2. 11. 선고 91누4126 판결).

91) 행정소송은 행정청의 당해 처분이 취소됨으로 인하여 법률상 직접적이고 구체적인 이익을 얻게 되는 사람만이 제기할 이익이 있고 사실상이나 간접적인 관계만을 가지는 데 지나지 않는 사람은 이를 제기할 이익이 없다(대법원 2003. 9. 23. 선고 2002두1267 판결).

의 이익이란 소송의 내용인 당사자의 청구가 국가소송제도를 이용할 만한 실제적 가치 또는 필요가 있어야 하는 것을 의미한다. 셋째, 취소소송은 처분청 또는 재결청을 피고로 하여 관할권 있는 법원에 제기해야 한다. 넷째, 행정소송은 법률에 정한 전심절차, 즉 행정심판을 거친 후에야 제기할 수 있다.[92] 다섯째, 취소소송은 출소기간 내에 제기해야 한다. 취소소송의 소장의 형식에 관해서는 행정소송법에 특별한 규정이 없으므로 민사소송법이 정한 바에 따른다.

6) 제소기간

행정심판을 거치지 않은 경우 행정소송은 처분이 있음을 안 날로부터 90일 이내, 처분이 있은 날로부터 1년 이내에 제기하여야 한다. '처분 등이 있음을 안 날'이란 제소기간의 기산점으로서 해당 처분 등이 효력을 발생하는 날을 의미하는데, 이를테면 서면통지하는 경우 서면이 도달한 날을 의미한다. 행정심판을 거친 경우에는 재결서의 정본을 송달받을 날부터 90일이다.

> 【판례】「행정소송법」 제20조 제1항, 제3항에서 말하는 "취소소송은 처분 등이 있음을 안 날부터 90일 이내에 제기하여야 한다"는 제소기간은 불변기간이고, 다만 당사자가 책임질 수 없는 사유로 인하여 이를 준수할 수 없었던 경우에는 같은 법 제8조에 의하여 준용되는 민사소송법 제160조 제1항에 의하여 그 사유가 없어진 후 2주일 내에 해태된 제소행위를 추완할 수 있다고 할 것이며, 여기서 당사자가 책임질 수 없는 사유란 당사자가 그 소송행위를 하기 위하여 일반적으로 하여야 할 주의를 다하였음에도 불구하고 그 기간을 준수할 수 없었던 사유를 말한다(대법원 2001. 5. 8. 선고 2000두6916 판결).

7) 심리절차

소가 제기되면 법원은 심리에 들어가게 된다. 행정소송의 심리는 민사소송에 준하여 변론주의가 심리의 기본이 되지만, 행정소송의 특수성에 비추어 몇 가지 특칙을 인정하고 있다. 즉, 행정소송의 공익성에 비추어 직권증거조사, 구두변론의 생략, 서면심리주의 등이 채택되고 있다. 법원은 필요하다고 인정할 때에는 직권으로 증거조

---

92) 행정소송을 제기함에 있어서 행정심판을 먼저 거치도록 한 것은 행정관청으로 하여금 그 행정처분을 다시 검토케 하여 시정할 수 있는 기회를 줌으로써 행정권의 자주성을 존중하고 아울러 소송사건의 폭주를 피함으로써 법원의 부담을 줄이고자 하는 데 그 취지가 있다(대법원 1988. 2. 23. 선고 87누704 판결).

사를 할 수 있고, 당사자가 주장하지 아니한 사실에 대하여도 판단할 수 있는데, 이를 직권심리라 한다(행정소송법26조).[93] 소송은 법원의 판결에 의해 종결된다.

8) 판 결

행정소송의 제기에 의해 개시된 소송은 법원이 종국판결을 함으로써 종료된다. 종국판결은 상소기간이 지나거나, 상소권을 포기하는 경우에 확정된다. 한편 당사자는 소 또는 상소의 취하로 소송을 종료시킬 수 있다. '소의 취하'란 원고가 제기한 소의 전부 또는 일부를 철회하는 법원에 대한 단독적 소송행위를 말한다. 취하된 부분에 대해서는 소가 처음부터 계속되지 않은 것으로 본다(행정소송법8조2항, 민사소송법267조1항).

9) 판결의 종류

(1) 각하판결

심판청구의 요건심리의 결과 그 제소 요건에 흠결이 있어 적법하지 않아 본안심리를 거부하는 판결을 말한다. 각하판결은 처분의 위법성에 관한 판단은 아니므로 결여된 요건을 보완해서 다시 소를 제기할 수 있고, 아울러 법원은 새로운 소에 대해 판단해야 한다.

(2) 기각판결

원고의 청구가 이유 없다고 하여 배척하는 판결을 말하며, 해당 처분이 위법하지 않거나 단순히 부당한 것인 때에 행해지는 판결이다.

---

93) 행정소송에 있어서도 행정소송법 제14조에 의하여 민사소송법 제188조가 준용되어 법원은 당사자가 신청하지 아니한 사항에 대하여는 판결할 수 없는 것이고, 행정소송법 제26조에서 직권심리주의를 채용하고 있으나 이는 행정소송에 있어서 원고의 청구범위를 초월하여 그 이상의 청구를 인용할 수 있다는 의미가 아니라 원고의 청구범위를 유지하면서 그 범위내에서 필요에 따라 주장외의 사실에 관하여도 판단할 수 있다는 뜻이다(대법원 1987. 11. 10. 선고 86누491 판결).

(3) 인용판결

원고의 청구가 이유 있다고 하여, 그 전부 또는 일부를 받아들이는 판결을 말한다. 취소소송의 인용판결은 위법한 처분 등의 취소 또는 변경을 내용으로 한다. 무효 등의 확인에 대한 소송에서는 행정청의 처분 등의 효력 유무 또는 존재 여부의 확인을 의미하며, 부작위 위법에 대한 확인소송의 인용판결은 행정청의 부작위가 위법하다는 것을 확인하는 내용이 된다.

(4) 사정판결

원고의 청구에 이유가 있다고 인정하지만, 그 행정 처분 등을 취소하는 것이 현저히 공공복리에 적합하지 않아서 원고의 청구를 기각하는 판결을 말한다. 사정판결은 취소소송에만 인정되고 무효 등 확인소송에는 적용되지 않는다. 사정판결을 할 경우에는 원고의 손해 정도와 배상 방법을 조사해야 한다.

【판시사항】 행정소송에 있어서 법원이 직권으로 사정판결을 할 수 있는지 여부

【판결요지】 행정소송법 제26조, 제28조 제1항 전단의 각 규정에 비추어 보면, 법원은 행정소송에 있어서 행정처분이 위법하여 운전자의 청구가 이유 있다고 인정하는 경우에도 그 처분 등을 취소하는 것이 현저히 공공복리에 적합하지 아니하다고 인정하는 때에는 원고의 청구를 기각하는 사정판결을 할 수 있고, 이러한 사정판결을 할 필요가 있다고 인정하는 때에는 당사자의 명백한 주장이 없는 경우에도 일건 기록에 나타난 사실을 기초로 하여 직권으로 사정판결을 할 수 있다(대법원 1995. 7. 28. 선고 95누4629 판결).

제9장
건설분쟁 해결의 효율화 방안

제9장

건설분쟁 해결의
효율화 방안

제1절 건설분쟁의 발생요인

건설공사는 그 본질상 건설분쟁이 예정되어 있다고 할 정도로 문제의 발생을 피할 수 없다는 것을 의미한다. 특히 건설공사계약을 둘러싼 분쟁은 다른 재산권 분쟁과는 그 양상이 매우 다르다. 건설공사계약은 이행이 장기간에 걸쳐 이루어지며, 채무이행의 구체적인 내용을 확정짓는 것도 쉽지 않다. 그 이유는 다음과 같다.

1. 다수 관계자의 관여

건설공사는 공정이 복잡하고 자재와 시공기술도 다양하여 설계단계부터 시공, 유지관리에 이르기까지 다수의 당사자가 관여하게 된다. 직접적인 건설당사자 외에 준계약자, 행정기관, 제3자와 다양한 분쟁관계에 놓이게 된다.[1] 공사계약을 체결할 경우 이러한 모든 당사자들의 권리와 의무를 전부 계약서에 명문화하기는 어렵기 때문에, 복잡하게 얽힌 이해관계로 인하여 분쟁발생의 가능성이 크며, 분쟁이 발생한 경우 그 원인과 대책을 규명하는 것도 쉽지 않다.

---

1) 김성배·김일중, "분쟁사례 유형과 현황", 건설기술인(통권 46호), 2001. 9. 10., p. 58; 건설당사자들로서는 발주자, 원수급인, 하수급인, 설계자, 감리자, 하도급업자, 피분양인 등이 있고, 준 계약자로서는 토지매도자, 리스회사, 자재·장비 등 물품공급회사, 채권인수자, 건설노무자 등이 행정기관들로서는 정부, 지방자치단체, 세무서, 노동사무소, 기타 규제기관 등이 있다.

2. 건설공사 도급계약상의 문제

건설공사는 공정이 복잡하고 자재나 시공기술도 다양하고, 그에 따라 가격도 각각 차이가 있다. 공사계약을 체결할 때에는 이러한 다양한 종류 가운데 자재, 공정, 사용기술, 공사내용 등을 정밀하게 미리 정해야 하는데, 현재 공사도급 계약 체결 시 철저한 내용점검이 이루어지지 않는 경우가 흔하다. 시방서, 설계도, 견적서 등에 관한 규정을 형식적으로 정하거나 막연히 함으로써, 후에 양자 사이에 견해가 달라 분쟁으로 발전되는 경우가 적지 않다. 아울러 건설공사의 계약에서 언급해야 할 사항이 국가계약법령, 산업안전보건법령, 건설기술관리법령, 건설산업기본법령 등에 부분적으로 나뉘어져 있다. 계약은 공사계약일반조건 등을 기본으로 작성한 후 용역회사에서 작성한 공사계약특수조건, 설계서 등을 성과품으로 받아 사용함으로써 중요한 사항이 누락되거나, 계약서 자체가 일방적으로 작성될 우려가 있다.[2]

3. 계약조건 변경의 불가피성

건설공사는 장기간에 걸쳐 복잡 다양한 공정을 거쳐 이루어지기 때문에 많은 불확실성을 내포하고 있다. 이러한 불확실성은 자금조달상의 어려움이나, 건설업체의 부도·파산 등으로 인한 공사 중단 및 계약해제에 따른 계약금액의 변동, 환율과 금리 및 유가의 변동으로 인한 계약금액의 변경, 민원이나 지장물처리 등과 같은 추가비용의 발생, 발주처의 변경요구 등으로, 설계나 계약 시에는 예상치 못한 일을 발생시킨다. 이러한 사정은 필연적으로 계약내용의 변경을 가져오며, 이에 대한 공사비의 증감이 누구의 부담인지 불분명한 경우가 많다. 이 경우 변경 시마다 명백히 하여 합의서를 서면으로 남기면 문제가 없겠으나, 시간이 촉박하고 서면화가 번거로워서 구두로만 합의하거나, 분명하지 못한 합의를 함으로써 후일에 분쟁으로 확대되는 경우가 있다.[3]

---

2) 조영준, "국내 건설클레임의 문제점 및 대책", 건설기술연구원, 1995. 9., p. 3.

3) 계약문서의 미비로 인해 발생된 잠재적 클레임은 계약서, 설계도면뿐만 아니라. 표준시방서, 특기 시방서, 공사계약일반조건, 특수조건, 내역서 및 의사소통관리에도 직·간접적으로 영향을 미치고 있으며, 이들은 건설생산 관련자(발주자, 설계자, 수급인, 하수급인) 사이에서 교환되는 계약관련 도서, 의사소통체계 등의 생산 시스템을 합리적으로 재정비 또는 보완할 경우 해소될 수 있다(송용식, "공공 아파트공사의 잠재적 클레임이 공사관리에 미치는 영향요인 분석연구", 경희대학교대학

4. 관련기관 등의 기술력 부족

설계도면이나 시방서상의 미비함은 부실시공 근절의 차원에서도 논의되고 있지만, 클레임의 중요한 원인이기도 하다. 간접비와 실질경비, 설계하자로 인한 공사지연 또는 안전사고 등에 투입된 추가비용, 그 파급효과에 대한 클레임을 수반하는 설계도면이나 시방서의 부정확 및 미비사항은 아직도 국내의 공사현장에서 끊임없이 발생하고 있다.[4]

5. 원인의 복잡성과 다양성

건축물에 하자가 발생한 경우에는 그 원인을 판단하는 것은 매우 어렵다. 건축물의 시공 과정은 상호 연계되어 있어서 물리적, 기능적으로 영향을 미칠 뿐만 아니라 시공자의 책임으로 돌릴 수 없는 사유가 하자의 원인이 될 수도 있다. 예컨대, 시공자가 수행한 지반 공사가 부실하여 지반이 붕괴된다면 건물에 균열이 나타나게 되고, 이는 곧 시공자의 책임으로 돌릴 수 없는 것이다.

물리적 원인이 아니라도 건축주가 선급금을 기한에 지급하지 아니하여 공사를 중단한 경우에, 공사 중단으로 인한 해제나 지체상금의 원인은 선급금 지급 불이행이라는 계약적 요소가 공사 중단의 원인으로서 검토되어야 한다. 이는 당사자 사이의 협력관계가 전제되어야 하는데, 이러한 불협조가 원인이 되는 경우도 많다.[5]

원 박사학위논문, 2003, p. 81).

4)   이태식·이교선·이유섭, "건설기술수준 지표개발 및 장기발전 방향", 한국건설기술연구원, 1993, p. 14.

5)   윤재윤, 건설저널, 2005. 8. p. 61. 참조.

제2절 건설소송과 ADR제도의 활용

1. ADR의 의의

ADR(Alternative Dispute Resolution)이란 대체적 분쟁해결로서 법원의 소송 이외의 방식으로 이루어지는 분쟁해결방식을 말한다. 미국에서는 ADR이 가장 다양하게 논의가 진행되어왔고, 실제로 다양한 활용이 이루어져 왔다. ADR이란 형식적으로는 법원의 소송 이외의 방식으로 이루어지는 분쟁해결방식을 말하며, 실질적으로는 법원의 판결 형태가 아니라 협상, 화해, 조정, 중재와 같이 제3자의 관여나 직접 당사자 간에 교섭과 타협으로 이루어지는 분쟁해결방식을 말한다.

분쟁을 해결하는 방법 중 법원의 판결을 통하는 것이 가장 전통적이고 궁극적인 방법이라 할 수 있다. 그러나 모든 정치·경제·사회적인 분쟁을 법원을 통해 해결하려고 하는 것은 절차의 복잡성과 최종판결까지 장기간의 시일이 소요된다는 점 등으로 말미암아 법원에 과중한 부담이 될 뿐만 아니라 변호사 선임료, 감정·검증비 등 과도한 비용의 필요로 사회적 비용 및 시간에 대해 비효율적이다.

상사 분쟁으로 한정해보더라도, 기존의 소송제도를 이용한 상사분쟁의 해결은 특히 소송상대 기업과 지속적 관계 유지가 힘들다는 점, 분쟁당사자끼리의 자율적 합의를 도출하기 어렵다는 점 등에서 신속하면서도 비용이 적게 드는 자율적인 분쟁해결 절차가 필요하게 되었다. 대표적인 ADR방식인 협상, 화해, 조정 및 중재 등에 대해서는 전 장에서 기술한바 있다.

2. ADR 관련법령

국내 ADR 관련법령은 알선, 화해, 조정, 중재 등의 법령이 있으나 건설 분야와 관련이 있는 것을 정리하면 다음과 같다.

[표 9-1] 우리나라 ADR 관련법령(건설 분야)[6]

구분	법령명	공포일자	법령 종류	소관부처
중재	• 중재법	2013. 3. 23.	법률	법무부
조정	• 각종 분쟁조정위원회 등의 조정조서 등에 대한 집행문 부여에 관한 규칙	2002. 6. 28.	대법원규칙	대법원
	• 민사조정규칙	2013. 10. 11.	대법원규칙	대법원
	• 민사조정법	2012. 1. 17.	법률	법무부
	• 환경분쟁 조정법	2012. 2. 1.	법률	환경부
	• 환경분쟁 조정법 시행령	2012. 5. 1.	대통령령	환경부
	• 환경분쟁 조정법 시행규칙	2012. 10. 26.	환경부령	환경부
기타	• 공공기관의 갈등 예방과 해결에 관한 규정	2013. 3. 23.	대통령령	국무조정실

국내 ADR 기관은 분야에 따라서 상거래 분야, 건설 및 부동산 분야 등으로 구분할 수 있는데, 건설·부동산 분야는 건설분쟁조정위원회, 건축분쟁전문위원회, 하도급분쟁조정협의회, 하자심사분쟁조정위원회, 공제분쟁조정위원회, 중앙공동주택관리분쟁조정위원회, 공동주택관리분쟁조정위원회, 임대주택분쟁조정위원회 등이 대표적이다. 또한 건설계약과 관련해서는 국가계약분쟁조정위원회, 지방자치단체계약분쟁조정위원회, 환경분쟁과 관련해서는 중앙환경분쟁조정위원회가 있다.

3. 소송기간의 장기성

건설소송은 쟁점이 많은데다가 감정 등 입증이 어려워 소송기간이 장기화된다. 감정 한 가지만 갖고서도 감정채택, 감정시행, 감정 후 보완조회 등을 통한 공방이 1년 이상 걸릴 때가 많다. 시간이 경과할수록 분쟁의 대상에 관련된 직접적인 증거가 소멸되거나 증거가치가 모호해지고, 감정적 대립이 커진다. 왜냐하면 소송이나 분쟁은 대부분 공사가 완료되거나 완료시점에서 발생되어, 공사 관련자가 타 현장으로 이동하게 되고, 해당 증거물증이나 서류 또한 준비하기가 쉽지 않아 시간이 오래 걸린다.

소송은 평균 대법원까지 2~3년이 걸리지만, 중재는 국내중재가 약 6개월, 국제중재가 약 8개월 정도 소요되는 점을 감안하면, 소송은 상대적으로 해결에 장기간을 요

---

6)　(사) 한국무역상무학회, "국내 ADR(대체적 분쟁해결)기관 조사 연구", 2014, p. 159 참조.

하게 된다.[7] 일반적으로 조정은 중재보다도 그 소요기간이 짧다.

4. 소송비용

건설소송은 그 특성에서도 살펴본 바와 같이, 소송기간의 장기성과 청구금액의 고가로 인해 소송비용도 많이 소요된다. 이에 반해서 ADR인 중재제도는 단심제이고 신속성으로 인해 재판비용보다 저렴하다. 중재는 또한 단심제로 운영되면서 효력은 법원의 확정판결과 동일하기 때문에, 소송에 비해 절차적인 측면에서 편리함을 알 수 있다. 조정의 경우에도 일정한 비용이 요구되나, 소송이나 중재에 비하면 매우 적다.

ADR이 소송에 비해 가장 기본적인 그 존재의 가치는 아무래도 ① 분쟁처리기간이 짧고, ② 비용이 저렴하며, ③ 절차가 비교적 단순하며, ④ 분쟁처리 후 이에 따른 갈등과 대립적인 측면에서는 소송보다 유리하다는 데서 찾을 수 있을 것이다. 대한상사중재원의 중재와 소송비용과의 비교표를 살펴보면 다음과 같다.

[표 9-2] 중재와 소송비용과의 비교

구분	5천만 원	1억 원	10억 원	500억 원
중재(A)/천 원	1,690	2,240	10,290	137,240
소송(B)/천 원	6,116	10,250	47,650	1,493,150
A / B(%)	27.6	21.8	21.5	9.2

* 대한상사중재원(소송비용에는 3심까지의 인지대 및 변호사비용 등이 포함)

5. 전문가에 의한 판정

중재나 조정은 당사자의 합의에 의하여 분쟁을 법관 이외의 사인인 제3자의 판단에 맡겨서 자주적·최종적으로 해결하는 방법이기 때문에, 법에 의한 판단이라기보다는 분쟁내용에 전문지식을 가진 사인(전문가, 학자, 기업인, 변호사 등)의 경험과 사견에 의한 판단으로서, 사건의 진실관계를 보다 실정에 맞게 규명할 수 있다. 따라서 특수한

---

7) 곽영용 외 6인, 앞의 책(주 370), 102면: 중재는 신속성을 강화하기 위하여 집중심리로 심리횟수를 줄이고 예비회의제도를 활성화하여, 심리 자체의 소요시간도 단축하여 진행할 수 있다. 신속절차의 경우에는 1개월 정도 소요된다.

사건이 아니한 별도의 감정인이나 제3의 전문가를 활용할 필요성이 없어, 신속하고 저렴하게 분쟁을 수행할 수 있는 이점이 있다. 이와 같은 맥락에서 전국적으로 각 지방법원에는 전문 재판부가 지정되어 있다. 이는 의료, 국제거래, 언론, 노동, 지적재산권, 건설사건 등 특수 분야에 관하여 사건을 집중심리함으로써 전문성을 높이고 효율성을 도모하기 위한 것이다.[8]

6. 다양한 편이성

전술한 바와 같이 ADR의 장단점은 곧 소송과 비교한 장단점이 된다. 비용과 시간적인 측면 외에도 중재는 「외국중재판정의 승인 및 집행에 관한 UN협약」에 의거 외국에서도 중재판정의 승인과 강제집행이 보장된다. 만약 해외 건설공사에 대한 분쟁이 외국의 사법기관에서 수행된다면 비용과 시간, 그리고 진행과정 등 모든 방면에서 매우 어려울 것임에 틀림없다. 따라서 이러한 경우 ADR을 활용한 분쟁해결은 상대적으로 편리할 수 있다.

건설분쟁이 또한 중재심리는 당사자 간에 분쟁발생 책임소재에 대한 공격, 방어과정에서 실체적 진실을 파악하는 데 있기 때문에, 당사자가 허락하지 않는 한 심리를 비공개로 진행한다. 이러한 비공개는 기업의 비밀을 유지·보장하고 신용상의 위험이나 노출을 방지할 수 있다. 따라서 다양한 측면에서 건설 분야에서는 경직된 소송절차보다는 ADR을 통한 분쟁해결이 바람직하다. 이는 반대로 ADR에서는 재판에서와 같은 판례형성을 기대할 수 없기 때문에, 유사한 분쟁이 발생하지 않도록 예방할 수 있는 기능에 한계가 있을 수 있다.

7. ADR의 활용을 저해하는 요인

현실적인 측면에서 살펴보면 발주기관이나 건설업체 또는 용역업업체 등에서도 분쟁은 반드시 소송으로 해결하는 것이 아니며, 이를 제외한 다른 방법으로 처리하는 것이 시간적이나 경제적으로 유리하다는 것을 인지하고 있는 것도 사실이다. 소송보

---

8)　2005. 11. 현재 서울중앙지방법원에는 총 20개의 1심 민사합의재판부가 있는데, 그중 건설전문재판부가 6개나 지정되어 있다. 다른 전문재판부가 1개 또는 2개가 지정되어 있음에 반하여 건설재판부는 압도적으로 그 수가 많다(윤재윤, 앞의 논문(주 449), p. 23).

다는 조정이나 중재가 분쟁해결에 많은 장점이 있음에도 불구하고 감사지적을 의식해서 소송으로 해결하려 하고 있다는 것이다. 따라서 조정이나 중재 등 ADR 제도를 활성화하려면 감사 면책권을 부여할 필요가 있다는 지적이 있다. 발주기관들이 건설분쟁을 해결하는 데 조정을 선호하면서도 감사기관의 감사를 의식해서 소송을 선택하고 있는 것으로 전문가의 지적이 있고, 이를 업계에서는 대체적으로 수긍하고 있는 입장이다.

대한건설협회 관계자의 연구[9]에 따르면 국내 대표적인 공공공사 발주기관 4곳(LH공사, 수자원공사, 도로공사, 철도시설공단)과 대중소 건설업체 90개사를 대상으로 설문조사를 실시한 결과, 국내 발주기관 4곳은 건설분쟁을 소송으로 해결하는 이유로 ① 감사지적 등을 의식한 일방적 선택 28.5%, ② 결과의 공정·신뢰성 미비 27.5%, ③ 법률제도 규정 미비 25.5%, ④ 조정위원회 이용 곤란 18.5%로 조사 되었다. 건설사들도 같은 질문에 대해 감사지적 등을 의식한 일방적 선택이라는 답변이 30.5%인 1위로 나타났다. 특히 대기업이 39.1%, 중견기업이 29.7%이나 중소기업 24.1%보다 많이 조사되었다. 통상 소송을 통하면 해결기간의 장기화, 과다한 비용은 물론이고 적대적 관계 형성 등 사회적 부작용이 크다고 지적하고 있다.[10]

따라서 발주기관은 물론 건설사들도 소송보다는 조정이나 중재를 더 선호하고 있다는 사실도 설문조사에서도 나타나고 있다. 물론 ADR 방식이 재판에 비해서 공정성이나 신뢰성의 측면에서 다소 부족한 점이 있긴 해도 이러한 사정은 분쟁해결에서 소송의 방식이 절대적인 것은 아니라는 의미가 된다.

---

9) 안성현(대한건설협회), "공공계약 건설분쟁 조정·중재제도 활성화 방안 연구." 2020. 건설경제 기사 인용

10) 발주기관 4곳은 선호하는 건설분쟁 해결방법으로는 조정(35%)을 가장 많이 선택했다. 소송(33.6%), 중재(31.3%)가 뒤를 이었으며, 건설사들도 조정(35.9%)이 가장 많았고, 다음이 중재(35.1%), 소송(28.9%)으로 나타났다. 대기업은 중재가 38.2%, 중견기업과 중소기업은 조정이 35.7%와 40.1%로 조사되었다. 조정제도를 활용하고 싶은 이유로는 발주기관의 경우 신속성(26.9%)을 가장 많이 꼽았다. 건설사의 경우 대기업, 중견기업은 신속성이 32.6%와 28.7%로 높게 나타났고, 중소기업은 당사자 간 갈등완화가 29.8%로 높게 나타났다. 조정·중재제도 활성화를 가로막는 요소로는 발주기관은 감사지적 문제, 신뢰성 및 구속력 문제를 꼽았고, 건설사들은 발주기관 소송 선호, 판정 결과 구속력 부족을 꼽았다. 이와 아울러 조정·중재제도의 홍보 부족도 문제가 있는 것으로 나타났다.

제3절 건설분쟁 예방을 위한 방안모색

1. 계약 관련 서류의 정비

계약은 법규의 범위 내에서 존재가치가 인정되는 것이 일반적이나, 그렇다고 그 독자성을 부인할 수는 없다. 현행의 공사계약일반조건에 근거법규의 인용이 지나치게 많다는 뜻이므로, 가능한 한 계약조건만으로도 계약서류의 전체를 충분히 이해할 수 있도록 작성되어야 할 것이다. 계약조건은 용어의 개념이나 개별조항의 적용범위를 명확히 하여 구체성을 확보하여야 한다. 따라서 계약관련 조건들은 명확하고 분명하게 그 뜻이 해석될 수 있도록 작성되어야 한다. 계약문서관리에 대하여는 5가지 원칙이 있다.[11]

첫째, 계약문서는 관련 문서를 전체적으로 읽고 판단하여야 한다.[12] 일반조건, 특수조건, 시방서, 도면 등의 일련의 서류를 전체적으로 읽은 다음에 상관 관계를 파악하여야 할 것이다.

둘째, 계약문서는 문서작성자에게 불리하게 해석된다. 계약문서에 숨겨져 있는 모호성(subtle ambiguities)으로 인해 합리적인 해석이 어려울 경우, 이 계약문서는 계약서류를 작성하지 않은 계약상대자에게 유리하게 해석된다.

셋째, 계약문서는 기존의 구두합의 사항보다 우선한다. 이는 구두증언법칙(parol evidence rule)[13]의 예외이기도 하다.

넷째, 특수조건은 일반조건에 우선한다.

다섯째, 계약문서는 거래의 전후관계, 작성배경 등을 전체적인 시각에서 파악되어야 한다.

이와 아울러 공사 관련 계약서류를 국제화하고 정형화하여야 한다. 우리 건설업체의 해외진출이 활발하게 진행되고 있고, WTO협정에 따른 국제입찰이 의무화되고 있

---

11) Edward R. Fisk, op. cit, pp. 477~479.

12) Five principles of contract administration ① The document must be read as a hole, ② The document will be construed against the drafter, ③ The document supersedes all previous discussions, ④ Specific terms govern over general terms, ⑤ The document must be read in the context of the trade.

13) 계약당사자 간 협상을 끝내고 서면 계약서에 서명을 한 때에는 그동안 당사자 간의 구두 또는 서면으로 협상한 내용이 완전히 수렴하여 흡수 통합된 것으로 보는 것을 말한다.

는 실정을 감안하여, 국제적인 감각과 흐름을 반영한 표준형의 계약조건이 마련되어야 할 것이다.[14]

2. 분쟁의 신속성과 자율적인 해결유도

전술한 바와 같이 건설공사는 관련된 사람이 많고 또한 비용투입이 크므로, 일단 분쟁이 발생하면 공사가 지연되거나 중지되는 경우가 대부분으로, 그 사회적 영향이 큰 경우가 많다. 시공 중에 있는 공사에 분쟁이 발생하면 공사 중단 등으로 인해 목적물이 방치되어, 분쟁 당사자의 사회·경제적으로도 손해가 커서 회복이 곤란한 경우가 발생된다. 따라서 가장 간단하며 최소의 경비로 초래할 수 있는 상호 협의에 의한 방법이 가장 바람직하며, 이것이 가능하지 않을 경우 최소한 조정의 단계에서 처리될 수 있어야 할 것이다. 건설분쟁에서 협상이나 조정의 중요성이 강조되는 원인이 여기에 있다.

3. 분쟁해결의 사전협의 절차필요

현행 「공사계약일반조건」에서는 분쟁의 해결과 관련한 조항만 명시되어 있을 뿐 계약당사자가 분쟁에 대하여 상호 협의할 수 있는 사전절차가 마련되어 있지 않다. 따라서 클레임이 발생되면 공식·비공식적인 절차를 거쳐 문제를 풀어가다가, 합의에 이르지 못하면 소송으로 발전되는 경우가 대부분이다. 이러한 실정을 감안하여 사전 협의 절차를 통하여 계약금액조정 내역의 투명성 및 정확성을 제고할 수 있으므로, 사전 협의절차에 대한 규정 및 이행을 규정할 필요가 있다.

FIDIC 및 AIA 등 외국 계약서에서 볼 수 있듯이 클레임 사안이 발생한 후 계약상 대자가 계약담당공무원에게 통지하고, 계약담당공무원은 자료의 확보 및 추가자료

---

14) 국가계약법률의 하위법령에서는 국내입찰과 국제입찰을 구분하여 이원화하고 있다. 국제 입찰의 경우에는 국가계약법 시행령과 동법 시행규칙의 적용을 기본으로 하면서, 국내입찰의 경우와 다르게 운영할 필요가 있는 사항에 대하여, 특례규정 및 특례규칙을 적용하고 있다. 2020년 현재 국제입찰은 국내업체뿐만 아니라 정부조달협정 가입국 업체를 대상으로 부치는 입찰로 국가공사는 추정가격 78억 원(자치단체는 235억 원), 용역은 국가기관이 2억 원 이상을 대상으로 하고 있다. 재정경제부고시 제2018-27호, 2018. 1. 1. 적용기간은 2020. 12. 31. 2년간이다. 2년마다 재고시한다. 한편 대한상사중재원에서는 국제중재규칙(The Rules of International Arbitration for the Korean Commercial Arbitration Board)을 제정하여 시행하고 있다.

제출지시 후 규정된 기한 내에 계약금액 조정 및 공기연장과 관련한 승인 여부를 통지하여야 한다. 만약 계약상대자의 통지를 거부하는 경우에는 거부의 사유를 첨부하도록 규정하고 있다.[15]

　계약상대자와 계약담당공무원이 합의를 도출하지 못하는 경우에는 분쟁조정위원회(Adjudication Dispute Review Board)를 통하여 분쟁을 해결하도록 규정하고 있다.[16] 이러한 조정의 결과에 계약당사자의 일방이 불복하는 경우 구속력이 있는 최종분쟁방법을 선택하도록 되어 있다. 따라서 현행의 공사계약일반조건처럼 분쟁해결방법만 나열함으로써 발생하고 있는 문제를 해결하기 위해서는 국내 계약문서에도 분쟁해결의 사전 절차를 규정할 필요가 있다. 현재 서울특별시, 조달청 및 행정안전부에서는 이와 유사한 내용의 절차를 공사계약특수조건에 규정하고 있다.[17]

4. 분쟁조정기구의 활성화 및 분쟁절차 보완

　건설부문에는 전문적이고 기술적인 사항과 관련된 분쟁이 많이 발생하고 있으므로 이와 관련된 분쟁이 효율적으로 해결되어야 한다. ADR제도는 계약당사자가 상호 노력을 경주하여 분쟁을 신속·저렴하게 우호적(amicable)으로 해결할 수 있는 방법으로서, 국제적으로 널리 활용되고 있다. 즉, ADR제도를 활용하게 되면, 건설 관련 전문가로 구성된 위원회가 분쟁의 사안을 적시에 검토하여 적절한 자문을 해줄 수 있는 것이다.

　외국에서 널리 사용되는 ADR 중에는 조정, 분쟁조정위원회, 분쟁검토위원회 등으로 계약체결 시에 위원회를 구성하고, 분쟁 사안이 발생한 경우 즉시 위원회로 송부하여, 일정한 기간 이내에 자문 또는 판정 결과를 도출시키고 있다. 또한 외국의 경우 클레임의 규모에 따라 다양한 방식의 분쟁해결방식을 사용하고 있다.[18] 분쟁의 해결

---

15)　FIDIC 계약일반조건 제20조 제1항(20.1) 참조.

16)　FIDIC 계약일반조건 제20조 제2항(20.2) 참조.

17)　행정자치부는 지방계약법 제32조(이의신청)제1항에 의거 해당 지방자치단체의 장에게 이의신청을 한 사항에 대하여, 지방계약법 제34조 제4항 및 동법 시행령 제111조 제1항의 규정에 의하여, 지방자치단체 계약분쟁조정위원회에 재심을 청구한 경우에, 시행령 제111조 제2항에 의거 필요한 절차를 정하기 위하여 "지방자치단체 계약분쟁조정위원회 운영요령"(행정자치부 예규 제209호, 2006. 5. 15.)이 마련되어 있다. 조달청의 경우 공사계약특수조건(조달청 시설총괄팀-2350, 2006. 6. 30.) 제19조에 분쟁해결에 대한 절차를 규정하고 있다.

에서 시간과 비용이 많이 드는 중재와 소송 단계 이전에, 계약당사자 간 합의를 도출할 수 있는 ADR제도의 활성화가 필요하다. 특히 우리나라의 경우 유명무실한 조정에 의한 분쟁해결보다 실질적이고 합리적이며, 체계적으로 운영이 가능하도록 할 필요가 있다. 따라서 국내 계약조건에도 발주기관의 특성에 적합한 분쟁조정기구 및 위원을 명시할 필요가 있다.

---

18) 우리나라의 경우 분쟁의 해결방안에 대하여는 「공사계약일반조건」 제51조, 조달청 「공사계약특수조건」 제19조에만 규정하고 있으나, 「FIDIC일반조건」 제20조 클레임, 분쟁 및 중재(Claim, Disputes and Arbitration)조항에서는 20.1 시공자 클레임(Contractor's Claims), 20.2 분쟁조정위원회의 임명(Appointment of the Dispute Adjudication Board), 20.3 분쟁조정위원회에 합의 실패(Failure to Agree Dispute Adjudication Board), 20.4 분쟁조정위원회의 결정획득(Obtaining Dispute Adjudication Board's Decision), 20.5 우호적인 해결(Amicable Settlement), 20.6 중재(Arbitration), 20.7 분쟁조정위원회 결정에 대한 준수 실패(Failure to Comply with Dispute Adjudication Board's Decision), 20.8 분쟁조정위원회 임명 만료(Expiry of Dispute Adjudication Board's Appointment) 등 분쟁처리에 대한 구체적인 내용과 절차를 규정하고 있다. 이와 함께 부록으로 「분쟁조정합의서에 관한 일반조건」과 「절차에 관한 규칙」을 두어 분쟁해결에 관한 일련의 처리과정을 자세히 나타내고 있음을 알 수 있다.

제4절 효율적인 건설분쟁의 대응방안

1. 발주자의 대응방안

클레임이나 분쟁은 시공활동이나 계약관리가 철저하지 못함으로써 발생한다. 그러나 건설공사의 복잡성과 전문성으로 인해 건설공사나 엔지니어링활동 또는 이에 따른 계약활동을 완벽하게 한다는 것은 현실적으로 불가능하다. 따라서 리스크관리라 함은 모든 클레임을 방지한다는 뜻으로서가 아니라, 공사나 엔지니어링활동 또는 계약관리에서 발주자가 행하여야 할 의무사항을 환기시키고자 하는 데 의미가 있다고 할 수 있으며, 이러한 방어요령을 요약하면 다음과 같다.[19]

[그림 9-1] 클레임에서 발주자의 방어요령

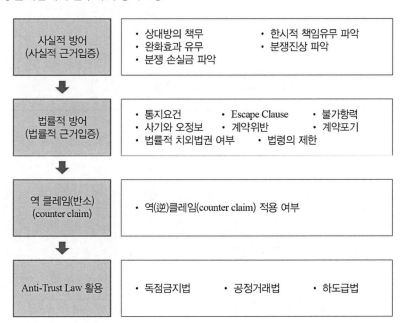

---

19) 백준홍, 『건설계약관리와 클레임 해결』, 연세대학교출판부, 1998, pp. 291~300 참조.

1) 사실에 입각한 방어

발주자의 대리인으로서 행위를 한 제3자가 잘못을 저지른 경우, 예컨대, 전문 건축가 엔지니어 또는 감리자들이 그들의 책임을 완수하지 못했기 때문에 발주자를 상대로 클레임을 제기하는 사례가 있다. 이러한 경우에는 '다른 당사자의 책임' 또는 '상대방의 책임'이라는 사실을 밝혀 본인의 책임이 아니라는 것을 증명하는 것이 필요하다. 아울러 시공자가 클레임을 제기한 경우 상대방은 손해액을 최소화하기 위한 합리적인 노력이 있었음을 증명하는 것이 필요한데, 이를 완화(mitigation)효과라 한다. 예컨대, 태풍에 따른 홍수로 인해 기성된 구조물에 피해가 발생한 경우 계약상대자는 피해를 줄이기 위해서 직원을 총동원하여 최대한의 예방조치나 응급조취를 취했다는 것을 증명하는 것이 필요하다.

2) 법률적 방어

일반적으로 추가 작업이나 현장조건의 상이 또는 계약금액의 변경 등은 일정한 통보나 통지 등이 있어야 효력이 발생한다. 「공사계약일반조건」 제5조에서도 구두에 의한 통지·신청·청구·요구·회신·승인 또는 지시는 문서로 보완되어야 효력이 있다. 통지 등의 효력은 계약문서에서 따로 정하는 경우를 제외하고는 계약당사자에게 도달한 날부터 발생한다. 이러한 문서는 통지 또는 통보기일이 정해져 있으며 이러한 기한을 준수하지 못한 경우에는 권리가 박탈되는 사례가 발생하는데, 이를 통지요건이라 한다.

이러한 통지요건은 「공사계약일반조건」의 경우 제14조(공사현장대리인), 제16조(공사감독관), 제17조(착공 및 공정보고), 제19조의2(설계서의 하자에 의한 설계변경), 제19조의3(현장상태와 설계서의 상이로 인한 설계변경), 제19조의4(신기술 및 신공법에 의한 설계변경), 제19조의5(발주기관의 필요에 의한 설계변경), 제19조의6(소요자재의 수급방법 변경), 제20조(설계변경으로 인한 계약금액의 조정), 제26조(계약기간의 연장), 제22조(물가변동으로 인한 계약금액의 조정), 제23조의2(설계변경 등에 따른 통보), 제27조(검사), 제28조(인수), 제32조(불가항력), 제33조(하자보수), 제39조(기성대가의 지급), 제40조(준공대가의 지급), 제43조의2(하도급대금 등 지급확인), 제43조의3(노무비의 구분관리 및 지급확인), 제47조(공사의 일시정지), 제47조의2(계약상대자의 공사정지 등), 제47조의3(공정지연에 대한 관리), 제48조(공사계약의 이행보증), 제52조

(공사관련 자료의 제출), 제53조(적격·PQ심사·종합심사낙찰제 관련사항 이행) 등이 이에 해당한다.

그 외 자신의 제어 범위를 넘어선 사건의 발생하는 불가항력이라든가 면책조항, 계약포기 등은 법률적 방어에 속한다.

3) 역 클레임(반소)

발주자는 계약위반이나 시공자의 행위 등에 의해 자신에게 유발된 추가비용에 대해 시공자를 상대로 역 클레임(Counter Claim)을 제기할 수 있다는 가능성을 명심해야한다. 반소(反訴)는 소송계속 중에 피고가 그 소송절차를 이용하여 원고를 상대로 제기하는 소이다(민사소송법269조). 따라서 본소의 원고는 반소의 피고가 되고, 본소의 피고는 반소의 원고가 된다.

이와 같이 반소를 인정하는 이유는 소송상의 청구가 여러 개 일지라도 서로 밀접한 관련성이 있으면 동일한 소송으로 해결하는 것이 경제적이고, 청구의 병합 또는 소의 변경이 주어지므로 이에 대응하여 피고에게 반소의 기회를 주는 것이 공평하며, 피고가 별건의 소송으로 제기할 경우 중복심리에 의한 재판의 모순 저촉이 생길 우려가 있기 때문이다.

반소의 요건으로 첫째, 반소는 본소 계속 중에 그 소송절차를 이용하는 새로운 소의 제기이므로 소의 객관적 병합의 일반적 요건을 갖추어야 하고, 둘째, 본소의 사실심 계속 중 본소의 변론종결 전에 제기되어야 하며, 셋째, 반소의 청구가 본소의 청구 또는 이에 대한 방위방법과 상호 관련성이 있어야 한다.

미국의 경우 반소를 의무적으로 하는 경우와 임의로 하는 경우가 있다. 따라서 반소가 가능한지 등에 대한 것도 검토할 필요가 있다.

4) 공정거래법(Anti-Trust Law) 해당 여부

미국의 「독점금지법」은 미국에서 '경쟁법 영역'에 속하는 일련의 법을 뜻한다. 반트러스트(Anti-trust)법이라고도 한다. 이 법은 미국 내 특정 기업의 무분별한 독주를 방지하여 경제 주체들의 자유 경쟁을 지속적으로 유도하기 위해 제정된 법률이다. 우리나라의 경우 「독점규제 및 공정거래에 관한 법률」(공정거래법)에서 탈법행위 및 불공정 거래행위 금지와 함께 시정지시, 과징금, 이행강제금 및 손해배상 책임 등이 규정되어 있다. 따라서 클레임에서 발주자는 공정거래법에 위반되었거나 문제가 있다는 사실을 주장하고 이를 증명하는 것이다.

2. 단계별 대응방안

1) 계약이전 단계

첫째, 계약에 따른 면밀한 검토 및 연구가 요구된다. 기획·조사·설계 등의 사전 단계에서 공사의 수행 중 예상되는 문제점을 발주처와 설계자·감리원 및 시공자의 입장에서 그 해소방안을 마련해야 할 것이다. 아울러 입찰 시 입찰서류(Bid Package)에 있는 모든 계약서류를 철저히 검토하고 분석해야 하는데, 이를 위해서는 Review and Analysis Table을 작성하여 면밀히 검토해야 한다.

특히 해외공사의 경우 ① 정치적 및 사회상의 불안, ② 법률·제도·규정 등의 변경, ③ 물가변동·환율변동·현장조건의 상이·비면책 지연 등 공사수행에 영향을 미치게 될 정치적, 계약적 및 법률적인 위험성이 있는지를 심도 있게 분석해야 한다.

둘째, 설계서·계약조건 등 명확한 계약문서의 준비가 필요하며, 발주처는 가능한 한 계약당사자의 책임과 의무가 명확하게 규정된 계약문서를 준비하여야 한다. 예컨대, 설계·시공 일괄계약(Turnkey Contract/Design-Build Contract/Package Contract)에서는 시공자가 설계와 시공을 병행하여 수행한다는 점에서, 우리나라의 경우 공사의 수행 중 발생하는 모든 문제에 대하여 시공자에게 포괄적인 책임을 부과시키는 사례가 있는 바, 이는 바람직한 방법이라 할 수 없다.

2) 계약이후 단계

첫째, 계약상대자는 계약의 목적달성을 위하여 성실하게 계약사항을 준수하여야 하며, 발주처는 시공자로 하여금 공사부지의 사전확보, 기성대가의 적기지급 등이 함께 따라야 한다. 특히 발주자는 계약의 기본 목적과 목적물을 완성하는 데 필요로 하는 가능한의 모든 정보를 계약상대자에게 배포하고 주지시켜야 할 것이다. 일단 계약이 체결되면 체결과정에서 문제되었던 감정적인 대립은 없애고 수급인은 목적물 완성의무를, 도급인은 시공에 대한 정당한 대가지급의무를 다해야 할 것이다.

둘째, 실제 클레임이나 분쟁이 본격화 되었을 경우에는 무엇보다도 이를 뒷받침 할 수 있는 문서가 증거물로서 가장 확실한 역할을 하고 있기 때문에 이러한 증거물을 확보하는 것이 관건이다. 즉, 공사의 손실보존이나 이익은 관련 서류로서 보상을 받을 수 있기 때문이다. 따라서 "분쟁은 문서싸움"이라는 말이 있을 정도로 증거자료의 중요성이 강조되고 있기 때문에, 계약은 세밀하게 서류관리는 철저하게 다루는 생활 습관이 필요하다.

미국에는 "클레임을 입증하는 데이터가 도급자가 지닌 지식으로서 가장 정확한 동시에 완전한 것이다"라는 판례가 있다. 따라서 문서는 복잡하고 분량도 많기 때문에 그냥 철하는 것보다는 기록이나 서류를 효율적으로 관리하는 문서관리체계(document control system)를 수립하는 것이 바람직하다.

셋째, 이를 정리하면 철저한 계약행정(contract administration)이 필요하다. 도면, 시방서, 입찰서류는 물론 계약조건상의 리스크 등을 철저히 검토 파악하여 지속적으로 관리해야 한다. 계약행정 과정상 매우 중요한 것은 문서관리와 기록유지(record keeping)이다. 엔지니어는 현장작업일지, 관계자 회의록, QC 일지 등을 유지토록 해야 한다.

넷째, 철저한 현장파악이 필요하다. 현장에서 일어나는 상황이 계약서와 다른 것은 모두 포착하여 발주자에게 알려줘야 하기 때문에, 현장 관계자는 현장에서 발생하는 모든 상황을 잘 알고 있어야 한다. 그렇기 때문에 현장 각 부서와 긴밀한 업무협조 체제는 매우 중요하다. 클레임의 발생 근원지를 찾아내고 발생한 클레임을 처리하기 위한 적법한 과정을 관리하고, 클레임을 지원(backup)해주는 증빙자료를 만들어야 하는 모든 것이 현장에서 나와야 한다는 것임을 생각하면 현장의 철저한 관리는 두말할 필요가 없다.

이와 함께 세밀한 하도급관리(subcontract management)가 필요하다. 시공의 대부분을 하도급자가 맡아 수행하는 추세가 점점 증가하고 있어 하도급자의 역할이 그만큼 커졌고 중요하게 되었다. 이렇게 보면 하도급자 관리의 성패가 공사의 성패와 맞물려 있다. 따라서 하도급계약서를 작성할 때 이러한 제반 사정을 감안하여 반영되도록 하고 분쟁의 소지를 줄여야 한다.

3) 분쟁의 해결 단계

첫째, 건설분쟁이 다양한 만큼 해결절차 역시 다양화할 필요가 있다. 작은 분쟁은 보다 간편하고 신속하게, 규모가 큰 분쟁은 보다 신중하고 정확하게 접근방법이 달라져야 할 것이다. 건설 프로젝트에서 가장 바람직한 것은 분쟁을 최소화시키는 것이며, 당사자 간의 자율적인 분쟁해결을 유도하는 것이다. 따라서 분쟁해결을 위한 대안모색은 이해당사자가 주도하여 결자해지(結者解之)의 입장에서 분쟁이 확대되기 전인 현장수준(field condition)에서 해결이 가능하도록 하는 것이 바람직하다.

둘째, 제도적인 측면에서 분쟁조정제도의 기능을 보다 강화할 필요가 있다. 사건 당사자들은 화해와 조정에 대하여 보다 개방적이고 유연한 태도를 가져야 할 것이다. 우리나라의 경우 화해율이 선진국에 비해 매우 낮은 편인데, 이는 다양한 원인이 있겠지만 화해에 대한 인식이 잘못된 데서 비롯된 것으로 보인다. 건설분쟁은 특유의 복잡성으로 인해 화해의 필요성이 다른 분야보다도 훨씬 더 크다. 화해야말로 손해보는 것이 아니라 사업적 시각에서 시간과 위험성의 부담을 막는 선택적 경영의 문제로 인식할 필요가 있다.

셋째, 제도적인 측면에서 분쟁조정제도의 기능을 강화해야 할 것이다. 법원에 대해서만 분쟁의 해결을 구할 것이 아니라 대한상사중재원이나 건설분쟁조정위원회, 건설하도급분쟁조정협의회, 건축분쟁협의회, 환경분쟁조정위원회 등 다양한 분쟁해결 기구를 이용하고, 정부는 이러한 위원회가 활성화 될 수 있도록 제도적인 장치의 확대가 필요 할 것이다. 그러나 극히 일부를 제외하고는 '이름에 걸맞지 않은 유명무실한 조직으로서의 위원회'가 대부분이고[20] 이에 대한 별다른 대안이 없이 새로 생겨나고 있다는 것이다. 우리나라는 건설분쟁의 경우 대소 구분 없이 당사자 사이에 분쟁이 해결되지 않으면 대부분 법원에 소송을 제기하는 실정인바, 소송에 따른 비용, 시간, 전문성 등을 고려하여 분쟁을 사전에 합리적인 해결로 유도하기 위해서는 각종 ADR 기구를 활용할 필요가 있다.

끝으로, 위험부담의 형평성을 들 수 있는데, 건설 관련 분쟁의 상당수는 본질적으

---

20) 건설분쟁조정위원회의 경우 연도별 건설분쟁조정 신청 건수를 보더라도 2011년도 2건, 2012년도 6건, 2013년도 3건, 2014년도 31건, 2015년도 12건, 2016년도 42건, 2017년도39건, 2019년도 24건이고, 더욱이 해결 건수는 매우 저조한 실적을 보이고 있는 실정이다.

로 당사자 간의 위험부담이 공평하게 배분되지 못한 데서 기인하고 있다. 따라서 분쟁의 근원을 제거하기 위해서는 위험부담의 형평성 확보를 위한 법적·제도적 장치가 필요할 것이다.

참고문헌

I. 국내

1. 곽윤직 등, 『민법주해(II)』, 박영사, 1992.

2. 김홍규, 『민사소송법(제6판)』, 삼영사, 2003.

3. 남진권, 『건설공사 클레임과 분쟁실무』, 기문당, 2005.

4. 명순구, 『미국계약법입문』, 법문사, 2004.

5. 박준서 등, 『주석 민법[채권각칙(4)(8)]』, 한국사법행정학회, 1999.

6. 서정일, 『건설클레임관리론』, 두남, 2005.

7. 손주찬, 『상법(상)』, 박영사, 2002.

8. 양창수, 『독일민법전(2005년판)』, 박영사, 2005.

9. 윤재윤, 『건설분쟁관계법』, 박영사, 2006.

10. 이범상, 『건설관련소송실무』, 법률문화원, 2004.

11. 이은영, 『민법II(제4판)』, 박영사, 2005.

12. 최기원, 『상법학신론(하)』, 박영사, 2005.

13. 최장호, 『상사분쟁관리론』, 두남, 2003.

14. 곽영용 외 6인, 최신 상사중재론, 대한상사중재인협회, 2001.

15. 김경래, "공정한 계약문화 정착을 위한 건설클레임 발전방향", 대한건설협회, 2000

16. 김대현, "선택적 중재조항 관련 대법원 판례의 해석과 의미", 중재(제312호), 2004.

17. 김명기, "정부건설공사계약상 중재합의의 범위에 관한 일반적 고찰", 대한상사중재원, 2004.5.

18. 김성배 · 김일중, "건설분쟁사례 유형과 현황", 건설기술인(통권 제46호), 2001.9.

19. 김용섭, "행정법상 분쟁해결로서의 조정", 저스티스(제37권 제5호), 한국법학원, 2004.

20. 김원규, 건설공사 분쟁의 효과적 대처방안(계약관련 분쟁의 판례를 중심으로), 2008.

21. 남진권, 건설분쟁에 있어서의 소송외적 분쟁해결제도의 효율적 운영방안에 대한 연구, 2007.

22. 목영준, "중재에 있어서 법원의 역할에 관한 연구", 연세대학교대학원 박사학위논문, 2004.

23. 박영복, 글로벌시대의 계약법, 집문당(아산재단 연구총서 제185집), 2005.

24. 송상현, "소송에 갈음하는 분쟁해결방안(ADR)의 이념과 전망", 민사판례연구(XIV), 1992.8.

25. 안순철·최장섭, "대안적 분쟁해결(ADR)의 이론과 실제", 단국대학교 분쟁해결연구소, 2003.

26. 양병회·장문철·서정일 외 6인, 주석 중재법, 대한상사중재원, 2006.

27. 유병현, "우리나라 ADR의 발전방향", 사법제도개혁추진위원회 토론자료, 2006.

28. 이상윤, 영미법, 박영사, 1996.

29. 이상태, "도급계약에 관한 판례동향", 한국민사법학회 발표논문, 1996.

30. 이석묵, "건설클레임 역할과 활성화 방안", 한국건설산업연구원, 1999.

31. 이연훈, "건설도급계약과 공사대금청구권", 고려대학교법무대학원 석사학위논문, 2002.

32. 이재섭, "국내 건설산업의 클레임 동향분석", 한국건설산업연구원, 1998.

33. 이재정, "계약의 효력근거와 계약자유의 제한에 관한 연구", 경희대학교박사학위논문, 1998.

34. 이중연, 알기쉬운 계약서분석과 작성요령, 어울림, 2008.

35. 이철송, 회사법강의(제14판), 박영사, 2007.

36. 임채홍, "건설분쟁해결을 위한 합리적이고 신속한 해결방안", 중재(제313호), 2004.

37. 장문철·서정일 외 2인, UNCITRAL 모델중재법 수용론, 세창출판사, 1999.

38. 조영준·이상범, "공공건설사업의 건설분쟁 저감방안에 관한 연구", 대한건축학회논문집 (제21권제8호, 통권 제202호), 2005.8.

39. 조홍식, "대안적 분쟁해결제도(ADR)의 경제학－환경분쟁조정제도에 대한 평가를 중심으로－", (서울대학교)법학(제47권제1호, 통권제138호), 2006.3.

40. 정창화, 기술협상론, 한국기술사회, 2006.

41. 채완병, "우리나라의 건설중재 현황과 활성화 방안", 대한상사중재원, 2004.

42. 현학봉, "FIDIC 표준계약조건상의 분쟁해결 절차", 중재(제299호), 2001.

43. 국토건설부 하자심사분쟁위원회, "공동주택 관계자 하자보수·관리 교육", 2017.9.

44. 국회사무처법제실, "국가를 당사자로 하는 계약의 분쟁해결 방안", 2002.12.

45. 건설교통부, 건설분쟁조정위원회 활성화 방안, 2002.10.

46. 건설교통부, 해외건설협회, "해외건설 계약 및 클레임 과정(I)", 2006.12.

47. 대한건설협회, "건설클레임 관리 및 원가계산 실무 강습회 교재", 2000.1.

48. 대한건설협회, "건설 클레임 세미나 교재", 1999.12.

49. 대한건설협회, 법무법인 율촌, "최근 건설클레임 주요이슈 및 대응방안 세미나", 2018.6.

50. 대한상사중재원, 2005년 중재판정 이행실태, 중재(제320호), 2006.

51. 대한상사중재학회, 중재연구(제17권 제1호), 2007.

52. 대한전문건설협회 서울특별시 외, "건설클레임의 예방과 대처에 관한 세미나", 2006.9

53. 대한토목학회, "건설산업의 상생적 발전을 위한 효율적인 분쟁해결에 관한 세미나", 2005.11.

54. 부패방지위원회, "건설공사 설계변경제도 개선방안", 2003.11.

55. 분쟁해결연구소, 분쟁해결연구, 단국대학교(제1권), 2003.

56. 사법제도개혁추진위원회, 사법개혁위원회 자료집(IV), 2005.1.

57. 서울특별시, "서울특별시 공사계약특수조건 표준화 연구", 한국건설산업연구원, 2001.

58. 일간건설사, 건설공사클레임 가이드북, 2002.

59. 조달청, 국가계약법규의 조달청 유권해석사례집, 2011.12.

60. 중소기업청, "불공정거래행위 이렇게 구제 받고 예방하세요", 2015.6.

61. 한국건설감리협회, "외국의 CM제도와 클레임 및 분쟁처리", 2001.10.

62. 한국건설기술관리협회, 건설기술용역 질의회신 및 판례집, 2017.12.

63. 한국건설산업연구원, "건설클레임의 역할과 활성화 방안", 1999.3.

64. 한국건설산업연구원, "국내 건설사업의 클레임 동향 분석", 1998.10.

65. 한국엔지니어링진흥협회, 국제계약실무, 2002.12.

66. 한국조정학회, "분쟁해결"(창간호), 2011.6.

67. 한국중재학회, "건설중재의 현황과 개선 방안", 2004.6.

68. 한국채무자회생법학회, "회생법학"(통권 제18호), 2019.6.

II. 해외

1. 小林昌之・今泉愼也, アジア諸國の紛爭處理制度, 有斐閣, 2003.

2. 大橋眞由美, 行政紛爭解決の現代的構造, 弘文堂, 平成17年.

3. 平野晉, 社會問題化した紛爭の代替的解決手段, 中央大學校, 2004.

4. 廣田尚久, 紛爭解決學(新版增補), 信山社, 2006.

5. 山田鐐一, 佐野 寬, 國際取引法(第3版), 有斐閣, 2006

6. 龍井繁男, 建設工事契約の法律實務, 淸文社, 1980.

7. 內山尙三, 現代建設請負契約法, 一粒社, 1980.

8. 宮野洋一, 國際法學と紛爭處理體系, 國際法學會, 2001.

9. 建設工事紛爭研究會, 中央建設工事紛爭審査會仲裁判斷集(第2集), 大成出版社, 1997.

10. 建設業法研究會, 公共工事標準請負契約約款の解說, 大成出版社, 2004.

11. (社)國際建設技術協會 建設工事のクレ-ムと紛爭, 1996.

12. 國際法學會, 紛爭の解決(Ⅸ), 三省堂, 2001.

13. 落 美都里, "裁判外紛爭解決手續(ADR)制度", 國會立法圖書(調査と情報), 2005.9.22.

14. 和田仁孝, "新しいADRの世界", 法學セミナ(7), 2007.

15. 和田仁孝, "現代における紛爭處理ニ-ズの特質とADRの機能理念-キュアモデルからキュアモデルへ-", 早稻田大學校出版部, 2004.5.

16. 佐藤彰一, "新AしいADRの世界をみる-對話型ADRをどう理解するか", 法學セミナ(7), 2007.

17. 濱野 亮, "日本型紛爭管理システムとADR論議", 立敎大學校出版部, 2004.7.

18. 本東 信, "行政とADR-建設工事紛爭審査會等-について", 日本比較法研究所 研究叢書, 2004.

19. Christian Bǐhring-Uhle, *Arbitration and Mediation in International Business(Second Edition)*, Kluwer Law International, 2006.

20. Edward R. Fisk, *Construction Project Administration*, Prentice Hall, 2000.

21. Graham J. Ive · Stephen L. Gruneberg, *The Economics of the Modern Construction Sector*, Macmillan Press Ltd., 2000.

22. Hinze, J, *Construction Contract*, McGraw-Hill., Inc, 1993.

23. Irvin E. Richter, *International Construction Claims* : Avoiding & Resolving Disputes, McGraw-Hill Publications Company, 1983.

24. James Acret, *Arbitration of Construction Claims*, Thelen reid & priest LLP, 1999.

25. John K. Sykes, *Construction Claims*, Sweet & Maxwell, 1999.

26. Michael P. Reynold, *The Expert Witness,-In Construction Disputes-*, The Blackwell Science, 2002.

27. Michael Waring, *Commercial Dispute Resolution*, Ashford Colour Press Ltd, 2006.

28. Peter Sheridan, *Construction and Engineering Arbitration*, London · Sweet & Maxwell, 1999.

29. Richard Wilmot-Smith QC, *Construction Contracts-Law and Practice*, Oxford Univ. Press, 2006.

30. Review, New Orleans : Tulane Law Review Association, 1987.

31. Saied Kartam, *Generic Methodology for Analyzing Delay Claims, Journal of Construction Engineering and Management*, 1999.11.

32. FIDIC, *General Conditions of Contract for works of Civil Engineering Construction*, Federation Internationale des Ingenieurs Conseils, 2000.

33. ICCA, *Yearbook Commercial Arbitration Vol.1-Vol 16*, Kluwer.

34. ICE, *Conditions of Contracts, The Institution of Civil Engineers*, 1999.

용어 색인

:: ㄱ

판례 색인

저자 소개

남 진 권

학력
- 영남대학교 법학과 졸업
- 연세대학교 행정대학원 졸업
- 단국대학교 법과대학원 졸업(법학박사)

경력사항
- 대한건설협회 근무
- LG(현 GS)건설주식회사 이사
- 한국건설감리협회(현 한국건설엔지니어링협회) 본부장
- 성균관대학교 겸임교수(건설제도 및 계약론)
- 대한상사중재원 중재인/조정인
- 서울특별시 건설기술심의위원(계약 및 클레임)
- 한국공항공사 조달분야 자문위원
- 한국산업기술평가관리원 평가위원
- 한국서비스품질우수기업 인증심사위원(기술표준원)
- 국토교통부 및 서울특별시 인재개발원 외래강사
- 경영지도사(중소벤처기업부장관, 제7016호)
- (현재) 건설경영법제연구소 대표

건설분쟁관리의 이론과 실제

초 판 인 쇄 2022년 4월 25일
초 판 발 행 2022년 5월 10일

지 은 이 남진권
펴 낸 이 김성배
펴 낸 곳 (주)에이퍼브프레스

책 임 편 집 최장미
디 자 인 백정수, 박진아
제 작 책 임 김문갑

등 록 번 호 제25100-2021-000115호
등 록 일 2021년 9월 3일
주 소 (04626) 서울특별시 중구 필동로8길 43(예장동 1-151)
전 화 번 호 02-2274-3666(출판부 내선번호 7005)
팩 스 번 호 02-2274-4666
홈 페 이 지 www.apub.kr

I S B N 979-11-978632-0-2 93540
정 가 40,000원